Lambacher Schweizer

Mathematik für berufliche Gymnasien

Eingangsklasse

bearbeitet von

Jörg Heuß
Stefan Knorr
Ingrid Kolupa
Siegfried Schwehr
Jörg Stark

Ernst Klett Verlag
Stuttgart · Leipzig

1. Auflage   1   13   12   11   10   9 | 2026   25   24   23   22

Alle Drucke dieser Auflage sind unverändert und können im Unterricht nebeneinander verwendet werden.
Die letzten Zahlen bezeichnen jeweils die Auflage und das Jahr des Druckes.

Autoren und Autorinnen: Der Band wurde in Teilen auf der Grundlage vorhandener Klett-Bücher erstellt.
An diesen waren beteiligt: Manfred Baum, Gerhard Bitsch, Gerhard Brüstle, Heidi Buck, Günther Dopfer, Rolf Dürr, Hans Freudigmann, Rolf Reimer, Wolfgang Riemer, Günther Reinelt, Hartmut Schermuly, Maximilian Selinka, Ingo Weidig, Peter Zimmermann, Manfred Zinser

Redaktion: Hartmut Günthner, Herbert Rauck

Illustrationen: U. Bartl, Weil der Stadt; Hartmut Günthner, Stuttgart; Rudolf Hungreder, Leinfelden
Bildkonzept Umschlag: SoldanKommunikation, Stuttgart
Umschlagfotografie: Mauritius, Haag & Kropp; Getty Images, Johner
Satz: topset Computersatz, Nürtingen; Friedrich-Mediengestaltung, Seelze
Druck: Himmer GmbH Druckerei, Augsburg

Printed in Germany
ISBN 978-3-12-732611-6

Inhaltsverzeichnis

Zum Aufbau des Buches

Die Kapitel umfassen:

- eine Mindmap,
- mehrere Lerneinheiten,
- Vermischte Aufgaben,
- Kapitelrückblick,
- Aufgaben zum Üben und Wiederholen,
- Mathematische Exkursionen,
- Referate.

Im **Fundus** am Ende des Buches sind die grundlegenden Vorkenntnisse für die Eingangsklasse zusammengestellt. Damit können die Schülerinnen und Schüler gezielt Defizite aufarbeiten.

- Die **Mindmap** am Anfang jedes Kapitels visualisiert einprägsam, wie die Themen und Inhalte der Lerneinheiten miteinander verbunden sind. Sie gibt den Schülerinnen und Schülern Orientierung und Übersicht.

- Zu Beginn jeder Lerneinheit stehen **hinführende Aufgaben**. Sie bereiten den Gedankengang der Lerneinheit vor. Sie sollen die Schülerinnen und Schüler zum Nachdenken anregen. Da sie als Angebot gedacht sind, nehmen sie keine Information zum jeweiligen Lerninhalt vorweg und bieten somit den Unterrichtenden die methodische Freiheit.

  Der anschließende **Informationstext** (Lehrtext) beschreibt den mathematischen Inhalt der Lerneinheit. Vielfach werden auch ergänzende Informationen gegeben.

> Im Kasten wird das wesentliche **Ergebnis** (z. B. in Form einer Definition oder eines Satzes) festgehalten.

In den anschließenden vollständig bearbeiteten **Beispielen** werden Begriffsbildungen erläutert und wichtige mathematische Verfahren bzw. grundlegende Aufgabentypen der Lerneinheit vorgestellt. Diese Beispiele bieten den Schülerinnen und Schülern besondere Hilfen für das selbstständige Lösen von Aufgaben.

Der **Aufgabenteil** bietet ein reichhaltiges Auswahlangebot. Die Aufgaben reichen von Routineaufgaben zum Einüben von Fertigkeiten und Darstellungsweisen über zahlreiche Aufgaben im mittleren Schwierigkeitsbereich bis zu schwierigen Aufgaben, die besondere Leistungen verlangen. Zahlreiche Aufgaben zu Sachsituationen helfen, Beziehungen zwischen der Mathematik und ihren Anwendungen aufzuzeigen.

- In den **Vermischten Aufgaben** werden zusätzliche Übungsaufgaben angeboten. Ferner finden sich dort Aufgaben, welche die Zusammenhänge zwischen den einzelnen Lerneinheiten eines Kapitels herstellen.

- Im **Rückblick** werden die wichtigsten Lerninhalte des Kapitels in prägnanter Form zusammengefasst.

- Die Schülerinnen und Schüler festigen ihre Basiskompetenzen anhand der **Aufgaben zum Üben und Wiederholen**, deren **Lösungen** zur Selbstkontrolle im Anhang beigefügt sind.

- In den **Mathematischen Exkursionen** werden Themengebiete angesprochen, die mit dem jeweiligen Kapitel in Verbindung stehen. Sie sind als Anregung für Schülerinnen und Schüler gedacht, sich mit mathematischen Fragen, interessanten Themen oder Themen aus dem Alltag auseinander zu setzen.

- Erprobte Vorschläge für **Referate** bilden den Abschluss des Kapitels.

Zur Konzeption des Buches

Der vorliegende Band für den Mathematikunterricht der Eingangsklasse beruflicher Gymnasien basiert auf dem bewährten Konzept des Lehrwerkes Lambacher-Schweizer. Er orientiert sich am Lehrplan für berufliche Gymnasien von Baden-Württemberg, kann aber auch in entsprechenden Klassen der beruflichen Gymnasien anderer Bundesländer eingesetzt werden.

Die Oberstufe **beruflicher Gymnasien** ist unter anderem gekennzeichnet durch
- die Gelenkfunktion der Eingangsklasse beim Übergang von Realschulen, Berufsfachschulen, Werkrealschulen und Gymnasien in die Oberstufe beruflicher Gymnasien,
- die anwendungsbezogene Ausrichtung des Mathematikunterrichtes an den Profilfächern der jeweiligen beruflichen Gymnasien,
- die durchgängige Verfügbarkeit eines grafikfähigen Taschenrechners oder Computer-Algebra-Systems, auch in der Abiturprüfung.

Die Konzeption des Buches geht hierauf besonders ein und bietet einen schülergerechten, klar strukturierten Lehrgang.

Angleichung der Vorkenntnisse mit dem „Fundus"

Der Fundus am Ende des Buches enthält alle wünschenswerten Vorkenntnisse aus der Mittelstufe in übersichtlicher und knapper Form. Die Lehrerin oder der Lehrer können so wahlweise an der jeweiligen Stelle im Lerngang darauf zurückgreifen, einen Wiederholungsblock voranstellen oder – etwa in Planarbeit – individuell die Vorkenntnisse angleichen.
Im Fundus sind die Inhalte der Sekundarstufe I systematisch zusammengestellt. Die instruktiven Beispiele und vielen routinebildenden Übungsaufgaben sind so gestaltet, dass Schülerinnen und Schüler eigenständig Inhalte gezielt wieder auffrischen oder Defizite aufarbeiten können. Zur Selbstkontrolle befinden sich die Lösungen dieser Aufgaben im Anhang.
In den Lerneinheiten wird auf den Fundus hingewiesen, wenn an notwendige Vorkenntnisse angeknüpft wird.

Einsatz des grafikfähigen Taschenrechners (GTR)

Der GTR ist ein durchgängiges Arbeits- und Lernwerkzeug in der Hand der Schülerinnen und Schüler. Damit kann ein rein ergebnisorientierter Kalkül ersetzt werden durch einen angemessenen Einsatz des GTR, insbesondere bei anwendungsorientierten Fragestellungen. Unverzichtbar bleibt das Ziel, in einfachen Fällen die Rechnungen von Hand durchführen zu können. Die Anforderungen an sprachliche Kompetenzen wie die Dokumentation der Lösungsstrategie, die Interpretation von Ergebnissen sowie die Erläuterung der Ideen, die den verwendeten Begriffen und Methoden zugrunde liegen, werden größer.
Diese Veränderungen, die der Mathematikunterricht in den letzten Jahren erfahren hat, werden konsequent berücksichtigt bei der Einführung neuer Themen und in den Aufgaben.

Die derzeit angebotenen grafikfähigen Taschenrechner verschiedener Hersteller bzw. verschiedener Modelle einer Produktreihe unterscheiden sich in der Funktionalität und der Bedienung nicht wesentlich, aber dennoch so weit, dass eine einheitliche Funktionsbeschreibung nicht möglich und im Sinne zukünftiger Entwicklungen auch nicht sinnvoll erscheint.

Die Beispiele in diesem Buch wurden mit dem TI83 bearbeitet.
Als Anhang ab Seite 274 sind die wichtigsten GTR-Verfahren mit dem TI83 und dem Casio CFX-9850GB zusammengestellt.

Vielfältige und realitätsorientierte Aufgaben

Die unverzichtbaren Routine bildenden Übungsaufgaben sind weiterhin in ausreichendem Maße vorhanden. Sie werden ergänzt durch eine Vielfalt betont grafischer, sprachlicher sowie offener und vernetzender Aufgabenformate. Diese „etwas anderen Aufgaben" fördern gezielt das Verständnis der eingeführten Inhalte.

Bei den in allen Kapiteln angebotenen anwendungsbezogenen Aufgaben wurde auf ein ausgewogenes Verhältnis von technischen und nichttechnischen Themen geachtet. Vor allem die exponentiellen und trigonometrischen Funktionen werden schwerpunktmäßig anwendungsbezogen behandelt.

Der Lerngang des Buches

Das erste Kapitel „Daten und ihre Aufbereitung" ist inhaltlich besonders gut geeignet, zu Beginn des Schuljahres mit handlungsorientierten Methoden das Zusammenwachsen der Schülerinnen und Schüler im neuen Klassenverband zu fördern.

Das Buch unterstützt jedoch auch die Lehrerin oder den Lehrer darin, alternativ mit dem Kapitel II „Funktionen" einzusteigen und dessen Inhalte schüleraktiv zu gestalten. Die realitätsbezogene Einführung des Funktionsbegriffs ist dafür bestens geeignet. Kapitel I kann dann zu einem späteren Zeitpunkt behandelt werden.

Die übergreifenden mathematischen Ideen und Prinzipien Symmetrie, Monotonie, Grenzverhalten sowie durchschnittliche und momentane Änderungsrate werden an den Potenzfunktionen in Kapitel III eingeführt und in der Folge auf andere Funktionen übertragen.

Bei den quadratischen Funktionen in Kapitel IV wird auf Koordinatentransformationen – Dehnen, Spiegeln und Verschieben von Parabeln – eingegangen.

In Kapitel V werden verschiedene Methoden zum Lösen einer Gleichung im Zusammenhang mit ganzrationalen Funktionen behandelt. Hier, wie in allen Kapiteln, wird der Einsatz eines GTR konsequent genutzt zur Begriffsbildung, zur Motivation und zur Herausarbeitung der mathematischen Ideen.

Die Idee der Modellbildung steht im Mittelpunkt der abschließenden Kapitel VI und VII. Am Thema „Wachstum und Zerfall" werden die exponentiellen Funktionen eingeführt. Das Thema Logarithmen wird nur soweit notwendig behandelt. Die vielfältigen periodischen Vorgänge in unserer Umwelt werden mit trigonometrischen Funktionen beschrieben.

Schülerreferate

Am Ende eines Kapitels stehen Vorschläge für Referate. Natürlich eignen sich hierfür auch Teile von Lerneinheiten. Die Schülerinnen und Schüler erbringen damit den Nachweis, dass sie gestellte Themen selbstständig erfassen, bearbeiten und ihre Ergebnisse der Klasse vorstellen können. Ein Referat oder eine Präsentation kann in manchen Bundesländern eine Klassenarbeit ersetzen.

Die Autoren wünschen den Schülerinnen und Schülern – wie auch ihren Lehrerinnen und Lehrern – viel Freude bei der besonderen Sicht auf die Welt durch die mathematische Brille.

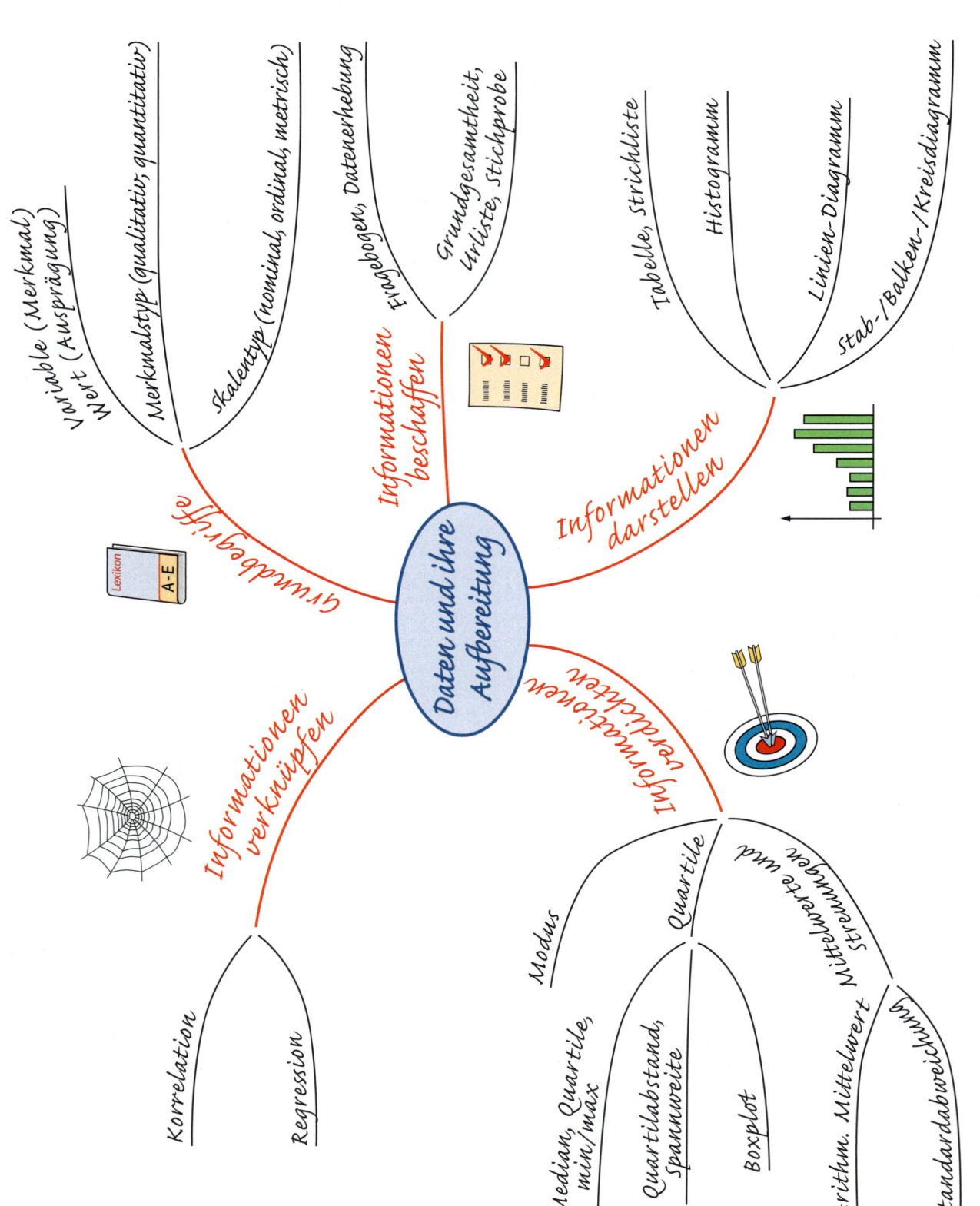

Daten und ihre Aufbereitung

Grundbegriffe
- Variable (Merkmal) Wert (Ausprägung)
- Merkmalstyp (qualitativ, quantitativ)
- Skalentyp (nominal, ordinal, metrisch)

Informationen beschaffen
- Fragebogen, Datenerhebung
- Grundgesamtheit, Urliste, Stichprobe

Informationen darstellen
- Tabelle, Strichliste
- Histogramm
- Linien-Diagramm
- Stab-/Balken-/Kreisdiagramm

Informationen verdichten
- Modus
- Quartile
  - Median, Quartile, min/max
  - Quartilabstand, Spannweite
  - Boxplot
- Mittelwerte und Streuungen
  - Arithm. Mittelwert
  - Standardabweichung

Informationen verknüpfen
- Korrelation
- Regression

1 Grundbegriffe der Datenerhebung

1 Auf Autobahnen wird laufend die Verkehrsdichte (Anzahl der Autos je Stunde) gemessen. Fig. 1 zeigt die Verkehrsdichte im Verlaufe eines Tages auf den drei Spuren des Kölner Autobahnrings. Erläutern Sie die dargestellten Informationen.

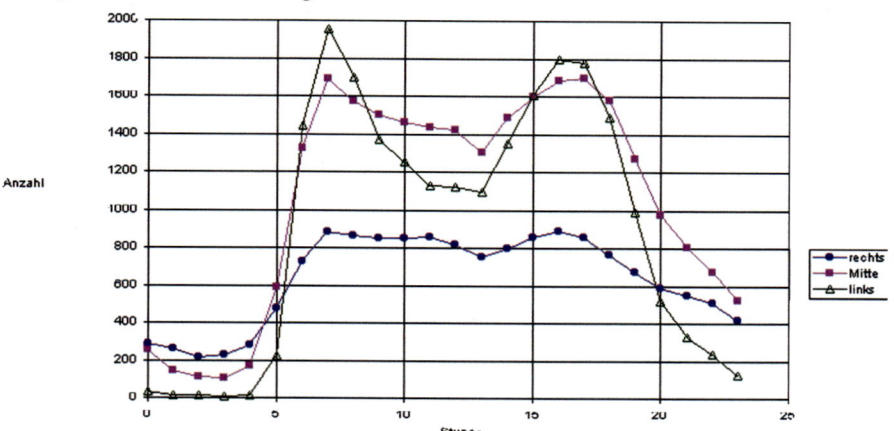

Fig. 1

Befragungen von Personen oder das Zählen von Gegenständen sind Beispiele **statistischer Erhebungen**. Bei einer solchen Erhebung wird an **Merkmalsträgern** (z.B. Personen oder Autos) ein bestimmtes **Merkmal** (z.B. Körpergröße oder gefahrene Geschwindigkeit) untersucht. Alle Merkmalsträger zusammen nennt man **Grundgesamtheit**. Ausgewählte Merkmalsträger bilden eine **Stichprobe**. Die Anzahl n der Merkmalsträger in der Stichprobe heißt **Stichprobenumfang**.

Bei einer statistischen Erhebung werden die Daten in einer **Urliste** wie in Fig. 2 festgehalten. Die einzelnen Beobachtungswerte der Urliste heißen **Stichprobenwerte**; sie werden mit $x_1, x_2, \dots, x_n$ bezeichnet. Sie können mehrfach vorkommen. Davon zu unterscheiden sind die **Merkmalsausprägungen**; sie werden mit $a_1, a_2, \dots, a_k$ bezeichnet. Diese sind alle voneinander verschieden.

In der Urliste von Fig. 2 sind die Merkmalsträger Autos, bei denen die Merkmale Zeit (T) und Geschwindigkeit (v) gemessen wurden. Der Stichprobenumfang ist $n = 2584$. Merkmalsausprägungen sind hier die ganzzahligen Geschwindigkeiten. Natürlich müssen bei 2584 Stichprobenwerten etliche mehrfach auftreten. Beispielsweise gilt $v_{0002} = v_{0125} = 52\,\frac{km}{h}$.

	Merkmal	2 Stichprobenwerte zur selben Merkmalsausprägung
Nr.	Uhrzeit T	Geschwindigkeit v $\left(\text{in } \frac{km}{h}\right)$
0001	09:45:13	44
0002	09:46:04	52
...		
0123	11:09:21	33
0124	11:09:47	62
0125	11:10:04	52
0126	11:10:21	41
...		
2583	23:58:47	83
2584	23:59:13	53

Fig. 2

Vergleicht man Merkmalsausprägungen verschiedener Merkmale, stellt man Unterschiede fest.

Merkmal	Merkmalsausprägungen
Geschlecht	männlich; weiblich
Schulische Leistung	sehr gut; ... ; ungenügend
Geschwisterzahl	0; 1; 2; 3; ...

Beim Merkmal „Geschlecht" dienen die Worte männlich, weiblich nur der Kennzeichnung; zwischen den Ausprägungen besteht keinerlei Rang- oder Reihenfolge. Kennzeichnet man männlich etwa durch 1 und weiblich durch 2, soll damit keinerlei Rangfolge zum Ausdruck kommen. Man könnte auch männlich durch 2 und weiblich durch 1 kennzeichnen.

Streng genommen ist es nicht zulässig, mit Noten wie mit Zahlen zu rechnen. Wenn man dennoch etwa vom Klassenarbeitsdurchschnitt 3,2 spricht, so schreibt man den Noten einen Informationsgehalt zu, den sie in Wahrheit gar nicht haben.

Bei dem Merkmal „Schulische Leistung" dagegen stellt jede Ausprägung eine Bewertung dar, infolgedessen stehen die Ausprägungen in einer Rangfolge. Gibt man die Noten wie üblich in Ziffern an, dienen diese ebenfalls der Kennzeichnung, sie bringen aber auch eine Rangfolge zum Ausdruck. Die Ziffern 1 bis 6 können den schulischen Leistungen nicht mehr willkürlich zugeordnet werden; die Zuordnung muss so vorgenommen werden, dass sich die Rangfolge der schulischen Leistungen und die natürliche Reihenfolge der Ziffern entsprechen. Statt der Ziffern hätte man ebenso gut die Buchstaben a; b; ... ; f verwenden können. Dies zeigt, dass Noten nichts über die „Abstände" schulischer Leistungen aussagen. Sie beinhalten z.B. nicht, dass der Leistungsunterschied zwischen einer „sehr guten" und einer „befriedigenden" Leistung ebenso groß ist wie derjenige zwischen einer „ausreichenden" und einer „ungenügenden" Leistung. Entsprechend kann man von einer mit „ausreichend" bewerteten Leistung nicht sagen, sie sei doppelt so schlecht wie eine mit „gut" bewertete.

Bei dem Merkmal „Geschwisterzahl" besteht wie bei dem Merkmal „Schulische Leistung" zwischen den Ausprägungen eine Rangfolge. Darüber hinaus ist es jetzt aber auch sinnvoll, Unterschiede in der Geschwisterzahl zu vergleichen oder zu sagen, dass eine Person doppelt so viele Geschwister hat wie eine andere.

Um Unterschiede bei Merkmalsausprägungen hervorzuheben, spricht man von **Skalen**, und zwar von einer

Nominalskala,   wenn die Merkmalsausprägungen Namen oder Bezeichnungen sind, die ausschließlich der Kennzeichnung dienen,

Ordinalskala,   wenn die Merkmalsausprägungen zusätzlich eine Rangfolge zum Ausdruck bringen,

metrischen Skala,   wenn überdies auch noch Differenzen und Verhältnisse von Merkmalsausprägungen sinnvoll sind.

Grundsätzlich kann man bei jedem Merkmal die Ausprägungen durch Zahlen beschreiben. Es ist aber zweckmäßig, diejenigen Merkmale, deren Ausprägungen durch einen Zähl- oder Messvorgang ermittelt und daher mit Notwendigkeit durch Zahlen beschrieben werden - zu unterscheiden von solchen Merkmalen, bei denen diese Notwendigkeit nicht besteht.
Merkmale mit metrischer Skala heißen **quantitative** Merkmale.
Merkmale mit Nominal- oder Ordinalskala heißen **qualitative** Merkmale.

Quantitative Merkmale heißen **diskret**, wenn die Ausprägungen nur isolierte Zahlwerte, **stetig**, wenn sie alle Zahlwerte eines Intervalls annehmen können. Kinderzahl und Einwohnerzahl sind diskrete, Körpergröße und Fettgehalt von Milch stetige Merkmale.

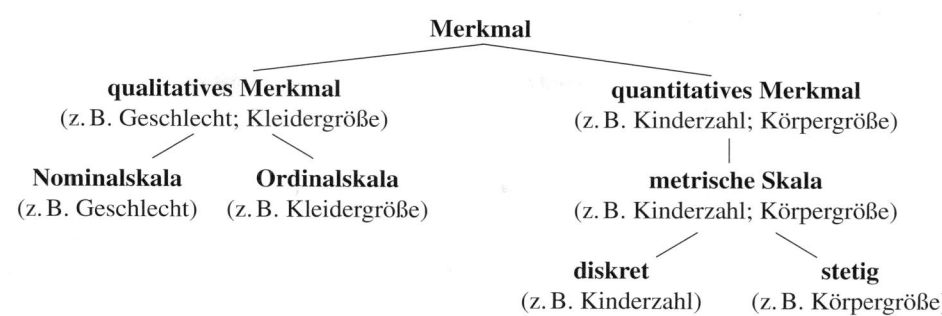

Beispiel 1: (Grundbegriffe)
Durch eine statistische Erhebung in Form eines Fragebogens soll festgestellt werden, wie die Arbeitnehmer einer Stadt zu ihrer Arbeitsstätte gelangen. Erläutern Sie in diesem Zusammenhang die Begriffe Grundgesamtheit, Merkmal, Merkmalsausprägung und Stichprobenwert.
Lösung:
Grundgesamtheit: Alle Personen der Stadt, die einer Beschäftigung außerhalb ihrer Wohnung nachgehen
Merkmal: Art der Beförderung von der Wohnung zur Arbeitsstätte
Merkmalsausprägungen: Zu Fuß, Fahrrad, PKW, Bus, Straßenbahn, U-Bahn, anderes Verkehrsmittel
Stichprobenwerte: Auf dem Fragebogen angekreuztes Verkehrsmittel

Beachten Sie:
Ohne die zuletzt genannte Ausprägung wäre die Liste evtl. unvollständig, z. B. wenn jemand mit einem Motorrad zur Arbeitsstätte fährt.

Beispiel 2: (Skalen)
Um welche Art von Skala handelt es sich?

Merkmal	Merkmalsausprägungen
a) Blutgruppe einer Person	A; B; 0; AB
b) Entfernung zwischen Wohn- und Arbeitsplatz in km	0; 1; 2; …
c) Medaillen	Gold, Silber, Bronze
d) Alkoholgehalt im Blut in Promille	0,0; 0,1; 0,2; …
e) Geburtsmonat	Januar; … ; Dezember

Lösung:
a) Es handelt sich nur um eine Bezeichnung von Blutgruppen; Nominalskala.
b) Neben einer Rangfolge sind auch Verhältnisse sinnvoll; metrische Skala.
c) Außer einer Bezeichnung liegt auch eine Rangfolge vor; Ordinalskala.
d) metrische Skala
e) Ordinalskala

Aufgaben

2 Geben Sie mögliche Merkmalsausprägungen an bei einer Befragung nach:
a) Staatsangehörigkeit, b) Schulbildung,
c) Anzahl leiblicher Kinder, d) Körpergewicht,
e) Körpergröße, f) Religionszugehörigkeit,
g) Familienstand, h) Geburtsjahr.

3 Durch eine Umfrage soll das Sparverhalten einer Bevölkerung ermittelt werden. Geben Sie mögliche Merkmalsausprägungen an.

11

4   Ein Bienenzüchter untersucht, ob seine Bienen von der Milbenkrankheit befallen sind. Welche Merkmalsausprägungen legt er zugrunde?

5   Geben Sie zu dem Merkmal mögliche Ausprägungen an.
a) Soziale Stellung von Erwachsenen   b) Täglicher Zigarettenverbrauch
c) Buchstabe der deutschen Sprache   d) Wassergehalt von Kartoffeln

6   Merkmalsträger seien Wohnhäuser. Geben Sie verschiedene Merkmale an, die man an diesen Merkmalsträgern untersuchen kann.

7   Eine Jugendzeitschrift möchte eine Umfrage über das Lieblingsgetränk von Kindern im Alter von 10 bis 13 Jahren durchführen. Erläutern Sie in diesem Zusammenhang die Begriffe Grundgesamtheit, Stichprobe, Stichprobenumfang, Merkmal, Merkmalsausprägung, Stichprobenwert.

8   Sie wollen als Mitglied einer Bürgerinitiative Daten über die Verkehrsbelastung der Durchfahrtsstraße Ihres Wohnortes sammeln. Wie würden Sie eine statistische Erhebung hierfür durchführen?

9   Geben Sie an, ob das Merkmal qualitativ oder quantitativ ist.
a) Größe eines Bauplatzes   b) Vogelart
c) Staatsangehörigkeit   d) Dicke eines Leitungsdrahtes
e) Geschwindigkeit   f) Gang bei einem PKW
g) Lebensdauer einer Glühbirne   h) Haarfarbe einer Person

10   Prüfen Sie, ob das Merkmal diskret oder stetig ist.
a) Pulsschlag je Minute   b) Benzinverbrauch je 100 km
c) Spezifisches Gewicht   d) Zigarettenverbrauch je Tag
e) Gebühr für eine Briefsendung   f) Lautstärke
g) Taschengeld pro Monat   h) Kurs einer Aktie

11   In der Ambulanz einer Klinik erhalten die Patienten bei der Ankunft Nummern, nach welchen sie später im Warteraum aufgerufen werden. Bilden diese Nummern eine Nominal-, eine Ordinal- oder eine metrische Skala?

Friedrich MOHS
(1773–1839),
deutscher Mineraloge

12   Die Härteskala von MOHS teilt die Härte von Mineralien in 10 Härtestufen ein. So hat z. B. Talk die Härtestufe 1 und Diamant die Härtestufe 10. Um welche Art von Skala handelt es sich?

13   Fig. 1 zeigt die Ergebnisse einer Umfrage unter 18 773 Führerscheinbesitzern.
a) Erläutern Sie an diesem Beispiel die Begriffe Grundgesamtheit, Stichprobe, Stichprobenumfang, Merkmal, Merkmalsausprägung, Stichprobenwert.
b) Die Summe der Prozentangaben in den einzelnen Zeilen ist kleiner als 100 %. Wie viel Prozent fehlen jeweils?
c) Welche Bedeutung haben diese fehlenden Angaben und warum werden sie mit steigendem Einkommen kleiner?

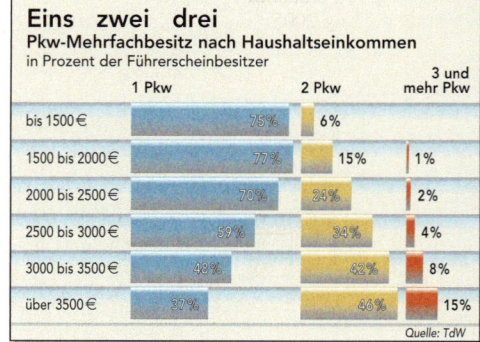

Fig. 1

2 Häufigkeiten und ihre Darstellungen

1 In zwei Kursen wurde das Alter der Schülerinnen und Schüler ermittelt; man erhielt die folgenden Daten.

Kurs A:

Alter	16	17	18	19
Anzahl	4	16	3	2

Kurs B:

Alter	16	17	18	19
Anzahl	4	13	2	1

In welchem Kurs ist der Anteil der 17-Jährigen größer?

Sollen die Stichprobenwerte einer Urliste übersichtlicher dargestellt werden, ermittelt man die absoluten Häufigkeiten der verschiedenen Ausprägungen in der Urliste.
Will man die Häufigkeiten einer Merkmalsausprägung in verschiedenen Urlisten vergleichen, berechnet man jeweils den Anteil der Ausprägung an der Gesamtheit aller Stichprobenwerte der Urliste.

> Tritt die Merkmalsausprägung a_i in einer Urliste mit n Stichprobenwerten H_i-mal auf, nennt man H_i die **absolute Häufigkeit** und $\frac{H_i}{n}$ die **relative Häufigkeit** von a_i in dieser Urliste. Die absolute Häufigkeit wird auch mit $H(a_i)$, die relative Häufigkeit mit $h(a_i)$ oder kurz h_i bezeichnet: $h_i = \frac{H_i}{n}$.

Verkehrsmittel zur Schule
Umfrage unter Schülerinnen und Schülern im Sommer 2006

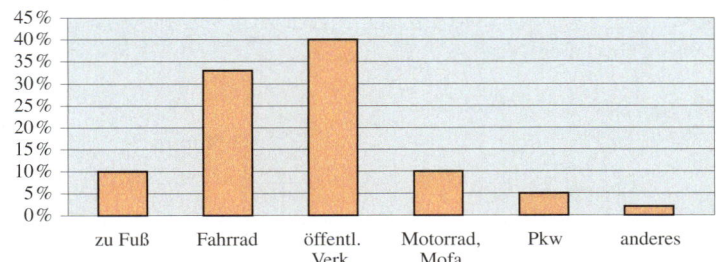

Fig. 1

Verteilung von Haushaltstypen
Umfrage Anfang 2005

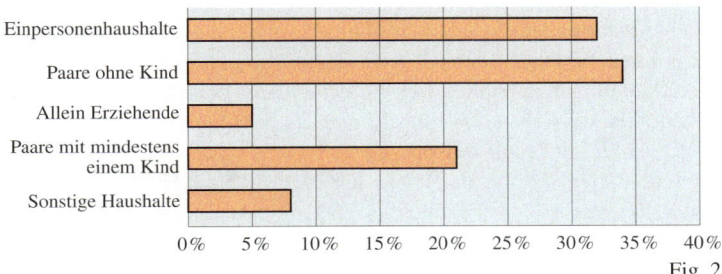

Fig. 2

Eine Tabelle, die jeder Merkmalsausprägung ihre absolute bzw. relative Häufigkeit zuordnet, heißt **Häufigkeitstabelle** oder **Häufigkeitsverteilung**.

Einen unmittelbaren Eindruck von den Besonderheiten einer Häufigkeitsverteilung erhält man durch bildliche Darstellungen.

Bei qualitativen Merkmalen kann man eine Häufigkeitsverteilung z. B. durch ein **Säulendiagramm**, ein **Balkendiagramm** oder durch ein **Kreisdiagramm** veranschaulichen.

Beim Säulen- und beim Balkendiagramm (Fig. 1 und Fig. 2) entsprechen die Längen der Säulen bzw. Balken den jeweiligen Häufigkeiten.
Die Breiten der Säulen bzw. Balken sind beliebig; statt Säulendiagramm spricht man daher auch von einem **Stabdiagramm**.
Bei einem Balkendiagramm ist oft eine einfachere Beschriftung als bei einem Säulendiagramm möglich.

13

Mobilfunkanschlüsse in Deutschland

Jahr	Anzahl (in Mio.)
1996	5,6
1997	8,3
1998	13,9
1999	23,5
2000	48,1
2001	56,1
2002	59,2
2003	64,8
2004	71,4
2005	79,2
2006	82,8

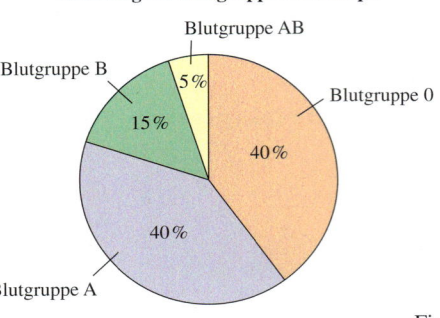

Fig. 1

Fig. 2

Bei einem Kreisdiagramm entsprechen die Flächeninhalte der Kreissegmente den jeweiligen Häufigkeiten (Fig. 1). Ein Kreisdiagramm wird bevorzugt angewendet bei der Veranschaulichung von relativen Häufigkeiten.

Anders als bei qualitativen Merkmalen kann man bei quantitativen Merkmalen als Achse eine Zahlengerade verwenden, sodass mit den Merkmalsausprägungen auch deren Größenverhältnisse zum Ausdruck kommen. Häufige Darstellungen sind das **Punktdiagramm** bzw. das **Liniendiagramm** (Fig. 2), bei dem noch zusätzlich die Punkte geradlinig verbunden werden.

Eine Häufigkeitsverteilung wird unübersichtlich, wenn ein Merkmal sehr viele Ausprägungen hat. In solchen Fällen führt man eine **Klasseneinteilung** durch. Das gegebene Intervall wird dabei in mehrere Teilintervalle (**Klassen**) zerlegt (Fig. 3).
Hierdurch wird eine Urliste überschaubarer, man sollte deshalb die Anzahl der Klassen nicht zu groß wählen. Da jedoch durch die Klassierung ein Teil der in der Urliste enthaltenen Information verloren geht, sollte man andererseits die Anzahl der Klassen auch nicht zu klein wählen. In der Regel sind etwa fünf bis fünfzehn Klassen zweckmäßig. Man wird es möglichst so einrichten, dass die Klassenmitten einfache Zahlen sind.

Im Allgemeinen werden halboffene Intervalle als Klassen gewählt. Für $20 \leqq v < 30$ z. B. sagt man 20 bis unter 30 und schreibt 20 b. u. 30.

Häufigkeitsverteilung der Geschwindigkeiten bei Messungen im Ortsbereich			
Klasse: $v \left(\text{in } \frac{km}{h} \right)$	abs. H. H_i	rel. H. h_i	Summenhäufigkeit
20 b. u. 30	409	15,83 %	15,83 %
30 b. u. 40	707	27,36 %	43,19 %
40 b. u. 50	785	30,38 %	73,57 %
50 b. u. 60	499	19,31 %	92,88 %
60 b. u. 70	155	6,00 %	98,88 %
70 b. u. 80	29	1,12 %	100,00 %

Fig. 3

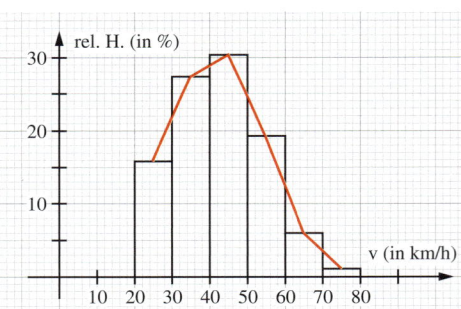

Fig. 4

Als grafische Darstellung von klassierten Häufigkeitsverteilungen verwendet man ein **Histogramm**. Bei diesem werden auf der Zahlengeraden die Klassengrenzen markiert und über jeder Klasse Rechtecke gezeichnet, deren Flächeninhalte proportional zu den Häufigkeiten der Klassen sind. Dies wird dadurch erreicht, dass als Höhe eines Rechtecks der Quotient aus der Häufigkeit und der Klassenbreite gewählt wird (vgl. Beispiel 1).
Nur wenn alle Klassen gleich breit sind, können als Höhen der Rechtecke die Häufigkeiten der Klassen oder das gleiche Vielfache davon verwendet werden. Fig. 4 zeigt ein solches Histogramm der Verteilung aus Fig. 3. Verbindet man im Histogramm die Mitten benachbarter oberer Rechtecksseiten geradlinig, so entsteht das **Häufigkeitspolygon** (Fig. 4).

Die Summenhäufigkeiten einer Häufigkeitsverteilung lassen sich durch das **Summenpolygon (Summenkurve)** veranschaulichen. Hierzu werden die in den Klassenobergrenzen erreichten Werte geradlinig verbunden.
Fig. 1 zeigt das Summenpolygon der Verteilung der Geschwindigkeiten im Ortsbereich aus Fig. 3 von Seite 14.
Bei diskreten Merkmalen ohne Klassierung ergibt sich eine Treppenkurve (vgl. Aufgabe 8).

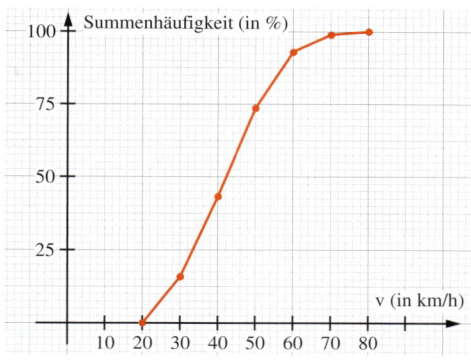

Summenhäufigkeit (in %)
100
75
50
25
v (in km/h)
10 20 30 40 50 60 70 80
Fig. 1

k_i	H_i
400 b. u. 800	30
800 b. u. 1000	30
1000 b. u. 1200	40
1200 b. u. 1500	15
1500 b. u. 2000	10

Beispiel 1: (Histogramm mit verschieden breiten Klassen)
In einer Firma gliedern sich die Monatsverdienste (in €) wie in der Tabelle angegeben.
Erstellen Sie für diese Häufigkeitsverteilung ein Histogramm.
Lösung:
Für die Rechtecke gilt:

$$\text{Rechteckshöhe} = \frac{\text{Klassenhäufigkeit } H_i}{\text{Klassenbreite } b_i}.$$

Wendet man diese Vorschrift an, ergibt sich die folgende Tabelle.

k_i	H_i	b_i	$\frac{H_i}{b_i}$
400 b. u. 800	30	400	0,075
800 b. u. 1000	30	200	0,15
1000 b. u. 1200	40	200	0,2
1200 b. u. 1500	15	300	0,05
1500 b. u. 2000	10	500	0,02

Fig. 2 zeigt das zugehörige Histogramm.

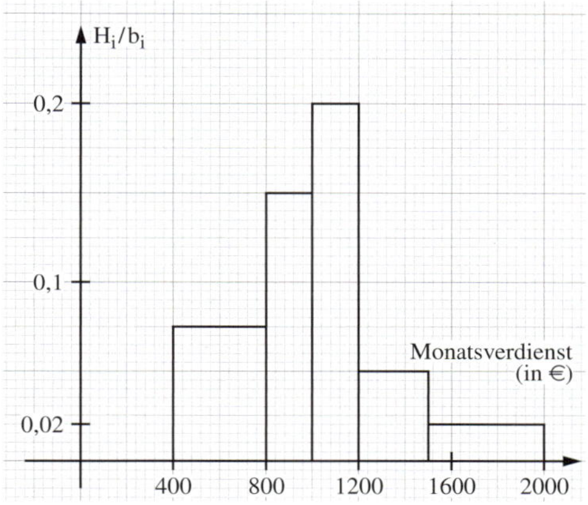

H_i/b_i
0,2
0,1
0,02
Monatsverdienst (in €)
400 800 1200 1600 2000
Fig. 2

Beispiel 2: (Punktdiagramm, Liniendiagramm und Histogramm mit dem GTR)
Erstellen Sie auf dem GTR ein Punktdiagramm, ein Liniendiagramm und ein Histogramm für die Verteilung der Mobilfunkanschlüsse in Deutschland (vgl. Tabelle auf Seite 14).
Lösung:
Im STAT-Menü werden mit EDIT die Daten als Listen eingegeben. Hierzu bringt man den Cursor auf ein Listenelement und gibt den gewünschten Wert ein.
Im WINDOW-Fenster werden die Bereiche für x und y sowie Eigenschaften der Darstellung (Anzahl der angezeigten Teilstriche) eingestellt.

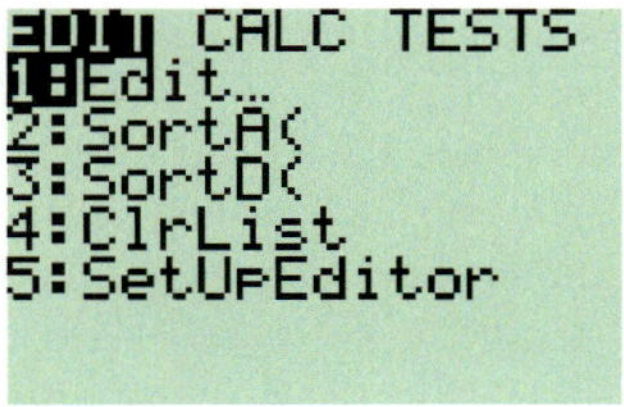

EDIT CALC TESTS
1:Edit...
2:SortA(
3:SortD(
4:ClrList
5:SetUpEditor

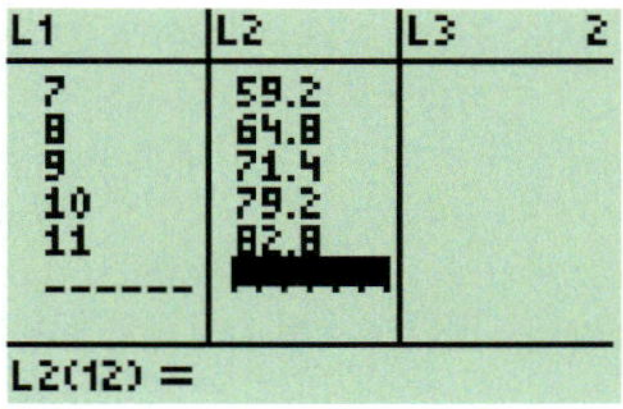

L1 L2 L3 2
7 59.2
8 64.8
9 71.4
10 79.2
11 82.8

L2(12) =

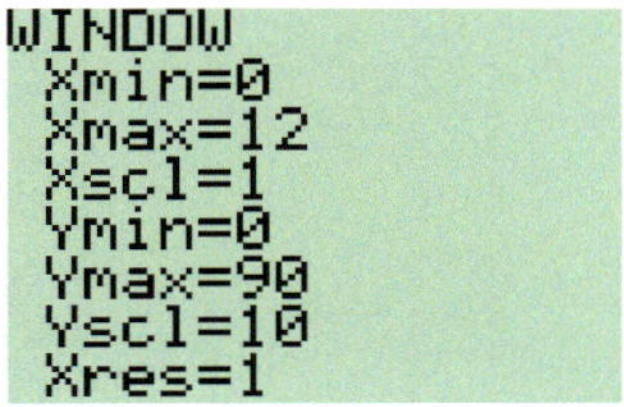

WINDOW
Xmin=0
Xmax=12
Xscl=1
Ymin=0
Ymax=90
Yscl=10
Xres=1

Zur Herstellung der Diagramme sollten zunächst eingetragene Funktionen im [Y=]-Menü gelöscht werden. Dann wählt man das [2ND] [Y=]-Menü und wechselt mit [ENTER] zum Einstellen der gewünschten Darstellungsart.

Unter TYPE wählt man für ein Punktdiagramm das erste der sechs Symbole und unter MARK die Art der Markierung der Einzelpunkte. Mit [GRAPH] erhält man den gewünschten Graphen.

Das zweite Symbol unter TYPE charakterisiert ein Liniendiagramm, das dritte ein Histogramm.

Freq (Abkürzung für frequency, Häufigkeit)

Für Freq wird L2 eingestellt (vgl. auch Aufg. 11). Mit dem Befehl [TRACE] wird der Cursor auf das Histogramm gesetzt; dann kann man mit der [▶]-Taste Klasse für Klasse auswerten.

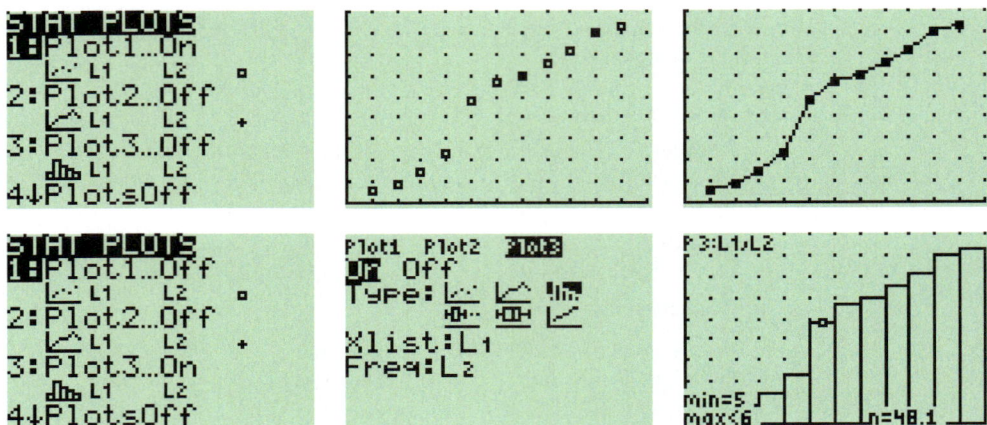

Zum Umgang mit Tabellenkalkulationsprogrammen

Unter www.klett.de Lehrwerk – EXTRA stehen zu diesem Lehrwerk viele Dateien mit Urlisten, die Sie mit EXCEL bearbeiten können.

Zur Auswertung und Präsentation statistischer Erhebungen gibt es Tabellenkalkulationsprogramme wie z. B. EXCEL. Sie besitzen Befehle, mit denen man Urlisten (auch mit Klasseneinteilungen) auszählen und Häufigkeitsverteilungen grafisch darstellen kann.

Die Datei Zeitschätzung.xls enthält alle Daten zu Beispiel 3.

Beispiel 3: (Häufigkeiten und Säulendiagramm mit EXCEL)
Bei einem Experiment wurden 38 Schülerinnen und Schüler gebeten, nach einem Startsignal den Zeitpunkt zu benennen, an dem ihrem Gefühl nach eine Minute verstrichen war. Vom Versuchspartner wurde die Zeit x (in Sekunden) gestoppt, um die man sich „verschätzt" hatte. Das EXCEL-Blatt (Fig. 1 auf Seite 17) zeigt die Ergebnisse.

a) Ermitteln Sie mithilfe von EXCEL die absoluten und die relativen Häufigkeiten, mit denen die Zeitabweichungen in den Klassen $-20 < x \leqq -16$, $-16 < x \leqq -12$, . . . , $16 < x \leqq 20$ liegen.

b) Erstellen Sie ein Säulendiagramm.

Lösung:

Beachten Sie:
Andere Tabellenkalkulationsprogramme haben gegenüber EXCEL etwas abweichende, aber ähnliche Formeln und Befehle.

a) Die Ergebnisse stehen in den Zellen B2 bis B39; die rechten Klassengrenzen -16; -12; . . . ; 20 im Bereich C2 bis C11. Ein gleich großer Bereich (E2 bis E11) wird für die Verteilung der absoluten Häufigkeiten markiert und mit der Formel {= HÄUFIGKEIT(B2:B39;C2:C11)} belegt. Die geschweiften Klammern werden nicht eingegeben, sie entstehen, wenn man die Eingabe der Formel durch die Tastenkombination „⇑ Strg ↵" beendet. Die Klammern deuten an, dass sich die Formel auf den markierten Bereich E2 bis E11 bezieht („Vektorformel").

Die Zellen aus solchen Bereichen können nicht einzeln geändert werden, man kann sie nur als Einheit bearbeiten. Im Unterschied dazu kann man die Klassengrenzen im Bereich C2 bis C11 auch nachträglich einzeln ändern und die Veränderungen in der Häufigkeitstabelle studieren. In Zelle E12 steht der Befehl = SUMME(E2:E11), der die Zahl der Versuchsteilnehmer liefert.

Zelle F2 enthält eine relative Häufigkeit, die mit der Formel = E2/E\$12 berechnet wird und sich in den Bereich F2 bis F12 kopieren lässt.

In Fig. 1 sind die Zeilen 13 bis 37 ausgeblendet.

b) Zur Erstellung eines Diagramms wird der Bereich der Klassenmitten und Häufigkeiten D2 bis E11 markiert. Dann wählt man „Einfügen, Diagramm" und lässt sich von EXCELS Diagramm-Assistenten führen.

	A	B	C	D	E	F	G	H	I	J	K	L	M	N	O	P
1			rechte Grenze	Klassenmitte	abs. H.	rel. H.										
2	Moritz	-3,4	-16	-18	0	0,0%										
3	Dominic	-4,8	-12	-14	2	5,3%										
4	Tim	-12,6	-8	-10	5	13,2%										
5	Dennis	-11,5	-4	-6	8	21,1%										
6	Gabi	-6,7	0	-2	10	26,3%										
7	Mattias	-2,1	4	2	7	18,4%										
8	MarkusH	-1,0	8	6	4	10,5%										
9	Daniel	-5,7	12	10	1	2,6%										
10	Simone	-9,7	16	14	1	2,6%										
11	MarkusK	-9,7	20	18	0	0,0%										
12	Paul	-15,4		Summe ->	38	100,0%										
38	Darius	5,0														
39	Volker	14,7														

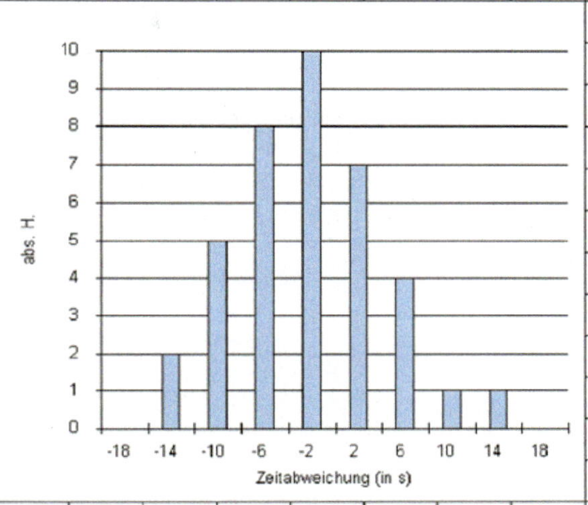

Fig. 1

Aufgaben

2 Geben Sie die relativen Häufigkeiten als Bruch, als Dezimalzahl und in Prozent an.

a) 38 von 100   b) 12 von 50   c) 3 von 27

d) 4 von 28   e) 32 von 67   f) 45 von 30

3 Die Stichprobenumfänge zweier Untersuchungen sind 80 bzw. 531. Wie groß ist jeweils die absolute Häufigkeit einer Merkmalsausprägung, wenn für ihre gerundete relative Häufigkeit angegeben wird:

a) 50%   b) 47%   c) 82%   d) 0,16

e) 0,01   f) ein Siebentel   g) zwei von drei?

4 a) Nach der Untersuchung von 2325 Rindern wird die relative Häufigkeit der an Brucellose erkrankten Tiere mit 0,04 angegeben. Wie viele der untersuchten Tiere waren von der Krankheit befallen?

b) Wie genau ist die von Ihnen in a) berechnete Anzahl?

5 In einer Stichprobe aus 57 Abiturienten eines Jahrgangs wurde das Merkmal „Abiturnote" erhoben. Es ergab sich die Urliste von Fig. 2.

a) Ermitteln Sie die relativen Häufigkeiten, die zu den Merkmalsklassen sehr gut $(1,0 \leq x \leq 1,5)$, gut $(1,6 \leq x \leq 2,5)$, befriedigend $(2,6 \leq x \leq 3,5)$ und ausreichend $(3,6 \leq x \leq 4,0)$ gehören.

Legen Sie hierzu eine Strichliste an.

b) Stellen Sie die Verteilung der relativen Häufigkeiten in einem Säulendiagramm und einem Kreisdiagramm dar.

1,7	2,7	3,5	2,0	2,7
2,4	3,3	2,9	3,2	3,0
2,5	2,7	3,2	2,6	2,2
1,8	3,1	3,2	1,6	2,2
2,3	3,3	2,2	3,1	1,0
3,0	1,8	2,7	3,0	1,9
3,1	3,3	1,8	3,3	3,2
3,6	1,8	2,4	3,6	3,3
3,3	2,7	3,3	3,0	3,2
3,1	2,2	2,3	1,8	3,2
2,2	1,5	3,0	2,6	3,1
1,9	2,7			

Fig. 2

17

6   Das Säulendiagramm (Fig. 1) zeigt, wie sich die 5518 von der Kölner Kripo im Jahr 1998 registrierten Wohnungseinbrüche auf die Tageszeiten verteilen.

a) Kommentieren Sie das Diagramm (auch im Vergleich zu Fig. 1, Seite 9). Welche Informationen entsprechen (widersprechen) Ihren Erwartungen?

b) Welche absoluten Häufigkeiten gehören vermutlich zu den einzelnen Säulen des Diagramms?

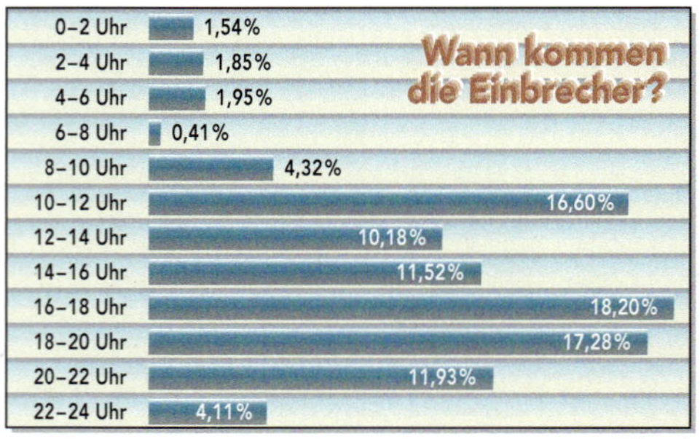

Wann kommen die Einbrecher?	
0–2 Uhr	1,54%
2–4 Uhr	1,85%
4–6 Uhr	1,95%
6–8 Uhr	0,41%
8–10 Uhr	4,32%
10–12 Uhr	16,60%
12–14 Uhr	10,18%
14–16 Uhr	11,52%
16–18 Uhr	18,20%
18–20 Uhr	17,28%
20–22 Uhr	11,93%
22–24 Uhr	4,11%

Fig. 1

c) Wie könnte man sich erklären, dass die Summe der angegebenen relativen Häufigkeiten von 100 % verschieden ist?

7   Die folgende Tabelle enthält die Ergebnisse der Kommunalwahlen einer Stadt.

	wahl-berechtigt	gültige Stimmen	ungültige Stimmen	SPD	CDU	Grüne	FDP	PDS
1994	668 111	520 702	6862	221 520	176 408	84 392	18 462	0
1999	711 252	324 174	1447	98 295	146 694	51 073	13 197	6948

a) Erläutern Sie an diesem Beispiel die Begriffe Grundgesamtheit, Merkmal, Merkmalsausprägung, Stichprobenwert.

b) Berechnen Sie die Wahlbeteiligung in Prozent.

c) Welche Parteien haben 1999 im Vergleich zu 1994 relativ (absolut) an Stimmen gewonnen? (Der relative Anteil einer Partei wird bezogen auf die Anzahl gültiger Stimmen.)

d) Stellen Sie die Wahlergebnisse durch ein Säulendiagramm (Kreisdiagramm) dar.

Windstrom in Deutschland

Jahr	Erzeugung (in Mrd. kWh)
1996	2,0
1997	3,0
1998	4,7
1999	6,0
2000	8,6
2001	10,7
2002	17,0
2003	19,2
2004	26,0
2005	26,5
2006	35,4

Fig. 3

8   Eine Klausur mit vierzig Teilnehmern brachte für zwei Teilnehmer die Note 1, acht Teilnehmer eine 2, fünfzehn Teilnehmer eine 3, zehn Teilnehmer eine 4, vier Teilnehmer eine 5, ein Teilnehmer eine 6. Zeichnen Sie das zugehörige Summenpolygon.

9   Bei einem Saatversuch mit Weizen wurde die Höhe (in cm) der einzelnen Pflanzen gemessen. Die Tabelle in Fig. 2 zeigt das Ergebnis.

a) Stellen Sie die Häufigkeitsverteilung durch ein Histogramm dar. Zeichnen Sie das Häufigkeitspolygon ein.

b) Erstellen Sie ein Summenpolygon.

k_i	H_i
über 55 bis 60	52
über 60 bis 62	35
über 62 bis 64	42
über 64 bis 66	65
über 66 bis 68	57
über 68 bis 70	18
über 70 bis 80	26

Fig. 2

10   Erstellen Sie auf dem GTR ein Punktdiagramm, ein Liniendiagramm und ein Histogramm für die Tabelle in Fig. 3 (für die Tabelle in Fig. 4).

Aids in Deutschland

Jahr	Neu diagnostizierte HIV-Infektionen
1996	1871
1997	2070
1998	1925
1999	1746
2000	1688
2001	1444
2002	1722
2003	1976
2004	2210
2005	2490

Fig. 4

11   Auf dem GTR kann man auch für eine Urliste direkt ein Histogramm erstellen. Hierzu gibt man die Daten ohne diese zu sortieren in die Liste L1 ein und wählt im WINDOW-Menü mit Xscl die Breite der Klassen. In Plot1 wird Freq:1 eingestellt.
Erstellen Sie auf dem GTR für die Urliste aus Fig. 5 ein Histogramm der Breite 2.

20	26	27	28	19	18	20	21
22	28	27	30	29	27	29	21
19	20	21	25	29	30	31	19
28	17	19	30	31	20	20	23
28	24	21	29	30	32	18	16
20	23	27	25	27	30	33	23
27	25	22	28	27	26	25	26

Fig. 5

3 Lagemaße einer Häufigkeitsverteilung

1 In einer Streichholzschachtel sollen sich gemäß Packungsaufdruck 38 Hölzchen befinden. Sabrina untersucht eine Stichprobe und erhält folgende Tabelle.

Zahl der Hölzer	35	37	38	39	40	41	42	44
absolute Häufigkeit	1	4	5	5	6	5	3	1

Wie viele Hölzer befanden sich durchschnittlich in einer Schachtel?

Häufig ist es nicht sinnvoll, eine ganze Häufigkeitsverteilung anzugeben. Insbesondere wenn verschiedene Verteilungen gleichzeitig zu betrachten sind, ist man daran interessiert, eine Verteilung durch möglichst wenige Angaben zu charakterisieren. Zahlen, die hierfür verwendet werden, heißen **statistische Maßzahlen** (**Parameter**, **Kenngrößen**).
Zunächst werden Maßzahlen betrachtet, die angeben, um welchen „mittleren" Wert sich die Stichprobenwerte in der Urliste gruppieren; sie heißen **Lagemaße** der zugehörigen Häufigkeitsverteilung.

Das bekannteste Lagemaß ist das **arithmetische Mittel**, im Alltag meist als **Durchschnittswert** oder kürzer **Durchschnitt** bezeichnet. Es ist allerdings nur bei metrischen Skalen anwendbar.

Es ist z. B.
$$\sum_{i=1}^{3} x_i = x_1 + x_2 + x_3.$$

> Das **arithmetische Mittel (Mittelwert)** der Stichprobenwerte $x_1, \ldots, x_n$ ist die Zahl
>
> $$\overline{x} = \frac{1}{n}(x_1 + \ldots + x_n), \qquad \text{kurz:} \quad \overline{x} = \frac{1}{n}\sum_{i=1}^{n} x_i.$$
>
> Kommen die Merkmalsausprägungen $a_1, \ldots, a_k$ mit den absoluten Häufigkeiten $H_1, \ldots, H_k$ vor, so kann man einfacher rechnen:
>
> $$\overline{x} = \frac{1}{n}(a_1 \cdot H_1 + \ldots + a_k \cdot H_k), \qquad \text{kurz:} \quad \overline{x} = \frac{1}{n}\sum_{i=1}^{k} a_i \cdot H_i.$$
>
> Sind $h_1, \ldots, h_k$ die relativen Häufigkeiten von $a_1, \ldots, a_k$, so gilt:
>
> $$\overline{x} = a_1 \cdot h_1 + \ldots + a_k \cdot h_k, \qquad \text{kurz:} \quad \overline{x} = \sum_{i=1}^{k} a_i \cdot h_i.$$

Liegt eine Klasseneinteilung vor, kann der Mittelwert nicht mehr exakt berechnet werden. Man erhält einen Näherungswert für $\overline{x}$, wenn man an Stelle von a_i die Klassenmitten und von H_i die Klassenhäufigkeiten verwendet.
Sind n Stichprobenwerte in r Klassen mit den Klassenmitten $m_1, \ldots, m_r$ und den Häufigkeiten $H_1, \ldots, H_r$ eingeteilt, so verwendet man als arithmetisches Mittel den Näherungswert

$$\overline{x} = \frac{1}{n}(m_1 \cdot H_1 + \ldots + m_r \cdot H_r), \quad \text{kurz:} \quad \overline{x} = \frac{1}{n}\sum_{i=1}^{r} m_i \cdot H_i.$$

Modalwert und **Median** sind zwei weitere Lagemaße. Der **Modalwert** ist der häufigste Wert in einer Stichprobe. Er ist für jede Merkmalsart erklärt und für Nominalskalen das einzige anwendbare Lagemaß. Der Modalwert ergibt sich im Allgemeinen direkt aus der Häufigkeitstabelle. Eine Stichprobe kann mehr als einen Modalwert haben. Bei klassierten Daten kann man den Modalwert nicht exakt bestimmen, sondern nur die häufigste Klasse. Diese kann man aus dem Histogramm ablesen.

19

Bei Stichprobenwerten einer Ordinalskala (die zusätzlich metrisch sein kann) ist das wichtigste Lagemaß der **Median (Zentralwert)**. Er wird mit x_{Med} bezeichnet. Der Median ist derjenige Wert, der die Stichprobenwerte in etwa zwei gleich große Gruppen zerlegt.

Zur Bestimmung eines **Medians** werden die Stichprobenwerte der Urliste zunächst ihrer Rangfolge nach geordnet. Der Median ist der Stichprobenwert, der bei dieser Anordnung höchstens die Hälfte der Werte vor sich und höchstens die Hälfte der Werte nach sich hat.

Ist die Anzahl n der Stichprobenwerte ungerade, liegt der Median in der Mitte.
So hat z. B. die geordnete Urliste   2; 2; 3; 3; 3; 4; 4
sieben Stichprobenwerte. Der Wert 3 liegt in der Mitte und es gilt: $x_{Med} = 3$.

Bei metrisch skalierten Merkmalen und geradem n wählt man häufig das arithmetische Mittel der beiden in der Mitte stehenden Werte als Median (vgl. Beispiel 1).
Liegt eine Tabelle mit relativen Häufigkeiten vor, ist der Merkmalswert der Median, bei dem die relative Summenhäufigkeit von unter 0,5 auf über 0,5 springt (vgl. Beispiel 2).

Bei klassiert vorliegenden Daten lässt sich der Median nicht exakt ermitteln. Man kann nur diejenige Klasse bestimmen, in welcher der Median liegt (vgl. Aufgabe 9).

Eine Verallgemeinerung des Gedankenganges, die Stichprobenwerte in zwei gleich große Gruppen zu zerlegen, führt zu den **Quartilen**. Das Quartil Q_1 ist der Median der unteren Hälfte der Stichprobenwerte. Er trennt also von unten her 25 % einer Verteilung ab.
Das Quartil Q_3 ist der Median der oberen Hälfte; er trennt von unten her 75 % einer Verteilung ab. Das Quartil Q_2 ist der Median.

Das arithmetische Mittel, der Median sowie die Quartile Q_1 und Q_3 können mit dem GTR berechnet werden (vgl. Beispiel 3).

*Extreme Werte wie der Stichprobenwert 4,2 in Beispiel 1 heißen **Ausreißer**. Sind in einer Urliste Ausreißer vorhanden, so ist bei der Verwendung des arithmetischen Mittels als Lagemaß Vorsicht geboten; im Allgemeinen beschreibt dann der Median die Lage der Stichprobenwerte besser.*

Beispiel 1: (Vergleich zwischen arithmetischem Mittel und Median)
Bei einer Qualitätsprüfung wurden einer Betonmauer 10 Proben entnommen und jeweils die Dichte (in kg pro dm^3) bestimmt. Man fand die folgenden Werte.

1,8   2,0   1,9   1,8   1,8   4,2   1,8   1,9   2,1   1,8

a) Berechnen Sie das arithmetische Mittel und den Median.
b) Vergleichen Sie die ermittelten Werte. Welcher der beiden Werte beschreibt in diesem Fall die Häufigkeitsverteilung besser?
Lösung:
a) Arithmetisches Mittel:
$$\overline{x} = \tfrac{1}{10}(1,8 + 2,0 + 1,9 + 1,8 + 1,8 + 4,2 + 1,8 + 1,9 + 2,1 + 1,8) = 2,1$$
Median:
Geordnete Stichprobe: 1,8   1,8   1,8   1,8   1,8   1,9   1,9   2,0   2,1   4,2
Anzahl der Stichprobenwerte: n = 10; also gerade.
In der Mitte stehen die Werte 1,8 und 1,9. Da eine metrische Skala vorliegt, kann man den Mittelwert bilden: $x_{Med} = 1,85$.
b) In diesem Fall beschreibt der Median die Häufigkeitsverteilung wesentlich besser als das arithmetische Mittel. Das rührt von dem extremen Stichprobenwert 4,2 her, der außerhalb der Größenordnung der übrigen Werte liegt.

Beispiel 2: (Berechnung eines arithmetischen Mittels und eines Medians aus einer Tabelle mit relativen Häufigkeiten)

Gegeben ist die folgende Häufigkeitsverteilung für das Alter von Personen.

Alter (in Jahren)	17	18	19	20	21	22	23
Relative Häufigkeit	0,06	0,17	0,28	0,20	0,13	0,09	0,07

Berechnen Sie das arithmetische Mittel und den Median.

Lösung:

Arithmetisches Mittel:

$\bar{x} = 17 \cdot 0,06 + 18 \cdot 0,17 + 19 \cdot 0,28 + 20 \cdot 0,20 + 21 \cdot 0,13 + 22 \cdot 0,09 + 23 \cdot 0,07 = 19,72$

Median:

Für die relativen Summenhäufigkeiten ergibt sich:

Alter (in Jahren)	17	18	19	20	21	22	23
Rel. Summenhäufigkeit	0,06	0,23	0,51	0,71	0,84	0,93	1

Bei dem Merkmalswert 19 springt die relative Summenhäufigkeit erstmals über 0,5. Also ergibt sich für den Median: $x_{Med} = 19$.

Beispiel 3: (Berechnung von $\bar{x}$, x_{Med}, Q_1 und Q_3 mit dem GTR)

Berechnen Sie mit dem GTR das arithmetische Mittel, den Median sowie Q_1 und Q_3

a) für die Urliste

21; 24; 23; 18; 19; 21; 23; 19; 20; 19; 20; 24; 18; 19; 20

b) für die Häufigkeitsverteilung

a_i	0,3	0,4	0,5	0,6	0,7	0,8
H_i	3	6	7	9	8	4

Lösung:

a) Zunächst wird die Urliste im ⎣STAT⎦-Menü mit EDIT unter L1 eingegeben. Danach wird im ⎣STAT⎦ ⎣CALC⎦-Menü 1-VAR STATS gewählt. Nach erneuter Betätigung von ⎣ENTER⎦ erhält man die gewünschten Werte: $\bar{x} \approx 20,53$; $x_{Med} = 20$; $Q_1 = 19$; $Q_3 = 23$.

Mit dem Befehl SortA(aus dem ⎣STAT⎦ *Edit-Menü kann man eine Liste in aufsteigender Reihen-folge sortieren. Mit SortD(in absteigender Reihen-folge.*

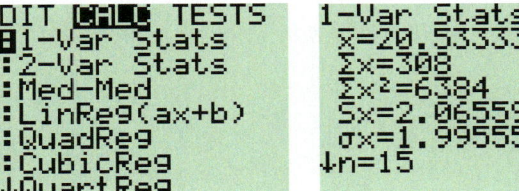

b) Nach Eingabe der a_i in L1 und der H_i in L2 wird wiederum im ⎣STAT⎦ ⎣CALC⎦-Menü 1-VAR STATS gewählt. Dann aber muss L1, L2 zugefügt werden. Nach Betätigung von ⎣ENTER⎦ erhält man: $\bar{x} \approx 0,57$; $x_{Med} = 0,6$; $Q_1 = 0,45$; $Q_3 = 0,7$.

Beispiel 4: (Berechnung des arithmetischen Mittels mit EXCEL)

Berechnen Sie mit EXCEL das arithmetische Mittel

a) für die Urliste

501; 499; 504; 507; 497; 506; 507; 503; 505; 501; 499; 503; 498; 497; 502; 501

b) für die Häufigkeitsverteilung

a_i	1,5	2,0	2,5	3,0	3,5	4,0
h_i	0,10	0,18	0,20	0,25	0,17	0,10

Zu dem Begriff „Vektorformel" vgl. Seite 16.

Lösung:

a) Die Daten der Urliste stehen im Bereich A3 bis A18. In Fig. 1 sind die Zeilen 5 bis 15 ausgeblendet. Zelle A19 enthält das arithmetische Mittel, das mit der Formel =MITTELWERT(A3:A18) berechnet wurde.

	A
1	Arithmetisches Mittel
2	x_i
3	501
4	499
16	497
17	502
18	501
19	501,875

Fig. 1

Man erhält: $\overline{x} \approx 501{,}9$.

b) Das arithmetische Mittel erhält man, indem man mit =PRODUKT( ) die Produkte bildet und in C9 mit =SUMME(C3:C8) addiert oder aber direkt in C9 die Vektorformel {=SUMME(A3:A8*B3:B8)} verwendet.

	A	B	C
1	Arithmetisches Mittel		
2	a_i	h_i	$a_i \cdot h_i$
3	1,5	0,10	0,150
4	2,0	0,18	0,360
5	2,5	0,20	0,500
6	3,0	0,25	0,750
7	3,5	0,17	0,595
8	4,0	0,10	0,400
9			2,755

Fig. 2

Man erhält: $\overline{x} \approx 2{,}8$.

Aufgaben

2 In einem landwirtschaftlichen Betrieb wurde die tägliche Milchleistung von Kühen untersucht mit folgendem Ergebnis (M: Milchmenge; F: Fettgehalt).

Tier Nr.	1	2	3	4	5	6	7	8	9	10
M (in Liter)	21,5	19,5	26,3	23,0	23,8	22,0	26,6	28,0	25,1	20,7
F (in %)	4,4	4,6	3,9	4,1	4,0	4,2	4,1	3,6	4,5	4,2

Berechnen Sie für die Milchmenge sowie für den Fettgehalt der Milch jeweils das arithmetische Mittel und den Median. Überprüfen Sie Ihre Ergebnisse mit dem GTR.

3 In einem Betrieb verdient ein Drittel der Beschäftigten monatlich 1600 Euro, ein Fünftel 2000 Euro, ein Sechstel 2300 Euro, der Rest 3000 Euro. Berechnen Sie den mittleren Monatsverdienst.

4 In einer Papierfabrik soll für eine bestimmte Papiersorte das mittlere Gewicht für die Blattgröße DIN A4 ermittelt werden. Eine genaue Wägung von 10 Blättern ergab:
Gewicht (in Gramm): 8,25 8,08 8,16 7,96 8,10 8,27 8,14 7,92 8,04 8,15 .
Berechnen Sie mit dem GTR das arithmetische Mittel, den Median und die Quartile Q_1 und Q_3 der Papiergewichte.

5 In einer Ausgabe des Romans „Krieg und Frieden" von Tolstoi mit 1068 Seiten wurden auf 10 zufällig ausgewählten Seiten die Zeilen und bei 10 zufällig ausgewählten Zeilen die Wörter gezählt.

Zeilen / Seite	42	42	37	37	39	42	41	40	40	38
Wörter / Zeile	10	10	9	10	9	8	10	9	8	8

Schätzen Sie die Zahl der Wörter in diesem Roman.

6   Ein Lehrer benotet die mündlichen Leistungen seiner Schülerinnen und Schüler mit +, falls diese überdurchschnittlich sind, mit x, wenn sie durchschnittlich und mit –, wenn sie nicht zufriedenstellend sind. Bestimmen Sie den Modalwert, den Median sowie die Quartile Q_1 und Q_3 der folgenden Urliste:

+ x – – + x x – x x + + x x x x – + x + .

Anzahl der Wörter	relative Häufigkeit
1	0
2	0,006
3	0,02
4	0,02
5	0,03
6	0,04
7	0,06
8	0,12
9	0,15
10	0,17
11	0,19
12	0,14
13	0,03
14	0,02
15	0,004

Fig. 1

7   Unter Jugendlichen eines Jahrgangs wurde ein Gedächtnistest durchgeführt. Dazu wurde jeder Testperson eine Liste von 15 Wörtern dreimal vorgelesen und danach festgestellt, wie viele davon die Testperson im Gedächtnis behielt (vgl. Fig. 1). Bestimmen Sie das arithmetische Mittel und den Median.

8   Eine Schülerzeitung hat 50 Schüler der 11. Klasse gefragt, wie viele Stunden sie täglich am Computer verbringen.

Zeit (in Stunden)	0	1	2	3	4
Anzahl	8	22	11	4	5

Bestimmen Sie den Mittelwert, den Median und den Modalwert.

9   In einer Klinik wurde die Größe (in cm) von Neugeborenen festgestellt. Man erhielt das folgende Ergebnis.

Größe	47	48	49	50	51	52	53	54	55	56	57
Anzahl	1	2	5	15	17	12	12	4	3	1	3

a) Berechnen Sie mit dem GTR das arithmetische Mittel, den Median und die Quartile Q_1 und Q_3 für diese Verteilung.
b) Nehmen Sie für die Daten eine Klassierung vor (Klassenbreite 2 cm). Ermitteln Sie einen Näherungswert für das arithmetische Mittel und die Klasse, in welcher der Median liegt. Welcher Wert ergibt sich für den Median, wenn man die Klassenmitten verwendet?

10   Marcellina: „Der Mittelwert aller Abweichungen vom Mittelwert ist immer null".
a) Was meint Marcellina mit ihrer „Entdeckung"?
Erläutern Sie die Aussage am Beispiel der Urliste 1; 5; 0; 2; 1; 8; 0; 3.
b) Begründen Sie, dass Marcellinas Aussage für jede Urliste stimmt.

11   In der Jahrgangsstufe 11 ergab sich am Schuljahresanfang die „Altersverteilung" aus Fig. 2.
a) Berechnen Sie näherungsweise das mittlere Alter $\bar{x}$ unter Benutzung der Klassenmitten $k_1 = 15,3, \ldots, k_9 = 20,1$.
b) Vergleichen Sie Ihr Ergebnis mit dem aus der Urliste berechneten Mittelwert $\bar{x} = 16,9785$ Jahre.
c) Begründen Sie: Der Unterschied ist stets höchstens so groß wie die Klassenbreite (hier 0,6 Jahre).

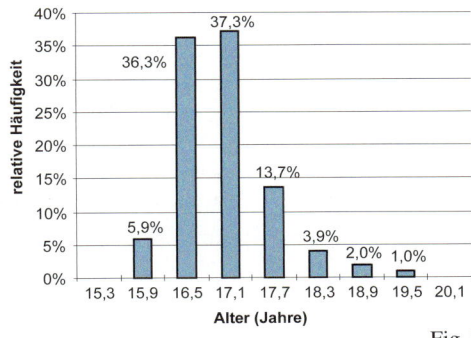

Fig. 2

12   Jan hat wiederholt 10 Reißzwecken derselben Sorte geworfen und jeweils gezählt, wie viele Reißzwecken mit der Spitze nach oben lagen. Er erhielt die folgenden Ergebnisse.
6; 5; 4; 5; 7; 8; 6; 7; 6; 7; 9; 5; 9; 7; 7; 3; 8; 7; 2; 3; 7; 5; 6; 8; 4; 4; 5; 6; 9; 7; 4; 3; 7; 6
Ermitteln Sie mit EXCEL das arithmetische Mittel, den Median und die Quartile.

23

4 Streuungsmaße einer Häufigkeitsverteilung

1   Gegeben sind die beiden folgenden Häufigkeitsverteilungen.

a_i	8	9	10	11
H_i	1	5	17	7

a_i	9,8	9,9	10,0	10,1	10,2
H_i	9	8	4	6	10

a) Zeichnen Sie Stabdiagramme beider Verteilungen.
b) Berechnen Sie jeweils das arithmetische Mittel. Bringen diese Werte die Unterschiede der Verteilungen zum Ausdruck?

Anlage I	Anlage II
5,1	5,2
4,8	4,7
5,0	5,4
5,2	4,9
4,9	5,0
4,7	5,4
5,0	5,0
5,1	4,5
4,8	4,6
5,0	5,4
5,1	4,5
4,9	5,3
5,0	4,6
5,1	4,7
5,0	5,4
4,9	4,5
5,0	5,4
4,9	4,9
5,1	4,5
4,7	5,4
5,0	5,2
4,9	5,0
5,0	5,3
5,1	4,5
5,2	5,3

Fig. 1

Anlage I: $\bar{x} = 4{,}980$
Anlage II: $\bar{x} = 4{,}984$

Nach der Montage zweier Abfüllanlagen für hochwertiges Pulver fand eine erste Überprüfung statt. Fig. 1 enthält die Ergebnisse bei einer Solleinstellung auf 5 Gramm.
In Fig. 2 sind die zugehörigen Stabdiagramme gezeichnet. Diese zeigen, dass (bei fast gleichen Mittelwerten) die Ergebnisse von Anlage II stärker „streuen" als die von Anlage I.
Diese „Streuung" kann auf verschiedene Weisen „gemessen" werden.

Als **Spannweite** einer Urliste bezeichnet man die Differenz u aus dem größten Stichprobenwert x_{max} und dem kleinsten Stichprobenwert x_{min}.
Bei Anlage I ist sie mit $5{,}2 - 4{,}7 = 0{,}5$ kleiner als bei Anlage II: $5{,}4 - 4{,}5 = 0{,}9$.

Auch die **mittlere absolute Abweichung** von $\bar{x}$ ist als Streumaß geeignet.
Bei Anlage I ergibt sich mit

Anlage I

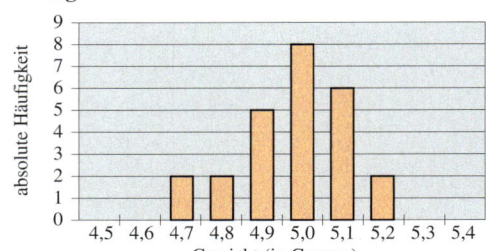

Anlage II

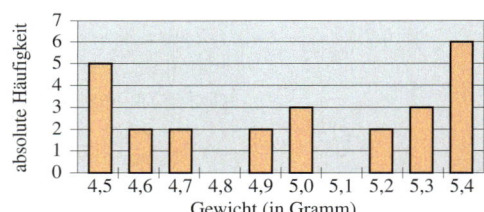

Fig. 2

$\frac{1}{25}(|5{,}1 - 4{,}980| + |4{,}8 - 4{,}980| + |5{,}0 - 4{,}980| + \ldots + |5{,}2 - 4{,}980|) \approx 0{,}106$
wiederum ein kleinerer Wert als bei Anlage II
$\frac{1}{25}(|5{,}2 - 4{,}984| + |4{,}7 - 4{,}984| + |5{,}4 - 4{,}984| + \ldots + |5{,}3 - 4{,}984|) \approx 0{,}314$.
Würde man auf die Betragstriche verzichten und nur den Mittelwert aus den Abweichungen berechnen, so ergäbe sich stets der Wert 0. Man erhielte kein brauchbares „Streuungsmaß".

In der Praxis verwendet man statt der Beträge meist die Quadrate der einzelnen Differenzen. Außerdem dividiert man die Summe nicht durch die Anzahl n der Stichprobenwerte, sondern durch n−1. Die Gründe hierfür können erst im Rahmen der Stochastik erläutert werden.
Das zugehörige Streuungsmaß nennt man die **mittlere quadratische Abweichung** oder **(empirische) Varianz** der Stichprobe; sie wird mit s^2 bezeichnet. Die Wurzel aus der Varianz heißt **(empirische) Standardabweichung**; sie wird mit s bezeichnet.
Anlage I: $s^2 = \frac{1}{24}[(5{,}1 - 4{,}980)^2 + (4{,}8 - 4{,}980)^2 + \ldots + (5{,}2 - 4{,}980)^2] \approx 0{,}0183$; $s \approx 0{,}135$
Anlage II: $s^2 \approx 0{,}1281$; $s \approx 0{,}358$
Man sagt: Bei Anlage I streuen die Stichprobenwerte weniger um den Mittelwert als bei Anlage II.

*Ist nur eine Häufigkeits-tabelle mit **relativen** Häu-figkeiten gegeben, ist s^2 nicht berechenbar.*

Ist nur eine Häufigkeits-tabelle mit relativen Häu-figkeiten gegeben, ist s² nicht berechenbar.

Die Standardabweichung hat im Unterschied zur Varianz die gleiche Dimen-sion wie die Stichproben-werte x_i und das arithme-tische Mittel $\bar{x}$.

Sind $x_1, \ldots, x_n$ Stichprobenwerte mit dem arithmetischen Mittel $\bar{x}$, so heißt die Zahl

$$s^2 = \frac{1}{n-1}[(x_1 - \bar{x})^2 + \ldots + (x_n - \bar{x})^2]; \quad \text{kurz: } s^2 = \frac{1}{n-1}\sum_{i=1}^{n}(x_i - \bar{x})^2$$

Varianz (oder **Streuung**) der Stichprobenwerte. Die Quadratwurzel aus der Varianz wird mit s bezeichnet und **Standardabweichung** genannt.
Kommen die Merkmalsausprägungen $a_1, \ldots, a_k$ mit den absoluten Häufigkeiten $H_1, \ldots, H_k$ vor, so kann man einfacher rechnen:

$$s^2 = \frac{1}{n-1}[(a_1 - \bar{x})^2 \cdot H_1 + \ldots + (a_k - \bar{x})^2 \cdot H_k]; \quad \text{kurz: } s^2 = \frac{1}{n-1}\sum_{i=1}^{k}(a_i - \bar{x})^2 \cdot H_i.$$

Bei klassierten Daten erhält man einen Näherungswert für s^2, wenn man an Stelle der a_i die Klassenmitten und von H_i die Klassenhäufigkeiten verwendet.

Der Name Standardabweichung kommt daher, dass bei vielen Erhebungen ein Merkmal wie z.B. die Körperlänge von Schulanfängern oder der Intelligenzquotient einer Vielzahl von unabhängigen Einflüssen unterliegt. Nach einer groben Faustregel weichen bei *großen* Stich-proben „standardmäßig" ca. 68 % aller Daten um höchstens eine Standardabweichung vom Mittelwert ab.
Ca. 68 % aller Daten liegen bei einer großen Stichprobe im Intervall $[\bar{x} - s; \bar{x} + s]$.

Ein weiteres Streuungsmaß ist der **Quartilabstand Q_A**, auch **Interquartilabstand** genannt. Zwischen Q_3 und Q_1 liegen (mindestens) 50 % aller geordneten Stichprobenwerte. Daher be-schreibt der Quartilabstand $Q_A = Q_3 - Q_1$ die Länge des Bereiches, der (mindestens) 50 % aller geordneten Werte enthält.

Die fünf Kennzahlen x_{min}, Q_1, x_{Med}, Q_3 und x_{max} lassen sich durch einen **Boxplot** grafisch veranschaulichen (Fig. 1). Die Begrenzungen der Box sind die Quartile Q_1 und Q_3. In die Box wird als senkrechter Strich der Median und häufig zusätzlich das arithmetische Mittel (als Kreuz, Punkt oder Stern) eingezeichnet. Links und rechts der Box werden waagerechte Linien (so genannte Antennen) gezeichnet mit den Enden x_{min} bzw. x_{max}.

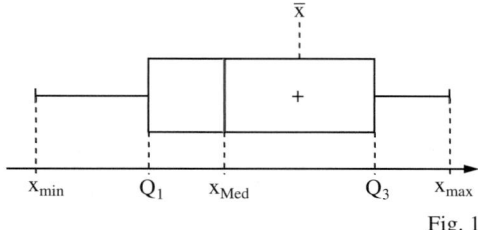

Fig. 1

Ein modifizierter Boxplot (Fig. 2) entsteht, wenn man die Antennen auf das maximal 1,5-fache von Q_A beschränkt und die außer-halb liegenden Werte als Ausreißer besonders markiert.

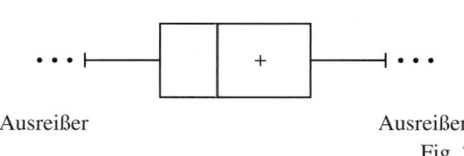

Ausreißer   Ausreißer

Fig. 2

Beispiel 1: (Berechnung einer Standardabweichung ohne und mit GTR)
In einer Firma werden Bolzen auf eine bestimmte Länge zugeschnitten. Bei einer Einstellung der Schneidemaschine auf die Normlänge 13,4 mm wurden der Produktion 10 Bolzen entnom-men und nachgemessen. Man erhielt das folgende Ergebnis.
13,4   13,4   13,2   13,4   13,3   13,4   13,5   13,4   13,6   13,4
Berechnen Sie ohne GTR die Standardabweichung.
Überprüfen Sie Ihr Ergebnis mit dem GTR.

Es gibt eine kürzere Formel zur Berechnung einer Varianz:

$$s^2 = \frac{1}{n-1}\left(\sum_{i=1}^{n} x_i^2 - a \cdot \overline{x}^2\right)$$

Prüfen Sie das Ergebnis mit dieser Formel.

Lösung:

Berechnung ohne GTR in Tabellenform:

a_i	H_i	$a_i \cdot H_i$	$a_i - \overline{x}$	$(a_i - \overline{x})^2$	$(a_i - \overline{x})^2 \cdot H_i$
13,2	1	13,2	−0,2	0,04	0,04
13,3	1	13,3	−0,1	0,01	0,01
13,4	6	80,4	0,0	0,00	0,00
13,5	1	13,5	0,1	0,01	0,01
13,6	1	13,6	0,2	0,04	0,04
	10	134,0			0,10

$\overline{x} = \frac{134}{10} = 13{,}4;\ \ s^2 = \frac{1}{9}\cdot 0{,}10 \approx 0{,}011;\ \ s = \sqrt{\frac{0{,}10}{9}} \approx 0{,}105$

Hinweis:

In der Ergebnisanzeige ist $\sigma_x = 0{,}1$ derjenige Wert, den man erhält, wenn man in der Formel durch n und nicht durch n − 1 dividiert.

Berechnung mit GTR:
Zunächst wird die Urliste im $\boxed{\text{STAT}}$-Menü mit Edit unter L1 eingegeben. Danach wird im $\boxed{\text{STAT}}$ $\boxed{\text{CALC}}$-Menü 1-Var Stats gewählt. Nach erneuter Betätigung von $\boxed{\text{ENTER}}$ erhält man: $s \approx 0{,}105$.

```
EDIT CALC TESTS
1:1-Var Stats
2:2-Var Stats
3:Med-Med
4:LinReg(ax+b)
5:QuadReg
6:CubicReg
7↓QuartReg
```

```
1-Var Stats
 x̄=13.4
 Σx=134
 Σx²=1795.7
 Sx=.1054092553
 σx=.1
↓n=10
```

Beispiel 2: (Berechnung einer Standardabweichung mit GTR; Boxplot, Interpretation)
Gegeben ist die folgende Urliste für das Gewicht von Hühnereiern (in Gramm).

64 61 67 74 65 77 72 58 60 64
64 66 70 63 65 75 72 70 71 75
77 73 75 70 74 71 73 70 68 69
73 74 72 70 69 70 60 61 50 52

a) Ermitteln Sie mit dem GTR das arithmetische Mittel und die Standardabweichung.

b) Erstellen Sie auf dem GTR einen Boxplot und interpretieren Sie damit die Verteilung.

Lösung:

a) Das arithmetische Mittel ist $\overline{x} = 68{,}1$. Die Standardabweichung ist $s \approx 6{,}38$.

b) Zur Erstellung eines Boxplots wählt man im $\boxed{\text{STAT}}$ $\boxed{\text{PLOT}}$-Menü (zu erreichen mit $\boxed{\text{2ND}}$ $\boxed{\text{Y=}}$) z. B. Plot1 und dann das Symbol für Boxplot. Mit $\boxed{\text{GRAPH}}$ erhält man den Plot.
Betätigt man $\boxed{\text{TRACE}}$, kann man die einzelnen Kennzahlen verfolgen.
Wählt man für einen Plot2 das Symbol für den modifizierten Plot, erhält man den Plot mit dem markierten Ausreißer.

Am Boxplot erkennt man:
Die linke Antenne ist deutlich länger als die rechte.
Man sagt, die Verteilung ist „schief".
Große Gewichte unterscheiden sich nicht so stark wie kleine.

```
1-Var Stats
 x̄=68.1
 Σx=2724
 Σx²=187090
 Sx=6.376237939
 σx=6.296030495
↓n=40
```

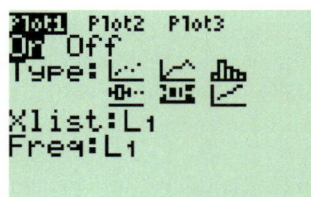

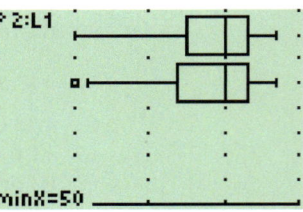

Beispiel 3: (Berechnungen mit EXCEL)

Hinweise zu EXCEL:
Die Befehle
=VARIANZ()
und
=STABW()
berechnen die Varianz bzw.
die Standardabweichung
mit dem Nenner n – 1,
die Befehle
=VARIANZEN()
und
=STABWN()
dagegen mit dem Nenner n.

a) Frau Tribler wiegt sich jeden Morgen auf ihrer Präzisionswaage. Ihre Ergebnisse sind in Fig. 1 in den Spalten A und B enthalten. Berechnen Sie die Varianz und die Standardabweichung.

b) Mithilfe von Stoppuhren bestimmen 45 Schülerinnen und Schüler die Fallzeit (in s) von Kieselsteinen für die Höhe zwischen Klassenraum und Schulhof. Die Ergebnisse stehen in Fig. 2 in den Spalten A und B. Berechnen Sie die Varianz und die Standardabweichung.

Lösung:

a) Es ist eine Urliste gegeben.

In diesem Fall berechnet EXCEL (Fig. 1) mit dem Befehl =VARIANZ(B3:B9) die Varianz und mit =STABW(B3:B9) die Standardabweichung.

Man erhält $s^2 \approx 0{,}061$ und $s \approx 0{,}247$.

b) Es ist eine Häufigkeitsverteilung gegeben.

In diesem Fall muss man eigene Berechnungen durchführen (Fig. 2). Man kann die Zwischenergebnisse im Bereich D3 bis D9 zellenweise oder mit der Vektorformel {=(A3:A9–C10)^2*B3:B9} berechnen. Zelle D10 enthält den Befehl =SUMME(D3:D9)/44; Zelle D11 den Befehl =WURZEL(D10).

Man erhält $s^2 \approx 0{,}018$ und $s \approx 0{,}134$.

	A	B
1	Varianz, Standardabweichung	
2		x_i
3	Mo	68,04
4	Di	67,81
5	Mi	67,69
6	Do	68,16
7	Fr	68,41
8	Sa	67,92
9	So	67,98
10		$s^2 = 0{,}0616$
11		$s = 0{,}24710$

Fig. 1

	A	B	C	D
1	Varianz, Standardabweichung			
2	a_i	H_i	$a_i \cdot H_i$	$(a_i - \bar{x})^2 \cdot H_i$
3	1,3	2	2,6	0,12836
4	1,4	8	11,2	0,18809
5	1,5	14	21,0	0,03982
6	1,6	10	16,0	0,02178
7	1,7	8	13,6	0,17209
8	1,8	2	3,6	0,12169
9	1,9	1	1,9	0,12018
10			$\bar{x} = 1{,}55333$	$s^2 = 0{,}018$
11				$s = 0{,}13416$

Fig. 2

Aufgaben

2 Berechnen Sie in tabellarischer Form das arithmetische Mittel, die Varianz und die Standardabweichung. Überprüfen Sie Ihre Ergebnisse mit dem GTR. Erstellen Sie auf dem GTR einen Boxplot bei verschiedenen WINDOW-Einstellungen.

a) 5 4 5 6 5 6 4 5 6 8   b) 2,6 2,9 2,5 2,6 3,0 2,7 2,8 2,7

3 Um einen Anhaltspunkt über die durchschnittliche jährliche Fahrleistung von PKWs zu erhalten werden aus einer vorgegebenen Population 50 Autobesitzer zufällig ausgewählt und nach der im vergangenen Jahr zurückgelegten Fahrstrecke (in 1000 km) befragt.

15 12 16 25 5 30 8 10 15 20 7 10 20 30 15
15 18 30 45 5 2 16 24 25 10 14 20 15 12 8
25 10 15 28 12 10 20 32 42 13 18 25 12 15 20
25 21 14 5 2

a) Berechnen Sie das arithmetische Mittel, die Varianz und die Standardabweichung.

b) Erstellen Sie einen Boxplot und interpretieren Sie damit die Verteilung.

4 Für die Teile einer Klausuraufgabe erhielten 20 Schüler die folgenden Punktzahlen.

Schüler	1	2	3	4	5	6	7	8	9	10	11	12	13	14	15	16	17	18	19	20
Teil a:	8	6	8	7	7	7	7	8	3	8	6	5	8	5	5	6	8	8	8	6
Teil b:	5	2	5	8	4	5	1	7	0	3	8	2	7	2	2	4	3	5	7	7
Teil c:	6	7	4	4	5	3	4	7	0	5	5	6	2	3	2	4	3	4	10	4

a) Berechnen Sie zeilenweise die Spannweite, die mittlere absolute Abweichung, die Varianz und die Standardabweichung der in den drei Aufgabenteilen erreichten Punktzahlen. Bei welchem Aufgabenteil ist die Varianz besonders hoch? (Man nennt solche Aufgaben „trenn-scharf".)
b) Berechnen Sie spaltenweise die von jedem der 20 Schüler erreichte Punktsumme. Wie groß sind Varianz und Standardabweichung der Punktsumme?

5 Mit einer elektronischen Waage wurde wiederholt das Gewicht eines Briefes (in g) gemessen. Man erhielt die folgende Urliste.

22,94 22,90 22,92 22,76 22,80 22,85 22,84 22,86 22,83 22,87

22,88 22,86 22,88 22,85 22,96 22,93 22,95 22,61 22,70 22,69

a) Berechnen Sie Mittelwert und Standardabweichung.
b) Die Angabe einer Messgenauigkeit (0,1 %) bedeutet: Die Standardabweichung der Messwerte beträgt höchstens 0,1 % des „wahren Wertes". Darf die Waage das „Gütesiegel 0,1 %" tragen?

Berechnen Sie aus der Ur-liste Alter.xls (vgl. Seite 23) mit EXCEL exakt den Anteil der Schülerinnen und Schüler, die in den verschiedenen Stufen mit ihrem Alter zwischen $\bar{x} - s$ und $\bar{x} + s$ liegen.

6 a) Berechnen Sie aus den Angaben von Fig. 1 und von Fig. 2 die Mittelwerte und die Standardabweichungen der Altersverteilungen in der Jahrgangsstufe 5 und in der Jahrgangs-stufe 13.
b) Wie viel Prozent der Schülerinnen und Schüler liegen in den verschiedenen Stufen mit ihrem Alter näherungsweise zwischen $\bar{x} - s$ und $\bar{x} + s$?
c) Wie erklären Sie inhaltlich, dass die Standardabweichung in der Jahrgangsstufe 13 größer ist als in der Jahrgangsstufe 5?

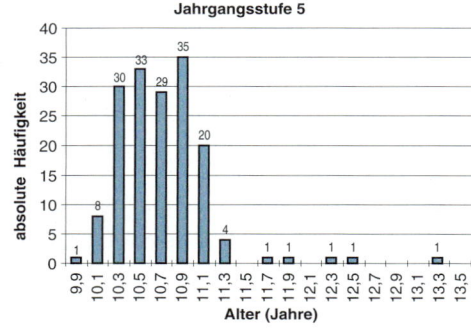

Altersverteilung Jahrgangsstufe 5

Fig. 1

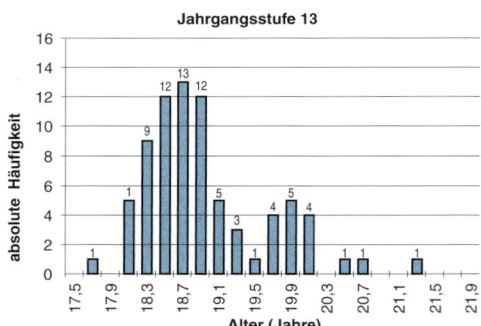

Altersverteilung Jahrgangsstufe 13

Fig. 2

7 a) Zählen Sie bei 5 (bei 10) Telefongesprächen, wie oft Sie anklingeln müssen, bis der Gesprächspartner abhebt.
Anrufbeantworter und erfolglose Verbindungsversuche bleiben unberücksichtigt.
Ermitteln Sie Mittelwert und Standardabweichung Ihrer Urliste.
b) Fassen Sie gemeinsam die Urlisten aller Schülerinnen und Schüler zusammen und berechnen Sie Mittelwert und Standardabweichung der gemeinsamen Urliste.
Untersuchen Sie, ob die 68 %-Regel ein brauchbares Ergebnis liefert.

5 Lineare Regression

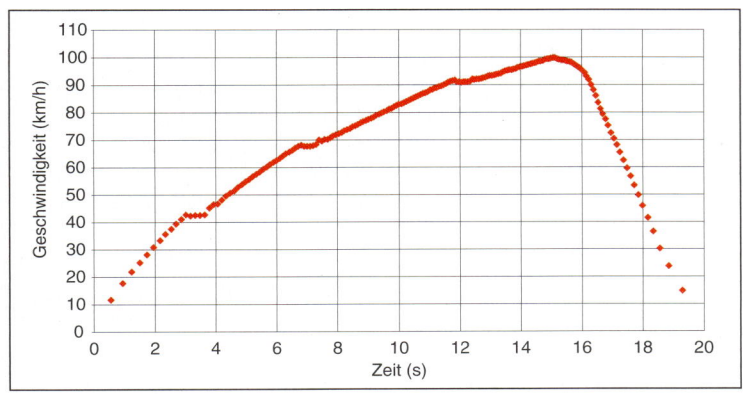

Fig. 1

1 Während eines Belastungstests wurde ein PKW mit Vollgas beschleunigt und nach Erreichen einer Geschwindigkeit von $100\,\frac{km}{h}$ „hart abgebremst".

a) Fassen Sie die Informationen, die Sie der Grafik in Fig. 1 entnehmen können, in eigene Worte.

b) Nach welcher Zeit hätte der PKW theoretisch die Geschwindigkeit $100\,\frac{km}{h}$ erreichen können, wenn der Fahrer während der ganzen Zeit das Auto im ersten (zweiten) Gang hätte beschleunigen können ohne schalten zu müssen?

Bei Anwendungssituationen steht man häufig vor folgendem Problem:
Gemessen werden zwei Größen x und y; gesucht wird eine Funktion, die den Zusammenhang dieser Größen beschreibt.

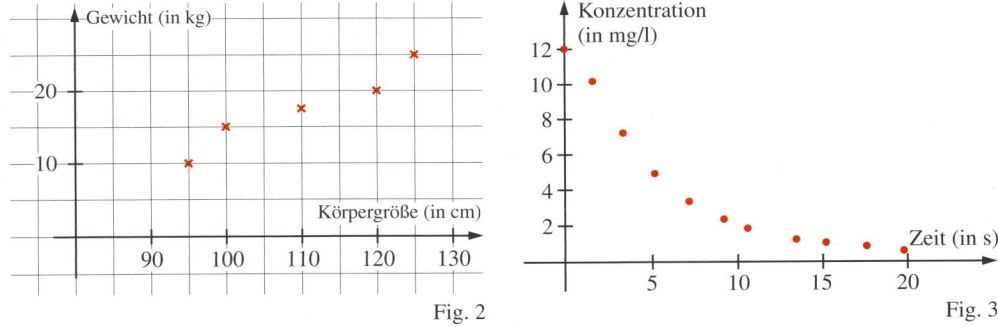

Fig. 2　　　　　　　　　　　　　　　　　　　　Fig. 3

In Fig. 2 sind die Körpergröße und das Gewicht von Vorschulkindern grafisch dargestellt. Fig. 3 zeigt den zeitlichen Verlauf der Konzentration eines Medikamentes im Blutkreislauf eines Menschen. Während man in Fig. 2 von einem linearen Zusammenhang ausgehen kann, ist dies in Fig. 3 nicht der Fall. Man spricht im Falle von Fig. 2 auch von einem **linearen mathematischen Modell** für den Zusammenhang zwischen Körpergröße und Gewicht.

Wie man bei einem linearen Zusammenhang die Gleichung der Geraden ermitteln kann, zeigen die folgenden Überlegungen.
Der einfachste Weg ist ein grafisches Verfahren: Man trägt die gemessenen Werte in ein Koordinatensystem ein, legt nach Augenmaß eine „möglichst gut passende" Gerade (eine so genannte **Ausgleichsgerade** oder **Regressionsgerade**) durch das Punktediagramm und liest die Werte für die Steigung und den y-Achsenabschnitt ab.

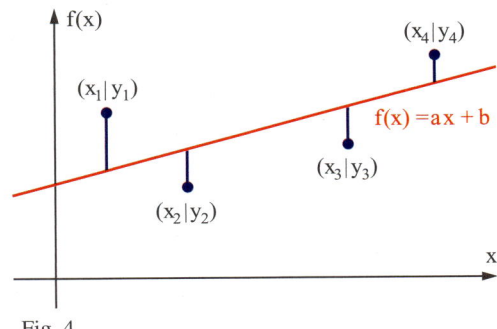

Fig. 4

Um rechnerisch eine eindeutig festgelegte Regressionsgerade zu erhalten, stellt man eine Minimalitätsbedingung auf (Fig. 4 von S. 29): Für die Funktion f mit $f(x) = a\,x + b$ sind die Parameter a und b so zu bestimmen, dass die Summe aller quadratischen Abweichungen

$$(y_1 - f(x_1))^2 + (y_2 - f(x_2))^2 + \ldots + (y_n - f(x_n))^2$$
$$= (y_1 - a\,x_1 - b)^2 + (y_2 - a\,x_2 - b)^2 + \ldots + (y_n - a\,x_n - b)^2 = d(a, b)$$

minimal wird (**Methode der kleinsten Fehlerquadrate**).

Die Funktion d hängt von zwei Variablen ab, nämlich von a und b. Bei vorgegebenen Messwerten lassen sich die Werte für a und b rechnerisch und mit dem GTR ermitteln. Diese „Methode der kleinsten Fehlerquadrate" lässt sich auf andere Funktionsklassen übertragen. In diesem Zusammenhang spricht man auch von einer **Funktionsanpassung** (vgl. S. 33).

Gegeben sind die Wertepaare $(x_1|y_1)$, $(x_2|y_2)$, …, $(x_n|y_n)$, bei denen nicht alle x_i gleich sind. Unter allen Geraden $y = a\,x + b$ gibt es genau eine, für welche die Summe der quadratischen Abweichungen

$$(y_1 - a\,x_1 - b)^2 + (y_2 - a\,x_2 - b)^2 + \ldots + (y_n - a\,x_n - b)^2$$

am kleinsten ist. Diese Gerade heißt **Ausgleichs-** oder **Regressionsgerade**.

Beispiel 1: (Rechnerische Bestimmung einer Regressionsgeraden)
Gegeben sind die Punkte $P_1(2|1)$, $P_2(4|1)$, $P_3(6|4)$. Ermitteln Sie rechnerisch die Gleichung der Regressionsgeraden. Zeichnen Sie die Punkte einschließlich der Regressionsgeraden in ein Koordinatensystem.

Lösung:

Ansatz: $y = a\,x + b$

Naheliegend ist die Annahme, dass die gesuchte Gerade durch den Punkt $M(\overline{x}|\overline{y})$ verläuft, wobei $\overline{x}$ der Mittelwert der $\overline{x}$-Werte und $\overline{y}$ der Mittelwert der $\overline{y}$-Werte ist (vgl. Fig. 1).

Mit $\overline{x} = \frac{1}{3}(2 + 4 + 6) = 4$ und

$\overline{y} = \frac{1}{3}(1 + 1 + 4) = 2$

gilt: $M(4|2)$.

Punktprobe mit M ergibt: $2 = 4\,a + b$; hieraus folgt $b = 2 - 4\,a$ und dann:

$y = a\,x + 2 - 4\,a$
$\quad = a(x - 4) + 2$.

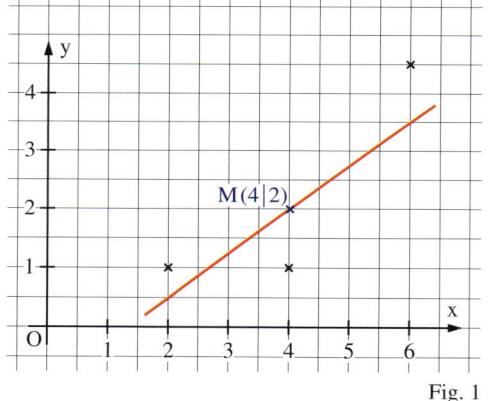

Fig. 1

Die Summe der quadratischen Abweichung ist

$d(a) = [1 - a(2 - 4) - 2]^2 + [1 - a(4 - 4) - 2]^2 + [4 - a(6 - 4) - 2]^2$
$\quad = (-1 + 2\,a)^2 + (-1)^2 + (2 - 2\,a)^2$
$\quad = 4\,a^2 - 4\,a + 1 + 1 + 4 - 8\,a + 4\,a^2$
$\quad = 8\,a^2 - 12\,a + 6$.

Der Graph der Funktion d ist eine nach oben geöffnete Parabel. Der Scheitel ist bei $S\left(\frac{3}{4}\,\Big|\,\frac{3}{2}\right)$.

Also nimmt die Funktion d an der Stelle $a = \frac{3}{4}$ ihr Minimum an. Damit ergibt sich für die gesuchte Regressionsgerade (vgl. Fig. 1):

$y = \frac{3}{4}(x - 4) + 2$
$\quad = \frac{3}{4}x - 1$.

Beispiel 2: (Regressionsgerade)
Von 10 Erdbeeren einer bestimmten Sorte wurde die Fruchtlänge (in cm) und das Gewicht (in g) gemessen. Fig. 1 zeigt das Ergebnis.
a) Erstellen Sie auf dem GTR ein Punktediagramm. Ermitteln Sie die Gleichung der Regressionsgeraden. Zeichnen Sie die Gerade in das Diagramm ein. Interpretieren Sie das Ergebnis.
b) Wie nimmt das Gewicht dieser Erdbeersorte durchschnittlich pro Zentimeter Länge zu?
Lösung:

Fruchtlänge (in cm)	Gewicht (in g)
5,4	39
5,3	27
3,9	22
3,1	12
4,0	18
4,1	18
3,6	9
4,7	30
3,6	17
4,0	18

Fig. 1

Die Datei Erdbeere.xls enthält alle Daten zu Beispiel 2.

a) Zunächst werden die Listen eingegeben und ein Punktediagramm erstellt. Dann wird im [STAT]-Menü unter CALC die Nummer 4 gewählt. Damit in das Diagramm die Regressionsgerade eingezeichnet wird, muss nach L_1 und L_2 die Variable gewählt werden, in die der Term gespeichert werden soll.
Ergebnis (gerundet):
$y = 10{,}7\,x - 23{,}5$.

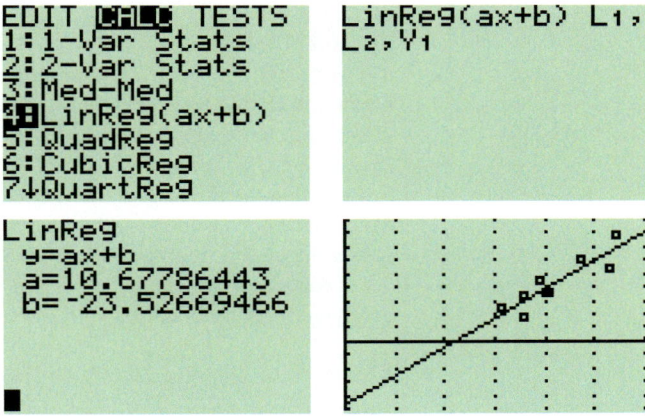

Die Regressionsgerade schneidet die positive x-Achse. Das lineare Modell ist nur für hinreichend große Erdbeeren brauchbar.
b) Je Zentimeter Länge nimmt das Gewicht durchschnittlich um ca. 10,7 Gramm zu.

Aufgaben

2 Gegeben sind die folgenden Punkte. Ermitteln Sie rechnerisch die Gleichung der Regressionsgeraden. Zeichnen Sie die Punkte einschließlich der Regressionsgeraden in ein Koordinatensystem (vgl. Beispiel 1).
a) $P_1(1|2)$; $P_2(5|3)$; $P_3(9|7)$ b) $P_1(0|6)$; $P_2(2|3)$; $P_3(4|2)$; $P_4(6|-1)$

3 Gegeben sind die folgenden Wertepaare. Ermitteln Sie grafisch und mit dem GTR die Gleichung der Regressionsgeraden. Vergleichen Sie.
a) $(3|5)$, $(4|7)$, $(5|12)$, $(6|13)$, $(7|15)$ b) $(1|3)$, $(2|3)$, $(5|2)$, $(6|1)$, $(7|0)$, $(8|-1)$
c) $(-2|1)$, $(-1|2)$, $(1|2)$, $(2|3)$, $(3|4)$, $(5|5)$, d) $(0|11)$, $(1|7)$, $(2|2)$, $(3|-1)$, $(4|-4)$, $(6|-9)$

4 In einem Experiment wurde eine Feder belastet und die Verlängerung gemessen.

Gewichtskraft F (in N)	0,50	1,00	1,50	2,00	2,50
Verlängerung x (in m)	0,03	0,05	0,08	0,10	0,13

Nach dem HOOKE'schen Gesetz gilt: $F = k \cdot x$. Bestimmen Sie die Federkonstante k.

5 An einen Konstantandraht wurden verschiedene Spannungen gelegt und jeweils die Stromstärke gemessen.

Spannung U (in Volt)	2,1	4,3	6,5	8,5	10,2
Stromstärke I (in Ampere)	0,24	0,47	0,71	0,91	1,10

Nach dem OHM'schen Gesetz gilt: $U = R \cdot I$. Bestimmen Sie den Widerstand R.

6 Für 11 Filialen wurde jeweils die Verkaufsfläche und der Umsatz ermittelt.

Fläche (in m²)	42	53	79	90	102	110	123	140	155	162	183
Umsatz (in Tsd. €)	150	165	270	251	308	267	310	347	359	405	421

Führen Sie eine lineare Regression durch. Wie hoch ist der Jahresumsatz pro m² im Schnitt?

7 Fig. 1 zeigt die Schuhgrößen y von 10 Mädchen in Abhängigkeit von ihrem Alter x (in Jahren).
a) Übertragen Sie das Diagramm in Ihr Heft. Legen Sie nach Augenmaß eine Regressionsgerade durch die Punkte und geben Sie die zugehörige Gleichung an.
b) Ermitteln Sie die Regressionsgerade mit dem GTR und vergleichen Sie.
c) Überlegen Sie sich Fragen, die man mit der gefundenen Gleichung behandeln kann und beantworten Sie diese.

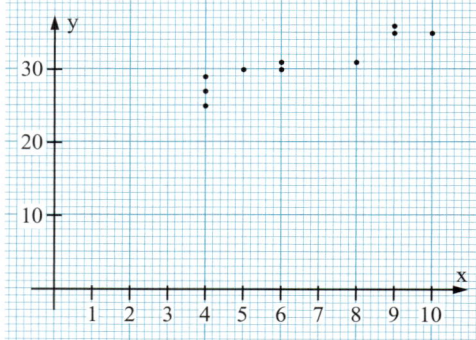

Fig. 1

8 Bei Sonnenblumen wurde die Höhe in Abhängigkeit vom Alter gemessen.

Alter (in Tagen)	10	20	30	40	50
Höhe (in cm)	13,2	67,8	108,4	165,1	208,9

a) Führen Sie eine lineare Regression für diese Daten durch. Interpretieren Sie das Ergebnis.
b) Wie schnell ungefähr wächst eine Sonnenblume?

9 In einem artesischen Brunnen bei Grenoble wurde die Wassertemperatur (in °C) in verschiedenen Tiefen (in m) gemessen. Dabei wurden alle Daten auf einen Punkt 28 Meter unter der Erdoberfläche bezogen. Man erhielt die folgenden Ergebnisse.

Tiefe (in m)	40	150	220	270
Temperatur (in °C)	1,2	4,7	9,3	10,5

a) Führen Sie eine lineare Regression für diese Daten durch.
b) Um wie viel Grad steigt die Temperatur pro 100 m Tiefe?

10 Die Tabelle in Fig. 2 zeigt die Ergebnisse im Stabhochsprung der Männer bei den Olympischen Sommerspielen. Untersuchen Sie die Ergebnisse mit einem linearen Modell. Mit welchem Zuwachs an Höhe muss man durchschnittlich alle 4 Jahre rechnen? Gibt es Hinweise auf Grenzen dieses Modells?

11 Die Tabelle enthält die Körpergröße (in cm) und das Körpergewicht (in kg) von 20 erwachsenen männlichen Personen.

Größe (in cm)	182	179	163	175	180	172	177	193	180	172
Gewicht (in kg)	89	57	55	67	81	65	79	80	66	62

Größe (in cm)	175	179	185	178	180	170	162	171	165	169
Gewicht (in kg)	51	76	85	81	76	74	61	72	62	71

a) Führen Sie eine lineare Regression für die angegebenen Daten durch.
b) Mit welcher Gewichtszunahme pro Zentimeter Körpergröße ist bei Männern zu rechnen?

Jahr	Höhe (in m)
1896	3,30
1900	3,30
1904	3,50
1908	3,71
1912	3,95
1920	4,09
1924	3,95
1928	4,20
1932	4,32
1936	4,35
1948	4,30
1952	4,55
1956	4,56
1960	4,70
1964	5,10
1968	5,40
1972	5,50
1976	5,50
1980	5,78
1984	5,75
1988	5,90
1992	5,80
1996	5,92
2000	5,90
2004	5,95

Fig. 2

6 Nichtlineare Regression

Zeit (in s)	Weg (in m)
0,25	0,3
0,29	0,4
0,32	0,5
0,35	0,6
0,38	0,7
0,40	0,8
0,43	0,9
0,49	1,2
0,55	1,5
0,64	2,0
0,70	2,4

Bei dem Versuch wurde eine Eisenkugel von einem Elektromagneten gehalten und die Fallzeit mit einem Kurzzeitmesser gemessen.

1 Die Tabelle enthält Daten für den freien Fall einer Kugel.
a) Stellen Sie die Daten auf dem GTR als Punktdiagramm dar.
b) Erinnern Sie sich an den Funktionstyp, der den Zusammenhang zwischen Fallzeit und zurückgelegten Weg beschreibt? Wie würden Sie den zugehörigen Funktionsterm ermitteln?

Betrachtet man Fig. 1, wird man zwischen x und y eher einen quadratischen als einen linearen Zusammenhang vermuten. Der GTR bietet die Möglichkeit, auch in solchen Fällen eine Funktion zu finden, deren Graph sich gut an die vorgegebenen Punkte anpasst. In der Statistik spricht man von **nichtlinearer Regression**, in der Analysis von **Funktionsanpassung**.

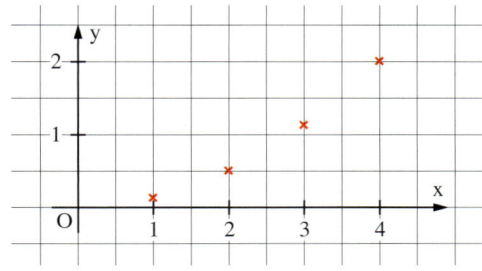

Fig. 1

Durchführung einer Regression (Funktionsanpassung) mit dem GTR:
1) Eingeben der Daten als Listen
2) Punktdiagramm erstellen
3) Vermutung über die zugehörige Funktion aufstellen
4) Regression durchführen
5) Graph im Diagramm zufügen
6) Interpretation

Beispiel: (Nichtlineare Regression)
Die Tabelle enthält die Daten eines Bremsvorganges beim Auto.

Geschwindigkeit (in $\frac{km}{h}$)	20	40	60	80	100	120
Bremsweg (in m)	2	5,5	12	26	59	95

Führen Sie eine Regression für diese Daten durch.
Lösung:
1) Mit $\boxed{\text{STAT}}$ $\boxed{\text{ENTER}}$ werden die Daten als Listen L1 und L2 eingegeben.
2) Im $\boxed{\text{STAT}}$ $\boxed{\text{PLOT}}$-Menü wird als Plot1 ein Punktdiagramm erstellt.
3) Das Diagramm lässt einen quadratischen Zusammenhang vermuten.
4) Im $\boxed{\text{STAT}}$-Menü wählt man CALC und dann 5: QuadReg. Nach L1 und L2 muss über das $\boxed{\text{VARS}}$-Menü Y1 zugefügt werden.

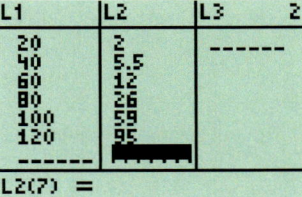

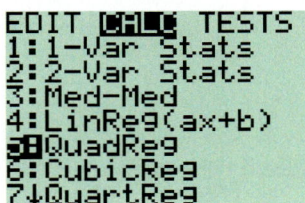

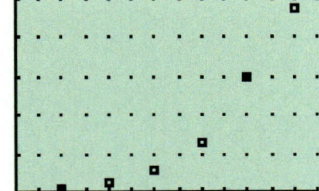

Fügt man in die Listen L1 und L2 das Punktepaar 0;0 hinzu, erhält man kein besseres Ergebnis.

Mit ENTER erhält man das Ergebnis der Rechnung.
5) Da im 4. Schritt Y1 zugefügt wurde, erhält man mit GRAPH ein gemeinsames Diagramm der Punkte und des Graphen der ermittelten Funktion.

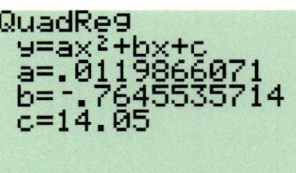

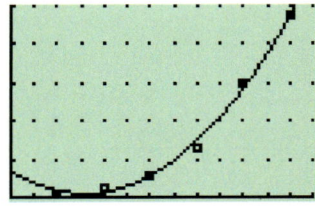

6) Ab einer Geschwindigkeit von $40\,\frac{km}{h}$ ergibt sich eine gute Übereinstimmung. Es ist also sinnvoll, einen quadratischen Zusammenhang zwischen der Geschwindigkeit und dem Bremsweg beim Auto zu wählen.

Aufgaben

2 Beim Anfahren eines Sportwagens auf einem Versuchsgelände wurden die folgenden Daten ermittelt.

Zeit (in s)	2,5	4	5	6,5	8	9,5	10,5
Geschwindigkeit $\left(\text{in }\frac{km}{h}\right)$	65	100	120	145	170	192	205

a) Erstellen Sie auf dem GTR ein Punktdiagramm. Welche Abhängigkeit vermuten Sie?
b) Führen Sie für die angegebenen Daten eine Regression durch. Bestätigt sich Ihre Vermutung?

3 Beim Anfahren eines IC in Köln Hbf erhielt man die folgenden Messwerte für die verstrichene Zeit t (in Sekunden) und dem zurückgelegten Weg s (in Meter).

t	0	23,8	33,5	40,4	46,8	52,2	56,6	61,4	65,5	69,5	73,8	78,2	82,6
s	0	26,4	52,8	79,2	105,6	132,0	158,4	184,8	211,2	237,6	264,0	290,4	316,8

Bahnhofsmathematik: Bei dem Experiment von Aufgabe 3 wurden von 12 Schülern die Zeiten gestoppt, zu denen die 12 Wagen nacheinander die Messstelle (am hinteren Puffer der stehenden Lok) passierten.

a) Stellen Sie mit dem GTR die Daten grafisch dar. Welche Abhängigkeit vermuten Sie?
b) Führen Sie mit dem GTR eine Funktionsanpassung durch.
c) Wann hätte die Lok den Bahnhof Köln-Deutz (s = 2200) erreicht, wenn der Zug mit gleicher Beschleunigung hätte weiterfahren können?

4 Die Tabelle enthält für die einzelnen Planeten den Abstand a von der Sonne (in Mio. km) und die Umlaufzeit T um die Sonne (in Tagen).

	Merkur	Venus	Erde	Mars	Jupiter	Saturn	Uranus	Neptun
a	57,9	108,2	149,6	227,9	778,3	1427	2870	4497
T	88	225	365	687	4329	10 753	30 660	60 150

a) Erstellen Sie auf dem GTR ein Punktdiagramm. An welche Abhängigkeit denken Sie?
b) Führen Sie eine Regression durch.

5 Bei einer Scholle nimmt während des Wachstums das Gewicht im Vergleich zur Länge überproportional zu (allometrisches Wachstum). Für die Länge x (in cm) und das Gewicht y (in Gramm) einer Scholle erhielt man die folgenden Messwerte.

x	23,5	26,5	29,5	32,5	35,5	38,5	41,5	44,5	47,5
y	124	174	236	308	391	500	623	808	1039

Ermitteln Sie einen Funktionsterm für die Abhängigkeit zwischen x und y.

7 Korrelation, Bestimmtheitsmaß

1   Programme wie EXCEL und grafikfähige Taschenrechner können neben Regressionsgeraden auch ein so genanntes „Bestimmtheitsmaß r^2" berechnen. Fig. 1 bis 3 zeigen „Punktwolken" mit gleichen Regressionsgeraden und den von EXCEL berechneten Werten für r^2. Mit welcher Eigenschaft der Punktwolke bringen Sie r^2 in Zusammenhang?

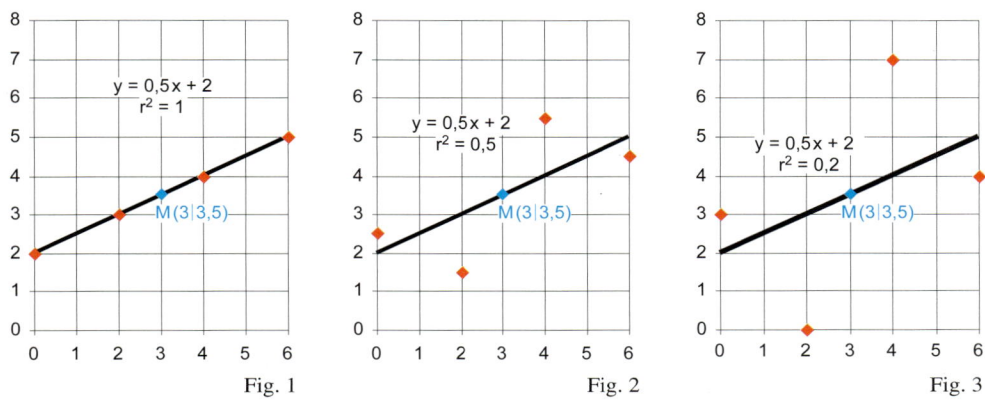

Fig. 1   Fig. 2   Fig. 3

Die Regressionsgerade beschreibt, welche lineare Beziehung am besten zu einer gegebenen Punktwolke passt. Damit hat man aber noch keine Information darüber, ob sich die Punktwolke eng oder weniger eng an die Gerade anpasst. Im Folgenden wird ein Maß für die Güte der Anpassung gesucht.

Eine Tendenz wie „Je größer die Stichprobenwerte des ersten Merkmals, desto größer die Stichprobenwerte des zweiten Merkmals" lässt sich zahlenmäßig dadurch erfassen, dass man die Abweichungen der Stichprobenwerte von den jeweiligen Mittelwerten $\overline{x}$ und $\overline{y}$ betrachtet (Fig. 4). Die Parallelen durch den Punkt $(\overline{x} \,|\, \overline{y})$ teilen die Ebene in die vier Gebiete I, II, III und IV ein. Für die Gebiete I und III gilt:

$(x_i - \overline{x}) \cdot (y_i - \overline{y}) > 0$;

für die Gebiete II und IV gilt:

$(x_i - \overline{x}) \cdot (y_i - \overline{y}) < 0$.

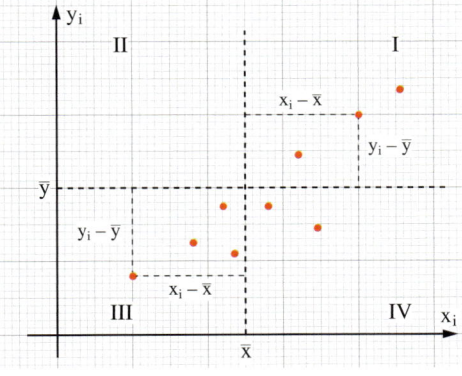

Fig. 4

Sind beide Stichprobenwerte weit über- bzw. weit unterdurchschnittlich, so ergibt sich ein hohes positives Abweichungsprodukt. Um also die angegebene Tendenz durch eine Zahl zu erfassen, bildet man den Mittelwert aller Produkte, wobei wie bei der Varianz durch n – 1 statt durch n dividiert wird:

$c_{xy} = \frac{1}{n-1} \cdot [(x_1 - \overline{x}) \cdot (y_1 - \overline{y}) + \ldots + (x_n - \overline{x}) \cdot (y_n - \overline{y})]$; kurz: $c_{xy} = \frac{1}{n-1} \sum_{i=1}^{n} (x_i - \overline{x}) \cdot (y_i - \overline{y})$.

Die Zahl c_{xy} heißt **(empirische) Kovarianz** der beiden Merkmale. Je nachdem, ob die positiven oder die negativen Produkte überwiegen, wird die Kovarianz positiv oder negativ.

Die Kovarianz als Maß für die Güte der Anpassung hat einen großen Nachteil. Sie ist abhängig vom Maßstab, mit denen die Stichprobenwerte gemessen wurden. Verdoppelt man den Maßstab der x-Werte, so verdoppeln sich auch die Abweichungen $(x_i - \overline{x})$. Entsprechendes gilt für die Abweichungen $(y_i - \overline{y})$. Um diesen Effekt zu beseitigen, dividiert man die Kovarianz durch das Produkt der Standardabweichungen s_x und s_y der beiden Merkmale.

Die Zahl r mit $r = \frac{c_{xy}}{s_x \cdot s_y}$ heißt **Korrelationskoeffizient**; es gilt: $-1 \leq r \leq 1$.

Die Zahl r^2 mit $r^2 = \frac{c_{xy}^2}{s_x^2 \cdot s_y^2}$ heißt **Bestimmtheitsmaß**; es gilt: $0 \leq r^2 \leq 1$.

Der Korrelationskoeffizient ist positiv, wenn die Regressionsgerade steigt, und negativ, wenn sie fällt.
Er liegt umso näher bei 1 oder −1, je weniger die Punktwolke um die Regressionsgerade streut (Fig. 1, Fig. 2).
Im Fall $r = 1$ oder $r = -1$ hängen die Merkmale streng linear voneinander ab.

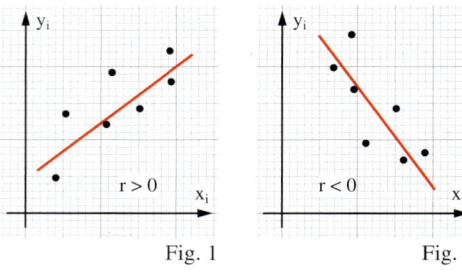

Fig. 1   Fig. 2

Bei $0,8 \leq |r|$ spricht man von **hoher**, bei $0,3 \leq |r| < 0,8$ von **schwacher** Korrelation zwischen den Merkmalen. Bei noch kleineren Werten von $|r|$ nennt man die Merkmale „praktisch unkorreliert".

Korrelation bedeutet nicht Verursachung!

Bei der Interpretation einer gefundenen Korrelation ist große Vorsicht geboten. In jedem Fall sollte man überprüfen, ob zwischen den Merkmalen ein sinnvoller Zusammenhang bestehen kann. Die Frage nach einer Kausalität zwischen zwei Merkmalen kann nicht mithilfe statistischer Verfahren beantwortet werden (vgl. Aufgabe 7).

Beispiel 1: (Berechnungen ohne GTR)
Gegeben ist folgende Urliste für zwei Merkmale: (8; 1); (5; 4); (4; 4,5); (2; 6); (6; 3).
Berechnen Sie ohne GTR den Korrelationskoeffizienten r und das Bestimmtheitsmaß r^2.
Lösung:

x_i	y_i	$x_i - \overline{x}$	$y_i - \overline{y}$	$(x_i - \overline{x})^2$	$(y_i - \overline{y})^2$	$(x_i - \overline{x}) \cdot (y_i - \overline{y})$
8	1	3	−2,7	9	7,29	−8,1
5	4	0	0,3	0	0,09	0
4	4,5	−1	0,8	1	0,64	−0,8
2	6	−3	2,3	9	5,29	−6,9
6	3	1	−0,7	1	0,49	−0,7
$\overline{x} = 5$	$\overline{y} = 3,7$			$s_x^2 = \frac{1}{4} \cdot 20 = 5$	$s_y^2 = \frac{1}{4} \cdot 13,8 = 3,45$	$c_{xy} = \frac{1}{4} \cdot (-16,5)$ $= -4,125$

Es ist $r = \frac{c_{xy}}{s_x \cdot s_y} = \frac{-4,125}{\sqrt{5} \cdot \sqrt{3,45}} \approx -0,993$
und $r^2 \approx 0,986$.

Körpergröße	Schuhgröße
x_i	y_i
183	43
191	46
198	48
177	43
162	38
200	47
172	38
173	42
176	43
172	41
168	38
174	39
176	40
163	38
170	39

Fig. 1

Beispiel 2: (Berechnungen mit GTR)

In einer Stichprobe (Fig. 1) wurden die Körpergröße (in cm) und die Schuhgröße von Personen erhoben. Erstellen Sie auf dem GTR ein Punktdiagramm. Ermitteln Sie eine Gleichung der Regressionsgeraden und den Korrelationskoeffizienten; fügen Sie die Regressionsgerade in das Punktdiagramm ein.

Lösung:

Bei der Ausführung einer Regression werden die Werte für r und r^2 nur angezeigt, wenn vorher im CATALOG -Menü DiagnosticOn eingestellt worden ist.

Die Gleichung der Regressiongeraden lautet: $y \approx 0{,}28\,x - 7{,}89$.

Mit $r \approx 0{,}93$ liegt eine hohe Korrelation zwischen Körpergröße und Schuhgröße vor, die man sicherlich orthopädisch begründen kann.

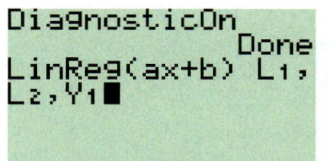 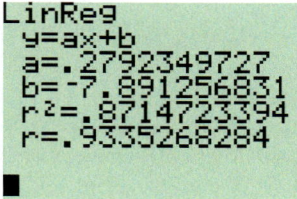 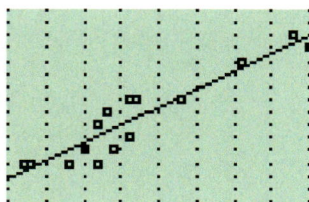

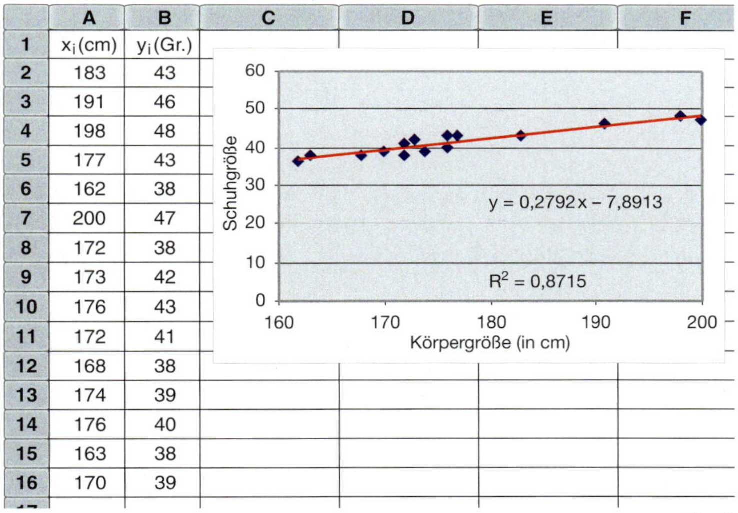

	A	B	C	D	E	F
1	x_i(cm)	y_i(Gr.)				
2	183	43				
3	191	46				
4	198	48				
5	177	43				
6	162	38				
7	200	47				
8	172	38				
9	173	42				
10	176	43				
11	172	41				
12	168	38				
13	174	39				
14	176	40				
15	163	38				
16	170	39				

Diagramm: Schuhgröße (y-Achse) gegen Körpergröße (in cm) (x-Achse)

$y = 0{,}2792x - 7{,}8913$

$R^2 = 0{,}8715$

Beispiel 3: (Berechnungen mit EXCEL)

Zeichnen Sie ein Punktdiagramm und die Regressionsgerade zu der Stichprobe aus Körpergröße und Schuhgröße (Fig. 1) mit EXCEL.

Lösung:

Man markiert die Urliste (Fig. 2) im Bereich A2 bis B16, wählt „Einfügen", „Diagramm", „X-Y-Punktdiagramm" und lässt sich vom Diagramm-Assistenten bei der Erstellung führen. Das Diagramm wird anschließend geöffnet, die Punktwolke wird markiert. Mit der rechten Maustaste öffnet man ein Menü, in dem man „Trendlinie zeichnen" anklickt und die Option „Formel einblenden" wählt. Die Regressionsgerade wird mit der Gleichung und dem Korrelationskoeffizienten in das Punktdiagramm eingetragen.

Fig. 2

Aufgaben

2 Berechnen Sie für die „Punktwolke" ohne GTR mithilfe einer Tabelle den Korrelationskoeffizienten r und das Bestimmtheitsmaß r^2. Überprüfen Sie Ihre Ergebnisse mit dem GTR.

a) $P_1(1|1{,}5)$; $P_2(2|3)$; $P_3(3|2{,}5)$; $P_4(4|4)$ b) $P_1(7|5)$; $P_2(9|3)$; $P_3(11|3)$; $P_4(13|1)$

c) $P_1(0|6)$; $P_2(2|4)$; $P_3(4|1)$; $P_4(6|0)$ d) $P_1(0|4)$; $P_2(2|7)$; $P_3(4|0)$; $P_4(6|3)$

3 Berechnen Sie für die „Punktwolke" mit dem GTR den Korrelationskoeffizienten r und das Bestimmtheitsmaß r^2.

a) $P_1(0|8)$; $P_2(1|5)$; $P_3(2|6)$; $P_4(2|2)$; $P_5(4|2)$; $P_6(5|-2)$; $P_7(6|2)$

b) $P_1(5|21)$; $P_2(7|30)$; $P_3(9|41)$; $P_4(13|60)$; $P_5(17|85)$; $P_6(19|90)$; $P_7(23|115)$; $P_8(30|150)$

c) $P_1(0|11)$; $P_2(2|-1)$; $P_3(4|7)$; $P_4(6|-5)$

*Vergleich
Kovarianz – Korrelation*

4 a) Dagobert Duck übt sich im „Geldbeutel-Weitwurf". Seine Ergebnisse waren heute: (3 kg; 8 m), (5 kg; 7 m), (7 kg; 3 m). Berechnen Sie Kovarianz und Korrelation zwischen Gewicht und Wurfweite.

b) Die gleichen Stichprobenwerte werden in anderen Einheiten gemessen: (3 kg; 800 cm), (5 kg; 700 cm), (7 kg; 300 cm) bzw. (3000 g; 800 cm), (5000 g; 700 cm), (7000 g; 300 cm). Berechnen Sie erneut Kovarianz und Korrelation.

c) Kommentieren Sie Ihre Erkenntnisse zum unterschiedlichen Verhalten von Kovarianz und Korrelation beim Wechsel der Maßskalen.

Gegebenenfalls sollten Sie eine eigene Untersuchung durchführen (PKW-Baujahr, Preis; Preis und Fläche angebotener Wohnungen usw.).

5 In einer Tageszeitung fanden sich im Anzeigenteil folgende Angebote für gebrauchte VW-Golf („Fahrleistung" in tausend Kilometer, Preis in tausend Euro):
(58; 8,8), (32; 8,5), (70; 8,5), (50; 9,0), (54; 9,0), (84; 9,0), (63; 9,5), (97; 7,6), (69; 8,0), (29,5; 10,0), (40; 9,8), (54; 7,9), (53; 7,8), (60; 8,3), (44,5; 8,3), (120; 2,3), (126; 3,8), (160; 6,0), (166; 2,5), (130; 4,9), (120; 2,7), (103; 4,9), (120; 2,7), (103; 6,0), (87; 6,5), (79; 3,0), (85; 7,0), (230; 1,9), (110; 7,0).

a) Bestimmen Sie die Gleichung der Regressionsgeraden und den Korrelationskoeffizienten.

b) Welche inhaltliche Bedeutung könnte man den Schnittpunkten der Regressionsgeraden mit den Koordinatenachsen zuschreiben?

c) Ein Gebrauchtwagen ist 100 000 km gelaufen. Welchen Preis erwarten Sie?
In welchem Intervall wird der Preis mit einer Wahrscheinlichkeit von ca. 68 % liegen?

6 1955 publizierte R. DOLL eine Arbeit über Zigarettenkonsum und Lungenkrebs in 11 Ländern. Zeichnen Sie ein Punktdiagramm und berechnen Sie die Korrelation zwischen dem Merkmal „Zigarettenverbrauch pro Kopf 1930" (li. Spalte) und „Todesfälle an Lungenkrebs 1950 je Million Einwohner" (re. Spalte).

Land	x_i	y_i	Land	x_i	y_i
Island	230	60	Kanada	500	150
Norwegen	250	90	Schweiz	510	250
Schweden	300	110	Finnland	1100	350
Dänemark	380	170	England	1100	460
Australien	480	180	USA	1300	200
Holland	490	240			

7 Für jedes der Jahre 1930 bis 1936 wurden in Oldenburg die Anzahl der Storchenpaare und die Einwohnerzahl ermittelt. Stellen Sie die Daten grafisch mit Regressionsgerade dar und berechnen Sie die Korrelation.

Also doch?

Jahr	1930	1931	1932	1933	1934	1935	1936
Storchenpaare	132	142	166	188	240	250	252
Einwohner	55 400	55 400	65 000	67 700	69 800	72 300	76 000

Kausalität

8 Mitunter wird eine hohe Korrelation als Indiz gedeutet für eine kausale Beziehung zwischen zwei Merkmalen in dem Sinne, dass hohe Merkmalswerte von X auch hohe (niedrige) Werte von Y „verursachen". Vermuten Sie zwischen folgenden Merkmalen positive bzw. negative Korrelation? Liegt Ihres Wissens ein kausaler Zusammenhang vor? Finden Sie weitere Beispiele.

		Korrelation: pos./neg.	Kausalität: j/n
Autos in einer Stadt	verkaufte Benzinmenge		
Ausbildungsdauer	Jahreseinkommen		
Berufstätigkeit der Eltern	Fernsehkonsum der Kinder		
Duschgelkonsum	Ausgaben für Kleidung		
Alkoholkonsum	Tabakkonsum		
Freizeit	Einkommen		
Bierkonsum	mittlere Tagestemperatur		
Alter des Ehemannes	Alter der Ehefrau		
Anzahl der Störche je km^2	Bevölkerungszahl je km^2		

8 Vermischte Aufgaben

1 Michael und Mario haben im Berufs-verkehr die Anzahl der Personen in PKWs gezählt.
Um wie viel Prozent würde der PKW-Verkehr abnehmen, wenn alle Autos 4 Personen beför-dern würden?

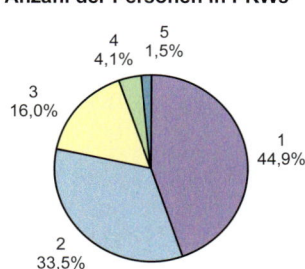

Anzahl der Personen in PKWs

Fig. 1

2 Frau Kolmetz fährt mit ihrem PKW die ersten 100 km mit der Geschwindigkeit $80 \frac{km}{h}$, die zweiten 100 km mit $120 \frac{km}{h}$. Frau Kaiser fährt die erste Stunde mit genau $80 \frac{km}{h}$, eine Stunde mit $120 \frac{km}{h}$. Mit welcher konstanten Geschwindigkeit hätten die beiden Damen fahren müssen, ohne ihre jeweiligen Gesamtfahrzeiten zu ändern?

3 Wolfgang führt beim Tanken Protokoll.
a) Bestimmen Sie die fehlenden Werte in der letzten Spalte der Tabelle. Berechnen Sie den mittleren Verbrauch, indem Sie den Mittelwert der 5 Werte in der letzten Spalte ermitteln.
b) Frank meint, man solle den mittleren Ver-brauch auf 100 km in einem Schritt aus Kilo-meterstand am Anfang und am Ende berech-nen. Welchen Wert erhält Frank?
c) Nehmen Sie zu dem Ergebnis Stellung.

km-Stand	Liter	Liter/100 km
38 996		
39 461	34,01	7,31
39 908	50,96	11,40
40 451	42,91	
40 881	45,40	
41 305	36,73	

Experiment

4 a) Legen Sie in der Gemüseabteilung (nach *höflicher* Rücksprache mit dem Filialleiter) viele Beutel Kartoffeln auf die elektronische Waage. Notieren Sie, um wie viel die tatsächlichen Gewichte von den auf der Packung angegebenen abweichen.
b) Werten Sie die Urliste aus und zeichnen Sie ein Säulendiagramm; verwenden Sie dabei eine Klasseneinteilung der Breite 10 Gramm.

5 Legeleistung von Hühnern (in Eier/Woche)

```
3 5 2 7 6 3 2 5 1 4 7 6 5 3 7 2 4 2 6 5
7 3 5 7 5 4 1 6 4 7 6 0 2 5 7 3 4 6 5 7
2 6 1 3 7 5 6 4 7 6 5 3 2 6 4 7 5 3 6 3
4 7 3 6 2 6 7 6 3 6 3 5 3 6 6 4 7 2 5 4
1 5 6 4 0 6 7 3 6 5 5 7 3 4 2 7 5 6 3 7
```

a) Bestimmen Sie die Anzahl n der Daten und die Anzahl k der Merkmalsausprägungen.
Um welche Merkmalsart handelt es sich?
b) Legen Sie eine Häufigkeitstabelle an.
c) Veranschaulichen Sie die Häufigkeitsverteilung durch ein Stabdiagramm und die Summen-häufigkeiten durch eine Treppenkurve.
d) Berechnen Sie den Modalwert, den Zentralwert und das arithmetische Mittel.
e) Berechnen Sie die Varianz und die Standardabweichung.
f) Ermitteln Sie die Quartile und zeichnen Sie einen Boxplot.

6 Höhen achtjähriger Fichten (in cm)

211	151	143	183	258	192	166	95	119	185	179	174	156	149	174
148	197	207	203	137	118	160	209	198	178	130	180	185	163	185
173	202	149	141	206	238	177	179	116	110	226	200	271	169	189
214	187	171	167	194	210	222	168	181	185	239	193	188	219	195
157	164	183	186	186	214	242	154	142	170	156	216	172	140	124
212	147	98	165	202	176	144	112	189	191	165	136	116	159	168
182	184	202	158	139	208	190	201	220	248	253	232	221	215	161
180	156	140	185	165	161	145	123	199	203	180	163	165	153	133

a) Bilden Sie Klassen der Breite 20 cm mit z. B. 100 cm als Klassenmitte. Stellen Sie die Klassenhäufigkeiten in einer Tabelle zusammen. Zeichnen Sie ein Histogramm.
b) Ermitteln Sie mittels der Summenkurve den Zentralwert.
c) Berechnen Sie das arithmetische Mittel und die Varianz der klassierten Verteilung.

7 Mirjam, Iman und Roxana sollen bei einem „Schülerexperiment" mehrere Schokoladetafeln an Federn oder Gummibändern aufhängen und die Länge y der Feder (in cm) ablesen.

Anzahl der Tafeln	x	1	2	3	4	5
Mirjam	y_1	12,7	13,6	14,8	16,3	17,9
Iman	y_2	11,4	11,9	12,7	13,7	14,6
Roxana	y_3	6,4	10,1	17,6	21,9	22,4

a) Zeichnen Sie die (x; y)-Datenpaare in ein Koordinatensystem, ermitteln und zeichnen Sie jeweils die Regressionsgerade.
b) Wie lang waren vermutlich die Federn bzw. Gummibänder, als noch keine Tafel angehängt war (x = 0)?
c) Welche Länge erwarten Sie bei einer Belastung durch 8 Tafeln?
d) Welche inhaltliche Bedeutung besitzt der Regressionskoeffizient?
e) Bei dem Experiment wurden tatsächlich zwei Federn und ein Gummiband verwendet. Wer benutzte vermutlich das Gummiband? Begründen Sie Ihre Antwort.

8 Bei den folgenden Datenpaaren handelt es sich um Zeiten (in Sekunden) und die zugehörigen Geschwindigkeiten $\left(\text{in } \frac{km}{h}\right)$ der in Fig. 1 von Aufgabe 1 auf Seite 29 dargestellten PKW-Testfahrt. Ermitteln Sie jeweils die Regressionsgeraden.
a) Erster Gang: (0,57; 11,70), (0,95; 17,70), (1,25; 21,83), (1,52; 25,13), (1,75; 28,14), (1,97; 30,86), (2,17; 33,34), (2,35; 35,57), (2,53; 37,60), (2,70; 39,44).
b) Zweiter Gang: (4,08; 46,70), (4,35; 49,66), (4,61; 51,52), (4,86; 53,68), (5,10; 55,69), (5,34; 57,51), (5,56; 59,31), (5,78; 60,97), (6,00; 62,57).
c) Vollbremsung: (16,54; 83,51), (16,71; 79,42), (16,88; 75,20), (17,07; 70,42), (17,27; 65,44), (17,49; 59,48), (17,73; 53,37), (18,01; 45,88), (18,35; 36,48), (18,85; 23,77).
d) Welche inhaltliche Bedeutung haben die Schnittpunkte der Regressionsgeraden mit den Koordinatenachsen?

9 Die Tabelle enthält die Schwingungsdauer T (in Sekunden) von Fadenpendeln der Länge L (in Meter).

L (in m)	0,25	0,50	1,00	1,50	2,00	2,50
T (in s)	1,1	1,5	2,1	2,5	2,8	3,2

a) Führen Sie für die angegebenen Daten eine Regression durch.
b) Wie lang müsste ein Pendel mit der Schwingungsdauer 30 Sekunden sein?

Aufgaben zur Bearbeitung mit EXCEL

10 Fehlstunden und Zeugnisdurchschnitte

In einer Klasse 5 wurden die Fehlstunden F und Zeugnisdurchschnittsnoten N erhoben.

	F	N		F	N		F	N		F	N		F	N		F	N
Nadja	19	2,43	Nadine	0	2,50	Simone	18	3,25	Gülsah	15	2,71	Leonard	22	3,29	Onur	0	3,29
Songül	2	2,57	Elif	6	2,57	Stephanie	19	2,88	Markus	48	2,38	Stefan	0	2,88	Tina	12	2,88
Dirk	4	2,00	Janina	17	2,38	Cigdem	5	2,43	Michael	14	2,75	Dominique	32	2,25	Esther	6	2,50
Ataelahi	6	3,00	Tim	0	3,25	Sezen	9	3,00	Sabine	0	2,50	Sascha	0	2,63	Sebastian	20	1,88
Florian	2	2,13	Paul	0	2,25	Patrick	2	3,38	Marius	0	2,88	Melek	16	3,57	Nino	9	2,38

Wenn Sie mit einem Kalkulationsprogramm arbeiten wollen, laden Sie Noten-5.xls.

a) Werten Sie die Urliste nach dem Merkmal Fehlstunden aus. Erstellen Sie dazu eine Tabelle der absoluten (relativen) Häufigkeiten für die Klasseneinteilung $0 \leqq F \leqq 10$; $11 \leqq F \leqq 20$; ...; $41 \leqq F \leqq 50$. Zeichnen Sie ein Säulendiagramm (Kreisdiagramm).

b) Werten Sie die Urliste nach dem Merkmal Zeugnisnote aus. Erstellen Sie eine Tabelle der absoluten (relativen) Häufigkeiten für die Klasseneinteilung $1 \leqq N \leqq 1,50$; $1,50 < N \leqq 2,50$; ...; $3,50 < N \leqq 5,50$. Zeichnen Sie ein Säulendiagramm (Kreisdiagramm).

11 Springen gute Sprinter weiter?

Bei den Bundesjugendspielen werden Daten erhoben in den Disziplinen Sprint, Weitsprung und Ballwurf (200 g). Ermitteln Sie die Gleichungen der Regressionsgeraden und die Korrelationskoeffizienten für die Daten aus der Urliste Bundesjugendspiele.xls (www.klett.de unter Lehrwerk EXTRA).

12 Kartoffeln

Schwankungen der Regressionsgeraden

In einer Stichprobe wurden die Längen (in cm) und die Gewichte (in g) von 39 Kartoffeln gemessen.

a) Die „ersten" 4 Kartoffeln der Stichprobe hatten die Maße (7,9; 110), (7,8; 77), (6,4; 69), (8,7; 79). Ermitteln Sie die Regressionsgerade zu dieser Teil-Stichprobe.

Die Urliste findet sich in der Datei Kartoffeln.xls.

b) Die „letzten" 4 Kartoffeln lieferten (5,7; 59), (8,3; 64), (6,4; 54), (7,7; 97). Ermitteln Sie die Regressionsgerade zu dieser Teil-Stichprobe und vergleichen Sie mit a).

c) Lesen Sie aus dem Diagramm 4 Punkte ab, die als Teil-Stichprobe sogar einen negativen Korrelationskoeffizienten geliefert hätten.

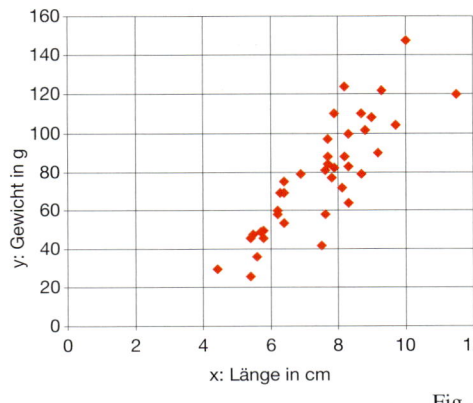

Fig. 1

Grenzen linearer Modelle

d) Ermitteln Sie die Gleichung der Regressionsgeraden. Dieter wundert sich, dass für $x = 2$ cm ein negatives Gewicht vorhergesagt wird. Helfen Sie ihm bei der Deutung.

13 Experiment „Kleidergröße"

a) Messen Sie in einem Kaufhaus bei 10 Damenhosen/Herrenhosen verschiedener Größen die Bundweite. Erstellen Sie eine gemeinsame Urliste aus den Merkmalspaaren Größe – Bundweite.

Wenn Sie nicht selber messen können, nutzen Sie die Daten aus Bundweite.xls.

b) Ermitteln Sie die Gleichung der Regressionsgeraden und den Korrelationskoeffizienten.

c) Zeichnen Sie ein Punktdiagramm mit der zugehörigen Regressionsgeraden.

Bemerkung: Unter www.klett.de Lehrwerk EXTRA finden Sie zu diesem Lehrwerk weitere Urlisten zum Bearbeiten mit EXCEL.

Rückblick

Statistische Erhebung

Stichprobenwerte einer Urliste: $x_1; x_2; \ldots; x_n$

Merkmalsausprägungen in der Urliste: $a_1; a_2; \ldots; a_k$

absolute Häufigkeit: $H(a_i) = H_i$

relative Häufigkeit: $h(a_i) = h_i$

Skalen

Nominalskala: dient ausschließlich einer Kennzeichnung

Ordinalskala: bringt eine Rangfolge zum Ausdruck

metrische Skala: auch Differenzen und Verhältnisse sind sinnvoll

Quartile

Die Quartile Q_1 (**unteres Quartil**), x_{Med} (**Median**) und Q_3 (**oberes Quartil**) teilen eine Rangliste in vier Abschnitte ein. In jedem Abschnitt befinden sich mindestens 25 % aller Werte der Rangliste. Quartile können in einem **Boxplot** veranschaulicht werden.

Arithmetisches Mittel (Mittelwert) einer Stichprobe

$$\overline{x} = \frac{1}{n}(x_1 + \ldots + x_n)$$

$$= \frac{1}{n}(a_1 \cdot H_1 + a_2 \cdot H_2 + \ldots + a_k \cdot H_k)$$

$$= a_1 \cdot h_1 + a_2 \cdot h_2 + \ldots + a_k \cdot h_k$$

Varianz (Streuung) und Standardabweichung einer Stichprobe

Varianz:
$$s^2 = \frac{1}{n-1}[(x_1 - \overline{x})^2 + \ldots + (x_n - \overline{x})^2]$$
$$= \frac{1}{n-1}[(a_1 - \overline{x})^2 \cdot H_1 + (a_2 - \overline{x})^2 \cdot H_2 + \ldots + (a_k - \overline{x})^2 \cdot H_k]$$

s bezeichnet die **Standardabweichung**.

Lineare Regression

Gegeben sind die Wertepaare zweier Merkmale:

$(x_1|y_1); (x_2|y_2); \ldots; (x_n|y_n)$.

Die Gerade $y = ax + b$, für welche die Summe der quadratischen Abweichungen $(y_1 - ax_1 - b)^2 + (y_2 - ax_2 - b)^2 + \ldots + (y_n - ax_n - b)^2$ am kleinsten ist, heißt **Ausgleichs-** oder **Regressionsgerade**.

Die Parameter a und b erhält man mit dem GTR nach Eingabe der Daten als Listen mit dem Befehl LinReg(ax+b).

Korrelation

Die Zahl $c_{xy} = \frac{1}{n-1} \cdot [(x_1 - \overline{x}) \cdot (y_1 - \overline{y}) + \ldots + (x_n - \overline{x}) \cdot (y_n - \overline{y})]$

heißt **(empirische) Kovarianz**.

Der **Korrelationskoeffizient r** misst, wie gut die Regressionsgerade den Zusammenhang zwischen den Merkmalen beschreibt. Es gilt:

$$r = \frac{c_{xy}}{s_x \cdot s_y}$$

Je näher der Korrelationskoeffizient bei ± 1 liegt, desto besser eignet sich die Regressionsgerade für Vorhersagen.

Beispiel 1:

Urliste: $x_1 = 23$; $x_2 = 25$; $\ldots$; $x_{20} = 24$

Häufigkeitsverteilung:

a_i	22	23	24	25	26
H_i	3	5	7	4	1
h_i	0,15	0,25	0,35	0,20	0,05

Stabdiagramm:

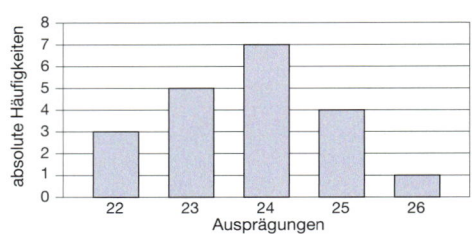

Mittelwert und Standardabweichung:

$\overline{x} = \frac{1}{20}(22 \cdot 3 + 23 \cdot 5 + \ldots + 26 \cdot 1) = 23{,}75$;

$s^2 = \frac{1}{19}[(22 - 23{,}75)^2 \cdot 3 + \ldots + (26 - 23{,}75)^2 \cdot 1] = 1{,}25$

$s \approx 1{,}12$

Quartile:

$Q_1 = 23$; $x_{Med} = 24$; $Q_3 = 24{,}5$

Boxplot:

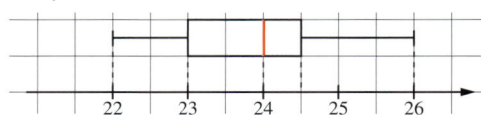

Beispiel 2:

Daten für eine lineare Regression:

x	1,0	1,5	2,0	2,5	3,0	3,5	4,0
y	1,5	2,1	6,5	8,4	10,8	13,9	14,9

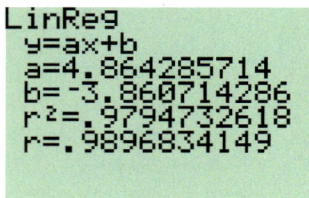

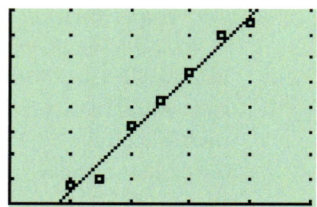

Aufgaben zum Üben und Wiederholen

1 Gegeben ist die Urliste: 101; 98; 101; 101; 102; 101; 100; 99; 100; 102; 100; 99.
Berechnen Sie die Spannweite, den Modalwert, die mittlere absolute Abweichung, das arithmetische Mittel, die Varianz und die Standardabweichung.

2 In einem Diktat wurden folgende Anzahlen von Fehlern gezählt:
2; 4; 1; 8; 0; 2; 1; 0; 2; 8; 1; 3; 2; 3; 2; 4; 1; 0; 1; 4; 3; 6; 3; 2; 7; 9; 4; 10; 1; 4; 3; 6; 4; 0; 1.
a) Bestimmen Sie den Mittelwert und die Standardabweichung.
b) Ermitteln Sie die Verteilung der relativen Häufigkeiten; zeichnen Sie ein Stabdiagramm.

3 Übertragen Sie die Tabelle ins Heft und ergänzen Sie diese. Zeichnen Sie einen Boxplot.

	x_{min}	Q_1	x_{Med}	Q_3	x_{max}	Q_A	Spannweite
a)	1	3	4		15	3	
b)	2	7	11	17			18
c)	495		502	503		4	12

4 Bei einer Umfrage unter Kinobesuchern wurde das Alter der Personen festgestellt:
20; 30; 25; 26; 30; 25; 20; 18; 21; 17; 20; 19; 22; 17; 21; 25; 30; 19; 40; 17; 24; 23; 22; 28
Ermitteln Sie die notwendigen Kennzahlen und zeichnen Sie einen Boxplot.

5 Berechnen Sie zur Punktwolke $P_1(2|4)$; $P_2(4|5)$; $P_3(4|7)$; $P_4(6|8)$ die empirische Kovarianz c_{xy} und den Korrelationskoeffizienten r.

6 Pit hat einen Laib Brot in Scheiben schneiden lassen und bei jeder Scheibe die Breite x (in cm) und die Höhe y (in cm) gemessen:
(8,5; 5,2), (13,7; 8,3), (15; 9,4), (16; 9,5), (16,9; 9,6), (15,1; 9,4), (13,9; 8,8), (12; 7,3).
Bestimmen Sie die Gleichung der Regressionsgeraden und den Korrelationskoeffizienten r.

7 Die Größe x von Fahrrädern (d.h. der Durchmesser des Laufrades) wird in Zoll (") angegeben. Jan hat bei verschieden großen Fahrrädern den Umfang y (in cm) der Gummireifen gemessen. Er erhält die folgenden Wertepaare.
(28; 219), (28; 218), (24; 192), (24; 191), (16; 134), (16; 135)
a) Ermitteln Sie die Gleichung der Regressionsgeraden und den Korrelationskoeffizienten.
b) Zeichnen Sie ein Punktdiagramm mitsamt der Regressionsgeraden.
c) Ein Zoll hat die Länge 2,54 cm. Welche Gleichung müsste die Regressionsgerade haben, wenn man die Beziehung $U = \pi \cdot d$ benutzt? Wie erklären Sie sich, dass die empirische Regressionsgerade nicht durch den Ursprung geht?

8 Meko hat bei Holzkugeln den Durchmesser x (in cm) und das Gewicht y (in g) gemessen:
(2; 2), (2,3; 4), (3; 9), (3,9; 22), (4,9; 44).
a) Bestimmen Sie die Gleichung der Regressionsgeraden und den Korrelationskoeffizienten.
b) Zeichnen Sie ein Punktdiagramm mitsamt der Regressionsgeraden.
c) Warum ist ein lineares Modell zur Beschreibung des Zusammenhanges zwischen Durchmesser und Gewicht nicht sinnvoll?

9 Ulla hat bei einer statistischen Untersuchung eine geringe Regression, aber eine hohe Korrelation zwischen den Merkmalen x und y festgestellt, Doris bei einer anderen Untersuchung eine hohe Regression und eine geringe Korrelation.
a) Wie könnten die zugehörigen Punktdiagramme prinzipiell aussehen?
b) In welchem der beiden Fälle ist das lineare Modell besser zur Prognose geeignet?

Die Lösungen zu den Aufgaben dieser Seite finden Sie auf Seite 257.

Mogeln mit Statistik

„Ein Bild sagt mehr als tausend Worte." Dieses Sprichwort befolgend werden uns täglich statistische Informationen in Form von Diagrammen und Piktogrammen präsentiert, die Botschaften übermitteln möchten. Die meisten Zeitungs-Grafiken sind einwandfrei, mitunter wird aber auch gemogelt, um beim Leser einen gewünschten Eindruck hervorzurufen.

Unangemessene Skalierungen
Durch die Wahl von Skalierungen, insbesondere durch das Ein- und Ausblenden des Koordinatenursprungs, kann man mit Diagrammen sehr verschiedene Eindrücke erzeugen.
Während Fig. 1a) einen dramatischen Mitgliederschwund in einem Verein signalisiert – die Mitgliederzahlen scheinen auf ein Achtel zurückgegangen zu sein –, macht Fig. 1b) deutlich, dass der Rückgang um 0,2 % eigentlich unbedeutend ist.

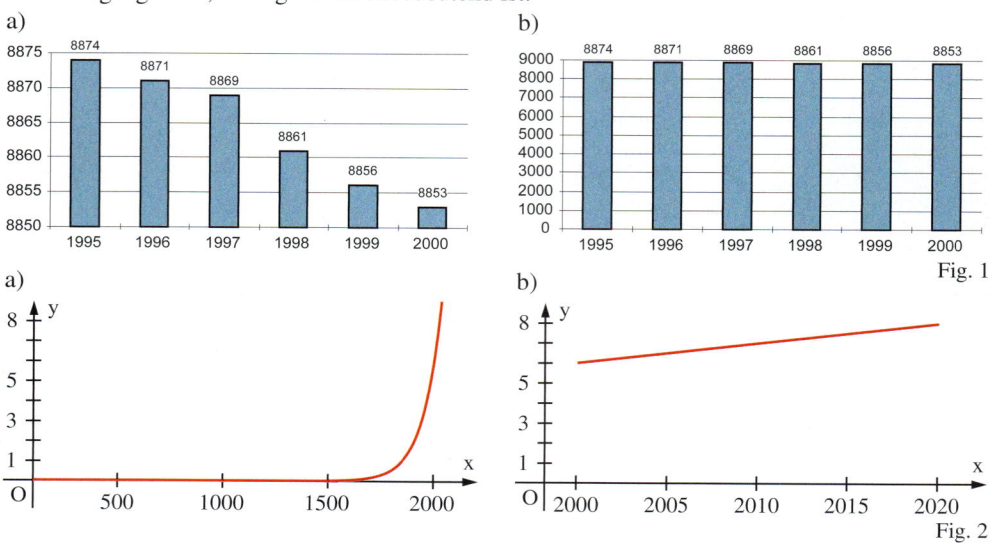

Fig. 1

Fig. 2

Fig. 2b) zeigt die Ergebnisse einer Modellrechnung zur Entwicklung der Weltbevölkerung für die Jahre 2000 bis 2020, die von 6 Mrd. im Jahr 2000 und einer jährlichen Zunahme um 1,4 % ausgeht. Sie hinterlässt einen eher harmlosen Eindruck. Fig. 2a) zeigt die Ergebnisse **der gleichen Modellrechnung** für die Jahre 0 bis 2020. Diese hinterlässt den Eindruck einer gegen Ende des betrachteten Zeitraumes dramatischen „Bevölkerungsexplosion".

Falsche räumliche Darstellungen
Ordnet man ein Säulendiagramm räumlich wie in Fig. 3 an, so scheinen die hinteren Säulen höher, als sie wirklich sind.
Noch stärker kann man mit Würfeln oder Kugeln mogeln. Wenn sich z. B. eine Größe verdoppelt und man veranschaulicht das durch Würfel wie in Fig. 4a), so hat man einen 8-mal so großen Würfel dargestellt. Der zweite Würfel darf aber nur eine $\sqrt[3]{2}$-mal so lange Kante haben (Fig. 4b)).

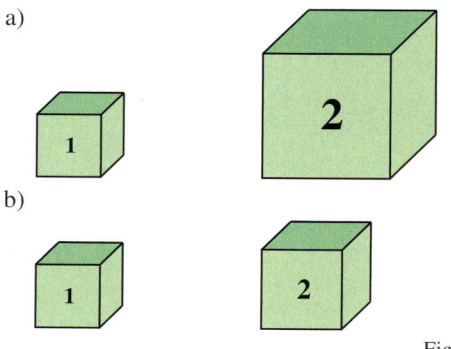

Fig. 3

Fig. 4

Mathematische Exkursionen

1 Untersuchen Sie die folgenden Zeitungsgrafiken im Hinblick auf Mogeleien.

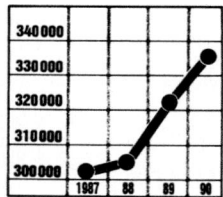

Geht steil nach oben
In vier Jahren stieg die Zahl der tatverdächtigen Frauen um fast 40000. (Quelle: Bundeskriminalamt Wiesbaden)

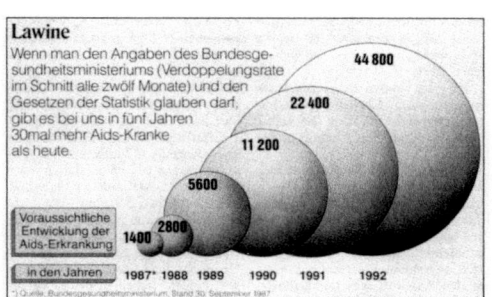

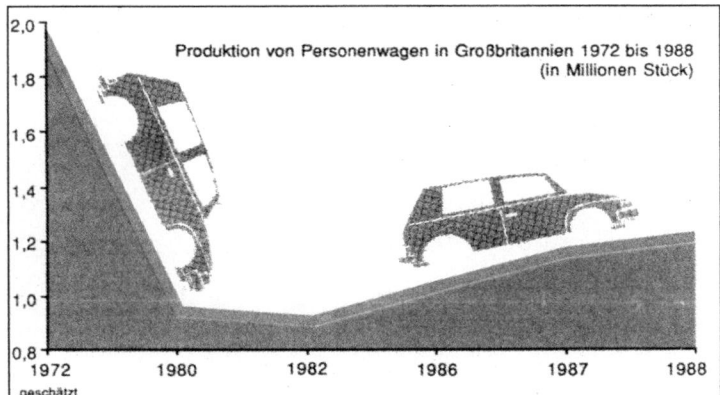

Seit 1983 stabile Gebühren

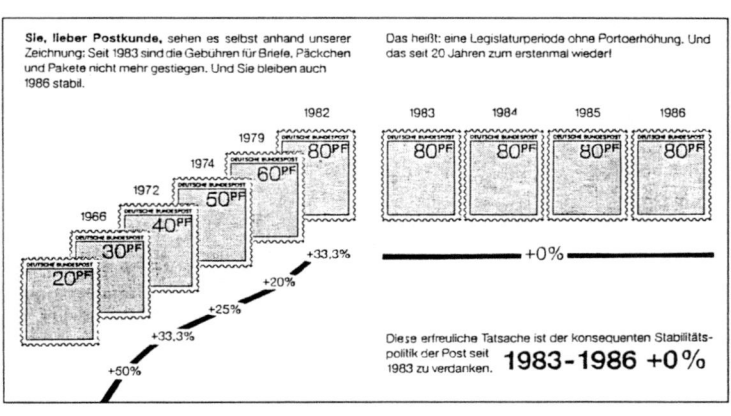

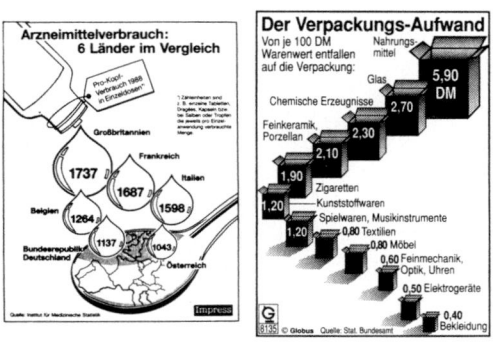

2 Untersuchen Sie Tageszeitungen und Wochenzeitungen, inwieweit mit statistischen Darstellungen gemogelt wird.

Mehr zum Thema können Sie erfahren in dem Buch:
W. Krämer: So lügt man mit Statistik, Campus-Verlag, Frankfurt am Main, dem auch die Grafiken von Aufgabe 1 entnommen sind.

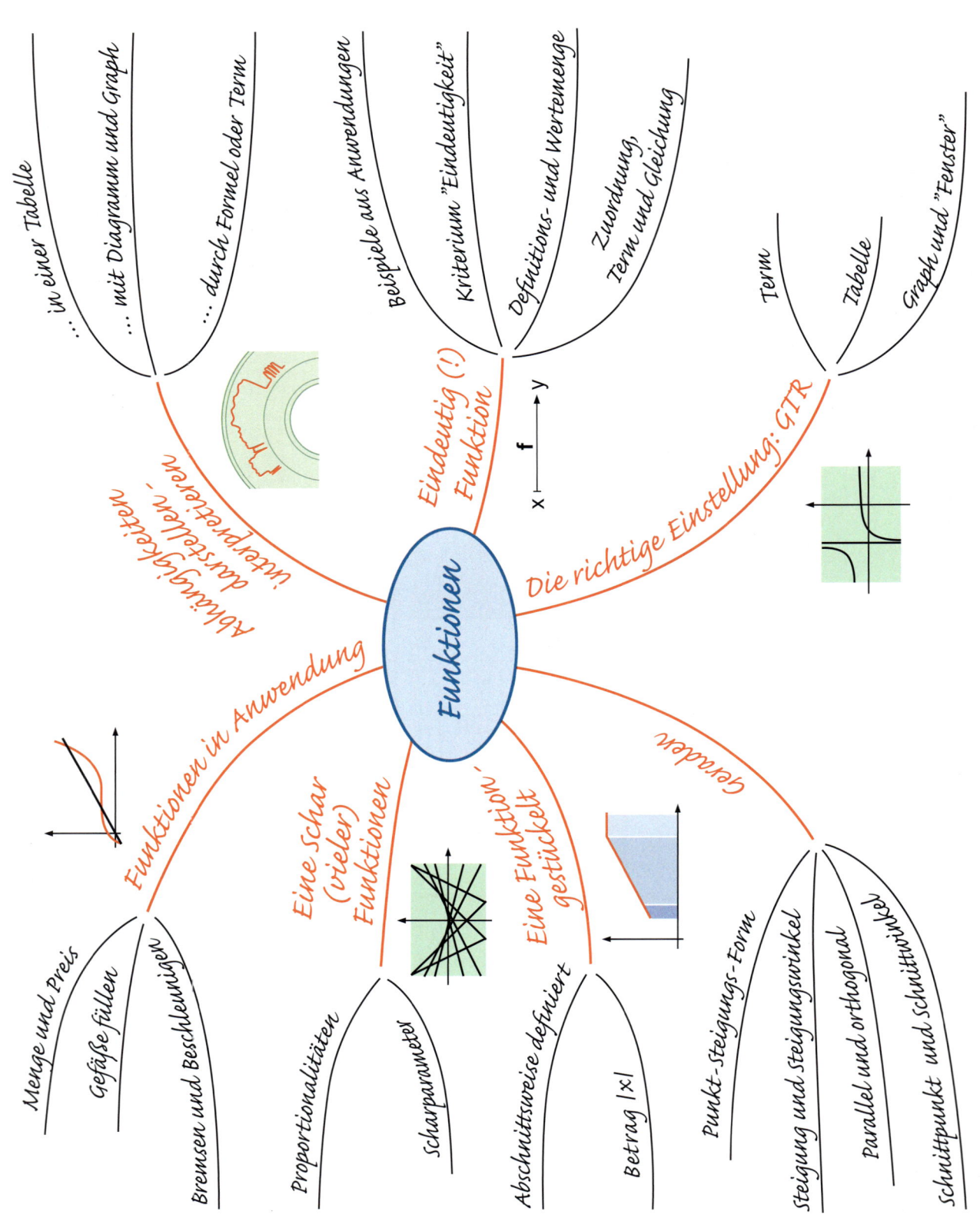

Funktionen

Abhängigkeiten darstellen – interpretieren
- in einer Tabelle
- ... mit Diagramm und Graph
- ... durch Formel oder Term

Eindeutig (!) Funktion
- Beispiele aus Anwendungen
- Kriterium "Eindeutigkeit"
- Definitions- und Wertemenge
- Zuordnung, Term und Gleichung

$x \xrightarrow{f} y$

Die richtige Einstellung: GTR
- Term
- Tabelle
- Graph und "Fenster"

Geraden
- Punkt-steigungs-Form
- Steigung und steigungswinkel
- Parallel und orthogonal
- Schnittpunkt und schnittwinkel

Eine Funktion – gestückelt
- Abschnittsweise definiert
- Betrag |x|

Eine Schar (vieler) Funktionen
- Proportionalitäten
- Scharparameter

Funktionen in Anwendung
- Menge und Preis
- Gefäße füllen
- Bremsen und Beschleunigen

1 Abhängigkeiten darstellen und interpretieren

1 Die Tabelle gibt den Verpackungsverbrauch in Deutschland in den Jahren 1993 bis 2004 von Glas und Kunststoff pro Jahr in Millionen Tonnen an.

Jahr	93	94	95	96	97	98	99	00	01	02	03	04
Glas	4,22	4,13	3,95	3,81	3,71	3,64	3,79	3,69	3,24	3,20	3,22	2,96
Kunststoff	1,51	1,55	1,57	1,50	1,52	1,62	1,74	1,81	1,91	2,06	2,23	2,28

a) Veranschaulichen Sie die Werte der Tabelle.
b) Vergleichen Sie den Verlauf für Glas mit dem für Kunststoff. Nennen Sie Gründe für die jeweilige Entwicklung.

Bisher wurden schon häufig Abhängigkeiten betrachtet. So ist z. B. das Volumen einer Kugel vom zugehörigen Radius abhängig. Der Zusammenhang zwischen Radius r und Volumen V wird durch $V = \frac{4}{3} \cdot \pi \cdot r^3$ formelmäßig beschrieben. Nun gibt es aber Situationen, in denen man eine solche Formel nicht angeben kann. In solchen Fällen werden die Daten häufig zunächst tabellarisch aufbereitet und dann durch einen Graphen veranschaulicht.

Ein Seismograph überträgt die Erschütterungen der Erde direkt auf Papier.

Abhängigkeiten zwischen zwei Größen werden häufig in Tabellen dokumentiert und durch Graphen veranschaulicht.
Mithilfe eines solchen Graphen kann man Werte ablesen, Vermutungen über den weiteren Verlauf anstellen oder den Verlauf interpretieren.

Beispiel:
Lemminge und andere Wühlmäuse sind bekannt für extreme Schwankungen ihrer Populationsdichte. Fig. 1 zeigt das Ergebnis einer Untersuchung in der kanadischen Provinz Manitoba.

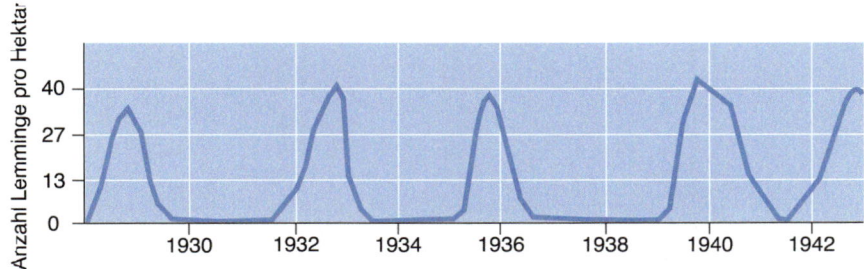

Fig. 1

Populationszyklen bei Lemmingen und anderen Wühlmäusen sind schon lange bekannt. Dutzende von Hypothesen wurden zur Erklärung dieser Schwankungen aufgestellt. Nennen Sie mögliche Ursachen.

a) Wie lange dauert ungefähr ein Populationszyklus bei Lemmingen?
b) Bei welcher Dichte von Tieren pro Hektar bricht die Population zusammen?
c) Wie weit sinkt die Dichte der Population?
Lösung:
a) Ein Populationszyklus bei Lemmingen dauert 3 bis 4 Jahre.
b) Sobald eine Dichte von rund 40 Tieren pro Hektar erreicht wird, bricht die Population zusammen.
c) Die Lemming-Population sinkt auf extrem geringe Dichten von nur wenigen Tieren.

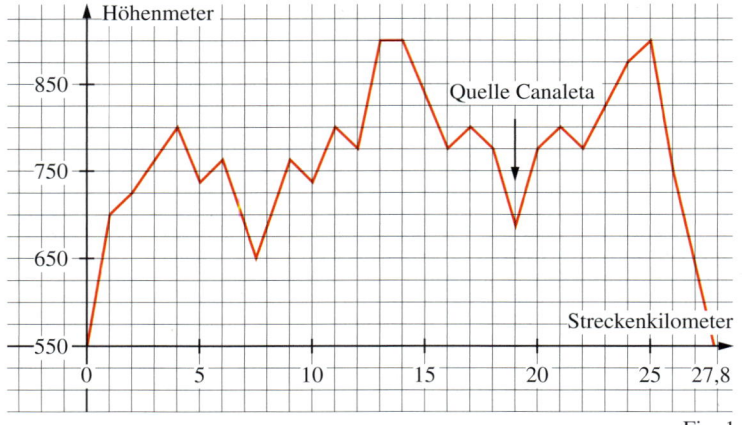

Fig. 1

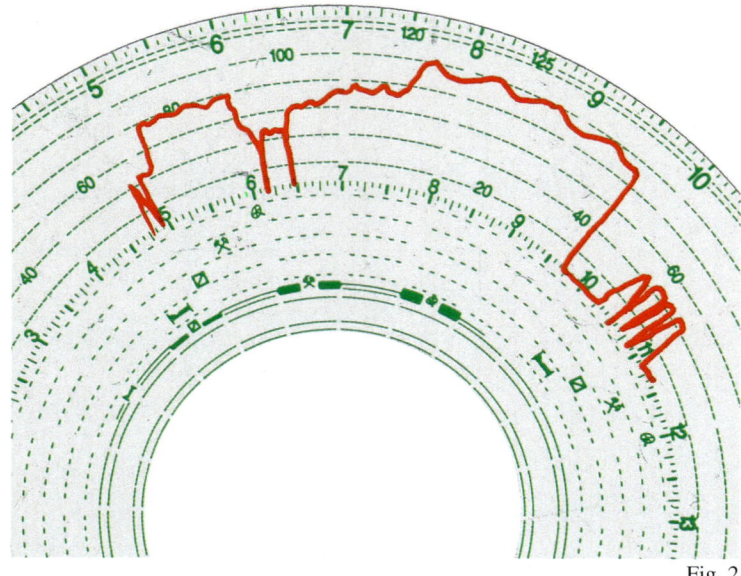

Fig. 2

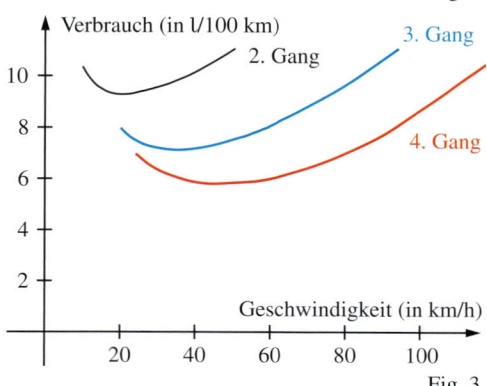

Fig. 3

Aufgaben

2 Eine Mountainbike-Tour in dem spanischen El-Ports-Gebirge hat das abgebildete Höhenprofil.
a) Wie viele Höhenmeter sind beim ersten Anstieg zu überwinden?
b) Wie groß ist der Gesamtanstieg, der bei der Tour zu überwinden ist?
c) Wie steil ist die letzte Abfahrt ab Streckenkilometer 26?
Geben Sie das Gefälle in Prozent und den Steigungswinkel an.
d) Zur Quelle Canaleta führt nur eine Sackgasse. Wie äußert sich dies im Graphen?
Wie lang ist vermutlich diese Sackgasse?
e) Wo kann es eine weitere Sackgasse geben?

3 Omnibusfahrten müssen mithilfe eines Fahrtenschreibers auf eine Tachoscheibe aufgezeichnet werden.
a) Wie lange dauerte die aufgezeichnete Fahrt insgesamt?
b) Nach 4,5 Stunden muss der Fahrer eine Pause von 45 Minuten einlegen.
Hat der Fahrer des Busses diese Bestimmung eingehalten?
c) Wie hoch war seine maximale Geschwindigkeit?
d) Woran erkennt man, dass der Omnibus zwischen 8 Uhr und 9.30 Uhr auf der Autobahn fuhr?
e) Interpretieren Sie den Abschnitt zwischen 10.15 Uhr und 11 Uhr.
f) Wie lang etwa ist die Strecke, die zwischen 5.10 Uhr und 5.55 Uhr zurückgelegt wurde?

4 Der Zusammenhang zwischen der Geschwindigkeit eines Fahrzeugs und dem Kraftstoffverbrauch eines Fahrzeugs ist bei jedem Gang verschieden.
a) Bei welchen Geschwindigkeiten beträgt der Verbrauch 10 l pro 100 km?
b) Bei welcher Geschwindigkeit ist der Verbrauch im 4. Gang am geringsten?
Wie hoch ist dieser Verbrauch?
c) Um wie viel sinkt der Verbrauch, wenn man bei 60 km/h im 4. Gang statt im 3. Gang fährt?

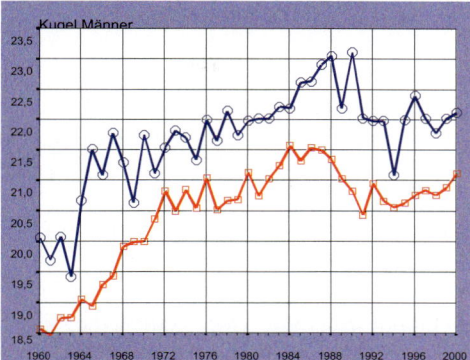

Fig. 1

5 Fig. 1 zeigt für das Kugelstoßen der Männer im Zeitraum von 1960 bis 2000 die Entwicklung der Weiten bei den Weltbesten (○) und bei den pro Jahr errechneten Mittelwerten der jeweils 20 Weltbesten (□).

a) In welchen Zeiträumen sind deutliche Veränderungen der Weiten bei den Weltbesten festzustellen? Nennen Sie mögliche Gründe hierfür.

b) Bei welcher Weite liegt aufgrund dieser Darstellung der derzeitige Weltrekord im Kugelstoßen der Männer und wann wurde er aufgestellt?
Überprüfen Sie, ob dieser Weltrekord heute noch besteht.

c) Welche Diskussion ist nahe liegend, wenn man die Weiten seit 1988 betrachtet?

Vogelart	Gewicht (in kg)	Spannweite (in m)
Amsel	0,17	0,32
Eichelhäher	0,42	0,48
Blesshuhn	0,92	0,95
Stockente	1,95	1,10
Graugans	4,80	1,85
Storch	6,60	1,95

Fig. 2

6 In seinen Schriften über das Fliegen hat LEONARDO DA VINCI auch das Körpergewicht und die Spannweite der Flügel einzelner Vogelarten angegeben (Fig. 2; heutige Einheiten).
Tragen Sie die Ergebnisse in ein Koordinatensystem ein. Welche Spannweite hat näherungsweise ein Uhu von 3 kg Gewicht?

Planet	a	T
Merkur	0,39	0,24
Venus	0,72	0,62
Erde	1,00	1,00
Mars	1,52	1,88
Jupiter	5,20	11,86
Saturn	9,54	29,46

Fig. 3

7 Informieren Sie sich über die drei KEPLER'schen Gesetze. Bestätigen Sie mithilfe der Daten in Fig. 3 das dritte Gesetz. (a: Länge der großen Halbachse in astronomischen Einheiten; T: Umlaufzeit in Erd-Jahren)

*LEONARDO DA VINCI (1452–1519), ital. Maler, Bildhauer und Naturforscher. Er war Linkshänder und schrieb fast alle seine Schriften in Spiegelschrift von rechts nach links. Leonardo gab Längen in **braccio** (Arm) und Gewichte in **libbra** (Pfund) an.
1 braccio entsprach in Florenz 60 Zentimetern.
1 libbra waren 336 Gramm.*

8 In der Studie „Grenzen des Wachstums" wurden Prognosen über die mögliche Entwicklung der Chromvorräte auf der Welt veröffentlicht.
Szenario 1: Ab dem Jahr 1970 wird kein Chrom mehr verbraucht.
Szenario 2: Die Nutzungsrate bleibt ab dem Jahr 1970 konstant.
Szenario 3: Die Nutzungsrate nimmt jährlich um 2,6 % zu.
Szenario 4: Wie Szenario 3, aber mit dem fünffachen Chromvorrat.

a) Ordnen Sie jedem Szenario den zugehörigen Graphen zu.

b) Wann sind die Chromvorräte jeweils erschöpft?

c) Wann wären die Vorräte erschöpft, wenn die Nutzungsrate konstant, aber doppelt so groß wie in Szenario 2 wäre?

Schaubilder drücken politische Meinungen aus

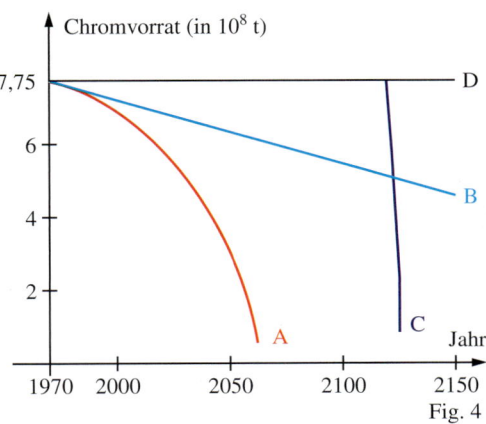

Fig. 4

2 Abhängigkeiten durch Terme beschreiben

1 Verschiedene zylinderförmige Glasgefäße sollen geeicht werden.
a) Bestimmen Sie einen Zusammenhang zwischen der Höhe h, in der die 1-Liter-Markierung angebracht werden muss, und dem Innenradius r des Gefäßes.
b) In welcher Höhe befindet sich die Markierung, wenn der Radius 5 cm beträgt?
c) Bei welchem Radius ist die Markierung in 10 cm Höhe?

Kennt man bei Abhängigkeiten zweier Größen eine zugrunde liegende Gesetzmäßigkeit, so versucht man, diese Abhängigkeit mithilfe eines Terms darzustellen. Der zugehörige Graph vermittelt zusätzlich einen Gesamtüberblick.

Eine Klasse plant, bei einem Schulfest Grillwürste zu verkaufen und möchte sich vorher einen Überblick über den möglichen Gewinn verschaffen.
Der Einkaufspreis für eine Wurst mit Semmel beträgt 1,40 €, der geplante Verkaufspreis 2,50 €. Es entstehen feste Kosten (z. B. Leihgebühr für Grill und Geschirr) in Höhe von 80 €.

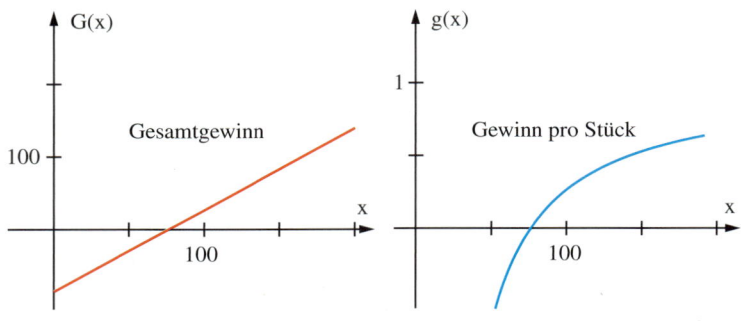

Fig. 1   Fig. 2

Der Kassenwart kalkuliert:
Anzahl der verkauften Würste: x
Einnahmen (in €): $2{,}50\,x$
Kosten (in €): $1{,}40\,x + 80$
Gewinn (in €): $G(x) = 2{,}50\,x - (1{,}40\,x + 80)$
$$G(x) = 1{,}10\,x - 80$$
Gewinn pro Stück (in €): $g(x) = \dfrac{G(x)}{x}$
$$g(x) = 1{,}10 - \dfrac{80}{x}.$$

> Die Abhängigkeit einer Größe von einer anderen Größe lässt sich oft durch einen **Term** beschreiben. Mit diesem Term kann man für jeden Ausgangswert den zugehörigen Wert **berechnen**.

Beispiel:
Alle Geraden mit negativer Steigung, die durch den Punkt $P(2\,|\,1)$ gehen, bilden mit den beiden Koordinatenachsen ein rechtwinkliges Dreieck.
a) Geben Sie einen Term an, der den Flächeninhalt dieses Dreiecks in Abhängigkeit von der Steigung m der Geraden darstellt.
b) Berechnen Sie den Flächeninhalt, der zu $m = -0{,}5$ gehört.

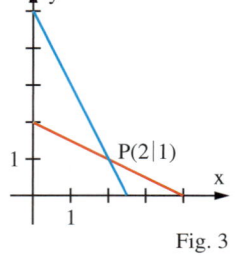

Fig. 3

Lösung:
a) Ansatz für die Gleichung der Geraden: $\quad y = m\,x + c$
Punktprobe für $P(2\,|\,1)$: $\qquad\qquad 1 = m \cdot 2 + c;\ c = -2m + 1$
also: $\qquad\qquad\qquad\qquad\qquad y = m\,x - 2m + 1$
Schnitt mit der x-Achse $(y = 0)$ ergibt die Grundseite: $\quad x_0 = 2 - \dfrac{1}{m};$
Schnitt mit der y-Achse $(x = 0)$ ergibt die Höhe: $\quad y_0 = -2m + 1;$
Flächeninhalt: $A(m) = \dfrac{1}{2}\Big(2 - \dfrac{1}{m}\Big)(1 - 2m)$.

b) Zu $m = -0{,}5$ gehört der Flächeninhalt $A(-0{,}5) = \dfrac{1}{2}\Big(2 - \dfrac{1}{-0{,}5}\Big)(1 - 2 \cdot (-0{,}5)) = 4$.

Aufgaben

2 Eine Jugend-Basketballmannschaft plant, bei einem Kinderfest Schnitzelbrötchen zu verkaufen. Der Einkaufspreis für ein Brötchen liegt bei 0,15 € und für ein Schnitzel anteilig bei 1,05 €. Es entstehen feste Kosten (z. B. Leihgebühr für eine Warmhalteplatte und Strom) in Höhe von 60 €. Der geplante Verkaufspreis beträgt 2 €.
a) Kalkulieren Sie den Gewinn in Abhängigkeit von der Anzahl der verkauften Schnitzelbrötchen sowie den Gewinn pro Stück.
b) Erstellen Sie eine Wertetabelle. Wie viel Schnitzelbrötchen müssen verkauft werden, damit alle Kosten gedeckt sind?

3 Ein Sparguthaben von 5000 Euro liegt 10 Jahre auf der Bank, ohne dass jemals Geld abgehoben wird. Es wird mit 6 % pro Jahr verzinst.
a) Wie groß ist der Wachstumsfaktor, mit dem das Guthaben anwächst?
b) Wie hoch ist das Guthaben nach x Jahren?

4 Ein Rechteck mit dem Umfang 20 cm hat die Länge x cm. Geben Sie für die folgende Größe jeweils einen Term in Abhängigkeit von x an.
a) Breite des Rechtecks (in cm)
b) Flächeninhalt des Rechtecks (in cm²)
c) Länge der Diagonalen (in cm)
d) Flächeninhalt (in cm²) des dem Rechteck umbeschriebenen Kreises

5 Die Gerade durch P(2|1) und Q(0|c) mit c > 1 bildet mit den Koordinatenachsen ein Dreieck. Bestimmen Sie den Term A(c) für den Flächeninhalt dieses Dreiecks.

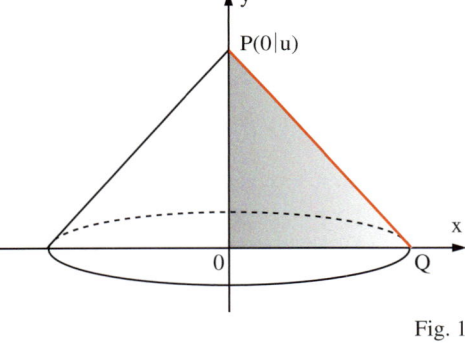

Fig. 1

6 Die Endpunkte der Strecke PQ liegen auf den positiven Koordinatenachsen. Die Strecke PQ hat die feste Länge 6. Rotiert das Dreieck OQP um die y-Achse, so entsteht ein Kegel mit dem Volumen V(u).
a) Ermitteln Sie den Term V(u). Welche Werte von u sind möglich?
b) Skizzieren Sie den Graphen für V(u).
c) Für welches u ist das Kegelvolumen 60? Wann ist es kleiner als 30?
d) Gibt es Kegel mit dem Volumen 100?

7 Gegeben ist ein Kreis mit dem Mittelpunkt M und dem Radius r. In der Figur ist zu einem Punkt P im Innern des Kreises der Bildpunkt P' konstruiert.
a) Beschreiben Sie die Konstruktion.
b) Für welchen Punkt versagt die Konstruktion?
c) Der Abstand des Punktes P von M sei x. Berechnen Sie $\overline{MP'}$.
d) Man kann auch den Bildpunkt zu einem Punkt außerhalb des Kreises konstruieren. Beschreiben Sie diese Konstruktion.

Bewegt sich in Fig. 2 der Punkt B auf dem Kreis und ist die Richtung von g fest, so bewegen sich P und P' auf g. Diese Tatsache nutzte der französische General PEAUCELLIER (1832–1913) aus, als er 1867 einen Gelenkmechanismus erdachte, der eine Kreisbewegung in eine exakte Geradführung umsetzt.

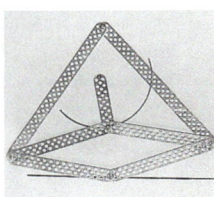

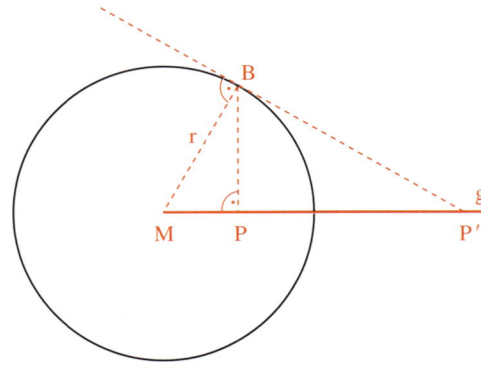

Fig. 2

51

3 Der Begriff der Funktion

1 In einem Moor nahe der Küste wurden im Sommer und im Winter die Bodentemperaturen gemessen (Fig. 1).

a) Erläutern Sie die Wahl der Achsenrichtungen für das Koordinatensystem.

b) Welche Temperaturen herrschten im Sommer in 1 m; 2 m; 3 m; 4 m Tiefe?

c) Welche Probleme ergeben sich, wenn man der Temperatur im Sommer bzw. im Winter die Tiefe zuordnet?

d) Ab welcher Tiefe unterscheiden sich die Temperaturen im Sommer und im Winter nur wenig?

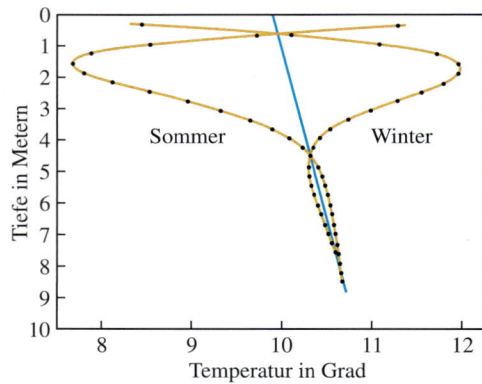

Fig. 1

Bei der mathematischen Beschreibung („Modellierung") einer Situation wird meist einem Wert x einer Größe **genau ein** Wert y einer anderen Größe zugeordnet. Dies ist z. B. der Fall, wenn beim Laufen der „verstrichenen Zeit" der „zurückgelegte Weg" zugeordnet wird. Keine Eindeutigkeit liegt hingegen bei der Zuordnung von „gemessener Temperatur" zu „Tageszeit" vor. Eindeutige Zuordnungen treten oft auf und lassen sich zudem besonders gut bearbeiten.

> **Definition:** Eine Vorschrift, die jeder reellen Zahl aus einer Menge D **genau eine** reelle Zahl zuordnet, nennt man **Funktion**.

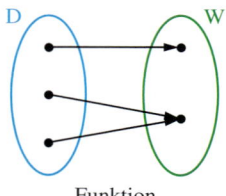

Funktion

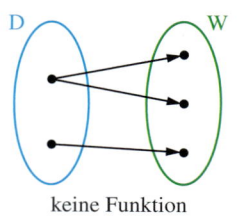

keine Funktion

Bei Funktionen sind die folgenden Schreib- und Sprechweisen üblich.

f; **g**; **A**; ...	sind Bezeichnungen für Funktionen.
f(x) (lies: f von x)	bezeichnet diejenige Zahl, die f der Zahl x zuordnet. Man nennt sie den **Funktionswert von x** oder den **Funktionswert von f an der Stelle x**.
D_f	ist die Menge aller x-Werte, auf die f angewendet werden soll; sie heißt **Definitionsmenge** der Funktion f. Fehlt bei einer Funktion die Angabe D_f, so ist stets die maximale Definitionsmenge gemeint.
W_f	ist die Menge aller Funktionswerte; sie heißt **Wertemenge** von f. Es ist $W_f = \{f(x) \mid x \in D_f\}$.
f: x $\mapsto$ x² (lies: f x Pfeil x²)	drückt aus, dass mit f die Vorschrift „jedem x wird x² zugeordnet" gemeint ist. Man nennt x² den **Funktionsterm**.
Graph von f	ist die Menge aller Punkte P(x|y) in einem Koordinatensystem. Diese Punkte erfüllen die Gleichung y = f(x) des Graphen von f.
y = f(x)	heißt auch **Funktionsgleichung**.

Beispiel 1:

Gegeben ist die Funktion $f: x \mapsto 3\sqrt{x-2}$.

a) Geben Sie die Funktionswerte für 6 und 11 an.

b) Berechnen Sie $f(2)$, $f(4)$ und $f\left(\frac{9}{4}\right)$.

c) Bestimmen Sie die maximale Definitionsmenge und die Wertemenge von f.

Lösung:

a) $f(6) = 3\sqrt{6-2} = 6$; $f(11) = 3\sqrt{11-2} = 9$.

b) $f(2) = 0$; $f(4) = 3\sqrt{2}$; $f\left(\frac{9}{4}\right) = \frac{3}{2}$.

c) Maximale Definitionsmenge: Bedingung ist $x - 2 \geqq 0$, also ist $D_f = [0; \infty[$.

Wertemenge von f: Der kleinstmögliche Funktionswert ist $f(2) = 0$; einen größtmöglichen Funktionswert gibt es nicht, also ist $W_f = [0; \infty[$.

Beispiel 2: (Gleichheit von Funktionen)

Gegeben sind die Funktionen f mit $f(x) = (x+2)^2 - 4$; $D_f = \mathbb{R}$ und g mit $g(x) = x(x+4)$; $D_g = \mathbb{R}$. Handelt es sich um gleiche Funktionen? D.h., stimmen neben den Definitionsmengen auch die Wertemengen überein und gilt $f(x) = g(x)$ für alle $x \in \mathbb{R}$?

Lösung:

Es ist $(x+2)^2 - 4 = x^2 + 4x + 4 - 4 = x^2 + 4x = x(x+4)$.

Damit ist $W_f = \{y \mid y \geqq -4\} = W_g$ und es ist $f(x) = g(x)$ für alle $x \in \mathbb{R}$.

Es handelt sich also um gleiche Funktionen: $f = g$.

Aufgaben

2 Welche Punktmenge ist Graph einer Funktion $f: x \mapsto f(x)$?

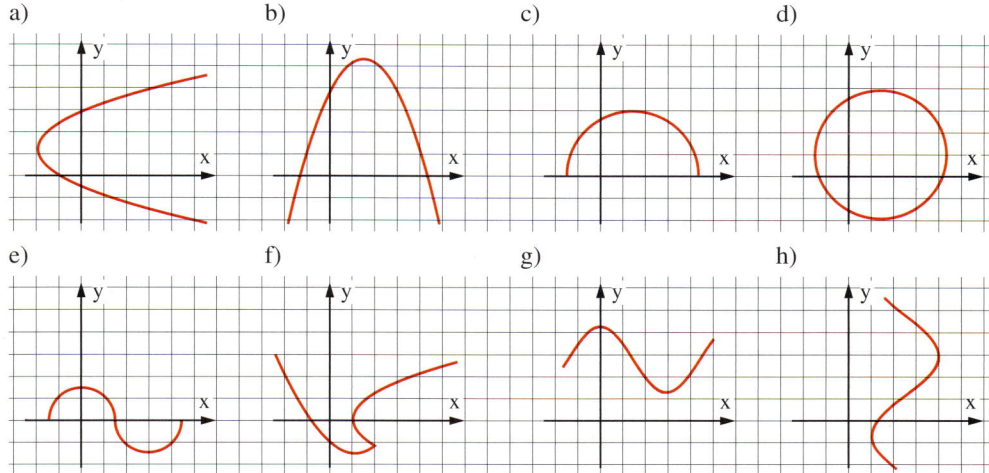

Fig. 1

3 Drücken Sie die Aussage in mathematischer Kurzschrift aus.

a) Durch die Funktion f wird der Zahl 3 die Zahl 10 zugeordnet.

b) Die Funktion g nimmt an der Stelle 5 den Funktionswert 12 an.

c) Die Zahl 3 gehört nicht zur Definitionsmenge der Funktion f.

d) Die Funktion f ordnet der Zahl 4 einen größeren Funktionswert zu als der Zahl 5.

e) Die Funktionen f und g nehmen für $x = 2$ denselben Funktionswert an.

f) Alle Funktionswerte der Funktion g sind positiv.

4 Welche Aussage ist falsch? Begründen Sie.

a) Eine Parallele zur x-Achse kann nicht Graph einer Funktion sein.

b) Eine Parallele zur y-Achse kann nicht Graph einer Funktion sein.

c) Jede Parallele zur x-Achse hat mit dem Graphen einer beliebigen Funktion höchstens einen Punkt gemeinsam.

d) Jede Parallele zur y-Achse hat mit dem Graphen einer beliebigen Funktion höchstens einen Punkt gemeinsam.

5 Geben Sie die Funktionswerte für 2 und 1,4 an. Bestimmen Sie die maximale Definitions- und Wertemenge.

a) $x \mapsto 3x - 0,5$ b) $x \mapsto 2x + 7$ c) $x \mapsto x^2 + 1$ d) $x \mapsto x^2 + 3$

e) $x \mapsto \sqrt{x - 1}$ f) $x \mapsto 5\sqrt{4 - x^2}$ g) $x \mapsto \frac{1}{3 - x}$ h) $x \mapsto \frac{1}{x^2} + 5$

6 Untersuchen Sie, ob es sich um die gleiche oder um verschiedene Funktionen handelt.

a) $f(x) = x^2$; $g(x) = (-x)^2$ b) $f(x) = 3x^2$; $g(x) = (3x)^2$

Systolischer Blutdruck: Druck beim Zusammenziehen der Hauptkammern des Herzmuskels. Diastolischer Blutdruck: Druck beim Erschlaffen des Herzmuskels.

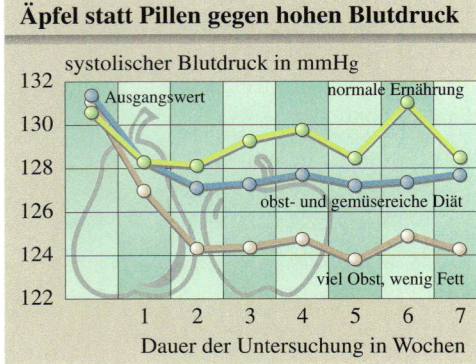

7 In einer englischen Studie wurde der Einfluss der Ernährung auf den Blutdruck untersucht.

a) Ist es sinnvoll, bei den Graphen die einzelnen Messpunkte miteinander zu verbinden?

b) Geben Sie für die drei dargestellten Funktionen jeweils die Definitionsmenge und die Wertemenge an.

c) Warum beginnt die Hochachse nicht mit dem Wert 0?

d) Um wie viel Prozent sank der Blutdruck bei der Diät „viel Obst, wenig Fett" im Verlauf der Studie?

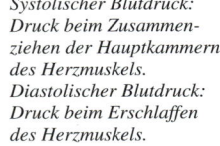

Nicht vergessen Jede Zahl hat 1 und sich selbst als Teiler.

8 Jeder natürlichen Zahl wird die Anzahl ihrer Teiler zugeordnet.

a) Handelt es sich um eine Funktion f?

b) Bestimmen Sie $f(6)$; $f(12)$; $f(32)$; $f(49)$; $f(60)$.

c) Nennen Sie Zahlen mit der Eigenschaft $f(n) = 2$; $f(n) = 1$; $f(n) = 3$; $f(n) = 4$.

9 h ist die Funktion, die jeder natürlichen Zahl n die Anzahl der Primzahlen zuordnet, die kleiner oder gleich n sind.

a) Stellen Sie für $n = 1; 2; \ldots; 20$ eine Wertetabelle auf. Zeichnen Sie den Graphen.

b) Für welche $n \in \mathbb{N}$ gilt: $h(n) = 11$?

Eine Darstellung, bei der der nächste Funktionswert aus dem vorherigen berechnet wird, heißt **rekursiv**. *So gilt beispielsweise: $f(3) = 2 \cdot f(2)$.*

Tipp: Erstellen Sie in EXCEL eine Tabelle mit mehreren Spalten...

10 Durch folgende Vorschrift wird eine Funktion f mit $D_f = \mathbb{N}$ definiert: $f(0) = 1$; $f(n) = 2 \cdot f(n - 1)$.

a) Berechnen Sie die Funktionswerte $f(n)$ für $1 \leqq n \leqq 5$.

b) Geben Sie eine Termdarstellung der Funktion f an.

11 In einer Stadt mit 30 000 Haushalten haben bereits 3000 Haushalte die lokale Tageszeitung abonniert. Die Zeitung startet nun für drei Monate eine Werbekampagne und erreicht, dass in jeder Woche 10 % der Haushalte ohne Abonnement ein neues Abonnement abschließen.

a) Wie viele Haushalte haben nach einer Woche bzw. nach drei Wochen ein Abonnement?

b) Wann wird die 20 000-Abonnement-Grenze überschritten?

4 Darstellung von Funktionen mit dem GTR

1   Versuchen Sie, auf Ihrem grafikfähigen Taschenrechner Graphen von Funktionen wie f mit $f(x) = x^2$; g mit $g(x) = \sqrt{x}$ und h mit $h(x) = \frac{1}{x^2}$ zu erstellen.

Unabhängig davon, ob eine Funktion durch einen Term oder durch eine Tabelle gegeben ist, bietet der grafikfähige Taschenrechner viele Möglichkeiten an, Funktionen zu veranschaulichen. Besonders komfortabel wird dies durch die Anwendung so genannter Menüs.

Beispiel 1: (Funktion durch Term gegeben)

Gegeben ist die Funktion f mit $f(x) = 2^x - \frac{1}{2}x$; $x \in \mathbb{R}$.

a) Stellen Sie auf dem GTR einen Graphen der Funktion dar.

b) Erstellen Sie auf dem GTR eine Wertetabelle.

c) In der Nähe des Ursprungs hat der Graph einen Tiefpunkt. Wählen Sie in dieser Umgebung einen Ausschnitt und vergrößern Sie diesen. Ermitteln Sie die Koordinaten des Tiefpunktes.

Bei der Erstellung eines Graphen auf dem TI-83 ist Folgendes zu beachten: Das Anzeigefenster hat 95 Bildpunkte in x- und 63 in y-Richtung. Das Verhältnis ist also $95 : 63 \approx 1{,}508$. Um eine verzerrungsfreie Darstellung des Graphen zu erhalten, muss somit der Zeichenbereich in x-Richtung rund 1,5-mal so groß sein wie in y-Richtung. Dies ist z. B. bei ZOOM *4:ZDecimal der Fall. Bei dieser Einstellung entspricht jedem Bildpunkt eine Dezimalstelle.*

Lösung:

a) Eine Funktion wird im Y= -Fenster definiert.

Im WINDOW -Fenster kann man die Bereiche für x und y sowie Eigenschaften der Darstellung (Anzahl der angezeigten Teilstriche) einstellen.

Die Anzeige von Gitterpunkten z. B. lässt sich im 2nd ZOOM -Menü mit GridOn aktivieren.

Mit GRAPH erhält man den Graphen der Funktion.

b) Mit dem Menü 2nd WINDOW werden Wertetabellen eingerichtet. Startwert und Differenz zwischen zwei x-Werten können eingestellt werden. Mit 2nd GRAPH erhält man dann die Tabelle.

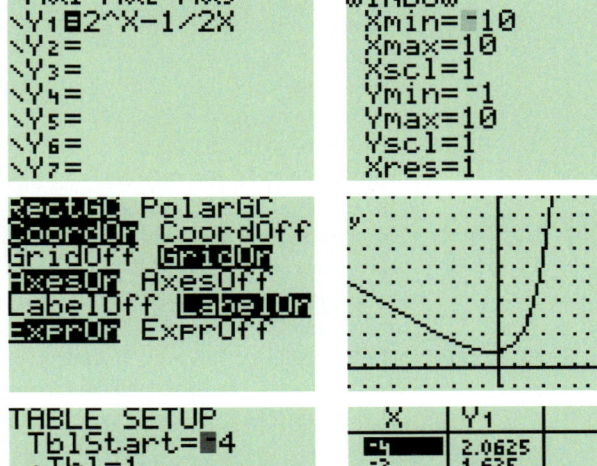

c) Im ZOOM -Menü kann man mit ZBox einen Bereich wählen und vergrößern; TRACE positioniert auf dem Graphen einen Cursor, den man mit den Cursortasten bewegen kann.

Ergebnis: Die Koordinaten des Tiefpunktes sind näherungsweise: $T(-0{,}47 \,|\, 0{,}96)$.

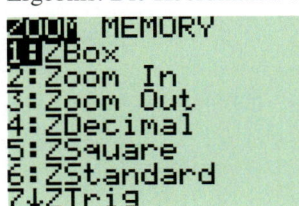

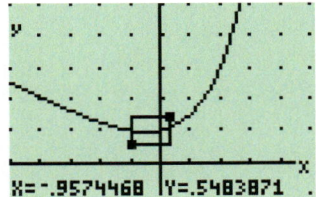

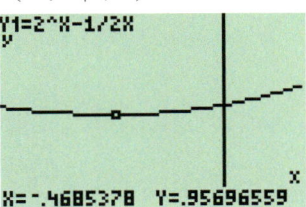

55

Beispiel 2: (Funktion durch Tabelle gegeben)

Die Tabelle zeigt den Anteil (in %) der deutschen Bevölkerung zwischen 14 und 64 Jahren, die privat oder beruflich das Internet nutzt.

Seit 1998 veröffentlicht das Institut für Demoskopie Allensbach jährlich die neuesten Zahlen.

Jahr	1998	1999	2000	2001	2002	2003
Anteil (in %)	11,8	16,9	28,6	40,0	46,0	55,7

a) Speichern Sie die Daten im GTR in Form von Listen.

b) Stellen Sie die Daten auf dem GTR als Punkte (Scatter-Plot) und als Liniendiagramm dar.

c) Beschreiben Sie den Verlauf der Graphen.

Lösung:

Zur Eingabe von Daten siehe Seite 15.

a) Im ⌈STAT⌉-Menü können mit Edit Listen angezeigt werden. Hierzu bringt man den Cursor auf ein Listen-element und gibt den ge-wünschten Wert ein. Dabei wählt man für das Jahr 1998 den Wert null.

b) Zunächst wählt man das ⌈2nd⌉ ⌈Y=⌉ -Menü und wech-selt dann mit ENTER zum Einstellen der gewünschten Darstellungsart. Unter Type

Nicht vergessen: Auch hier müssen unter ⌈WINDOW⌉ die passenden Werte ge-wählt werden!

wählt man das erste der sechs Symbole und unter Mark die Art der Markierung der Einzelpunkte. Das zweite Symbol unter Type charakte-risiert den xyLine-Typ. Mit ⌈GRAPH⌉ erhält man den ge-wünschten Graphen.

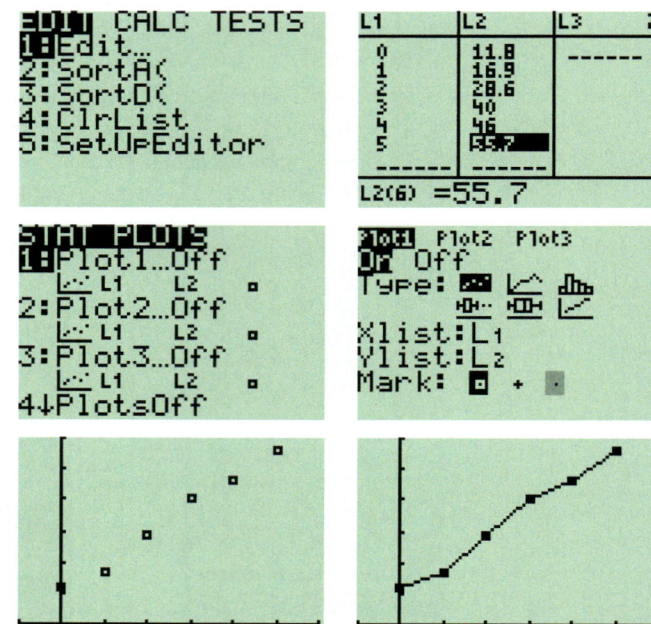

c) Der Anteil der Internet-Nutzer ist in den Jahren 1998 bis 2003 kontinuierlich gewachsen. Dabei hat sich der Anteil der Nutzer etwa verfünffacht. Die größten Zunahmen von 11,7 bzw. 11,4 Prozentpunkten lagen in den Jahren 2000 bzw. 2001.

Mit der Variablen Xres kann man auf Kosten der Genauigkeit die Schnellig-keit beim Zeichnen des Graphen erhöhen. Es sind Werte von 1 bis 8 möglich.

Aufgaben

2   Gegeben ist die Funktion f durch einen Term. Erstellen Sie auf dem GTR den Graphen von f und eine Wertetabelle. Variieren Sie die ⌈WINDOW⌉-Einstellungen und die Einstellungen im Menü ⌈2nd⌉ ⌈WINDOW⌉.

a) $f(x) = 3x - 8$ b) $f(x) = x^2 - x + 2$ c) $f(x) = x^3 + 75$ d) $f(x) = \frac{1}{x}$

e) $f(x) = \frac{2}{x^2}$ f) $f(x) = 30 - \frac{4}{x^2}$ g) $f(x) = 0,01 \cdot \sqrt{x - 10}$ h) $f(x) = |x - 5|$

3   Gegeben sind die Funktionen f und g jeweils durch einen Term. Erstellen Sie auf dem GTR Graphen von f und g in einem gemeinsamen Koordinatensystem. Wählen Sie dabei unterschied-liche Grafikstile.

a) $f(x) = \frac{1}{4}x - 2$; $g(x) = -2x + 1$ b) $f(x) = x^2$; $g(x) = 3 - x$

c) $f(x) = (x + 3)^2$; $g(x) = 1$ d) $f(x) = -x^3$; $g(x) = x^4$

4 Stellen Sie auf dem GTR den Graph und eine Wertetabelle der gegebenen Funktion f durch Teilung des Bildschirms gleichzeitig dar.

a) $f(x) = x^2 - 2$ 　　b) $f(x) = \sqrt{x}$ 　　c) $f(x) = \frac{1}{x+1}$ 　　d) $f(x) = 2^{x-1}$

Betragsfunktionen können über das MATH *-Menü und Wechsel zu* NUM *oder über das* CATALOG*-Menü eingegeben werden.*

5 Stellen Sie auf dem GTR den Graph der gegebenen Funktion f bei unterschiedlichen Einstellungen im FORMAT -Menü dar.

a) $f(x) = -3x + 7$ 　　b) $f(x) = (x-5)^2 + 1$ 　　c) $f(x) = |x|$ 　　d) $f(x) = |x-2|$

6 Der Graph der gegebenen Funktion f hat einen Hoch- bzw. Tiefpunkt. Ermitteln Sie mit ZOOM und TRACE näherungsweise dessen Koordinaten.

a) $f(x) = 3^x - \frac{1}{2}x$ 　　b) $f(x) = \sqrt{x} - 0{,}1x^2$ 　　c) $f(x) = 2^x - 3\sqrt{x}$ 　　d) $f(x) = x^2 + \frac{1}{x}$

7 Die Graphen der gegebenen Funktionen f und g schneiden sich in einem Punkt S. Ermitteln Sie mit ZOOM und TRACE Näherungswerte für die Koordinaten von S.

a) $f(x) = x^3$; $g(x) = x^2 + 2$ 　　　　　　b) $f(x) = x^3 - 1$; $g(x) = (x-2)^2$
c) $f(x) = \frac{1}{x-1}$; $g(x) = x^2$ 　　　　　　d) $f(x) = 5^x$; $g(x) = \frac{1}{x}$

Fig. 1

8 Seit 1993 werden in Deutschland durch das „Duale System" Verpackungen gesammelt. Fig. 1 zeigt die Sammelbilanz in zurückliegenden Jahren.
Erstellen Sie auf dem GTR ein solches Liniendiagramm.

1988, als mehr als 350 000 Kinder erkrankt waren, wollte die Weltgesundheitsorganisation (WHO) das Polio-Virus bis zum Jahr 2000 vollständig ausrotten. Kriege und Naturkatastrophen behinderten aber die Impfprogramme. Informieren Sie sich über die aktuelle Situation auf der Web-Seite der WHO. www.who.int www.polioeradication.org

9 Die Tabelle zeigt die Anzahl weltweiter Polio-Erkrankungen in zurückliegenden Jahren.

Jahr	1996	1997	1998	1999	2000	2001	2002	2003
Anzahl	4074	5185	6349	7141	2971	498	1922	784

a) Stellen Sie auf dem GTR die Werte der Tabelle als Punkt-, Linien- und Treppendiagramm (Histogramm) dar.

b) Beschreiben Sie den Verlauf der Polio-Erkrankungen.

10 Die Tabelle zeigt das mittlere Körpergewicht und die mittlere Körpergröße 13-jähriger Mädchen bzw. Jungen aus Jena in ausgewählten Jahren in dem Zeitraum von 1921 bis 1995.

Jahr	1921	1932	1944	1954	1964	1975	1985	1995
Gewicht (in kg), Mädchen	37,7	41,5	38,2	42,9	44,4	45,4	46,1	47,7
Gewicht (in kg), Jungen	34,2	39,0	38,4	39,4	40,3	45,6	45,2	51,4
Größe (in cm), Mädchen	146,7	150,3	148,7	153,7	153,6	158,1	158,7	158,7
Größe (in cm), Jungen	143,8	148,5	148,8	151,5	151,5	157,3	157,9	161,2

Seit 1880 werden in Jena 7- bis 14-jährige Schulkinder regelmäßig vermessen. (Vgl.: Bild der Wissenschaft, Heft I/2002)

a) Stellen Sie die Daten für das Gewicht und für die Größe auf dem GTR als Liniendiagramme jeweils in einem gemeinsamen Koordinatensystem dar.

b) Beschreiben Sie den Verlauf der Diagramme; nennen Sie mögliche Gründe für Unregelmäßigkeiten.

5 Lineare Funktionen; Geraden

Energiebilanz verschiedener Verkehrsmittel pro Reisendem:

Flugzeug: 0,41 kWh pro Kilometer
+ 95,2 kWh pro Start
(bei mittlerer Auslastung)

Auto: 0,80 kWh pro Kilometer
(bei einem Insassen)

Bahn: 0,09 kWh pro Kilometer
(bei mittlerer Auslastung)

1 a) Berechnen Sie den Energieverbrauch
für eine Reise von Stuttgart nach Frankfurt
(Entfernung ca. 180 km) für jedes der drei
Verkehrsmittel.
b) Geben Sie die Terme für die folgenden
Funktionen an und zeichnen Sie jeweils den
Graphen.
f: Flugkilometer ↦ Energieverbrauch
a: Autokilometer ↦ Energieverbrauch
c) Ab welcher Reisestrecke hat das Flugzeug
eine günstigere Energiebilanz als das Auto?
Was ändert sich, wenn man von 2 Insassen
im Auto ausgeht?

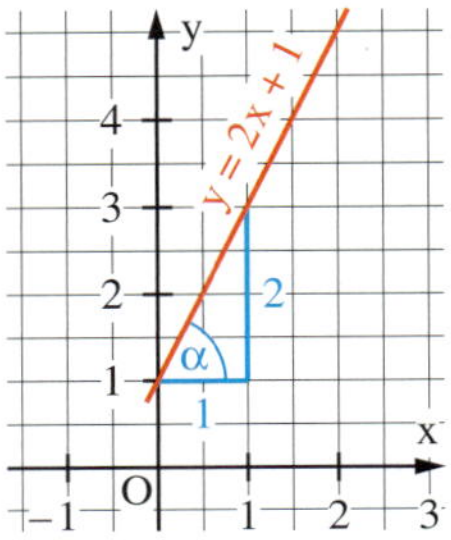

Viele Funktionen, die im Alltag eine Rolle spielen, haben die Form $f: x \mapsto mx + c$.

Definition: Eine Funktion $f: x \mapsto mx + c$; $m \in \mathbb{R}$, $c \in \mathbb{R}$ heißt **lineare Funktion**.

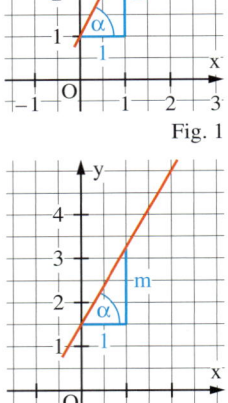

Fig. 1

Der Faktor 2 in Fig. 1 kann auch auf diese
Weise gedeutet werden: Wächst x um 1 Einheit, so wächst y um 2 Einheiten. Die Zahl 2
ist die **Steigung** der Geraden. Für den **Steigungswinkel** α gilt: $\tan(\alpha) = 2$; allgemein:
$\tan(\alpha) = m$ (Fig. 2).

Fig. 3 zeigt den Sachverhalt, wenn der Zuwachs für x beliebig ist. Die Gerade g geht
durch die Punkte $P(x_P | y_P)$ und $Q(x_Q | y_Q)$.
Im „Steigungsdreieck" PRQ ist
$m = \tan(\alpha) = \overline{QR} : \overline{PR} = \frac{y_Q - y_P}{x_Q - x_P}$; $x_P \neq x_Q$.

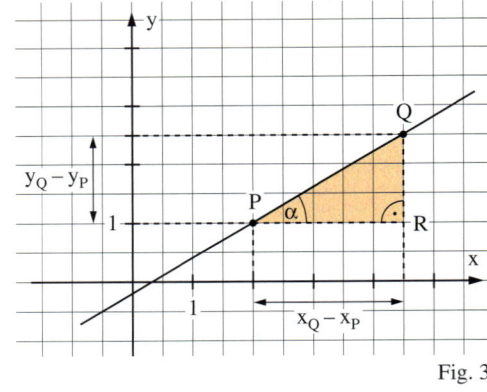

Fig. 3

Fig. 2

$y = mx + c$ heißt auch
Hauptform *der Geradengleichung.*

Der Graph einer linearen Funktion $f: x \mapsto mx + c$ ist eine Gerade mit der Steigung m und
dem y-Achsenabschnitt c. Die Gleichung der Geraden ist $y = mx + c$.
Geht die Gerade durch die Punkte $P(x_P | y_P)$ und $Q(x_Q | y_Q)$, so gilt

für die Steigung:	für den Steigungswinkel:	für die Gleichung:
$m = \frac{y_Q - y_P}{x_Q - x_P}$; $x_P \neq x_Q$	$\tan(\alpha) = m$ $(0° \leq \alpha \leq 180°)$	$y = m(x - x_P) + y_P$.

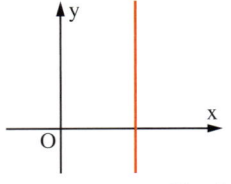

Fig. 4

Aus $y = mx + c$ folgt $mx - y + c = 0$. Diese Gleichung hat die Form $Ax + By + C = 0$; diese
Form heißt **allgemeine Form** der Geradengleichung. Durch eine solche Form sind auch Geraden mit der Gleichung **x − a = 0** bzw. **x = a** erfasst. Diese Geraden sind parallel zur y-Achse;
es handelt sich also nicht um Graphen von Funktionen (Fig. 4).

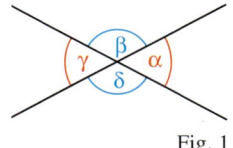

Fig. 1

$\alpha = \gamma$
$\beta = \delta$

Schneiden sich zwei Geraden in einem Punkt (**Schnittpunkt**), bilden sie zwei Paare jeweils gleich großer Winkel. Der kleinere heißt **Schnittwinkel α** mit $0° \leqq \alpha \leqq 90°$ (Fig. 1). Im Sonderfall sind alle vier Winkel gleich groß: die Geraden sind **orthogonal** (Fig. 2). In diesem Fall gibt es einen einfachen Zusammenhang zwischen den Steigungen.

Da sich die Steigungen von Geraden bei Verschiebungen nicht ändern, genügt es, die Überlegungen an Ursprungsgeraden durchzuführen.

Dreht man eine gegebene Ursprungsgerade g um 90° um O, erhält man die zu g orthogonale Gerade h. Ist $P_1(a|b)$ ein Punkt auf g, dann liegt $P_2(-b|a)$ auf h. Die Steigung von g ist $m_1 = \frac{b}{a}$, die Steigung von h ist $m_2 = \frac{a-0}{-b-0} = -\frac{a}{b}$. Somit gilt $m_1 \cdot m_2 = -1$. Umgekehrt kann man aus $m_1 \cdot m_2 = -1$ auf Orthogonalität schließen.

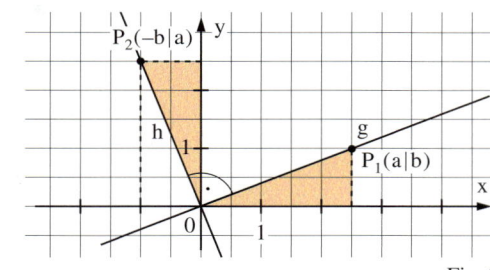

Fig. 2

Satz: Gegeben sind zwei Geraden g und h mit den Steigungen m_1 bzw. m_2.

a) Sind g und h orthogonal, dann gilt $m_1 \cdot m_2 = -1$ $\left(\text{oder } m_2 = -\frac{1}{m_1}\right)$.

b) Gilt $m_1 \cdot m_2 = -1$, dann sind g und h orthogonal.

Beispiel 1: (Gegenseitige Lage von Geraden)
Gegeben sind die Geraden g: $y = \frac{1}{3}x - 1$ und h: $6x + 2y - 4 = 0$. Die Gerade k verläuft durch die Punkte $P(-2|1)$ und $Q(4|3)$. Untersuchen Sie die gegenseitige Lage von g, h und k.
Lösung:
Hauptform der Geraden h: $y = -3x + 2$.
Multiplikation der Steigungen von g und h: $\frac{1}{3} \cdot (-3) = -1$. Damit sind g und h orthogonal.
Die Steigung von k ist $m = \frac{3-1}{4-(-2)} = \frac{1}{3}$. Damit sind die Steigungen von g und k gleich, also sind g und k parallel. Die Geraden h und k sind orthogonal.

Beispiel 2: (Bestimmung des Schnittpunktes)
Bestimmen Sie den Schnittpunkt der Geraden g: $2x + y = 4$ und h: $y = -3x + 2$.
Lösung:

So bestimmt man den Schnittwinkel von g und h:

g: $y = -2x + 4$; h: $y = -3x + 2$
Gleichsetzen führt auf $-2x + 4 = -3x + 2$. Durch Umformen erhält man $x = -2$ und durch Einsetzen $y = 8$. Der Schnittpunkt von g und h ist $S(-2|8)$.

1) g und h skizzieren und die Steigungswinkel von g und h einzeichnen.

2) Anhand der Skizze überlegen, wie sich der Schnittwinkel δ aus den Steigungswinkeln berechnen lässt.

3) Die Steigungswinkel berechnen und mit deren Hilfe den Schnittwinkel.

Beipiel 3: (Bestimmung des Schnittwinkels)
Bestimmen Sie den Schnittwinkel der Geraden g: $y = 0,5x + 1$ und h: $y = 1,5x - 1$.
Lösung:
Die Skizze zeigt: $\delta = \alpha_h - \alpha_g$.
Aus $\tan(\alpha_g) = 0,5$ folgt $\alpha_g \approx 26,6°$.
Aus $\tan(\alpha_h) = 1,5$ folgt $\alpha_h \approx 56,3°$.
Also: $\delta \approx 56,3° - 26,6° \approx 29,7°$.

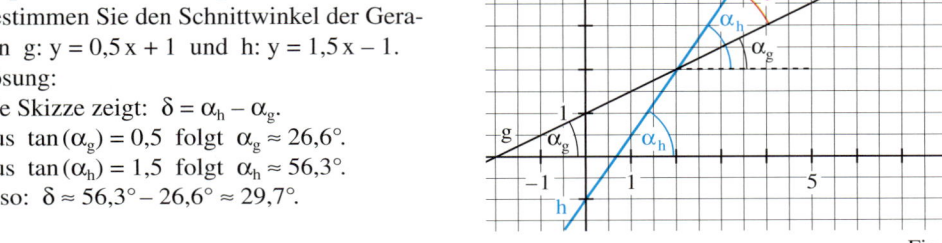

Fig. 3

59

Beispiel 4: (Anwendung)
Judith und Carla haben den gleichen Handy-Vertrag. Judith zahlt bei 45 Gesprächsminuten 14,85 €, Carla bei 70 Gesprächsminuten 20,35 €.
a) Wie hoch ist die Grundgebühr? Wie hoch sind die Gesprächskosten pro Minute?
b) Philipp hat 100 Minuten telefoniert. Wie hoch ist seine Rechnung bei diesem Vertrag?
Lösung:
a) x ist die Gesprächsdauer in Minuten, y der Rechnungsbetrag in €.
Bestimmung der Hauptform bei zwei gegebenen Punkten $P(45|14,85)$ und $Q(70|20,35)$:
$m = \frac{20,35 - 14,85}{70 - 45} = 0,22$. Daraus folgt: $y = 0,22(x - 70) + 20,35$ und damit $y = 0,22x + 4,95$
Die Grundgebühr beträgt 4,95 € und die Gesprächskosten betragen pro Minute 0,22 €.
b) Einsetzen in die Geradengleichung ergibt $y = 0,22 \cdot 100 + 4,95 = 26,95$.
Philipp muss 26,95 € bezahlen.

Aufgaben

2 Bestimmen Sie die gegenseitige Lage der Geraden.
a) g: $y = -\frac{1}{5}x + 4$; h: $10x - 2y - 3 = 0$; k verläuft durch die Punkte $P(-2|-3)$ und $Q(8|-5)$.
b) g verläuft durch die Punkte $P(6|7)$ und $Q(9|9)$; h: $0 = 3x + 2y - 6$; k: $y = -\frac{3}{2}x - 5$

3 Berechnen Sie den Schnittpunkt und den Schnittwinkel der Geraden g und h.
a) g: $2x - y = 3$ b) g: $3x - 4y = 27$ c) g: $4x - 5y - 8 = 0$ d) g: $y = 5x + 8$
   h: $x + y = 3$ h: $x - y = 8$ h: $5x + 4y + 31 = 0$ h: $8x - 2y + 13 = 0$

4 Florian und Sebastian haben denselben Internetprovider. Florian zahlt bei 1040 Minuten Nutzungszeit einen Betrag von 23,56 €. Sebastian bei 580 Minuten Nutzungszeit 17,12 €.
a) Wie hoch sind die Nutzungskosten pro Minute? Wie hoch ist die Grundgebühr?
b) Wann würde sich ein Wechsel zu einer Flatrate mit einer Gebühr von 39,99 € lohnen?

5 Bei einer Produktion von Transistoren entstehen feste Kosten in einer Größenordnung von 20 000 €. Die Produktion eines Chips kostet 0,20 €.
a) Wie berechnet man die Kosten in Abhängigkeit von der produzierten Stückzahl?
b) Berechnen Sie die Kosten für die Herstellung von 400 000 Chips.
c) Bei welcher Produktionsmenge betragen die Kosten 35 000 €?

6 Lina und Stefan wollen am Wochenende ihre Tante besuchen, die 560 km entfernt wohnt. Dafür werden sie ein Auto mieten. Die Firma A-Motors verlangt als Grundpreis 35 € sowie 0,02 € pro gefahrenen km. Die Firma B-Combi berechnet als Grundgebühr 20 € sowie 0,05 € pro gefahrenen km.
a) Für welches Angebot entscheiden sich Lina und Stefan?
b) Ab welcher Fahrstrecke ist dieses Angebot günstiger?

7 Der ortsansässige Sportverein hat 1523 Kinder und Jugendliche und 472 Erwachsene als Mitglieder. Die Vereinsbeiträge betragen momentan 5 € pro Monat für Kinder und Jugendliche sowie 7 € pro Monat für Erwachsene. Wegen eines Hallenneubaus müssen die Einnahmen aus den Vereinsbeiträgen um insgesamt 50 000 € im nächsten Jahr erhöht werden.
a) Bestimmen Sie drei Vorschläge für neue Beiträge für Kinder/Jugendliche bzw. Erwachsene.
b) Stellen Sie den Zusammenhang zwischen den Gebühren für Erwachsene und den Gebühren für Kinder und Jugendliche grafisch dar.

6 Abschnittsweise lineare Funktionen; Funktionenscharen

1 Ein ICE fährt von Stuttgart nach Mannheim (132 km) und von Mannheim nach Mainz (71 km) nach dem Fahrplan: Stuttgart ab 16.51 Uhr; Mannheim an 17.28 Uhr; Mannheim ab 17.34 Uhr; Mainz an 18.14 Uhr.
Zeichnen Sie einen grafischen Fahrplan. Mit welchen Durchschnittsgeschwindigkeiten befährt der Zug die Strecken?

2 Lösen Sie die Gleichung.
a) $|x - 7| = 3$ b) $|10 + x| = 5$ c) $|2x + 16| = 9$ d) $|-4 - 5x| = 20$

In vielen Situationen treten Funktionen auf, die zwar nicht für alle $x \in \mathbb{R}$ linear sind, wohl aber in Teilintervallen ihrer Definitionsmenge. In diesem Fall spricht man von einer **abschnittsweise linearen Funktion**.

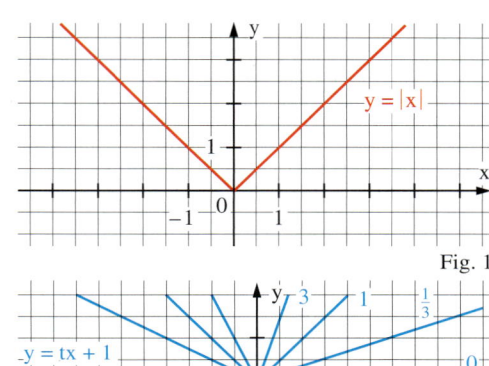

Fig. 1

Eine wichtige abschnittsweise lineare Funktion ist die Funktion f mit

$$f(x) = \begin{cases} x & \text{für } x \in \mathbb{R}_+ \\ -x & \text{für } x \in \mathbb{R}_-. \end{cases}$$

Sie ordnet jeder reellen Zahl ihren Betrag zu. f heißt deshalb **Betragsfunktion** und kann kürzer in der Form

f: $x \mapsto |x|$; $x \in \mathbb{R}$

dargestellt werden.

> In Computerprogrammen wird die Betragsfunktion meistens mit ABS (wie Absolutbetrag) bezeichnet.

Durch $f_t: x \mapsto tx + 1$ ist für jeden Wert $t \in \mathbb{R}$ eine lineare Funktion gegeben.
So gilt z. B.:
t = 1: $f_1(x) = x + 1$,
t = −2: $f_{-2}(x) = -2x + 1$.
Man spricht in solchen Fällen von einer **Funktionenschar** und nennt t Scharparameter.

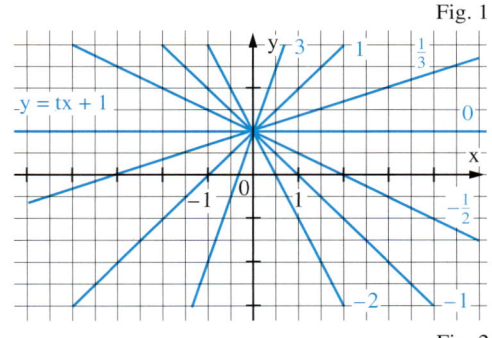

Fig. 2

Beispiel 1: (abschnittsweise lineare Funktion)
In einer Stadt werden die Kosten für Erdgas nach verschiedenen Tarifen berechnet. Jeder Tarif setzt sich aus der Grundgebühr und dem zum Verbrauch proportionalen Anteil zusammen (siehe Tabelle).
Dabei ist zu berücksichtigen, dass jeweils der für den Kunden günstigste Tarif zugrunde gelegt wird.

Tarif	K	I	II
bis … kWh	1500	5000	15 000
Grundgebühr in €/Jahr	7,51	50,71	155,21
Arbeitspreis in ct/kWh	8,11	5,23	3,14

a) Geben Sie mithilfe von Termen die Funktion p an, die dem Jahresverbrauch x in kWh den Rechnungsbetrag p(x) in Euro zuordnet. Erstellen Sie auf dem GTR den Graphen dieser Funktion.
b) Wie hoch ist der Rechnungsbetrag bei einem Jahresverbrauch von 9000 kWh?
Wie viel müsste der Verbraucher mehr bezahlen, wenn nur nach Tarif K abgerechnet würde?

Das Zeichen ≦ findet man im Menü [2nd] [MATH].
Bei einer abschnittsweise definierten Funktion muss für den Graphen im Menü [MODE] auf Dot umgestellt werden.

Lösung:

a) $p(x) = \begin{cases} 0{,}0811\,x + 7{,}51 & \text{für } x \in [0;\ 1500] \\ 0{,}0523\,x + 50{,}71 & \text{für } x \in [1501;\ 5000] \\ 0{,}0314\,x + 155{,}21 & \text{für } x \in [5001;\ 15\,000] \end{cases}$

Fig. 1 zeigt, wie für die Funktion p die Terme einschließlich der Definitionsmengen in den GTR im [Y=]-Menü eingegeben werden müssen.
Fig. 2 zeigt den Graphen der Funktion p.

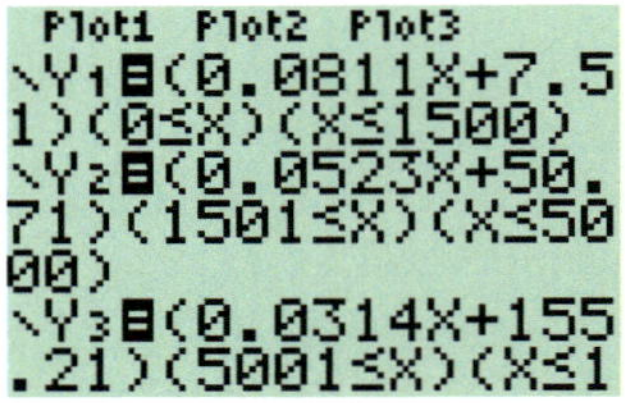

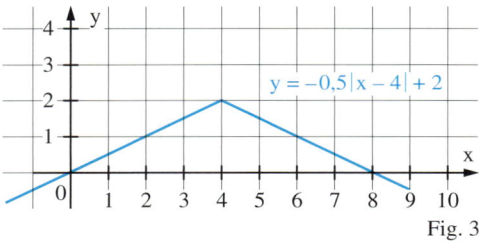

Fig. 1

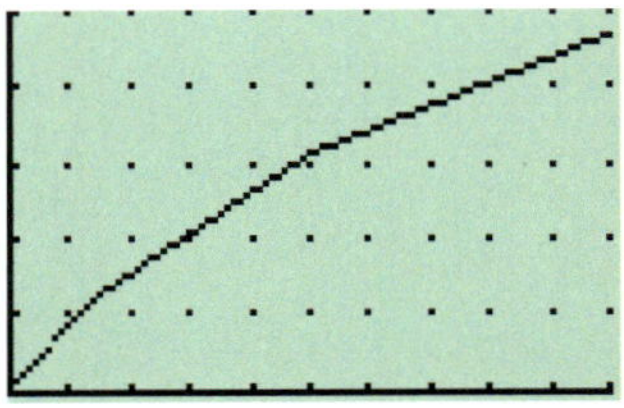

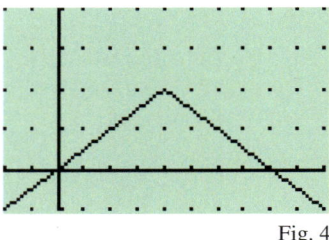

Fig. 2

b) $p(9000) = 0{,}0314 \cdot 9000 + 155{,}21 = 437{,}81$
$p_K(9000) = 0{,}0811 \cdot 9000 + 7{,}51 = 737{,}41$
Er müsste also 299,60 € mehr bezahlen.

Beispiel 2: (Betragsfunktion)
Stellen Sie die Funktion f mit $f(x) = -0{,}5 \cdot |x - 4| + 2$ ohne Betragszeichen dar und zeichnen Sie den Graphen; überprüfen Sie diesen mit dem GTR.
Lösung:
Für $x \geqq 4$ gilt: $f(x) = -0{,}5 \cdot (x - 4) + 2 = -0{,}5\,x + 4$.
Für $x < 4$ gilt: $f(x) = -0{,}5 \cdot (-1) \cdot (x - 4) + 2 = 0{,}5\,x$.
Also ist $f(x) = \begin{cases} -0{,}5\,x + 4 & \text{für } x \geqq 4 \\ 0{,}5\,x & \text{für } x < 4. \end{cases}$
Die Fig. 3 und 4 zeigen jeweils den Graphen von f.

Im GTR kann der Term direkt eingegeben werden. Den Absolutbetrag findet man im [MATH]-NUM-Menü.

Fig. 3

Fig. 4

Beispiel 3: (Funktionenschar)
Für jedes $t \in \mathbb{R}$ ist eine Funktion f_t gegeben durch $f_t(x) = t\,x - t^2$.
a) Stellen Sie auf dem GTR die Graphen für $t = \pm 0{,}25;\ \pm 0{,}5;\ \pm 1;\ \pm 2$ dar.
b) Ermitteln Sie den Schnittpunkt N des Graphen von f_t mit der x-Achse.
Lösung:
a) Man gibt die t-Werte mit [STAT] EDIT als Liste L_1 ein. Im [Y=]-Menü wird anstelle des Parameters der Listenname L_1 eingesetzt (Fig. 5). Die Funktionenschar wird mit [GRAPH] angezeigt (Fig. 6).
b) Schnittpunkt mit der x-Achse:

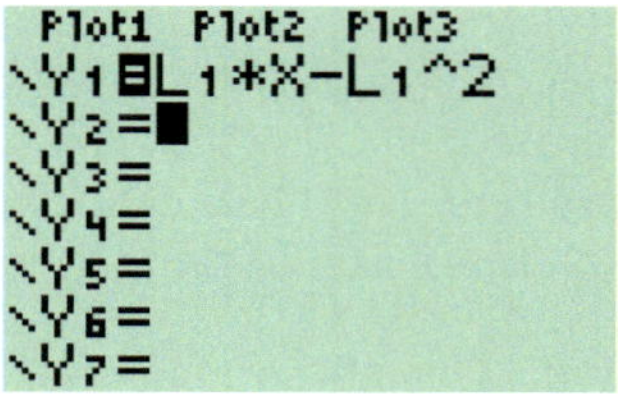

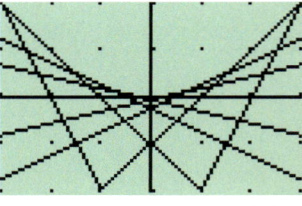

Fig. 5

Fig. 6

Die Bedingung $f_t(x) = 0$ liefert $x_t = t$ für $t \neq 0$; also gilt: $N(t|0)$ für $t \neq 0$.
Für $t = 0$ ist $f_0(x) = 0$, d.h., der Graph von f_0 stimmt mit der x-Achse überein.

Aufgaben

3 Die Funktionswerte der Tabelle legen vier Punkte im Koordinatensystem fest. Diese werden der Reihe nach durch einen Streckenzug verbunden. Zeichnen Sie diesen Streckenzug. Geben Sie die Termdarstellung der so zwischen −4 und 4 definierten Funktion an.

a)
x	−4	0	2	4
f(x)	2	0	1	7

b)
x	−4	−1	0,5	4
f(x)	−4	−1	5	1,5

4 Bestimmen Sie die stückweise lineare Funktion, die die angegebenen Funktionswerte hat und aus möglichst wenigen „linearen Stücken" besteht.
Bestimmen Sie dazu die fehlenden Funktionswerte.

x	−4	−3	−2	−1	0	1	2	3	4	5
f(x)	−3	0		−5			4		4	1

5

Für 3,5 Cent die Minute telefonieren
mit **FONCOM**
Sekundengenaue Abrechnung

Sekundengenau und ab der 6. Minute:
Telefonieren mit **TELEMAX**
für nur **2 Cent** pro Min.
Die ersten 5 Min.: 5 Cent pro Min.

Stellen Sie die Tarife der Telefongesellschaften Foncom und Telemax grafisch dar. Geben Sie die Funktionen Gesprächsdauer $\mapsto$ Kosten auch in Termdarstellung an.
Untersuchen Sie, bei welchen Gesprächsdauern welche Gesellschaft billiger ist.

6 Ein Tanklaster mit 5000 Liter Fassungsvermögen wird gleichmäßig mit Wasser gefüllt. Nach 4 Minuten sind 1800 Liter im Tank, eine halbe Stunde später 4380 Liter. Von diesem Zeitpunkt an wird nur noch mit der halben Menge pro Minute weiter gefüllt.
a) Wie viel Liter Wasser werden pro Minute gefüllt? Wie viel Liter enthielt der Tank am Anfang? Wie lange dauert es insgesamt, bis der Tank mit 4950 Liter gefüllt ist?
b) Beschreiben Sie die Funktion f, die der Zeit t den Inhalt f(t) des Tanks zuordnet, durch geeignete Terme.
c) Zeichnen Sie mit Verwendung des GTR den Graphen der Funktion f.

7 Stellen Sie die Funktion f ohne Betragsstriche dar. Zeichnen Sie den Graphen; überprüfen Sie diesen mit dem GTR.
a) $f(x) = 2 \cdot |x|$ b) $f(x) = |2 - x|$ c) $f(x) = |2 + x|$ d) $f(x) = x - |x|$

8 Gegeben ist die Funktionenschar f_t mit $f_t(x) = -tx + t$.
a) Zeichnen Sie die Graphen für $t = 0$; $t = \pm 2$ und $t = \pm 0,5$.
b) Weisen Sie nach, dass alle Graphen durch einen festen Punkt gehen.
c) Für welches $t \in \mathbb{R}$ geht der zugehörige Graph durch den Punkt $P(2|-3)$?

9 Geben Sie den Term einer Funktionenschar f_t an, deren Graphen die Parallelen zur Geraden durch die Punkte $P(1|2)$ und $Q(3|3)$ sind. Für welches $t \in \mathbb{R}$ ist $f_t(2) = 2$?

10 a) Zeichnen Sie Graphen der Funktion f_t mit $f_t(x) = \frac{2}{t} \cdot x + t - 1$ für $t = 1; 2; 3$.
b) Betrachten Sie im Intervall [0; 10] die Funktion g, die jedem $x \in [0; 10]$ den minimalen Funktionswert der Funktion f_t zuordnet. Geben Sie eine Termdarstellung für g(x) an.

7 Vermischte Aufgaben

Waghalsiger Sprung

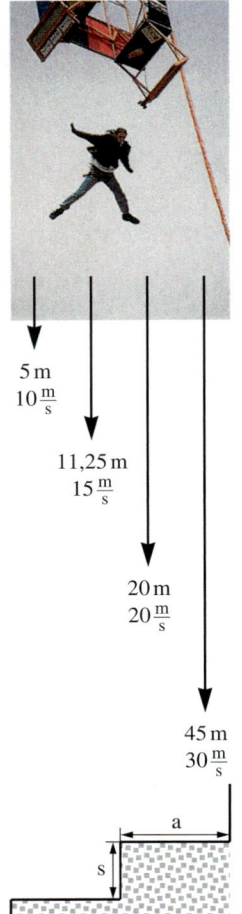

5 m
10 $\frac{m}{s}$

11,25 m
15 $\frac{m}{s}$

20 m
20 $\frac{m}{s}$

45 m
30 $\frac{m}{s}$

1 Untersuchen Sie, ob eine Funktion vorliegt.
a) Jeder natürlichen Zahl wird die nächstgrößere Primzahl zugeordnet.
b) Jeder natürlichen Zahl wird die nächstgelegene Primzahl zugeordnet.
c) Jeder positiven reellen Zahl a wird diejenige reelle Zahl zugeordnet, deren Quadrat die Zahl a ergibt.
d) Jeder positiven reellen Zahl wird ihr Quadrat zugeordnet.

> Beim „Scad-Diving" springt man wie beim Bungee-Jumping ebenfalls von einem Kran – doch ohne Gummiseil an den Füßen. Der freie Fall wird nicht abgebremst. Der Mensch saust aus etwa 60 Meter Höhe mit einer Geschwindigkeit von etwa 140 Stundenkilometern in das Auffangnetz, das 20 Meter über dem Boden schwebt.
>
> *Aus dem „Reutlinger Generalanzeiger" vom 26.4.1997*

2 Beim freien Fall erreicht man bei einer Absprunghöhe von 5 m näherungsweise die Geschwindigkeit 10 m/s.
a) Versuchen Sie mithilfe der im Bild eingezeichneten Werte den Graphen der Funktion h $\mapsto$ v zu zeichnen. Liegt eine lineare Funktion vor?
b) Untersuchen Sie die Quotienten $v^2:h$. Leiten Sie daraus den Funktionsterm v (h) her.
c) Ist die Geschwindigkeitsangabe der Zeitung richtig?
Beachten Sie: 1 m/s = 3,6 km/h.

Empfohlene Maße für Treppen:

	s	a
In Schulen	16 cm	30 cm
In Einfamilienhäusern	18,5 cm	28 cm
Keller- und Speichertreppen	21 cm	25 cm

3 Die Bauart einer Treppe wird wesentlich durch die Stufenhöhe s und die Auftrittsbreite a bestimmt.
a) Berechnen Sie für die angegebenen Treppen den Steigungswinkel.
b) Wie lang muss ein Treppenhaus in einer Schule bei einer Stockwerkshöhe von 2,88 m sein, wenn vor und hinter der Treppe noch jeweils 1,5 m Platz sein soll?

4 Gegeben sind die Geraden der Form y = m x + m mit m = 0,5 (m = 1; m = 2; m = 3).
a) Zeichnen Sie die Geraden in ein gemeinsames Koordinatensystem.
b) Zeigen Sie: Jede Gerade der Form y = m x + m mit m $\in \mathbb{R}$ geht durch den Punkt S (−1|0).
c) Welche der Geraden aus Teilaufgabe b) geht durch den Punkt P (2|−1)?
d) Wie groß ist der Winkel zwischen der Geraden aus Teilaufgabe c) und der Geraden mit der Gleichung y = x + 1?

$A = \frac{1}{2}g \cdot h$, aber es geht auch anders.

5 Gegeben ist das Dreieck ABC mit A (0|0), B (4|3) und C (−2|11).
a) Zeichnen Sie das Dreieck ABC (1 LE = 0,5 cm); berechnen Sie die Längen der Seiten.
b) Berechnen Sie h_a und mit deren Hilfe den Flächeninhalt des Dreiecks ABC.
c) Bestimmen Sie den Schnittpunkt S der Seite BC mit der y-Achse. Durch AS wird das Dreieck ABC in zwei Teildreiecke zerlegt. Ermitteln Sie deren Flächeninhalt (Grundseite jedes Mal AS) und daraus den Flächeninhalt des Dreiecks ABC.

6 Bestimmen Sie den Schnittwinkel δ der Diagonalen AC und BD des Vierecks ABCD.
a) A (0|0), B (8|1), C (5|6), D (0|3) b) A (−2|−2), B (6|0), C (4|3), D (−1|4)

7   Um beim Nordic Walking eine Aussage über die zu verwendende Stocklänge zu gewinnen, wurde bei 12 Personen die Körpergröße und die Stocklänge bei richtiger Anwendung gemessen.

Größe (in cm)	162	181	175	172	185	167	173	182	185	178	183	192
Stocklänge (in cm)	110	123	118	117	126	114	117	123	126	121	125	130

Formulieren Sie eine Faustformel für die Stocklänge beim Nordic Walking.

8   Mareike und Tatjana planen für die Sommerferien eine Irland-Reise und kalkulieren: Hin- und Rückflüge kann man für 2 Personen zusammen ab 232 € buchen, ein Mietwagen kostet pro Tag 22,50 €. Wenn beide mit dem Auto anreisen, zahlen sie für alle Fährüberfahrten insgesamt 700 € zzgl. 210 € für das Benzin bis zur Fähre und zurück. Für ein Doppelzimmer in einer Bed & Breakfast-Pension müssen 35 € eingeplant werden.
a) Welches Angebot ist günstiger, wenn sie 21 bzw. 35 Tage in Irland verbringen wollen?
b) Ab dem wievielten Tag Irland-Aufenthalt rentiert sich die Fähre?

9   Triebwagenzüge von U-Bahnen und S-Bahnen fahren besonders wirtschaftlich, wenn sie in einer Anfahrphase konstant beschleunigt werden, dann ausrollen und schließlich abgebremst werden. In diesem Fall kann die Geschwindigkeit v in Abhängigkeit von der Zeit t durch eine stückweise lineare Funktion beschrieben werden mit z. B.

$$v(t) = \begin{cases} 3{,}6\,t & \text{für } 0 \leq t < 20 \quad \text{(Anfahrphase)} \\ -0{,}2\,(t-20)+72 & \text{für } 20 \leq t < 30 \quad \text{(Ausrollphase)} \\ -4\,(t-30)+70 & \text{für } 30 \leq t \quad \text{(Bremsphase)} \end{cases} \quad \text{mit t in Sekunden und v in } \tfrac{\text{km}}{\text{h}}.$$

a) Zeichnen Sie den Graphen der Funktion t ↦ v(t). Lesen Sie ab, nach wie viel Sekunden der Zug wieder hält. Berechnen Sie den genauen Wert dieser Nullstelle.
b) Aufgrund einer Verspätung beschleunigt der Triebwagenführer 24,5 s lang und bremst dann sofort ab. Zeichnen Sie den Graphen der zugehörigen Zeit-Geschwindigkeits-Funktion. Lesen Sie ab, wie viel Sekunden der Zeitgewinn etwa beträgt. Versuchen Sie den zugehörigen Energiemehraufwand abzuschätzen.

10   Zwei zylinderförmige Gefäße werden mit Wasser gefüllt (Fig. 1). Jedes Gefäß hat einen Grundflächeninhalt von 1 dm² und ist 85 cm hoch. Der jeweilige Wasserzufluss ist konstant.
a) Geben Sie für jedes Gefäß die Höhe des Wasserspiegels als Funktion der Zeit an.
b) Zeichnen Sie die Graphen der beiden Funktionen von a) in ein Koordinatensystem ein.
c) Erreicht der Wasserspiegel des zweiten Gefäßes die Höhe des Wasserspiegels vom ersten Gefäß, bevor das Wasser überläuft?

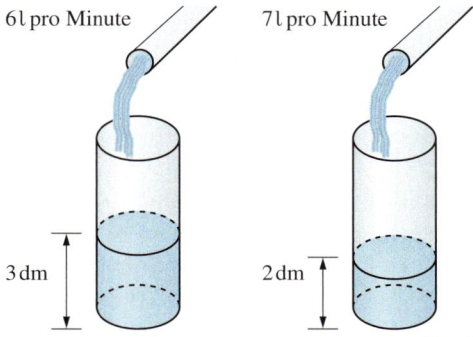

Fig. 1

11   Gegeben sind die Geraden g: $A_1 \cdot x + B_1 \cdot y = C_1$ und h: $A_2 \cdot x + B_2 \cdot y = C_2$.
a) Welche Bedingung müssen die Koeffizienten A_1, B_1, A_2, B_2 erfüllen, damit die Geraden g und h nicht parallel sind?
b) Zeigen Sie: Falls g und h nicht parallel sind, hat ihr Schnittpunkt die Koordinaten
$$x = \frac{C_1 B_2 - C_2 B_1}{A_1 B_2 - A_2 B_1} \quad \text{und} \quad y = \frac{A_1 C_2 - A_2 C_1}{A_1 B_2 - A_2 B_1}.$$

c) Wie lauten entsprechende Formeln, wenn g und h in Hauptform gegeben sind?

Zusammenhang zwischen Tabelle, Graph und Term

Abhängigkeiten zwischen zwei Größen können durch Tabellen dokumentiert, durch Graphen veranschaulicht und durch Terme beschrieben werden.

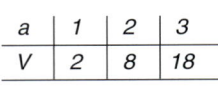

a	1	2	3
V	2	8	18

$$V(a) = \frac{1}{3} \cdot a^2 \cdot 6$$

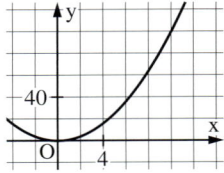

Funktionen

Eine Vorschrift, die jeder rellen Zahl aus einer Menge D genau eine reelle Zahl zuordnet, nennt man **Funktion**. Tritt im Funktionsterm ein Parameter auf, spricht man von einer **Funktionenschar**.
Die Menge aller Funktionswerte heißt **Wertemenge W_f**.

$f: x \mapsto x + \frac{1}{x}; \ D = \mathbb{R} \setminus \{0\}, \ W = \mathbb{R} \setminus]{-2}; 2[$
$f_t: x \mapsto tx - 2t; \ D = \mathbb{R}; \ x \in \mathbb{R}, \ W = \mathbb{R}$

Steigung und Orthogonalität

Eine Gerade g durch $P(x_P|y_P)$ und $Q(x_Q|y_Q)$ hat die Steigung
$$m = \frac{y_Q - y_P}{x_Q - x_P}; \ x_P \neq x_Q.$$
Für den Steigungswinkel α von g gilt: $\tan \alpha = m$.

Für die Steigungen m_1 und m_2 orthogonaler Geraden gilt:
$$m_1 \cdot m_2 = -1.$$

$m = \frac{1-(-1)}{3-(-2)} = \frac{2}{5}$
$\tan \alpha = \frac{2}{5}; \ \alpha \approx 21{,}8°$

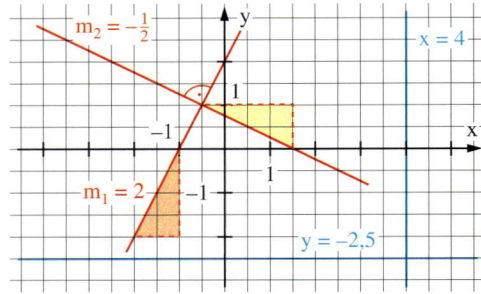

Hauptform der Geradengleichung

$$y = mx + c$$
m ist die Steigung der Geraden, c der y-Achsenabschnitt;
Parallele zur x-Achse: $\quad y = c$.
Parallele zur y-Achse: $\quad x = a$.

Schnittpunkt zweier Geraden

Wenn zwei verschiedene Geraden nicht parallel sind, schneiden sie sich in einem Punkt. Der Schnittpunkt wird durch Gleichsetzen der beiden Funktionsterme berechnet. Den y-Wert erhält man durch Einsetzen.

$g: y = 2x - 4$ und $h: y = -x - 1$
$2x - 4 = -x - 1$
$x = 1; \ S(1|-2)$

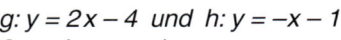

Schnittwinkel zweier Geraden

Zwei sich schneidende Geraden legen zwei Paare jeweils gleich großer Winkel fest. Sind die Geraden nicht zueinander senkrecht, dann heißen die beiden kleineren Winkel **Schnittwinkel** der beiden Geraden.
Mithilfe der Steigungswinkel zweier Geraden kann man die Größe des Schnittwinkels bestimmen.

$\tan \alpha_g = 3;$
$\alpha_g \approx 71{,}6°$
$\tan \alpha_h = -1;$
$\alpha_h = 135°$
$\delta \approx 135° - 71{,}6°$
$= 63{,}4°$

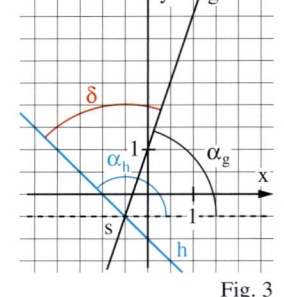

Fig. 3

Abschnittsweise lineare Funktionen

Sind Funktionen nur in Teilintervallen ihrer Definitionsmenge linear, spricht man von einer abschnittsweise linearen Funktion.

$f: x \mapsto |x|$
$$f(x) = \begin{cases} x & \text{für } x \geqq 0 \\ -x & \text{für } x < 0. \end{cases}$$

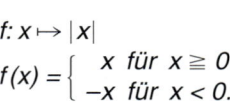
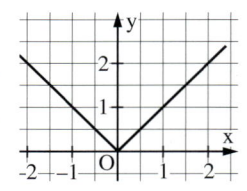

Aufgaben zum Üben und Wiederholen

1   Der Zusammenhang zwischen zwei Größen x und g(x) ist gegeben durch
$g(x) = 10 - \sqrt{x + 1}$.
a) Erstellen Sie eine Wertetabelle mit x-Werten zwischen 0 und 12 und skizzieren Sie den Graphen.
b) Welchen Wert erhält man für x = 1,25? Für welchen Wert von x ist g(x) = 6?

2   In der Tabelle sind die mittleren täglichen maximalen Lufttemperaturen und die mittleren
Wassertemperaturen eines Badeortes an der nordkroatischen Adriaküste erfasst.

Monat	1	2	3	4	5	6	7	8	9	10	11	12
Maximaltemperatur in °C	8	9	12	16	20	25	28	27	23	17	13	12
Wassertemperatur in °C	12	11	12	14	17	20	23	24	22	18	15	13

a) Stellen Sie die Werte der Tabelle in einem Koordinatensystem dar.
b) Vergleichen Sie den Verlauf der beiden Temperaturen.

3   Gegeben sind die Geraden g: y = 2x − 1,5 und h: 2x + 5y = 9.
a) Zeichnen Sie g und h in ein gemeinsames Koordinatensystem.
b) Entscheiden Sie rechnerisch, ob die Geraden g und h orthogonal sind.
c) Bestimmen Sie die Schnittpunkte von g und h mit der x-Achse.

4   a) Bestimmen Sie anhand von Fig. 1
Gleichungen der Geraden g und h.
b) Berechnen Sie die Koordinaten des
Schnittpunktes S von g und h.
c) Berechnen Sie den Steigungswinkel von g
bzw. von h und bestimmen Sie daraus den
Schnittwinkel der Geraden g und h.
d) Welchen Schnittwinkel bildet die Gerade g
mit der Geraden k: y = −x?

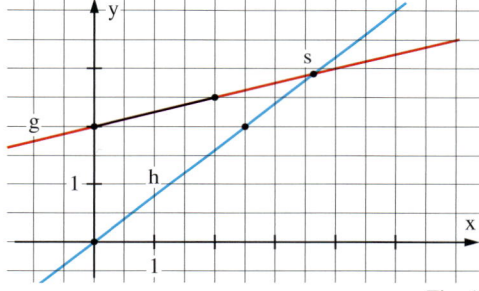

Fig. 1

5   Zwei PKWs fahren mit konstanten Geschwindigkeiten auf einer Autobahn in dieselbe
Fahrtrichtung. Das vordere Auto fährt mit einer Geschwindigkeit von $120 \frac{km}{h}$ und passiert den
Autobahn-Kilometer 180 in dem Moment, in dem das hintere Auto, das $180 \frac{km}{h}$ fährt, den Autobahn-Kilometer 170 passiert. Wann und wo überholt der zweite Wagen den ersten? Lösen Sie
diese Aufgabe zeichnerisch und rechnerisch.

6   Ein Schwimmbecken fasst 305 m³ Wasser und wird gleichmäßig mit Wasser gefüllt. Nach
2 Stunden sind 160 m³ Wasser im Becken, 3 Stunden später 235 m³. Von diesem Zeitpunkt an
wird nur noch mit 40 % der Menge pro Stunde gefüllt.
a) Wie groß ist die Füllgeschwindigkeit pro Stunde in den ersten Stunden? Wie lange dauert es
insgesamt, bis das Becken mit 300 m³ Wasser gefüllt ist?
b) Zeichnen Sie den Graphen der Funktion f, die der Zeit t die Wassermenge f(t) zuordnet.
c) Beschreiben Sie die Funktion f durch geeignete Terme.

7   Für jedes t ∈ ℝ* ist jeweils eine Funktion f_t gegeben durch $f_t(x) = \frac{4}{t} \cdot x - t + 1$.
a) Zeichnen Sie die Graphen der Funktionen für t = 3, 4, 5.
b) Für welches t verläuft die Gerade parallel zur 2. Winkelhalbierenden? Für welches t ergibt
sich eine Ursprungsgerade?
c) Für welches t ∈ ℝ geht der zugehörige Graph durch den Punkt P(1|8,5)?

*Die Lösungen zu den Auf-
gaben dieser Seite finden
Sie auf Seite 257.*

67

Zur historischen Entwicklung des Funktionsbegriffs

JOHANN BERNOULLI

D as Wort „functio" tritt erstmals 1673 in einem Manuskript von LEIBNIZ (1646–1716) auf. Er gebraucht dort „Funktion" im Sinne von „eine Funktion haben". So hat z. B. eine Tangente die Funktion, eine Kurve in einem Punkt zu berühren.

Die erste Definition stammt von JOHANN BERNOULLI (1667–1748). In einer Arbeit aus dem Jahre 1718, die in Paris veröffentlicht wurde, schreibt er:

> On appelle ici *Fonction* d'une grandeur variable, une quantité composée de quelque manière que ce soit de cette grandeur variable & de constantes.

„Man nennt Funktion einer veränderlichen Größe eine Größe, die auf irgendeine Weise aus dieser veränderlichen Größe und aus Konstanten zusammengesetzt ist."
In heutiger Sprechweise definiert BERNOULLI also eine Funktion als Term.

LEONHARD EULER

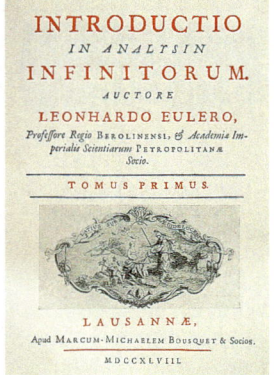

Im Jahre 1748 erscheint die „Introductio" von EULER (1707–1783). In diesem epochemachenden Werk macht er den Funktionsbegriff zur Grundlage der Analysis. Er schreibt:

§ 4. Functio quantitatis variabilis est expressio analytica quomodocunque composita ex illa quantitate variabili et numeris seu quantitatibus constantibus.

„Eine Funktion einer veränderlichen Größe ist ein analytischer Ausdruck, der auf irgendeine Weise aus der veränderlichen Größe und aus Zahlen oder konstanten Größen zusammengesetzt ist."

Der Begriff „analytisch" wird bei EULER nicht präzisiert. Sein Funktionsbegriff zielt auf eine gesetzmäßige Abhängigkeit zweier Größen, die durch einen Term mathematisch beschrieben wird.

In der Folgezeit werden durch Untersuchungen an der schwingenden Saite und besonders durch Arbeiten über die Wärmeleitung von FOURIER (1786–1830) Funktionen bekannt, die durch einen Term beschrieben werden können, deren Graphen aber Knicke und Sprünge haben.

Hierdurch sieht sich DIRICHLET (1805–1859) genötigt, die Vorstellung einer gesetzmäßigen Abhängigkeit gänzlich aufzugeben und auch völlig „gesetzlose" Zuordnungen zuzulassen. Auf ihn geht die moderne Auffassung des Funktionsbegriffs zurück.

JOHANN P. G. DIRICHLET

„Eine Funktion heißt y von x, wenn jedem Werte der veränderlichen Größe x innerhalb eines gewissen Intervalles ein bestimmter Wert von y entspricht; gleich viel, ob y in dem ganzen Intervalle nach demselben Gesetze von x abhängt oder nicht; ob die Abhängigkeit durch mathematische Operationen ausgedrückt werden kann oder nicht."

Was hat Höhlenbildung mit Mathematik zu tun?

Auf der Schwäbischen Alb gibt es große Höhlen. Dies hängt mit der Löslichkeit von Kalk ($CaCO_3$) in kohlendioxidhaltigem Wasser zusammen.

Regenwasser nimmt Kohlendioxid (CO_2) aus der Luft und vom Boden auf. Versickert dieses Wasser in den Fels, so löst es Kalk auf. Es ist aber nach wenigen Zentimetern Eindringtiefe gesättigt; d. h. weiterer Kalk wird nicht mehr gelöst. Wie kommen dann Höhlen tief im Fels zustande?

Für die Erklärung dieses Phänomens betrachten wir zwei gesättigte Wässer gleichen Volumens mit unterschiedlichem CO_2- und damit auch $CaCO_3$-Gehalt, die sich in der Tiefe treffen und vermischen. Da die Ausgangswässer bereits gesättigt sind, kann man ihren Kalkgehalt aus dem Schaubild entnehmen. Der CO_2-Gehalt und der Kalkgehalt des Mischwassers ist jeweils der Mittelwert der beiden Ausgangswässer.

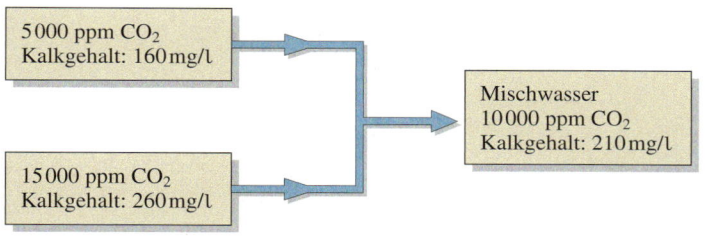

5 000 ppm CO_2
Kalkgehalt: 160 mg/l

15 000 ppm CO_2
Kalkgehalt: 260 mg/l

Mischwasser
10 000 ppm CO_2
Kalkgehalt: 210 mg/l

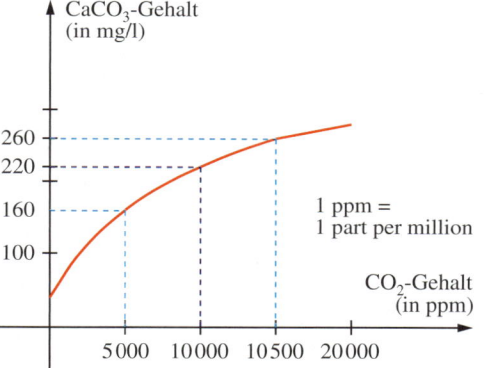

CaCO₃-Gehalt (in mg/l) — $CaCO_3$-Gehalt (in mg/l)

1 ppm = 1 part per million

CO₂-Gehalt (in ppm) — CO_2-Gehalt (in ppm)

Fig. 1

Der Graph zeigt:
1 Liter Wasser mit 10 000 ppm CO_2 kann 220 mg Kalk lösen, bis es gesättigt ist. Das Mischwasser mit 210 mg Kalk ist also untersättigt und kann noch 10 mg Kalk lösen. 1 m³ Wasser löst damit weitere 10 g Kalk. So können im Verlauf von Jahrtausenden große Höhlen entstehen.

Mithilfe des Graphen lässt sich ein weiteres Phänomen der Schwäbischen Alb erklären. Überall wo große Quellen mit kalkhaltigem Wasser zu Tage treten, findet man ein poröses, relativ leichtes Kalkgestein, den Kalktuff.

Beim Austritt aus dem Gebirge ändern sich die Druck- und Temperaturverhältnisse so, dass das Quellwasser Kohlendioxid an die Luft abgibt. Das ursprünglich gesättigte Wasser ist jetzt übersättigt; es fällt Kalk aus. Da bei diesem Vorgang häufig Algen, Moos und kleine Lufträume eingeschlossen werden, bildet sich poröses Kalkgestein. Besonders gut zu sehen ist die Tuffsteinbildung an der Lippe des Uracher Wasserfalls. Unter solchen Lippen werden manchmal Hohlräume ausgespart. Auf diese Weise entsteht eine andere Art von Höhlen, die so genannten Tuffsteinhöhlen wie die Olgahöhle in Lichtenstein-Honau.

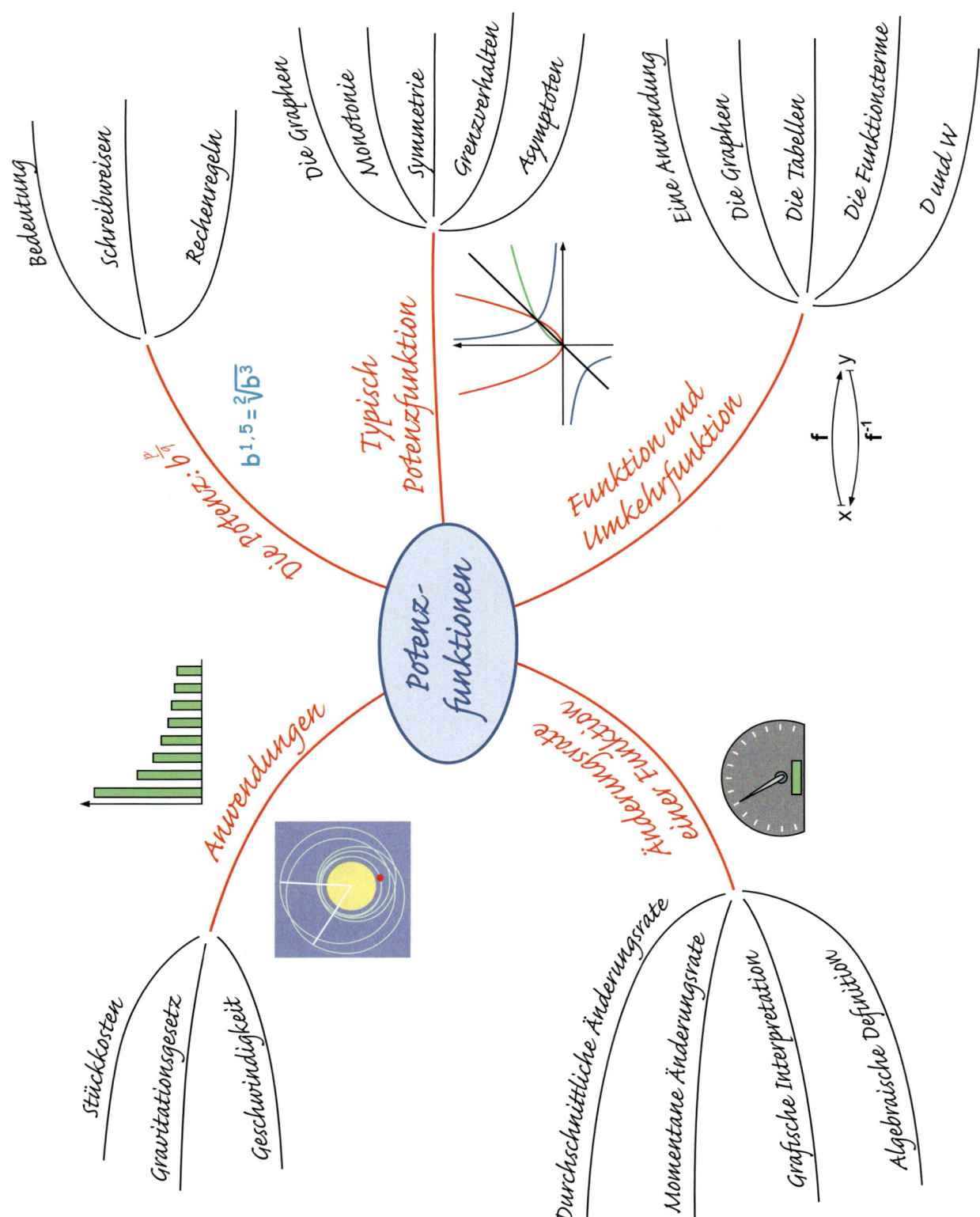

Potenz-funktionen

Die Potenz $z: b^{\frac{p}{q}}$

$b^{1.5} = \sqrt[2]{b^3}$

- Bedeutung
- Schreibweisen
- Rechenregeln

Typisch Potenzfunktion

- Die Graphen
- Monotonie
- Symmetrie
- Grenzverhalten
- Asymptoten

Funktion und Umkehrfunktion

- Eine Anwendung
- Die Graphen
- Die Tabellen
- Die Funktionsterme
- D und W

f
f^{-1}
x
y

Anwendungen

- Stückkosten
- Gravitationsgesetz
- Geschwindigkeit

Änderungsrate einer Funktion

- Durchschnittliche Änderungsrate
- Momentane Änderungsrate
- Grafische Interpretation
- Algebraische Definition

III Potenzfunktionen

1 Einführung

1 Geben Sie eine Funktion an, die dem Radius einer Kugel das Volumen zuordnet.
Wie ändert sich das Volumen, wenn man den Radius verdoppelt bzw. halbiert?
Wie wirken sich diese Änderungen auf den Oberflächeninhalt der Kugel aus?

Bei linearen Funktionen tritt die Variable x im Funktionsterm nur mit der 1. Potenz auf. Eine weitere Klasse von Funktionen erhält man, wenn der Term höhere Potenzen von x enthält.

Bei den Funktionen
$f: x \mapsto a \cdot x^n$
nennt man den Exponenten auch den Grad der Potenzfunktion.

> **Definition:** Für jedes $n \in \mathbb{N} \backslash \{0\}$ und $a \in \mathbb{R} \backslash \{0\}$ heißt die Funktion $f: x \mapsto a \cdot x^n$ **Potenzfunktion**. Ihren Graphen nennt man **Parabel n-ter Ordnung** (für $n > 1$).

Potenzfunktionen und ihre Graphen weisen besondere Eigenschaften auf. Einige dieser Eigenschaften werden für $f: x \mapsto a \cdot x^n$ hier zusammengestellt.

Gerade Hochzahlen und $a = 1$

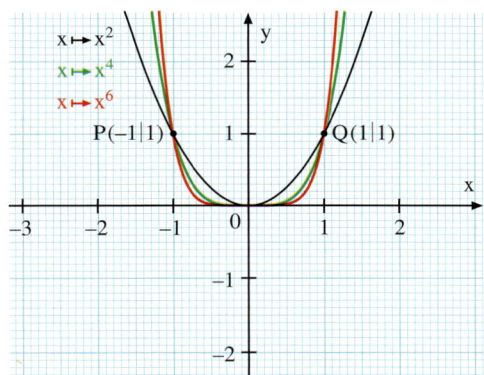

Fig. 1

Ungerade Hochzahlen und $a = 1$

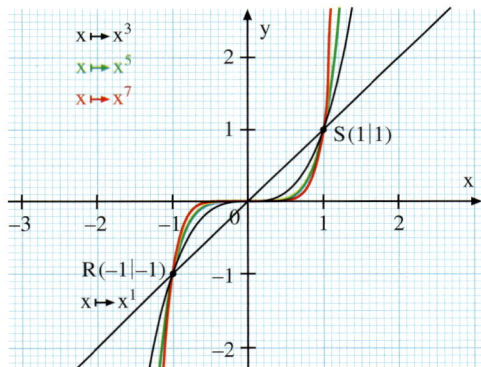

Fig. 2

1. Es ist $f(-1) = 1$ und $f(1) = 1$.
   Alle Graphen gehen also durch die Punkte
   $P(-1|1)$ und $Q(1|1)$.

Was ändert sich, wenn a positiv, aber nicht 1 ist?

2. Für alle x ist $f(x) \geqq 0$.
   Die Graphen verlaufen für $x \neq 0$ oberhalb der x-Achse,
   also im I. und II. Quadranten.

Was ändert sich, wenn a negativ ist?

Weshalb bezeichnet man a als Streckfaktor?

3. Der kleinste Funktionswert ist $f(0)$.
   $O(0|0)$ ist daher der tiefste Punkt des Graphen.
4. Die Graphen sind achsensymmetrisch zur y-Achse.
5. Bei wachsenden x-Werten nehmen die Funktionswerte für $x \leqq 0$ zunächst ab, für $x > 0$ dann zu.

1. Es ist $f(-1) = -1$ und $f(1) = 1$.
   Alle Graphen gehen also durch die Punkte
   $R(-1|-1)$ und $S(1|1)$.
2. Für $x \leqq 0$ ist $f(x) \leqq 0$, für $x > 0$ ist
   $f(x) > 0$.
   Die Graphen verlaufen
   für $x < 0$ unterhalb und
   für $x > 0$ oberhalb der x-Achse,
   also im I. und III. Quadranten.
3. Es gibt keinen kleinsten und keinen größten Funktionswert.
4. Die Graphen sind punktsymmetrisch zum Ursprung.
5. Bei wachsenden x-Werten nehmen die Funktionswerte für alle $x \in \mathbb{R}$ zu.

71

Die Potenzfunktionen $f: x \mapsto a \cdot x^n$ zeigen ein besonderes Wachstumsverhalten.
Vergleicht man die Funktionswerte von x und $k \cdot x$, so ergibt sich:
$$f(k \cdot x) = a \cdot (kx)^n = k^n \cdot a \, x^n = k^n f(x).$$

> **Satz:** Für jede Potenzfunktion $f: x \mapsto a \cdot x^n$ gilt:
> Zum k-fachen x-Wert erhält man den k^n-fachen Funktionswert.

Beispiel 1: (Potenzfunktion bestimmen)
Bestimmen Sie n so, dass der Graph der Potenzfunktion f mit $f(x) = x^n$ durch den Punkt $P(1,2 \mid 1,728)$ geht.
Lösung:
Ansatz: $f(x) = x^n$.   Aus $f(1,2) = 1,728$ folgt $1,2^n = 1,728$ und durch Probieren $n = 3$.

Beispiel 2: (Funktionsterm aus einer Tabelle)
In einem Windkanal wurde die Kraft F auf einen $1 \, m^2$ großen quadratischen Drachen bei verschiedenen Windgeschwindigkeiten v gemessen.

v (in $\frac{m}{s}$)	4	7	9	12	15
F (in Newton)	11,2	34,3	56,7	100,8	157,5

Prüfen Sie, ob es eine Potenzfunktion $v \mapsto F$ mit dieser Wertetabelle gibt.
Lösung:
Ansatz: $F(v) = a \cdot v^n$.
Aus $F(4) = 11,2$ folgt $a \cdot 4^n = 11,2$ (1). Aus $F(7) = 34,3$ folgt $a \cdot 7^n = 34,3$ (2).
Aus (1) ergibt sich: $a = 11,2 : 4^n$.
Einsetzen in (2) liefert: $1,75^n = 3,0625$, durch Probieren bekommt man $n = 2$.
Damit ist $a = 0,7$ und $F(v) = 0,7 \cdot v^2$. Die Punktprobe mit den restlichen Wertepaaren zeigt, dass $v \mapsto F$ mit $F(v) = 0,7 \, v^2$ die gesuchte Potenzfunktion ist.

Aufgaben

2 Bestimmen Sie n so, dass der Graph der Funktion f mit $f(x) = x^n$ durch P geht.
a) $P(3 \mid 9)$ b) $P\left(\frac{1}{2} \mid \frac{1}{8}\right)$ c) $P(-1,5 \mid -3,375)$ d) $P\left(-\frac{1}{3} \mid -\frac{1}{243}\right)$ e) $P\left(-\frac{2}{5} \mid \frac{16}{625}\right)$

3 Untersuchen Sie, ob es eine Potenzfunktion f mit $f(x) = a \cdot x^n$ mit der folgenden Wertetabelle gibt. Bestimmen Sie gegebenenfalls a und n näherungsweise.

a)

x	30	60	120	150
y	0,81	6,48	51,84	101,25

b)

x	1,8	2,7	3,1	5,9
y	1,3	10	20	500

4 Erstellen Sie mit dem GTR die Graphen von f und g. Übertragen Sie diese als Skizze in Ihr Heft. Erklären Sie den Zusammenhang der beiden Graphen.
a) $f(x) = x^4$; $g(x) = -x^4$ b) $f(x) = 0,1 \, x^3$; $g(x) = -0,1 \, x^3$
c) $f(x) = 1,5 \, x^2$; $g(x) = -1,5 \, x^2$ d) $f(x) = 3 \, x^5$; $g(x) = -3 \, x^5$

5 Zeichnen Sie die Graphen der Funktionen f und g mit $f(x) = x^3$ und $g(x) = 0,1 \, x^4$ für $x \in [0; 2]$.
a) Gibt es ein Intervall $]a; \infty[$, in dem der Graph von g oberhalb des Graphen von f verläuft?
b) Zeigen Sie: Für jedes $c > 0$ gibt es ein Intervall $]a; \infty[$, in dem $c \cdot x^4 > x^3$ ist.

2 Allgemeine Potenzfunktion

1 Ein Lineal wird so auf ein Buch gelegt, dass ein Ende des Lineals etwas übersteht. Darauf wird eine Münze platziert. Dann wird das Lineal mit der Münze solange über das Buch hinausgeschoben, bis das Lineal zu kippen beginnt. Der letzte Linealüberstand, bei dem das Lineal noch nicht gekippt ist, wird notiert. Nun wird der Ablauf mit 2, 3, 4 … Münzen wiederholt.
a) Führen Sie diesen Versuch durch und erstellen Sie eine Tabelle, in welcher der Anzahl der Münzen der abgelesene Überstand zugeordnet wird.
b) Zeichnen Sie ein Liniendiagramm und beschreiben Sie den Verlauf.
c) Können Sie mit Hilfe einer Regression eine Potenzfunktion $f(x) = c \cdot x^n$ für die von Ihnen erstellte Wertetabelle finden?

Bisher wurden bei den Potenzfunktionen nur Exponenten aus N zugelassen. Aus der Potenzrechnung ist aber bekannt, dass auch Exponenten aus $\mathbb{Z}$ vorkommen können. Somit kann die Definition für die Potenzfunktion erweitert werden.

> Definition: Für jedes $k \in \mathbb{Z} \backslash \{0\}$ und $a \in \mathbb{R} \backslash \{0\}$ heißt die Funktion $f: x \longmapsto a \cdot x^k$
> **allgemeine Potenzfunktion**. Ist k ganzzahlig negativ, nennt man ihren Graphen **Hyperbel**.

Für negative Exponenten werden hier die Eigenschaften zusammengestellt:

Gerade Hochzahlen und $a = 1$ Ungerade Hochzahlen und $a = 1$

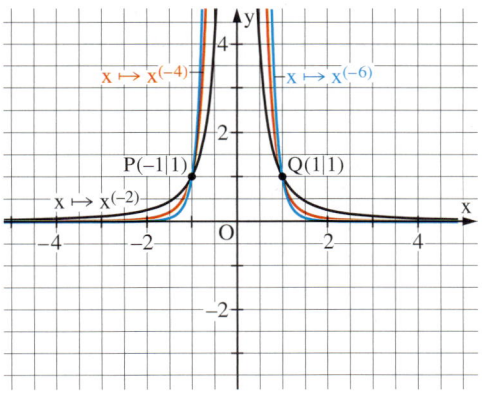

Fig. 1

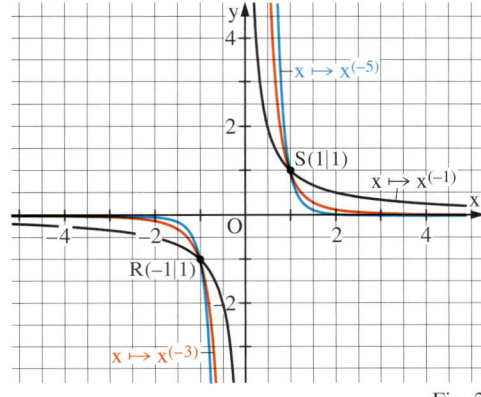

Fig. 2

1. 0 ist aus dem Definitionsbereich ausgeschlossen: $D = \mathbb{R} \backslash \{0\}$.
2. Alle Graphen gehen durch die Punkte $P(-1|1)$ und $Q(1|1)$.
3. Die Graphen verlaufen im I. und II. Quadranten.
4. Für sehr große und sehr kleine x nähern sich die Graphen der x-Achse an.
5. Alle Graphen sind achsensymmetrisch zur y-Achse.

1. 0 ist aus dem Definitionsbereich ausgeschlossen: $D = \mathbb{R} \backslash \{0\}$.
2. Alle Graphen gehen durch die Punkte $R(-1|-1)$ und $S(1|1)$.
3. Die Graphen verlaufen im I. und III. Quadranten.
4. Für sehr große und sehr kleine x nähern sich die Graphen der x-Achse an.
5. Alle Graphen sind punktsymmetrisch zum Ursprung.

Dieser Aspekt wird in III.3 genauer betrachtet.

Werden als Exponenten alle rationalen Zahlen zugelassen, ist es sinnvoll, den Definitionsbereich einzugrenzen: $D = \mathbb{R}_+$.
So ist z. B. $x^{1,5} = x \cdot \sqrt{x}$, dieser Ausdruck ist nur definiert für $x \geqq 0$. Im allgemeinen ist also x^r für r, r nicht ganzzahlig, nur definiert, wenn x nicht negativ ist.

Mit diesem eingeschränkten Definitionsbereich kann man dann auch irrationale Zahlen als Exponenten zulassen.

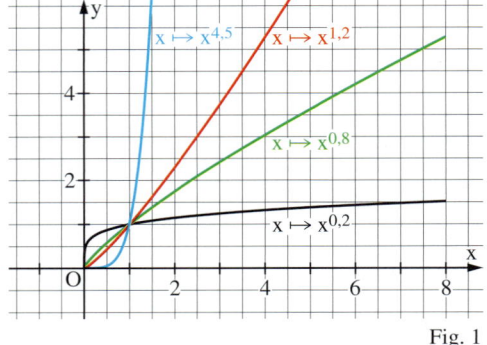

Fig. 1

Beispiel 1: (x-Wert bestimmen)
Gegeben ist die Funktion f mit $f(x) = 2\,x^{0,5}$. Bestimmen Sie für $y = 6$ den zugehörigen x-Wert.
Lösung:
$6 = 2\,x^{0,5}$, also ist $3 = x^{0,5} = \sqrt{x}$ und damit $x = 9$.

Beispiel 2: (Graphen beschreiben)
Bestimmen Sie für f den Wertebereich und beschreiben Sie den Verlauf des Graphen.
a) $f(x) = 5 \cdot x^{-8}$ \qquad\qquad\qquad\qquad b) $f(x) = 3,5 \cdot x^{0,7}$
Lösung:
a) Für $x = 0$ ist f nicht definiert, also ist $D = \mathbb{R} \setminus \{0\}$ und $W = \mathbb{R}_+^*$. Da $k = -8 < 0$, nähert sich der Graph für sehr kleine und sehr große x der x-Achse. Der Graph ist eine Hyperbel (mit Faktor 5 gestreckt). Wegen des geraden Exponenten ist der Graph achsensymmetrisch zur x-Achse.
b) Da der Exponent $0,7 \notin \mathbb{Z}$, muss der Definitionsbereich eingeschränkt werden: $D = \mathbb{R}_+$ und $W = \mathbb{R}_+$. Wegen $0,7 < 1$ ähnelt der Graph dem einer Wurzelfunktion (mit Streckungsfaktor 3,5), es gibt also keinen größten Funktionswert; der kleinste Funktionswert ist $f(0) = 0$.

Aufgaben

2 Berechnen Sie für den gegebenen Funktionswert den x-Wert.
a) $f(x) = 0,2 \cdot x^3;\ y = 1,728$ \qquad b) $f(x) = 10 \cdot x^5;\ y = 75,9375$ \qquad c) $f(x) = 4 \cdot x^{\frac{1}{3}};\ y = 12$
d) $f(x) = 20\,x^{-2};\ y = \frac{5}{16}$ \qquad\qquad e) $f(x) = 7\,x^{0,2};\ y = 14$ \qquad\qquad f) $f(x) = -3\,x^{1,5};\ y = -192$

3 Bestimmen Sie für f den Wertebereich und beschreiben Sie den Verlauf des Graphen.
a) $f(x) = 1,2 \cdot x^{-6}$ \qquad b) $f(x) = -0,4 \cdot x^{-5}$ \qquad c) $f(x) = 150 \cdot x^{3,2}$ \qquad d) $f(x) = 5 \cdot (x-1)^{-2}$

4 Bestimmen Sie a und k so, dass der Graph der allgemeinen Potenzfunktion f mit $f(x) = a \cdot x^k$ durch die Punkte P und Q geht.
a) $P(9|0,3);\ Q(36|0,6)$ \qquad\qquad\qquad b) $P\left(4|\frac{1}{2}\right);\ Q\left(10|\frac{1}{5}\right)$
c) $P(27|12);\ Q(125|20)$ \qquad\qquad\qquad b) $P(33,75|2,25);\ Q(156,25|6,25)$

5 Eine quadratische Pyramide hat das Volumen $V = 1000\,cm^3$.
a) Bestimmen Sie die Seitenlänge der Grundseite, wenn die Höhe 30 cm beträgt.
b) Geben Sie eine Funktion an, mit der man die Seitenlänge der Grundseite in Abhängigkeit von der Höhe bestimmen kann.
c) Um welchen Faktor ändert sich die Seitenlänge, wenn man die Höhe verdoppelt bzw. halbiert? Beschreiben Sie das Änderungsverhalten, wenn man die k-fache Höhe einsetzt.

3 Grenzverhalten

1 Gegeben ist die Funktion f mit $f(x) = -\frac{1}{x^2} + 3$.

a) Skizzieren Sie den Graphen von f für $0,5 \leq x \leq 5$.

b) Stellen Sie eine Vermutung über den Verlauf des Graphen für große Werte von x auf.
Berechnen Sie $f(10)$, $f(100)$, $f(1000)$.

c) Für welche x-Werte weicht $f(x)$ um weniger als 10^{-12} von der Zahl 3 ab?

Bisher wurde der Graph einer Funktion eher qualitativ betrachtet. Im Folgenden wird das „Grenzverhalten" der Potenzfunktionen mathematisch untersucht.

Zuerst wird das Verhalten einer Funktion für sehr große bzw. sehr kleine Werte von x am Beispiel von $f(x) = \frac{1}{x}$ überprüft. Dazu erstellt man mit dem GTR eine Wertetabelle.

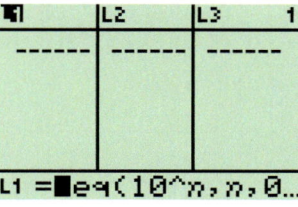

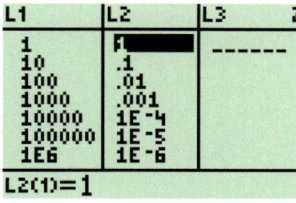

Fig. 1   Fig. 2   Fig. 3

Fig. 3 zeigt die Wertetabelle. Für beliebig groß werdende x-Werte kommen die Funktionswerte $f(x)$ der 0 beliebig nahe.
Hierfür schreibt man:

Für $x \to +\infty$ gilt: $f(x) \to 0$ oder kürzer: $\lim\limits_{x \to +\infty} f(x) = 0$

(lies: Limes von f für x gegen plus unendlich ist null).

Aus Symmetriegründen gilt: $\lim\limits_{x \to -\infty} f(x) = 0$.

Insgesamt schreibt man: $\lim\limits_{x \to \pm\infty} f(x) = 0$.

Anschaulich bedeutet dies:

Der Graph von f kommt sowohl für $x \to +\infty$ als auch für $x \to -\infty$ der x-Achse beliebig nahe (Fig. 4).

Man nennt die x-Achse dann Asymptote.

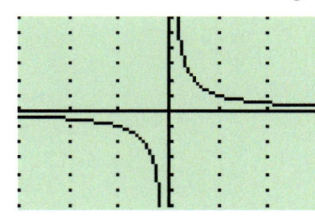

Fig. 4

Besteht der Term einer Funktion aus einer Summe, betrachtet man bei der Untersuchung des Grenzverhaltens zunächst das Verhalten der einzelnen Summanden.

Bei der Funktion h mit $h(x) = 2 + \frac{1}{x}$ bewirkt der erste Summand eine Verschiebung des Graphen von h um 2 Einheiten in y-Richtung. Der Graph von h kommt also der Geraden mit der Gleichung $y = 2$ beliebig nahe (Fig. 5).

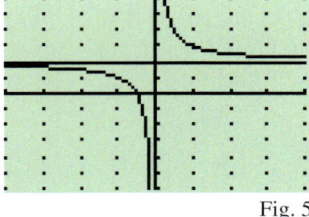

Fig. 5

> Wird x beliebig groß und kommen dabei die Funktionswerte $f(x)$ der Funktion f einer Zahl a beliebig nahe, so nennt man diese Zahl den **Grenzwert der Funktion f** für $x \to +\infty$.
>
> Man schreibt: Für $x \to +\infty$ gilt: $f(x) \to a$; kurz: $\lim\limits_{x \to +\infty} f(x) = a$.
>
> Die Gerade mit der Gleichung $y = a$ heißt **waagerechte Asymptote** des Graphen von f für $x \to +\infty$.
>
> Entsprechend ist der Grenzwert einer Funktion f für $x \to -\infty$ definiert.

Nicht alle Funktionen besitzen für $x \to +\infty$ bzw. für $x \to -\infty$ einen Grenzwert:
Die Funktionswerte der Funktion $h: x \mapsto x$ werden für beliebig große Werte von x beliebig
groß, für beliebig kleine Werte von x beliebig klein:
Für $x \to +\infty$ gilt: $f(x) \to +\infty$ und für $x \to -\infty$ gilt: $f(x) \to -\infty$.

Die Funktionswerte der Wurzelfunktion $f: x \mapsto \sqrt{x} = x^{\frac{1}{2}}$ werden für beliebig große Werte von x
beliebig groß. Für $x \to +\infty$ gilt: $f(x) \to +\infty$. Wegen $D = \mathbb{R}_+$ entfällt die Betrachtung
für $x \to -\infty$.

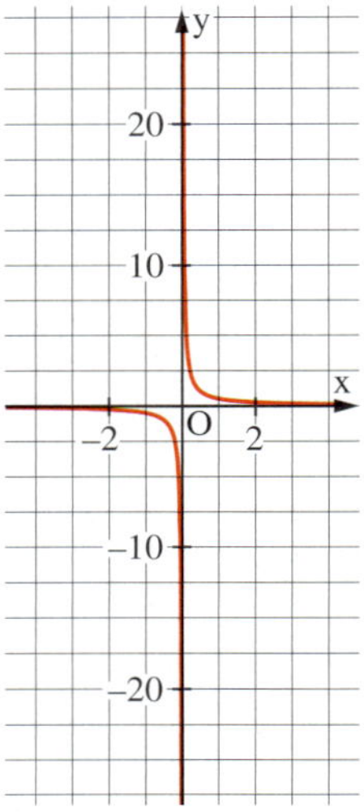

Es ist bereits bekannt, dass die Funktion $f(x) = \frac{1}{x}$ an der Stelle 0 nicht definiert ist; man spricht
hierbei von einer **Definitionslücke**.
Im Folgenden wird das Verhalten der Funktionswerte von f bei der Annäherung an die
Definitionslücke $x_0 = 0$ untersucht.

Die Tabelle in Fig. 1 enthält Funktionswerte für $x \to 0$ bei Annäherung „von
links" (d. h. für $x < 0$), die Tabelle in
Fig. 2 bei Annäherung „von rechts"
(d. h. für $x > 0$).

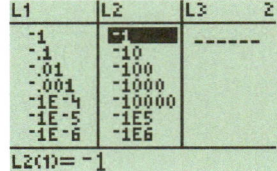

Fig. 1 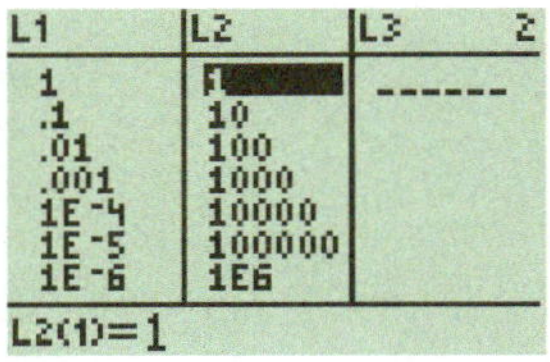   Fig. 2

Bei rechtsseitiger Annäherung werden die Funktionswerte beliebig groß, bei linksseitiger
Annäherung werden die Funktionswerte beliebig klein. Man schreibt:
Für $x \to 0$ und $x > 0$ gilt: $f(x) \to +\infty$; für $x \to 0$ und $x < 0$ gilt: $f(x) \to -\infty$.
Der Graph von f nähert sich in beiden Fällen der Geraden mit der Gleichung $x = 0$ beliebig
genau an (Fig. 3).

Fig. 3

> Hat die Funktion f die Eigenschaft, dass die Funktionswerte für $x \to x_0$ mit $x > x_0$
> gegen $+\infty$ sowie für $x \to x_0$ mit $x < x_0$ gegen $-\infty$ streben, so nennt man die Gerade mit
> der Gleichung $x = x_0$ **senkrechte Asymptote** des Graphen von f.

Auch in den folgenden Fällen spricht man bei $x \to x_0$ von einer senkrechten Asymptoten:
a) Für $x > x_0$ gilt: $f(x) \to -\infty$, für $x < x_0$ gilt: $f(x) \to +\infty$;
b) sowohl für $x > x_0$ als auch für $x < x_0$ gilt: $f(x) \to +\infty$ (vgl. Beispiel);
c) sowohl für $x > x_0$ als auch für $x < x_0$ gilt: $f(x) \to -\infty$;
d) nur für $x > x_0$ bzw. $x < x_0$ gilt: $|f(x)| \to \infty$.

Beispiel:
Untersuchen Sie das Verhalten der Funktion für $x \to \pm\infty$ und gegebenenfalls an der
Definitionslücke. Geben Sie die Gleichung der Asymptoten an, falls vorhanden.
a) $f(x) = x^{-2}$ b) $f(x) = \frac{2}{2x-1}$ c) $f(x) = 1 - \sqrt{x}$
Lösung:
a) $x = 0$ ist Definitionslücke. Für $x \to +\infty$ gilt: $x^2 \to +\infty$ und damit $x^{-2} \to 0$.
Also ist $\lim\limits_{x \to +\infty} f(x) = 0$; entsprechend ist $\lim\limits_{x \to -\infty} f(x) = 0$.
Die Gerade mit der Gleichung $y = 0$ ist waagerechte Asymptote für $x \to \pm\infty$.
Für $x > 0$ und $x \to 0$ gilt: $f(x) \to +\infty$; für $x < 0$ und $x \to 0$ gilt: $f(x) \to +\infty$.
Die Gerade mit Gleichung $x = 0$ ist senkrechte Asymptote.

b) Für $x \to +\infty$ gilt: $2x - 1 \to +\infty$ und damit $\frac{2}{2x-1} \to 0$.

Also ist $\lim\limits_{x \to +\infty} f(x) = 0$; entsprechend ist $\lim\limits_{x \to -\infty} f(x) = 0$.

Die Gerade mit der Gleichung $y = 0$ ist waagerechte Asymptote für $x \to \pm\infty$.

$x = \frac{1}{2}$ ist Definitionslücke:

Für $x > \frac{1}{2}$ und $x \to \frac{1}{2}$ gilt: $(2x - 1) \to 0$ und $(2x - 1) > 0$. Somit folgt: $\frac{2}{2x-1} \to +\infty$.

Für $x < \frac{1}{2}$ und $x \to \frac{1}{2}$ gilt: $(2x - 1) \to 0$ und $(2x - 1) < 0$. Somit folgt: $\frac{2}{2x-1} \to -\infty$.

Die Gerade mit der Gleichung $x = \frac{1}{2}$ ist senkrechte Asymptote.

c) Für $x \to +\infty$ gilt: $\sqrt{x} \to +\infty$ und damit $1 - \sqrt{x} \to -\infty$.

Also gilt: $f(x) \to -\infty$ für $x \to +\infty$. Es gibt keine waagerechte Asymptote.

$\sqrt{x}$ ist nur definiert für $x \geq 0$, also ist $D = \mathbb{R}_+$ und $1 - \sqrt{0} = 1$.

Es gibt keine senkrechte Asymptote.

Aufgaben

Zähler konstant, Nenner bel. groß

⇓

Bruch geht gegen null.

2 Bestimmen Sie den Grenzwert.

a) $\lim\limits_{x \to \infty} \frac{5}{x}$
b) $\lim\limits_{x \to \infty} \frac{1}{x^2}$
c) $\lim\limits_{x \to -\infty} \frac{1}{x^2 + 1}$
d) $\lim\limits_{x \to \infty} \left(\frac{-2}{x} + 1 \right)$

3 Untersuchen Sie das Verhalten von f bei Annäherung an die Definitionslücke. Geben Sie die Gleichung der senkrechten Asymptote an. Überprüfen Sie Ihr Ergebnis mit dem GTR.

a) $f(x) = \frac{2}{x}$
b) $f(x) = -\frac{1}{x^2}$
c) $f(x) = \frac{1}{x - 4}$
d) $f(x) = \frac{2}{4 - x}$

4 Untersuchen Sie das Verhalten der Funktion f für $x \to \pm\infty$ und bei Annäherung an die Definitionslücke. Geben Sie gegebenenfalls die Gleichung der waagerechten und der senkrechten Asymptoten an. Überprüfen Sie Ihr Ergebnis mit dem GTR.

a) $f(x) = \frac{7}{x}$
b) $f(x) = \frac{5}{3x - 1}$
c) $f(x) = \frac{2}{x - 2} - 3$
d) $f(x) = \frac{2}{x} + \sqrt{x}$

5 Wie verhält sich die Funktion f für $x \to \pm\infty$ $(a, b, c \in \mathbb{R})$?

a) $f(x) = \frac{a}{x}$
b) $f(x) = \frac{a}{x + c}$
c) $f(x) = \frac{a}{bx + c}$
d) $f(x) = \frac{a}{x^2}$

6 Zeichnen Sie mit Verwendung des GTR den Graphen der Funktion f. Welchen Grenzwert für $x \to \pm\infty$ lässt der Graph vermuten?

a) $f(x) = \frac{2x - 1}{x + 1}$
b) $f(x) = \frac{x + 2}{x^2 - 2}$
c) $f(x) = \frac{x^2 - 4}{x^2 + 4}$

7 Untersuchen Sie den Graphen von f auf senkrechte und waagerechte Asymptoten. Skizzieren Sie mithilfe der Asymptoten den Graphen von f.

a) $f(x) = \frac{4}{x}$
b) $f(x) = \frac{2}{x + 1}$
c) $f(x) = \frac{1}{1 - x}$
d) $f(x) = 1{,}5 - \frac{1}{x}$

8 Geben Sie zwei Funktionen an, deren Graphen die folgenden Asymptoten haben.

a) $y = 0$; $x = 2$
b) $y = 2$; $x = -0{,}5$
c) $y = -5$; $x = 4$
d) $y = -5$; $x = 4$: $x = -0{,}5$

9 Geben Sie eine Funktion an, welche die folgenden Bedingungen erfüllt.

a) $\lim\limits_{x \to \pm\infty} f(x) = 1$
b) Für $x \to 0$ $(x > 0)$ gilt: $f(x) \to -\infty$.

c) Für $x \to 0$ $(x > 0)$ gilt: $f(x) \to -\infty$ und $\lim\limits_{x \to \pm\infty} f(x) = 1$.

d) Für $x \to 1$ $(x > 1$ und $x < 1)$ gilt: $f(x) \to +\infty$ und $\lim\limits_{x \to \pm\infty} f(x) = -2$.

4 Symmetrie und Monotonie

1 Vergleichen Sie bei der Funktion die Funktionswerte an den Stellen 2 und –2; 3 und –3; 0,7 und –0,7; a und –a. Welche Bedeutung haben die Ergebnisse für die zugehörigen Graphen?

a) $f(x) = 0{,}5\,x^4$ b) $f(x) = 0{,}2\,x^5$ c) $f(x) = 4\,x^{-3}$

Die Wertetabelle und der Graph einer Funktion lassen sich einfacher erstellen, wenn man schon am Funktionsterm überprüfen kann, ob der Graph zu einer Geraden oder zu einem Punkt symmetrisch ist.

Fig. 1 und Fig. 2 zeigen solche „Prüfbedingungen" für die Achsensymmetrie zur y-Achse bzw. für die Punktsymmetrie zum Ursprung O(0|0).

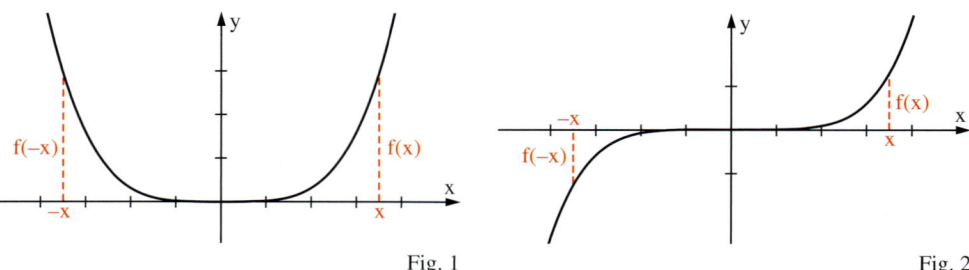

Fig. 1   Fig. 2

Satz: Gegeben ist eine Funktion f mit der Definitionsmenge D.

Gilt **f(–x) = f(x)** für alle $x \in D$,   Gilt **f(–x) = –f(x)** für alle $x \in D$,
so ist der Graph von f   so ist der Graph von f
achsensymmetrisch zur y-Achse.   **punktsymmetrisch** zum Ursprung O(0|0).

Eine Funktion f mit der Eigenschaft $f(-x) = f(x)$ nennt man eine **gerade** Funktion; gilt dagegen $f(-x) = -f(x)$, so nennt man f eine **ungerade** Funktion.

Bei Potenzfunktionen erkennt man eine vorhandene Symmetrie relativ einfach. Ist der Exponent der Potenzfunktion ganzzahlig und gerade, so ist dies eine gerade Funktion; ist der Exponent ganzzahlig und ungerade, so ist dies eine ungerade Funktion.

Der Gesamteindruck des Graphen einer Funktion ist oft geprägt durch Abschnitte, in denen mit wachsenden x-Werten die zugehörigen Funktionswerte $f(x)$ nur zu- oder abnehmen. So zeigt der Graph der Funktion f mit $f(x) = x^2$, dass für $x > 0$ die Funktionswerte $f(x)$ zunehmen, wenn die x-Werte größer werden. Dafür schreibt man kurz:

Für $0 < x_1 < x_2$ gilt $f(x_1) < f(x_2)$.
Dagegen nehmen für $x < 0$ die Funktionswerte mit wachsenden x-Werten ab:
Für $x_3 < x_4 < 0$ gilt $f(x_3) > f(x_4)$.

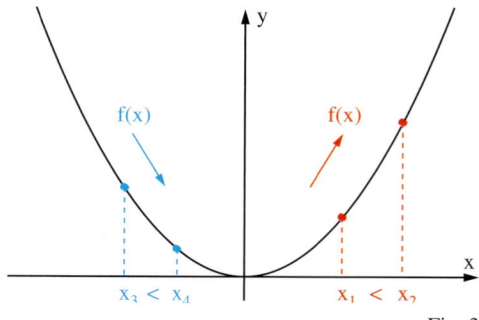

Fig. 3

Statt
monoton wachsend
sagt man auch oft
monoton zunehmend,
statt
monoton fallend
auch oft
monoton abnehmend.

Definition: Die Funktion f sei in einem Intervall I definiert. Wenn für alle $x_1, x_2 \in I$ mit $x_1 < x_2$ gilt:

$$f(x_1) \leqq f(x_2), \qquad\qquad f(x_1) \geqq f(x_2),$$

so heißt f in I **monoton wachsend**. so heißt f in I **monoton fallend**.
Ist die Gleichheit ausgeschlossen, so heißt f in I
streng monoton wachsend. **streng monoton fallend**.

Beispiel 1: (Symmetrie bei Potenzfunktionen)
Prüfen Sie die Symmetrie des Graphen zur Funktion f mit $f(x) = 3x^5$.
Lösung:
Der Exponent ist ungerade, also ist der Graph punktsymmetrisch zu $O(0|0)$.

Beispiel 2: (Monotonie grafisch veranschaulichen, erkennen und beschreiben)
Gegeben ist die Funktion f mit $f(x) = \frac{x}{x^2 + 1}$.

a) Zeichnen Sie den Graphen und geben Sie die Intervalle an, in denen die Funktion monoton fällt bzw. steigt.
b) Untersuchen Sie f rechnerisch auf
Symmetrie.
Lösung:
a) Fig. 1 lässt vermuten, dass die Funktion für
alle $x < -1$ streng monoton fällt, dann für x
mit $-1 < x < 1$ streng monoton steigt und für
$x > 1$ wieder streng monoton fällt.
b) $f(-x) = \frac{-x}{(-x)^2 + 1} = -\frac{x}{x^2 + 1} = -f(x)$, also ist f
punktsymmetrisch zum Ursprung.

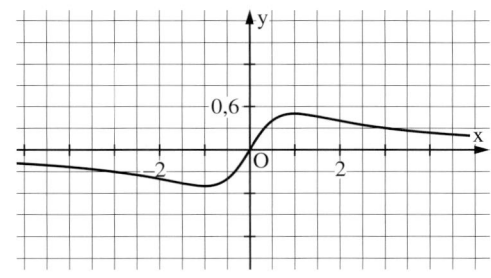

Fig. 1

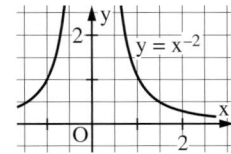

Fig. 2

Beispiel 3: (Monotonie rechnerisch prüfen)
Prüfen Sie für $f(x) = \frac{1}{x^2}$ rechnerisch die Monotonie auf dem Intervall $]0; +\infty[$.
Lösung:
Für $0 < x_1 < x_2$ gilt: $x_1^2 < x_2^2$ und damit $\frac{1}{x_1^2} > \frac{1}{x_2^2}$.
Also ist f auf dem Intervall $]0; +\infty[$ streng monoton fallend.

Aufgaben

2 Überprüfen Sie den Graphen der Funktion f auf Symmetrie.
a) $f(x) = x^3$
b) $f(x) = 2x^4$
c) $f(x) = -2x^5$
d) $f(x) = 5x^{1,4}$
e) $f(x) = \frac{1}{x + 7}$
f) $f(x) = \frac{3}{x^2 + 5}$
g) $f(x) = \frac{x + 1}{x}$
h) $f(x) = \frac{x}{x^2 + 2}$

3 Zeichnen Sie den Graphen der Funktion und geben Sie Intervalle für Monotonie an.
a) $f(x) = 9x^2$
b) $f(x) = 45x^5$
c) $f(x) = 1,4x^{-3}$
d) $f(x) = 2x^{-6}$
e) $f(x) = 5 - \frac{1}{x^2}$
f) $f(x) = \frac{1}{x - 10}$
g) $f(x) = 12x^{3,5}$
d) $f(x) = x - 4\sqrt{x}$

4 Prüfen Sie rechnerisch die Monotonie der Funktion f auf dem angegebenen Intervall.
a) $f(x) = \frac{1}{x}$ für $x \in]0; \infty[$
b) $f(x) = x^4$ für $x \in]0; \infty[$
c) $f(x) = \frac{1}{1 + x}$ für $x \in]0; \infty[$
d) $f(x) = 4x^{-6}$ für $x \in]-\infty; 0[$
e) $f(x) = 16x^5$ für $x \in]-\infty; 0[$
f) $f(x) = 2 - \frac{1}{x^2}$ für $x \in]-\infty; 0[$

5 Umkehrfunktion

ISBN 978-3-12-734771-5

1 Im Folgenden sind Zuordnungen gegeben. Sind die umgekehrten Zuordnungen eindeutig? Welche Bedeutung könnte die Eindeutigkeit bzw. Nicht-Eindeutigkeit haben?
a) Jedem Buchtitel ist eine bestimmte ISBN-Codierung zugeordnet.
b) Jedem Pkw ist eine bestimmte Marke und Farbe zugeordnet.
c) Jedem Menschen ist ein genetischer Fingerabdruck zugeordnet.

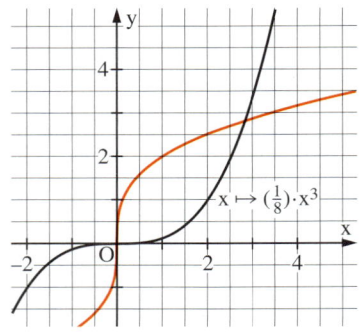

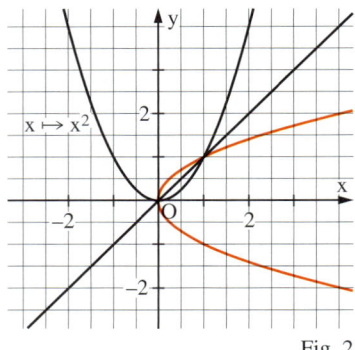

Zu jeder Funktion f gibt es eine passende Umkehrzuordnung, die die jeweilige Zuordnung wieder rückgängig macht.
Durch das Umkehren werden der x– und der y–Wert vertauscht, deshalb ist der Graph der Umkehrzuordnung die Spiegelung des Funktionsgraphen an der 1. Winkelhalbierenden.
In Fig. 1 erhält man den Graphen einer Funktion, doch nicht jede Umkehrzuordnung ist auch eine Funktion (s. Fig. 2).

Fig. 1   Fig. 2

Ist die Umkehrzuordnung von f wieder eine Funktion, dann heißt f **umkehrbar** (s. Fig. 1), ihre Umkehrzuordnung nennt man die **Umkehrfunktion** $\bar{f}$ (lies: f quer).
Um dies zu erreichen, muss man mitunter die Definitionsmenge der Funktion auf einen Bereich einschränken, auf dem sie streng monoton ist, damit die Umkehrzuordnung wieder eine Funktion ist. Es gilt: $D_{\bar{f}} = W_f$ und $W_{\bar{f}} = D_f$.

Satz: Jede streng monotone Funktion ist umkehrbar.

Eine Potenzfunktion $x \mapsto x^n$ mit der Definitionsmenge $\mathbb{R}_+$ ist umkehrbar. Ihre Umkehrfunktion ist die Wurzelfunktion $x \mapsto \sqrt[n]{x}$ mit der Definitionsmenge $\mathbb{R}_+$. Für $\sqrt[n]{x}$ kann man auch $x^{\frac{1}{n}}$ schreiben.

Beispiel 1: (Graphen der Umkehrfunktion zeichnen)
Zeichnen Sie den Graphen der Umkehrfunktion für die Funktion f mit $f(x) = \frac{1}{4}x^2$, $x \in \mathbb{R}_+$.
Lösung:
Erstellen einer Wertetabelle für f:

x	0	1	2	3	4	5
y	0	0,25	1	2,25	4	6,25

Erstellen einer Wertetabelle für die Umkehrfunktion durch Vertauschen von x und y:

x	0	0,25	1	2,25	4	6,25
y	0	1	2	3	4	5

Einzeichnen der Punkte und verbinden.

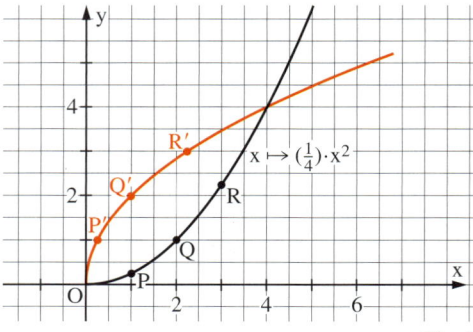

Fig. 3

Beispiel 2: (Rechnerische Bestimmung der Umkehrfunktion)

Gegeben ist die Funktion f mit $f(x) = \frac{1}{8}x^3$. Bestimmen Sie den Term der Umkehrfunktion.

Lösung:

Einschränken der Definitionsmenge: $D = \mathbb{R}_+$

Potenzfunktion:	$x \mapsto \frac{1}{8}x^3$,
Gleichung der Funktion:	$y = \frac{1}{8}x^3$,
Vertauschen von x und y:	$x = \frac{1}{8}y^3$,
Nach y auflösen:	$y = 2x^{\frac{1}{3}}$
Wurzelfunktion:	$x \mapsto 2x^{\frac{1}{3}}$ mit $D = \mathbb{R}_+$

Je nach Funktion f gibt es möglicherweise mehrere Intervalle, auf denen f streng monoton ist, so dass eine Umkehrfunktion gebildet werden kann. Man hätte in diesem Beispiel auch die Einschränkung $D = \mathbb{R}_-$ wählen können.

Aufgaben

2   Zeichnen Sie den Graphen der Funktion sowie den Graphen der Umkehrfunktion.

a) $f(x) = x^3$ b) $f(x) = 5x + 100$ c) $f(x) = \frac{1}{2}x^{\frac{2}{3}}$ d) $f(x) = 1 + \sqrt{x}$

3   Beschränken Sie den Definitionsbereich so, dass eine Umkehrfunktion existiert. Skizzieren Sie den Graphen der Funktion und den ihrer Umkehrfunktion in ein gemeinsames Koordinatensystem.

a)

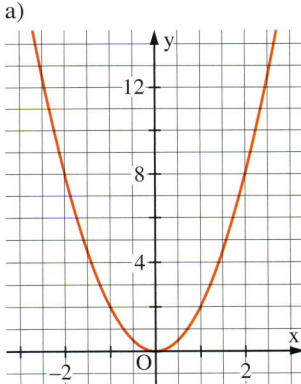

b)

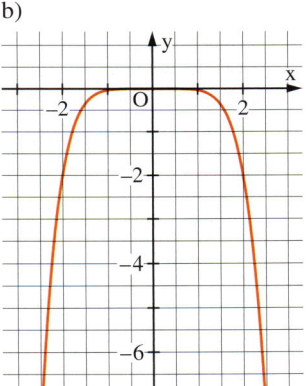

c)

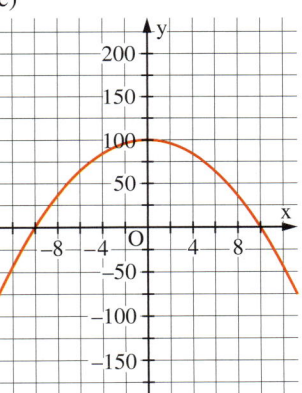

4   Bestimmen Sie rechnerisch den Term der Umkehrfunktion und geben Sie die Definitionsmengen für die Funktion und die Umkehrfunktion an.

a) $f(x) = 10x + 8$ b) $f(x) = \frac{4}{9}x^2$ c) $f(x) = 256x^8$ d) $f(x) = \frac{1}{27}x^{-3}$

e) $f(x) = \frac{5}{x}$ f) $f(x) = 2\sqrt{x}$ g) $f(x) = 7x^{\frac{1}{4}}$ h) $f(x) = 36x^2 - 4$

5   Skizzieren Sie den Funktionsgraphen mit Hilfe des GTR. Beschränken Sie gegebenenfalls den Definitionsbereich und skizzieren Sie den Graphen der Umkehrfunktion.

a) $f(x) = 9x^2$ b) $f(x) = 0{,}064x^{-3}$ c) $f(x) = \frac{1}{3}x^{\frac{3}{2}}$ d) $f(x) = 1 + \frac{1}{x}$

6   Zu welcher Funktion g ist f die Umkehrfunktion?

a) $f: x \mapsto \sqrt{x}$ b) $f: x \mapsto x^{\frac{1}{4}}$ c) $f: x \mapsto x^{\frac{3}{2}}$ d) $f: x \mapsto \sqrt[3]{x - 2}$

7   Welche linearen Funktionen sind nicht umkehrbar?

6 Durchschnittliche Änderungsrate

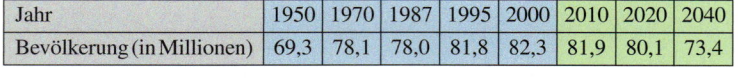

Jahr	1950	1970	1987	1995	2000	2010	2020	2040
Bevölkerung (in Millionen)	69,3	78,1	78,0	81,8	82,3	81,9	80,1	73,4

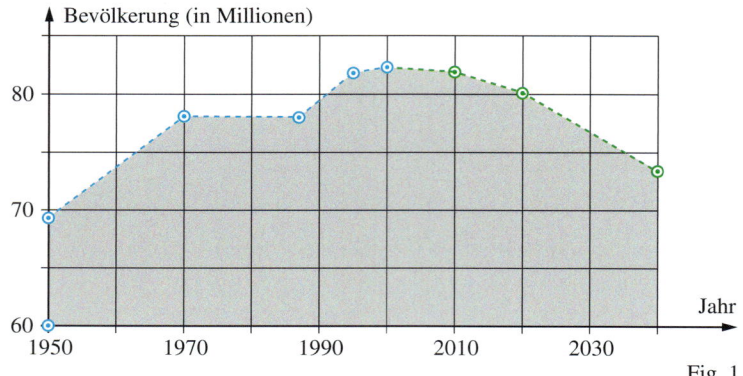

Fig. 1

1 Die Tabelle und die Veranschaulichung ihrer Werte zeigen die Entwicklung der Bevölkerung in Deutschland (Fig. 1).

Die grün unterlegten Angaben sind Prognosen.

a) In welcher der angegebenen Zeitspannen hat sich die Bevölkerungszahl am stärksten verändert?

b) Wie kann man die Bevölkerungsentwicklung in den Zeitspannen vergleichen, obwohl diese verschieden lang sind?

In welcher Spanne hat sich die Bevölkerungszahl „am schnellsten" verändert?

c) Wie kann man die Bevölkerungszahlen der Jahre 1960 und 2030 schätzen?

Bei den Potenzfunktionen wurde schon ein besonderes Wachstumsverhalten beschrieben (vgl. S. 72). Im Folgendes wird allgemein das Änderungsverhalten von Funktionen untersucht.

Für die verschiedenen Funktionen f gilt:
$$f(b) - f(a)$$
bleibt gleich,
aber
$$b - a$$
ändert sich.

Gegeben ist eine auf einem Intervall I definierte Funktion f sowie $a, b \in I$ mit $a < b$. Die Differenz $f(b) - f(a)$ gibt an, „wie stark" sich die Werte von f zwischen a und b ändern. Vergleicht man die Differenz $f(b) - f(a)$ der Funktionswerte mit der Länge $b - a$ des Intervalls, so erhält man ein Maß dafür, „wie schnell" sich die Funktionswerte zwischen a und b ändern.

Definition: Ist die Funktion f auf dem Intervall [a; b] definiert, so heißt
$$\frac{f(b) - f(a)}{b - a}$$
der **Differenzenquotient** oder die **Änderungsrate von f im Intervall [a; b]**.

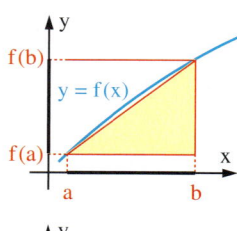

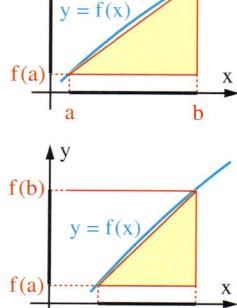

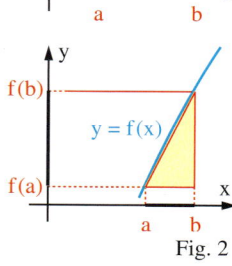

Fig. 2

Der Differenzenquotient von f im Intervall [a; b] ist die Steigung m der Geraden g durch die Punkte $P(a | f(a))$ und $Q(b | f(b))$.

Ersetzt man in einem „kleinen" Intervall [a; b] den Graphen von f durch die Gerade durch P und Q, so kann man mit der Gleichung dieser Geraden für jedes $u \in [a; b]$ einen Näherungswert von $f(u)$ berechnen (Fig. 3).

Wenn nämlich die Gerade durch P und Q das Schaubild der linearen Funktion g ist, kann $g(u)$ als Näherungswert für $f(u)$ dienen.

Bei Funktionen f mit „relativ glattem" Verlauf ist dieser Näherungswert $g(u)$ von $f(u)$ umso besser, je kleiner das Intervall [a; b] ist.

Man nennt g eine **lineare Näherungsfunktion** für f in [a; b].

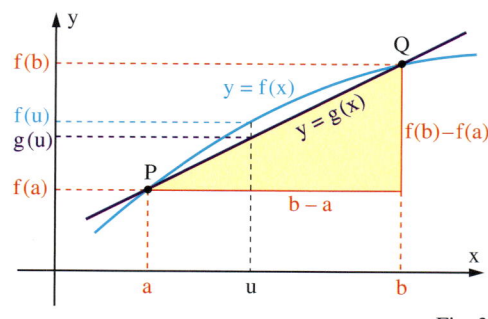

Fig. 3

Beispiel 1: (Durchschnittliche Änderungsrate)
Svenja fährt mit dem Rad zur Schule. Der zeitliche Verlauf ihres Schulwegs wird durch Fig. 1 dargestellt. Bestimmen Sie die durchschnittliche Geschwindigkeit für
a) den gesamten Schulweg,
b) die letzten 10 Minuten.
Lösung:
a) $f(0) = 0$; $f(20) = 5,8$; Differenzenquotient:
$\frac{f(b) - f(a)}{b - a} = \frac{5,8}{20} = 0,29$

Dieses Ergebnis kann interpretiert werden als die durchschnittliche Geschwindigkeit von
$0,29 \frac{km}{min} = 17,4 \frac{km}{h}$.
b) $f(10) = 3,4$; $f(20) = 5,8$
Differenzenquotient: $\frac{f(b) - f(a)}{b - a} = \frac{5,8 - 3,4}{20 - 10} = 0,24$
Sie hat in den letzten 10 Minuten eine durchschnittliche Geschwindigkeit von
$0,24 \frac{km}{min} = 14,4 \frac{km}{h}$.

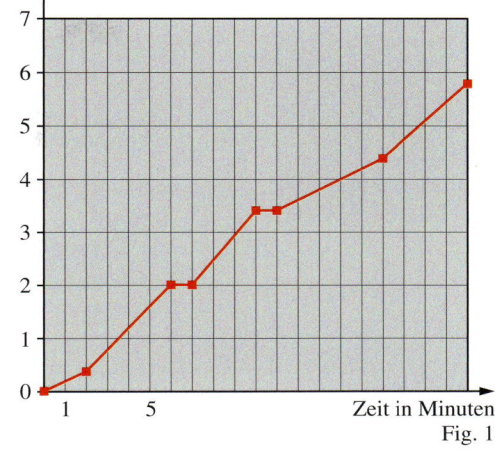
Fig. 1

Beispiel 2: (Näherungsweise Bestimmung von Funktionswerten)
Für Wohnungen in sehr guter Lage verlangt eine Baufirma die angegebenen Kaufpreise.

Warum ist der Preis für 1 m² Wohnfläche bei kleinen Wohnungen höher als bei großen Wohnungen?

Berechnen Sie mit einer geeigneten linearen Näherungsfunktion den ungefähren Kaufpreis für eine 88 m² große Wohnung.

Wohnfläche (in m²)	40	60	80	100
Preis (in T€)	240	330	420	500

Lösung:
$p(x)$ sei der Kaufpreis einer Wohnung der Größe x (x in m²; $p(x)$ in T€).
Die Änderungsrate der Funktion p in [80; 100] beträgt $m = \frac{500 - 420}{100 - 80} = 4$.
Für die lineare Funktion g mit $g(80) = 420$ und $g(100) = 500$ gilt
$\quad g(x) = 4x + 100$.
Dann ist $g(88) = 4 \cdot 88 + 100 = 452$.
Man erhält einen ungefähren Kaufpreis von 452 000 €.

Aufgaben

2 Familie Feuerstein fährt in den Skiurlaub. Monika schaut hin und wieder auf die Uhr und den Tachometer und erstellt ein Diagramm (Fig. 2).
Bestimmen Sie die durchschnittliche Geschwindigkeit für
a) die gesamte Reise,
b) die ersten drei Stunden,
c) das Intervall [2,5; 3],
d) die letzten 200 km.

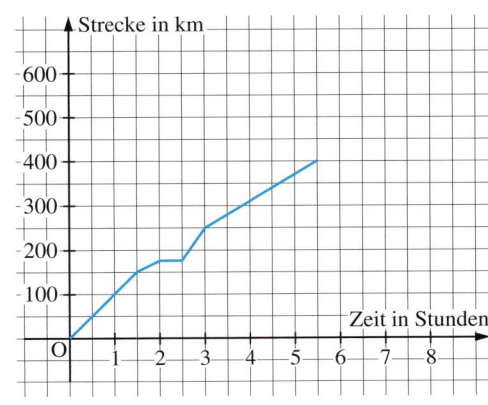
Fig. 2

83

3 Beim Tauchen gelten wegen der Dekompressionsgefahren strenge Regeln beim Auftauchen. War man bei einem Tauchgang 28 Minuten in einer Tiefe von 39 m, muss der Auftauchvorgang wie folgt gestaltet werden:

Zeit in min	28	31	35	35,5	43,5	44	61	61,5
Tiefe in m	39	9	9	6	6	3	3	0

a) Zeichnen Sie ein Liniendiagramm.
b) Bestimmen Sie die durchschnittliche Auftauchgeschwindigkeit des gesamten Auftauchens.
c) Wie groß war die durchschnittliche Änderungsrate in der ersten Hälfte des Auftauchens?
d) Mit welcher Auftauchgeschwindigkeit wurde im letzten Drittel aufgestiegen?
e) Bestimmen Sie die durchschnittliche Auftauchgeschwindigkeit für $t \in [32; 60]$.

4 Berechnen Sie für die Funktion f die durchschnittlichen Änderungsraten m_1, m_2, m_3 und m_4 in den Intervallen $I_1 = [-1; 0]$, $I_2 = [0; 1]$, $I_3 = [1; 3]$ und $I_4 = [3; 6]$, wenn sie existieren.
a) $f(x) = 5x^2$ b) $f(x) = 0{,}2x^3$ c) $f(x) = 2\sqrt{x}$ d) $f(x) = x^{0,8}$
e) $f(x) = 4x^{-3}$ f) $f(x) = 2x^{-0,5}$ g) $f(x) = 3\sqrt{x+1}$ h) $f(x) = x + \frac{1}{x^2}$

5 Gegeben sind die Funktion f mit $f(x) = 3x^2$ und das Intervall $I = [0{,}5; 1{,}5]$.
a) Berechnen Sie die durchschnittliche Änderungsrate m von f in I.
b) Bestimmen Sie einen Funktionsterm für eine Gerade g durch $P(0{,}5 \,|\, f(0{,}5))$ und $Q(1{,}5 \,|\, f(1{,}5))$ als lineare Näherungsfunktion g der Funktion f im Intervall I.
c) Zeichnen Sie die Schaubilder von f und g in dasselbe Koordinatensystem.

6 Bearbeiten Sie mit der gleichen Aufgabenstellung wie in Aufgabe 5 :
a) $I = [10; 20]$ für f mit $f(x) = \frac{1}{x}$ b) $I = [36; 81]$ für f mit $f(x) = \frac{1}{2}\sqrt{x}$
c) $I = [2; 2{,}2]$ für f mit $f(x) = 3x^{1,3}$ d) $I = [1; 1{,}1]$ für f mit $f(x) = 1 + \frac{1}{x}$

Flächenstruktur von Westdeutschland

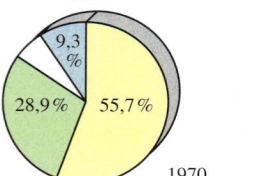

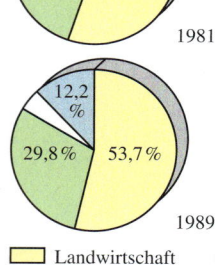

- Landwirtschaft
- Wald
- Siedlung und Verkehr

Fig. 3

7 Die Dauer des Rentenbezuges hat sich in den letzten Jahren laufend erhöht. Geben Sie einen Näherungswert an für die durchschnittliche Dauer des Rentenbezuges im Jahre
a) 1987 bei einem Angestellten
b) 1983 bei einer Arbeiterin
c) 1965 bei einer Angestellten
d) 1988 bei einem Arbeiter.

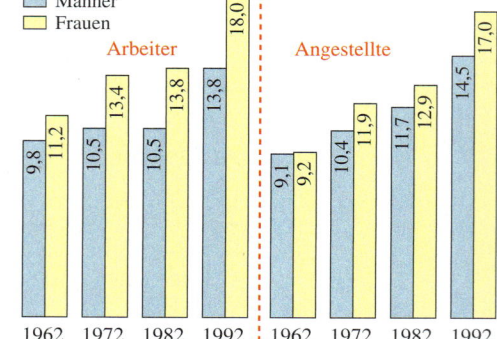

Durchschnittliche Dauer des Rentenbezuges (in Jahren)
Fig. 2

8 Westdeutschland hat eine Gesamtfläche von 248 709 km². Seine Flächenstruktur (d. h. die Anteile verschieden genutzter Flächen an der Gesamtfläche) hat sich seit 1950 stark verändert („Versiegelung von Flächen").
a) Geben Sie die Änderungsrate der Bereiche „Wald", „Landwirtschaft" und „Siedlung und Verkehr" in den Zeitspannen von 1950 bis 1960, von 1960 bis 1970, von 1970 bis 1981 und von 1981 bis 1989 in der Einheit km²/Jahr an (vgl. Fig. 3).
b) Bestimmen Sie aus den angegebenen Werten näherungsweise die Flächenstruktur in den Jahren 1980 und 1987. Nehmen Sie dazu an, dass sich die Anteile in den in a) berechneten Zeitspannen linear ändern.

7 Von der durchschnittlichen zur momentanen Änderungsrate

1 GALILEI untersuchte das Abrollen einer Kugel auf einer schiefen Ebene. Dabei maß er die Strecke s, welche die Kugel in der Zeit t zurücklegt. Er schrieb:

„ … bei wohl hundertfacher Wiederholung fanden wir stets, dass die Strecken sich verhielten wie die Quadrate der Zeiten; und dieses zwar für jedwede Neigung der Ebene … "

a) Mit damals üblichen Längen- und Zeiteinheiten könnte GALILEI die folgende Tabelle erhalten haben.

Zeit t	0	1	2	3	4
Strecke s	0	0,5	2,0	4,5	8,0

Fig. 1

Ergänzen Sie die Tabelle nach den Erkenntnissen von GALILEI für die Zeiten 2,5 und 3,5; 2,8 und 3,2 sowie 2,9 und 3,1.

b) Wie konnte GALILEI die Geschwindigkeit zur Zeit 3 ungefähr bestimmen?

Im Folgenden wird gezeigt, wie man von der Durchschnittsgeschwindigkeit zur Momentangeschwindigkeit gelangt. Der dabei entwickelte Gedankengang wird dann auf andere Größen übertragen.

Der Quotient $\frac{Weglänge}{Zeitspanne}$ heißt bei gleichförmiger Bewegung Geschwindigkeit, bei nicht gleichförmiger Bewegung Durchschnittsgeschwindigkeit.

Für eine Kugel, die eine schiefe Ebene hinunterrollt, gelte für den nach der Zeit t zurückgelegten Weg $s(t) = 0,2 \cdot t^2$; t in Sekunden, s in Meter. Es soll die Geschwindigkeit zum Zeitpunkt $t_0 = 2,5$; also nach 2,5 Sekunden bestimmt werden.

Fig. 2 zeigt den zugehörigen Graphen.

Für $t_0 = 2,5$ und einen beliebigen Zeitpunkt t ist die **Durchschnittsgeschwindigkeit** der rollenden Kugel die Änderungsrate

$$\frac{s(t) - s(2,5)}{t - 2,5} = \frac{0,2 \cdot t^2 - 1,25}{t - 2,5}.$$

Sie entspricht geometrisch der Steigung der Geraden durch die Punkte $P(2,5 \mid 1,25)$ und $Q(t \mid 0,2 \cdot t^2)$.

In der Tabelle von Fig. 3 sind für einige Werte von t die Durchschnittsgeschwindigkeiten angegeben. Man erkennt:

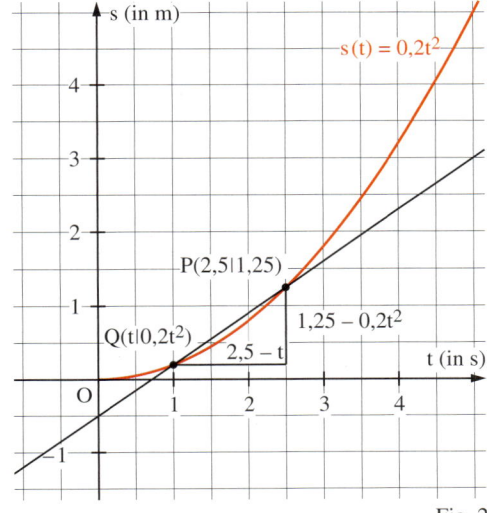

Fig. 2

t	$\frac{0,2t^2 - 1,25}{t - 2,5}$
1	0,7
2	0,9
2,4	0,98
2,49	0,998
2,499	0,9998
…	…
2,501	1,0002
2,51	1,002
2,6	1,02
3	1,1

Fig. 3

Je näher t bei 2,5 liegt, umso näher liegt der Wert der mittleren Geschwindigkeit bei 1. Daher ist es sinnvoll, 1 als **momentane Geschwindigkeit** der Kugel zum Zeitpunkt $t_0 = 2,5$ anzusehen.

Für das Verhalten des Quotienten $\frac{s(t) - s(2,5)}{t - 2,5}$ für Zeitpunkte t nahe $t_0 = 2,5$ ist folgende Schreibweise üblich:

Für $t \to 2,5$ gilt: $\frac{s(t) - s(2,5)}{t - 2,5} \to 1$; kurz $\lim\limits_{t \to 2,5} \frac{s(t) - s(2,5)}{t - 2,5} = 1$. Für einen beliebigen Zeitpunkt t_0

gilt entsprechend: Für $t \to t_0$ gilt: $\frac{s(t) - s(t_0)}{t - t_0} \to v(t_0)$; kurz: $\lim\limits_{t \to t_0} \frac{s(t) - s(t_0)}{t - t_0} = v(t_0)$.

Dieser Sachverhalt des Grenzverhaltens lässt sich auf beliebige Größen ausweiten, die von einer Variablen abhängen.

*Ist die Größe abhängig von der Zeit, so spricht man von der **momentanen** Änderungsrate, andernfalls meist von der **lokalen** Änderungsrate.*

> **Definition:** Wenn für eine von x abhängige Größe g die Änderungsrate $\frac{g(x) - g(x_0)}{x - x_0}$ für
> $x \rightarrow x_0$ gegen einen Wert $m(x_0)$ strebt, so heißt $m(x_0)$ die **momentane** oder **lokale Änderungsrate** von g an der Stelle x_0.

Die Tabelle zeigt einige Beispiele.

Größe	Momentane Änderungsrate der Größe
(1) Geschwindigkeit v in $[t_1; t_2]$	Beschleunigung zum Zeitpunkt t_0
(2) Länge L in $[t_1; t_2]$ einer Hopfenpflanze	Wachstumsgeschwindigkeit w zum Zeitpunkt t_0
(3) Wassermenge V einer Quelle in $[t_1; t_2]$	Schüttung S der Quelle zum Zeitpunkt t_0
(4) Höhe h auf dem Streckenabschnitt $[x_1; x_2]$	Lokale Höhenzu- oder Höhenabnahme an der Stelle x_0, auch Steigung oder Gefälle an der Stelle x_0
(5) Anzahl a von noch vorhandenen Atomen bei radioaktivem Zerfall in $[t_1; t_2]$	Momentaner Zerfall zum Zeitpunkt t_0
(6) Kraftstoffinhalt des Tanks eines Pkw auf der Strecke $[s_1; s_2]$	Lokaler Kraftstoffverbrauch an der Stelle s_0

Es ist noch zu untersuchen, welche Einheit eine momentane oder lokale Änderungsrate besitzt. In (3) ist das Volumen V abhängig von der Zeit t. Wird demnach V in m^3 und t in h (Stunden) gemessen, so hat die Änderungsrate $\frac{V(t) - V(t_0)}{t - t_0}$ die Einheit $\frac{m^3}{h}$. Diese bleibt auch beim Übergang $t \rightarrow t_0$ erhalten. Damit hat die Schüttung S die Einheit $\frac{m^3}{h}$.

Wird in (4) die Höhe h in m und der Weg x in km gemessen, so hat das Gefälle die Einheit $\frac{m}{km}$. Werden beide in m gemessen, so ist die Größe dimensionslos. Sind allgemein x und $f(x)$ Größen mit den Einheiten e_1 und e_2, so ist die lokale Änderungsrate eine Größe mit der Einheit $\frac{e_1}{e_2}$.

Beispiel 1: (Lokale Änderungsrate mit Tabelle)
Beim 100-m-Sprint beschleunigt ein Athlet nach dem Start auf den ersten 60 m. Messungen ergaben, dass sich der Zusammenhang zwischen der Geschwindigkeit v in Abhängigkeit von der gelaufenen Strecke s ($5 \leq s \leq 40$) durch die Funktion $v(s) = 5,494 \, s^{0,17}$ darstellen lässt $\left(s \text{ in } m, v \text{ in } \frac{m}{s} \right)$. Bestimmen Sie näherungsweise die lokale Änderungsrate für $s = 7$.
Lösung:
Die Änderungsrate im Intervall $[s; 7]$ für $s < 7$ bzw. $[7; s]$ für $s > 7$ lautet $\frac{5,494 \, s^{0,17} - 5,494 \cdot 7^{0,17}}{s - 7}$.
Die momentane Änderungsrate kann hier nur näherungsweise mithilfe einer Tabelle ermittelt werden, die man unter Verwendung des GTR erstellt. Man untersucht Werte für s nahe bei 7.

s	6,9	6,99	6,999	6,9999	6,99999
$\frac{5,494 \, s^{0,17} - 5,494 \cdot 7^{0,17}}{s - 7}$	0,186851	0,185851	0,185751	0,185741	0,18574

s	7,1	7,01	7,001	7,0001	7,00001
$\frac{5,494 \, s^{0,17} - 5,494 \cdot 7^{0,17}}{s - 7}$	0,184649	0,185630	0,185729	0,185739	0,18574

Die momentane Änderungsrate liegt offensichtlich bei etwa 0,1857.

Beispiel 2: (Bestimmung der momentanen Änderungsrate mit dem GTR)

Ein Körper bewegt sich so, dass er in der Zeit t den Weg $s(t) = 4t^2$ (s in m; t in s) zurücklegt. Bestimmen Sie seine momentane Änderungsrate zu der Zeit $t_0 = 5$.

Lösung:

Anstatt die momentane Änderungsrate für sehr kleine x-Differenzen per Hand zu berechnen, kann man auch auf Funktionen des GTR zurückgreifen.

Version 1:

Im MATH -Menu findet sich der Befehl 8:nDeriv (Fig. 1), der die momentane Änderungsrate für eine vorgegebene x-Wert-Differenz ausrechnet (ohne Angabe wird mit einer x-Differenz von 0,01 gerechnet). Die Syntax ist dabei: nDeriv(Funktion, x, x_0[, x-Differenz]) (Fig. 2). Die Ausgabe erfolgt als Zahl (Fig. 3).

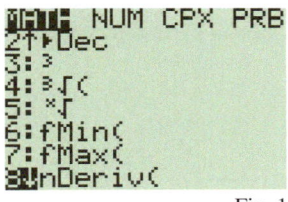

Fig. 1

Fig. 2

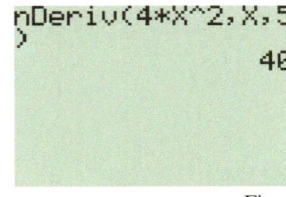

Fig. 3

Version 2:

Hat man die Funktion bereits über den y-Editor eingegeben und sich den Graphen zeichnen lassen (Fig. 4), besteht die Möglichkeit, sich über CALC und 6:dy/dx (Fig. 5) nach Eingabe des x-Wertes die momentane Änderungsrate anzeigen zu lassen (Fig. 6).

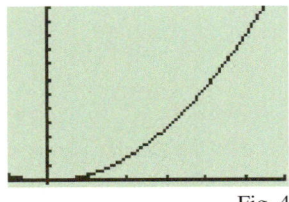

Fig. 4

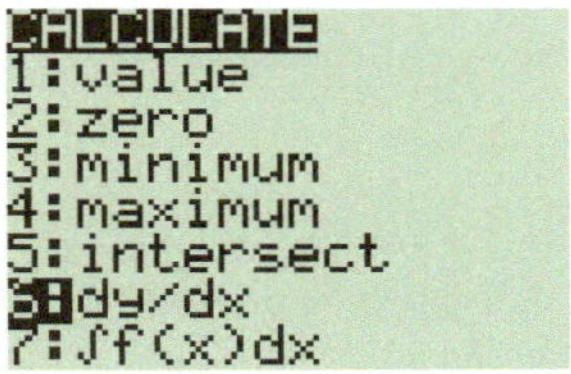

CALCULATE
1: value
2: zero
3: minimum
4: maximum
5: intersect
6: dy/dx
7: ∫f(x)dx

Fig. 5

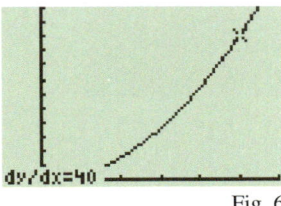

Fig. 6

Die momentane Änderungsrate zum Zeitpunkt $t_0 = 5$ beträgt 40 und entspricht der momentanen Geschwindigkeit von $40 \frac{m}{s} = 144 \frac{km}{h}$.

Aufgaben

2   Zu Forschungszwecken werden Kastanien aus unterschiedlichen Höhen fallen gelassen. Der im Fall zurückgelegte Weg s in Abhängigkeit von der Zeit t lässt sich beschreiben durch die Funktion s mit $s(t) = \frac{9,81}{2}t^2$, (t in Sekunden, s in Metern). Ermitteln Sie mit Hilfe einer Tabelle die momentane Änderungsrate zum Zeitpunkt $t_0 = 1$. Welche Einheit hat das Ergebnis?

3   Die Seilbahn am Pordoijoch (Italien) führt ohne Stütze von der Talstation zur Bergstation. Die Höhe h über der Talstation lässt sich in Abhängigkeit von der gefahrenen Seilstrecke s darstellen durch $h(s) = 0,0007 s^{1,874}$ (s und h in Metern). Ermitteln Sie mit Hilfe einer Tabelle die lokale Änderungsrate nach 500 zurückgelegten Metern. Deuten Sie Ihr Ergebnis.

4   Bestimmen Sie mit Hilfe des GTR die lokalen Änderungsraten der Funktion f an den Stellen $x_1 = 2$, $x_2 = 4$, $x_3 = 7$ und $x_4 = 10$.

a) $f(x) = 7 x^2$ b) $f(x) = 1000 x^{-3}$ c) $f(x) = \frac{5}{x}$ d) $f(x) = 3 x^{\frac{3}{2}}$

87

8 Vermischte Aufgaben

1   Erstellen Sie mit dem GTR die Graphen von f und g. Überprüfen Sie beide Funktionen auf Symmetrie, Monotonie und Grenzverhalten. Für welche x gilt: $f(x) < g(x)$?
a) $f(x) = 4x^2$ und $g(x) = x^4$ b) $f(x) = 5x^3$ und $g(x) = x^5$
c) $f(x) = 2x^{-2}$ und $g(x) = 4x^{-4}$ d) $f(x) = 3x^{-3}$ und $g(x) = 6x^{-6}$

2   Wie ändert sich der Flächeninhalt eines Kreises, wenn man den Radius verdoppelt bzw. drittelt? Wie wirken sich diese Veränderungen auf den Umfang aus?

3   a) Geben Sie jeweils eine Funktion an, die der Gesamtlänge aller Kanten eines Würfels den Oberflächeninhalt O bzw. den Rauminhalt V zuordnet.
b) Berechnen Sie O und V für die Gesamtlänge 2,5 m. Beschreiben Sie das Änderungsverhalten von O und V, wenn man die k-fache Gesamtlänge einsetzt.

4   Glasfasern entstehen durch Ziehen eines erhitzten Glasstabs.
a) Zur Herstellung einer Faser mit dem Durchmesser 0,1 mm stehen verschieden lange zylinderförmige Glasstäbe der Dicke 20 mm zur Verfügung. Geben Sie die Faserlänge L als Funktion der Ausgangslänge *l* des ursprünglichen Glasstabs an.

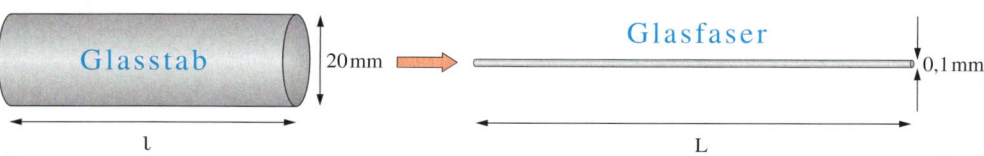

Fig. 1

Mit Glasfasern lassen sich Fernsehbilder oder Telefongespräche übertragen, Endoskope herstellen, . . .

b) Wie ändert sich die Faserlänge, wenn die Stablänge verdoppelt wird?
c) Zur Herstellung stehen nun verschieden dicke Glasstäbe der Länge 1 m zur Verfügung. Geben Sie die Faserlänge als Funktion der Ausgangsdicke d an.
d) Wie ändert sich die Faserlänge, wenn die Stabdicke verdoppelt wird?

5   Eine Windkraftanlage kann bei einer Windgeschwindigkeit v theoretisch die Leistung $P(v) = 30v^3$ abgeben, wobei v in $\frac{m}{s}$ und $P(v)$ in Watt gemessen wird.
a) Zeichnen Sie den Graphen der Funktion $P: v \mapsto 30v^3$ für $v \in [0; 15]$.
b) Wie wirkt sich eine Verdoppelung der Windgeschwindigkeit auf die abgegebene Leistung aus?
c) Bestimmen Sie mit Hilfe des GTR die lokale Änderungsrate für $v_0 = 5$ bzw. $v_0 = 15$ und interpretieren Sie das Ergebnis.
d) Die Tabelle auf dem Rand gibt mittlere Messwerte einer Windkraftanlage an. Tragen Sie diese Werte in Ihr Koordinatensystem von a) ein. Vergleichen Sie sie mit dem Graphen von P.
e) Der Wirkungsgrad einer Anlage ist der Quotient aus tatsächlich erbrachter Leistung und theoretischer Leistung. Berechnen Sie diesen Quotienten für die Messwerte aus c).
Der Wirkungsgrad einer Windkraftanlage beträgt in der Praxis maximal 45 %.
In welchem Geschwindigkeitsbereich hat die obige Anlage optimal gearbeitet?

v (in m/s)	P(v) (in W)
0	0
2,5	0
4,5	0
6,5	2030
8,5	8030
10,5	14790
12,5	19300
14,5	22940

6   Gegeben ist die Funktion f mit $f(x) = \frac{1}{2(x+2)} + 1$.
a) Bestimmen Sie die maximale Definitionsmenge von f.
b) Untersuchen Sie den Graphen von f auf waagerechte und senkrechte Asymptoten.
c) Skizzieren den Graphen von f mit seinen Asymptoten. Wo schneidet der Graph die x-Achse?

7 Die Herstellungskosten eines AIRBUS-Seitenleitwerks aus Metall werden angenähert durch $k(x) = \frac{20x + 5000}{x + 50}$ (x: Anzahl der hergestellten Leitwerke; k(x) in willkürlichen Geldeinheiten). Nachdem 300 Leitwerke hergestellt sind, wird erwogen, die Produktion auf Kunststoffleitwerke umzustellen. Die Stückkosten betragen dann näherungsweise $k^*(x) = \frac{15x - 2500}{x - 250}$ (x > 300).

a) Zeichnen Sie mit Verwendung des GTR die Graphen der beiden Funktionen.

b) Wie verhalten sich die Stückkosten bei sehr großen Produktionszahlen?

c) Ab welcher Stückzahl ist das Kunststoffleitwerk billiger?

Bei den Olympischen Spielen 2004 in Athen gewann der Tscheche Sebrle mit 8893 Punkten die Goldmedaille im Zehnkampf. Überprüfen Sie die Punktzahl.

100-m-Lauf   10,85 s
Weitsprung: 7,84 m
Kugelstoßen: 16,36 m
Hochsprung: 2,12 m
400-m-Lauf   48,36 s
110 m Hürden: 14,05 s
Diskus: 48,72 m
Stabhochsprung: 5,00 m
Speer: 70,52 m
1500-m-Lauf   4:40,1 min

Die Konstanten für den Siebenkampf der Frauen finden Sie im Internet: www.leichtathletik.de.

8 Im Zehnkampf der Männer bzw. Siebenkampf der Frauen erfolgt die Berechnung der Punkte mit Potenzfunktionen.
Für die Laufwettbewerbe gilt: $P_1 = a \cdot (b - x)^c$; für die Sprung- und Wurfwettbewerbe gilt: $P_2 = a \cdot (x - b)^c$.
Dabei sind P_1 und P_2 die Anzahl der Punkte, x die gemessene Leistung (Läufe in Sekunden, Sprünge in Zentimeter, Würfe in Meter); a, b und c sind Konstanten (vgl. Tabelle).

a) Zeichnen Sie mit dem GTR für verschiedene Disziplinen die Graphen der zugehörigen Funktionen. Beachten Sie dabei, in welchen Bereichen die gemessenen Leistungen ungefähr liegen.

Männer	a	b	c
100-m-Lauf	25,4347	18	1,81
400-m-Lauf	1,53775	82	1,81
1500-m-Lauf	0,03768	480	1,85
110 m Hürden	5,74352	28,5	1,92
Hochsprung	0,8465	75	1,42
Stabhochsprung	0,2797	100	1,35
Weitsprung	0,14354	220	1,40
Kugelstoßen	51,39	1,5	1,05
Diskuswurf	12,91	4	1,10
Speerwurf	10,14	7	1,08

b) Wie viele Punkte erhält man im Kugelstoßen für 15 m?

c) Berechnen Sie die durchschnittliche Änderungsrate bei einer Leistungsverbesserung von 14 auf 13 s bzw. von 10,5 auf 10 s beim 100-m-Lauf. Bestimmen Sie mit dem GTR die lokale Änderungsrate für eine Laufzeit von 9,8 s bzw. eine Laufzeit von 15 s. Bei welcher Zeit wird ein Leistungszuwachs eher belohnt?

d) Skizzieren Sie zu dem Graphen des 100-m-Laufs den Graphen der Umkehrfunktion. Zu welcher Laufzeit erhält man 500 Punkte?

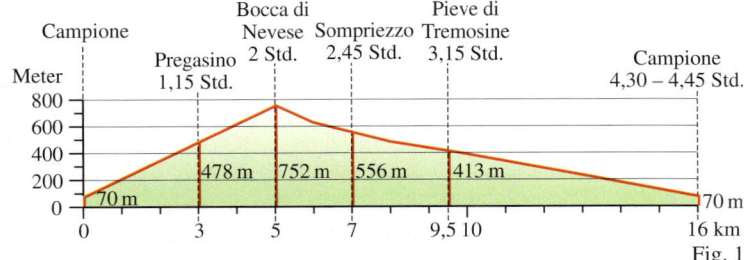

Fig. 1

9 Für eine Rundwanderung am Gardasee gibt es eine Kurzübersicht (Fig. 1).

a) Bestimmen Sie die durchschnittliche Geschwindigkeit der gesamten Wanderung (ohne Pausen).

b) Bestimmen Sie die durchschnittliche Aufstiegs- und Abstiegsgeschwindigkeit.

10 Ein Wirtschaftsforschungsinstitut hat vorgeschlagen, für Jahreseinkommen x bis 80000 € eine Steuer s mit $s(x) = 900,3 \cdot \left(\frac{x}{10000}\right)^{1,32}$ zu erheben.

a) Welche Steuer ist bei einem Jahreseinkommen von 60000 € zu entrichten?

b) Bestimmen Sie die momentane Änderungsrate von s an der Stelle 60000 auf 3 Dezimalstellen genau.

c) Die momentane Änderungsrate von s heißt auch Grenzsteuersatz. Welche anschauliche Bedeutung hat dieser Grenzsteuersatz?

Rückblick

Potenzfunktionen

Funktionen der Form $f: x \mapsto a\,x^n$ mit $n \in \mathbb{N}$ haben als Graphen **Parabeln n-ter Ordnung**; Funktionen der Form $f: x \mapsto a\,x^k$ mit $k \in \mathbb{Z}_*^{}$ haben als Graphen **Hyperbeln** mit einer Definitionslücke an der Stelle $x_0 = 0$. Ist $k \in \mathbb{Q}$, so ist es sinnvoll, den Definitionsbereich einzugrenzen: $D = \mathbb{R}_+$.

Beispiele: Graph von $f: x \mapsto 3x^5$ ist eine Parabel 3. Ordnung
Graph von $f: x \mapsto 0{,}2x^{-4}$, $x \in \mathbb{R} \setminus \{0\}$ ist eine Hyperbel.
$f: x \mapsto 2{,}5x^{\frac{1}{7}}$ mit $D = \mathbb{R}_+$.

Grenzverhalten von Funktionen

Wird x beliebig groß und kommen dabei die Funktionswerte $f(x)$ der Funktion f einer Zahl a beliebig nahe, so nennt man diese Zahl a den **Grenzwert** der Funktion f für $x \to +\infty$: $\lim\limits_{x \to +\infty} f(x) = a$.

Die Gerade mit der Gleichung $y = a$ ist **waagerechte Asymptote**.
Gilt für $x \to x_0$: $f(x) \to \pm\infty$, so ist die Gerade mit der Gleichung $x = x_0$ **senkrechte Asymptote** des Schaubildes von f.

Beispiel: $f: x \mapsto 9x^{-3}$; $D = \mathbb{R} \setminus \{0\}$
$\lim\limits_{x \to +\infty} 9x^{-3} = 0$ und $\lim\limits_{x \to -\infty} 9x^{-3} = 0$,
x-Achse ist waagerechte Asymptote.
Für $x > 0$ und $x \to 0$ gilt: $f(x) \to +\infty$,
für $x < 0$ und $x \to 0$ gilt: $f(x) \to -\infty$,
y-Achse ist senkrechte Asymptote.

Symmetrie

Eine Funktion f mit $\mathbf{f(-x) = f(x)}$ nennt man eine **gerade Funktion**. Ihr Graph ist **achsensymmetrisch** zur y-Achse.
Eine Funktion f mit $\mathbf{f(-x) = -f(x)}$ nennt man eine **ungerade Funktion**. Ihr Graph ist **punktsymmetrisch** zum Ursprung.
Bei Potenzfunktionen genügt es, den Exponenten zu betrachten.

Beispiele: $f: x \mapsto 7x^8$ hat einen geraden Exponenten, der Graph ist achsensymmetrisch zur y-Achse.
$f: x \mapsto 4x^9$ hat einen ungeraden Exponenten, der Graph ist punktsymmetrisch zum Ursprung.

Monotonie

Gilt für eine auf einem Intervall I definierte Funktion mit $x_1, x_2 \in I$ und $x_1 < x_2$, dass $f(x_1) \leqq f(x_2)$, dann heißt f in I **monoton wachsend**.
Gilt für eine auf einem Intervall I definierte Funktion mit $x_3, x_4 \in I$ und $x_3 < x_4$, dass $f(x_3) \geqq f(x_4)$, dann heißt f in I **monoton fallend**.

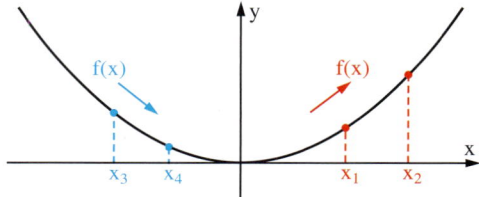

Umkehrfunktion

Eine Zuordnung, die eine vorherige Zuordnung wieder rückgängig macht, heißt **Umkehrzuordnung**. Handelt es sich bei der Umkehrzuordnung wieder um eine Funktion, so spricht man von **Umkehrfunktion**.

Beispiel: $x \mapsto 0{,}0016x^4$ mit $D = \mathbb{R}_+$.
Gleichung: $\qquad y = 0{,}0016x^4$
Vertauschen: $\qquad x = 0{,}0016y^4$
Auflösen nach y: $\quad y = 5x^{\frac{1}{4}}$
Umkehrfunktion: $\quad x \mapsto 5x^{\frac{1}{4}}$ mit $D = \mathbb{R}_+$.

Änderungsrate

Der Differenzenquotient oder die Änderungsrate einer Funktion f im Intervall $[a; b]$ bzw. $[x_0; x]$ ist der Quotient $\frac{f(b) - f(a)}{b - a}$ bzw. $\frac{f(x) - f(x_0)}{x - x_0}$.

Für festgelegte a und b spricht man von der **durchschnittlichen Änderungsrate**. Strebt die Änderungsrate für $x \to x_0$ gegen einen bestimmten Wert, so spricht man von **momentaner Änderungsrate**.

Beispiel: $f: x \mapsto \frac{1}{2}x^2$; $x_0 = 1$
Differenzenquotient $m(x)$:
$$m(x) = \frac{f(x) - f(1)}{x - 1} = \frac{\frac{1}{2}x^2 - \frac{1}{2}}{x - 1} = \frac{x^2 - 1}{2(x - 1)}$$

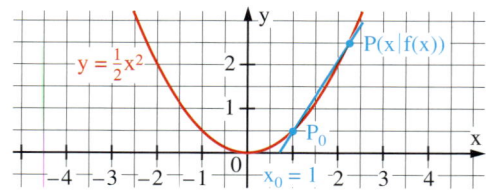

Aufgaben zum Üben und Wiederholen

1 Bestimmen Sie k so, dass das Schaubild der Funktion f mit $f(x) = x^k$ durch P geht.
a) $P(3 | 2187)$ b) $P(2,5 | 39,0625)$ c) $P(5 | 0,04)$ d) $P(0,01 | 1000000)$

2 Berechnen Sie für die Funktion f und den gegebenen y-Wert den x-Wert.
a) $f(x) = 8 x^2;\ y = 5,12$ b) $f(x) = 0,02 x^{-3};\ y = 2,5$ c) $f(x) = 12 x^{1,5};\ y = 187,5$

3 Für welche Werte von x sind die Funktionswerte größer als 10^6 (kleiner als 10^{-6})?
a) $f(x) = 0,1 x^4$ b) $f(x) = 3 x^{-5}$ c) $f(x) = 5 x^{5,8}$ d) $f(x) = 10 x^{-1,5}$

4 Bestimmen Sie die waagerechten und senkrechten Asymptoten des Graphen von f und skizzieren Sie den Graphen.
a) $f(x) = 2 x^{-3}$ b) $f(x) = 0,1 x^{-6}$ c) $f(x) = \dfrac{2}{x-2}$ d) $f(x) = \dfrac{5x}{x-5}$

5 Beschreiben Sie die Symmetrie des Graphen und die Monotonie der Funktion f.
a) $f(x) = 0,01 x^{-5}$ b) $f(x) = 8 x^{18}$ c) $f(x) = -6 x^{0,9}$ d) $f(x) = 5 x^{-6,3}$

6 Beschreiben Sie die Symmetrie des Graphen von f, bestimmen Sie die Asymptoten und geben Sie an, für welche x die Funktion streng monoton steigend bzw. fallend ist.
a) $f(x) = 3 x^{-4}$ b) $f(x) = -5 x^{-21}$ c) $f(x) = 1,2 x^{-0,5}$ d) $f(x) = 2 - \dfrac{1}{x^2}$

7 Wählen Sie die Definitionsmenge von f so, dass eine Umkehrfunktion existiert, und bestimmen Sie den Term der Umkehrfunktion.
a) $f(x) = x^6$ b) $f(x) = 81 x^4$ c) $f(x) = 1,5 x^{\frac{1}{3}}$ d) $f(x) = \dfrac{9}{x^2}$

8 Skizzieren Sie den Funktionsgraphen mit Hilfe des GTR. Beschränken Sie gegebenenfalls den Definitionsbereich und skizzieren Sie den Graphen der Umkehrfunktion.
a) $f(x) = 0,027 x^3$ b) $f(x) = 12 x^{-2}$ c) $f(x) = 8 x^{\frac{3}{4}}$ d) $f(x) = 5 x^{-0,9}$

9 Bei Beschleunigungstests von Autos werden für ein Modell folgende Daten gemessen. Bestimmen Sie die durchschnittliche Geschwindigkeit
a) der gesamten Aufzeichnungszeit,
b) der ersten drei Sekunden,
c) der letzten zwei Sekunden.

Zeit in s	0	1	3	6	8
Strecke in m	0	1,736	15,625	62,5	111,111

10 Berechnen Sie für die Funktion f die durchschnittlichen Änderungsraten m_1, m_2 und m_3 in den Intervallen $I_1 = [1;\ 8]$, $I_2 = [2;\ 7]$ und $I_3 = [4;\ 5]$.
a) $f(x) = 1,4 x^4$ b) $f(x) = \dfrac{10}{x^2}$ c) $f(x) = 0,01 x^{\frac{3}{2}}$ d) $f(x) = 2 + \dfrac{1}{x^2}$

11 Ein Fahrrad wird so beschleunigt, dass es in der Zeit t den Weg $s(t) = 0,5 t^2$ (s in m; t in s) zurücklegt. Bestimmen Sie die momentane Geschwindigkeit zum Zeitpunkt $t_0 = 2$ (bzw. $t_0 = 4$).

12 Der Graph von Fig. 1 gibt den Weg eines Körpers zur Zeit t an (t in Minuten, s in km). Ordnen Sie die gefragten Geschwindigkeiten der Größe nach.
A: Durchschnittsgeschwindigkeit zwischen t = 1 und t = 3
B: Durchschnittsgeschwindigkeit zwischen t = 2 und t = 4
C: Momentangeschwindigkeit bei t = 1
D: Momentangeschwindigkeit bei t = 3
E: Momentangeschwindigkeit bei t = 5
F: Momentangeschwindigkeit bei t = 6

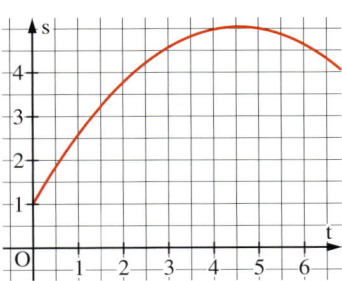

Die Lösungen zu den Aufgaben dieser Seite finden Sie auf Seite 258.

Das dritte keplersche Gesetz

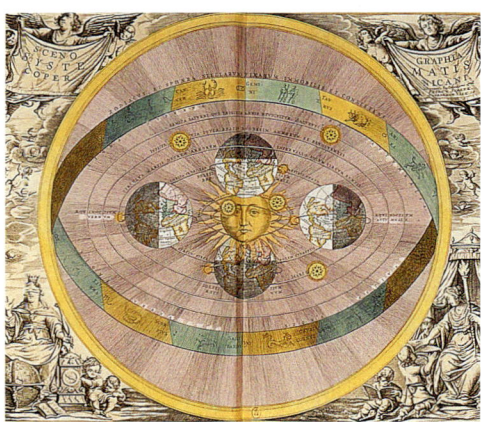

Das heliozentrische Weltbild von KOPERNIKUS

In der Antike nahm man an, die Erde sei der Mittelpunkt der Welt („geozentrisches Weltbild"), die Sterne würden sich an einem „Firmament" bewegen. NIKOLAUS KOPERNIKUS (1473–1543) stellte die *Theorie* auf, nicht die Erde, sondern die Sonne sei das Zentrum der Welt, um die sich die Planeten auf Kreisen bewegen („heliozentrisches Weltbild").

Mit Hilfe der *Messergebnisse* des dänischen Astronomen TYCHO BRAHE (1546–1601) ging JOHANNES KEPLER (1571–1630) daran, die Theorie von KOPERNIKUS zu *überprüfen*. Dabei erkannte er, dass die Bahn des Planeten Mars nicht genau kreisförmig ist, sondern die Form einer Ellipse hat.

In seinem Buch *Astronomia nova* (Neue Astronomie) von 1609 stellte KEPLER für *alle* Planeten die Behauptung auf, diese bewegten sich auf Ellipsen um die Sonne. Er gab dazu zwei Gesetze an, die man heute das **erste** und das **zweite keplersche Gesetz** nennt.

Planet	Merkur	Venus	Erde	Mars	Jupiter	Saturn
a (AE)	0,3871	0,7233	1,000	1,5237	5,2028	9,5389
T (Jahre)	0,2408	0,6152	1,000	1,8808	11,8616	29,4563

Auszug aus der *Harmonice mundi* (Weltharmonik) von JOHANNES KEPLER (Übersetzung von MAX CASPAR):

Nachdem ich in unablässiger Arbeit einer sehr langen Zeit die wahren Intervalle der Bahnen mit Hilfe der Beobachtungen Brahes ermittelt hatte, zeigte sich mir endlich, endlich die wahre Proportion der Umlaufzeiten in ihrer Beziehung zu der Proportion der Bahnen:
„. . . spät zwar schaute sie nach dem Erschaffenen,
Doch sie schaute nach ihm und hernach kam sie selber" *)
Am 8. März dieses Jahres 1618, wenn man die genauen Zeitangaben wünscht, ist sie in meinem Kopf aufgetaucht. Ich hatte aber keine glückliche Hand, als ich sie der Rechnung unterzog, und verwarf sie als falsch. Schließlich kam sie am 14. Mai wieder und besiegte in einem neuen Anlauf die Finsternis meines Geistes, wobei sich zwischen meiner siebzehnjährigen Arbeit an den Tychonischen Beobachtungen und meiner gegenwärtigen Überlegung eine so treffliche Übereinstimmung ergab, daß ich zuerst glaubte, ich hätte geträumt und das Gesuchte in den Beweisunterlagen vorausgesetzt. Allein es ist ganz sicher und stimmt vollkommen, daß **die Proportion, die zwischen den Umlaufzeiten irgend zweier Planeten besteht, genau das Anderthalbe der Proportion der mittleren Abstände, . . . , ist.**

. . .

Wenn man also von der Umlaufzeit z. B. der Erde, die ein Jahr beträgt, und von der Umlaufzeit des Saturns, die 30 Jahre beträgt, den dritten Teil der Proportion, d. h. die Kubikwurzeln nimmt und von dieser Proportion das Doppelte bildet, indem man jene Wurzeln ins Quadrat erhebt, so erhält man in den sich ergebenden Zahlen die vollkommen richtige Proportion der mittleren Abstände der Erde und des Saturns von der Sonne.

*) ein Zitat von Vergil

KEPLER vermutete darüber hinaus einen Zusammenhang zwischen den mittleren Sonnenentfernungen a der Planeten und ihren Umlaufzeiten T. An den ihm bekannten Messwerten (die Tabelle gibt sie in den heute üblichen Maßeinheiten an: 1 AE (sprich: eine astronomische Einheit) ist die mittlere Entfernung der Erde von der Sonne: 1 AE ≈ 149,6 Millionen km) sah er sofort, dass die Funktion *mittlere Sonnenentfernung a $\rightarrow$ Umlaufzeit T* nicht proportional sein kann. Denn dann müsste für die mittleren Sonnenentfernungen a_1 und a_2 zweier Planeten und die zugehörigen Umlaufzeiten T_1 und T_2 gelten:

$$T_1 : T_2 = a_1 : a_2$$

Auch eine „doppelte Proportion":

$$T_1 : T_2 = (a_1 : a_2)^2$$

lag nicht vor, die Funktion $a \mapsto T$ war also auch nicht quadratisch.

Im Kasten finden Sie eine Übersetzung des Originaltextes von Kepler, in dem er seine Entdeckung beschreibt, die man heute das **dritte keplersche Gesetz** nennt.

Mit dem „Anderthalben einer Proportion" meint Kepler

$$T_1 : T_2 = (a_1 : a_2)^{1,5},$$

d. h. $a \mapsto T$ mit $T = b \cdot a^{1,5}$ mit passendem b. Heute schreibt man das Gesetz in Form

$$T_1^2 : T_2^2 = a_1^3 : a_2^3.$$

KEPLER beschreibt auch, wie man das Gesetz nachprüfen kann. Rechnen Sie selbst ein paar Werte nach.

Referate

1. ISAAC NEWTON und GOTTFRIED LEIBNIZ

Kurzreferat über Leben und über die wichtigsten Entdeckungen

Literatur:
Wussing, Hans: Isaac Newton; Teubner 1978
Kaiser, Nöbauer: Geschichte der Mathematik, Hölder-Picler-Tempsky, Wien 1984

Stichworte für die Internetrecherche:
Newton; Leibniz

ISAAC NEWTON (1643–1727)

2. Windchill-Temperatur

Alle, die mit dem Fahrrad oder mit dem Mofa zur Schule fahren, wissen es: Auch wenn Temperaturen über dem Gefrierpunkt vorhergesagt sind, frieren einem manchmal die Finger an – insbesondere, wenn es regnerisch und windig ist. Schuld daran ist die sogenannte gefühlte Temperatur, auch Windchill-Temperatur genannt. Sie berücksichtigt, dass Regen und Wind den Körper stärker auskühlen.
So fühlt sich z. B. eine Lufttemperatur von 10 °C bei einem Fahrtwind von 20 $\frac{km}{h}$ an wie eine Temperatur von 3,3 °C. Und eine Lufttemperatur von 2 °C nimmt man bei einer leichten Brise (10 $\frac{km}{h}$) als −1 °C wahr.
Insbesondere für Menschen, die sich in großer Kälte draußen bewegen (z. B. Bergsteiger oder Antarktisforscher), wurde eine Formel entwickelt. Diese wurde im Jahr 2001 noch einmal verbessert.

Themenbereiche:
1) Recherchieren Sie die Entwicklung der Formel(n) für die Windchill-Temperatur.
2) Bestimmen Sie für ausgewählte Lufttemperaturen und vorgegebene Windstärken die jeweils gefühlte Temperatur.
   So wird z. B. bei Windstärke 4 gesegelt (s. Tabelle), bei Windstärke 8 noch gesurft. Winterstürme haben auf dem Feldberg (Schwarzwald) oft eine Windgeschwindigkeit von bis zu 120 $\frac{km}{h}$, im Antarktiszentrum in Christchurch (Neuseeland) können im Windsimulator Geschwindigkeiten bis zu 200 $\frac{km}{h}$ erzeugt werden.
3) Geben Sie für prognostizierte Außentemperaturen die kritische Windstärke an, bei der die Windchill-Temperatur unter 0°C sinkt.
4) Vergleichen Sie verschiedene Formeln miteinander.

Stichworte für die Internetrecherche:
Windchill-Temperatur

Wind-stärke	Bezeichnung	Windgeschwindigkeit in $\frac{km}{h}$
0	Windstille	< 1
1	Leichter Zug	1 – 5
2	Leichte Brise	6 – 11
3	Schwache Brise	12 – 19
4	Mäßige Brise	20 – 28
5	Frische Brise	29 – 38
6	Starker Wind	39 – 49
7	Steifer Wind	50 – 61
8	Stürmischer Wind	62 – 74
9	Sturm	75 – 88
10	Schwerer Sturm	89 – 102
11	Orkanartiger Sturm	103 – 117
12	Orkan	> 117

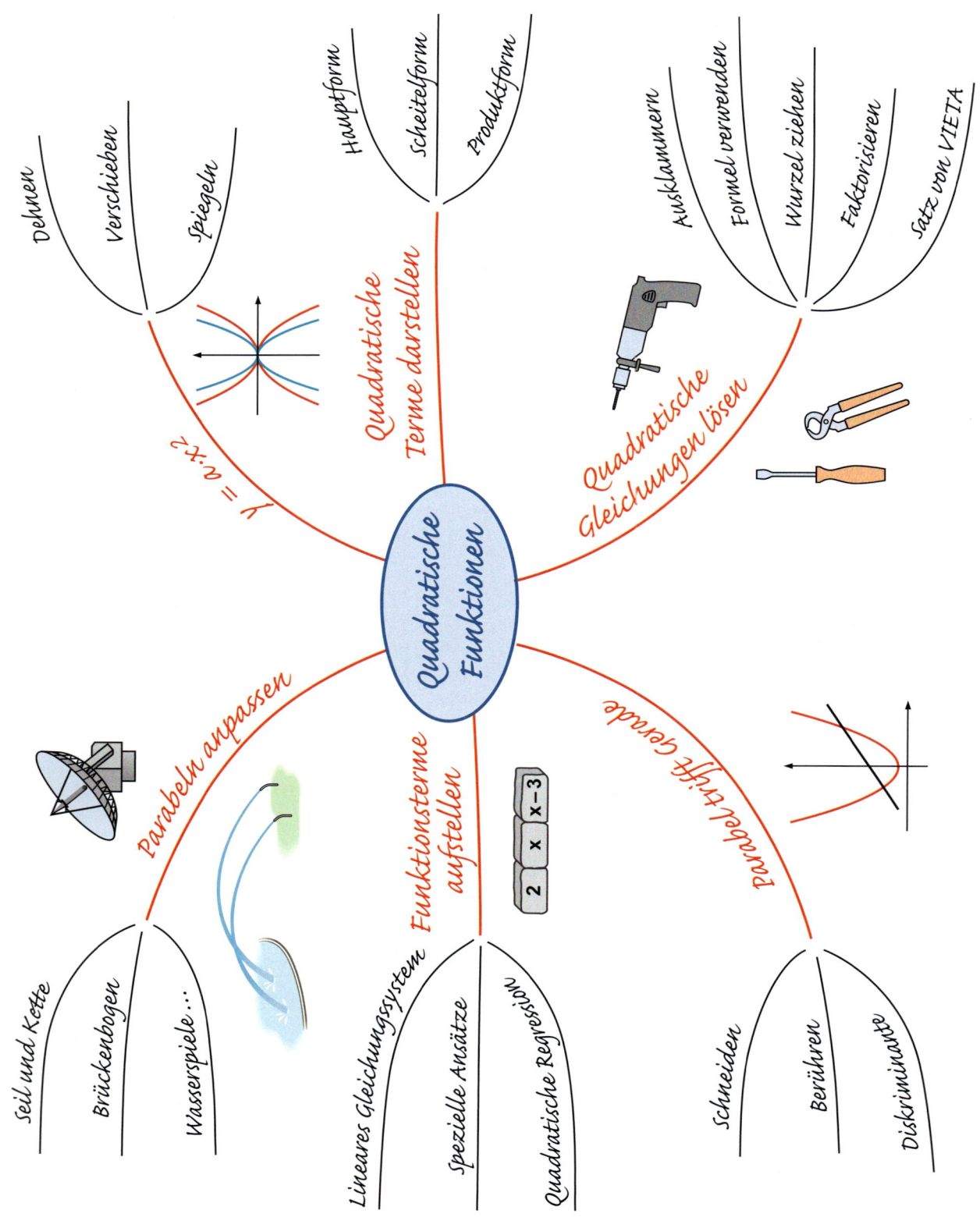

Quadratische Funktionen

Quadratische Terme darstellen
- Dehnen
- Verschieben
- Spiegeln

$y = a \cdot x^2$

- Hauptform
- Scheitelform
- Produktform

Quadratische Gleichungen lösen
- Ausklammern
- Formel verwenden
- Wurzel ziehen
- Faktorisieren
- Satz von VIETA

Parabeln anpassen
- Seil und Kette
- Brückenbogen
- Wasserspiele …

Funktionsterme aufstellen
- Lineares Gleichungssystem
- Spezielle Ansätze
- Quadratische Regression

2   x   x − 3

Parabel trifft Gerade
- Schneiden
- Berühren
- Diskriminante

IV Quadratische Funktionen

1 Definition und Beispiele

1 Ein Bauer pflanzt Apfelbäume an, die er in einem quadratischen Muster anordnet. Um diese Bäume vor dem Wind zu schützen, pflanzt er Nadelbäume um den Obstgarten herum.

In Fig. 1 sehen Sie das Muster, nach dem Apfel- und Nadelbäume für eine Anzahl n von Apfelbaumreihen gepflanzt werden.

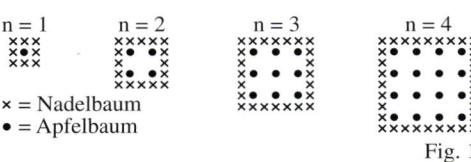
Fig. 1

a) Geben Sie jeweils eine Formel an, um die Anzahl der Apfelbäume und die Anzahl der Nadelbäume für dieses Muster in Abhängigkeit von n zu berechnen.
b) Ein Apfelbaum kostet 15 €, ein Nadelbaum 12 €. Welchen Gesamtbetrag muss der Bauer für seinen Obstgarten investieren?

In vielen Anwendungen treten Terme auf, in denen die Variable x quadratisch und linear vorkommt; zusätzlich kann der Term noch eine additive Konstante enthalten. Die Eigenschaften der zugehörigen Funktionen und ihrer Graphen werden im Folgenden diskutiert. Als Beispiel sind nebenstehend die Graphen der Funktionen f und g mit $f(x) = x^2$ und $g(x) = -\frac{1}{4}x^2 + \frac{3}{2}x + 3$ dargestellt.

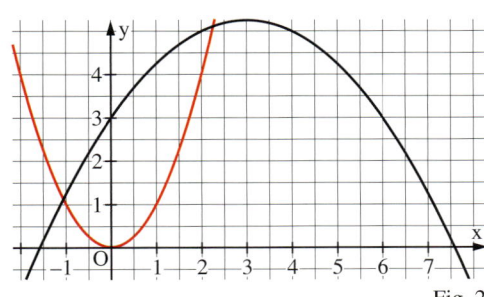
Fig. 2

*Diese Darstellung des Terms einer quadratischen Funktion heißt **Hauptform**.*

> Eine Funktion der Form $x \mapsto ax^2 + bx + c$ mit $a \neq 0$ heißt **quadratische Funktion** oder **ganzrationale Funktion zweiten Grades**, ihr Graph heißt **Parabel**.
> Für $a > 0$ ist die Parabel nach oben geöffnet, ihr tiefster Punkt heißt **Scheitel S**.
> Für $a < 0$ ist die Parabel nach unten geöffnet, der Scheitel ist dann ihr höchster Punkt.
> Der Graph von $f(x) = x^2$ heißt **Normalparabel**.

Beispiel 1: (Wertetabelle und Graph einer quadratischen Funktion mit GTR)
Gegeben ist die Funktion f mit $f(x) = 3x^2 - 6x + 1$.
a) Erstellen Sie mit dem GTR eine Wertetabelle der Funktion f.
b) Geben Sie mithilfe der Wertetabelle eine Vermutung über die Wertemenge W_f an.
c) Stellen Sie die zugehörige Parabel mit dem GTR dar.
d) Bestimmen Sie die Scheitelkoordinaten und überprüfen Sie damit Ihre Vermutung für W_f.
Lösung:
a) und b) Die Wertetabelle lässt vermuten, dass $W_f = [-2; \infty[$ gilt.
c) Der Graph legt diese Vermutung ebenfalls nahe.

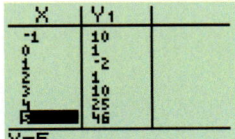 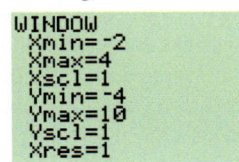 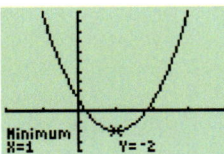

d) Der Scheitel S wird mit dem Befehl [CALC] 3:minimum bestimmt, da S der tiefste Punkt der nach oben geöffneten Parabel ist. Man erhält (vgl. Abb.): S (1|−2). Der Ordinatenwert von −2 ist der kleinste vorkommende Funktionswert. Also stimmt die Vermutung für W_f.

Mit dem GTR können Funktionswerte mit [CALC] 1:value oder über [TABLE] bestimmt werden. Soll die Rechnung mit exakten Werten erfolgen, muss von Hand gerechnet werden.

Beispiel 2: (Punktprobe)

Prüfen Sie, ob die Punkte A$(-2|-14)$, B$(2,4|-3,2)$ und C$(\sqrt{2}|3\cdot\sqrt{2}-6)$ auf dem Graphen der Funktion f mit $f(x) = -x^2 + 3x - 4$ liegen.

Lösung:

$f(-2) = -(-2)^2 + 3\cdot(-2) - 4 = -4 - 6 - 4 = -14$

$f(2,4) = -2,4^2 + 3\cdot 2,4 - 4 = -5,76 + 7,2 - 4 = -2,56 \neq -3,2$

$f(\sqrt{2}) = -\sqrt{2}^2 + 3\cdot\sqrt{2} - 4 = -2 + 3\cdot\sqrt{2} - 4 = 3\cdot\sqrt{2} - 6$

Also liegen A und C auf dem Graphen von f, nicht jedoch B.

Aufgaben

2 Zeichnen Sie mithilfe einer Wertetabelle den Graphen in Ihr Heft.

a) $x \mapsto x^2 - 2$ 　　　　b) $x \mapsto x^2 + 2x$ 　　　　c) $x \mapsto 4x^2 - 3x - 1$

d) $x \mapsto \frac{1}{4}x^2 + \frac{5}{2}x$ 　　　　e) $x \mapsto -\frac{1}{2}x^2 - 3x - 1$ 　　　　f) $x \mapsto -\frac{1}{2}x^2 - 3x + \frac{5}{2}$

3 Geben Sie die Scheitelkoordinaten der Parabel an und bestimmen Sie, ob die Parabel nach oben oder nach unten geöffnet ist. Ermitteln Sie damit die Wertemenge der Funktion f.

a) $f(x) = x^2 + 3$ 　　　　b) $f(x) = 2x^2 - 4x$ 　　　　c) $f(x) = -x^2 + x - 3$

d) $f(x) = \frac{1}{4}x^2 - \frac{3}{2}x$ 　　　　e) $f(x) = -\frac{1}{2}x^2 + \frac{1}{4}x + 3$ 　　　　f) $f(x) = -\frac{1}{3}x^2 - 4x + \frac{5}{2}$

4 Überprüfen Sie, ob die Punkte P$(-2|3)$ und Q$(-0,5|-0,5)$ auf dem Graphen von f liegen.

a) $f(x) = x^2 - 1$ 　　　　b) $f(x) = -2x^2$ 　　　　c) $f(x) = \frac{4}{3}x^2 + x - \frac{1}{3}$

5 Bestimmen Sie, welchen größten bzw. kleinsten Wert die Funktion annehmen kann. An welcher Stelle wird das Maximum bzw. das Minimum angenommen?

a) $x \mapsto 3x^2 - 4$ 　　　　b) $x \mapsto -4x^2 - 2x$ 　　　　c) $x \mapsto \frac{1}{3}x^2 - 2x$ 　　　　d) $x \mapsto -\frac{1}{10}x^2 - \frac{3}{4}x$

6 Der Punkt P liegt auf dem Graphen von $x \mapsto a\cdot x^2 - 2x$. Bestimmen Sie a.

a) P$(1|-1)$ 　　　　b) P$(3|-24)$ 　　　　c) P$(-3|0)$ 　　　　d) P$\left(-\frac{1}{2}|\frac{1}{2}\right)$

7 Aus einem Quadrat der Seitenlänge x (in cm) mit $x \geqq 2$ werden an den Ecken Quadrate der Seitenlänge 1 cm herausgeschnitten. Es bleibt eine Fläche mit dem Inhalt A (in cm²) übrig. Bestimmen Sie für die Funktion $x \mapsto A$ den Funktionsterm und zeichnen Sie den zugehörigen Graphen.

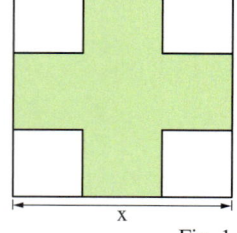

Fig. 1

Ursprünglich betrug der Abstand zwischen den beiden 298,3 m hohen Pfeilern genau 1990 m. Das verheerende Erdbeben von Kobe am 17. Januar 1995, das sein Epizentrum genau zwischen den beiden Brückentürmen hatte, schob diese jedoch fast einen Meter weiter auseinander. Da die Brücke zu diesem Zeitpunkt noch im Bau war, bereitete die Anpassung daran keine Schwierigkeiten.

8 Im Jahre 1998 wurde in Japan die Akashi Kaikyo Brücke fertig gestellt. Mit ihrer gewaltigen Spannweite von 1990,8 m zwischen den beiden Brückenpfeilern ist sie derzeit die Hängebrücke mit der größten freien Spannweite der Welt.

Legt man den Ursprung eines Koordinatensystems auf den Schnittpunkt der Straße mit dem linken Pfeiler, so lässt sich der Bogen der Tragseile durch eine Funktion f annähern mit $f(x) = 0,000\,203\,x^2 - 0,404\,132\,x + 216,14$.

a) Welcher Definitionsbereich ist für die Funktion f sinnvoll?

b) Welche größte und kleinste Höhe hat der Tragseilbogen?

2 Nullstellen, Produktform

1 Berechnen Sie die Stellen, für die $f(x) = 0$ gilt.

a) $f(x) = (x - 3) \cdot (x - 1)$ b) $f(x) = 2 \cdot (x - 5) \cdot (x + 4)$ c) $f(x) = -\frac{1}{3} \cdot (x + 2) \cdot \left(x + \frac{1}{2}\right)$

Nimmt eine quadratische Funktion f für bestimmte x-Werte den Funktionswert null an, so ergibt der Ansatz $f(x) = 0$ eine Gleichung zur Berechnung dieser Stellen. Im Falle des Funktionsterms $f(x) = 4 \cdot (x - 2) \cdot (x + 5)$ führt dies auf die Gleichung $4 \cdot (x - 2) \cdot (x + 5) = 0$. Multipliziert man die Klammern aus, erhält man die quadratische Gleichung $4x^2 + 12x - 40 = 0$, die als Nullstellenbedingung für den Funktionsterm $f(x) = 4x^2 + 12x - 40$ gedeutet werden kann. Offenbar wird hier dieselbe Funktion f mit zwei unterschiedlichen Termen dargestellt, wobei der ausgeklammerte Vorfaktor 4 mit dem Koeffizienten bei x^2 übereinstimmt.

Für die quadratische Gleichung liefert die Lösungsformel die Lösungen $x_1 = 2$ und $x_2 = -5$. Man könnte diese Werte schon vor dem Ausmultiplizieren mithilfe des Satzes vom Nullprodukt bestimmen und würde sich so das Lösen der quadratischen Gleichung ersparen: Die erste Klammer wird für $x_1 = 2$ null, die zweite Klammer entsprechend für $x_2 = -5$.

> Eine Zahl $x_0 \in D_f$, für die $f(x_0) = 0$ gilt, heißt **Nullstelle** der Funktion f.
> Gibt es zwei solcher Nullstellen x_1 und x_2, so kann man die quadratische Funktion in der
> **Produktform** $f(x) = a(x - x_1)(x - x_2)$ darstellen.
> Für $x_1 = x_2$ ergibt sich der Spezialfall $f(x) = a(x - x_1)^2$.

Die Bedingung $f(x) = 0$ zur Berechnung der Nullstellen führt auf die quadratische Gleichung $ax^2 + bx + c = 0$. Ob es Lösungen gibt und wenn ja wie viele, hängt vom Vorzeichen des Terms $b^2 - 4ac$ ab, der in der Lösungsformel unter der Wurzel steht; man nennt ihn daher **Diskriminante D**. Für die Lösungen der quadratischen Gleichung bzw. für die Anzahl der Nullstellen der zugehörigen quadratischen Funktion sind drei Fälle möglich.

discriminare (lat.): unterscheiden

Eine quadratische Funktion f mit $f(x) = ax^2 + bx + c$ $(a \neq 0)$ hat

die beiden Nullstellen	eine (doppelte) Nullstelle	keine Nullstelle,
$x_{1,2} = \frac{-b \pm \sqrt{b^2 - 4ac}}{2a}$, falls $D > 0$,	$x_{1,2} = -\frac{b}{2a}$, falls $D = 0$,	falls $D < 0$ ist.
Die zugehörige Parabel schneidet zweimal die x-Achse.	Die zugehörige Parabel berührt die x-Achse.	Die zugehörige Parabel liegt ganz oberhalb oder ganz unterhalb der x-Achse.

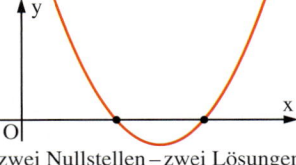

zwei Nullstellen – zwei Lösungen

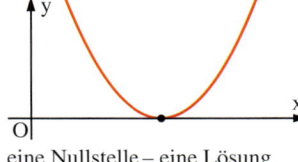

eine Nullstelle – eine Lösung

keine Nullstelle – keine Lösung

Untersucht man eine Ungleichung der Art $ax^2 + bx + c > 0$, so sind die Lösungen der zugehörigen quadratischen Gleichung ebenfalls sehr hilfreich: Sie stellen die Ränder des Lösungsintervalls oder der Lösungsintervalle dar.

Beispiel 1: (Von der Hauptform über die Nullstellen zur Produktform)

Gegeben ist die quadratische Funktion f mit $f(x) = 2x^2 - 4x - 6$. Bestimmen Sie die Nullstellen von f und stellen Sie f in der Produktform dar. Bestätigen Sie Ihr Ergebnis durch Ausmultiplizieren.

Lösung:

Der Graph und die Wertetabelle des GTR liefern die Nullstellen $x_1 = -1$ und $x_2 = 3$. Damit lautet die Produktform:

$f(x) = 2 \cdot (x - (-1)) \cdot (x - 3)$

$f(x) = 2 \cdot (x + 1) \cdot (x - 3)$.

Der Vorfaktor a vor der Klammer ist immer der Koeffizient des quadratischen Terms.

Das Ausmultiplizieren der Produktform ergibt wieder die Hauptform:

$f(x) = 2 \cdot (x^2 - 3x + x - 3) = 2 \cdot (x^2 - 2x - 3) = 2x^2 - 4x - 6$

Beispiel 2: (Anzahl von Nullstellen)

Wie viele Nullstellen besitzt die Funktion f?

a) $f(x) = x^2 - 5x - 7$ 　　　　b) $f(x) = \frac{1}{2}x^2 - \frac{3}{2}x + \frac{9}{8}$ 　　　　c) $f(x) = -3x^2 + \frac{4}{3}x - \frac{1}{3}$

Lösung:

Man berechnet die Diskriminante $D = b^2 - 4ac$ der zugehörigen quadratischen Gleichung.

a) $D = (-5)^2 - 4 \cdot 1 \cdot (-7) = 25 + 28 = 53 > 0$, also hat f zwei Nullstellen.

b) $D = \left(-\frac{3}{2}\right)^2 - 4 \cdot \frac{1}{2} \cdot \frac{9}{8} = \frac{9}{4} - \frac{9}{4} = 0$, also hat f genau eine Nullstelle.

c) $D = \left(\frac{4}{3}\right)^2 - 4 \cdot (-3) \cdot \left(-\frac{1}{2}\right) = \frac{16}{9} - 4 = -\frac{20}{9} < 0$, also hat f keine Nullstelle.

Beispiel 3: (Anzahl der Nullstellen in Abhängigkeit vom Parameter)

Gegeben ist für jedes $t \in \mathbb{R}$ die Funktion f_t mit $f_t(x) = 3x^2 + 4x + 2t$. Für welche t hat der zugehörige Graph zwei oder genau einen oder keinen Punkt mit der x-Achse gemeinsam?

Lösung:

Diskriminante: $D = 4^2 - 4 \cdot 3 \cdot 2t = 16 - 24t$

zwei gemeinsame Punkte: $D > 0 \Leftrightarrow 16 - 24t > 0 \Leftrightarrow t < \frac{2}{3}$

ein gemeinsamer Punkt: $\quad D = 0 \Leftrightarrow 16 - 24t = 0 \Leftrightarrow t = \frac{2}{3}$

kein gemeinsamer Punkt: $D < 0 \Leftrightarrow 16 - 24t < 0 \Leftrightarrow t > \frac{2}{3}$

Beispiel 4: (Lösung einer quadratischen Ungleichung)

Bestimmen Sie die Lösungsmenge der Ungleichung $\frac{1}{2}x^2 - 3x - \frac{7}{2} > 0$.

Lösung:

Man deutet die linke Seite der Ungleichung als Funktionsterm $f(x) = \frac{1}{2}x^2 - 3x - \frac{7}{2}$ und bestimmt zunächst die Nullstellen von f.

Diese lauten: $x_{1,2} = \frac{3 \pm \sqrt{9 + 7}}{1}$, also $x_1 = 7$; $x_2 = -1$.

Für $x < -1$ sowie für $x > 7$ verläuft die Parabel oberhalb der x-Achse. In diesen beiden Bereichen liegen somit diejenigen x-Werte, die Lösungen der gegebenen Ungleichung sind. Für ihre Lösungsmenge gilt folglich:

$L = \{x \,|\, x < -1 \vee x > 7\}$.

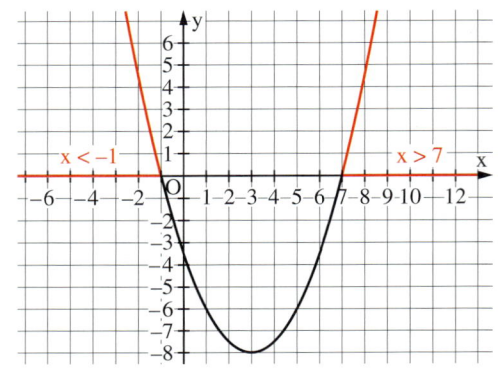

98

Aufgaben

2   Bestimmen Sie die Nullstellen der Funktion mit dem GTR.

a) $f(x) = x^2 - 4x - 21$ b) $f(x) = 2x^2 - 7x - 4$ c) $f(x) = 3x^2 - 10x + 6$

d) $f(x) = 25x^2 - 40x + 16$ e) $f(x) = \frac{2}{3}x^2 + x + \frac{1}{3}$ f) $f(x) = 0{,}2x^2 + x + 1{,}5$

3   Bestimmen Sie die exakten Werte der Nullstellen von f und stellen Sie den Funktionsterm von f in der Produktform dar.

a) $f(x) = x^2 + 6x + 5$ b) $f(x) = 2x^2 - 5x - 42$ c) $f(x) = 3x^2 - 4x - 4$

d) $f(x) = -x^2 + x + 6$ e) $f(x) = -15x^2 + x + 2$ f) $f(x) = \frac{1}{5}x^2 - \frac{2}{5}x + \frac{1}{5}$

g) $f(x) = \frac{3}{20}x^2 - \frac{1}{2}x + \frac{3}{10}$ h) $f(x) = \frac{1}{2}x^2 + x - 1$ i) $f(x) = -\frac{1}{3}x^2 + 2x - \frac{7}{3}$

4   Untersuchen Sie anhand der Diskriminante, wie viele Nullstellen die Funktion f hat.

a) $f(x) = \frac{1}{2}x^2 + 6x + 15$ b) $f(x) = -2x^2 - 5x - 4$ c) $f(x) = -\frac{1}{5}x^2 + 6x - 45$

5   Untersuchen Sie, für welche Werte des Parameters die zugehörige Parabel zwei oder genau einen oder keinen Punkt mit der x-Achse gemeinsam hat.

a) $f_t(x) = x^2 - x + t$ b) $f_a(x) = ax^2 + 6x - 4$ c) $f_t(x) = \frac{1}{2}x^2 + \frac{t}{2}x - t^2$

d) $f_t(x) = 5t^2x^2 + 4tx - 1$ e) $f_t(x) = \frac{1}{t^2}x^2 + 2x - t$ f) $f_c(x) = (c-1)x^2 + 2cx + c + 1$

6   Bestimmen Sie die Lösungsmenge der Ungleichung.

a) $x^2 - 2x - 3 > 0$ b) $x^2 - 1{,}5x + 0{,}5 \geqq 0$ c) $5x^2 < 9$

d) $-\frac{4}{3}x^2 \geqq x$ e) $-x^2 + \frac{1}{2}x + \frac{3}{2} \leqq 0$ f) $x^2 - \frac{3}{4}x + \frac{5}{4} < 0$

7   Beim Abstoß wird der Fußball mit $25\,\frac{m}{s}$ unter einem Winkel von 45° schräg nach oben geschossen. Die parabelförmige Flugbahn kann mit der quadratischen Funktion f mit $f(x) = -0{,}016x^2 + x$ beschrieben werden.
Nach welcher Strecke kommt der Ball wieder auf dem Boden auf?

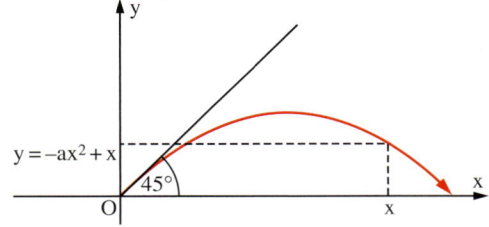

8   Eine quadratische Funktion f mit $f(x) = x^2 + px + q$ soll auf Nullstellen untersucht werden. Hier ergibt sich die normierte Form einer quadratischen Gleichung: $x^2 + px + q = 0$. Wie bei der allgemeinen Form gibt es rechnerische Bedingungen für die Anzahl der Nullstellen.
a) Wie lauten die Bedingungen für p und q, sodass die zugehörige quadratische Funktion zwei oder genau eine oder keine Nullstelle besitzt?
b) Geben Sie Beispiele für solche quadratischen Funktionen an.

9   In einer mathematischen Runde behauptet Rosi: „Der Wert von b im Funktionsterm $f(x) = ax^2 + bx + c$ hat auf die Anzahl der Nullstellen der Funktion f meistens eine größeren Einfluss als der Wert von c."
Erörtern Sie, ob diese Behauptung zutrifft, und begründen Sie Ihre Meinung.

10   Gegeben ist für $a \neq 0$ die Funktion f mit $f(x) = ax^2 + bx + c$.
a) Begründen Sie: Ist $a > 0$ und $c < 0$ (oder umgekehrt), so hat der Graph von f zwei Punkte mit der x-Achse gemeinsam, wobei ein Punkt links und der andere rechts von der y-Achse liegt.
b) Geben Sie Beispiele für solche quadratische Funktionen an.

3 Verschieben und Strecken von Parabeln; Scheitelform

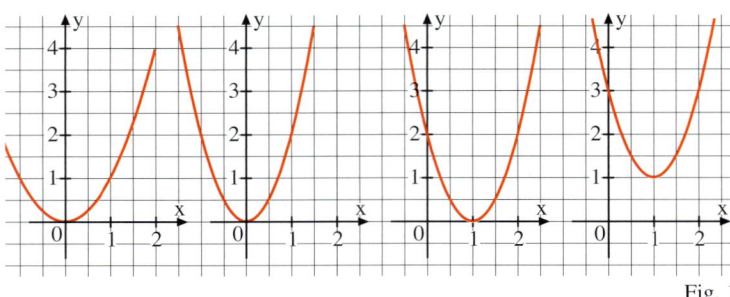

Fig. 1

1 Wie kann man sich den jeweiligen Graphen aus seinem linken Nachbargraphen entstanden denken?

2 Zeichnen Sie in ein Koordinatensystem eine Normalparabel und die Graphen $x \mapsto (x-2)^2$, $x \mapsto 3(x-2)^2$ und $x \mapsto 3(x-2)^2 - 1$ und vergleichen Sie.

Die folgenden Vergleiche zeigen, wie man sich die verschiedenen Graphen aus der Normalparabel entstanden denken kann.

1. Parabeln, die enger oder weiter sind als die Normalparabel und eventuell an der x-Achse gespiegelt wurden:

Normalparabel $x \mapsto x^2$

Parabel von $x \mapsto 1,5\,x^2$

Parabel von $x \mapsto -0,5\,x^2$

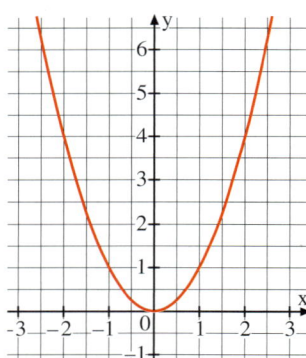
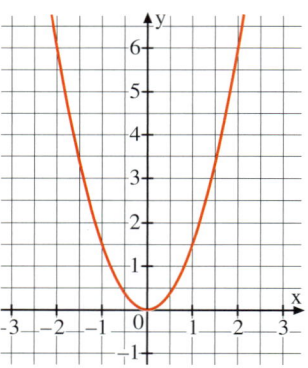
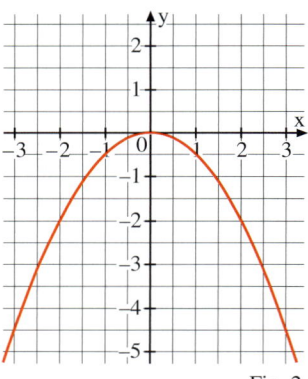

Fig. 2

2. Parabeln, die entlang der x-Achse verschoben wurden:

Parabel von $x \mapsto (x+2)^2$

Parabel von $x \mapsto 1,5\,(x+2)^2$

Parabel von $x \mapsto -0,5\,(x+2)^2$

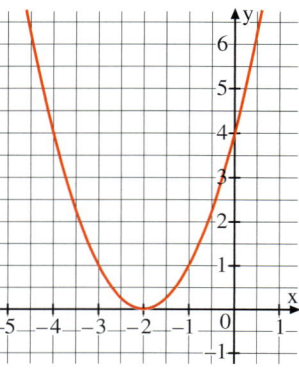
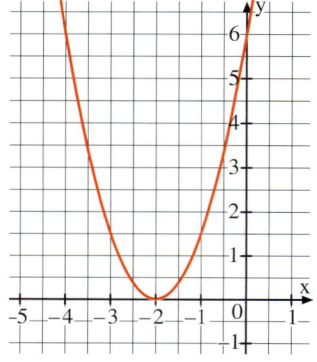
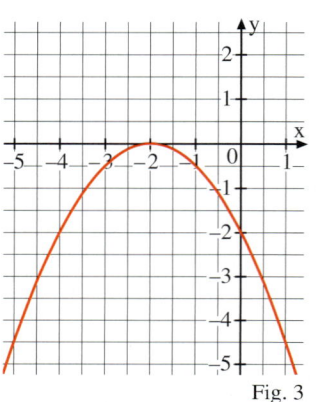

Fig. 3

3. Parabeln, die entlang der y-Achse verschoben wurden:

Parabel von $x \mapsto (x + 2)^2 - 1$ Parabel von $x \mapsto 1{,}5(x + 2)^2 + 1$ Parabel von $x \mapsto -0{,}5(x + 2)^2 - 1$

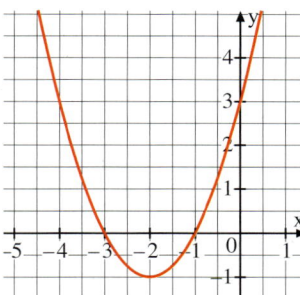 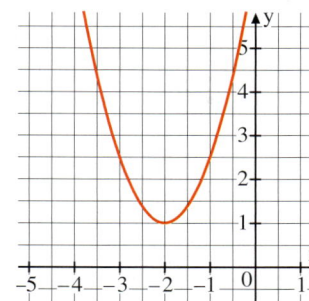 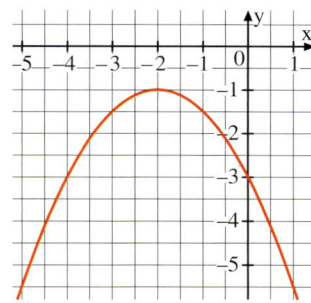

Fig. 1

Die Scheitelpunktsform ist nach der Hauptform und der Nullstellenform eine dritte Variante, den Term einer quadratischen Funktion darzustellen.

Der Graph der Funktion f mit $f(x) = a \cdot (x - x_S)^2 + y_S$ $(a \neq 0)$ ist eine in horizontaler Richtung um x_S und in vertikaler Richtung um y_S verschobene Parabel. Eine solche Parabel ist enger bzw. weiter als die Normalparabel, falls für den **Streckfaktor a** gilt: $|a| > 1$ bzw. $|a| < 1$. Da man die Koordinaten des Scheitels direkt als $S(x_S | y_S)$ ablesen kann, heißt diese Darstellung der quadratischen Funktion **Scheitelform**.

Rechnerische Scheitelbestimmung:

Der Scheitel einer Parabel lässt sich mithilfe von Nullstellen finden. Dazu verschiebt man die gegebene Parabel vertikal, bis sie durch den Ursprung geht $(c = 0)$. Die verschobene Parabel hat die Gleichung $g(x) = a x^2 + b x = a x \cdot \left(x + \frac{b}{a}\right)$; sie weist immer die Nullstelle $x_1 = 0$ sowie die weitere Nullstelle $x_2 = -\frac{b}{a}$ auf. Den x-Wert des Scheitels erhält man durch Mittelwertbildung gemäß $x_S = \frac{x_1 + x_2}{2} = \frac{x_2}{2} = -\frac{b}{2a}$, den y-Wert durch $y_S = f(x_S)$.

Beispiel 1: (Verschiebung und Streckung)

Beschreiben Sie ohne Verwendung des GTR die Parabel von:

a) $f: x \mapsto 0{,}25 x^2 + 3$ b) $f: x \mapsto -2(x + 8)^2 - 5$.

Lösung:

a) Da $a = 0{,}25$ (also positiv und betragsmäßig kleiner als 1), ist die Parabel nach oben geöffnet und weiter als die Normalparabel.

Die Parabel ist um 3 nach oben verschoben, ihr Scheitel ist $S(0 | 3)$.

b) Da $a = -2$ (also negativ und betragsmäßig größer als 1), ist die Parabel nach unten geöffnet und enger als die Normalparabel.

Wegen $-2(x + 8)^2 - 5 = -2(x - (-8))^2 - 5$ ist der Scheitel der Parabel $S(-8 | -5)$.

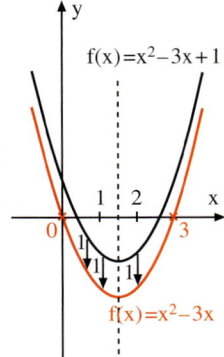

$f(x) = x^2 - 3x + 1$

$f(x) = x^2 - 3x$

Beispiel 2: (Scheitelbestimmung)

Bestimmen Sie den Scheitel der Parabel zur Funktion f mit $f(x) = x^2 - 3x + 1$.

Lösung:

Die um 1 nach unten verschobene Parabel hat den Term $g(x) = x^2 - 3x = x \cdot (x - 3)$. Die Scheitel zu f und g liegen beim selben x-Wert (gestrichelte Linie). Die Nullstellen von g kann man der ausgeklammerten Darstellung direkt entnehmen; sie sind $x_1 = 0$ sowie $x_2 = 3$.

Somit gilt für den gesuchten Scheitel: $x_S = \frac{3}{2}$ sowie $y_S = f\left(\frac{3}{2}\right) = -\frac{5}{4}$, also $S\left(\frac{3}{2} \middle| -\frac{5}{4}\right)$.

Beispiel 3: (Bestimmen eines Funktionsterms)
Eine Parabel hat den Scheitel $S(-3|4)$ und geht durch den Punkt $P(-1|5)$. Bestimmen Sie einen Term der zugehörigen quadratischen Funktion f.
Lösung:

Sollte die Normalform gefragt sein, muss die Klammer noch ausmultipliziert werden.

Man setzt die Scheitelkoordinaten in die Scheitelform ein: $f(x) = a(x + 3)^2 + 4$.
Den Streckfaktor a erhält aus der Punktprobe mit P: $f(-1) = a(-1 + 3)^2 + 4 = 4a + 4 = 5$, also $a = \frac{1}{4}$. Der vollständige Funktionsterm lautet dann: $f(x) = \frac{1}{4}(x + 3)^2 + 4$.

Aufgaben

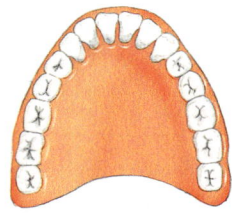

Auch ein regelmäßiges Gebiss hat die Form einer Parabel.

3 Beschreiben Sie ohne Verwendung des GTR, wie der Graph der Funktion verläuft.
a) $x \mapsto (x - 1)^2 + 3$
b) $x \mapsto (x + 7)^2 - 2$
c) $x \mapsto (x - 11)^2 - 59$
d) $x \mapsto 2(x - 8)^2 + 3$
e) $x \mapsto -5(x + 9)^2 - 6$
f) $x \mapsto 33(x - 91)^2 - 659$
g) $x \mapsto -1(x + 12)^2 - 42$
h) $x \mapsto -(x - 23)^2 + 54$
i) $x \mapsto -(x - 0,01)^2 + 3,29$
k) $x \mapsto 3x^2 + 24x + 11$
l) $x \mapsto -5x^2 - 35x + 7$
m) $x \mapsto -x^2 + 8x - 1$

4 Bestimmen Sie den Scheitel der Parabel.
a) $x \mapsto \frac{1}{2}x^2 - 5x - 1$
b) $x \mapsto 8x - x^2$
c) $x \mapsto 3 - \frac{1}{4}x^2$
d) $x \mapsto 0,4x^2 + 2,4x - 0,6$
e) $u \mapsto 1,5u^2 - 12u + 24$
f) $x \mapsto -0,5x^2 + x + 8$

> Die Scheitelbestimmung ist auch mithilfe der quadratischen Ergänzung möglich.
>
> $1,5x^2 + 9x + 7$
> $= 1,5[x^2 + 6x \qquad] + 7$
> $= 1,5\left[x^2 + 6x + \left(\frac{6}{2}\right)^2 - \left(\frac{6}{2}\right)^2 \right] + 7$
> $= 1,5[(x + 3)^2 - 9 \qquad] + 7$
> $= 1,5[x - (-3)]^2 - 13,5 + 7$
> $= 1,5[x - (-3)]^2 + (-6,5)$
>
> Das Verfahren beruht darauf, dass nach dem Ausklammern des Streckfaktors die Terme innerhalb der eckigen Klammer zu einer binomischen Formel ergänzt werden.
> So kann schließlich der Scheitel $S(-3|-6,5)$ abgelesen werden.
> Probieren Sie dieses Verfahren an Aufgabe 4 einmal aus!

5 Die Parabel von $x \mapsto ax^2 + bx + c$ hat den Scheitel S und geht durch den Punkt P. Bestimmen Sie a, b und c.
a) $S(1|4)$, $P(3|0)$
b) $S(-1|-5)$, $P(3|11)$
c) $S(-2|-3)$, $P(-1|1)$
d) $S(4|12)$, $P(0|-4)$
e) $S(-2|1)$, $P(-1|-1)$
f) $S(10|-1)$, $P(9|2)$

6 Beschreiben Sie, wie die Parabel zur Funktion f aus der Normalparabel entsteht.
a) $f(x) = \frac{1}{2}(x + 3)^2 - 4$
b) $f(x) = -3(x - 2)^2 + 1$
c) $f(x) = -x^2 - x + \frac{3}{4}$
d) $f(x) = \frac{1}{3}x \cdot (6 - x)$
e) $f(x) = -4x \cdot (x + 2)$
f) $f(x) = -\frac{1}{5}x^2 + 2x - \frac{9}{5}$

7 Eine Normalparabel wird um den Faktor 2 gestreckt, dann um 1 Einheit nach rechts und um 8 Einheiten nach unten geschoben.
a) Geben Sie den Term der zugehörigen quadratischen Funktion in der Scheitelform, der Hauptform und der Nullstellenform an.
b) Nun wird die Parabel nach der Streckung um 2 und den beiden Verschiebungen zusätzlich noch an der x-Achse (bzw. an der y-Achse) gespiegelt. Wie wirkt sich dies auf den Funktionsterm in den drei Darstellungen aus?

8 Der Graph gehört zu einer quadratischen Funktion der Form $f(x) = a\,x^2 + b\,x + c$.
Bestimmen Sie a, b und c.

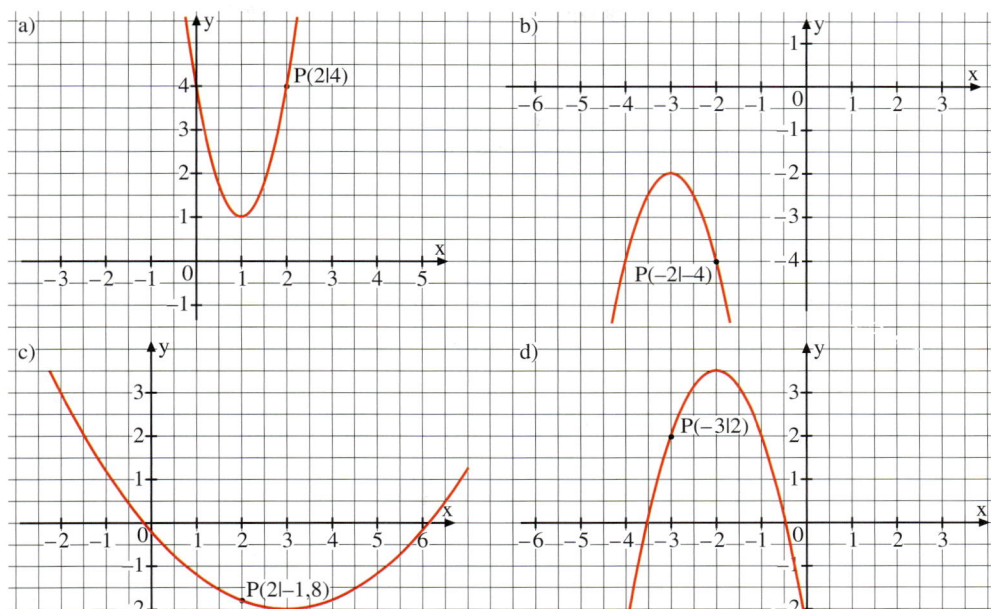

9 Fritz behauptet: „An der Scheitelform einer quadratischen Funktion kann man leichter als an der Hauptform erkennen, wie viele Nullstellen die Funktion hat."
Erörtern Sie, ob Fritz Recht hat, und begründen Sie Ihre Meinung.

10 Baseball ist eine der größten und beliebtesten Sportarten der Welt. Beim Wurf erreicht der Ball beispielsweise beim „Fast Ball" Geschwindigkeiten bis zu $160\,\frac{\text{km}}{\text{h}}$. Wenn der Schlagmann den Ball trifft, kann die Flugbahn des Balles sehr unterschiedlich sein.
Bei einem Schlag werde die Bahn durch die Funktion h mit $h(x) = x - 0{,}0015\,x^2 + 2$ beschrieben, wobei x den horizontalen Abstand zum Schlagmann und h(x) die Höhe über dem Erdboden, jeweils in feet (ft.), angibt.

1 foot ≈ 0,3 m

a) Stellen Sie den Graph von h auf Ihrem GTR dar. Welche Window-Einstellungen sind dabei vorzunehmen?
b) Bestimmen Sie die Höhe, in welcher der Schlagmann den Ball beim Abschlag trifft, in cm.
c) Ein Feldspieler steht 85 ft. vom Schlagmann entfernt, als der Ball direkt über ihm ist. In welcher Höhe befindet sich der Ball hier? In welcher zweiten Entfernung vom Schlagmann hat der Ball dieselbe Höhe?
d) Bestimmen Sie, wie weit der Ball bei diesem Schlag fliegt, bis er wieder auf dem Boden aufkommt, in ft. und in m.
Begründen Sie, weshalb nur eine der beiden Nullstellen von h für diese Fragestellung relevant ist.
e) Welche größte Höhe erreicht der Ball?
f) Wie weit ist der Ball vom Schlagmann entfernt, wenn er 90 ft. hoch ist?
g) In Wirklichkeit ist die Flugbahn wegen des Luftwiderstandes keine exakte Parabel. Erläutern Sie, wie die echte Flugbahn im Vergleich zur gegebenen Parabel verläuft.

4 Gegenseitige Lage von Parabeln und Geraden

1 In Fig. 1 sind drei Geraden und eine Parabel dargestellt.

a) Beschreiben Sie die Lage der drei Geraden zueinander. Wie äußert sich diese besondere Lage in den zugehörigen Funktionstermen?

b) Wie viele gemeinsame Punkte hat jede Gerade mit der Parabel?

c) Ermitteln Sie Funktionsterme, die die drei Geraden und die Parabel beschreiben, und beweisen Sie Ihr Ergebnis von Teilaufgabe b) rechnerisch.

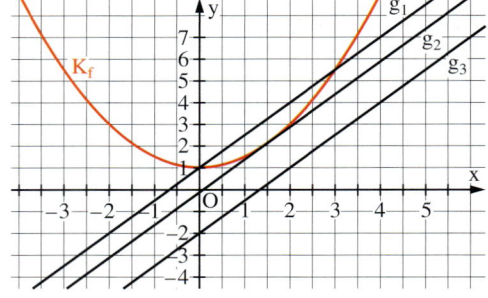

Zur rechnerischen Bestimmung der gemeinsamen Punkte einer Parabel und einer Geraden setzt man die jeweiligen Funktionsterme gleich: $f(x) = g(x)$. Diese Gleichung für die Schnittstellen ist quadratisch in der Variablen x und kann mit dem GTR prinzipiell auf zwei Arten gelöst werden. Am Beispiel der Funktionsterme $f(x) = \frac{1}{2}x^2 - 2x + 1$ und $g(x) = \frac{1}{2}x + 4$ sollen diese beiden Möglichkeiten vorgestellt werden.

1. Möglichkeit:

Die Funktionsterme werden bei $\boxed{Y=}$ eingegeben und die beiden Schnittpunkte mit dem Befehl $\boxed{CALC}$ 5:intersect bestimmt. Für den ersten Schnittpunkt erhält man $S_1(6|7)$. Analog ergibt sich als zweiter Schnittpunkt $S_2(-1|3,5)$.

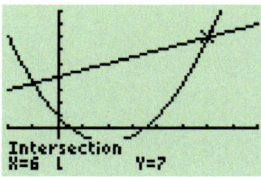

2. Möglichkeit:

Mit Y3 = Y1 – Y2 wird die Differenz der beiden Funktionsterme gebildet. Die beiden ursprünglich gesuchten Schnittstellen erhält man als Nullstellen: $x_1 = 6$; $x_2 = -1$. Die y-Werte bekommt man durch Einsetzen in $f(x)$ oder $g(x)$. Zusammengefasst lauten die Schnittpunkte: $S_1(6|7)$, $S_2(-1|3,5)$.

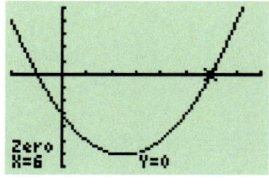

Führt man den zweiten Rechenweg ohne GTR aus, entspricht er dem folgenden Vorgehen:
Aus dem Ansatz $f(x) = g(x)$ ergibt sich eine quadratische Gleichung für die Schnittstellen, die man auf die Form $ax^2 + bx + c = 0$ bringt. Je nach Koeffizienten erhält man zwei oder genau eine oder keine Lösung. Diese drei Fälle können geometrisch wie folgt gedeutet werden.

Eine Parabel kann mit einer Geraden nur gemeinsam haben:

zwei Punkte   oder   einen Punkt   oder   keinen Punkt.

Auch eine senkrechte Gerade mit der Gleichung $x = c$ hat mit einer Parabel genau einen Punkt gemeinsam. Dies ist aber kein Berührpunkt!

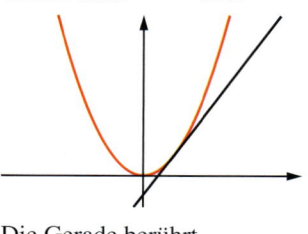

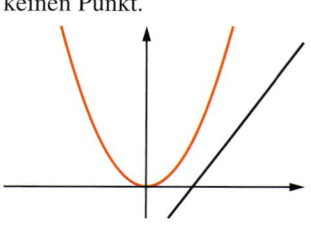

Die Gerade schneidet die Parabel.

Die Gerade berührt die Parabel.

Die Gerade geht an der Parabel vorbei.

Schneidet eine Gerade eine Parabel in zwei verschiedenen Punkten, so heißt diese Gerade **Sekante**; die beiden Punkte nennt man **Schnittpunkte**.
Berührt eine Gerade eine Parabel in einem Punkt, so heißt diese Gerade **Tangente**; den gemeinsamen Punkt nennt man **Berührpunkt**.
Haben eine Gerade und eine Parabel keinen gemeinsamen Punkt, so heißt diese Gerade **Passante**.

Beispiel 1: (Tangente nachweisen, Berührpunkt bestimmen)
Gegeben ist die Funktion f mit $f(x) = -2x^2 + 6x - 3$ und g mit $g(x) = -6x + 15$.
Zeigen Sie, dass die zu g gehörige Gerade Tangente an die Parabel von f ist, und bestimmen Sie die Koordinaten des Berührpunktes B.
Lösung:
Schnittbedingung: $f(x) = g(x) \Leftrightarrow -2x^2 + 6x - 3 = -6x + 15 \Leftrightarrow 2x^2 - 12x + 18 = 0$.

Die quadratische Gleichung wird mit der Lösungsformel gelöst: $x_{1,2} = \frac{12 + \sqrt{144 - 144}}{4} = 3$.

Die Diskriminante ist null; es gibt nur eine Lösung der quadratischen Gleichung: $x_{1,2} = 3$.
Damit ist die zu g gehörige Gerade Tangente; die Berührstelle ist $x_B = 3$. Den y-Wert des Berührpunktes erhält man als $y_B = f(3) = g(3) = -3$. Somit ist $B(3|-3)$ der Berührpunkt.

Beispiel 2: (Aus Geradenbüschel Tangenten bestimmen)
Gegeben ist die Funktion f mit $f(x) = -\frac{1}{6}x^2 - 6$; der Graph heißt K_f.
Für welche Steigungen ist eine Ursprungsgerade Tangente an K_f?
Lösung:
Ansatz für Ursprungsgerade mit unbekannter Steigung: $g_m(x) = m \cdot x$
Schnittbedingung: $f(x) = g_m(x) \Leftrightarrow -\frac{1}{6}x^2 - 6 = m \cdot x \Leftrightarrow x^2 + 6m \cdot x + 36 = 0$
Bedingung für Tangente: $D = 0 \Leftrightarrow 36m^2 - 144 = 0 \Leftrightarrow m^2 = 4 \Leftrightarrow m = 2$ oder $m = -2$

Beispiel 3: (Änderungsrate, Tangente bestimmen)
Gegeben ist die Funktion f mit $f(x) = 0,5x^2 - 2x - 1$; der Graph heißt K_f.
a) Geben Sie einen Term für die durchschnittliche Änderungsrate für das Intervall $[3; x]$ an.
b) Wählen Sie die Intervallbreite immer kleiner und nähern Sie sich dadurch mit dem x-Wert dem Wert 3. Ermitteln Sie so die momentane Änderungsrate bei $x_0 = 3$.
c) Bestimmen Sie eine Gleichung der Tangente im Kurvenpunkt mit der Abszisse 3.
Lösung:
a) $\frac{f(x) - f(3)}{x - 3} = \frac{0,5x^2 - 2x - 1 - (-2,5)}{x - 3} = \frac{0,5x^2 - 2x + 1,5}{x - 3}$ für $x \neq 3$

b) Wertetabelle:

x	3,1	3,01	3,001	3,00001
$\frac{f(x) - f(3)}{x - 3}$	1,05	1,005	1,0005	1,000005

Für die momentane Änderungsrate folgt als Grenzwert:
$$\lim_{x \to 3} \frac{f(x) - f(3)}{x - 3} = 1.$$

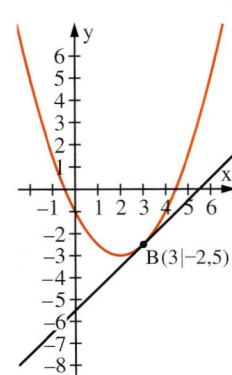

$B(3|-2,5)$

Dies kann man auch ohne Bildung des Differenzenquotienten mit dem GTR erhalten: Man ruft im Menü $\boxed{\text{MATH}}$ den Befehl 8:nDeriv auf (siehe auch Kap. III S.87). Ist der Funktionsterm f(x) bei Y1 eingegeben, so liefert nDeriv(Y1,X,3) numerisch die momentane Änderungsrate bei $x_0 = 3$, d.h. den Wert 1.
c) Die Tangentensteigung ist gleich der momentanen Änderungsrate: $m = 1$; der Berührpunkt ist $B(3|f(3))$, also $B(3|-2,5)$. Mit der Punkt-Steigungs-Form erhält man als Gleichung der Tangente: $y = 1 \cdot (x - 3) - 2,5 = x - 5,5$.

Aufgaben

2   Bestimmen Sie, falls möglich, die gemeinsamen Punkte der Graphen von f und von g, und beschreiben Sie die gegenseitige Lage der zugehörigen Parabel und Geraden.

a) $f(x) = \frac{1}{2}x^2 - 2$ b) $f(x) = -\frac{1}{3}x^2 + 2x$ c) $f(x) = 5x^2 + 20x - 60$

  $g(x) = x - \frac{5}{2}$ $g(x) = 3x + 4$ $g(x) = -5x + 10$

3   Zeigen Sie, dass die Gerade zur Funktion g eine Tangente an den Graphen von f ist, und bestimmen Sie die Koordinaten des Berührpunktes.

a) $f(x) = \frac{1}{2}x^2 + 3$ b) $f(x) = 4x^2 - 80x + 280$ c) $f(x) = \frac{1}{10}x^2 - \frac{1}{2}x$

  $g(x) = x + \frac{5}{2}$ $g(x) = -16x + 24$ $g(x) = -\frac{9}{10}x - \frac{2}{5}$

4   Bestimmen Sie den Parameter der Geradengleichung so, dass die Gerade den Graphen von f berührt, und ermitteln Sie die Koordinaten des Berührpunktes.

a) $f(x) = \frac{1}{2}x^2 + \frac{1}{2}$ b) $f(x) = 4x^2 + 3x + 2$ c) $f(x) = \frac{1}{4}x^2$

  $g(x) = mx$ $g(x) = -3x + c$ $g(x) = tx - t$

5   Für welche Werte der Formvariablen im quadratischen Funktionsterm ist die gegebene Gerade Sekante bzw. Tangente bzw. Passante der Parabel?

a) $f(x) = ax^2 - 3$ b) $f(x) = -\frac{1}{2}x^2 + bx$ c) $f(x) = \frac{1}{t}x^2 + 2$

  $g(x) = 2x - 5$ $g(x) = 2x + \frac{9}{2}$ $g(x) = 3x + 1$

6   Begründen Sie mithilfe der Diskriminante bzw. durch Veranschaulichung mit einer geeigneten Parabel und einer Geraden, dass die quadratische Gleichung $x^2 + bx + c = 0$ für $b \neq 0$ und $c \leqq 0$ immer zwei verschiedene Lösungen besitzt.

7   Ermitteln Sie wie in Beispiel 3 die momentane Änderungsrate an der Stelle x_0. Bestimmen Sie damit eine Gleichung der Tangente im Kurvenpunkt $P(x_0 \mid f(x_0))$ der Funktion f.

a) $f(x) = x^2 - 5$; $x_0 = 3$ b) $f(x) = 2x^2 - 8x - 5$; $x_0 = 4$

c) $f(x) = -\frac{1}{3}x^2 + x + 2$; $x_0 = -3$ d) $f(x) = -5x^2 + 40x - 10$; $x_0 = 7$

8   Die Mittellinie der gezeichneten Rennstrecke wird durch die quadratische Funktion f mit $f(x) = 4 - \frac{1}{2}x^2$ beschrieben. Durch einen Ölfilm auf der Fahrbahn rutscht ein Fahrzeug weg, schlittert geradewegs über die Auslaufzone und landet im Punkt $Y(0 \mid 6)$ in den Strohballen.

a) Zeigen Sie, dass das Fahrzeug beim Punkt $B(-2 \mid 2)$ die Mittellinie verlassen hat, und bestimmen Sie eine Gleichung derjenigen Geraden, auf der sich das Fahrzeug anschließend bewegt.

b) Wo würde das Fahrzeug in den Strohballen landen, wenn der Ölfleck im Scheitelpunkt der Kurve aufgetreten wäre?

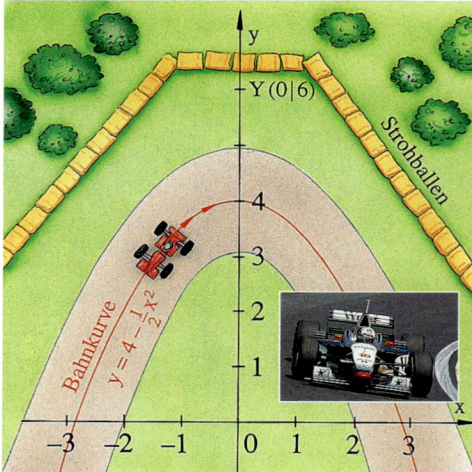

5 Aufstellen von Funktionstermen

1 Von einer quadratischen Funktion f ist bekannt, dass ihr Graph durch die Punkte P$(-2|9)$, Q$(1|1,5)$ und R$(4|3)$ verläuft. Bestimmen Sie einen Funktionsterm von f.

2 Eine Parabel hat den Scheitel S$(-2|3)$ und geht durch T$(-4|-5)$. Bestimmen Sie einen Term der zugehörigen Funktion f.

3 Geben Sie zu den Parabeln in Fig. 1 jeweils einen passenden Funktionsterm an.

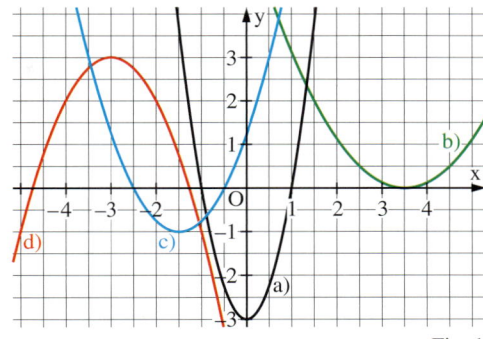

Fig. 1

Häufig ist der Term einer quadratischen Funktion nicht von vornherein bekannt, sondern muss aus gegebenen Funktionswerten oder aus Eigenschaften der zugehörigen Parabel bestimmt werden. Hierzu kann man den GTR verwenden oder einen dem Problem angepassten Ansatz wählen.

Nur wenn Nullstellen existieren, kann es die Produktform geben.

Mithilfe von Parametern lassen sich Funktionstypen darstellen. Bei quadratischen Funktionen sind drei Darstellungsformen gebräuchlich:

Hauptform: $f(x) = ax^2 + bx + c$ Parameter: a, b, c

Produktform: $f(x) = a(x - x_1)(x - x_2)$ Parameter: a, x_1, x_2

Scheitelform: $f(x) = a(x - x_S)^2 + y_S$ Parameter: a, x_S, y_S

Allen Formen ist derselbe Streckfaktor a gemeinsam.

Beispiel 1: (Funktionsterm mit quadratischer Regression bestimmen)
Gegeben sind die drei Punkte P$(-4|-8)$, Q$(1|4,5)$ und R$(3|2,5)$ einer Parabel. Bestimmen Sie einen Term der zugehörigen quadratischen Funktion.
Lösung:

Nach der Eingabe der Koordinaten liefert die quadratische Regression den Term:
$f(x) = -\frac{1}{2}x^2 + x + 4$.

Zum Bestimmtheitsmaß: siehe Kap. I S. 35.

Das Bestimmtheitsmaß ist 1, also beschreibt der Funktionsterm exakt die Parabel durch P, Q und R.

L1: x-Werte, L2: y-Werte

Befehlszeile:
QuadReg L1,L2,Y1

Beispiel 2: (Funktionsterm mit angepasstem Ansatz bestimmen)
Bestimmen Sie den Funktionsterm einer quadratischen Funktion mit den Nullstellen $x_1 = -\frac{1}{4}$ und $x_2 = 4$, wenn außerdem $f(0) = 3$ gilt.
Lösung:

Ansatz mit der Produktform: $\qquad\qquad\qquad f(x) = a\left(x + \frac{1}{4}\right)(x - 4)$

Verwenden der Information $f(0) = 3$: $\qquad\quad f(0) = a \cdot \frac{1}{4} \cdot (-4) = 3 \Leftrightarrow a = -3$

Also lautet der gesuchte Funktionsterm: $\qquad f(x) = -3\left(x + \frac{1}{4}\right)(x - 4) = -3x^2 + \frac{45}{4}x + 3$.

Beispiel 3: (Funktionsterm einer Parabelschar bestimmen)

Für eine Schar von Parabeln gilt: Die zum Parameter t gehörende Parabel ist nach unten geöffnet, hat eine Nullstelle bei 0 und den Scheitelpunkt $S_t(t|5)$. Bestimmen Sie einen Funktionsterm und zeichnen Sie einige der Parabeln.

Lösung:

Als Ansatz wählt man die Scheitelform:

$f_t(x) = a(x-t)^2 + 5$.

Einsetzen der Nullstelle $x = 0$ ergibt:

$f_t(0) = 0 \Leftrightarrow a \cdot t^2 + 5 = 0 \Leftrightarrow a = -\frac{5}{t^2}$.

Der vollständige Funktionsterm lautet also:

$f_t(x) = -\frac{5}{t^2}(x-t)^2 + 5$.

Bemerkung:

Die Forderung, dass die Parabel nach unten geöffnet sein soll, ist wegen $a = -\frac{5}{t^2} < 0$ automatisch erfüllt. Andernfalls müsste die Menge, die für den Parameter t zur Verfügung steht, eingeschränkt werden.

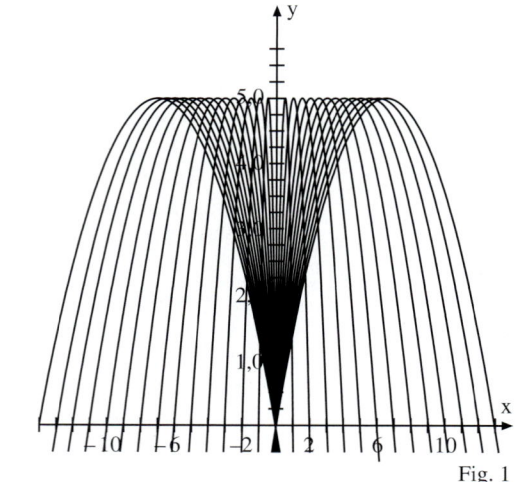

Fig. 1

Aufgaben

4 Der Graph einer quadratischen Funktion verläuft durch die Punkte A, B und C. Bestimmen Sie den zugehörigen Funktionsterm.

a) $A(0|4)$; $B(2|-8)$; $C(-4|-20)$

b) $A\left(-4|\frac{15}{2}\right)$; $B\left(-1|\frac{1}{2}\right)$; $C\left(4|\frac{13}{6}\right)$

c) $A(-2|0)$; $B(1,5|0)$; $C(4|-3,75)$

d) $A(10|-5,5)$; $B(-8|-1,9)$; $C(7|-0,4)$

5 Fig. 2 zeigt eine verschobene Normalparabel.

a) Welcher Maßstab wurde für Fig. 2 verwendet?

b) Bestimmen Sie den Funktionsterm, wenn der Ursprung des Koordinatensystems im Punkt A bzw. in B oder in C liegt.

c) Wo liegt der Ursprung, wenn der Term $f(x) = x^2 - 8x + 14$ lautet?

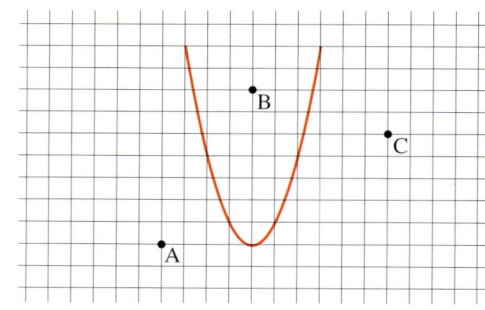

Fig. 2

6 Ordnen Sie der Parabel in Fig. 3 ohne Zuhilfenahme des GTR einen der folgenden Funktionsterme zu.

$f_1(x) = \frac{1}{2} \cdot (x-3) \cdot (x+2)$

$f_2(x) = \frac{1}{2}x^2 - \frac{3}{2}x - 4$

$f_3(x) = \frac{1}{2} \cdot (x-1)^2 - \frac{25}{8}$

$f_4(x) = \frac{1}{2} \cdot x^2 + \frac{1}{2} \cdot x - 3$

Begründen Sie Ihre Entscheidung, indem Sie (mindestens) je eine Eigenschaft der drei nicht in Frage kommenden Funktionen nennen, die mit den Eigenschaften der Parabel unvereinbar ist.

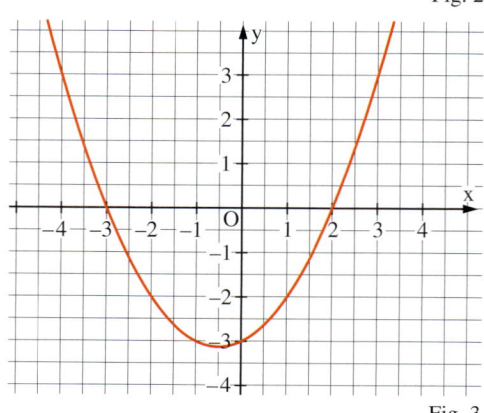

Fig. 3

7 Der Graph einer quadratischen Funktion geht durch die folgenden Punkte. Bestimmen Sie mit einem passenden Ansatz einen Funktionsterm und kontrollieren Sie Ihr Ergebnis nachträglich mit dem GTR.
a) Scheitel $S(-6|3)$, Punkt $P\left(-4\left|\tfrac{5}{3}\right.\right)$
b) Achsenschnittpunkte $N_1(-2|0)$, $N_2(6|0)$, $Y(0|-1,2)$
c) Punkt $A(-3|1)$, Punkt $B(3|-5)$, Symmetrieachse des Graphen: $x = -1$

8 Eine quadratische Funktionenschar hat die Nullstellen $x_1 = -a$ und $x_2 = 3a$. Der Scheitel der zugehörigen Parabel hat den Ordinatenwert 2.
a) Stellen Sie einen Funktionsterm auf, der diese Funktionenschar beschreibt.
b) Wie könnte der Aufgabentext abgeändert werden, damit die Funktionenschar weiterhin dieselben Nullstellen aufweist, aber nach oben geöffnet ist? Geben Sie dafür ein Beispiel an.
c) Geben Sie jeweils den Funktionsterm an, wenn die Parabel an der y-Achse gespiegelt wird.

9 Die zehn Parabeln in Fig. 1 gehören zu einer quadratischen Funktionenschar.
a) Bestimmen Sie einen Funktionsterm mit Parameter t, sodass sich diese Parabeln als Graphen für die Werte $t = 1$ bis $t = 10$ ergeben. Erläutern Sie Ihr Vorgehen.
b) Stellen Sie den Term in der Scheitelform dar und bestätigen Sie anhand abgelesener Scheitelkoordinaten Ihr Ergebnis.
c) Wie würden die Parabeln für negative Werte des Parameters t aussehen?

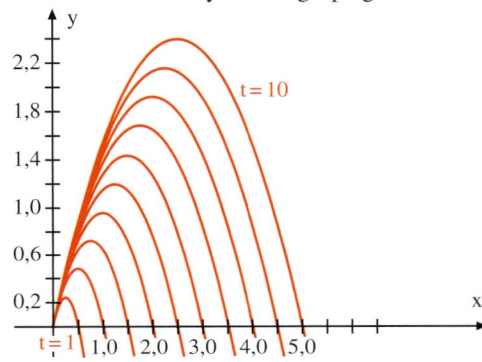

Fig. 1

Ist eine Variable „nicht vorhanden", so muss in der Matrix an dieser Stelle null eingesetzt werden.

Der Funktionsterm einer quadratischen Funktion f mit $f(x) = ax^2 + bx + c$ kann auch durch das **Lösen eines linearen Gleichungssystems (LGS)** bestimmt werden. Dazu setzt man den x- und y-Wert jedes Punktes in die Hauptform ein und erhält drei Gleichungen. Mit den Punkten $P(-2|5,5)$, $Q(0|1,5)$ und $R(3|0,5)$ wird das LGS wie folgt aufgestellt und gelöst.

$$
\begin{aligned}
f(-2) &= 5{,}5{:}\ a\cdot(-2)^2 + b\cdot(-2) + c = 5{,}5 \Leftrightarrow 4\cdot a - 2\cdot b + 1\cdot c = 5{,}5 \\
f(0) &= 1{,}5{:}\ a\cdot 0^2\ \ \ + b\cdot 0\ \ \ + c = 1{,}5 \Leftrightarrow 0\cdot a + 0\cdot b + 1\cdot c = 1{,}5 \Leftrightarrow \\
f(3) &= 0{,}5{:}\ a\cdot 3^2\ \ \ + b\cdot 3\ \ \ + c = 0{,}5 \Leftrightarrow 9\cdot a + 3\cdot b + 1\cdot c = 0{,}5
\end{aligned}
\left(\begin{array}{ccc|c}
4 & -2 & 1 & 5{,}5 \\
0 & 0 & 1 & 1{,}5 \\
9 & 3 & 1 & 0{,}5
\end{array}\right)
$$

Dieses Zahlenschema wird als Matrix in den GTR eingegeben. Dazu muss zunächst im Menü [MATRX] bei [EDIT] der Name der Matrix z. B. als [A] und ihre Größe als 3 x 4 (drei Zeilen mit je vier Einträgen) festgelegt werden. Dann gibt man die zwölf Zahlen an der jeweiligen Position ein und verlässt mit [QUIT] die Eingabemaske.

Im Hauptbildschirm wird unter [MATRX] das Menü [MATH] und dort der Befehl B:rref gewählt, als dessen Argument die Koeffizientenmatrix [A] eingetragen wird; die Befehlszeile lautet also rref([A]). Nach dem Bestätigen mit [ENTER] erhält man das vereinfachte LGS, bei dem in der letzten Spalte die gesuchten Koeffizienten a, b und c von oben nach unten abgelesen werden können. Durch [MATH] 1:Frac kann man die Dezimalzahlen in Brüche umwandeln.

```
MATRIX[A] 3 ×4
[ 4    -2    1    -
[ 0     0    1    -
[ 9     3    1    -
```
```
rref([A])
[[1 0 0 .333333…
 [0 1 0 -1.3333…
 [0 0 1 1.5    …
```
```
Ans▶Frac
[[1 0 0 1/3 ]
 [0 1 0 -4/3]
 [0 0 1 3/2 ]]
```

Das Ergebnis für den gesuchten Funktionsterm ist:
$f(x) = \tfrac{1}{3}x^2 - \tfrac{4}{3}x + \tfrac{3}{2}$.

Lösen Sie mit diesem Verfahren nochmals die Aufgabe 4.

109

6 Anwendungen quadratischer Funktionen

1   Rita und Tim sollen den Rasen mähen. Dieser ist ca. 9 m breit und 12 m lang. Beide möchten sich die Arbeit fair teilen. Tim fängt an und mäht von außen nach innen. Der Rasenmäher ist ca. 50 cm breit.
Wie viele Runden muss Tim mähen, bevor ihn Rita ablöst?

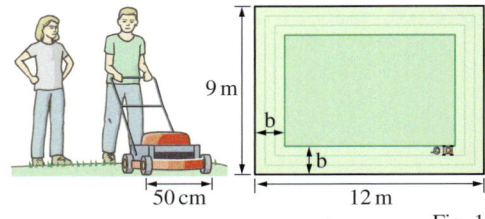

Fig. 1

Probleme aus dem „wirklichen Leben" lassen sich vielfach mit Methoden der Mathematik lösen, vorausgesetzt, sie können in die Sprache der Mathematik übersetzt werden. Für ein zielgerichtetes Vorgehen hat sich ein Vier-Stufen-Kreislauf bewährt, der eine sinnvolle Abfolge von Arbeitsschritten sicherstellt.

Die Idee zu diesem Vier-Stufen-Plan entwickelte der Mathematiker GEORGE POLYA (Ungarn, USA, 1887-1985).

1 Verstehen der Aufgabe
1. Was ist gegeben und wesentlich?
2. Was ist unbekannt?

2 Ausdenken eines Plans
1. Führen Sie für die gesuchten Größen Variablen ein.
2. Stellen Sie aus den Textinformationen Terme und daraus eine Gleichung auf.

4 Rückschau
1. Formulieren Sie einen Antwortsatz.
2. Zurück zur Aufgabe: Ist das Ergebnis sinnvoll?

3 Durchführen des Plans
Mit einer geeigneten Lösungsmethode die Gleichung lösen.

Beispiel:

Boris möchte mit einer Tennisballwurfmaschine Grundlinienschläge üben. Er stellt die Maschine auf eine „T-Linie" im Feld und stellt sie so ein, dass die Flugbahn des Tennisballes über dem Netz den höchsten Punkt von 1,20 m hat. Der Ball „schießt" dabei in einer Höhe von 1 m aus der Maschine. Landen die Bälle innerhalb des Feldes?

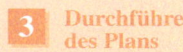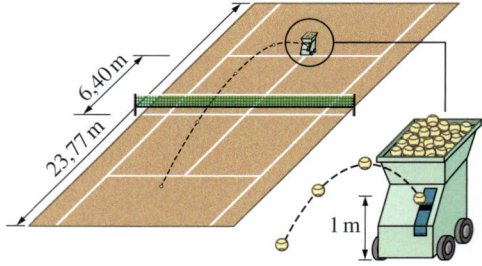

Fig. 2

Lösung:
I Verstehen der Aufgabe
1. Der Ball startet in einem Punkt $(0|1)$ und hat seinen höchsten Punkt bei $(6,4|1,2)$.
2. Gesucht ist die Nullstelle der Funktion, deren Graph die Flugbahn beschreibt.
II Ausdenken eines Plans
1. Sei x die Entfernung des Balles zur Flugmaschine und y die Höhe des Balles.
2. Da es sich bei Flugbahnen annähernd um den Graphen einer quadratischen Funktion handelt, muss man die entsprechende Funktionsgleichung der Form $y = ax^2 + bx + c$ aufstellen. Gegeben sind zwei Flugpunkte des Balles: $(0|1)$ und $(6,4|1,2)$. Die notwendige dritte Angabe ist in der Information des höchsten Punktes (Scheitel) enthalten: Nach weiteren 6,4 m hat der Ball wieder die Anfangshöhe von 1 m, also liegt der Punkt $(12,8|1)$ auf dem Graphen.
Nun kann man die Funktionsgleichung und die Nullstellen bestimmen.

III Durchführen des Plans

Die drei Punkte aus *II* können für eine quadratische Regression mit dem GTR verwendet werden. Diese liefert: $f(x) = -0,004\,882\,812\,5\,x^2 + 0,0625\,x + 1$. Die Nullstellen der Funktion f können mithilfe von $\boxed{\text{CALC}}$ 2:zero ermittelt werden: $x_1 = 22,077$; $x_2 = -9,277$.

IV Rückschau

1. Der Ball landet etwa 22,08 m von der Maschine entfernt. Das liegt außerhalb des Platzes, weil zwischen Maschine und vorderer Grundlinie nur noch 18,285 m liegen ($23,77 : 2 + 6,4$). Die negative Lösung ist unrealistisch, da es keine negative Länge gibt.
2. Die Lösung ist realistisch, wie auch die Einsetzproben aller Punkte zeigen.

Aufgaben

2   Bei Fallschirmspringern unterscheidet man je nach Ausbildungsgrad „Anfänger", „Fortgeschrittene" und „Experten". In der „Personalverordnung für Luftfahrtverkehr" ist gesetzlich geregelt, bei welcher Höhe der Fallschirmspringer seinen Fallschirm öffnen muss (Tabelle). Die verlorene Höhe während des freien Falls lässt sich in den ersten vier Sekunden annähernd mit dem Term $-5\,t^2$ beschreiben, wobei t die Freifallzeit in Sekunden ist. Anschließend hat der Springer einen gleich bleibenden Höhenverlust von ca. 34 m pro Sekunde.

a) Ein Fortgeschrittener und eine Expertin springen gleichzeitig aus 2000 m Höhe ab. Die Expertin sagt zum Fortgeschrittenen: „Ich habe eine doppelt so lange Freifallzeit wie du." Hat sie Recht?

b) Aus welcher Höhe müsste ein Anfänger, Fortgeschrittener bzw. Experte abspringen, wenn die Freiflugzeit 10 Sekunden lang sein soll. Wäre der Flug erlaubt?

c) Welche Endgeschwindigkeit haben die Fallschirmspringer nach den ersten vier Sekunden? Geben Sie in km/h an.

d) Warum verläuft der Höhenverlust nach etwa vier Sekunden linear?

Ausbildungsgrad	Mindesthöhe zum Öffnen des Schirms	empfohlene Absprunghöhe
Anfänger	1200 m	ca. 1500 m
Fortgeschrittene	1200 m	ca. 2000 m
Experten	700 m	ca. 4000 m

3   Noel springt im Freibad vom Sprungbrett. Seine Flugbahn entspricht ungefähr einer Parabel mit dem Funktionsterm $h(x) = -5\,x^2 + 2\,x + 3$ (x und h in m). Dabei ist h die Höhe über dem Wasser und x die horizontale Entfernung vom Absprungpunkt.

a) Von welcher Höhe ist Noel abgesprungen?

b) Was ist Noels größte Höhe während des Fluges?

c) An welcher Stelle taucht Noel ins Wasser ein? Wie weit ist der Eintauchpunkt vom Absprungpunkt entfernt?

d) Wie müssen Sie den Funktionsterm abändern, wenn Noel kräftig vom Brett abspringt bzw. wenn er mit großer Geschwindigkeit über das Ende des Sprungbretts rennt?

111

4 Judith und Simon schauen eine Tierfilmsendung an, in der Riesenkängurus vorgestellt werden. Dabei erfahren sie, dass die Kängurus bis zu $90\frac{km}{h}$ schnell laufen sowie bis zu drei Meter hoch und zehn Meter weit springen können. „Dann können sie ja auch über unser Wohnmobil springen, das etwa zwei Meter breit und zweieinhalb Meter hoch ist", behauptet Simon. Judith bezweifelt dies.
a) Erstellen Sie eine Skizze, die die Situation darstellt. Gehen Sie davon aus, dass die Sprungbahn des Kängurus parabelförmig ist.
b) Hat Judith Recht? Begründen Sie Ihre Meinung mit einer Rechnung.

5 Bei einem Bremsvorgang mit einem Sportwagen gilt für den zurückgelegten Weg s (in m) in Abhängigkeit von der Zeit t (in s), die seit dem Ansprechen der Bremsen verstrichen ist:
$s(t) = -5{,}5\,t^2 + 40\,t$.
a) Begründen Sie, weshalb der rechte Ast der zugehörigen Parabel nicht zu dem Bremsvorgang gehört.
b) Wie lange dauert es, bis der Sportwagen steht? Wie groß ist der Bremsweg?
c) Für die Momentangeschwindigkeit gilt: $v(t_0) = \lim\limits_{t \to t_0} \frac{s(t) - s(t_0)}{t - t_0}$. Berechnen Sie mithilfe des GTR die Momentangeschwindigkeiten für $t_0 = 1$ und $t_0 = 2$.
d) Wie schnell $\left(\text{in } \frac{km}{h}\right)$ fuhr der Sportwagen, bevor der Bremsvorgang eingeleitet wurde?
e) Was ändert sich, wenn auf regennasser Straße gebremst wird?

6 1927 flog Charles Lindbergh (1902–1974) als erster Mensch allein über den Atlantik von New York nach Paris. Bei seinen Vorbereitungen überlegte er sich, bei welcher Fluggeschwindigkeit er am wenigsten Treibstoff verbrauchen würde. Er ging davon aus, dass sich die Strecke s (in Meilen), die er mit einem Liter Treibstoff bei einer Fluggeschwindigkeit v (in Meilen pro Stunde) fliegen konnte, mit folgendem Funktionsterm bestimmen lässt:
$s(v) = -0{,}0013\,v^2 + 0{,}25\,v - 10$.
a) Bei welcher Fluggeschwindigkeit konnte Lindbergh mit dem Treibstoff am weitesten fliegen?
b) Mit welchem Gesamtverbrauch musste er auf der etwa 3600-Meilen-Strecke mindestens rechnen?
c) Lindbergh brauchte eine Gesamtflugzeit von ca. 33,5 Stunden. Welche Gründe konnten dafür gesprochen haben, dass er schneller als die in a) berechnete Geschwindigkeit flog?

Aufgaben aus dem kaufmännischen Bereich

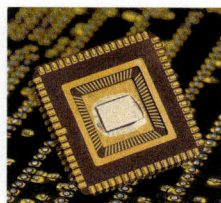

7 Ein Unternehmen stellt Elektronikbauteile her und verkauft sie zu einem Preis von $50€$ pro Stück. Bei einer Produktionsmenge von x Stück entstehen dem Unternehmen Kosten in Höhe von $K(x) = 0{,}25\,x^2 - 175\,x + 30\,000$.

a) In der Kosten- und Leistungsrechnung nennt man die Differenz zwischen Erlös und Kosten den Gewinn. Zeigen Sie, dass man die Gewinnfunktion in Abhängigkeit von der Produktionsmenge mit dem Term $G(x) = -0{,}25\,x^2 + 225\,x - 30\,000$ beschreiben kann.

b) Zeichnen Sie den Graphen der Gewinnfunktion.

c) Ab welcher Produktionsmenge macht das Unternehmen erstmals Gewinn (Nutzenschwelle), ab welcher Produktionsmenge werden die Kosten wieder größer als der Erlös (Nutzengrenze)? Wie breit ist die Gewinnzone?

d) Bei welcher Produktionsmenge wird der maximale Gewinn erwirtschaftet?

e) Wie ändern sich Nutzenschwelle, Nutzengrenze und maximaler Gewinn, wenn das Unternehmen den Verkaufspreis um $10\,\%$ erhöht?

8 Ein Freizeitpark hat bei einem Eintrittspreis von $28€$ im Durchschnitt täglich 1500 Besucher. Ein Marktforschungsinstitut hat Folgendes ermittelt: Würde man den Eintrittspreis um $0{,}50€$; $1{,}00€$; $1{,}50€$; $2{,}00€$ usw. senken, so ginge die tägliche Besucherzahl um 40; 80; 120; 160 usw. nach oben.

a) Zeigen Sie, dass sich die Einnahmen E (in $€$) in Abhängigkeit der Preissenkung x (in $€$) wie folgt darstellen lässt: $E(x) = (28 - x) \cdot (1500 + 80\,x)$. Deuten Sie die beiden Faktoren in diesem Funktionsterm.

b) Zur Saisoneröffnung ist ein Eintrittspreis von $20€$ geplant. Wie hoch sind dann die täglichen Einnahmen?

c) Der Kassenautomat nimmt nur ganzzahlige Eurobeträge an. Wie muss der Eintrittspreis gewählt werden, um möglichst hohe Einnahmen zu erwirtschaften? Wie groß sind die maximalen Einnahmen?

9 Ein Fernsehgeräte-Hersteller hat ein neues Gerät entwickelt; die Entwicklungskosten betrugen $8\,000\,000€$. Die Produktionskosten pro Gerät belaufen sich zusätzlich auf $500€$. Der Verkaufspreis V (in $€$) wird durch die Anzahl x der Geräte bestimmt, die pro Monat verkauft werden sollen. Eine Marktuntersuchung hat ergeben, dass sich für Stückzahlen zwischen 100 und 900 der Verkaufspreis durch den Term $V(x) = 3300 - 2\,x$ beschreiben lässt.

a) Bestimmen Sie einen Term, der die monatlichen Herstellungskosten H in Abhängigkeit der Anzahl x der produzierten Fernsehgeräte beschreibt. Dabei sollen pro Monat $5\,\%$ der Entwicklungskosten berücksichtigt werden.

b) Ermitteln Sie einen Term der Funktion, die den Gewinn der Firma beschreibt, wenn sie x Fernsehgeräte im Monat verkauft.

c) Bei welchen Stückzahlen macht die Firma Gewinn?

d) Wie hoch ist der größtmögliche Gewinn? Wie viele Fernsehgeräte müssen dafür pro Monat produziert werden?

10 Auf einem Sparbuch liegen zu Jahresbeginn $2000€$, die auf zwei Jahre fest angelegt werden. Dabei wird der Zinssatz p des ersten Jahres im zweiten Jahr um 0,4 Prozentpunkte erhöht.

a) Wie hoch sind die Zinssätze in den beiden Jahren, wenn die Zinsen des zweiten Jahres $115{,}61€$ betragen? Wie hoch ist das Endkapital nach Ablauf der zwei Jahre?

b) Eine andere Bank bietet eine Anlageform an, bei der sich die Zinssätze in den beiden Jahren um 1,5 Prozentpunkte unterscheiden. Wie hoch sind diese, wenn nach zwei Jahren das gleiche Endkapital herauskommt?

113

7 Vermischte Aufgaben

1 Bestimmen Sie die Scheitelkoordinaten des Graphen der Funktion.
a) $x \mapsto x^2 + 4x + 10$ b) $x \mapsto -x^2 + 4x - 10$ c) $x \mapsto 2x^2 + 8x - 6$
d) $x \mapsto -2x^2 + 4x - 18$ e) $x \mapsto 3x^2 - 27x + 9$ f) $x \mapsto 5x^2 - 10x + 4$
g) $x \mapsto 0{,}4x^2 + 4x - 8$ h) $t \mapsto -t^2 + 5t$ i) $x \mapsto ax^2 + bx + c, a \neq 0$

2 Der Graph gehört zu einer Funktion der Form $x \mapsto ax^2 + bx + c$. Bestimmen Sie a, b und c.

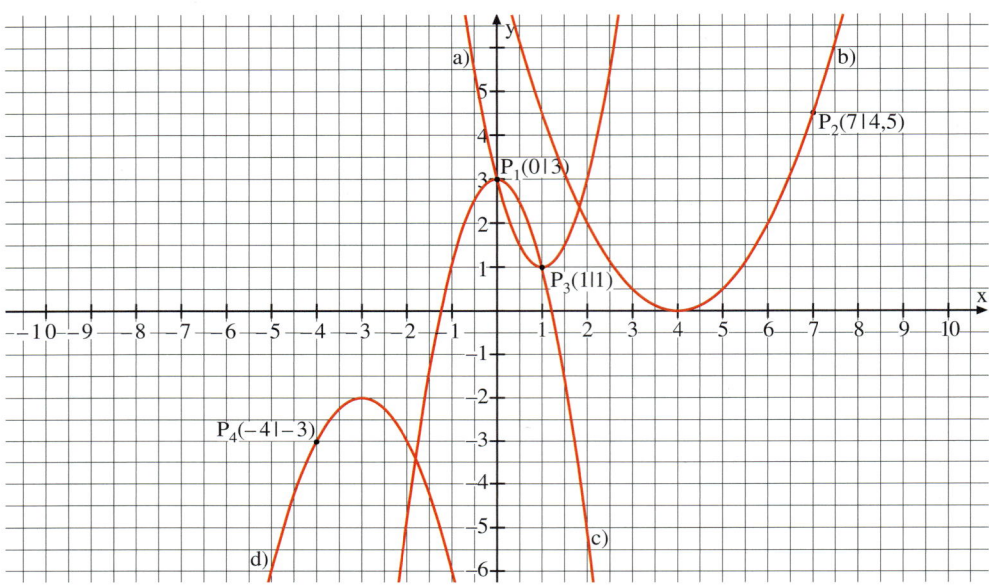

Fig. 1

3 Geben Sie den Term einer quadratischen Funktion an, deren Graph eine verschobene Normalparabel ist,
a) die durch $P(-3|1)$ verläuft und deren Symmetrieachse durch den Punkt $Q(5|0)$ geht,
b) die durch die Punkte $P(1|0)$ und $Q(5|0)$ geht.

4 Welches ist der kleinste bzw. größte Funktionswert, den die Funktion annimmt?
a) $x \mapsto x^2 - 6x + 20$ b) $x \mapsto 2x^2 - 20x + 6$ c) $x \mapsto -x^2 + 16x - 8$
d) $x \mapsto -x^2 - 14x + 1$ e) $x \mapsto 3x^2 + 12x - 30$ f) $x \mapsto 10x^2 + 40x$

5 Der Graph einer Funktion $x \mapsto ax^2 + bx + c$
a) geht durch $A(0|3)$, $B(3|0)$, $C(6|3)$ (durch $A(-2|1)$, $B(-4|-2)$, $C(0|-4)$),
b) hat den Scheitel $S(-3|0)$ und geht durch $P(0|1)$ ($S(-2|-3)$, $P(4|9)$),
c) hat den Scheitel auf der y-Achse und geht durch $A(2|-3)$ und $B(-4|0)$,
d) berührt die x-Achse in $P(2|0)$ und geht durch $A(0|1)$ ($P(-4|0)$, $A(1|2)$).
Geben Sie einen Funktionsterm an.

6 Welche Zahl muss man für x einsetzen, damit der Term seinen kleinsten bzw. größten Wert annimmt? Berechnen Sie diesen kleinsten bzw. größten Wert.
a) $x^2 - 8x + 25$ b) $5 + 2x - x^2$ c) $2{,}5x^2 - 6x - 22$ d) $2c^2 + 2ax - x^2$

114

7 Wie viele Lösungen hat die Gleichung?

a) $1,85\,x^2 + 0,1\,x - 10 = 0$

b) $-x^2 + 3\,x - 3708 = 0$

c) $x^2 + 2\,x + 1 = 0$

d) $5\,x^2 + 1,1\,x = 10$

e) $a\,x^2 + b\,x + c = 0;\ a > |b| \wedge c > |b|$

f) $a\,x^2 + b\,x + c = 0;\ a > |b| \wedge |c| > |b| \wedge c < 0$

8 Wie muss s gewählt werden, dass die Gleichung zwei bzw. eine einzige bzw. keine Lösung besitzt?

a) $4\,x^2 + 3\,x + s = 0$

b) $-4\,x^2 + s\,x + 8 = 0$

c) $s\,x^2 + 3\,x + 5 = 0$

d) $-6\,x^2 - 11\,x + s = 0$

e) $-s\,x^2 + 3\,x = 6$

f) $-x^2 = s\,x - 56$

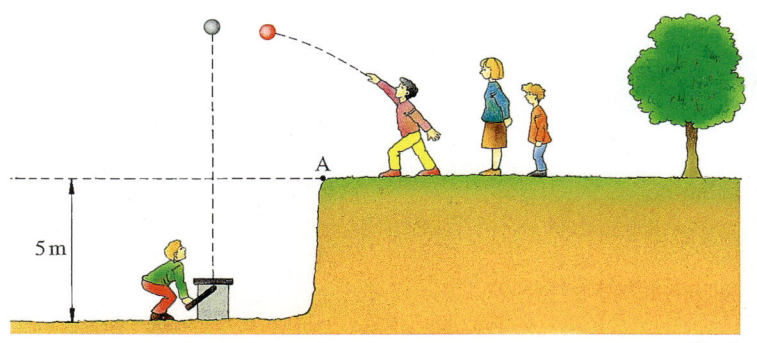

Fig. 1

9 Zur Eröffnung eines neuen Freizeitparks wird als Attraktion ein Ball aus einer Vertiefung abgeschossen. Die Besucher des Parks können versuchen, den Ball mit einem gleich großen Ball zu treffen. Die Flughöhe h (in m) des zu treffenden Balls hängt von der Zeit t (in s) gemäß $h(t) = v_0\,t - \frac{9,81}{2}\,t^2$ ab.

a) Wann erreicht der abgeschossene Ball seine größte Höhe, wenn $v_0 = 20\,\frac{m}{s}$ beträgt? Wie groß ist diese maximale Höhe?

b) Wie lange hat man Zeit, den Ball zu treffen?

10 Der Anhalteweg eines Pkw setzt sich zusammen aus dem Bremsweg und der Strecke, die während der Reaktionszeit zurückgelegt wird. Die Reaktionszeit ist die Zeitspanne vom Erkennen der Gefahr bis zum Beginn des Bremsvorganges. Der Anhalteweg s in m kann auf trockener Straße grob mit dem Term $s(v) = \frac{(0,1\,v)^2}{2} + 0,3\,v$ bestimmt werden, wobei v die Geschwindigkeit in $\frac{km}{h}$ ist, die das Fahrzeug beim Erkennen der Gefahr hatte.

a) Ein Pkw ist mit $120\,\frac{km}{h}$ auf der Autobahn unterwegs, als der Fahrer in 130 m Entfernung eine verlorene Ladung auf der Fahrbahn entdeckt. Kommt er rechtzeitig zum Stehen?

b) Bei welcher Geschwindigkeit ist der Anhalteweg 50 m bzw. 100 m lang?

c) Bei nasser Straße ist die Haftung der Reifen auf der Straße etwa nur noch halb so groß wie bei trockener Fahrbahn. Welche Veränderung müssen Sie am Term s(v) vornehmen, um den Anhalteweg bei nasser Straße ausrechnen zu können? Lösen Sie mit dem veränderten Term nochmals die Teilaufgaben a) und b).

11 Ein Motorradfahrer fährt in einer Tempo-30-Zone mit konstanter Geschwindigkeit und gibt am Ortsende Gas. Ab diesem Zeitpunkt kann der zurückgelegte Weg s (in m) des Motorrads als Funktion der Zeit t (in s) durch den Term $s(t) = 2,5\,t^2 + 8\,t$ wiedergegeben werden.

a) Wie würde der Term lauten, wenn das Motorrad nicht beschleunigen würde? Hält sich der Motorradfahrer innerorts an das Tempolimit?

b) Zeichnen Sie das Zeit-Weg-Diagramm für die ersten 5 Sekunden.

c) Berechnen Sie die mittlere Geschwindigkeit des Motorrads in der ersten, zweiten, dritten, vierten und fünften Sekunde. Was stellen Sie fest?

d) Für die Momentangeschwindigkeit zum Zeitpunkt t_0 gilt: $v(t_0) = \lim\limits_{t \to t_0} \frac{s(t) - s(t_0)}{t - t_0}$.

Berechnen Sie mithilfe des GTR für die ersten 5 Sekunden die Momentangeschwindigkeit zu jeder vollen Sekunde.

e) Zeichnen Sie das Zeit-Geschwindigkeits-Diagramm für die ersten 5 Sekunden. Bestimmen Sie daraus den Wert der Beschleunigung (Geschwindigkeitszuwachs pro Zeit).

12 In Fig. 1 liegen die Punkte P und P′ symmetrisch zur y-Achse und auf der Parabel. Der Scheitel S (0|0) und die Punkte P und P′ bilden also ein gleichschenkliges Dreieck PP′S. Bestimmen Sie die Koordinaten von P und P′ so, dass das Dreieck gleichseitig ist, wenn

a) die Parabel eine Normalparabel ist,

b) die Parabel der Graph von f mit $f(x) = a x^2$ (mit $a > 0$) ist.

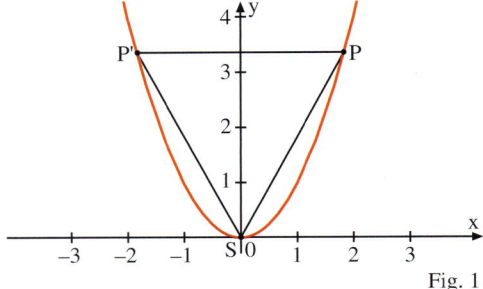

Fig. 1

13 In Nugget City bekommen Goldsucher ein 600 m langes Seil, mit dem sie ihr Landstück abstecken müssen. Dieses Landstück soll rechteckig sein, damit man es auf Landkarten besser einzeichnen kann. Zusätzlich liegt eine Seite des Landstückes am schnurgerade verlaufenden Golden River, damit man das Gold direkt auswaschen kann. Die Seite am Flussufer braucht mit dem Seil nicht abgesteckt zu werden.

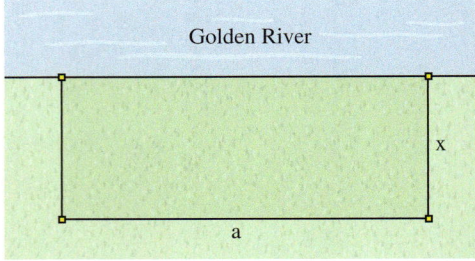

Fig. 2

Jeder Goldsucher will natürlich fette Beute machen und deshalb ein möglichst großes Landstück abstecken.

a) Bestimmen Sie einen Term, mit dem der Flächeninhalt des Landstücks in Abhängigkeit von der gewählten Breite x berechnet werden kann.

b) Welche Abmessungen hat das „optimale" Landstück? Wie groß ist sein Flächeninhalt in Hektar?

c) Wenn man nicht auf Rechtecke eingeschränkt wäre, gäbe es eine andere optimale Form für das Landstück. Wie sähe dann das größtmögliche Landstück aus, welchen Flächeninhalt hätte es?

14 In Fig. 3 sind eine Parabel und mehrere Geraden gezeichnet. Die Geraden haben alle einen Punkt gemeinsam.

a) Wie lautet der Term einer linearen Funktionenschar, mit der die Geraden beschrieben werden können?

b) Für welche Werte des Parameters hat die zugehörige Gerade mit der Parabel zwei oder einen einzigen oder keinen Punkt gemeinsam? Bestimmen Sie die Koordinaten der Berührpunkte.

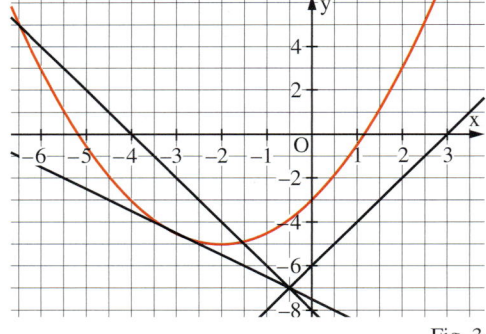

Fig. 3

15 Gegeben ist für jede reelle Zahl t eine quadratische Funktion f_t mit $f_t(x) = x^2 - 3 t x + 2 t^2$.

a) Skizzieren Sie mit dem GTR für verschiedene Werte von t Graphen der Funktionen.

b) Berechnen Sie die Nullstellen von f_t in Abhängigkeit von t. Vergleichen Sie das Ergebnis mit den gezeichneten Graphen.

c) Für welche reellen Zahlen t liegt der Punkt P(4|6) auf dem Graphen der Funktion f_t?

d) Zeigen Sie, dass der Scheitel beim Abszissenwert $\frac{3}{2}t$ liegt, und ermitteln Sie den Ordinatenwert des Scheitels. Für welchen Wert von t liegt der Scheitel am höchsten?

Aufgaben aus dem kaufmännischen Bereich

16 Ein Sparkonto enthält zu Jahresbeginn 2500 €. Es wird zwei Jahre mit dem gleichen Zinssatz verzinst, sodass das Kapital nach Ablauf der zwei Jahre auf 2714,41 € angewachsen ist. Wie hoch ist der Zinssatz?

17 Ein Buchhändler kaufte zum Jahreswechsel für 315 € Kalender derselben Sorte ein. Zu Beginn des neuen Jahres fällt der Preis um 1,50 € pro Kalender, wodurch er 24 Kalender mehr erhalten hätte. Zu welchem Stückpreis kaufte der Händler die Kalender im alten Jahr ein?

18 Eine Zeitschrift mit dem Verkaufspreis 3,50 € wirft pro verkauftem Exemplar einen Gewinn von 5 % ab. Wöchentlich werden 240 000 Exemplare verkauft. Eine Marktuntersuchung hat ergeben, dass pro Preissenkung um 2 ct jeweils 1500 Exemplare mehr abgesetzt werden können.
a) Berechnen Sie jeweils den Gewinn bei einer Preissenkung um 0 ct, 2 ct, 4 ct, x ct.
b) Bei welcher Preissenkung wird der Gewinn maximal und wie groß ist er dann?

19 Gegeben ist im Intervall [0; 15] eine Kostenfunktion K mit $K(x) = \frac{1}{4}x^2 - \frac{1}{2}x + 5$ und eine Erlösfunktion E mit $E(x) = 3x$.
a) Zeichnen Sie die zu K und E gehörigen Graphen und geben Sie die Fixkosten an.
b) Bestimmen Sie aus der graphischen Darstellung den Bereich der Produktionsmenge, in dem der Erlös größer als die Kosten ist. Dieser Bereich heißt Gewinnzone.
c) Die Gewinnzone kann auch mithilfe der Gewinnfunktion G ermittelt werden, wobei $G(x) = E(x) - K(x)$ gilt. Bestimmen Sie einen Term von G und berechnen Sie deren Nullstellen. Vergleichen Sie mit dem Ergebnis aus Teilaufgabe b).

20 Die Fixkosten in einem Betrieb für die Produktion einer Ware belaufen sich auf 60 000 €. Werden 1000 Stück der Ware hergestellt, so erhöhen sich die Kosten um 4000 €, bei 4000 Stück belaufen sich die Gesamtkosten auf 85 000 €.
a) Zeigen Sie, dass die Kostenfunktion K durch $K(x) = 0{,}75x^2 + 3{,}25x + 60$ beschrieben wird (x: produzierte Ware in 1000 Stück, K(x): Kosten in 1000 €).
b) Wie hoch muss der Erlös pro Stück sein, damit die Nutzenschwelle bei 6000 Stück liegt? Wie hoch ist dann die Nutzengrenze? Wie groß ist der maximale Gewinn?

21 Ein Kunsthändler behauptet: „Bei gerahmten Kunstdrucken ist der Rahmen häufig teurer als der Kunstdruck selbst." Er betrachtet dazu Kunstdrucke, deren Breite-Höhe-Verhältnis 4 : 3 beträgt. Für den Hersteller der Kunstdrucke kostet das Bedrucken von 1 dm² Papier 20 ct, die Kosten für den laufenden Meter Rahmen inklusive der Bearbeitung betragen 6 €.
a) Überprüfen Sie die Behauptung des Kunsthändlers für die Bildbreiten 40 cm bzw. 80 cm.
b) Ab welcher Bildbreite ist der Kunstdruck selbst teurer als der Rahmen?

22 Es soll ein Zusammenhang zwischen der Verkaufsfläche und dem Jahresumsatz eines Unternehmens betrachtet werden. Für 11 Filialen erhielt man das folgende Ergebnis:

Fläche (in m²)	42	53	79	90	102	110	123	140	155	162	183
Umsatz (in Tausend €)	150	165	270	251	308	267	310	347	359	405	421

a) Führen Sie eine quadratische Regression der Daten durch. Bei welcher Verkaufsfläche könnte man einen Umsatz von 500 000 € erwarten?
b) Bestimmen Sie die durchschnittliche Änderungsrate im Intervall [50; 100] sowie die momentane Änderungsrate bei 150. Geben Sie eine anschauliche Deutung dieser Werte.

Quadratische Funktionen

Eine Funktion der Form $a \mapsto a\,x^2 + b\,x + c$ mit $a \neq 0$ heißt **quadratische Funktion**, diese Darstellung heißt **Hauptform**.
Der Graph einer quadratischen Funktion ist eine **Parabel**.
Im Gegensatz zu einer linearen Funktion besitzt eine quadratische Funktion stets ein **Extremum** (Maximum bzw. Minimum). Dieses wird an der Stelle $x_S = -\frac{b}{2a}$ angenommen; der zugehörige Funktionswert ist $f(x_S) = c - \frac{b^2}{4a} = y_S$.
Jede quadratische Funktion lässt sich auch in der **Scheitelform** $f(x) = a(x - x_S)^2 + y_S$ darstellen; der Scheitel liegt bei $S(x_S \,|\, y_S)$.

Die Funktion f mit $f(x) = -\frac{1}{4}x^2 + x + 3$ hat als Graph eine nach unten geöffnete Parabel.

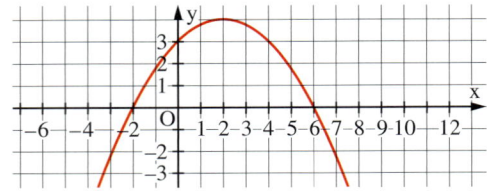

Der Scheitel des Graphen liegt bei $S(2\,|\,4)$; die Scheitelform lautet:
$f(x) = -\frac{1}{4}(x - 2)^2 + 4$

Nullstellen von Funktionen

Eine Zahl $x_0 \in D_f$ mit $f(x_0) = 0$ heißt **Nullstelle** der Funktion f.
Entscheidend für die Existenz von Nullstellen ist die Lösbarkeit der quadratischen Gleichung $a\,x^2 + b\,x + c = 0$; dabei kommt es auf die **Diskriminante** $D = b^2 - 4\,a\,c$ an:
$D > 0$: zwei Nullstellen bei $x_{1,2} = \frac{-b \pm \sqrt{b^2 - 4\,a\,c}}{2a}$
$D = 0$: eine doppelte Nullstelle bei $x_{1,2} = -\frac{b}{2a}$
$D < 0$: keine Nullstellen
Falls eine quadratische Funktion Nullstellen besitzt, kann sie in der **Produktform** $f(x) = a(x - x_1)(x - x_2)$ dargestellt werden.

Bedingung für Nullstellen: $f(x) = 0$
$$-\frac{1}{4}x^2 + x + 3 = 0$$
$$a = -\frac{1}{4}; \; b = 1; \; c = 3$$
Die Diskriminante $D = 1^2 - 4 \cdot \left(-\frac{1}{4}\right) \cdot 3 = 4$ hat ein positives Vorzeichen; die beiden Nullstellen sind $x_1 = -2$ und $x_2 = 6$.
Die Produktform lautet:
$f(x) = -\frac{1}{4}(x + 2)(x - 6)$.

Verschiebung und Streckung

Aus der Scheitelform lässt sich unmittelbar ablesen, dass der Graph der Funktion f mit $f(x) = a \cdot (x - x_S)^2 + y_S$ $(a \neq 0)$ eine um x_S in x-Richtung und um y_S in y-Richtung **verschobene Parabel** ist. Dabei gilt für $x_S > 0$ bzw. $y_S > 0$: Verschiebung nach rechts bzw. nach oben.
Eine solche Parabel ist enger (weiter) als die Normalparabel, falls $|a| > 1$ $(|a| < 1)$ gilt; man nennt a den **Streckungsfaktor**.

Beide Koordinaten des Scheitels $S(2\,|\,4)$ sind positiv. Somit ist die Parabel um 2 nach rechts und um 4 nach oben verschoben. Da der Streckungsfaktor $a = -\frac{1}{4}$ beträgt, ist die Parabel weiter als die Normalparabel und nach unten geöffnet.

Gegenseitige Lage von Parabeln und Geraden

Eine Gerade kann mit einer Parabel entweder zwei Punkte (**Sekante**) oder einen einzigen Punkt (**Tangente**) oder keinen Punkt (**Passante**) gemeinsam haben.
Welcher Fall vorliegt, hängt von der Diskriminante der quadratischen Gleichung ab, die sich aus dem Ansatz $f(x) = g(x)$ ergibt.

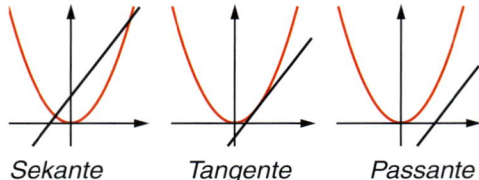

Sekante   Tangente   Passante

Aufstellen von Funktionstermen

Soll aus vorgegebenen Eigenschaften einer Parabel der Term der zugehörigen quadratischen Funktion bestimmt werden, greift man auf diejenige der drei Darstellungsformen zurück, die sich für die gestellte Aufgabe am ehesten eignet.

Alternativ kann man mit dem GTR durch eine quadratische Regression (QuadReg) oder über ein lineares Gleichungssystem den Funktionsterm ermitteln.

Anwendungen

Zur Lösung von Problemen „aus dem täglichen Leben" mittels mathematischer Methoden ist es vorteilhaft, nach dem Vier-Stufen-Kreislauf vorzugehen. Dieser Kreislauf eignet sich für Textaufgaben vielerlei Art und findet über die quadratischen Funktionen hinaus Verwendung.

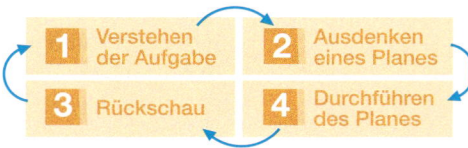

Aufgaben zum Üben und Wiederholen

1 Bestimmen Sie den Term einer quadratischen Funktion, deren Graph durch die Punkte A, B und C geht.

a) $A(-2|-7)$, $B(2|1)$, $C(7|-4)$
b) $A(-4|1)$, $B\left(-1|-\frac{1}{8}\right)$, $C(6|6)$

2 Die Parabel von $x \mapsto a x^2 + b x + c$ hat den Scheitel S und geht durch den Punkt P. Bestimmen Sie a, b und c.

a) $S(8|-5)$, $P(-2|15)$
b) $S(-0,5|1,5)$, $P(1|-7,5)$
c) $S(16|-80)$, $P(-44|-8)$

3 Untersuchen Sie anhand der Wertetabelle, ob eine quadratische Funktion vorliegt, und notieren Sie den Funktionsterm in den drei Formen, falls dies möglich ist.

a)

x	−7	−1	8
f(x)	4	2	−1

b)

x	−5	−3	5
f(x)	−1	−0,2	−5

c)

x	−2	−1	1	4
f(x)	$-\frac{5}{2}$	$-\frac{2}{3}$	1	$-\frac{3}{2}$

4 Die dargestellte Parabel ist der Graph der Funktion f mit $f(x) = 0{,}25\,x^2$, wenn der Ursprung des Koordinatensystems im Punkt A liegt.

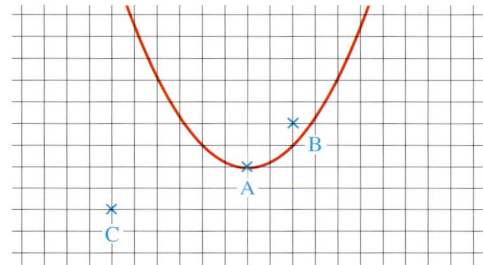

a) Welcher Funktionsterm liefert denselben Graphen, wenn nicht A, sondern B bzw. C als Ursprung gewählt wird?

b) Wo muss der Ursprung liegen, wenn der Funktionsterm $f(x) = 0{,}25\,x^2 - x - 4$ lautet?

5 Bestimmen Sie die Lösungsmenge der quadratischen Ungleichung. Deuten Sie Ihr Ergebnis geometrisch unter Verwendung einer Parabel und einer Geraden.

a) $x^2 - 17x > -220$
b) $3x^2 + 3x - 2 \leq 0$
c) $0{,}2x^2 + 2x \geq -5$
d) $7x^2 < 7x - 7$

6 Für welche Werte der Formvariablen ist die Gerade Sekante bzw. Tangente bzw. Passante der Parabel?

a) $f(x) = a x^2 + 2$
   $g(x) = -4x + 6$

b) $f(x) = \frac{1}{4}x^2 + b x$
   $g(x) = -x - 9$

c) $f(x) = t x^2 + 2$
   $g(x) = -t x + 1$

7 Berechnen Sie die momentane Änderungsrate an der Stelle x_0. Bestimmen Sie damit eine Gleichung der Tangente im Kurvenpunkt $P(x_0|f(x_0))$ der Funktion f.

a) $f(x) = -x^2 + 3x - 4$; $x_0 = -1$
b) $f(x) = -\frac{1}{10}x^2 + \frac{2}{5}x + 2$; $x_0 = 5$

8 Klippenspringer Carlos wird von seinem Freund Pépe beim Sprung beobachtet. Anhand der Markierungen an der Klippe stellt Pépe vom Flug folgende Messreihe auf:

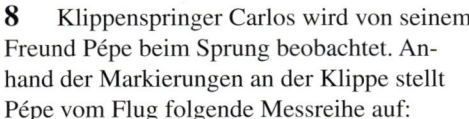

Flugzeit t in Sekunden	0	1	2
Höhe h in Metern	45	43	31

a) Pépe behauptet, der Flug habe nicht einmal vier Sekunden gedauert. Hat er Recht?

b) Mit welcher vertikalen Geschwindigkeit springt Carlos ab? Wie groß ist sie beim Eintauchen ins Wasser?

Die Lösungen zu den Aufgaben dieser Seite finden Sie auf Seite 259.

Mathematische Exkursionen

Warum sammelt ein Parabolspiegel achsenparallel einfallendes Licht im Brennpunkt?

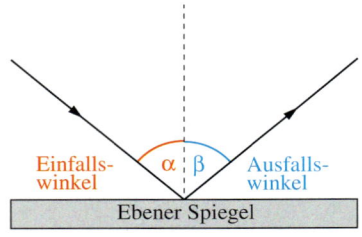

Bei einem ebenen Spiegel gilt das Reflexionsgesetz: $\alpha = \beta$. Man kann das Reflexionsgesetz auch auf gekrümmte Spiegel anwenden, wenn man sich den Spiegel aus kleinen ebenen Spiegelstückchen zusammengesetzt denkt.

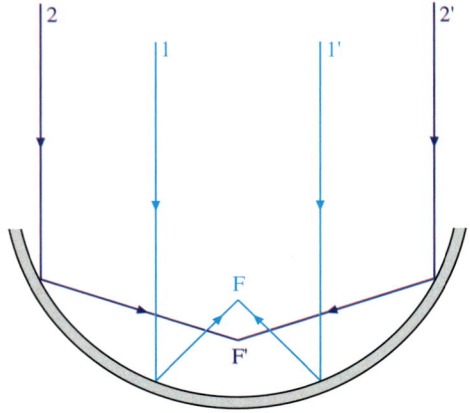

Die Figur zeigt einen Querschnitt durch einen kugelförmig gebogenen Spiegel. Man sieht: Die Strahlen 1 und 1′ treffen sich nach der Reflexion in F, die Strahlen 2 und 2′ in einem anderen Punkt F′. Bei einem derart gebogenen Spiegel wird parallel einfallendes Licht also nicht in einem Punkt gesammelt.

Wie muss man die spiegelnde Fläche biegen, damit dies der Fall ist? Wir nehmen an, dass ein einfallender Lichtstrahl nach der Reflexion durch F geht. Dann wird ∡ BPF durch g halbiert, und es ist $\overline{PF} = \overline{AF}$. Ist B der Schnittpunkt des verlängerten einfallenden Strahls mit der Parallelen zu PF durch A, dann ist ABPF eine Raute und

$$\overline{PF} = \overline{PB} \qquad (*)$$

In einem Koordinatensystem, dessen x-Achse durch die Mitte der Raute geht, habe P die Koordinaten x und y. Schreibt man für $\overline{OF}$ kurz f, dann ist

$$\overline{PF}^2 = (y - f)^2 + x^2$$
$$\overline{PB}^2 = (y + f)^2.$$

Wegen (*) gilt somit

$$(y - f)^2 + x^2 = (y + f)^2 \quad \text{oder}$$
$$y = \frac{1}{4f}x^2 \qquad (**).$$

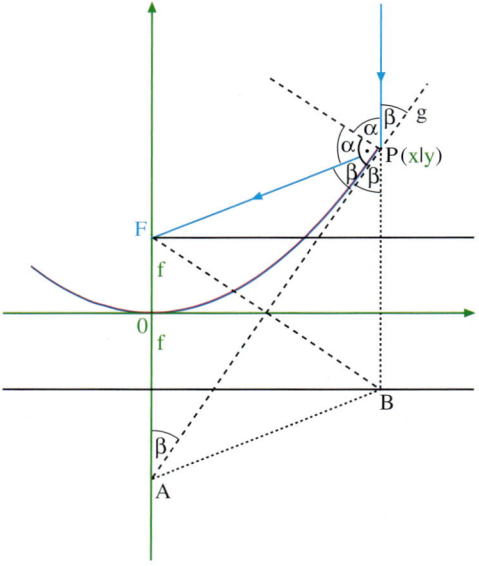

Dies zeigt: Wenn der reflektierte Lichtstrahl durch F geht, dann liegt P auf der Parabel mit der Gleichung (**). Der Spiegel muss also so gebogen werden, dass er die Form eines Paraboloids hat. Alle parallel zur Spiegelachse einfallenden Strahlen gehen dann nach der Reflexion durch F; man nennt deshalb F den Brennpunkt des Paraboloids.

1   Zeichnen Sie eine Gerade g und einen Punkt F mit dem Abstand 2 cm von g. Bestimmen Sie durch Konstruktion einen Punkt P_1, der 3 cm von g und ebenfalls 3 cm von F entfernt ist. Konstruieren Sie weitere Punkte, die von g und F gleich weit entfernt sind. Zeichnen Sie die Parabel, auf der alle so konstruierten Punkte liegen.

2   a) Entnehmen Sie der obigen Gleichung (**), für welchen Wert von f (in cm) die Parabel eine Normalparabel ist. b) Zeichnen Sie eine Gerade g und einen Punkt F mit dem ermittelten Abstand f von g. Konstruieren Sie den Scheitel und einige Punkte der Normalparabel. Überprüfen Sie mit der Normalparabelschablone die Genauigkeit Ihrer Zeichnung.

Zur Bedeutung der Parabel in Naturwissenschaft und Technik

Wenn sich eine Parabel um ihre Symmetrieachse dreht, dann entsteht eine Fläche, die Paraboloid heißt. Sie findet in Wissenschaft und Technik vielfache Verwendung.

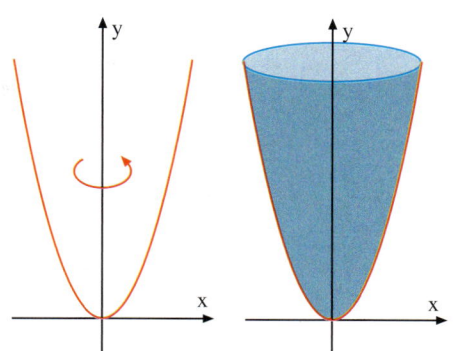

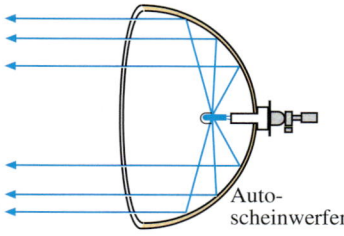

Auto-scheinwerfer

Bei einem **Autoscheinwerfer** befindet sich hinter dem Glas ein parabolförmiger Spiegel (Parabolspiegel). Dadurch wird erreicht, dass die von der Glühbirne ausgehenden Lichtstrahlen in dieselbe Richtung (parallel) reflektiert werden.

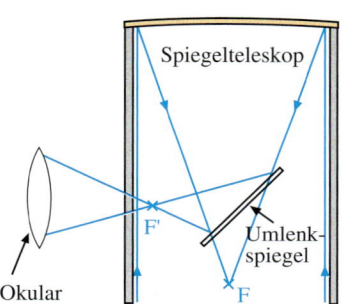

Spiegelteleskop

Okular · F' · Umlenk-spiegel · F

Das Bild rechts zeigt den Hohlspiegel eines **Sonnenkraftwerks** in Kuwait. Der große Hohlspiegel sammelt das einfallende Sonnenlicht auf das Rohr in der Mitte. Mit seiner Hilfe wird Wasser so weit erhitzt, dass es verdampft. Der Dampf betreibt die Turbine eines Elektrizitätswerks.

In der Astronomie verwendet man Spiegel**teleskope**. Bei der Untersuchung weit entfernter Milchstraßen (Galaxien) ist man darauf angewiesen, viel einfallendes Licht zu sammeln. Dies gelingt durch sehr große Parabolspiegel.

Zur Aufnahme und Abstrahlung elektromagnetischer Wellen wie z. B. bei der Übertragung von interkontinentalen Fernsehsendungen und Ferngesprächen über Satellit werden in der Funktechnik **Antennen** verwendet. Bei der Parabolrichtantenne befindet sich der Strahler vor einem paraboloidförmigen Reflektor aus Metallplatten oder Maschendraht. So ergibt sich (wie beim Autoscheinwerfer) eine besonders scharfe Bündelung in eine Richtung (Radaranlagen).

Zur Himmelsbeobachtung werden 8 Parabolantennen des „Very Large Arrays", einer Radioteleskopanlage in der Wüste von New Mexico, eingesetzt. Die Gesamtanlage hat die Form eines Y; sie umfasst 27 Antennen, die alle Paraboloidform haben.

Parabel als Ortslinie

Bisher haben Sie Parabeln als Graphen von quadratischen Funktionen
kennengelernt. Der ursprüngliche Zugang in der Antike zu diesen und
anderen Kurven war aber ein ganz anderer.

Themenbereiche:

1) Zeichnen Sie eine Gerade l und einen Punkt F, der nicht auf l liegt.
Ziehen Sie eine Parallele p_l zu l im Abstand d_1. Der Kreis um F mit
Radius d_1 schneidet die Parallele p_l in den Punkten P_1 und P_1' (Fig. 1).
Führen Sie diese Konstruktion mit anderen Parallelen durch. Verbinden
Sie die sich ergebenden Punkte.
Wie kann man also eine Parabel definieren?

2) Legen Sie folgendes Koordinatensystem fest:
Die y-Achse als Lot von F auf l; der Schnittpunkt des Lotes mit l sei
Q. Die x-Achse als Senkrechte zu dem Lot durch die Mitte der Strecke
FQ. Welche Funktionsgleichung ergibt sich für die ermittelten Punkte
$P_1, P_1' \ldots$ in diesem Koordinatensystem?

3) Fig. 2 zeigt die so genannte Fadenkonstruktion einer Parabel. Erklären Sie die Wirkungsweise. Bauen Sie eine solche Fadenkonstruktion als Gleitmechanismus.

4) Der niederländische Mathematiker FRANS van SCHOOTEN (1615 –
1660) veröffentlichte neben der Fadenkonstruktion den in Fig. 3 dargestellten Gelenkmechanismus zum Zeichnen einer Parabel. Erklären Sie
die Wirkungsweise dieses „Parabelzirkels".

5) Simulieren Sie die Fadenkonstruktion und den Parabelzirkel von
van SCHOOTEN mit einem dynamischen Geometrieprogramm.

6) Mögliche Ergänzung: „Gärtnerkonstruktion" einer Ellipse.

7) Historische Bemerkungen

Literatur:
1) M. GARDNER: Mathematische Spielereien
Die Parabel: Faszination für Ästheten und Praktiker
Spektrum der Wissenschaft, Oktober 1981
2) Themenhefte Mathematik: Kegelschnitte
Klett Verlag, 1985

Stichworte für Internetrecherche:
Parabel als Ortslinie; Fadenkonstruktion der Parabel; van Schootens
Parabelzirkel; van Schooten De organica conicarum; string construc-
tion of parabola; insbesondere: http://members.aol.com/

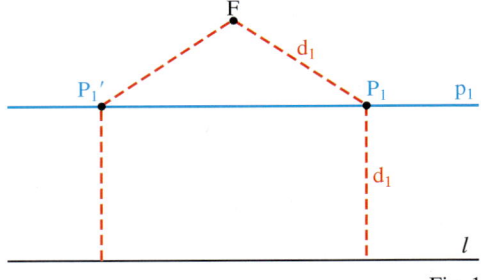

Fig. 1

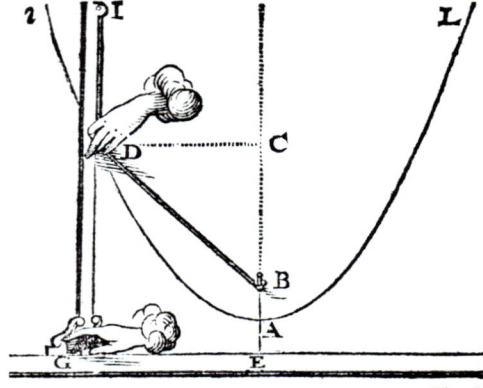

Fig. 2

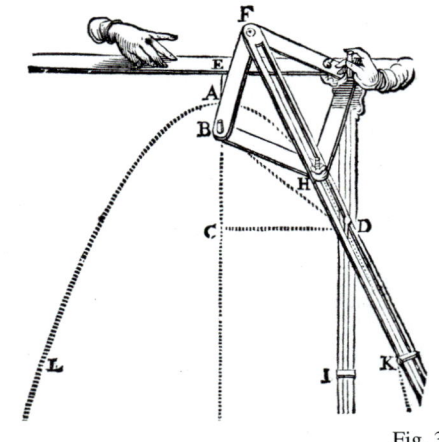

Fig. 3

Parabel als Hüllkurve

Um eine Kurve zeichnen zu können, benötigt man in der Regel viele Punkte. Manchmal erhält man eine Kurve schneller, wenn man Tangenten verwendet. Da in einem solchen Fall die Kurve von ihren Tangenten eingehüllt wird, spricht man von einer Hüllkurve.

Konstruktion mit dem „gleitenden Dreieck"
1) Zeichnen Sie eine Gerade l und einen Punkt F, der nicht auf l liegt. Legen Sie die Ecke S eines rechtwinkligen Dreiecks, an welcher der rechte Winkel liegt, so auf die Gerade l, dass die eine Kathete durch F geht. Ziehen Sie entlang der anderen Kathete eine Gerade (Fig. 1). Führen Sie diese Konstruktion mit verschiedenen Lagen von S durch.

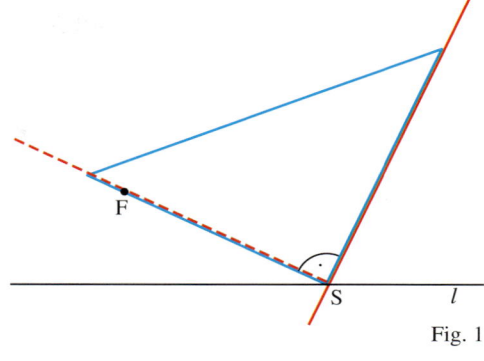

Fig. 1

2) Ist l die x-Achse und das Lot von F auf l die y-Achse eines Koordinatensystems, so hat F die Koordinaten $F(0|a)$, wobei a der Abstand des Punktes F von l ist. Ermitteln Sie die Gleichung der Geradenschar in Abhängigkeit von a und t, wenn $S(t|0)$ auf der x-Achse gleitet. Stellen Sie die Geradenschar für einen speziellen Wert von a auf dem GTR dar. Variieren Sie a.

3) Simulieren Sie die Hüllkonstruktion einer Parabel mit dem „gleitenden Dreieck" mit einem dynamischen Geometrieprogramm.

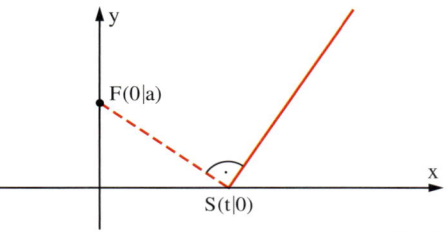

Fig. 2

Konstruktion mit Mittelsenkrechten
1) Zeichnen Sie eine Gerade l und einen Punkt F, der nicht auf l liegt. Der Punkt P liegt auf l. Konstruieren Sie mit dem Geodreieck die Mittelsenkrechte von FP. Führen Sie diese Konstruktion für verschiedene Lagen von P durch.

2) Ermitteln Sie die Gleichung der Geradenschar und stellen Sie diese auf dem GTR dar. Simulieren Sie die Hüllkonstruktion mit einem dynamischen Geometrieprogramm.

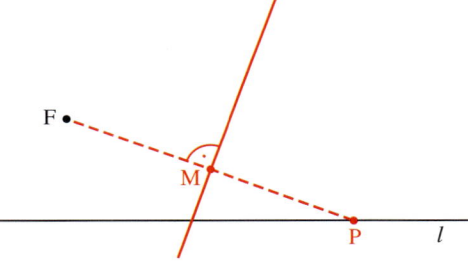

Fig. 3

„Fadenkonstruktion"
Markieren Sie auf den Winkelhalbierenden w_1 und w_2 jeweils vom Nullpunkt ausgehend elf Punkte in gleichmäßigem Abstand und nummerieren Sie diese (Fig. 4).
Verbinden Sie die Punkte 1 und 11, 2 und 10, 3 und 9, ..., 11 und 1 durch Geraden (Fig. 4). Zeichnen Sie die Parabel als Hüllkurve.
Statt der Winkelhalbierenden können Sie auch ein anderes Paar symmetrisch zur y-Achse liegender Geraden nehmen.

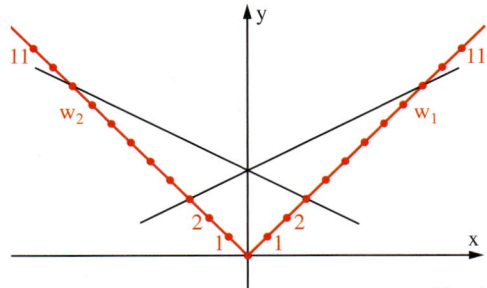

Fig. 4

Literatur:
R. BAUMANN, Analysis 2, Klett Nr. 739514
A. S. POSAMENTIER, Arbeitsmaterialien Mathematik, Klett Nr. 72239

Stichworte für Internetrecherche:
Hüllkurve der Parabel; parabolische Enveloppe; insbesondere:
http://www.fhnon.de

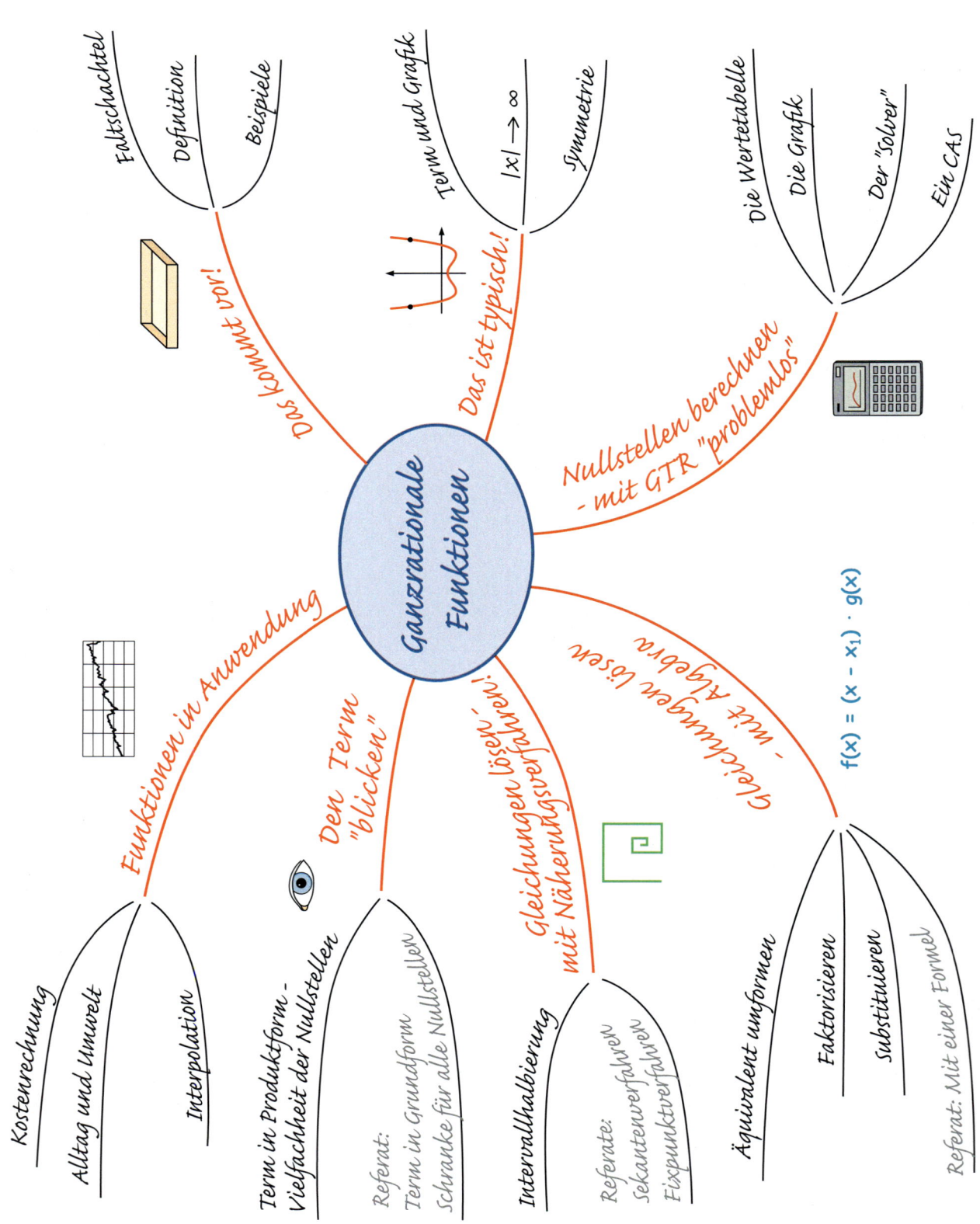

Ganzrationale Funktionen

Das kommt vor!
- Faltschachtel
- Definition
- Beispiele

Das ist typisch!
- Term und Grafik
- $|x| \to \infty$
- Symmetrie

Nullstellen berechnen
- mit GTR "problemlos"
- Die Wertetabelle
- Die Grafik
- Der "Solver"
- Ein CAS

Gleichungen lösen –
mit Algebra
$f(x) = (x - x_1) \cdot g(x)$
- Äquivalent umformen
- Faktorisieren
- Substituieren
- Referat: Mit einer Formel

Gleichungen lösen –
mit Näherungsverfahren
- Intervallhalbierung
- Referate:
  Sekantenverfahren
  Fixpunktverfahren

Den Term
"blicken"
- Term in Produktform –
  Vielfachheit der Nullstellen
- Referat:
  Term in Grundform –
  Schranke für alle Nullstellen

Funktionen in Anwendung
- Kostenrechnung
- Alltag und Umwelt
- Interpolation

V Ganzrationale Funktionen

1 Definition und Beispiele

21 cm

30 cm

1 Aus einem rechteckigen Karton soll eine Schachtel gefaltet werden. Dazu werden an den Ecken jeweils Quadrate der Kantenlänge x ausgeschnitten (Fig. 1).

a) Bestimmen Sie das Volumen V der Schachtel in Abhängigkeit von x und geben Sie eine dem Problem angemessene Definitionsmenge an. Skizzieren Sie den Graphen dieser Funktion.

b) Wie viel etwa muss man einschneiden, damit die Schachtel ein möglichst großes Volumen hat?

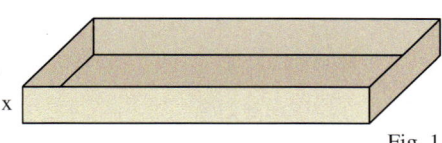

x

Fig. 1

Addiert man Terme von Potenzfunktionen, so entstehen **Polynome**. Beispielsweise entsteht so das Polynom $0,25\,x^3 + 2\,x^2 - 19\,x + 28$ aus $0,25\,x^3$ und $2\,x^2$ und $-19\,x$ und 28.

Allgemein haben Polynome die Form $a_n\,x^n + a_{n-1}\,x^{n-1} + \ldots + a_2\,x^2 + a_1\,x + a_0$.

Definition: Für jedes $n \in \mathbb{N}$ heißt die Funktion

$$f: x \mapsto a_n\,x^n + a_{n-1}\,x^{n-1} + \ldots + a_1\,x + a_0, \ x \in \mathbb{R}$$

ganzrationale Funktion (Polynomfunktion).

Dabei sind die **Koeffizienten** $a_n, a_{n-1}, \ldots, a_0$ reelle Zahlen.

Ist $a_n \neq 0$, so hat f den **Grad n**.

Bemerkungen:

Konstante Funktionen $x \mapsto a_0$ mit $a_0 \neq 0$ haben wegen $a_0 = a_0\,x^0$ den Grad 0.

Der Nullfunktion $x \mapsto 0$ wird kein Grad zugeordnet.

Das Volumen der Schachtel (Aufgabe 1) in Abhängigkeit von ihrer Höhe ist eine ganzrationale Funktion vom Grad 3.

Der Verlauf des Graphen einer ganzrationalen Funktion kann mithilfe des GTR dargestellt werden. Auf seiner gesamten Definitionsmenge, also für $x \to +\infty$ und für $x \to -\infty$, kann er allein dadurch jedoch nie vollständig erfasst werden, da der GTR immer nur einen Ausschnitt des Graphen zeigt.

Die Koordinaten charakteristischer Punkte des Funktionsgraphen können zunächst näherungsweise ermittelt werden, entweder bei angemessener WINDOW-Einstellung im Grafikfenster mit dem Cursor oder aus einer geeigneten Wertetabelle. Eine mögliche Symmetrie und weitere Eigenschaften des Graphen können vermutet werden.

Die Beobachtungen am Graphen werden abgesichert durch algebraische Rechnungen oder Begründungen anhand des Funktionsterms, etwa das Verhalten für $x \to +\infty$ und für $x \to -\infty$ oder die Symmetrie. Punktkoordinaten können mit gewünschter Genauigkeit berechnet werden.

Auf diese Weise ergänzen sich Erkundungen anhand der grafischen Darstellung einer Funktion und deren algebraische Begründungen.

Beispiel:

Gegeben ist eine ganzrationale Funktion f durch $f(x) = 0{,}25\,x^3 + 2\,x^2 - 19\,x + 28$ für $x \in \mathbb{R}$.
Skizzieren Sie den Graphen und beschreiben Sie seinen Verlauf in kurzen Sätzen.

Lösung:

Mit der Standardeinstellung (Fig. 1) zeigt der GTR einen Ausschnitt des Graphen (Fig. 2), der einen parabelförmigen Verlauf im Ganzen vermuten lässt. Die Werte der Tabelle zwischen -10 und -5 widerlegen dies jedoch und zeigen, dass $|x| \leq 20$ und $-100 \leq y \leq 300$ eine geeignete Wahl für das Grafikfenster ist (Fig. 3). Die Darstellung des Funktionsgraphen (Fig. 4) kann als Skizze übernommen werden.

Charakteristische Punkte des Graphen können im Grafikfenster mit dem Cursor näherungsweise abgelesen werden. Es sind die Schnittstellen mit der x-Achse bei -14 sowie 2 und 4, der relative Hochpunkt bei $H(-8{,}3\,|\,180)$ und der relative Tiefpunkt bei $T(3\,|\,-4{,}2)$.

x	$f(x)$
...	...
-16	-180
-15	$-80{,}75$
-14	0
-13	$63{,}75$
-12	112
-11	$146{,}25$
-10	168
-9	$178{,}75$
-8	180
-7	$173{,}25$
-6	160
-5	$141{,}75$
-4	120
-3	$96{,}25$
-2	72
-1	$48{,}25$
0	28
1	$11{,}25$
2	0
3	$-4{,}25$
4	0
5	$14{,}25$
6	40
...	...

Damit lässt sich der Verlauf des Funktionsgraphen etwa so beschreiben:
Der Graph verläuft monoton wachsend aus dem dritten Quadranten bis zu seinem relativen Hochpunkt $H(-8{,}3\,|\,180)$ und schneidet dabei die x-Achse bei $N_1(-14\,|\,0)$. Er fällt danach bis zu seinem lokal tiefsten Punkt $T(3\,|\,-4{,}2)$, wobei er die y-Achse bei 28 und die x-Achse bei 2 und 4 schneidet. Dann steigt er monoton gegen unendlich.

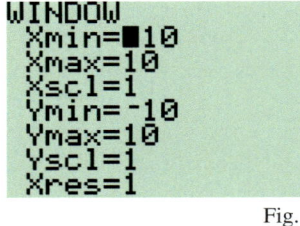

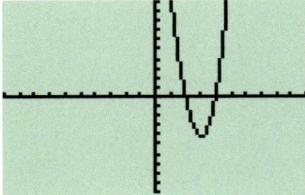

Fig. 1   Fig. 2

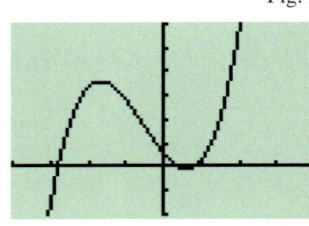

Fig. 3   Fig. 4

Aufgaben

2 Untersuchen Sie die ganzrationale Funktion mithilfe Ihres GTR. Skizzieren Sie den Graphen und beschreiben Sie in kurzen Sätzen den Verlauf.

a) $f(x) = x^3 - 5\,x$ b) $f(x) = -x^3 - 5\,x$ c) $f(x) = 0{,}1\,x^4 + x^3 - x$

d) $f(x) = x^4 - x^2 + 1$ e) $f(x) = x^4 - x^3 + 1$ f) $f(x) = x^4 - x + 1$

3 Wählen Sie eine Funktion 4. Grades für ein „Funktionendiktat".

a) Skizzieren Sie den Graphen und notieren Sie die Koordinaten charakteristischer Punkte. Beschreiben Sie den Verlauf des Funktionsgraphen in kurzen Sätzen.

b) Ihr Tischnachbar soll nun nach Ihrer Beschreibung Ihren Graphen skizzieren, ohne den Graphen gesehen zu haben. Vergleichen Sie die beiden Graphen.

4 Untersuchen Sie für $t \in \mathbb{R}$ die Schar ganzrationaler Funktionen f_t mit $f_t(x) = x^3 - t\,x$. Notieren Sie Gemeinsamkeiten, unterscheiden Sie verschiedene Typen und geben Sie jeweils ein Beispiel mit Skizze an.

5 Entscheiden Sie, ob f ganzrational ist und geben Sie gegebenenfalls den Grad an.

a) $f(x) = x^3 - \sqrt{5}\,x$ b) $f(x) = x^3 - 5\,\sqrt{x}$ c) $f(x) = x^2(2 - \sqrt{x})(2 + \sqrt{x})$

2 Funktionswerte für $|x| \to \infty$

1 Vergleichen Sie anhand einer Tabelle die Funktionswerte der ganzrationalen Funktion f mit $f(x) = x \mapsto 2x^3 + x$ mit denen der Potenzfunktion g mit $g(x) = 2x^3$ für sehr große x-Werte und sehr kleine x-Werte (also für $x \to +\infty$ und für $x \to -\infty$).
a) Um wie viel weicht jeweils $f(x)$ von $g(x)$ ab?
b) Wie viel ist dies jeweils prozentual im Vergleich zu $g(x)$?

0,2 ist nicht groß und nicht klein, −5 000 000 ist klein!

Wertetabellen und Grafiken von Funktionen zeigen immer nur einen Ausschnitt des Graphen. Für sehr große und für sehr kleine x-Werte kann das Verhalten ganzrationaler Funktionen anhand des Funktionsterms begründet werden.
Für die Funktion f mit $f(x) = 3x^3 - 5x^2 + 2$ gilt zum Beispiel:

x	0	1	5	10	100	10^3	10^4	$2 \cdot 10^4$
f(x)	2	0	252	2502	$\approx 2{,}95 \cdot 10^6$	$\approx 2{,}995 \cdot 10^9$	$\approx 3{,}000 \cdot 10^{12}$	$\approx 2{,}400 \cdot 10^{13}$

Für sehr große x-Werte scheint $f(x)$ nur „wenig" von $3x^3$ abzuweichen.
Eine Termumformung für $x \neq 0$ macht dies deutlich:
$$f(x) = 3x^3 - 5x^2 + 2 = x^3\left(3 - \frac{5}{x} + \frac{2}{x^3}\right).$$

Für sehr große x-Werte nehmen $-\frac{5}{x}$ und $\frac{2}{x^3}$ Werte nahe null an, der Wert des Klammerausdrucks ist dann ungefähr 3. Der Term $3x^3$ „dominiert" also für $x \to +\infty$. Aber Vorsicht – „dominieren" bedeutet nicht asymptotisches Verhalten!
Der absolute Unterschied zwischen $f(x)$ und $3x^3$ beträgt $|f(x) - 3x^3| = |5x^2 - 2|$ und vergrößert sich für $x \to +\infty$.
Der relative Unterschied zwischen $f(x)$ und $3x^3$ beträgt $\left|\frac{f(x) - 3x^3}{3x^3}\right| = \left|\frac{2}{3x^3} - \frac{5}{3x}\right|$ und strebt gegen null.
„Dominieren" oder „bestimmen" bedeutet hier also, dass der relative Fehler klein ist.

Die kleine Zahl −5 000 000 hat großen Betrag!

Beides gilt offensichtlich auch für sehr kleine x-Werte, also für $x \to -\infty$.
Mit dem GTR kann dies anhand der Graphen visualisiert werden.
Diese Überlegungen lassen sich auf ganzrationale Funktionen n-ten Grades übertragen.
Für $x \neq 0$ gilt $f(x) = a_n x^n + a_{n-1} x^{n-1} + \ldots + a_1 x + a_0 = x^n\left(a_n + \frac{a_{n-1}}{x} + \ldots + \frac{a_1}{x^{n-1}} + \frac{a_0}{x^n}\right)$.
Für x-Werte mit großem Betrag unterscheidet sich der Term in der Klammer nur sehr wenig von a_n. Der Term $a_n x^n$ bestimmt somit das Verhalten von $f(x)$ für $|x| \to \infty$.

> Das Verhalten einer ganzrationalen Funktion vom Grad n wird für $x \to +\infty$ bzw. $x \to -\infty$ vom Summanden $a_n x^n$ bestimmt.

Ist $a_n > 0$, so folgt für $f(x) = a_n x^n + a_{n-1} x^{n-1} + \ldots + a_1 x + a_0$:
Ist n gerade, so gilt $f(x) \to +\infty$ für $x \to -\infty$ und für $x \to +\infty$.
Ist n ungerade, so gilt $f(x) \to -\infty$ für $x \to -\infty$ und $f(x) \to +\infty$ für $x \to +\infty$.
Für $a_n < 0$ gilt Entsprechendes.

Beispiel 1:
Beschreiben und begründen Sie für die Funktion f mit $f(x) = -0,2\,x^4 + 3\,x^3 + 10\,x^2 - 6\,x - 7$ den Verlauf für große und kleine x-Werte.
Lösung:
f ist eine ganzrationale Funktion vom Grad 4. Für betragsmäßig große x-Werte ist der Term $a_4\,x^4 = -0,2\,x^4$ dominierend. Also strebt f(x) gegen $-\infty$ sowohl für $x \to +\infty$ als auch für $x \to -\infty$.

Beispiel 2:
Gegeben ist die Funktion f mit $f(x) = 2\,x^5 - 3\,x^3 + x^2 - 2$.
a) Beschreiben Sie das Verhalten von f für $|x| \to \infty$ durch eine geeignete Potenzfunktion p.
b) Erläutern Sie den Sachverhalt anhand einer Wertetabelle.
c) Zeigen Sie anhand der Terme, dass der absolute Unterschied zwischen f und p größer wird, der relative Unterschied aber kleiner.
Lösung:
a) Die Funktion f verhält sich für betragsmäßig große Werte von x wie die Potenzfunktion mit $p(x) = 2\,x^5$. Es gilt also $f(x) \to -\infty$ für $x \to -\infty$ und $f(x) \to +\infty$ für $x \to +\infty$.
b) Wertetabelle:

x	-10^6	-10^3	-10	0	10	10^3	10^6
$f(x)$	$-2,00 \cdot 10^{30}$	$-2,00 \cdot 10^{15}$	$-1,97 \cdot 10^5$	-2	$1,97 \cdot 10^5$	$2,00 \cdot 10^{15}$	$2,00 \cdot 10^{30}$
$p(x)$	$-2 \cdot 10^{30}$	$-2 \cdot 10^{15}$	$-2 \cdot 10^5$	0	$2 \cdot 10^5$	$2 \cdot 10^{15}$	$2 \cdot 10^{30}$
$|f(x) - p(x)|$	$3,00 \cdot 10^{18}$	$3,00 \cdot 10^9$	$3,10 \cdot 10^3$	2	$2,90 \cdot 10^3$	$3,00 \cdot 10^9$	$3,00 \cdot 10^{18}$
$\left|\frac{f(x) - p(x)}{p(x)}\right|$	$1,50 \cdot 10^{-12}$	$1,50 \cdot 10^{-6}$	$1,55 \cdot 10^{-2}$	–	$1,45 \cdot 10^{-2}$	$1,50 \cdot 10^{-6}$	$1,50 \cdot 10^{-12}$

An den ersten drei Zeilen ist ersichtlich, dass die Werte von f und p in den ersten Ziffern immer besser übereinstimmen, je größer $|x|$ ist. Die vierte Zeile zeigt jedoch auch, dass der Unterschied zwischen f und p immer größer wird. Wenn f(x) und $2\,x^5$ „immer genauer" – also in immer mehr Stellen – übereinstimmen, so bedeutet dies, dass der relative Unterschied gegen null strebt, was an der fünften Zeile gut erkennbar ist.
c) Es ist $|f(x) - p(x)| = |-3\,x^3 + x^2 - 2|$, und dieser Term strebt gegen unendlich für $|x| \to +\infty$. Der relative Unterschied ist $\left|\frac{f(x) - p(x)}{p(x)}\right| = \left|\frac{-3}{2x^2} + \frac{1}{2x^3} - \frac{1}{x^5}\right|$ und strebt gegen null.

Aufgaben

2   Geben Sie eine Potenzfunktion an, die das Verhalten von f für betragsmäßig große Werte von x beschreibt.
a) $f(x) = 4 - 3\,x^3 + x^2 - x^5$ b) $f(x) = 2(1 - x)(x^2 - 1)$ c) $f(x) = (2\,x^2 + 1)(4 - x) - 3\,x^3$

3   Untersuchen Sie das Verhalten für $x \to +\infty$ und für $x \to -\infty$.
a) $f(x) = x^3 + 2\,x^2 + 2\,x - 1$ b) $f(x) = -3\,x^4 + 3\,x^3 - x + 1$ c) $f(x) = 3\,x - x^3$
d) $f(x) = -2\,x^4 + 0,5\,x^2$ e) $f(x) = x^3(1 - x^2)$ f) $f(x) = (1 - 2\,x)(2 + 5\,x^2)$
g) $f(x) = x(1 - 2\,x)^2$ h) $f(x) = (x + 2\,x^3)(x^2 - 1)$ i) $f(x) = (2\,x - 1)^3 + 4$

4   Bestimmen Sie die Potenzfunktion p, die das Verhalten von f für $|x| \to +\infty$ beschreibt. Erläutern Sie anhand spezieller Werte und anhand der Funktionsterme, wie sich der absolute und der relative Unterschied zwischen f(x) und p(x) für betragsmäßig große Werte von x ändert.
a) $f(x) = 0,5\,x^3 + 2\,x^2 - 3\,x + 2$ b) $f(x) = -x^4 + 5\,x^3 - 4\,x^2 - 6$

5 Beschreiben und begründen Sie in kurzen Sätzen den Verlauf des Funktionsgraphen und fertigen Sie eine Skizze an.

a) $f(x) = -x^3 + 2x$ b) $g(x) = x^4 - 4x^2 + 2,5$ c) $h(x) = x^5 - 3x^4 + 2x^3$

6 a) Erstellen Sie auf dem GTR Graphen der Funktionen f, g, h und k mit
$f(x) = 0,1x^3 - x^2 + 2x - 2$; $g(x) = 0,2x^4 - x^2 - 1$; $h(x) = 0,6x^5 - x^4 - x^3$; $k(x) = 0,1x^6 - 4$.
Erstellen Sie weitere Graphen ganzrationaler Funktionen, indem sie den Grad und die Koeffizienten variieren. Achten Sie auf eine gute Ausnutzung des Grafikfensters.

b) Gegeben ist die Funktion f mit $f(x) = \frac{1}{50} \cdot x^4 + x^3 - x + 1$.

Erstellen Sie auf dem GTR den Graphen der Funktion f. Entspricht dieser Graph Ihren Kenntnissen über ganzrationale Funktionen?

c) Erstellen Sie den Graphen einer ganzrationalen Funktion fünften Grades, der in einem Grafikfenster aussieht wie der Graph einer ganzrationalen Funktion vierten Grades.

7 Ordnen Sie dem Graphen den passenden Term zu und begründen Sie Ihre Entscheidung. Skizzieren Sie den Graphen und ergänzen Sie die fehlenden Skalen.

a)   b)   c)

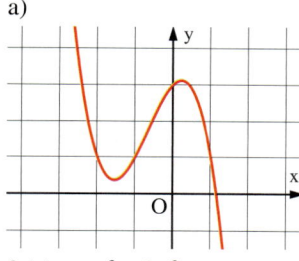  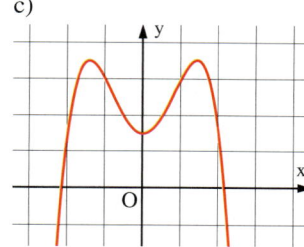

$f_1(x) = -x^3 - 2x^2 + x + 3$ $f_2(x) = x^4 - 6x^2 + 3$

$f_3(x) = -x^4 + 4x^2 + 3$ $f_4(x) = 3 - 2x + x^2 + x^4 - 0,2x^5$

$f_5(x) = 0,2x^5 - x^4 + x^2 + 2x + 3$ $f_6(x) = 3 - 10x^4 + x^6 + 12x^2$

8 Begründen Sie oder geben Sie ein Gegenbeispiel an:
Eine ganzrationale Funktion mit ungeradem Grad hat mindestens eine Nullstelle.

9 Begründen Sie folgende Aussage über das Verhalten ganzrationaler Funktionen für $x \approx 0$:
Für betragsmäßig kleine x-Werte dominiert der lineare Term $a_0 + a_1 x$.

0,2 ist betragsmäßig klein!

10 Geben Sie drei möglichst verschiedene ganzrationale Funktionen an, die für $|x| \to +\infty$ das gleiche Verhalten wie $4x^3$ aufweisen und die y-Achse an der Stelle 5 schneiden. Skizzieren Sie die Graphen in ein gemeinsames Koordinatensystem.

11 Geben Sie zu dem Graphen einen möglichen Funktionsterm an und eine passende Skalierung der Koordinatenachsen.

a)   b)   c)

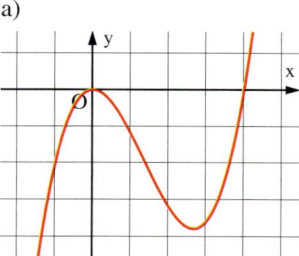 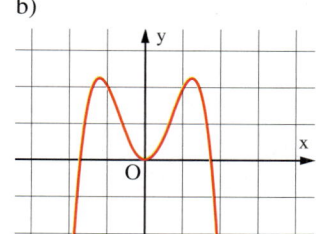 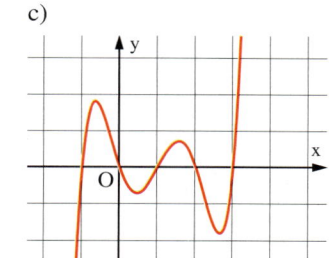

3 Symmetrie von Funktionsgraphen

1 Skizzieren Sie den Funktionsgraphen. Vergleichen Sie die Funktionswerte an den Stellen 1 und −1; 2 und −2; a und −a. Was bedeuten die Ergebnisse für den zugehörigen Graphen?

a) $f(x) = x^4 + x^2 - 2$ b) $g(x) = x^3 - x$ c) $h(x) = x^3 + x^2$

Prüfbedingung:
$f(-x) = f(x)$ für alle x
⇔ y-Achsensymmetrie

Prüfbedingung:
$f(-x) = -f(x)$ für alle x
⇔ Symmetrie zu O(0|0)

Graphen und Wertetabellen von Funktionen weisen manchmal auf Symmetrien hin, die anhand des Funktionsterms bestätigt oder widerlegt werden müssen. Die entsprechenden „Prüfbedingungen" für Achsensymmetrie zur y-Achse und Punktsymmetrie zum Ursprung gelten für alle Funktionen und sind aus Kapitel III bekannt. Bei ganzrationalen Funktionen erkennt man diese speziellen Symmetrien relativ einfach.

Treten wie bei der Funktion f mit $f(x) = 2x^4 - 3x^2 + 2$ nur gerade Potenzen von x auf, so gilt stets $f(-x) = f(x)$ für alle x:

$$f(-x) = 2(-x)^4 - 3(-x)^2 + 2 = 2x^4 - 3x^2 + 2 = f(x).$$

Der Funktionsgraph ist also symmetrisch zur y-Achse.

Treten wie bei der Funktion f mit $f(x) = x^5 + 2x^3 - 4x$ nur ungerade Potenzen von x auf, so gilt stets $f(-x) = -f(x)$ für alle x:

$$f(-x) = (-x)^5 + 2(-x)^3 - 4(-x) = -x^5 - 2x^3 + 4x = -(x^5 + 2x^3 - 4x) = -f(x).$$

Der Funktionsgraph ist also symmetrisch zum Koordinatenursprung.

Satz: Eine ganzrationale Funktion f mit $f(x) = a_n x^n + \ldots + a_1 x + a_0$ ist

gerade,	**ungerade,**

wenn der Funktionsterm $f(x)$ nur x-Potenzen mit

geraden Hochzahlen	**ungeraden Hochzahlen**

enthält. Es gilt auch die Umkehrung.
Ihr Graph ist damit

symmetrisch zur y-Achse	**symmetrisch zum Koordinatenursprung.**

Bemerkung: Wegen $a_0 = a_0 x^0$ gilt a_0 als Summand mit gerader Hochzahl.

Beispiel 1: (Symmetrie mit Prüfbedingung)
Überprüfen Sie, ob die Funktion f mit $f(x) = x^5 - 3x^3 + 2x$ gerade oder ungerade ist.
Welche Symmetrie weist der Funktionsgraph auf?

f(−x) bilden, umformen und mit f(x) bzw. −f(x) vergleichen!

Lösung:
Es ist $f(-x) = (-x)^5 - 3(-x)^3 + 2(-x) = -x^5 + 3x^3 - 2x = -(x^5 - 3x^3 + 2x) = -f(x)$ für alle x.
Also ist f eine ungerade Funktion und ihr Graph punktsymmetrisch zum Ursprung O(0|0).

Beispiel 2: (Symmetrie ohne Prüfbedingung)
Überprüfen Sie, ob die gegebene Funktion gerade oder ungerade ist.

a) $f(x) = 4x^2 - \sqrt{5}\,x^8 + 9$ b) $g(x) = 6 + 3x + 0{,}4x^3$

Hochzahlen betrachten!

Lösung:
a) Die Funktion f ist ganzrational. Der Term $f(x)$ enthält nur gerade Potenzen von x, also ist f eine gerade Funktion.
b) Da 6 als Summand mit gerader Hochzahl gilt und die restlichen Potenzen von x ungerade sind, ist g weder eine gerade noch eine ungerade Funktion.

Nun sind die Funktionen f mit $f(x) = -x^2 + 4x - 1$ und g mit $g(x) = x^3 - 3x^2 + 4$ weder gerade noch ungerade. Ihre Graphen weisen dennoch eine Symmetrie auf.

Bei Punktsymmetrie zu P:

y_0 ist das **arithmetische Mittel** von

$f(x_0 + h)$ und $f(x_0 - h)$

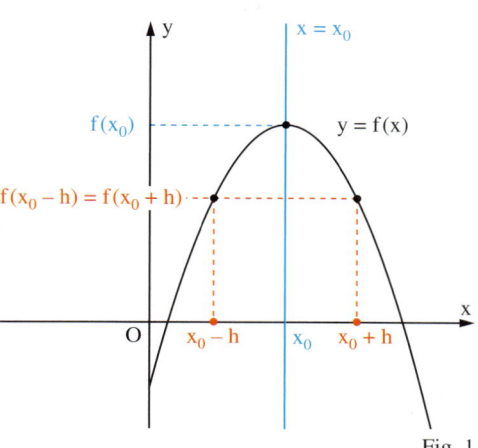

Fig. 1

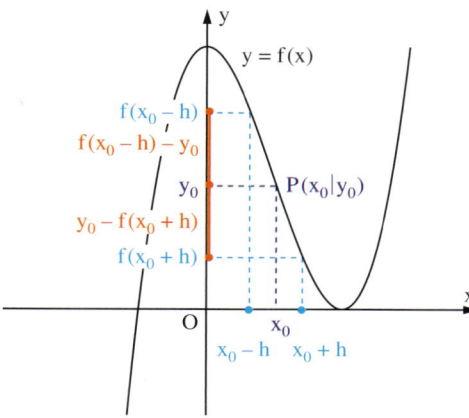

Fig. 2

Für alle $h \in \mathbb{R}$ mit $x_0 \pm h \in D$ gilt:
$f(x_0 - h) = f(x_0 + h)$.

Der Graph von f ist **achsensymmetrisch zur Geraden $x = x_0$**.

Für alle $h \in \mathbb{R}$ mit $x_0 \pm h \in D$ gilt:
$f(x_0 - h) - y_0 = y_0 - f(x_0 + h)$
bzw. $y_0 = \frac{1}{2}[f(x_0 - h) + f(x_0 + h)]$.

Der Graph von f ist **punktsymmetrisch zum Punkt $P(x_0 | y_0)$**.

Beispiel 3: (Punktsymmetrie zu $P(x_0 | y_0)$)
Zeigen Sie, dass der Graph von f mit $f(x) = x^3 - 3x^2$ punktsymmetrisch zum Punkt $P(1 | -2)$ ist.
Lösung:
Es ist $x_0 = 1$ und $y_0 = -2$.
Weiterhin ist $\frac{1}{2}[f(x_0 - h) + f(x_0 + h)] = \frac{1}{2}[f(1 - h) + f(1 + h)]$

$= \frac{1}{2}[(1-h)^3 - 3(1-h)^2 + (1+h)^3 - 3(1+h)^2] = \frac{1}{2}[(h^3 - 3h - 2 - (h^3 - 3h + 2)] = -2$.

Also ist der Graph von f punktsymmetrisch zum Punkt $P(1 | -2)$.

Aufgaben

2 Untersuchen Sie den Funktionsgraphen auf Symmetrie zur y-Achse oder zum Koordinatenursprung.

a) $f(x) = 2 - 3x^4$

b) $f(x) = x^3 + 3x$

c) $f(x) = -2x^6 + 3x^2$

d) $f(x) = x^3 - x + 1$

e) $f(x) = x\left(2x^2 - \frac{1}{3}x^4\right)$

f) $f(x) = (x - 1)^3 + 3x^2 + 1$

3 Überprüfen Sie, ob der Graph der Funktion f zur Geraden g symmetrisch ist.

a) $f(x) = x^2 - 2x$; g: x = 1

b) $f(x) = x^4 - 8x^3 + 20x^2 - 16x$; g: x = 2

4 Untersuchen Sie, ob der Graph der Funktion f zum Punkt P symmetrisch ist.

a) $f(x) = -x^3 + 3x^2 + x$; $P(1 | 3)$

b) $f(x) = x^5 + 5x^4 + 7x^3 + x^2$; $P(-1 | -2)$

131

5 Untersuchen Sie den Funktionsgraphen auf Symmetrie.

a) $f(x) = 2x^3 - x^2$ b) $f(x) = 2 - x + 3x^3$ c) $f(x) = (x-1)^4 + (x-1)^2$

d) $f(x) = x(1 + x^2)$ e) $f(x) = x^7 - x^2(x^3 + 2x)$ f) $f(x) = (x - x^2)(x^2 - x - 6)$

6 Geben Sie die Gleichung einer ganzrationalen Funktion f mit den angegebenen Eigenschaften an. Entscheiden und begründen Sie, ob es mehrere Funktionen mit den geforderten Eigenschaften gibt.

a) f hat den Grad drei, ihr Graph ist symmetrisch zum Koordinatenursprung und schneidet die x-Achse an der Stelle 2.

b) Die Funktion hat den Grad vier, ihr Graph ist symmetrisch zur y-Achse und schneidet beide Koordinatenachsen bei 3.

c) Die Funktion f ist vom Grad 4, ihr Graph ist zu der Geraden mit der Gleichung $x = 2$ symmetrisch, er schneidet die y-Achse bei 2 und strebt gegen $-\infty$ für $x \to -\infty$ wie $p(x) = -x^4$.

d) f hat den Grad 5, ihr Graph ist symmetrisch zum Koordinatenursprung, verhält sich für $x \to \infty$ wie $y = -2x^5$ und schneidet die x-Achse an der Stelle 2.

e) Die gerade Funktion f vom Grad 6 hat die doppelte Nullstelle -2, schneidet die y-Achse bei 1 und die x-Achse bei 3.

7 Gegeben ist für $t \in \mathbb{R}$ die Funktionenschar f_t durch $f_t(x) = (1 - t^2)x^3 + tx^2 - (1 + t)x$.

a) Für welchen Wert von t ist die Funktion f_t ungerade?

b) Für welchen Wert von t ist die Funktion f_t gerade?

c) Welche der Scharfunktionen haben einen achsensymmetrischen Graphen?

d) Welche der Scharfunktionen haben einen punktsymmetrischen Graphen?

8 Betrachten Sie die Funktionenschar aus Aufgabe 7.
Entscheiden Sie, ob die Aussage wahr ist, und begründen Sie Ihre Entscheidung.

a) Für alle $t > 1$ gilt: $f_t(x)$ strebt gegen $-\infty$ für $x \to \infty$.

b) Für alle $t < -1$ gilt: $f_t(x)$ strebt gegen ∞ für $x \to \infty$.

c) Für alle $|t| = 1$ gilt: $f_t(x)$ strebt gegen ∞ für $|x| \to \infty$.

d) Für alle $|t| < 1$ gilt: $f_t(x)$ strebt gegen $-\infty$ für $x \to -\infty$.

9 Der Graph einer Funktion sei symmetrisch zur y-Achse. Wird er verschoben, so bleibt er symmetrisch, nur die Achse ändert sich. Erläutern Sie dies an der Funktion f mit $f(x) = x^4 - 2x^2$.

10 Die Symmetrie des Graphen einer Funktion f zur Symmetrieachse $x = a$ kann auch mit folgenden Überlegungen rechnerisch begründet werden:

1. Der Graph von f wird um $-a$ in x-Richtung verschoben.

2. Der verschobene Graph ist zur y-Achse symmetrisch.

Führen Sie diese Überlegungen anhand einer selbst gewählten Funktion vom Grad 4 durch.

11 Formulieren Sie analoge Überlegungen wie in Aufgabe 10 für Funktionen, deren Graphen zum Punkt $P(x_0 | y_0)$ punktsymmetrisch sind.

Erläutern Sie diese an einer selbst gewählten Funktion vom Grad 3.

12 Zeigen Sie mithilfe der Prüfbedingungen allgemein:

a) Sind f und g zwei gerade Funktionen, so sind auch $f + g$, $f - g$ und $f \cdot g$ gerade Funktionen.

b) Sind f und g zwei ungerade Funktionen, so sind auch $f + g$ und $f - g$ ungerade Funktionen.

c) Geben Sie ein Beispiel für zwei ungerade Funktionen an, deren Produkt nicht ungerade ist.

d) Formulieren Sie entsprechende Aussagen über das Produkt von geraden mit ungeraden Funktionen und erläutern Sie diese anhand von Beispielen. Begründen Sie die Aussagen allgemein.

4 Nullstellen von Funktionen – mit GTR

1 Bestimmen Sie die Nullstellen der Funktion.

a) $f(x) = 0{,}5\,x^2 + 2\,x - 1$ b) $f(x) = 0{,}5\,x^3 + 2\,x - 1$ c) $f(x) = 0{,}5\,x^4 + 2\,x - 1$

Bisher wurde zu gegebenen x-Werten deren Funktionswerte $f(x)$ berechnet (Fig. 1; roter Pfeil). Oft stellt sich auch das umgekehrte Problem: Gegeben ist ein Funktionswert a einer ganzrationalen Funktion f; gesucht sind alle x-Werte, für die $f(x) = a$ ist (Fig. 1; blaue Pfeile).

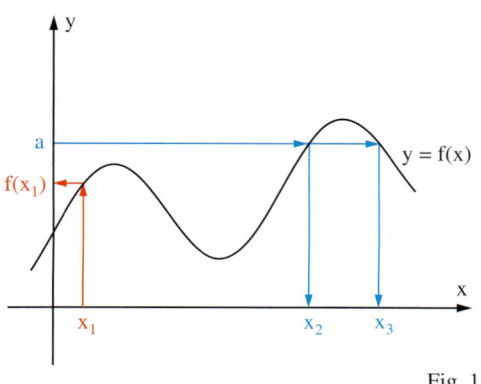

Fig. 1

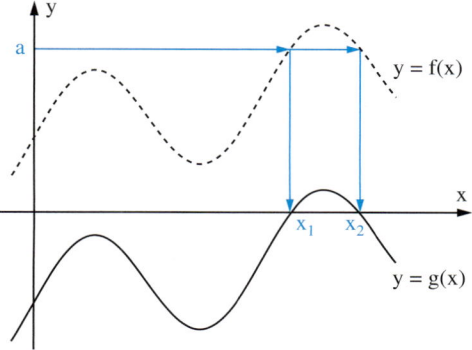

Fig. 2

Für die x-Werte mit $f(x) = a$ nimmt die Funktion g mit $g(x) = f(x) - a$ den Wert 0 an (Fig. 2). Man kann sich daher auf den Fall $a = 0$ beschränken.
Geometrisch gesehen handelt es sich dabei um die Bestimmung der Schnittpunkte des Graphen von g mit der x-Achse.

Nicht verwechseln:
x_1: Nullstelle der Funktion;
$(x_1|0)$: Schnittpunkt mit
der x-Achse

> **Definition:** Eine Zahl $x_1 \in D_f$, für die $f(x_1) = 0$ ist, heißt **Nullstelle** der Funktion f.

Die **Bestimmung von Schnittpunkten zweier Funktionsgraphen** und das **Lösen einer Gleichung** sind im Kern **das gleiche Problem**, einmal geometrisch betrachtet mithilfe von Graphen und einmal formuliert mit algebraischen Begriffen.

D_T ist die Definitionsmenge von T. D ist die gemeinsame Definitionsmenge von f und g.

Ist eine Gleichung $T(x) = 0$ für $x \in D_T$ zu lösen, so kann dies als Bestimmung aller Nullstellen der Funktion $T: x \mapsto T(x)$ mit $x \in D_T$ interpretiert werden.

Das Lösen einer Gleichung der Form $f(x) = g(x)$ für $x \in D$ kann grafisch gedeutet werden als die Bestimmung aller Schnittstellen der beiden Funktionsgraphen von f und g. Der Äquivalenzumformung zu der Gleichung $f(x) - g(x) = 0$ entspricht dabei der Übergang zu dem Problem, die Nullstellen der Differenzfunktion u mit $u(x) = f(x) - g(x)$ zu ermitteln. Die Schnittstellen von f und g sind die gleichen wie die Nullstellen von u. Die y-Koordinaten der Schnittpunkte liegen im Allgemeinen natürlich nicht auf der x-Achse.

Der GTR bietet mehrere Möglichkeiten, Nullstellen von Funktionen, Lösungen von Gleichungen oder Schnittstellen von Funktionsgraphen zu ermitteln.

TABLE

Beispiel 1:

Bestimmen Sie die Nullstellen von f mit $f(x) = 0{,}8\,x^3 + 2\,x^2 - 3{,}6\,x - 7{,}2$.

Lösung:

Einen ersten Überblick geben Graph und Wertetabelle. Die Standardeinstellung zeigt unmittelbar die typische Form von Graphen 3. Grades mit drei Nullstellen. Einer verfeinerten Wertetabelle der Schrittweite 0,5 zwischen -4 und 3 können die Nullstellen -3; $-1{,}5$ und 2 unmittelbar entnommen werden.

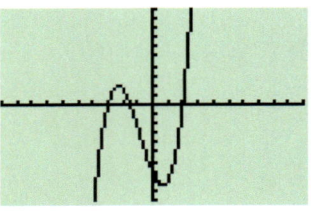 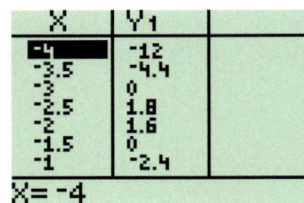 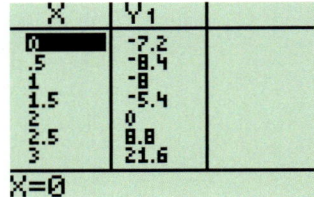

CALC

2:ZERO

Beispiel 2:

Ermitteln Sie mit dem GTR Näherungswerte für die Nullstellen der Funktion f mit
$f(x) = 3\,x^3 - 2\,x^2 - 5\,x - 1$.

Lösung:

Zunächst stellt man einen Graphen von f in einem geeigneten Intervall dar. Die Nullstellen von f werden nun als x-Werte der Schnittpunkte des Graphen mit der x-Achse ermittelt. Mit 2nd TRACE erreicht man das CALC -Menü und wählt 2:ZERO.

Für das zu untersuchende Intervall müssen Unter- und Obergrenze sowie ein Schätzwert eingegeben werden. Dies kann man mit den Pfeiltasten oder durch direkte Eingabe bewerkstelligen. Die Koordinaten des Schnittpunktes werden angezeigt. Für die weiteren Schnittpunkte wiederholt man das Verfahren mit neuen Intervallgrenzen.

Ergebnisse (auf vier Stellen gerundet): $x_1 \approx -0{,}8423$; $x_2 \approx -0{,}2279$; $x_3 \approx 1{,}7368$.

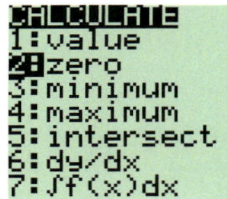 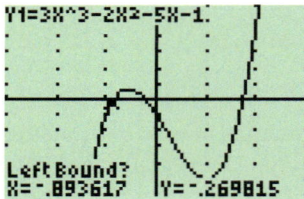 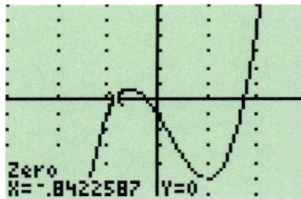

MATH

0:SOLVER

Beispiel 3:

Ermitteln Sie mit dem GTR die Lösungen der Gleichung $3\,x^3 - 2\,x^2 - 5\,x - 1 = 0$.

Lösung:

Man gibt den Term $T(x) = 3\,x^3 - 2\,x^2 - 5\,x - 1$ in das Y= -Menü ein, erstellt den Graphen von T in einem geeigneten Intervall und liest Näherungswerte der Nullstellen ab.

Aus dem MATH -Menü wählt man 0:SOLVER aus und gibt den Term von f ein. Als Startwert wählt man einen der abgelesenen Werte (z. B. $-0{,}8$). Mit ALPHA ENTER erhält man einen Näherungswert für die Nullstelle. Die anderen Nullstellen erhält man auf entsprechende Weise mit veränderten Startwerten.

Man kann nach der Wahl von 0:SOLVER auch über VARS mit dem Cursor zu Y:VARS und 1:FUNCTION gehen und so den Term auswählen, falls dieser im Y= -Menü vorher eingegeben wurde.

Ergebnisse (auf vier Stellen gerundet): $x_1 \approx -0{,}8423$; $x_2 \approx -0{,}2279$; $x_3 \approx 1{,}7368$.

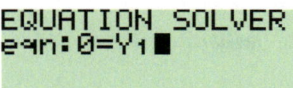

CALC

5:INTERSECT

Beispiel 4:

Bestimmen Sie die Schnittpunkte des Graphen von f mit $f(x) = 3x^3 - 2x^2 - 1$ und des Graphen von g mit $g(x) = 5x$.

Lösung:

Die Terme von f und g werden im Y= -Menü eingegeben und ihre Graphen in einem geeigneten Fenster dargestellt. Im TRACE -Modus wird im CALC -Menü 5:INTERSECT gewählt. Mit dem Curser springt man zu Graph f und bestätigt den ersten Graphen (Fig.1), danach wird auch der zweite Graph bestätigt. Auf die Eingabeaufforderung GUESS? wird der Curser zu einem Nachbarpunkt des Schnittpunktes geführt (Fig.2). Nach der Bestätigung können die Koordinaten des Schnittpunktes abgelesen werden: x ≈ –0.228 und y ≈ –1,139 (Fig.3). Mit den anderen beiden Schnittpunkten verfährt man entsprechend.

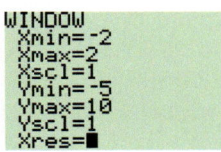

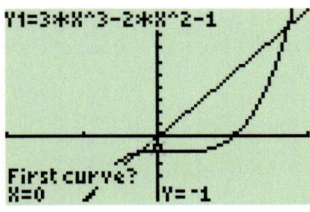
Fig. 1

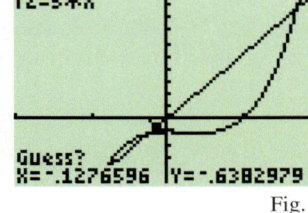
Fig. 2

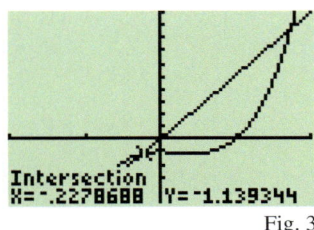
Fig. 3

Beispiel 5: (Schnittstellen als Nullstellen der Differenzfunktion)

Gegeben sind die Funktionen f und g durch $f(x) = x^4 + x^3 + 2x$ und $g(x) = x^3 + 3x^2 - 2$.

Geben Sie die Koordinaten der Schnittpunkte an.

Lösung:

Zu lösen ist die Gleichung $f(x) = g(x)$:

$x^4 + x^3 + 2x = x^3 + 3x^2 - 2$.

Die Terme von f und g werden im Y= -Menü eingegeben:

$Y1 = x^4 + x^3 + 2x$ und $Y2 = x^3 + 3x^2 - 2$.

Die Differenzfunktion wird gebildet:

$Y3 = Y1 - Y2$.

Mit dem GTR ergeben sich für Y3 zwei Nullstellen: $x_1 \approx -1{,}870$ und $x_2 \approx -0{,}568$.

Die Graphen von f und g haben also die beiden Schnittpunkte $S_1(-1{,}870 \mid 1{,}949)$ und

$S_2(-0{,}568 \mid -1{,}215)$.

Bemerkung:

Siehe „Referate" auf S. 152.

Ist f mit $f(x) = a_n x^n + a_{n-1} x^{n-1} + \ldots + a_2 x^2 + a_1 x + a_0$ eine ganzrationale Funktion, so liegen alle ihre Nullstellen **sicher** im Intervall [–A; A] mit $A = \frac{|a_{n-1}|}{|a_n|} + \frac{|a_{n-2}|}{|a_n|} + \ldots + \frac{|a_2|}{|a_n|} + \frac{|a_1|}{|a_n|} + \frac{|a_0|}{|a_n|}$.

Für den praktischen Gebrauch ist diese Schranke A meist zu groß, es gibt bessere Abschätzungen. Ihr Wert liegt vor allem darin, mithilfe der Koeffizienten des Funktionsterms ein Intervall zu bestimmen, in dem alle Nullstellen liegen.

Aufgaben

2 Ermitteln Sie mit dem GTR die Nullstellen der Funktion.

a) $f(x) = -\frac{2}{7}x^3 - x^2 + 5x + 9$
b) $f(x) = x^4 - 2x - 1$
c) $f(x) = \frac{1}{2}x^5 - 3x^3 + x^2 + 3$

d) $f(x) = x + \frac{1}{x} - 3$
e) $f(x) = 2 - x^6 + 3x^4 - x^2$
f) $f(x) = x^5 - 73x^4 + 2$

3 Lösen Sie näherungsweise die Gleichung.

a) $x^4 + 8x^3 - 7x + 1 = 0$
b) $-x^5 + 7x^3 - 5x = -1$
c) $7x^4 - x - x^6 = 2$

4 Bestimmen Sie die Schnittpunkte der Graphen von f und g.

a) $f(x) = x^3 - 3x^2 - x + 3;$ $\qquad g(x) = -x^3 + 3x^2 - 2x$
b) $f(x) = x^3 - 4x^2 + x - 1;$ $\qquad g(x) = x^2 - 3x - 1$
c) $f(x) = 3x^4 - 2x^3 + 4x - 1;$ $\qquad g(x) = 2x^4 - 3x^3 + x^2 + 3x + 1$

5 a) Zeigen Sie, dass der Graph der Funktion f mit $f(x) = x^3 - 2x^2 - 3x + 10$ die x-Achse nur im Punkt $S(-2\,|\,0)$ schneidet.
b) Die Gerade g geht durch S und hat die Steigung 2. Berechnen Sie alle Schnittpunkte von g mit dem Graphen von f.

6 Gegeben ist die Funktion f mit $f(x) = x(x-3)^2$.
a) Skizzieren Sie den Graphen von f und ermitteln Sie seine Schnittpunkte mit der x-Achse.
b) Ändern Sie den Funktionsterm so ab, dass die Funktion drei Nullstellen bzw. nur eine Nullstelle hat. Skizzieren Sie jeweils den Graphen.

7 a) Skizzieren Sie den Graphen von g mit $g(x) = x^2(x^2 - 4)$ und ermitteln Sie alle Nullstellen.
b) Geben Sie durch Änderung des Funktionsterms je ein Beispiel für eine Funktion 4. Grades an, die genau eine Nullstelle hat (zwei, drei, vier Nullstellen), und skizzieren Sie jeweils ihren Graphen.

8 Geben Sie je ein Beispiel für eine Funktion vom Grad 5 mit ein bis fünf Nullstellen an. Beschreiben Sie, wie Sie vorgegangen sind.

9 Untersuchen Sie, wie viele Schnittpunkte eine Parabel mit dem Graphen einer Funktion 3. Grades haben kann. Geben Sie für jeden Fall ein Beispiel an.

10 Erläutern Sie anhand einer Skizze in kurzen Sätzen den Zusammenhang zwischen den Schnittpunkten zweier Funktionsgraphen und den Achsenschnittpunkten ihrer Differenzfunktion (analog zu S. 133, Fig. 2.)
Was ändert sich, wenn die Differenz in der anderen Reihenfolge gebildet wird?

11 Die Gleichungen (1) bis (6) sind zueinander äquivalent.
a) Geben Sie jeweils an, welche Umformung vorgenommen wurde.
b) Fassen Sie jede Gleichung als Schnittproblem auf und fertigen Sie jeweils eine passende Skizze.
c) Was ändert sich bei jedem Übergang, und was bleibt unverändert?

(1) $\quad 2x^4 - 2x - 8 = 2x^3 - 6x^2 - 8$
(2) $\quad 2x^4 - 2x = 2x^3 - 6x^2$
(3) $\quad 2x^4 + 6x^2 = 2x^3 + 2x$
(4) $\quad 2x^4 + 6x^2 - (2x^3 + 2x) = 0$
(5) $\quad 2x^4 - 2x^3 + 6x^2 - 2x = 0$
(6) $\quad x^4 - x^3 + 3x^2 - x = 0$

5 Gleichungen lösen – mit Algebra

Ein Produkt ist genau dann null, wenn mindestens ein Faktor null ist.

1   Lösen Sie die Gleichung.

a) $x^3 + 4x^2 - 2x = 0$ b) $(x-3)(x^2+4x-2) = 0$

c) $x^4 + 4x^2 - 2 = 0$ d) $(x+1)(x-3)(x^2+5) = 0$

e) $x^5 + 4x^3 - 2x = 0$ f) $x^6 + 4x^3 - 2 = 0$

Um die Nullstellen einer Funktion f zu bestimmen, ist die Gleichung $f(x) = 0$ zu lösen. Bei ganzrationalen Funktionen ersten Grades erhält man Gleichungen der Form

$\quad a_1 x + a_0 = 0$ (lineare Gleichungen)

mit der Lösung $x_1 = -\frac{a_0}{a_1}$, falls $a_1 \neq 0$ ist.

Bei ganzrationalen Funktionen zweiten Grades erhält man Gleichungen der Form

$\quad a_2 x^2 + a_1 x + a_0 = 0$ (quadratische Gleichungen)

mit den Lösungen $x_{1,2} = \frac{-a_1 \pm \sqrt{a_1^2 - 4a_2 a_0}}{2a_2}$, falls $a_1^2 - 4a_2 a_0 \geqq 0$ und $a_2 \neq 0$ ist.

Gleichungen mit Polynomen höheren Grades können in der Regel nicht mit einer algebraischen Formel gelöst werden, wie sie für quadratische Gleichungen existiert. Man muss sich damit begnügen, in speziellen Fällen durch äquivalentes Umformen das „schwer lösbare" Problem in „leichter lösbare" Probleme zu überführen.

Problemreduktion durch Faktorisierung (Ausklammern)

In manchen Fällen lässt sich eine Potenz von x ausklammern. Das Problem $x^3 - 2x^2 - 2x = 0$ lässt sich durch Ausklammern von x reduzieren auf das Lösen zweier einfacherer Probleme, einer Gleichung ersten und einer Gleichung zweiten Grades:

$$x^3 - 2x^2 - 2x = 0$$
$$x(x^2 - 2x - 2) = 0$$
$$x = 0 \quad \text{oder} \quad x^2 - 2x - 2 = 0$$

Für diese beiden Gleichungen kann man alle Lösungen ermitteln: $L = \{0; 1 - \sqrt{3}; 1 + \sqrt{3}\}$.

Eine Gleichung höheren Grades lässt sich lösen, wenn sie eine günstige Form hat. So ist zum Beispiel $(x-2)(x^2 - 4x + 3) = 0$ eine Gleichung dritten Grades, deren Lösungen man aus den beiden Gleichungen $x - 2 = 0$ bzw. $x^2 - 4x + 3 = 0$ erhält: $L = \{2; 1; 3\}$.

Multipliziert man die linke Seite der Gleichung aus, so ergibt sich $x^3 - 6x^2 + 11x - 6 = 0$.

In dieser Form sind die Lösungen nicht mehr erkennbar. Weiß man jedoch, dass der Term $x^3 - 6x^2 + 11x - 6$ den Faktor $x - 2$ enthält, so lässt sich mithilfe der **Polynomdivision** der zweite Faktor bestimmen.

Man geht dabei analog zur schriftlichen Division von Zahlen vor.

$$(x^3 - 6x^2 + 11x - 6) : (x - 2) = x^2 - 4x + 3$$

$\underline{-(x^3 - 2x^2)}$ $3x : x = 3$

       $-4x^2 + 11x - 6$ $-4x^2 : x = -4x$

       $\underline{-(-4x^2 + 8x)}$ $x^3 : x = x^2$

              $3x - 6$

           $\underline{-(3x - 6)}$

                  0

Mit diesem Verfahren kann man die Gleichung $x^3 - 6x^2 + 11x - 6 = 0$ in die günstige Form $(x - 2)(x^2 - 4x + 3) = 0$ verwandeln.

Welche Linearfaktoren ein gegebener Term enthalten kann, zeigt der folgende Satz.

Satz 1: Ist x_1 eine Nullstelle einer ganzrationalen Funktion f vom Grad n, dann lässt sich $f(x)$ in der Form $f(x) = (x - x_1) \cdot g(x)$ schreiben.
Dabei ist $g(x)$ ein Polynom vom Grad $n - 1$.

Wäre der Rest r keine reelle Zahl, sondern ein Polynom vom Grad ≥ 1, so könnte man noch weiter durch $x - x_1$ dividieren.

Beweis: Mithilfe des Verfahrens der Polynomdivision lässt sich $f(x)$ darstellen in der Form $f(x) = (x - x_1) \cdot g(x) + r$.
Dabei ist $g(x)$ ein Polynom vom Grad $n - 1$ und der Rest r eine reelle Zahl.
Setzt man auf beiden Seiten x_1 ein, so erhält man $f(x_1) = r$.
Da x_1 eine Nullstelle von f ist, gilt $f(x_1) = 0$. Deshalb ist $r = 0$ und somit $f(x) = (x - x_1) \cdot g(x)$.

Das Bestimmen eines Linearfaktors ist demnach gleichbedeutend mit dem Bestimmen einer Lösung, und die Polynomdivision überführt dann das Problem in ein „leichteres" Problem.

Eine ganzrationale Funktion vom Grad n kann natürlich auch weniger als n Nullstellen haben. So hat die Funktion f mit $f(x) = x^n + 1$ keine Nullstellen, wenn n gerade ist, und -1 als einzige Nullstelle, wenn n ungerade ist.

Ist x_2 eine weitere Nullstelle der Funktion f mit $f(x) = (x - x_1) \cdot g(x)$, so muss x_2 auch eine Nullstelle von g sein. Für f gilt also auch $f(x) = (x - x_1) \cdot (x - x_2) \cdot h(x)$, wobei $h(x)$ ein Polynom vom Grad $n - 2$ ist. Mit jeder weiteren Nullstelle von f lässt sich so ein weiterer „Linearfaktor" abspalten. Man nennt dieses Verfahren „**Faktorisieren** einer ganzrationalen Funktion mithilfe ihrer Nullstellen". Bei diesem Vorgehen erniedrigt sich der Grad des verbleibenden Polynoms jeweils um eins. Es kann deshalb höchstens n Linearfaktoren geben. Dies zeigt:

Satz 2: Eine ganzrationale Funktion vom Grad n ($n \in \mathbb{N}$) hat höchstens n Nullstellen.

Beispiel 1: (Nullstellenbestimmung mithilfe von Polynomdivision)
Ermitteln Sie alle Nullstellen der Funktion f mit $f(x) = x^3 - 5x^2 + 5x - 1$.
Lösung:
Die Nullstelle $x = 1$ entnimmt man einer Wertetabelle.
Polynomdivision von $f(x)$ durch $(x - 1)$:

Durch $(x - \text{Nullstelle})$ dividieren!

$$
\begin{array}{l}
(x^3 - 5x^2 + 5x - 1) : (x - 1) = x^2 - 4x + 1 \\
\underline{-(x^3 - x^2)} \\
 -4x^2 + 5x - 1 \\
 \underline{-(-4x^2 + 4x)} \\
 x - 1 \\
 \underline{-(x - 1)} \\
 0
\end{array}
$$

Es ist also $f(x) = (x - 1)(x^2 - 4x + 1)$. Die weiteren Nullstellen von f erhält man als Lösungen der Gleichung $x^2 - 4x + 1 = 0$.
f hat somit die drei Nullstellen 1; $2 + \sqrt{3}$; $2 - \sqrt{3}$.

Problemreduktion durch Substitution

Die Gleichung 4. Grades $x^4 - 7x^2 + 12 = 0$ kann wegen $x^4 = (x^2)^2$ durch die Substitution $z = x^2$ in eine quadratische Gleichung überführt werden:

$$x^4 - 7x^2 + 12 = 0 \qquad \text{Substituieren } z = x^2$$
$$z^2 - 7z + 12 = 0 \qquad \text{Lösen der quadratischen Gleichung}$$
$$z = 4 \text{ oder } z = 3 \qquad \text{Resubstituieren } z = x^2$$
$$x^2 = 4 \text{ oder } x^2 = 3$$

Die Gleichung $x^4 - 7x^2 + 12 = 0$ hat also die vier Lösungen -2; 2; $-\sqrt{3}$; $\sqrt{3}$.

Beispiel 2:

Ermitteln Sie alle Nullstellen der Funktion f mit $f(x) = x^5 + x^3 - 6x$.

Lösung:

Zunächst kann das Problem reduziert werden durch Faktorisieren:

$$x^5 + x^3 - 6x = 0 \qquad \text{x ausklammern}$$
$$x(x^4 + x^2 - 6) = 0 \qquad \text{Satz vom Nullprodukt}$$
$$x = 0 \text{ oder } x^4 + x^2 - 6 = 0$$

Die zweite Gleichung kann durch Substitution $x^2 = z$ in eine quadratische Gleichung überführt werden:

$$x^4 + x^2 - 6 = 0 \qquad \text{Substituieren } z = x^2$$
$$z^2 + z - 6 = 0 \qquad \text{Lösen der quadratischen Gleichung}$$
$$z = -3 \text{ oder } z = 2 \qquad \text{Resubstituieren } z = x^2$$
$$x^2 = -3 \text{ oder } x^2 = 2$$

Die erste Gleichung hat keine Lösung, die zweite die Lösungen $-\sqrt{2}$ und $\sqrt{2}$.

Die Funktion f vom Grad 5 hat also die drei Nullstellen 0; $-\sqrt{2}$; $\sqrt{2}$ und keine weiteren.

Aufgaben

Rechnen Sie die Aufgaben ohne Hilfsmittel. Überprüfen Sie mit dem GTR.

2 Prüfen Sie, ob x_1 eine Nullstelle der Funktion f ist.

a) $f(x) = 3x^3 - 6x^2 + 9$; $x_1 = -1$
b) $f(x) = x^2 \cdot (x^2 - 6) + 8$; $x_1 = 2$

c) $f(x) = 2x^3 - 4x^2 + x + 34$; $x_1 = -2$
d) $f(x) = -0,5x^5 - 1,5x^3 + 2x - 1,7$; $x_1 = -\frac{2}{3}$

3 Ermitteln Sie die Nullstellen der Funktion.

a) $f(x) = x^3 - 2x^2 - 8x$
b) $f(u) = u^2 - \frac{1}{3}u^3$

c) $f(x) = 4x^4 + 4x^3 - 3x^2$
d) $h(t) = t^5 + 0,16t^3 - t^4$

4 Führen Sie jeweils die Polynomdivision aus.

a) $(x^3 + 2x^2 - 17x + 6) : (x - 3)$
b) $(2x^3 + 2x^2 - 21x + 12) : (x + 4)$

c) $(2x^3 - 7x^2 - x + 2) : (2x - 1)$
d) $(x^4 + 2x^3 - 4x^2 - 9x - 2) : (x + 2)$

5 Bestätigen Sie, dass die Funktion f die angegebene Nullstelle hat. Berechnen Sie die weiteren Nullstellen von f.

a) $f(x) = x^3 + 10x^2 + 7x - 18$; $x_1 = 1$
b) $f(x) = x^3 + 5x^2 - 22x - 56$; $x_1 = 4$

c) $f(t) = t^3 - 3t^2 - 6t + 18$; $t_1 = 3$
d) $f(x) = 2x^3 + 4,8x^2 + 1,5x - 0,2$; $x_1 = -2$

e) $f(t) = 7t^2 - 22t + 3t^3 - 8$; $t_1 = -\frac{1}{3}$
f) $f(x) = 4 + 3x^2 - 12x + 5x^3$; $x_1 = 0,4$

6 Lösen Sie die Gleichung.

a) $x^4 - 2x^2 - 3 = 0$
b) $x^5 + x^3 - 2x = 0$

c) $x^2 = \frac{1}{1 + x^2}$
d) $x(x^2 - 3) = x^6 - 3x - 2$

Rechnen Sie die Aufgaben ohne Hilfsmittel. Überprüfen Sie mit dem GTR.

7 Ermitteln Sie eine Nullstelle und berechnen Sie danach alle weiteren Nullstellen mithilfe der Polynomdivision.

a) $f(x) = x^3 - 6x^2 + 11x - 6$ b) $f(x) = x^3 + x^2 - 4x - 4$

c) $f(x) = 4x^3 - 13x + 6$ d) $f(x) = 4x^3 - 8x^2 - 11x - 3$

e) $f(x) = 4x^3 - 3x - 1$ f) $f(x) = 25x^3 + 15x^2 - 9x + 1$

8 Bestimmen Sie alle x-Werte, für welche die folgende Funktion den gegebenen Funktionswert a annimmt.

a) $f(x) = 0{,}5x^2 - 4x + 11$; $a = 5$ b) $f(x) = 2x^3 - 4x^2 + 5x$; $a = 3$

c) $f(x) = -3x^3 + 4x^2 + 1$; $a = -7$ d) $f(x) = 5 - 2x^2 + 3x - x^3$; $a = -1165$

9 Die Graphen der Funktionen f und g schneiden sich im Punkt P. Bestimmen Sie alle weiteren Schnittpunkte der beiden Graphen.

a) $f(x) = x^3 - x^2 - 2x + 3$; $g(x) = -x^3 + 2x^2 + x + 1$; $P(2\,|\,3)$

b) $f(x) = 2x^3 + 6x^2 - 2x + 1$; $g(x) = x^2 - x - 5$; $P(-3\,|\,7)$

10 Berechnen Sie die Nullstellen der Funktion f und zerlegen Sie den Term f(x) in Linearfaktoren. Untersuchen Sie das Verhalten von f für $x \to \pm\infty$. Skizzieren Sie mithilfe dieser Ergebnisse den Verlauf des Graphen von f.

a) $f(x) = x^3 - x^2 - 2x$ b) $f(x) = -x^3 + 2x^2 + x - 2$

c) $f(x) = -x^4 + 5x^2 - 4$ d) $f(x) = \frac{1}{12}x^4 - \frac{1}{6}x^3 - x^2$

11 Gegeben ist die Funktionenschar f_t mit $f_t(x) = 2x^3 - tx^2 + 8x$; $t \in \mathbb{R}$.

a) Berechnen Sie die Nullstellen der Funktionen f_2, f_{10} und f_{-10}.

b) Für welche $t \in \mathbb{R}$ hat f_t drei verschiedene Nullstellen?

c) Bestimmen Sie $t \in \mathbb{R}$ so, dass f_t die Nullstelle 2 hat.

12 In einen geraden Kegel mit einem Grundkreisradius von 10 cm und einer Höhe von 10 cm soll ein Zylinder mit dem Radius r einbeschrieben werden.

a) Zeigen Sie, dass der Zylinder das Volumen $V(r) = \pi \cdot (10r^2 - r^3)$ (in cm³) besitzt.

b) Weisen Sie nach, dass bei einem Radius von 5 cm das Zylindervolumen $\frac{3}{8}$ des Kegelvolumens beträgt.

c) Gibt es andere Radien, bei denen das Zylindervolumen ebenfalls $\frac{3}{8}$ des Kegelvolumens ist?

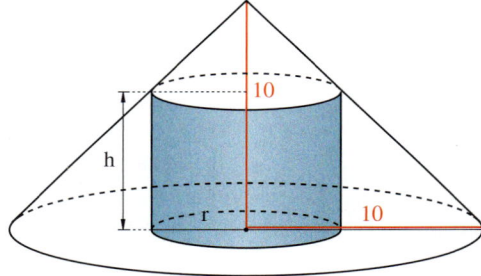

Fig. 1

13 Bestätigen Sie durch Rechnung diese Polynomdivision mit Rest:

$(x^3 + 3x^2 - 11x + 4) : (x - 2) = x^2 + 5x - 1 + 2 : (x - 2)$.

14 Hier bleibt bei der Polynomdivision ein Rest:

a) $(x^3 - 2x^2 + x - 1) : (x - 3)$ b) $\frac{x^2 - 3x}{x + 2}$

c) $(4x^3 - 4x^2 - 25x + 20) : (2x - 1)$ d) $\frac{3x^3 - 4x^2 + 1}{2x^2 + 1}$

15 a) Begründen Sie, dass $(x^n - 1)$ den Linearfaktor $(x - 1)$ enthält.

b) Für welche $n \in \mathbb{N}$ enthält $(x^n - 1)$ den Linearfaktor $(x + 1)$?

c) Für welche $n \in \mathbb{N}$ ist $(x - 1)$ ein Linearfaktor von $x^n - x^{n-1} + x^{n-2} - \ldots + (-1)^n$?

6 Gleichungen lösen – mit Algorithmen

Algorithmus, benannt nach Al-Khowarizmi (um 800), persischer Gelehrter („der aus Khowarizm Stammende").

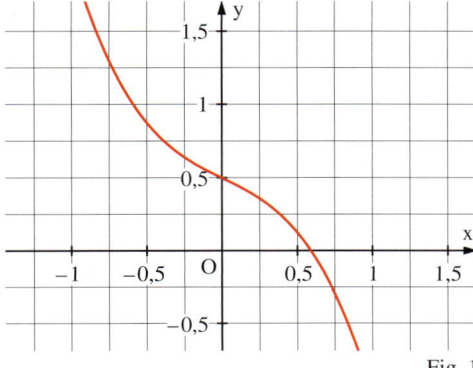

Fig. 1

1 Fig. 1 zeigt den Graphen der Funktion f: $f(x) = 0,5 - 0,5x - x^3$ für $-1 < x < 1,5$. Eine Nullstelle von f liegt offenbar zwischen $x = 0,5$ und $x = 0,75$.
a) Begründen Sie diese Tatsache anhand der Funktionswerte.
b) Sammeln Sie verschiedene Ideen, daraus einen besseren Näherungswert für die Nullstelle zu errechnen.
c) Können Sie eine dieser Ideen zu einem Verfahren (Algorithmus) ausbauen, mit dem man immer bessere Näherungen erhält?

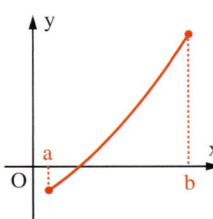

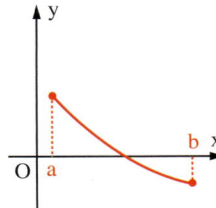

Fig. 2

Die Nullstellen einer Funktion f sind die Lösungen der zugehörigen Gleichung $f(x) = 0$. Im Allgemeinen sind Gleichungen höheren Grades nicht exakt lösbar. Für Anwendungen ist dies selten nötig, es genügen meist Näherungswerte mit vorgegebener Genauigkeit. Auch GTR und Tabellenkalkulation „lösen" Gleichungen mithilfe von **Algorithmen**, bei denen ein schon gefundener Näherungswert schrittweise auf eine gewünschte Genauigkeit verbessert wird.

Bei vielen Gleichungen kann man relativ einfach feststellen, ob es überhaupt Lösungen gibt und in welchem Intervall diese liegen. Hierzu sucht man etwa mit Tabellen Werte a und b, für die $f(a)$ und $f(b)$ verschiedene Vorzeichen haben (Fig. 2), denn dann hat f in [a; b] mindestens eine Nullstelle.

Mit dem Intervallhalbierungsverfahren können Näherungswerte dann verbessert werden.

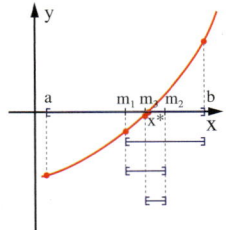

Fig. 3

Intervallhalbierungsverfahren

Haben die Werte $f(a)$ und $f(b)$ einer ganzrationale Funktion f verschiedene Vorzeichen, so hat f eine Nullstelle x^* im Intervall [a; b].

Hat $f(m)$ an der Intervallmitte $m = \frac{a+b}{2}$ ein anderes Vorzeichen als $f(b)$, dann liegt x^* im Teilintervall [m; b], andernfalls liegt x^* in [a; m].

Wiederholungen (Iterationen) dieses Schrittes ergeben ineinander geschachtelte Intervalle, die alle x^* enthalten, und deren Längen sich bei jedem Schritt halbieren.

Beispiel:

Gesucht ist ein Näherungswert für die Lösung der Gleichung $x^3 - 0,5x^2 - 1 = 0$.

Weitere Verfahren als Referat!

Lösung:
Graph und Wertetabelle von f mit $f(x) = x^3 - 0,5x^2 - 1$ zeigen, dass die Lösung im Intervall [1; 1,5] liegt, da $f(1)$ und $f(1,5)$ verschiedene Vorzeichen haben.

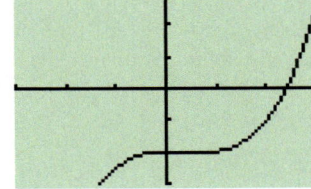

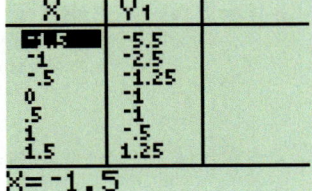

141

In der Tabelle sind sechs Schritte notiert. Nach jedem Schritt wird diejenige Intervallgrenze durch m ersetzt, an der f das gleiche Vorzeichen hat. Die letzte Näherung 1,1953 der gesuchten Lösung x* ist höchstens mit dem Fehler $(1,5 - 1) \cdot \left(\frac{1}{2}\right)^6 = \frac{1}{128} = 0,0078125$ behaftet.

Schritt	a f(a) < 0	b f(b) > 0	$m = \frac{a+b}{2}$	f(m)
1	1	1,5	1,25	0,1719
2	1	1,25	1,125	−0,2090
3	1,125	1,25	1,1875	−0,0305
4	1,1875	1,25	1,21875	0,0676
5	1,1875	1,21875	1,203125	0,0178
6	1,1875	1,203125	1,1953125	−0,0066

Mithilfe des GTR wird die Lösung x* ≈ 1,1974 ermittelt. Dies bestätigt die Näherungswerte und Abschätzungen.

Aufgaben

2 Notieren Sie tabellarisch die ersten fünf Schritte des Intervallhalbierungsverfahrens, um Näherungswerte für die (einzige) Lösung der angegebenen Gleichung zu ermitteln.
a) $x^3 + 0,5x + 2 = 0$ b) $x^3 + 0,5x - 2 = 0$ c) $-x^3 - x + 3 = 0$ d) $-x^3 + x - 3 = 0$

3 Begründen Sie folgende Faustregel:
„Nach 10 Schritten verbessert das Intervallhalbierungsverfahren einen Näherungswert um etwa 3 Dezimalstellen."

4 a) Programmieren Sie mit Ihrem GTR (oder am PC, beispielsweise mit einer Tabellenkalkulation) einen Algorithmus für die Durchführung des Intervallhalbierungsverfahrens. Geben Sie als Abbruchbedingung eine Toleranz t für die kleinste Intervalllänge vor, in der die gesuchte Lösung sicher liegt (Fig. 1).
b) Erproben Sie Ihr Programm an den Gleichungen aus Aufgabe 2.
c) Demonstrieren Sie mit Ihrem Programm die Faustregel aus Aufgabe 3.
d) Visualisieren Sie in einem Diagramm anhand einer Gleichung aus Aufgabe 2, dass die Intervallmitten m mit der Anzahl n der Wiederholungen gegen die Lösung x* streben.
e) Wenden Sie Ihr Programm auf selbst gewählte Gleichungen an.

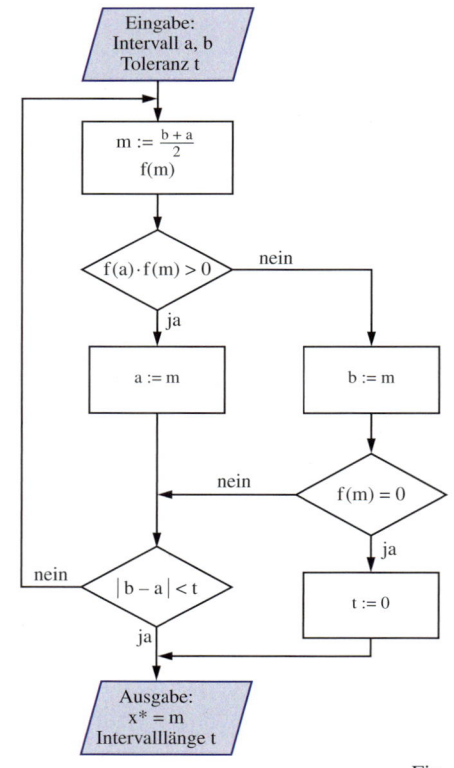

Fig. 1

7 Vielfachheit von Nullstellen

1 Skizzieren und beschreiben Sie den Verlauf des Funktionsgraphen ohne weitere Rechnung, indem Sie aus der Produktdarstellung des Funktionsterms möglichst viele Eigenschaften ablesen. Vergleichen Sie anschließend Ihre Skizze mit der Grafik des GTR.

a) $f(x) = (x + 2)(x - 4)$　　　b) $f(x) = (x + 2)(x - 4)^2$　　　c) $f(x) = x^2(x + 2)(x - 4)$

Wenn man den GTR sicher verwenden möchte, ist neben der Beherrschung seiner Syntax eine Kontrolle der erhaltenen Ergebnisse notwendig. Diese Kontrolle des GTR muss natürlich auf Überlegungen beruhen, die von der Technologie unabhängig sind. Dazu gehören beispielsweise die Begründung des Verhaltens einer Funktion für $|x| \to \infty$, die Prüfbedingung für Symmetrie und die grafische Interpretation der Vielfachheit von Nullstellen. Sie helfen bei der Wahl eines angemessenen Ausschnitts für die Darstellung des Graphen einer Funktion und bei der Überprüfung von Eingabefehlern (vgl. Beispiel 2).

Bei ganzrationalen Funktionen können an einer **Produktdarstellung** die Vielfachheit der Nullstellen und der Verlauf des Graphen in der Nähe dieser Nullstellen abgelesen werden.

$f_1(x) = (x - 0{,}5)(x - 2)$　　　$f_2(x) = (x - 0{,}5)(x - 2)^2$　　　$f_3(x) = (x - 0{,}5)(x - 2)^3$

WINDOW
 Xmin=-.5
 Xmax=3.5
 Xscl=.5
 Ymin=-1
 Ymax=1█
 Yscl=.5
 Xres=1

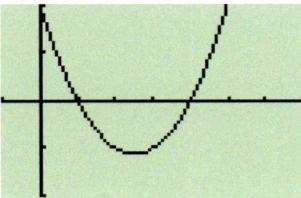 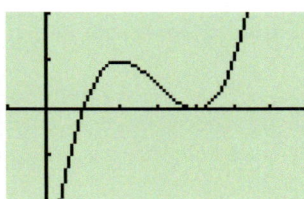 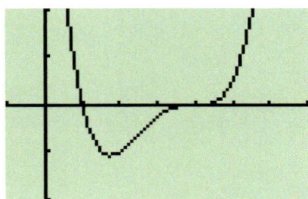

Vergleicht man beispielsweise die Graphen K_1, K_2 und K_3 der Funktionen f_1, f_2 und f_3 anhand der Darstellungen des GTR (Fig. 1 bis Fig. 3), so erkennt man:

An der Stelle $x = 0{,}5$ schneidet jeder der drei Graphen die x-Achse.

An der Stelle $x = 2$ schneidet K_1 die x-Achse, berührt K_2 die x-Achse wie eine Parabel und durchdringt K_3 die x-Achse dort wie der Graph der Funktion zu $y = x^3$ die x-Achse bei 0.

Das Verhalten der Funktion in der Nähe der Nullstelle 2 ist also bestimmt von der Vielfachheit n des Faktors $(x - 2)^n$ in der Produktdarstellung. Der Koeffizient dieser Potenz ergibt sich aus dem Wert $(2 - 0{,}5)$ des ergänzenden Faktors an dieser Nullstelle.

Mit dem GTR kann dies anhand der Graphen verdeutlicht werden.

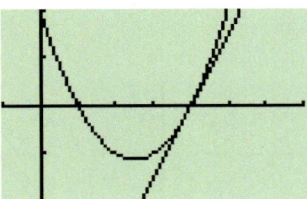 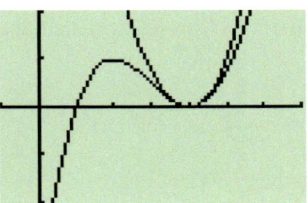 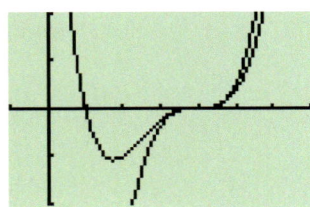

Wie bei der Untersuchung des Verhaltens für $|x| \to \infty$ kann diese Beobachtung anhand der Terme begründet werden, wie dort ist auch hier der relative Unterschied wesentlich.

143

Der Unterschied von $f_2(x)$ und $1{,}5\,(x-2)^2$ beispielsweise kann umgeformt werden zu
$f_2(x) - 1{,}5\,(x-2)^2 = (x-0{,}5)(x-2)^2 - 1{,}5\,(x-2)^2 = (x-2)^2(x-0{,}5-1{,}5) = (x-2)^3$.
Der relative Unterschied $\left|\frac{f_2(x) - 1{,}5\,(x-2)^2}{1{,}5\,(x-2)^2}\right| = \left|\frac{x-2}{1{,}5}\right|$ strebt also gegen 0 für $x \to 2$.

Die Potenzfunktion $p: x \mapsto 1{,}5\,(x-2)^2$ ist somit eine Näherung für f_2 in einer Umgebung von 2, und dabei ist es unerheblich, dass die Parabel den Graphen von f_2 beim Berühren durchdringt (Fig. 5).

Ist allgemein $f(x) = (x-x_1)^n \cdot g(x)$ mit $g(x_1) \neq 0$, so ist $\left|\frac{(x-x_1)^n g(x) - (x-x_1)^n g(x_1)}{(x-x_1)^n g(x_1)}\right| = \left|\frac{g(x)-g(x_1)}{g(x_1)}\right|$.
Dieser Term strebt gegen 0 für $x \to x_1$. Damit ist gezeigt:

> Es sei f eine ganzrationale Funktion. Hat $f(x)$ eine Produktdarstellung der Form
> $f(x) = (x-x_1)^n \cdot g(x)$ mit einer ganzrationalen Funktion g und ist $g(x_1) \neq 0$, so heißt x_1 eine
> **Nullstelle der Vielfachheit n** ($n \in \mathbb{N}$).
> Die Potenzfunktion p mit $p(x) = g(x_1) \cdot (x-x_1)^n$ ist dann eine Näherung von f für $x \approx x_1$.

*C.F. GAUSS (1777–1855) bewies 1799 in seiner Dissertation den **Fundamentalsatz der Algebra**.*

Nicht jedes Polynom kann vollständig als Produkt von Linearfaktoren dargestellt werden (bei $x^2 + 1$ ist dies beispielsweise nicht möglich). Der Fundamentalsatz der Algebra garantiert jedoch, dass jedes Polynom eine eindeutige Darstellung als Produkt von linearen und quadratischen Faktoren mit reellen Koeffizienten besitzt. Ein Computer-Algebra-System (CAS) kann diese Faktorisierung herstellen.

Beispiel 1:
Bestimmen Sie (ohne GTR) das Verhalten der Funktion f mit $f(x) = x\,(x+2)^2$ in der Nähe ihrer Nullstellen. Überprüfen Sie anschließend Ihre Ergebnisse mithilfe des GTR.
Lösung:
Die Funktion hat die einfache Nullstelle 0 und die zweifache Nullstelle −2.

Verhalten des Graphen von f in der Nähe der Nullstelle 0:
Bei der einfachen Nullstelle 0 schneidet der Graph von f die x-Achse wie eine Gerade mit der Steigung $(0+2)^2$, verläuft also in der Nähe von 0 wie die Gerade mit der Gleichung $y = 4x$.
Verhalten von Graph f in der Nähe der Nullstelle −2:
Bei der doppelten Nullstelle −2 berührt der Graph von f die x-Achse von unten, da der Dehnungsfaktor (−2) negativ ist. Die Parabel mit der Gleichung $y = -2\,(x+2)^2$ beschreibt also das Verhalten des Graphen von f in einer Umgebung der Nullstelle −2.

Damit ist der Graph von f durch sein Verhalten in der Nähe seiner Nullstellen qualitativ erfasst (Fig. 1), was mit einem GTR bestätigt werden kann (Fig. 2). Offenbar durchdringt in diesem Beispiel die Parabel an der Stelle −2 den Funktionsgraphen, und die Gerade ist die Tangente an den Graphen von f im Koordinatenursprung (Fig. 3).

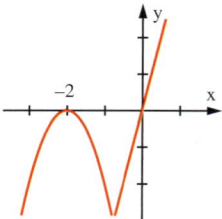

Fig. 1

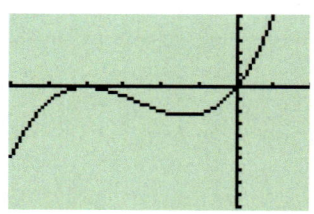

Fig. 2

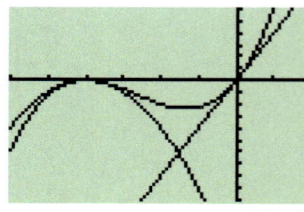

Fig. 3

Beispiel 2:

Die Funktion f ist gegeben durch $f(x) = (x+3)(x-1)^2(x-5)$.

Entnehmen Sie der Produktform möglichst viele Eigenschaften der Funktion und skizzieren Sie damit (ohne GTR) den Funktionsgraphen.

Vergleichen Sie anschließend Ihre Skizze mit der Grafik des GTR.

Lösung:

Die ganzrationale Funktion hat den Grad 4, da vier lineare Faktoren miteinander multipliziert werden. Der Koeffizient der höchsten Potenz ist 1, es gilt also: $f(x) \approx x^4$ für $|x| \to \infty$.

Nullstelle −3: Bei der einfachen Nullstelle −3 schneidet der Graph von f die x-Achse wie die Gerade mit der Gleichung $y = -128(x+3)$, denn $(-3-1)^2(-3-5) = -128$.

Nullstelle 1: Weil 1 eine doppelte Nullstelle ist, berührt der Graph von f dort die x-Achse, wegen $(1+3)(1-5) = -16$ von unten wie $y = -16(x-1)^2$.

Nullstelle 5: Die Gleichung $y = 128(x-5)$ beschreibt den Verlauf des Funktionsgraphen von f in der Nähe der einfachen Nullstelle 5.

Aufgrund der Lage der Nullstellen kann der Graph höchstens zur Geraden mit der Gleichung $x = 1$ symmetrisch sein. Mit der allgemeinen Prüfbedingung kann dies bestätigt werden:

$f(1-h) = (1-h+3)(1-h-1)^2(1-h-5) = (4-h)h^2(-4-h) = h^2(h^2-16)$ für alle h,

$f(1+h) = (1+h+3)(1+h-1)^2(1+h-5) = (h+4)h^2(h-4) = h^2(h^2-16)$ für alle h.

Damit ist der Verlauf des Graphen von f unabhängig vom GTR qualitativ erkannt (Fig. 1), und der GTR stellt den Graphen somit richtig dar (Fig. 2).

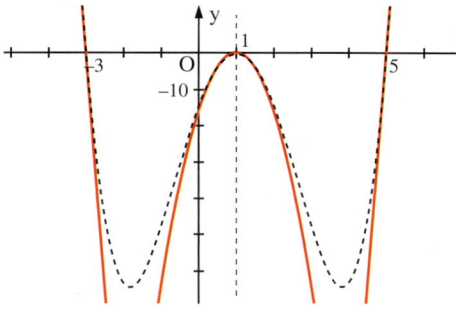

Fig. 1

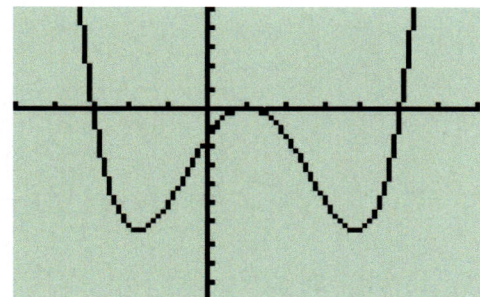

Fig. 2

Aufgaben

2   Geben Sie die Nullstellen der Funktion mit ihren Vielfachheiten an. Skizzieren Sie damit das Verhalten der Funktion in der Nähe ihrer Nullstellen.

a) $f(x) = x^2(x-3)$ b) $f(x) = (x+4)^2 x^2$

c) $f(x) = (x+3)^3(x-3)$ d) $f(x) = 1{,}5(x+3)^2 x(x-3)$

3   Begründen Sie anhand der Produktform möglichst viele Eigenschaften der Funktion. Skizzieren Sie damit den Graphen (ohne GTR), vergleichen Sie mit einer GTR-Grafik.

a) $f(x) = (x+2)x^2(x-3)$ b) $f(x) = (x+2)^2 x^2(x-3)$

c) $f(x) = (x+2)x^2(1-x^2)$ d) $f(x) = 2(x+2)^2 x(x^2-4)$

e) $f(x) = -2(x+2)^2 x^2(4-x^2)$ f) $f(x) = 2(x+2)^2 x(4+x^2)(x-6)(x-14)$

4   Ermitteln Sie die Näherungsfunktionen an den Nullstellen und skizzieren Sie damit den Funktionsgraphen.

a) $f(x) = (x+5)^3(x^2-4x)x$ b) $f(x) = -2(x^2-6{,}25)(x-2{,}5)^2$

145

5 Begründen Sie anhand der Produktdarstellung, dass der gezeigte Graph zu der Funktion passen kann, oder dass er nicht passt.

a) $f(x) = 3(x + 1)^2 x^2 (x - 1)$ b) $g(x) = (x - 1) x^2 (x + 2)$ c) $h(x) = (x - 1)(x - 2)^2$

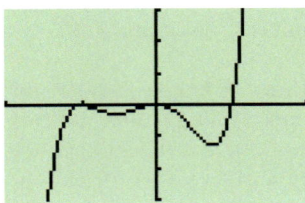 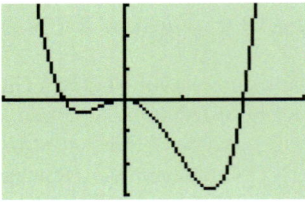 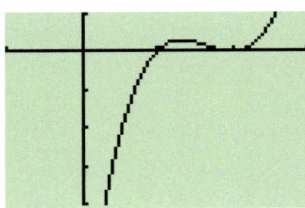

Ein Produktansatz hilft.

6 Geben Sie eine oder mehrere ganzrationale Funktion niedrigsten Grades mit den angegebenen Eigenschaften an. Skizzieren Sie deren Graphen.

a) f hat nur die beiden einfachen Nullstellen 3 und 5.

b) f hat die einfachen Nullstellen 2, –3 und 12 und schneidet die y-Achse bei 3.

c) f hat die einfache Nullstelle 2, die doppelten Nullstellen 3 und –6 und bei $x = 5$ den Wert 3.

d) f hat mindestens den Grad 3 und nur die beiden Nullstellen 3 und 5.

e) f hat mindestens den Grad 3 und nur die Nullstellen 3 und 5, jede mit der Vielfachheit 1.

7 Das Schaubild zeigt den Graphen einer ganzrationalen Funktion. Geben Sie eine mögliche Gleichung an und begründen Sie Ihre Wahl.

a)   b)   c)

Die Punkte sind in beiden Richtungen im Abstand von 0,5 Einheiten gesetzt.

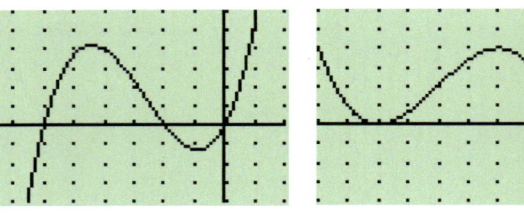 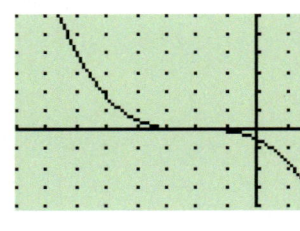

d)   e)   f)

Hier sind die Punkte im Abstand von 1 Einheit gesetzt.

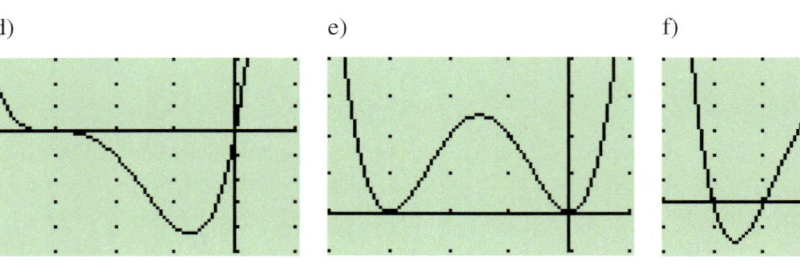

8 Untersuchen Sie die Funktionsgraphen der Schar f_t mit $f_t(x) = x(x + 2)(x + t)$ für $t \in \mathbb{R}$.

a) Skizzieren Sie die Graphen für $t \in \{-3; -2; -1; 0; 1; 2\}$.

b) Interpretieren Sie den Einfluss des Parameters t auf den Verlauf des Graphen von f_t.

c) Teilen Sie die Funktionen der Schar in verschiedene Klassen ein. Geben Sie Ihr Kriterium an und beschreiben Sie die Klassen mithilfe des Parameters t.

9 Für alle reellen t ist die Funktion f_t gegeben durch $f_t(x) = x(t^2 + x^2)$.

a) Skizzieren Sie die Graphen verschiedener Scharfunktionen.

b) Erläutern Sie den Einfluss von t auf den Verlauf des Graphen von f_t.

8 Anwendung: Kostenrechnung

1 Die Funktion f mit $f(x) = 1{,}50 \cdot x$; x in kg; $f(x)$ in €; beschreibt den Preis eines Kilogramms Äpfel in Abhängigkeit von der verkauften Menge.

a) Die Äpfel werden um 10 % teurer. Geben Sie die neue Funktion g an und zeichnen Sie ihren Graphen und den Graphen von von f.

b) Die Erzeugung der Äpfel kostet ca. 0,50 € pro Kilogramm. Geben Sie die Funktion h an, die den Gewinn in Abhängigkeit von der Menge x der verkauften Äpfel beschreibt. Zeichnen Sie auch den Graphen von h.

x ist in der Regel ganzzahlig. Um jedoch die Mathematik besser anwenden zu können, denkt man sich x aus der Menge $\mathbb{R}$ der reellen Zahlen. Es ist nämlich durchaus zulässig, 500,25 Liter Apfelsaft je Stunde anzunehmen oder 67 500,5 Schlafanzüge pro Monat.

Im Folgenden werden Anwendungen zu den ganzrationalen Funktionen aus der **Wirtschaft** behandelt. Dabei handelt es sich um Modelle und Modellrechnungen. Es ist nämlich nicht möglich, alle beeinflussenden Bedingungen über einen längeren Zeitraum zu überschauen.

Ein Betrieb stellt von einem Gut in einem bestimmten Zeitraum die Menge x her, z. B. Apfelsaft, Radiergummis, Mehl, Schlafanzüge. Man definiert dann als **Produktionsmenge** die in der Zeiteinheit produzierte Menge x dieses Gutes. Z. B. könnten dies 500 Liter Apfelsaft je Stunde, 2000 Radiergummis pro Tag, 50 t Mehl pro Tag oder 67 500 Schlafanzüge pro Monat sein.

Stellt ein Unternehmer ein Gut her, so kostet ihn die Herstellung Geld: Wir sprechen von den **Kosten** des Gutes. Da jeder Produktionsmenge x eindeutig Kosten zugeordnet sind, heißt die Zuordnung $x \mapsto K(x)$ **Kostenfunktion**. Als Definitionsmenge betrachtet man das Intervall $[0; x_{max}]$, wobei x_{max} die maximal vom Unternehmen zu fertigende Produktionsmenge ist. Diese Kosten setzen sich zusammen aus den fixen Kosten $K_f(x)$ und den variablen Kosten $K_v(x)$: $K(x) = K_f(x) + K_v(x)$.

Dabei versteht man unter den Fixkosten die Kosten, die dem Betrieb auch dann entstehen, wenn er das Gut nicht produziert (Wartung der Maschinen, Zinsen für aufgenommenes Fremdkapital, Mieten, Pacht, etc.). $K_f(x)$ ist also eine von x unabhängige Funktion.

Statt $K_f(x)$ schreibt man auch kurz K_f.

Offensichtlich gilt: $K_f(x) = K(0)$.

Die variablen Kosten K_v sind von der produzierten Menge x abhängig (Kosten für Rohmaterial, Löhne, Vertrieb, Transport, etc.). Es gilt also $K_v(x) = K(x) - K(0)$.

4,50 € (vor Steuer) bleiben übrig als Gewinn
Von je 100 € Umsatz am Beispiel Textil-Facheinzelhandel werden ausgegeben für

Warenkauf	46,20 €
Personalkosten	18,10 €
Mehrwertsteuer	13,70 €
Miete	5,00 €
Werbung	3,90 €
Sachkosten des Geschäfts	1,50 €
Abschreibungen	1,40 €
Zinsen	1,30 €
Kfz-Kosten	0,70 €
Gewerbesteuer	0,30 €
Sonstiges	3,40 €

Fig. 1

Eine Firma produziere von einer Ware x Tonnen mit Kosten, die durch die Funktion K beschrieben werden:
$K(x) = 0{,}083\,x^3 - 0{,}58\,x^2 + 1{,}416\,x + 2$; x in t; $K(x)$ in 1000 €; Fig. 2 zeigt den zugehörigen Graphen. $K(0) = 2$, also betragen die fixen Kosten 2000 €. Die variablen Kosten werden durch die Funktion $K(x) - K(0)$ erfasst:
$K_v(x) = 0{,}083\,x^3 - 0{,}58\,x^2 + 1{,}416\,x$.
Da $K(5) = 5$ ist, belaufen sich die Kosten für 5 Tonnen der Ware auf 5000 €.
Für 7000 € also für $K(x) = 7$ kann die Firma ca. 5,85 t der Ware herstellen. Es folgt nämlich aus $K(x) = 7$: $x \approx 5{,}85$ (Fig. 2).

Fig. 2

Dieser Verlauf ist für die meisten Kostenfunktionen typisch:

Der steile Anstieg der Kosten für kleine Produktionsmengen ist durch die hohen Anfangskosten für die Beschaffung des Rohmaterials, für den Transport und Vertrieb, usw. zu erklären.

Für wachsende Mengen x ist der Kostenzuwachs dann zunächst geringer als am Anfang, steigt aber schließlich wieder überproportional an, und zwar dann, wenn man sich der Kapazitätsgrenze des Betriebs nähert. Dann treten erhöhte Einzelkosten durch teure Zusatzleistungen, wie Überstundenzuschläge, Beschäftigung nicht eingelernter Arbeitskräfte, Erhöhung des Ausschusses, usw. ein.

Wird kein Rabatt gewährt, so ist die Umsatzfunktion immer eine lineare Funktion,

Natürlich will jede Firma ihr Produkt verkaufen. Die beim Verkauf des Gutes erzielten Gesamteinnahmen heißen Umsatz U oder Erlös E. Entsprechend der Kostenfunktion heißt die Zuordnung $x \mapsto E(x)$ eine **Umsatzfunktion** oder **Erlösfunktion**. Sie hat offensichtlich die Eigenschaft, dass $E(0) = 0$ ist, d.h., sie verläuft durch den Ursprung.

Nehmen wir an, dass je Produktionseinheit der Preis p erzielt wird, so ist $E(x) = p \cdot x$. $E(x)$ ist in der Regel eine lineare Funktion. Greift man obiges Beispiel wieder auf und wird die Tonne der Ware für 1200 € verkauft, so erhält man die Erlösfunktion $E(x) = 1,2 \cdot x$. Sie ist in Fig. 1 schwarz gezeichnet. Aus Fig. 1 wird ersichtlich, dass bis zum 1. Schnittpunkt beider Graphen, also etwa bis $x = 2,7$ die Kosten höher liegen als die Einnahmen. Die Firma macht also einen Verlust für $0 \leqq x < 2,7$.

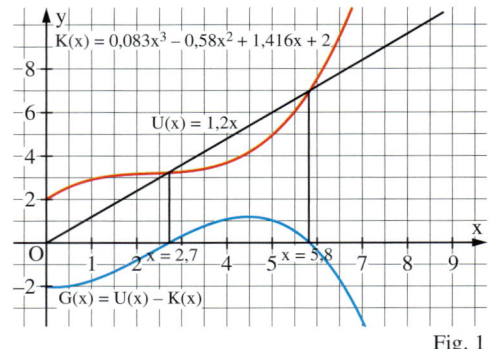

Fig. 1

Der x-Wert des 1. Schnittpunktes heißt **Nutzenschwelle**. Von diesem Punkt bis zum 2. Schnittpunkt mit dem x-Wert 5,8 wird ein Gewinn erzielt, da der Umsatz höher liegt als die Produktionskosten. Der Wert 5,8 heißt **Nutzengrenze**. Ab hier macht die Firma wieder Verlust.

Die Differenzfunktion aus Umsatz- und Kostenfunktion nennt man **Gewinnfunktion** G: $G(x) = E(x) - K(x)$. Im Beispiel ist $G(x) = 1,2x - (0,083x^3 - 0,58x^2 + 1,416x + 2)$, also $G(x) = -0,083x^3 + 0,58x^2 - 0,216x - 2$. Durch Bilden des Quotienten $\frac{K(x)}{x}$ erhält man die Kosten je Produktionseinheit, die so genannten **Stückkosten**. Die Stückkostenfunktion zu dem Beispiel ist also

$$S(x) = \frac{K(x)}{x} = 0,083x^2 - 0,58x + 1,416 + \frac{2}{x}.$$

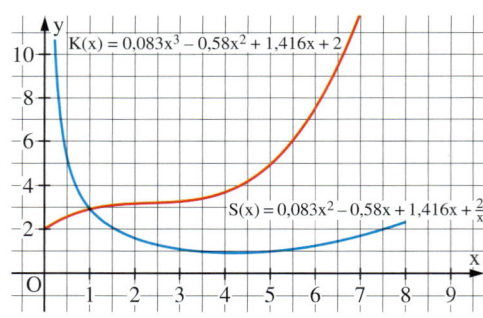

Im kaufmännisch-betrieblichen Bereich gibt die **Kostenfunktion** K: $x \mapsto K(x)$ die Kosten des Betriebs für x Produktionseinheiten an.

Dabei gibt $K(0)$ die **Fixkosten** an. Die **variablen Kosten** betragen $K_v = K(x) - K(0)$.

Die **Umsatzfunktion** oder **Erlösfunktion** E: $x \mapsto E(x)$ gibt den Erlös beim Verkauf von x Produktionseinheiten an. Sie ist in der Regel eine lineare Funktion.

Die Differenzfunktion G mit $G(x) = E(x) - K(x)$ heißt **Gewinnfunktion**. Die Nullstellen der Gewinnfunktion nennt man **Nutzenschwelle** bzw. **Nutzengrenze**.

Die **Stückkostenfunktion** $S(x) = \frac{K(x)}{x}$ gibt die Kosten je Produktionseinheit bei Produktion der Menge x an.

Statt von Stückkosten spricht man manchmal auch von Durchschnittskosten.

148

Beispiel 1: (Kosten-, Erlös- und Gewinnfunktion)

Die Fixkosten einer Firma bei der Herstellung des Produkts betragen 3 GE (Geldeinheiten). Die variablen Kosten für die Herstellung von x ME (Mengeneinheiten) beschreibt die Funktion $K_v(x) = 0{,}3x^2 + 0{,}6x$. Pro Mengeneinheit wird ein Erlös von 3,9 GE gemacht.

a) Geben Sie die Kostenfunktion an und zeichnen Sie ihren Graphen.

b) Geben Sie die Erlösfunktion an und zeichnen Sie ihren Graphen,

c) Geben Sie die Gewinnfunktion an, zeichnen Sie diese und bestimmen Sie die Nutzenschwelle und die Nutzengrenze.

d) Entnehmen Sie aus der Zeichnung, bei welcher Produktionszahl der Gewinn maximal ist. Berechnen Sie auch den maximalen Gewinn.

Lösung:

$y = 0{,}3x^2 + 0{,}6x + 3;$
$\frac{y}{0{,}3} = x^2 + 2x + 10$
$= (x+1)^2 - 1 + 10$
$= (x+1)^2 + 9;$ also
$y = 0{,}3(x+1)^2 + 2{,}7$

a) $K(x) = K_v(x) + K_f = 0{,}3x^2 + 0{,}6x + 3$
$K(x) = 0{,}3(x+1)^2 + 2{,}7$ (Fig. 1, schwarz).

b) $E(x) = 3{,}9 \cdot x$ Graph von E (Fig. 1, blau).

c) $G(x) = E(x) - K(x) = 3{,}9x - (0{,}3x^2 + 0{,}6x + 3),$
$G(x) = -0{,}3x^2 + 3{,}3x - 3$ (Fig. 1, rot).

Berechnung der Nullstellen von G:
$-0{,}3x^2 + 3{,}3x - 3 = 0 \mid : (-0{,}3)$

$y = -0{,}3x^2 + 3{,}3x - 3;$
$\frac{y}{-0{,}3} = x^2 - 11x + 10$
$= (x-5{,}5)^2 - 30{,}25 + 10$
$= (x-5{,}5)^2 - 20{,}25;$
also
$y = -0{,}3(x-5{,}5)^2 + 6{,}075$

ergibt $x^2 - 11x + 10 = 0;$

$x_{1,2} = \frac{11}{2} \pm \sqrt{\frac{121}{4} - 10} = \frac{11}{2} \pm \frac{9}{2}$

Nutzenschwelle: $x = 1$ (ME); Nutzengrenze: $x = 10$ (ME).

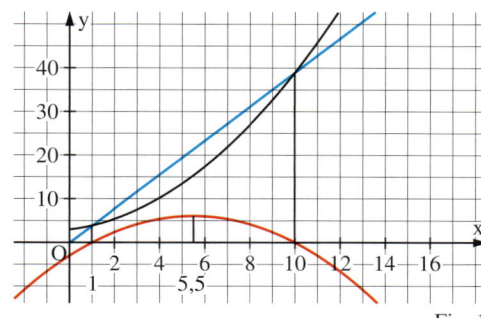

Fig. 1

d) Der Graph von G ist eine nach unten geöffnete Parabel. Ihr Scheitel liegt bei $x_0 = \frac{11}{2}$.

Der zugehörige Funktionswert $G\left(\frac{11}{2}\right) = 6{,}075 \approx 6{,}1$; d. h., der Gewinn ist maximal bei 5,5 ME und beträgt dann ca. 6,1 GE.

Beispiel 2: (Aufstellen einer Kostenfunktion)

Eine kleine Firma stellt Ablaugemittel her. Für die Kosten zur Herstellung einer Menge x wurde die nebenstehende Tabelle ermittelt.

x in Liter	0	100	300	500
Kosten in €	100	240	400	1200

a) Bestimmen Sie eine ganzrationale Funktion 3. Grades zur Beschreibung der Kosten und zeichnen Sie ihren Graphen (1 ME entspricht 100 Liter, 1 GE entspricht 100 €).

b) Der Literpreis soll 4,85 € betragen. Zeichnen Sie die Erlösfunktion in dasselbe Koordinatensystem ein und bestimmen Sie die Nutzengrenze.

Lösung:

Eine ganzrationale Funktion vom Grad 3 hat einen Term der Form $K(x) = ax^3 + bx^2 + cx + d$.

Punktproben mit den vorgegebenen Wertepaaren ergeben das lineare Gleichungssystem (LGS)

$K(0) = 1 \qquad K(1) = 2{,}4 \qquad K(3) = 4 \qquad K(5) = 12$

Eingesetzt und vereinfacht ergibt sich

$d = 1 \qquad a + b + c + d = 2{,}4 \qquad 27a + 9b + 3c + d = 4 \qquad 125a + 25b + 5c + d = 12$

Die Lösung dieses LGS ist

$a = 0{,}2;\ b = -1;\ c = 2{,}2$ und $d = 1$.

Damit ist $K(x) = 0{,}2x^3 - x^2 + 2{,}2x + 1$.

Der zugehörige Graph ist in Fig. 2 rot gezeichnet.

b) Die Erlösfunktion ist $E(x) = 4{,}85x$, und ihr Graph ist blau gezeichnet.

Die Schnittstelle von E und K liegt bei etwa 6,8, d. h., die Nutzengrenze ist bei einem Verkauf von 6800 Litern.

Mit dem GTR:

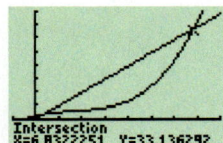

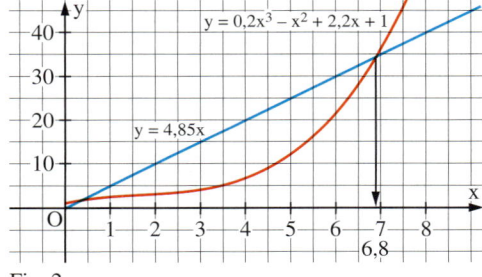

Fig. 2

149

Aufgaben

2 Fig. 1 zeigt den Graphen einer Kostenfunktion für die Herstellung von Knöpfen,
x ist in der Mengeneinheit 1000 Stück, K(x)
in der Einheit 100 € angegeben,
a) Lesen Sie aus der Zeichnung die Kosten
für 10 000 Stück (24 000, 4000 Stück) ab.
b) Wie viel Knöpfe können für 1000 €
(2000 €, 2750 €) hergestellt werden?
c) Geben Sie die Höhe der Fixkosten an.
d) Was ist der Erlös für einen Knopf?
e) Wo liegt die Gewinnschwelle?

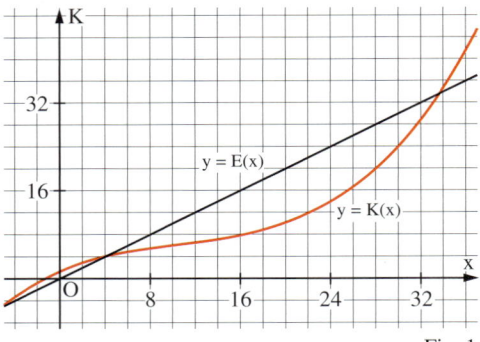

Fig. 1

3 Gegeben ist die Kostenfunktion K im Intervall [0; 8]: $K(x) = -\frac{1}{64}x^3 + \frac{7}{32}x^2 + \frac{1}{8}x + 1$.
a) Erstellen Sie eine Wertetafel für die ganzzahligen x-Werte des Definitionsintervalls [0; 8] und
fertigen Sie einen Graphen an. Wie hoch sind die variablen Kosten?
b) Je Produktionseinheit wird ein Erlös von 3 Geldeinheiten erzielt. Zeichnen Sie die zugehörige Erlösfunktion zu dem Graphen der Kostenfunktion ein.
c) Bei welcher Produktionsmenge ist der Gewinn am höchsten? Lesen Sie ab,
d) Wie lautet die zugehörige Stückkostenfunktion? Zeichnen Sie ihren Graphen.

4 Die Gesamtkosten für ein Produkt einer Firma können durch die Funktion f mit
$f(x) = 1{,}25\,x^3 - 7{,}5\,x^2 + 20\,x + 20$, f(x) in Geldeinheiten (GE), im Bereich zwischen 0 und 6
Mengeneinheiten (ME) beschrieben werden. Die Erlösfunktion ist $E(x) = 20\,x$ mit $0 \leq x \leq 6$.
a) Zeichnen Sie den Graphen der Kostenfunktion und den Graphen der Erlösfunktion in ein
Koordinatensystem ein. Wählen Sie dazu geeignete Einheiten.
b) Berechnen Sie die Nutzengrenze und die Nutzenschwelle. Wie hoch sind dort die Einnahmen
der Firma?
c) Die Firma möchte 75 GE Erlös haben. Wie hoch sind dann die Produktionskosten und welcher Gewinn wird dann gemacht?
d) Zeichnen Sie die Gewinnfunktion in das vorhandene Koordinatensystem ein und lesen Sie
aus der Zeichnung näherungsweise den maximalen Gewinn ab.
e) Geben Sie die Stückkostenfunktion an. Zeichnen Sie auch die Stückkostenfunktion in das
Koordinatensystem ein.
f) Ermitteln Sie, bei welcher Produktionsmenge die Stückkosten am geringsten sind.

5 Die Herstellungskosten eines AIRBUS-
Seitenleitwerks aus Metall werden angenä-
hert durch $K(x) = \frac{20\,x + 500}{x + 50}$ (x: Anzahl der
hergestellten Leitwerke; K(x) in willkürlichen
Geldeinheiten). Nachdem 300 Leitwerke hergestellt sind, wird erwogen, die Produktion
auf Kunststoffleitwerke umzustellen. Die
Herstellungskosten betragen dann näherungsweise $K^*(x) = \frac{15\,x - 2500}{x - 250}$ (x > 300).
a) Zeichnen Sie mit Verwendung des GTR die
Graphen der beiden Funktionen.
b) Ab welcher Stückzahl ist das Kunststoffleitwerk billiger?

9 Vermischte Aufgaben

1 Ist die Aussage wahr oder falsch? Nennen Sie gegebenenfalls ein Gegenbeispiel.
a) Wenn eine ganzrationale gerade Funktion eine Nullstelle hat, dann hat sie eine weitere Nullstelle.
b) Der Graph einer ungeraden Funktion geht durch den Ursprung.
c) Eine ganzrationale Funktion 3. Grades hat genau drei Nullstellen.
d) Es gibt keine ganzrationale Funktion 3. Grades ohne Nullstellen.

2 Gegeben ist die Funktion f mit $f(x) = -2x^4 + 6x^2 - 3$.
a) Untersuchen Sie f auf Symmetrie.
b) Bestimmen Sie die Schnittpunkte des Graphen von f mit den Koordinatenachsen.
c) Untersuchen Sie das Verhalten von f für $x \to \pm\infty$.
d) Skizzieren Sie mithilfe von a), b) und c) den Graphen von f.

3 Gegeben ist die Funktion f. Erstellen Sie eine Wertetabelle und zeichnen Sie den Graphen. Berechnen Sie die Nullstellen.
a) $f(x) = x^3 - 2x + 2$ b) $f(x) = \frac{1}{2}x^5 - 2x^4 - x^3 + 1$ c) $f(x) = 0,5x^4 - 2x^2 + x$

4 Für jedes $t \in \mathbb{R}$ ist eine Funktion f_t gegeben durch $f_t(x) = \frac{3}{8}x^3 - \frac{3}{2}tx$.
a) Skizzieren Sie Graphen für verschiedene Werte des Parameters t.
b) Welcher Funktionsgraph geht durch den Punkt $P(-2\,|\,3)$?
c) Welche der Scharfunktionen haben nur eine Nullstelle?

5 Gegeben ist eine Funktionenschar g_t mit $g_t(x) = \frac{1}{4}x^4 - tx^2$ für $t \in \mathbb{R}$.
a) Skizzieren Sie Graphen für verschiedene Werte des Parameters t.
b) Untersuchen Sie die Funktionsgraphen auf Achsenpunkte und Extrempunkte. Unterscheiden Sie nach deren Anzahl und charakterisieren Sie diese Unterschiede anhand des Parameters t.

6 Entscheiden Sie, ob folgende Aussagen wahr sind. Begründen Sie jeweils die Aussage oder geben Sie ein Gegenbeispiel an.
a) Eine Funktion mit geradem Grad hat immer auch eine gerade Anzahl von Nullstellen.
b) Es gibt Funktionen vom Grad 4 mit 0, 1, 2, 3 und 4 Nullstellen.
c) Wenn vier verschiedene Nullstellen einer Funktion 4. Grades symmetrisch zu $x = 0$ liegen, dann ist die Funktion gerade.
d) Wenn alle Nullstellen einer Funktion 4. Grades symmetrisch zu $x = 0$ liegen, dann ist die Funktion gerade.

7 Gegeben ist für jede reelle Zahl t eine ganzrationale Funktion f_t mit $f(t) = x^3 - 2tx^2 + t^2x$.
a) Geben Sie für $t = -2, -1, 0, 1, 2$ den jeweiligen Funktionsterm an. Skizzieren Sie die Graphen der Funktionen.
b) Für welche reellen Zahlen t liegt der Punkt $P(4\,|\,9)$ auf dem Graphen der Funktion f_t?
c) Berechnen Sie die Nullstellen von f_t in Abhängigkeit von t. Vergleichen Sie das Ergebnis mit Ihren Funktionsgraphen.
d) Zeigen Sie anhand der Prüfungsbedingung: Die Graphen von f_t und f_{-t} liegen punktsymmetrisch zueinander. Geben Sie den Symmetriepunkt an.

8   Gegeben sind die Funktionen f und g durch $f(x) = -x^4 + x^2 + 2$ und $g(x) = x^3 - 3x + 2$. Berechnen Sie schrittweise die Schnittpunkte der beiden Graphen (ohne GTR). Interpretieren Sie jede Umformung von $f(x) = g(x)$ grafisch als Schnittproblem und skizzieren Sie (mithilfe des GTR) die zugehörigen Graphen.
An welcher Stelle im Intervall $[-2; 2]$ ist der Unterschied zwischen $f(x)$ und $g(x)$ am größten?

9   Gegeben ist die Funktion f mit $f(x) = \frac{1}{8}x^4 - x^2 - \frac{9}{8}$.
a) Weist der Graph von f eine spezielle Symmetrie auf?
b) Bestimmen Sie die Schnittpunkte des Graphen mit der x-Achse sowie den Schnittpunkt mit der y-Achse.
c) Zeichnen Sie mithilfe der Ergebnisse aus a) und b) und einer geeigneten Wertetabelle den Graphen von f für $x \in [-3,5; 3,5]$.
d) Die Gerade g geht durch die Punkte $P(-3|f(-3))$ und $Q(0|f(0))$. Bestimmen Sie die weiteren Schnittpunkte dieser Geraden mit dem Graphen von f.
e) Wie muss der Graph von f verschoben werden, damit er genau 3 gemeinsame Punkte mit der x-Achse hat? Geben Sie die Koordinaten dieser Punkte an.

Die Strömung von Flüssigkeiten durch Rohre wurde nahezu zeitgleich von dem deutschen Ingenieur HAGEN (1839) und dem französischen Arzt POISEUILLE (1840) untersucht. Dabei wollte POISEUILLE die Art der Blutbewegung in den Arterien und Venen erforschen.

10   Das Flüssigkeitsvolumen, das pro Zeiteinheit durch den Rohrquerschnitt fließt, heißt Stromstärke i.
Überträgt man die Überlegungen zur Berechnung von i im Modell auf eine 1 m lange Vene, ergibt sich für die Blutstromstärke näherungsweise $i = \text{const} \cdot (p_1 - p_2) \cdot r^4$, wobei r der Venenradius, p_1 und p_2 der Druck an den Venenenden ist.
a) Die Ader eines Patienten verengt sich auf $\frac{1}{4}$ des ursprünglichen Radius. Wie wirkt sich dies auf die Blutstromstärke aus, wenn die Druckdifferenz unverändert bleibt?
b) Welche Reaktionsmöglichkeit hat der Körper, um die Blutstromstärke wieder zu erhöhen? Nennen Sie Gründe, die zu einer Venenverengung führen können.
c) Um wie viel Prozent muss eine Ader erweitert werden, wenn die Blutstromstärke um 10 % bei gleicher Druckdifferenz erhöht werden soll?

11   Heidi behauptet: „Bei Limonaden ist die Verpackung teurer als der Inhalt."
Sie macht dazu folgende Annahmen:
Die Dose ist ein Zylinder, dessen Höhe doppelt so groß ist wie sein Durchmesser.
Für den Hersteller kostet 1 Liter Limo 15 Cent. Die Kosten für 1 dm² Blech betragen 3 Cent.
a) Überprüfen Sie die Behauptung für den Dosenradius 3 cm.
b) Ab welchem Dosenradius ist der Inhalt teurer als die Dose?

12   Die Firma Surprise KG stellt einen Scherzartikel her. Rolf erzählt nach einem Betriebspraktikum: „Die Kosten für die Herstellung von x dieser Scherzartikel beträgt $K(x)$ Euro. Dabei ist $K(x) = 0,02(x - 10)^3 + 20$."
a) Erstellen Sie eine Wertetabelle mit x-Werten zwischen 0 und 22 und skizzieren Sie den Graphen für die Gesamtkosten in Abhängigkeit von der Stückzahl.
b) Der Artikel wird für 2 Euro pro Stück verkauft. Wie groß sind die Einnahmen, wenn x Stück verkauft werden? Zeichnen Sie in das vorhandene Koordinatensystem den Graphen für die Gesamteinnahmen ein.
c) Lesen Sie ab: Bei welchen Stückzahlen wird ein Gewinn erzielt? Bei welcher Stückzahl ist der Gewinn am größten?
d) Formulieren Sie eine Interpretation der durchschnittlichen Änderungsrate für die Gewinnfunktion.
e) Wie groß ist der Stückgewinn für die letzten beiden verkauften Scherzartikel?

13 In Fig. 1 sind A und B die Aufhänge-
punkte eines Kabels an zwei vertikalen
Masten. In Bezug auf das eingezeichnete
Koordinatensystem kann man die Lage des
Kabels angenähert durch den Graphen einer
Funktion f_a mit $f_a(x) = \frac{1}{25a}x^2 - \frac{200+a}{25a}x + 8$
und einen geeigneten Parameter a mit
$0 < a < 200$ beschreiben.

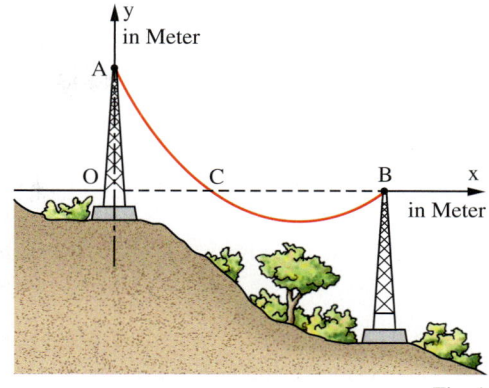

Fig. 1

a) Berechnen Sie die Länge der Strecke $\overline{OB}$.
b) Der Punkt C des Kabels hat dieselbe Höhe
wie B. Wie lang ist $\overline{OC}$?
Welche Strecke muss man demnach messen,
um den Parameter a zu bestimmen?

14 Gesucht ist eine Funktion vom Grad 3. Ihr Graph enthält die Punkte $A(-1|1)$ und $B(1|-1)$,
schneidet die y-Achse bei -2 und verläuft durch $C(2|2)$.
Geben Sie den Funktionsterm an und skizzieren Sie den zugehörigen Gtaphen.

JOSEPH LOUIS LAGRANGE
(1736–1813)

Verwenden Sie die
Produktform.

15 Interpolation nach LAGRANGE
Die Teilaufgaben entwickeln eine Idee, wie
eine ganzrationale Funktion höchstens 3. Grades konstruiert werden kann, die an verschiedenen Stellen vorgeschriebene Funktionswerte annimmt.

Interpolationsaufgabe:
Gesucht ist eine ganzrationale Funktion vom
Grad 3 mit den Werten

x	1	2	3	4
y	4	-2	2	3

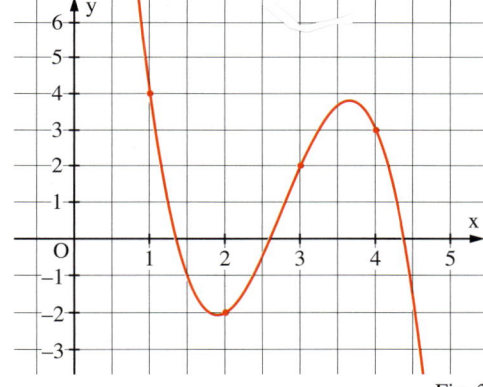

Fig. 2

Fig. 2 veranschaulicht die Aufgabe und die
gesuchte Funktion.

a) Geben Sie eine ganzrationale Funktion vom Grad 3 mit den Nullstellen 1, 2 und 3 an, die an
der Stelle 4 den Wert 1 hat.
b) Geben Sie eine ganzrationale Funktion vom Grad 3 mit den Nullstellen 1, 2 und 3 an, die an
der Stelle 4 den Wert 3 hat.
c) Geben Sie eine ganzrationale Funktion vom Grad 3 mit den Nullstellen 1, 2 und 4 an, die an
der Stelle 3 den Wert 1 hat.
d) Begründen Sie, dass die Summe der Funktionsterme aus a) und c) den Grad 3 hat, die Nullstellen 1 und 2 und an den Stellen 3 und 4 den Wert 1 annimmt.
e) Geben Sie eine ganzrationale Funktion vom Grad 3 mit den Nullstellen 1 und 2 an, die an der
Stelle 3 den Wert 2 und an der Stelle 4 den Wert 3 hat.
f) Lösen Sie die obige Interpolationsaufgabe.
g) Lösen Sie Aufgabe 14 mit dieser Methode.
h) Geben Sie ein Interpolationsproblem mit 5 Vorgaben an, das eine Lösungsfunktion vom
Grad 4 besitzt.
i) Geben Sie ein Beispiel mit 4 Vorgaben, dessen Lösungsfunktion den Grad 2 hat.

153

Ganzrationale Funktionen

Für $n \in \mathbb{N}$ heißt die Funktion $f: x \mapsto a_n x^n + a_{n-1} x^{n-1} + \ldots + a_0$ **ganzrationale Funktion**. Ist $a_n \neq 0$, so hat f den **Grad n**.

$f: x \mapsto x^3 - 2x^2 - 5x + 6$
Der Grad von f ist 3.

Eigenschaften ganzrationaler Funktionen

Für $x \to \pm\infty$ wird das Verhalten einer ganzrationalen Funktion f mit dem Grad n vom Summanden $a_n x^n$ bestimmt: $f(x) \approx a_n x^n$.

Für $x \to \pm\infty$ gilt $f(x) \approx x^3$

Eine ganzrationale Funktion f ist gerade (ungerade), wenn ihr Funktionsterm nur Potenzen von x mit geraden (ungeraden) Hochzahlen enthält.

f ist weder gerade noch ungerade.
$f(1) = 0$; Nullstelle $x_1 = 1$.

Ist x_1 eine Nullstelle der ganzrationalen Funktion f, dann geht die **Polynomdivision** $f(x) : (x - x_1)$ auf.
Alle weiteren Nullstellen von f sind die Nullstellen von g mit $g(x) = f(x) : (x - x_1)$.

$$(x^3 - 2x^2 - 5x + 6) : (x - 1) = x^2 - x - 6$$
$$\underline{-(x^3 \phantom{{}-2x^2} - x^2)}$$
$$ -x^2 - 5x + 6$$
$$ \underline{-(-x^2 \phantom{{}-5x}+ x)}$$
$$ -6x + 6$$
$$ \underline{-(-6x + 6)}$$
$$ 0$$

Aus $x^2 - x - 6 = 0$ ergeben sich die weiteren Nullstellen $x_2 = -2$ und $x_3 = 3$.

Gleichungen und Funktionsgraphen

Eine Lösung der Gleichung $f(x) = 0$ ist eine **Nullstelle** der Funktion f.
Die **Schnittstellen** der Graphen von f und g sind die Lösungen der Gleichung $\mathbf{f(x) = g(x)}$.
Die Schnittstellen der Graphen von f und g sind die Nullstellen der **Differenzfunktion von f und g**, also Lösungen von $f(x) - g(x) = 0$.
Eine ganzrationale Funktion vom Grad n hat höchstens n Nullstellen.

$x \mapsto x^3 + x + 2$ hat nur eine Nullstelle $x_1 = -1$.

Problemreduktion durch Substitution

Manche Gleichungen lassen sich durch Substitution in einfachere Gleichungen überführen.
z.B. wenn nur gerade Hochzahlen auftreten: $z = x^2$
z.B. wenn nur x^6 und x^3 auftreten: $z = x^3$

$$x^4 - 4x^2 - 5 = 0$$
Substitution $x^2 = z$: $z^2 - 4z - 5 = 0$
gelöst mit Formel: $z_1 = 5$ und $z_2 = -1$
Resubstitution $z = x^2$: $x_1 = \sqrt{5}$; $x_2 = -\sqrt{5}$
($x^2 = -1$ hat keine reelle Lösung)

Intervallhalbierungsverfahren

Haben die Werte $f(a)$ und $f(b)$ einer ganzrationalen Funktion f verschiedene Vorzeichen, dann hat f eine Nullstelle x* in $[a; b]$.
Die Intervallmitte $m = \frac{a+b}{2}$ ist eine (meist) bessere Näherung für x*.
Ist $f(m) \cdot f(a) > 0$, so liegt x* im Teilintervall $[m; b]$, sonst in $[a; m]$.
Nach n Iterationen ist die Intervallmitte m_n ein Näherungswert der Nullstelle x* von f mit einer Genauigkeit von mindestens $|b - a| \cdot 0{,}5^n$.

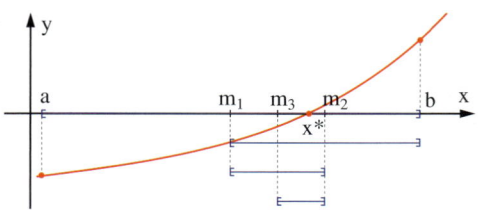

Vielfachheit einer Nullstelle

Ist $f(x) = (x - x_1)^n \cdot g(x)$ eine **Produktdarstellung** mit $g(x_1) \neq 0$, so heißt x_1 **Nullstelle von f der Vielfachheit n** ($n \in \mathbb{R}$).
Die Potenzfunktion p mit $p(x) = g(x_1) \cdot (x - x_1)^n$ ist für $x \approx x_1$ eine Näherungsfunktion von f.
Durch Ausklammern von x oder mittels Polynomdivision lässt sich für Polynome die Produktform herstellen.

$f(x) = (x + 3)(x - 1)^2 (x - 5)$
–3; 5 sind einfache, 1 ist doppelte Nullstelle.

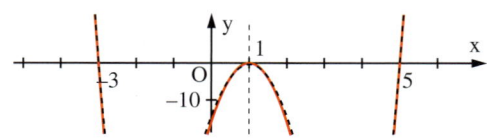

Aufgaben zum Üben und Wiederholen

1 Entscheiden Sie, ob eine ganzrationale Funktion vorliegt, geben Sie gegebenenfalls den Grad an und erläutern Sie das Verhalten für betragsgroße Werte.

a) $f(x) = x(x + 2)(x^2 - 4)$ b) $g(x) = (1 + x^2)(4 - 2x)$ c) $h(x) = x^4(2 - x^{-3})(x + 1)$

2 Beschreiben und begründen Sie den Verlauf der Funktion in kurzen Sätzen. Entnehmen Sie die Koordinaten charakteristischer Punkte der GTR-Grafik und fertigen Sie eine Skizze.

a) $f(x) = x^3 - 6x + 1$ b) $g(x) = -0{,}5x^4 + 3x^3 - 6x$ c) $h(x) = (8 + x^3)(x^2 - x)$

3 Untersuchen Sie den Graph der Funktion auf Symmetrie.

a) $f(x) = x^3 - 6x^2 + 1$ b) $g(x) = x^4 + 4x^3 + 4x^2$ c) $h(x) = x^4 + x^3 - 4$

4 Führen Sie eine Polynomdivision durch.

a) $(x^3 - 2x^2 + x + 4) : (x + 1)$ b) $(2x^4 - 6x^3 + x^2 - 4x + 4) : (x - 3)$

5 Bestimmen Sie die Nullstellen der Funktion f.

a) $f(x) = 0{,}5x^3 - x^2 - 4x$ b) $f(x) = \frac{1}{4}x^4 - \frac{3}{2}x^2 + 2$ c) $f(x) = 1 - 50x^4 - x^5$

6 Zeigen Sie, dass x_1 eine Nullstelle der Funktion f ist.
Bestimmen Sie anschließend alle weiteren Nullstellen der Funktion f algebraisch.

a) $f(x) = x^3 - x^2 - 3x - 1;\ x_1 = -1$ b) $f(x) = x^4 - 6x^3 + 11x^2 - 6x;\ x_1 = 3$

7 Ermitteln Sie die Nullstellen der Funktion mithilfe des GTR auf verschiedene Arten.

a) $f(x) = x^3 - 18x^2 + 8x + 1$ b) $g(x) = -x^5 + 200x^3 + 150x^2 - 10$

8 a) Erläutern Sie in kurzen Sätzen anhand einer Skizze das Intervallhalbierungsverfahren.
b) Notieren Sie für ein selbst gewähltes Beispiel tabellarisch die ersten 4 Schritte.
c) Nach wie vielen Iterationen wird die Genauigkeit um 4 Dezimalstellen erhöht?

9 Lösen Sie die Gleichung exakt.

a) $x^3 - 6x^2 + 3x = 0$ b) $0 = 4 - x^4 + 4x^2$ c) $0 = x^7 + x^4 - 4x$

10 Begründen Sie anhand der Produktform möglichst viele Eigenschaften der Funktion. Skizzieren Sie damit den Graphen und überprüfen Sie Ihre Skizze mithilfe des GTR.

a) $f(x) = (x - 2)^3(x + 1)^2$ b) $g(x) = (1 + x)^2(4 - 2x)$ c) $h(x) = x(x^2 + 2)(x^2 - 4)$

11 Bestimmen Sie eine ganzrationale Funktion vom Grad 4, deren Graph zur y-Achse symmetrisch liegt, die x-Achse bei $x = 2$ schneidet und die Punkte $A(1|-3)$ und $B(3|-9)$ enthält.

12 Gegeben ist die Funktion f mit $f(x) = \frac{1}{6}x^4 - \frac{4}{3}x^2 - \frac{3}{2}$.
a) Untersuchen Sie f auf Symmetrie.
b) Bestimmen Sie die Schnittpunkte des Graphen von f mit den Koordinatenachsen.
c) Untersuchen Sie das Verhalten von f für $x \to \pm\infty$.
d) Skizzieren Sie mithilfe von a), b) und c) den Graphen von f.

13 Gegeben sind die Funktionen f und g durch $f(x) = x^4 - x^2 + 1$ und $g(x) = x^3 - 4x$.
a) Berechnen Sie die Nullstellen von f und g.
b) Skizzieren Sie die Graphen in ein gemeinsames Koordinatensystem.
c) Berechnen Sie die Schnittpunkte der beiden Graphen.
d) Verschieben Sie Graph g so dass er Graph f nicht schneidet (geben Sie den Term an).

Die Lösungen zu den Aufgaben dieser Seite finden Sie auf Seite 260.

HORNER-Schema und Tabellenkalkulation

Der englische Mathematiklehrer WILLIAM GEORGE HORNER veröffentlichte 1819 ein Näherungsverfahren zur Lösung algebraischer Gleichungen, wie sie bei der Bestimmung der Nullstellen ganzrationaler Funktionen auftreten. Dabei musste er verschiedene Funktionswerte berechnen, wozu er das nach ihm benannte Schema benutzte.

Das Verfahren ist aber viel älter. So war es bereits im 11. Jahrhundert unter islamischen Mathematikern ein bekanntes Verfahren. In seiner mathematischen Idee ist es schon in den chinesischen „Büchern arithmetischer Technik" aus der frühen Hanzeit (2. und 1. Jahrhundert v. Chr.) zu finden.

Will man Funktionswerte der ganzrationalen Funktion f mit $f(x) = x^4 - x^3 - 5x^2 + 3x + 6$ berechnen, so muss man $3 + 2 + 2 + 1 = 8$ Multiplikationen und 4 Additionen bzw. Subtraktionen durchführen. Die ist besonders unangenehm, wenn man, wie in früheren Zeiten, keinen Taschenrechner oder PC hat und dazu der einzusetzende x-Wert „krumm" ist.

Man kann jedoch $f(x)$ durch mehrfaches Ausklammern umformen in

$$f(x) = (((x - 1)x - 5)x + 3)x + 6.$$

Jetzt sind nur noch 3 Multiplikationen notwendig sowie ebenfalls 4 Additionen bzw. Subtraktionen. Der Aufwand zur Berechnung von $f(x)$ wird deutlich geringer.

Fig. 1 zeigt eine geschickte Anordnung zu einer solchen Berechnung, man nennt sie HORNER-Schema.

Dieses kann man auf eine Tabellenkalkulation übertragen:

	A	B	C	D	E	F	G	H
1	Koeff.:		1	-1	-5	3	6	
2				=C3*B3	=D3*B3	=E3*B3	=F3*B3	
3	x-Wert:		=C1+C2	=D1+D2	=E1+E2	=F1+F2	=G1+G2	'= f(x)

Setzt man nun in das Feld B3 z. B. den x-Wert 1,5 ein, so erhält man:

	A	B	C	D	E	F	G	H
1	Koeff.:		1	-1	-5	3	6	
2				1,5	0,75	-6,375	-5,0625	
3	x-Wert:	1,5	1	0,5	-4,25	-3,375	0,9375	'= f(x)

Dem Feld G3 entnimmt man $f(1,5) = 0,9375$.

Das Besondere am HORNER-Schema ist jedoch: Setzt man als x-Wert eine Nullstelle x_1 ein, so bilden die Zahlen in der 3. Zeile ab C3 die Koeffizienten eines Polynoms $g(x)$, für das gilt:

$f(x) = g(x)(x - x_1)$, also das Ergebnis $g(x)$ der Polynomdivision $\frac{f(x)}{x - x_1}$.

Rechnen Sie dazu folgendes Beispiel nach:

	A	B	C	D	E	F	G	H
1	Koeff.:		1	-1	-5	3	6	
2				2	2	-6	-6	
3	x-Wert:	2	1	1	-3	-3	0	'= f(x)

Aufgabe: Bestimmen Sie mit einer Tabellenkalkulation die Funktionswerte von f für $x = -3, -2, \ldots, 3$. Lesen Sie für jede gefundene Nullstelle x_1 von f die Koeffizienten von $\frac{f(x)}{x - x_1}$ ab und berechnen Sie die fehlenden Nullstellen.

a) $f(x) = x^4 - x^3 - 5x^2 + 3x + 6$ b) $f(x) = 3x^4 - 13x^3 + 10x^2 + 14x - 12$

c) $f(x) = x^5 - 6x^4 + 8x^3 + 4x^2 - 9x + 2$ d) $f(x) = x^5 - 4x^4 - 100x^3 + 214x^2 + 483x - 594$

Allgemeines Iterationsverfahren (Fixpunktverfahren)

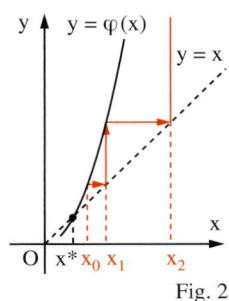

Fig. 2

Der Streckenzug führt nicht zum Schnittpunkt.

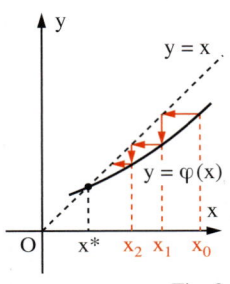

Fig. 3

Der Streckenzug führt zum Schnittpunkt.

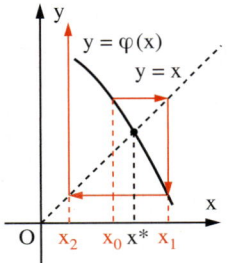

Fig. 4

Der Streckenzug führt nicht zum Schnittpunkt.

Aus $x^3 + 2x - 1 = 0$ folgt auch $x = -\frac{2}{x} + \frac{1}{x^2}$.
Die Funktion φ_1 mit
$\varphi_1(x) = -\frac{2}{x} + \frac{1}{x^2}$
erfüllt in [0,4; 0,5] aber nicht die Voraussetzungen für die Konvergenz des Verfahrens.

Dem folgenden Näherungsverfahren zum Lösen einer Gleichung liegt die Idee zugrunde, zu einem **Fixpunktproblem** überzugehen und dieses **iterativ zu lösen**.

Die Funktion f mit $f(x) = x^3 + x - 0,5$ hat genau eine Nullstelle. Um diese iterativ zu berechnen, kann man die Gleichung $x^3 + x - 0,5 = 0$ umformen in $x = 0,5 - x^3$ und als **Schnittproblem zwischen 1. Winkelhalbierenden und Graph g mit** $g(x) = 0,5 - x^3$ deuten.

Die Abszisse x* des Schnittpunktes ist die Lösung von $f(x) = 0$, aber auch die Zahl, die „fix" bleibt, wenn sie in g(x) eingesetzt wird:

$$x^* = g(x^*)$$

Mit einem Startwert x_0 berechnet man $x_1 := g(x_0)$; $x_2 := g(x_1)$; $x_3 := g(x_2)$ usw. Fig. 1 veranschaulicht dieses Verfahren der wiederholten Einsetzung durch einen roten Streckenzug: Er führt spiralförmig zum Schnittpunkt.

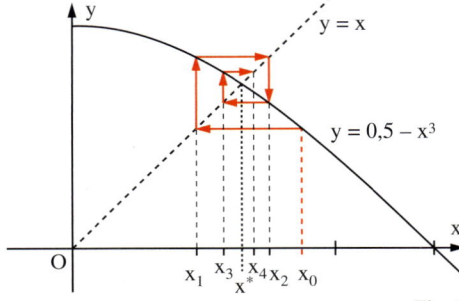

Fig. 1

Bringt man eine gegebene Gleichung auf die Form $x = g(x)$, so führt das Verfahren nicht in jedem Fall zur Lösung (vgl. Fig. 2, 3 und 4). Die Figuren legen aber eine Vermutung nahe: Die Annäherung führt zum Schnittpunkt, falls der Graph von g „flach genug" verläuft.

Allgemeines Iterationsverfahren

Die Gleichung $x = g(x)$ habe im Intervall [a; b] eine Lösung x*.
Wenn der Graph von g in [a; b] flacher verläuft als die 1. Winkelhalbierende, dann erhält man für jeden Startwert x_0 des Intervalls durch $x_{n+1} := g(x_n)$ eine Folge von immer besseren Näherungswerten für x*.

Beispiel: (Durchführung des allgemeinen Iterationsverfahrens)
Die Gleichung $x^3 + 2x - 1 = 0$ hat im Intervall [0,4; 0,5] genau eine Lösung x*.
Berechnen Sie x* mit dem allgemeinen Iterationsverfahren auf 4 Dezimalen gerundet.
Lösung:

Die Gleichung $x^3 + 2x - 1 = 0$ kann umgeformt werden zu $x = 0,5(1 - x^3)$.
Mit $x_{n+1} = 0,5(1 - x_n^3)$ und $x_0 = 0,45$ erhält man die nebenstehende Folge von Näherungen.
Auf vier Dezimalstellen gerundet ergibt sich $x^* \approx 0,4534$.

$x_0 = 0,45$
$x_1 = 0,454\,437\,5$
$x_2 = 0,453\,076\,274$
$x_3 = 0,453\,496\,679\,4$
$x_4 = 0,453\,367\,109\,2$
$x_5 = 0,453\,407\,068\,7$
$x_6 = 0,453\,394\,747\,6$
$x_7 = 0,453\,398\,546\,9$

Aufgabe:
Berechnen Sie eine Näherung für die Lösung der Gleichung auf 3 Dezimalen gerundet. Wählen Sie dazu einen geeigneten Ansatz $x = g(x)$ und einen passenden Startwert.

a) $x^3 - 3x - 2 = 0$ \qquad b) $2x^3 + x^2 - 1 = 0$ \qquad c) $x - 2 = x^{-2}$

Näherungsverfahren zur Lösung einer Gleichung

1) **Regula falsi** (Sekantenverfahren)
Durch zwei Punkte des Funktionsgraphen wird eine Sekante gelegt. Sie schneidet die x-Achse an einer Stelle, die im Allgemeinen näher an der gesuchten Lösung der Gleichung ist.
Stellen Sie eine Iterationsformel auf und erläutern Sie das Verfahren anhand einiger Beispiele. Geben Sie Bedingungen an, unter denen das Verfahren eine Lösung annähert.

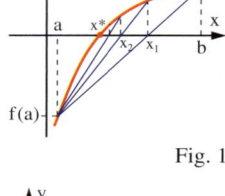

Fig. 1

2) **Sägezahnverfahren**
Durch einen Punkt des Funktionsgraphen wird eine Gerade mit selbst gewählter Steigung so gelegt, dass ihre Schnittstelle x_n mit der x-Achse näher an der gesuchten Lösung liegt. Wird dieser Schritt mit dem Punkt $(x_n | f(x_n))$ mit gleicher Steigung wiederholt, so nähern sich die Schnittstellen bei günstiger Wahl der Geradensteigung der gesuchten Lösung an. Es entsteht das Bild einer „Säge" (Fig. 2).
Stellen Sie eine Iterationsformel auf und erläutern Sie das Verfahren anhand einiger Beispiele. Unter welcher Bedingung an die Steigung führt das Verfahren zum Ziel?

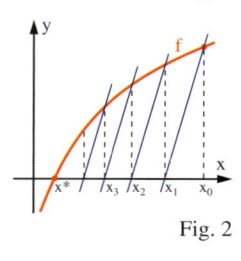

Fig. 2

3) **Allgemeines Iterationsverfahren** (vgl. Exkursionen)

4) Schreiben Sie **Programme** zu den Näherungsverfahren (für Ihren GTR oder in EXCEL) und erproben Sie diese an verschiedenen Gleichungen.

5) **Vergleichen Sie** die verschiedenen Näherungsverfahren anhand mehrerer Gleichungen. Unter welchen Bedingungen führt welches Verfahren mit weniger Aufwand zum Ziel?

Stichworte für Internetrecherche:
Gleichung, Näherungsverfahren, Sekantenverfahren, Konvergenzgeschwindigkeit

Eigenschaften der Funktionen 3. Grades

Die Graphen der Funktionen 3. Grades mit $f(x) = ax^3 + bx^2 + cx + d$ haben viele Eigenschaften gemeinsam. Sie können im Wesentlichen in 3 Typen klassifiziert werden. Nachfolgend sind einige Eigenschaften genannt.

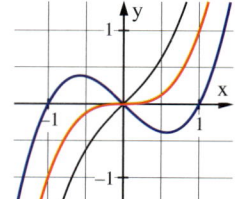

– Jeder Graph ist zu einem Kurvenpunkt S symmetrisch.
– Der Symmetriepunkt hat die Abszisse $x_S = -\frac{b}{3a}$.
– Jeder Funktionsgraph ist kongruent zu einem Graphen mit der Gleichung $y = ax^3 + kx$.
– Jeder Funktionsgraph ist zu einem der folgenden Graphen ähnlich:
   Typ 1: $y = x^3 + x$ Typ 2: $y = x^3$ Typ 3: $y = x^3 - x$
   Dies kann durch geeignete Substitutionen der Form $u = px$ und $v = qy$, also durch Dehnen in Richtung der Koordinatenachsen, gezeigt werden.
– Wenn f drei verschiedene Nullstellen hat, dann ist die Abszisse des Symmetriepunktes der Mittelwert dieser Nullstellen.
Erläutern Sie diese Eigenschaften anhand geeigneter Beispiele und begründen Sie die Aussagen.

Schranken für die Nullstellen ganzrationaler Funktionen

Für die Berechnung der Nullstellen einer Funktion ist es hilfreich zu wissen, in welchem Intervall alle Lösungen liegen müssen. In Lerneinheit 2 Seite 125 wurde das Verhalten ganzrationaler Funktionen für betragsgroße Werte bestimmt und begründet. Eine ähnliche Begründung kann verwendet werden, um ein Intervall zu finden, in dem sicher alle Nullstellen der Funktion liegen.

Schrankensatz:

Ist f mit $f(x) = a_n x^n + a_{n-1} x^{n-1} + \ldots + a_2 x^2 + a_1 x + a_0$ eine ganzrationale Funktion, so liegen alle ihre Nullstellen sicher im Intervall $[-A; A]$ mit $A = \frac{|a_{n-1}|}{|a_n|} + \frac{|a_{n-2}|}{|a_n|} + \ldots + \frac{|a_2|}{|a_n|} + \frac{|a_1|}{|a_n|} + \frac{|a_0|}{|a_n|}$.

1. Erläutern und bestätigen Sie den Satz anhand selbstgewählter Beispiele.
2. Beweisen Sie den Satz.

Der Beweis verwendet im Kern folgende Idee:

Wenn $|x|$ größer als 1 ist, dann sind der Kehrwert $\frac{1}{|x|}$ und dessen Potenzen sicher kleiner als 1. Damit kann aus der Umformung

$$f(x) = a_n x^{n-1}\left(x + \frac{a_{n-1}}{a_n} + \frac{a_{n-2}}{a_n} \cdot \frac{1}{x} + \ldots + \frac{a_2}{a_n} \cdot \frac{1}{x^{n-3}} + \frac{a_1}{a^n} \cdot \frac{1}{x^{n-2}} + \frac{a_0}{a_n} \cdot \frac{1}{x^{n-1}}\right)$$

begründet werden, dass für alle $x > a$ und $x > 1$ die Klammer nicht mehr null wird. Entsprechendes gilt für $x < -a$ und $x < -1$.

3. Erläutern Sie an verschiedenen Beispielen, wie gut diese Schranke ist.
4. Erläutern Sie andere Schranken aus der angegebenen Literatur.

Vergleichen Sie anhand verschiedener Beispiele, welche der Schranken die bessere ist.

Literatur:
Henn: Elementare Geometrie und Algebra (3-528-03201-4), S. 138

Nicolo Fontana TARTAGLIA
(1499–1557)

Gerolamo CARDANO
(1501–1576)

Lösungsformel für Gleichungen 3. Grades

Seit dem 16. Jahrhundert sind Lösungsformeln für Gleichungen 3. Grades bekannt (TARTAGLIA und CARDANO). Im Allgemeinen erfordern sie Grundkenntnisse im Umgang mit komplexen Zahlen, in manchen Fällen geben sie direkt eine Lösung.

a) Demonstrieren Sie die Formeln an Beispielen und interpretieren Sie die Formeln auch grafisch.
b) Erläutern Sie die Herleitung der Formeln.
c) Tragen Sie Geschichtliches über die beteiligten Mathematiker des 16. Jahrhunderts zusammen.

Literatur:
LS Einführung in die Analysis und Stochastik mit dem GTR, Klett-Nr. 73227

Stichworte für Internetrecherche:
Kubische Gleichung, Gleichung 3. Grades, CARDANO, TARTAGLIA

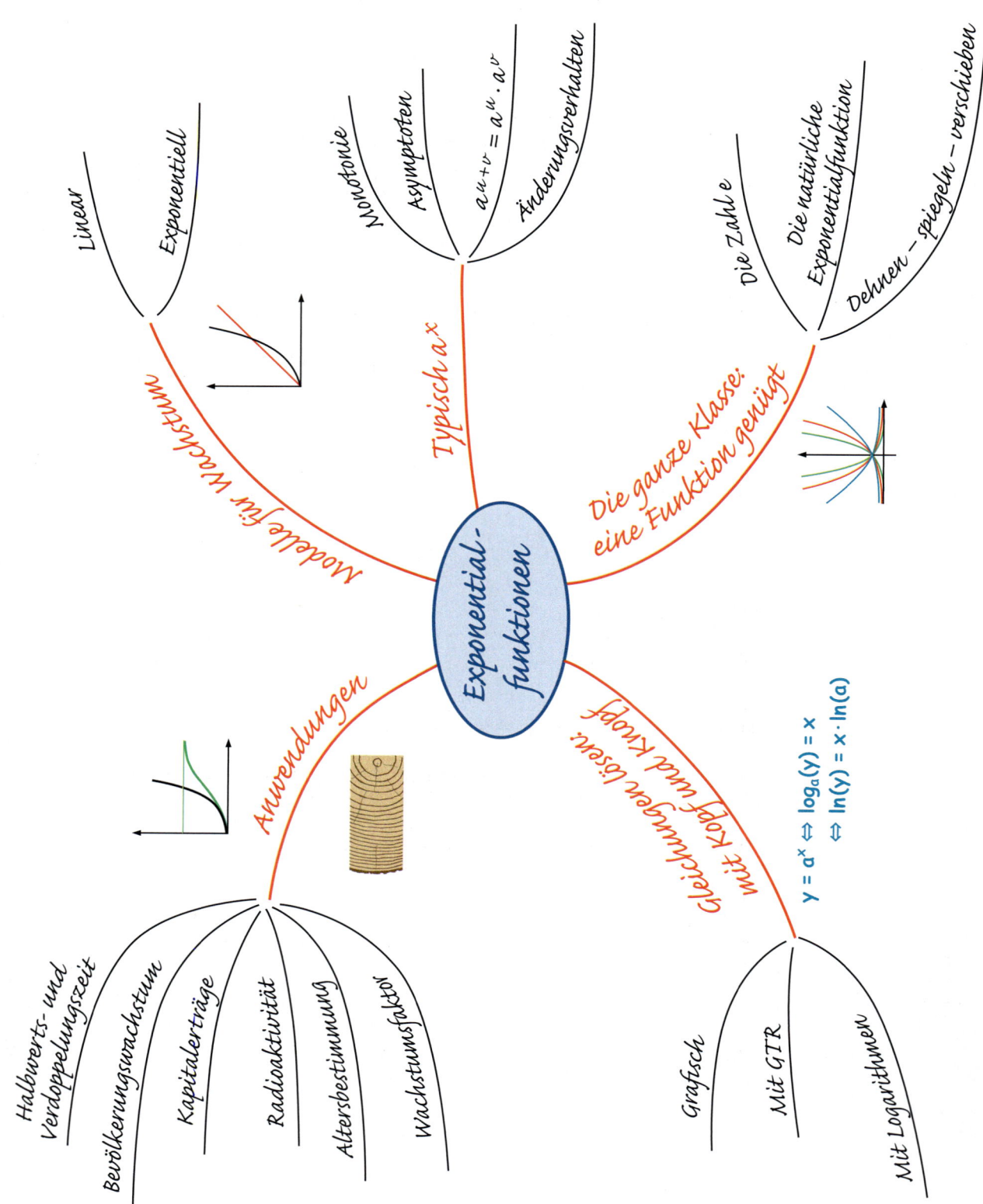

Exponential-funktionen

Modelle für Wachstum
- Linear
- Exponentiell

Typisch a^x
- Monotonie
- Asymptoten
- $a^{u+v} = a^u \cdot a^v$
- Änderungsverhalten

Die ganze Klasse: eine Funktion genügt
- Die Zahl e
- Die natürliche Exponentialfunktion
- Dehnen – spiegeln – verschieben

Anwendungen
- Halbwerts- und Verdoppelungszeit
- Bevölkerungswachstum
- Kapitalerträge
- Radioaktivität
- Altersbestimmung
- Wachstumsfaktor

Gleichungen lösen: mit Kopf und Knopf
$y = a^x \Leftrightarrow \log_a(y) = x$
$\Leftrightarrow \ln(y) = x \cdot \ln(a)$
- Grafisch
- Mit GTR
- Mit Logarithmen

VI Exponentialfunktionen

1 Wachstumsvorgänge

Alter in Wochen	Mohr (♂) Gewicht in g	Rübe (♀) Gewicht in g
0	80	78
1	115	110
2	155	145
3	200	180
4	240	218

1 Carlottas Meerschweinchen hat zwei Junge bekommen. Jede Woche bestimmt Carlotta das Gewicht der Jungtiere (Fig. 1).
a) Geben Sie für jede Woche und für jedes Tier an, wie viel g es gegenüber der Vorwoche zugenommen hat. Geben Sie die Zunahme auch in Prozent des Gewichtes der Vorwoche an.
b) Um welchen Faktor hat das Gewicht der Tiere in den 4 Wochen zugenommen?
c) Stellen Sie die Funktion *Alter ↦ Gewicht* in einem Koordinatensystem dar.

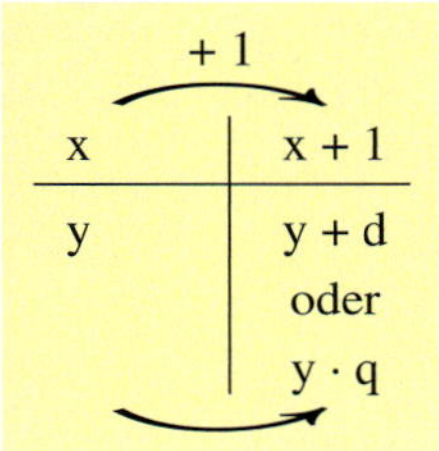

Fig. 1

Wachstumsvorgänge kann man durch Funktionen $f: x \mapsto y$ beschreiben.
Den Funktionswert von 0, also $f(0)$, nennt man **Anfangswert**.
Ändert sich bei einem Wachstum die 1. Größe, der x-Wert, um 1 (d. h. um eine Einheit), so hat man zwei Möglichkeiten, die Änderung der 2. Größe, des y-Werts, zu beschreiben:
1. Man gibt den **Summanden d** an, um den die 2. Größe zunimmt. Diesen bezeichnet man als **Wachstumsrate**.
2. Man gibt den **Faktor q** an, mit dem die 2. Größe zunimmt. Diesen bezeichnet man als **Wachstumsfaktor**.

	$+1$
x	x + 1
y	y + d
	oder
	y · q

Fig. 2

Zwei Formen des Wachstums treten besonders häufig auf:

Nimmt die Größe x um 1 zu, so wächst die Größe y **immer** um einen festen **Summanden d**.

x	0	1	2	3	4	5
y	b	d+b	2d+b	3d+b	4d+b	5d+b

$+d$ jeweils

Z.B.: Anfangswert $b = 2$, Wachstumsrate $d = 0,5$

Nimmt die Größe x um 1 zu, so wächst die Größe y **immer** mit einem festen **Faktor q**.

x	0	1	2	3	4	5
y	b	b·q	b·q²	b·q³	b·q⁴	b·q⁵

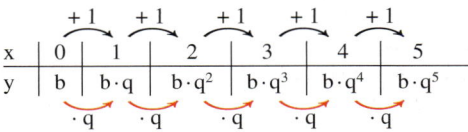

$·q$ jeweils

Z.B.: Anfangswert $b = 0,9$, Wachstumsfaktor $q = 1,5$

Die Tabellen beschreiben die Funktionen nur für natürliche Zahlen x. Nimmt man an, dass das Wachstum nicht „ruckartig" erfolgt, darf man die Graphen auch durchzeichnen.

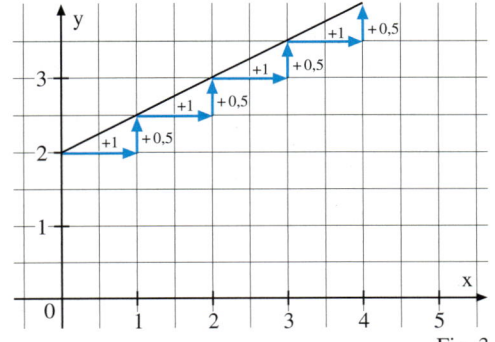

Fig. 3

Ein solches Wachstum nennt man **lineares Wachstum**.

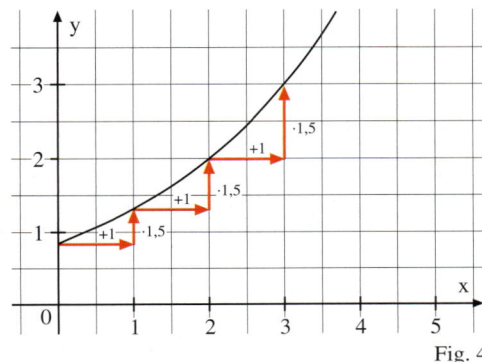

Fig. 4

Ein solches Wachstum nennt man **exponentielles Wachstum**.

Lineares Wachstum:
Nimmt die 1. Größe um 1 zu, so wächst die 2. Größe jeweils um eine **feste Wachstumsrate d**.

Exponentielles Wachstum:
Nimmt die 1. Größe um 1 zu, so wächst die 2. Größe jeweils mit einem **festen Wachstumsfaktor q**.

Exponentielles Wachstum wird häufig durch Angabe einer prozentualen Zunahme beschrieben. Nimmt eine Größe G um p % zu, so wächst sie auf $G + G \cdot \frac{p}{100} = G \cdot (1 + \frac{p}{100})$.

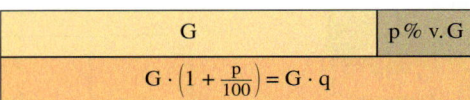

Fig. 1

Beachten Sie: Der Wachstumsfaktor q ist immer positiv.

Eine Zunahme um p % ergibt daher den Wachstumsfaktor $q = 1 + \frac{p}{100}$.
Man spricht auch dann von einem Wachstum, wenn $d < 0$ bzw. $0 < q < 1$. Es gilt:
$d > 0$: Zunahme; $d < 0$: Abnahme, $q > 1$: Zunahme; $0 < q < 1$: Abnahme.

Beispiel 1: (Wachstumsformen)
Beschreiben Sie die Form des Wachstums. Zeichnen Sie den Graphen der zugehörigen Funktion.
a) Bei 20 °C ist die Quecksilbersäule eines Thermometers 15 mm hoch. Sie „steigt" bei einer Temperaturerhöhung um 1 °C jeweils um 0,5 mm.
b) Eine 1,2 m lange Alge vergrößert täglich ihre Länge um 30 %.
c) Ein Motor enthält 4000 cm³ Öl. Er verbraucht 200 cm³ Öl auf 1000 km.
d) Ein 35 000 € teurer Pkw verliert jährlich 25 % seines Zeitwertes.
Lösung:

a) Lineares Wachstum mit:
Wachstumsrate: 0,5 mm (je °C)
Anfangswert: 15 mm

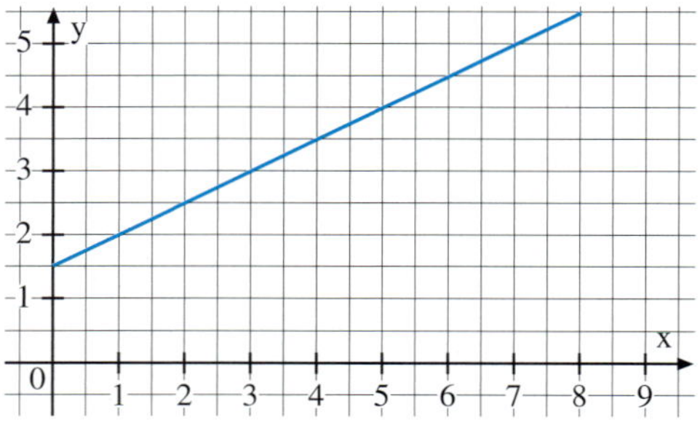

b) Exponentielles Wachstum mit:
Wachstumsfaktor: $1 + \frac{30}{100} = 1,3$
Anfangswert: 1,2 m

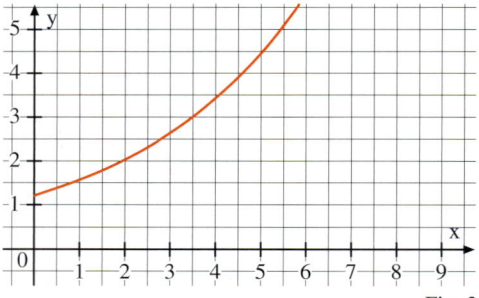

Fig. 2

Fig. 3

Die Zunahme um 1000 km kann als Zunahme um eine Einheit interpretiert werden.

c) Lineares Wachstum (Abnahme) mit:
Wachstumsrate: – 200 cm³ auf 1000 km
Anfangswert: 4000 cm³

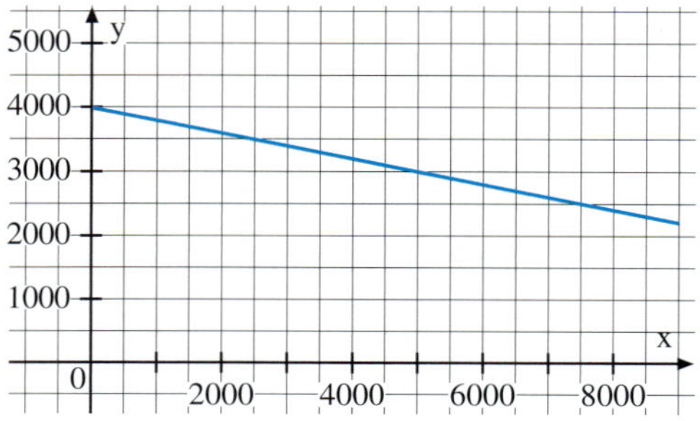

d) Exponentielles Wachstum (Abnahme) mit:
Wachstumsfaktor: $1 - \frac{25}{100} = 0,75$
Anfangswert: 35 000 €

*Bei einer Abnahme spricht man auch von **negativem Wachstum**. (Die Wachstumsrate d ist negativ, aber der Wachstumsfaktor q ist trotzdem positiv: $0 < q < 1$.)*

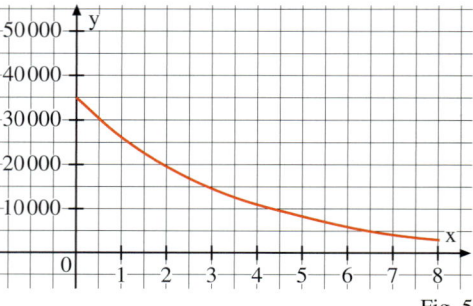

Fig. 4

Fig. 5

162

Beispiel 2: (Untersuchung auf Form des Wachstums)
Prüfen Sie, ob die Tabellen zu einem linearen oder einem exponentiellen Wachstum gehören können.

a)

x	0	1	2	3
y	2	7	12	17

b)

x	0	1	2	3
y	3	9	27	81

c)

x	0	1	2	3
y	1	2	5	10

In Anwendungen erhält man mögliche Wachstumsfaktoren häufig durch Quotientenbildung.

Lösung:

a) Lineares Wachstum

Wachstumsrate: 5,

denn: $2 \xrightarrow{+5} 7 \xrightarrow{+5} 12 \xrightarrow{+5} 17$

b) Exponentielles Wachstum

Wachstumsfaktor: 3,

denn: $3 \xrightarrow{\cdot 3} 9 \xrightarrow{\cdot 3} 27 \xrightarrow{\cdot 3} 81$

c) Kein lineares Wachstum, da $1 \xrightarrow{+1} 2 \xrightarrow{+3} 5$

Kein exponentielles Wachstum, da $1 \xrightarrow{\cdot 2} 2 \xrightarrow{\cdot 2,5} 5$

Aufgaben

2 Beschreiben Sie die Form des Wachstums. Stellen Sie für die zugehörige Funktion eine Wertetabelle auf. Zeichnen Sie den Graphen.
a) Monique bekommt monatlich 20 € Taschengeld. Jedes Jahr soll es um 5 € erhöht werden.
b) Karina verdient als Tischlerin 10 € in der Stunde. Jedes Jahr soll der Stundenlohn um 5 % steigen.
c) Eine 12 cm hohe Kerze wird angezündet. Jede Minute brennt sie um 2 mm herunter.
d) Ein Computer kostet 1000 €. Jedes Jahr verliert er die Hälfte seines Werts.
e) Eine Hefekultur mit 5 g Hefe verdreifacht stündlich ihre Masse.
f) Ein Öltank enthält noch 800 l Öl. In den Tank werden je Minute 200 l Öl gepumpt.

3 Prüfen Sie: Gehört die Tabelle zu einem linearen oder einem exponentiellen Wachstum?

a)

x	0	1	2	3
y	8	12	18	27

b)

x	0	1	2	3
y	11	9	7	5

c)

x	0	1	2	3
y	32	16	8	4

4 Geschätzte Entwicklung der Weltbevölkerung 1920–1990 in Milliarden Menschen:

Jahr	1920	1930	1940	1950	1960	1970	1980	1990
Erdbevölkerung	1,86	2,07	2,30	2,52	2,99	3,62	4,49	5,29

Berechnen Sie für jedes Jahrzehnt den Wachstumsfaktor. Geben Sie die Bevölkerungszunahme in 10 Jahren jeweils auch in Prozent an. Handelt es sich um exponentielles Wachstum?

5 Bei einer Tanne beträgt die Wachstumsrate in den ersten 20 Jahren etwa 12 cm jährlich. Es wird eine 90 cm hohe Tanne gepflanzt. Nach wie vielen Jahren ist die Tanne 1,50 m hoch?

6 Der hängende Tropfstein in der Höhle wächst jährlich um durchschnittlich 3 mm.
a) Der Tropfstein ist 1,062 m lang. Wie viele Jahre ist er vermutlich alt?
b) In wie vielen Jahren wird der Stein voraussichtlich 1,500 m lang sein?

7 Nach dem Besuch eines Weinfestes hat Herr Rompel um Mitternacht einen Blutalkoholspiegel von 1,5 ‰. Jede Stunde wird der Alkoholgehalt im Blut um 0,15 ‰ abgebaut. Morgens um 7 Uhr will er mit dem Auto zur Arbeit fahren. Droht ihm bei einem Unfall Führerscheinentzug, weil mehr als 0,3 ‰ Alkohol im Blut nachgewiesen werden können?

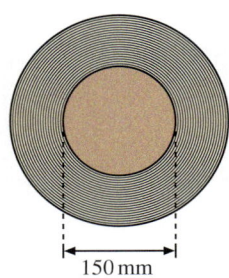

150 mm

Fig. 1

8 Papier mit einer Stärke von 0,2 mm wird auf eine Rolle gewickelt (Fig. 1).
a) Auf welchen Durchmesser wächst die Rolle mit x Lagen an?
b) Wie viele Lagen sind auf der Rolle, wenn der Durchmesser 1,80 m beträgt?

9 Ergänzen Sie im Heft die fehlenden Werte so, dass ein exponentielles Wachstum vorliegt.

a)
x	0	1	2	3	4	5
y	20	15				

b)
x	0	1	2	3	4	5
y			2,5	3,5		

10 Bei einer Kiefer bilden sich in der Regel jährlich an jedem Zweigende fünf neue Triebe. Ein junger Kiefernast hat drei Zweigenden. Mit wie vielen Enden kann man nach 1, 2, 3, 4 Jahren rechnen?

11 Die Papierformate nach DIN entstehen durch fortlaufendes Halbieren, z.B. ergibt ein Blatt DIN-A 4 beim Halbieren zwei Blätter DIN-A 5.
Ein Blatt DIN-A 0 hat einen Flächeninhalt von 1 m². Berechnen Sie den Flächeninhalt eines DIN-A 3- (A 4-, A 5-)Bogens.

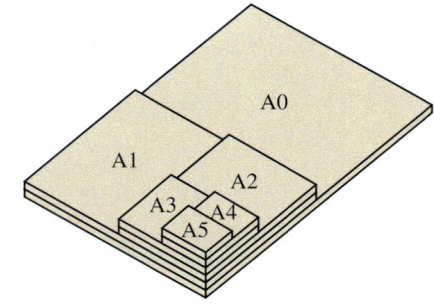

Fig. 2

12 a) Ein Kapital von 8000 € wird mit einem festen Zinssatz von 5 % jährlich verzinst. Wie groß ist der Wachstumsfaktor (= „Zinsfaktor") des Kapitals von einem Jahr zum nächsten? Auf wie viel Euro wächst das Kapital nach Ablauf von fünf Jahren mit Zinsen und Zinseszinsen?
b) Nach wie vielen Jahren hat sich das Kapital verdoppelt?

Höhe über NN in km	Luftdruck in hPa
0	1013
1	899
2	795
3	701
4	616
5	540
6	472
7	411
8	356

Fig. 3

13 a) Der Luftdruck nimmt exponentiell mit der Höhe über dem Meeresspiegel ab. Überprüfen Sie dies an Fig. 3 (NN bedeutet Normal-Null (= Meereshöhe), hPa Hektopascal).
b) Um etwa wie viel Prozent nimmt der Luftdruck pro km Höhe ab?

14 Helge erfährt eine tolle Neuigkeit. Nach einer Minute erzählt er sie ganz vertraulich einem Freund weiter. Nach einer weiteren Minute erzählen beide wieder ganz vertraulich die Neuigkeit einem Freund/einer Freundin. Nehmen Sie an, es gehe immer so weiter. Nach wie vielen Minuten weiß es die ganze Klasse mit 32 Schülern, wann die ganze Schule mit rund 1000 Schülern?

15 Eine Seerosenart verdoppelt täglich die von ihr bedeckte Teichfläche. Am Anfang wird eine Seerose in einen Teich gepflanzt. Nach 30 Tagen ist der ganze Teich bedeckt.
a) Nach wie vielen Tagen ist der Teich zur Hälfte bedeckt?
b) Nach wie vielen Tagen ist der Teich bedeckt, wenn man am Anfang zwei Seerosen statt einer Seerose pflanzt?

16 1 cm³ Kuhmilch enthielt zwei Stunden nach dem Melken 9000 Keime; eine Stunde später waren 32 000 Keime vorhanden. Wie viele Keime befanden sich in 1 cm³ frisch gemolkener Kuhmilch, wenn man exponentielles Wachstum annimmt?

17 Ein Waldbestand, in dem 12 Jahre lang kein Holz geschlagen wurde, wird heute auf 60 000 Festmeter geschätzt bei einem jährlichen Zuwachs von 3 %. Nun soll der inzwischen vorhandene Zuwachs abgeholzt werden. Wie viel Festmeter sind zu schlagen?

164

2 Exponentialfunktionen

1 In 20 m Tiefe einer Meeresbucht wachsen Braunalgen. Sie verdoppeln jede Woche ihre Höhe.

a) Zu Beginn der Beobachtung ist eine Alge 1 m hoch. Wie hoch ist sie nach 1, 2, 3, . . ., x Wochen? Wie hoch war sie 1, 2, 3, . . . Wochen vor Beginn der Beobachtung?

b) Nehmen Sie an, in gleichen Zeitspannen wächst die Alge immer um den gleichen Faktor. Wie hoch ist die Alge nach einer Woche? Wie hoch ist die Alge nach $1\frac{1}{2}$ Wochen, nach $2\frac{1}{2}$ Wochen?

c) Die Funktion $x \mapsto 2^x$ beschreibt das Wachstum der Algen. Überprüfen Sie dies mit Ihren Ergebnissen.

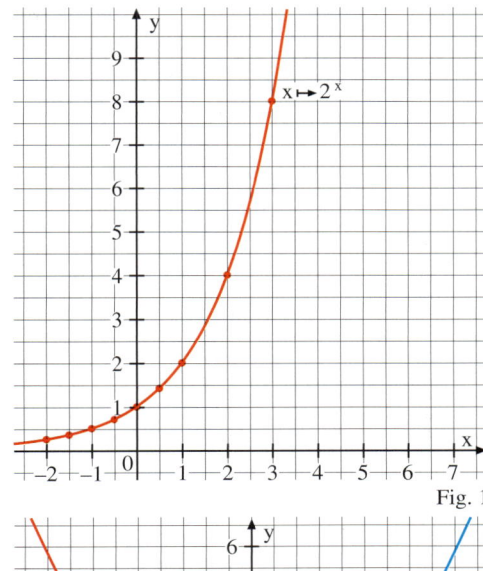

Fig. 1

2 a) Die in Fig. 2 dargestellten Funktionen beschreiben exponentielle Wachstumsvorgänge. Bestimmen Sie jeweils den Wachstumsfaktor.

b) Wie kann man am Wachstumsfaktor erkennen, ob die zugehörige Funktion monoton wächst bzw. fällt?

c) Wie liegen die Graphen in Fig. 2 zueinander? Wie kann man das an den Wachstumsfaktoren erkennen?

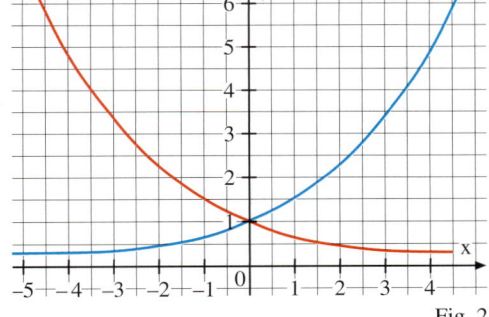

Fig. 2

Beachten Sie: Üblicherweise bezeichnet man den Wachstumsfaktor mit a, außer bei Verzinsungen, dort bezeichnet man ihn mit q.

Es sollen die Funktionen bestimmt werden, die exponentielles Wachstum beschreiben: In der Tabelle ist ein exponentielles Wachstum mit dem Wachstumsfaktor a und dem Anfangswert 1 dargestellt.

x	0	1	2	3	. . .	x
f(x)	1	a	a^2	a^3	. . .	a^x

Fig. 3

Für natürliche Zahlen x beschreibt die Funktion $x \mapsto a^x$ dieses Wachstum. Wenn für ein Wachstum gilt:

> In gleichen Abständen d (nicht nur für d = 1) der ersten Größe
> wächst die zweite Größe stets um den gleichen Faktor,

dann kann man auch Zwischenwerte bestimmen, vgl. Fig. 4.
Diese Zwischenwerte stimmen mit den Werten überein, die der Term a^x liefert.

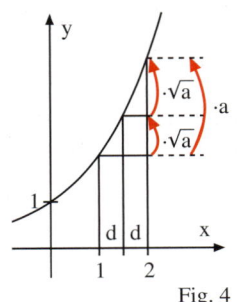

Fig. 4

Ist der Anfangswert b, d. h. f(0) = b, so kann das exponentielle Wachstum durch eine Funktion der Form $x \mapsto b \cdot a^x$ beschrieben werden (Fig. 5).

x	0	1	2	3	. . .	x
f(x)	b	b·a	$b·a^2$	$b·a^3$	. . .	$b·a^x$

Fig. 5

Den Fall a = 1 schließt man aus; es ergäbe sich eine konstante Funktion.

> Funktionen der Form $x \mapsto a^x$ oder $x \mapsto b \cdot a^x$ mit $a > 0$; $a \neq 1$ und $b \in \mathbb{R}^*$ nennt man **Exponentialfunktionen**. Sie sind für alle reellen Zahlen definiert.

Eigenschaften der Exponentialfunktionen
(vgl. auch Fig. 1 und Fig. 2)

(1) Ist $a > 1$, so ist die Funktion $x \mapsto a^x$ überall streng monoton wachsend.
Ist $0 < a < 1$, so ist die Funktion $x \mapsto a^x$ überall streng monoton fallend.

(2) Alle Graphen von $x \mapsto a^x$ verlaufen oberhalb der x-Achse und gehen durch den Punkt $P(0 \mid 1)$.

(3) Die Graphen von $x \mapsto a^x$ und $x \mapsto \left(\frac{1}{a}\right)^x$ liegen zueinander symmetrisch bezüglich der y-Achse.

(4) Die x-Achse ist Asymptote des Graphen von $x \mapsto a^x$. Es ist $\lim\limits_{x \to -\infty} a^x = 0$ für $a > 1$

und $\lim\limits_{x \to \infty} a^x = 0$ für $0 < a < 1$.

(5) Der Graph von $x \mapsto b \cdot a^x$ geht durch die Punkte $Q(0 \mid b)$ und $R(1 \mid a\,b)$.

(6) Man kann den Graphen von $x \mapsto b \cdot a^x$ aus dem Graphen von $x \mapsto a^x$ erhalten durch Streckung in Richtung der y-Achse mit dem Faktor b.

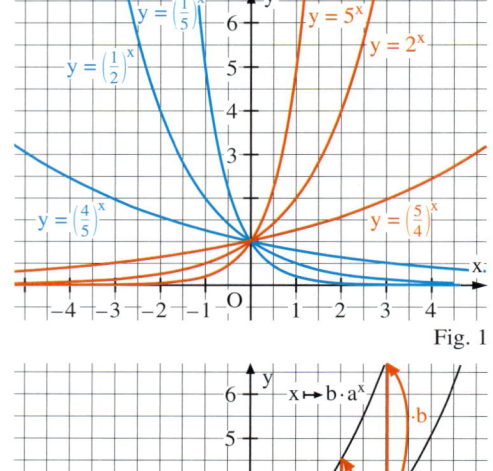

Fig. 1

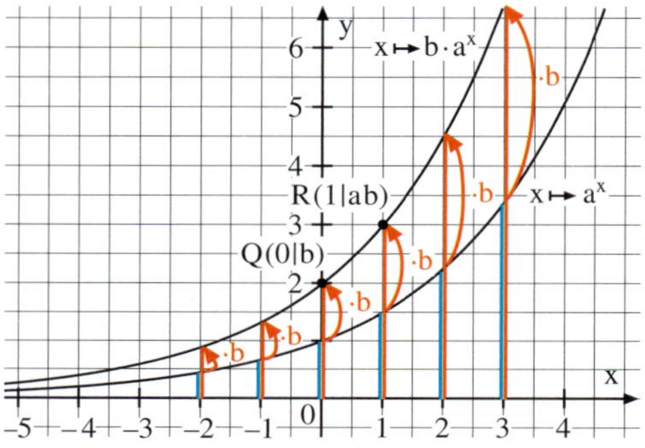

$a = 1,5$ und $b = 2$

Fig. 2

Beispiel 1: (Graphen durch vorgegebene Punkte)
a) Bestimmen Sie die Exponentialfunktion f mit $f(x) = a^x$, deren Graph durch den Punkt $P(3 \mid 125)$ geht.
b) Bestimmen Sie die Exponentialfunktion g mit $g(x) = b \cdot a^x$, deren Graph durch die Punkte $P(-1 \mid 6)$ und $Q\left(2 \mid \frac{3}{4}\right)$ geht.
Lösung:
a) Aus $f(3) = 125$, d.h. $a^3 = 125$ folgt $a = 5$, also $f(x) = 5^x$.
b) Aus $g(-1) = 6$ und $g(2) = \frac{3}{4}$ folgt (I) $b \cdot a^{-1} = 6$ und (II) $b \cdot a^2 = \frac{3}{4}$.

Aus (I) folgt $b = 6a$. Dies in (II) eingesetzt ergibt $6a \cdot a^2 = \frac{3}{4}$ oder $a^3 = \frac{1}{8}$.

Folglich ist $a = \frac{1}{2}$ und $b = 3$. Ergebnis: $g(x) = 3 \cdot \left(\frac{1}{2}\right)^x$.

Beispiel 2: (Vorausschau und Rückblick)
Ein Betrag von 5000 € wird zu einem Zinssatz von 4,8 % angelegt. Wie viel Geld hat man nach 20 Jahren? Wie viel Geld hätte man zu diesem Zinssatz 15 Jahre zuvor anlegen müssen, um die 5000 € auf dem Konto zu haben?
Lösung:
$f(x) = 5000 \cdot 1{,}048^x$.
$f(20) = 5000 \cdot 1{,}048^{20} = 12\,770{,}14$, also rund 12 770 €.
$f(-15) = 5000 \cdot 1{,}048^{-15} = 2474{,}86$, also rund 2475 €.

Beispiel 3: (Strecken und Verschieben von Graphen)

Der Graph der Funktion f mit $f(x) = 2 \cdot 1,5^x$ wird um 3 in Richtung der y-Achse gestreckt und um −2 in Richtung der x-Achse verschoben.

a) Geben Sie den zugehörigen Funktionsterm an.

b) Zeigen Sie, dass dieser Verschiebung in x-Richtung eine Streckung in y-Richtung entspricht. Geben Sie den Streckfaktor an.

Lösung:

a) Strecken mit dem Faktor 3 in Richtung der y-Achse: $3 \cdot 2 \cdot 1,5^x = 6 \cdot 1,5^x$;

Verschieben um −2 in Richtung der x-Achse: $6 \cdot 1,5^{x+2}$. Also ist $g(x) = 6 \cdot 1,5^{x+2}$.

b) Es gilt: $1,5^{x+2} = 1,5^2 \cdot 1,5^x$. Der Verschiebung in x-Richtung um 2 entspricht eine Streckung in y-Richtung mit dem Streckfaktor $1,5^2 = 2,25$.

Aufgaben

3 Zeichnen Sie den Graphen der Funktion.

a) $x \mapsto 1,2^x$ b) $x \mapsto 0,8^x$ c) $x \mapsto 0,5 \cdot 2,3^x$ d) $x \mapsto 3 \cdot 0,2^x$

4 Zeichnen Sie die Graphen der Funktionen in dasselbe Koordinatensystem.

a) $x \mapsto 1,5^x$; $x \mapsto 3^x$; $x \mapsto \left(\frac{2}{3}\right)^x$; $x \mapsto \left(\frac{1}{3}\right)^x$

b) $x \mapsto 1,3^x$; $x \mapsto 2 \cdot 1,3^x$; $x \mapsto 1,3^{x+3}$; $x \mapsto -1,3^x$

5 Die Graphen in Fig. 1 und Fig. 2 gehören zu Exponentialfunktionen der Form $x \mapsto b \cdot a^x$. Bestimmen Sie jeweils a und b.

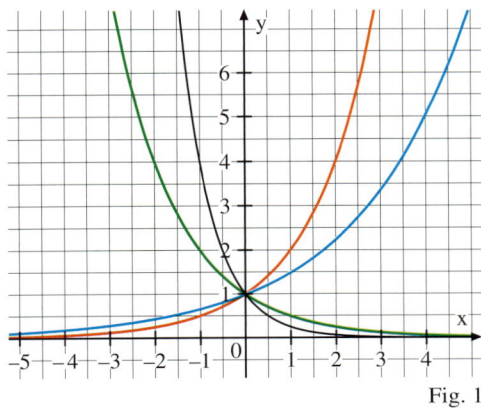

Fig. 1

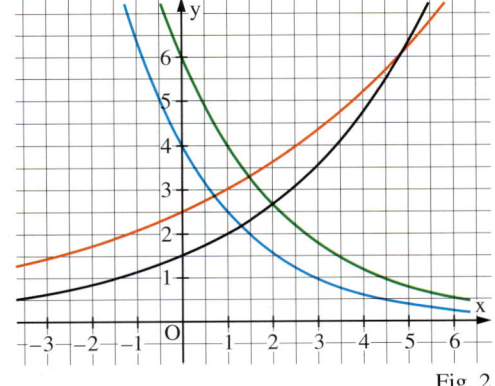

Fig. 2

6 Welches Monotonieverhalten erwarten Sie?

a) $x \mapsto 1,2^x$ b) $x \mapsto 0,5^x$ c) $x \mapsto 2 \cdot 0,3^x$ d) $x \mapsto -3 \cdot 2,5^x$

7 Für welche Werte von a ist die Exponentialfunktion wachsend? Für welche Werte von a ist sie fallend?

a) $x \mapsto (a+1)^x$ b) $x \mapsto (1-a)^x$ c) $x \mapsto \left(\frac{a}{2}\right)^x$ d) $x \mapsto (3a)^x$

8 Wie ändert sich bei einer Exponentialfunktion $f: x \mapsto a^x$ der Funktionswert $f(x)$, wenn man

a) x um 1 vergrößert,   b) x um 2 verkleinert,   c) x verdoppelt,

d) x halbiert,   e) x mit 3 multipliziert,   f) x durch 3 dividiert?

9 Das Monotonieverhalten der Funktion $x \mapsto b \cdot a^x$ hängt von a und b ab. Erstellen Sie hierfür eine Übersicht. Geben Sie Beispiele an.

10 Die Tabellen in Fig. 1 und Fig. 2 gehören zu Exponentialfunktionen der Form $x \mapsto b \cdot a^x$.
Bestimmen Sie jeweils a und b.

X	Y1	Y2
1	.6	2.5
2	.18	6.25
3	.054	15.625
4	.0162	39.063
5	.00486	97.656
6	.00146	244.14
7	4.4E-4	610.35

Y2=610.3515625

X	Y1	Y2
1	-.6	2
2	-3.6	8
3	-21.6	32
4	-129.6	128
5	-777.6	512
6	-4666	2048
7	-27994	8192

Y2=8192

Fig. 1   Fig. 2

11 a) Zeichnen Sie die Graphen der Funktionen $x \mapsto 2^x$, $x \mapsto 2^{x+1}$ und $x \mapsto 2^{x-1}$ in dasselbe Koordinatensystem. Wie gehen die Graphen von $x \mapsto 2^{x+1}$ bzw. von $x \mapsto 2^{x-1}$ aus dem Graphen von $x \mapsto 2^x$ hervor?
b) Der Graph der Funktion $x \mapsto 3^x$ wird um 2 Einheiten nach rechts bzw. um 4 Einheiten nach links verschoben. Geben Sie die Funktion, deren Graph die neue Kurve ist, in der Form $x \mapsto 3^{x+d}$ und in der Form $x \mapsto b \cdot 3^x$ an.

12 Entscheiden Sie, ob für die Funktion f mit $f(x) = c \cdot 3^x$, $c \in \mathbb{R}$ die folgenden Aussagen richtig, falsch oder nicht entscheidbar sind. Geben Sie jeweils eine Begründung an.
a) Ist $c > 0$, so gilt stets $f(x) > 0$.
b) Ist $g(x) = c \cdot b^x$ mit $b > 3$, so gilt stets $g(x) > f(x)$.
c) Für den Funktionswert $f(x + 2)$ gilt immer: $f(x + 2) = 3^2 \cdot f(x)$.
d) Für den Funktionswert $f(2x)$ gilt immer: $f(2x) = (f(x))^2$.
e) Zum an der y-Achse gespiegelten Graphen der Funktion f existiert ebenfalls eine Funktion. Dies ist die Funktion h mit $h(x) = c \cdot (-3)^x$.

13 Die Weltorganisation für Meteorologie schätzt, dass sich die CO_2-Konzentration der Atmosphäre jährlich um 0,4 % erhöht. Um wie viel Prozent ist die CO_2-Konzentration im Jahr 2010 höher als im Jahr 2000, wenn sich der prozentuale Zuwachs nicht ändert?
(Eine Erhöhung der CO_2-Konzentration bewirkt weltweit eine Erhöhung der durchschnittlichen Temperatur.)

14 Am 1. Januar 1950 wurde ein Betrag von umgerechnet 100,00 € auf ein Bankkonto eingezahlt. Dabei wurde ein langjähriger Festzinssatz von 5 % pro Jahr vereinbart.
a) Welchen Betrag weist das Konto am 1. Januar 2010 auf, wenn der Zins jährlich auf dem Konto gutgeschrieben wird und keine weiteren Ein- oder Auszahlungen erfolgt sind bzw. erfolgen?
b) Welchen Kontostand weist das Konto am 1. April 2005 auf?

15 Ein Kapital von 20 000 Euro wird mit einem Zinssatz von 5 % jährlich verzinst.
a) Geben Sie eine Funktion an, welche die zeitliche Entwicklung des Kapitals beschreibt.
b) Bestimmen Sie das Kapital nach 1; 2; 5; 10 und 20 Jahren.
c) Vor wie vielen Jahren betrug das Kapital bei gleichem Zinssatz 15 000 Euro?
d) In welchem Jahr nimmt das Kapital erstmals um 5000 Euro zu?

16 Ein glücklicher Erbe erhält aus einem Nachlass seiner Tante von der Bank 20 716,83 € überwiesen. Die Tante hatte vor zwölfeinhalb Jahren bei der Bank Geld zu 6 % angelegt.
a) Welchen Betrag hatte die Tante damals angelegt?
b) Welchen Betrag könnte der Neffe bei Wiederanlage zum selben Prozentsatz nach 10 Jahren erhalten?

3 Die eulersche Zahl e; die natürliche Exponentialfunktion

1 Welche der drei Banken macht das günstigste Angebot?

Der jährliche Zinssatz z, der zur Verdopplung des Kapitals K nach 10 Jahren führt, beträgt nur etwa 7,18 %. Es ist nämlich:
$K \cdot \left(1 + \frac{z}{100}\right)^{10} = 2 \cdot K$, *also*
$z = 100 \cdot \left(\sqrt[10]{2} - 1\right) \approx 7,18$.

Eine Bank legt ein Angebot vor, nach dem sich ein angelegtes Kapital K innerhalb von 10 Jahren verdoppelt. Dies sind 100 % Zinsen in 10 Jahren. Damit erhöht sich im Durchschnitt das Kapital K pro Jahr um $\frac{100\,\%}{10} = 10\,\%$. Würde diese durchschnittliche Kapitalerhöhung von 10 % als Jahreszins dem Kapital K hinzugefügt, so erhielte man wegen

$$K_{10} = K \cdot \left(1 + \frac{1}{10}\right)^{10} \approx 2,5937 \cdot K$$

einen erheblich höheren Betrag nach 10 Jahren.

Es wird folgender Fall betrachtet:

Bei einer Verzinsung von 100 % in 10 Jahren ist die durchschnittliche Kapitalerhöhung pro Jahr $\frac{1}{10} = 10\,\%$, pro Halbjahr $\frac{1}{20} = 5\,\%$, pro Vierteljahr $\frac{1}{40} = 2,5\,\%$, pro Monat $\frac{1}{120} \approx 0,83\,\%$ usw. Dieser Anteil wird als Zinssatz angenommen und der zugehörige Zins dem Kapital jährlich, halbjährlich, vierteljährlich, monatlich usw. zugeführt. Welches Kapital liegt jeweils nach 10 Jahren vor?

– Halbjährige Verzinsung (20 Zeiträume) mit $\frac{100}{20}\,\% = 5\,\%$:

$$K_{20} = K \cdot \left(1 + \frac{1}{20}\right)^{20} \approx 2,6533 \cdot K$$

– Vierteljährige Verzinsung (40 Zeiträume) mit $\frac{100}{40}\,\% = 2,5\,\%$:

$$K_{40} = K \cdot \left(1 + \frac{1}{40}\right)^{40} \approx 2,6851 \cdot K$$

– Monatliche Verzinsung (120 Zeiträume) mit $\frac{100}{120}\,\% = \frac{5}{6}\,\%$:

$$K_{120} = K \cdot \left(1 + \frac{1}{120}\right)^{120} \approx 2,7070 \cdot K$$

– Werden schließlich die 10 Jahre in m gleiche Zeiträume unterteilt und der Zinssatz $\frac{100}{m}\,\%$ nach jedem Zeitabschnitt dem Kapital zugefügt, so erhält man das Endkapital

$$\boxed{K_m = K \cdot \left(1 + \frac{1}{m}\right)^m.}$$

Die Tabelle zeigt den Kontostand eines Anfangskapitals von K = 1 Euro nach 10 Jahren.

Zuschlag	10j.	jährl.	halbj.	viertelj.	monatl.	tägl.	stündl.	pro Sekunde
m	1	10	20	40	120	3600	86 400	311 040 000
Kapital	2,00	2,5937	2,6533	2,6851	2,7070	2,7179	2,7183	2,7183

Im Jahre 1690 untersuchte JAKOB BERNOULLI erstmals das Anwachsen bei „augenblicklicher Verzinsung".

Wie die Tabelle vermuten lässt, steigt bei fortgesetzter Erhöhung der Zahl der Verzinsungszeiträume das Endkapital laufend, jedoch nicht unbegrenzt. Im Grenzfall $(m \to \infty)$ spricht man von stetiger Verzinsung. Dazu ist der Grenzwert $\lim\limits_{m \to \infty} \left(1 + \frac{1}{m}\right)^m$ zu untersuchen, da

$\lim\limits_{m \to \infty} K \cdot \left(1 + \frac{1}{m}\right)^m = K \cdot \lim\limits_{m \to \infty} \left(1 + \frac{1}{m}\right)^m$ ist. Auf den Nachweis, dass er existiert, wird verzichtet.

Die eulersche Zahl e hat unendlich viele Dezimalstellen. Sie ist nicht periodisch, sondern wie die Zahl π eine irrationale Zahl.

Wie bekommen Sie mit Ihrem GTR einen Näherungswert von e?

n	$(1+1/n)^n$
1	2,00000000
5	2,48832000
10	2,59374246
50	2,69158803
100	2,70481383
500	2,71556852
1000	2,71692393
5000	2,71801005
10000	2,71814593
50000	2,71825465

Fig. 1

Der Grenzwert $\lim\limits_{n \to \infty} \left(1 + \frac{1}{n}\right)^n$ existiert. Diese Zahl heißt **eulersche Zahl** und wird mit **e** bezeichnet. Es ist $e = 2{,}718\,28\ldots$

Einen Eindruck davon, wie schnell, oder besser, wie langsam sich der Ausdruck $\left(1 + \frac{1}{n}\right)^n$ der eulerschen Zahl e nähert, vermittelt die EXCEL-Tabelle aus Fig. 1.

Die Exponentialfunktion mit der eulerschen Zahl e als Basis spielt in der Mathematik eine wichtige Rolle. Sie erhält einen eigenen Namen:

Die Exponentialfunktion $x \mapsto e^x$ nennt man **natürliche Exponentialfunktion**.

Die natürliche Exponentialfunktion wird oft kurz als **e-Funktion** bezeichnet.
Den Graphen der natürlichen Exponentialfunktion zeigt Fig. 2. Er geht durch die Punkte $P(0|1)$ und $Q(1|e)$. Die x-Achse ist Asymptote des Graphen. Es gilt $\lim\limits_{x \to -\infty} e^x = 0$.
Auf S. 180 wird gezeigt, dass sich jede Exponentialfunktion mithilfe der natürlichen Exponentialfunktion darstellen lässt.

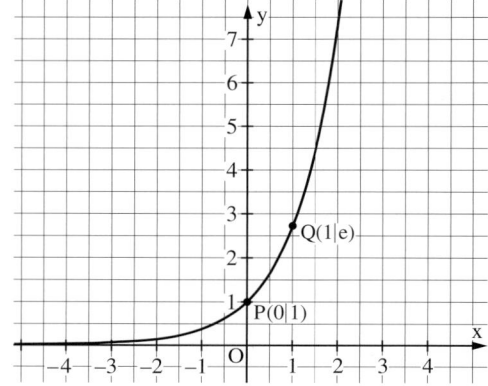

Fig. 2

Beispiel 1: (Vergleich von unterschiedlichen Verzinsungen)
Auf Grund einer Sonderzahlung verdoppelt sich in 8 Jahren ein Kapital von 1000 €. Dies sind 100 % in 8 Jahren.
Berechnen Sie, welche Höhe das Kapital nach 8 Jahren erreichen würde,
a) wenn die einem Jahr entsprechende durchschnittliche Kapitalerhöhung direkt dem Kapital als Jahreszins
b) wenn die einem Monat entsprechende durchschnittliche Kapitalerhöhung direkt dem Kapital als monatlich bezahlter Zins
c) wenn die einem Tag entsprechende durchschnittliche Kapitalerhöhung direkt dem Kapital als Tageszins zugeführt würde.
d) Wie hoch wäre das Kapital nach 8 Jahren bei stetiger Verzinsung?
Lösung:
a) Ein Jahreszinssatz von $\frac{100}{8}\% = 12{,}5\%$ ergibt nach 8 Jahren in Euro:

$K_8 = 1000 \cdot \left(1 + \frac{100}{8 \cdot 100}\right)^8 = 1000 \cdot \left(1 + \frac{1}{8}\right)^8 \approx 2565{,}78.$

b) Ein monatlicher Zinssatz von $\frac{100}{96}\% \approx 1{,}04\%$ ergibt nach 8 Jahren in Euro:

$K_{96} = 1000 \cdot \left(1 + \frac{100}{96 \cdot 100}\right)^{96} = 1000 \cdot \left(1 + \frac{1}{96}\right)^{96} \approx 2704{,}26.$

c) Ein täglicher Zinssatz von $\frac{100}{8 \cdot 360}\% = \frac{100}{2880}\%$ ergibt nach 8 Jahren in Euro:

$K_{2880} = 1000 \cdot \left(1 + \frac{100}{2880 \cdot 100}\right)^{2880} = 1000 \cdot \left(1 + \frac{1}{2880}\right)^{2880} \approx 2717{,}81.$

d) Bei stetiger Verzinsung erhält man nach 8 Jahren $1000 \cdot e$ Euro, also etwa 2718,28 Euro.

Beispiel 2: (Graphen von Exponentialfunktionen)

Der Graph der Funktion f mit $f(x) = e^x$ wird mit 0,5 in Richtung der y-Achse gestreckt, um 1 in Richtung der x-Achse und um -2 in Richtung der y-Achse verschoben. Geben Sie einen Funktionsterm der zu diesem Graphen gehörenden Funktion g an. Stellen Sie die Graphen von f und g auf dem GTR dar. Bestimmen Sie die Koordinaten der Achsenschnittpunkte von g.

Lösung:

Der Funktionsterm wird schrittweise verändert: $e^x \rightarrow 0,5 \cdot e^x \rightarrow 0,5 \cdot e^{x-1} \rightarrow 0,5 \cdot e^{x-1} - 2$.

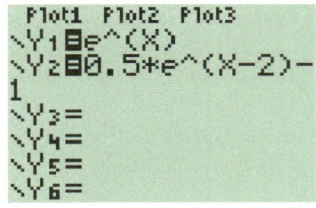
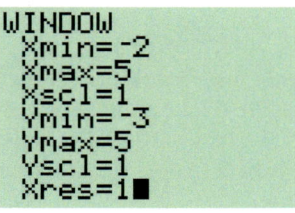
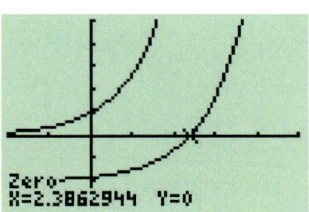

Fig. 1   Fig. 2   Fig. 3

Es ist $g(0) = -2$. Schnittpunkt mit der y-Achse: $S(0|-2)$.

Die Lösung der Gleichung $g(x) = 0$ ergibt sich mit dem GTR zu $x \approx 2,39$.

Dies ist die einzige Nullstelle von g, da g streng monoton wachsend ist.

Schnittpunkt mit der x-Achse: $N(2,39|0)$.

Aufgaben

2 Lösen Sie die Gleichung.

a) $e^x = 1$ b) $e^x = e$ c) $e^{2x} = e^{-5}$ d) $e^{2x+1} = \frac{1}{e}$

3 Ein Kapital von 10 000 Euro verdoppelt sich in 20 Jahren.

a) Berechnen Sie den dazu erforderlichen Jahreszinssatz.

b) Berechnen Sie, auf welche Höhe das Endkapital bei einem jährlichen Zinssatz von 5 % (= jährliche durchschnittliche Erhöhung des Kapitals) ansteigen würde.

c) Berechnen Sie das Endkapital bei einer täglichen Verzinsung mit $\frac{100}{20 \cdot 360}$ %.

4 Jemand möchte sein Kapital in 12 Jahren verdoppeln.

Die Bank A bietet an: 1,51 % Zins je Vierteljahr, Bank B 3,1 % Zins je Halbjahr. Verdoppelt sich in beiden Fällen das Kapital nach 12 Jahren? Welche Verzinsung ist günstiger?

5 Gegeben ist der Graph G der Funktion f mit $f(x) = e^x$. Durch die angegebene Abbildung entsteht aus G der Graph einer neuen Funktion h. Geben Sie h an.

a) Spiegelung an der x-Achse

b) Spiegelung an der y-Achse und Verschiebung um -2 in Richtung der y-Achse

c) Spiegelung an der x-Achse und Verschiebung um 2 in Richtung der x-Achse

d) Spiegelung an der y-Achse und Verschiebung um -1 in Richtung der x-Achse

6 Erläutern Sie, wie der Graph der Funktion g aus dem Graphen der Funktion f mit $f(x) = e^x$ hervorgeht. Bestimmen Sie, sofern vorhanden, die Achsenschnittpunkte.

a) $g(x) = -e^x + 1$ b) $g(x) = e^{x-4} + 1$ c) $g(x) = 2e^{3x} - 4$ d) $g(x) = 0,5 \cdot e^{-2x+1} - 2$

7 Der Graph der Funktion $x \mapsto e^{-x}$ soll so in x-Richtung verschoben (in y-Richtung gestreckt) werden, dass er den Graphen von $x \mapsto e^x$ an der Stelle $x = 3$ schneidet.

8   Bestimmen Sie mit dem GTR
a) die größte ganze Zahl x, für die gilt: $e^x < 0,1$; $e^x < 10^{-9}$
b) die kleinste ganze Zahl, für die gilt: $1000 < e^x$; $10^{12} < e^x$.

9   Gegeben sind die Funktionen f und g mit $f(x) = e^x$ und $g(x) = e^{-x}$.
a) Begründen Sie, dass die Summenfunktion f + g einen zur y-Achse symmetrischen Graphen hat. Zeichnen Sie den Graphen.
b) Überlegen Sie, wie man mit f und g eine Funktion erzeugen kann, deren Graph punktsymmetrisch zum Ursprung ist. Zeichnen Sie den Graphen.

10   a) Berechnen Sie die durchschnittliche Änderungsrate der Funktion $x \mapsto e^x$ im Intervall und deuten Sie das Ergebnis geometrisch: [1; 3] ([1; 2]; [1; 1,5]; [1; 1]).
b) Zeigen Sie, dass die durchschnittliche Änderungsrate der Funktion $x \mapsto e^x$ im Intervall [x; x + 1] von der Form $b \cdot e^x$ ist (mit einer reellen Zahl b).

11   Wählen Sie aus den vorgegebenen Funktionen drei aus und ordnen Sie diese den drei Graphen zu. Begründen Sie Ihre Entscheidung.
$f_1(x) = x \cdot (e^x - 3)$
$f_2(x) = 0,5 \cdot (x - 3) \cdot e^x$
$f_3(x) = (e^x - 1) \cdot (x - 2)$
$f_4(x) = (e^{-x} - 2) \cdot x$
$f_5(x) = 3 + x \cdot e^{-x}$
$f_6(x) = e^{-x} + 2$

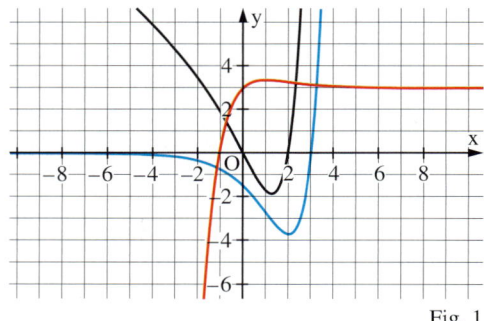

Fig. 1

12   a) Begründen Sie, dass der Graph von $x \mapsto 8x \cdot e^{-x^2}$ symmetrisch zum Ursprung ist.
b) Wie muss die ganzrationale Funktion p(x) gewählt werden, damit der Graph von $x \mapsto p(x) \cdot e^{-x^2}$ symmetrisch zum Ursprung bzw. symmetrisch zur y-Achse ist? Geben Sie jeweils zwei Beispiele an.

13   Für jedes reelle k ist eine Funktion f_k gegeben durch $f_k(x) = (x^2 - k) \cdot e^x$. Erläutern Sie, wie die Anzahl der Nullstellen von f_k von k abhängt. Zeichnen Sie für jeden dieser Fälle einen Graphen.

14   Gegeben ist für $a \in \mathbb{R}^*$ die Funktion f_a durch $f_a(x) = \frac{1}{2}a + a \cdot e^{-x}$.
a) Zeichnen Sie den Graphen von f_a für a = –4; –2; 2; 4 in ein gemeinsames Koordinatensystem. Beschreiben Sie das asymptotische Verhalten.
b) Erläutern Sie, wie der Graph von f_a aus dem Graphen von $x \mapsto e^{-x}$ hervorgeht. Begründen Sie, dass die Graphen von f_a keine Schnittpunkte mit der x-Achse haben.

15   Gegeben sind die Funktionen f und g mit $f(x) = \frac{e^x - e^{-x}}{e^x + e^{-x}}$ und $g(x) = \frac{1}{f(x)}$.
Beschreiben Sie die Graphen dieser Funktionen.

16   Gegeben ist für $t \in \mathbb{R}^*$ die Funktion f_t durch $f_t(x) = \frac{1}{2}x + t \cdot e^{-x}$.
a) Ermitteln Sie mithilfe Ihres GTR Werte von t, für die f_t keine oder genau eine oder zwei Nullstellen hat. Zeichnen Sie die zugehörigen Graphen.
b) Geben Sie eine Gleichung der gemeinsamen Asymptote aller Graphen von f_t an.
c) Der Graph von f_t wird an der y-Achse gespiegelt. Geben Sie einen zugehörigen Funktionsterm an.

4 Logarithmen

1 In der Chia Chang Suan Shu (Neun Bücher arithmetischer Technik), einem über 2000 Jahre alten chinesischen Rechenbuch, wird ein Riedgras erwähnt, das täglich seine Länge verdoppelt.
Das Riedgras hat zu Beginn der Beobachtung eine Länge von 1 Fuß. Wann ist es 4 Fuß (8 Fuß; 16 Fuß) lang?
Benutzen Sie dazu Fig. 1.

2 a) Lösen Sie die Gleichung. Schreiben Sie dazu die rechte Seite als Zweierpotenz.
$2^x = 256$; $2^x = \frac{1}{32}$; $2^x = \sqrt[3]{4}$; $2^x = \sqrt{8}$.
b) Bestimmen Sie mit dem Graphen in Fig. 1 näherungsweise eine Lösung von
$2^x = 0,5$; $2^x = 3$; $2^x = 6$.

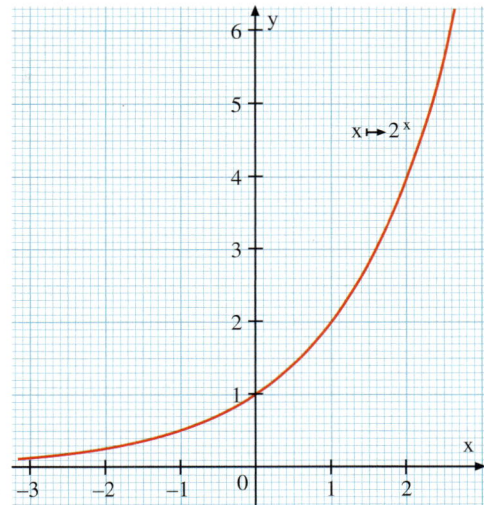

Fig. 1

Das Potenzieren kann man auf zwei Arten umkehren:

1. Gesucht ist die Basis:
$x^u = b$ z.B. $x^3 = 64$
Die Lösung findet man durch Potenzieren mit dem Kehrwert des Exponenten:
$x = b^{\frac{1}{u}}$; $x = 64^{\frac{1}{3}} = \sqrt[3]{64} = 4$

2. Gesucht ist der Exponent:
$a^x = b$ z.B. $4^x = 64$
Im Beispiel ist die Lösung:
$x = 3$; denn $4^3 = 64$

Dem Graphen der Funktion $x \mapsto a^x$ ($a > 0$; $a \neq 1$) kann man entnehmen, dass die Funktion $x \mapsto a^x$ streng monoton und damit umkehrbar ist. Damit hat $a^x = b$ für alle $b > 0$ genau eine Lösung.

$$a^u = b$$
$$a = b^{\frac{1}{u}} \quad u = \log_a(b)$$

> Die Gleichung $a^x = b$ besitzt für $a > 0$; $a \neq 1$; $b > 0$ genau eine reelle Zahl als Lösung. Man bezeichnet sie als **Logarithmus von b zur Basis a** und schreibt $x = \log_a(b)$.
> Kurz: $\log_a(b) = x \Leftrightarrow a^x = b$.

$\log_a(b)$ ist also diejenige reelle Zahl, mit der man a potenzieren muss, um b zu erhalten. Logarithmen zur Basis e nennt man **natürliche Logarithmen**. Man bezeichnet sie kurz mit ln:
$\log_e(b) = \mathbf{ln\,(b)}$.
Mit den meisten Taschenrechnern kann man auf Tastendruck Näherungswerte für die natürlichen Logarithmen und die Zehnerlogarithmen erhalten.

Bemerkungen:
1. Logarithmuswerte kann man nur von positiven Zahlen bestimmen, da Potenzen a^x für $a > 0$ stets positiv sind.
2. „Logarithmieren" und Potenzieren heben sich gegenseitig auf:
$\log_a(a^x) = x$ und $a^{\log_a(b)} = b$.

Für Produkte und Quotienten von Potenzen sowie Potenzen von Potenzen gilt:
1. $a^x \cdot a^y = a^{x+y}$;　　　2. $a^x : a^y = a^{x-y}$;　　　3. $(a^x)^y = a^{x \cdot y}$　(für $a > 0$).
Diesen Gesetzen entsprechen die folgenden Regeln für das Rechnen mit Logarithmen.

Regeln für das Rechnen mit Logarithmen (für $u > 0$; $v > 0$; $a > 0$; $a \neq 1$):
1. $\log_a(u \cdot v) = \log_a(u) + \log_a(v)$　　　　2. $\log_a(u : v) = \log_a(u) - \log_a(v)$
3. $\log_a(u^r) = r \cdot \log_a(u)$

Begründung:

Man setzt:	(1) $x = \log_a(u)$ und $y = \log_a(v)$
Dies ist gleichbedeutend mit:	(2) $u = a^x$ und $v = a^y$
Aus $u \cdot v = a^x \cdot a^y = a^{x+y}$ ergibt sich:	(3) $\log_a(u \cdot v) = \log_a(a^{x+y}) = x + y$
Einsetzen von (1) in (3):	(4) $\log_a(u \cdot v) = \log_a(u) + \log_a(v)$

Mit der $\boxed{\ln}$-Taste eines Taschenrechners kann man sofort einen Näherungswert für $\ln(x)$ bestimmen (vergleichen Sie aber auch Beispiel 3). Zur Bestimmung von $\log_a(x)$ sind „Sondertasten" nicht nötig. Denn es gilt:

$$\log_a(x) = \frac{\ln(x)}{\ln(a)} \quad (x > 0; \ a > 0; \ a \neq 1)$$

Begründung:

Man setzt:	(1) $y = \log_a(x)$
Dies ist gleichbedeutend mit:	(2) $a^y = x$
Also gilt für den natürlichen Logarithmus:	(3) $\ln(a^y) = \ln(x)$
Mit der 3. Rechenregel für Logarithmen ergibt sich:	(4) $y \cdot \ln(a) = \ln(x)$; also $y = \frac{\ln(x)}{\ln(a)}$
Daraus folgt mit (1):	(5) $\log_a(x) = \frac{\ln(x)}{\ln(a)}$

Das Beispiel zeigt jeweils zwei Lösungswege: der erste benutzt die Definition des Logarithmus, der zweite beruht darauf, dass Logarithmieren und Potenzieren sich gegenseitig aufheben.

Beispiel 1: (Exakte Werte von Logarithmen)
Bestimmen Sie:　　　　a) $\log_2(1024)$　　b) $\log_{10}(10\,000)$　　c) $\ln(1)$　　d) $\ln\left(\frac{1}{e}\right)$
Lösung:
a) $\log_2(1024) = 10$;　　denn $2^{10} = 1024$;　　oder $\log_2(1024) = \log_2(2^{10}) = 10$
b) $\log_{10}(10\,000) = 4$;　　denn $10^4 = 10\,000$;　　oder $\log_{10}(10\,000) = \log_{10}(10^4) = 4$
c) $\ln(1) = 0$;　　denn $e^0 = 1$;　　oder $\ln(1) = \ln(e^0) = 0$
d) $\ln\left(\frac{1}{e}\right) = -1$;　　denn $\frac{1}{e} = e^{-1}$;　　oder $\ln\left(\frac{1}{e}\right) = \ln(e^{-1}) = -1$

Beispiel 2: (Näherungswerte von Logarithmen)
a) Bestimmen Sie mithilfe des Graphen auf S. 173 einen Näherungswert von $\log_2(3)$.
b) Bestimmen Sie mithilfe des GTR auf 4 Dezimalen: $\ln\left(\frac{e}{2}\right)$; $\log_{10}(0,6)$.
c) Ermitteln Sie mithilfe des GTR auf 4 Dezimalen $\log_2(10)$.
Lösung:
a) Aus dem Graphen liest man ab: $\log_2(3) \approx 1,6$.
b) $\ln\left(\frac{e}{2}\right) \approx 0,3069$; $\log_{10}(0,6) \approx -0,2218$
c) $\log_2(10) = \frac{\ln(10)}{\ln(2)} \approx 3,3219$
$\log_2(10)$ ist die Lösung der Gleichung $0 = 2^x - 10$. Diese Gleichung kann auch mithilfe des Solver-Modus des GTR gelöst werden.

Versuchen Sie zuerst, diese Logarithmen direkt mit dem GTR zu berechnen.

Beispiel 3: (Logarithmen großer Zahlen)

a) Bestimmen Sie $\ln(3{,}93 \cdot 10^{195})$.

b) Schreiben Sie 2^{1000} näherungsweise mit Zehnerpotenzen.

Lösung:

a) $\ln(3{,}93 \cdot 10^{195}) = \ln(3{,}93) + \ln(10^{195}) = \ln(3{,}93) + 195 \cdot \ln(10) \approx 450{,}37$

b) Ansatz $10^u = 2^{1000}$. Wendet man darauf den Logarithmus zur Basis 10 an, so ergibt sich nach der 2. Logarithmenregel: $u = \log_{10}(2^{1000}) = 1000 \cdot \log_{10}(2) \approx 301{,}03$.

Also gilt $2^{1000} \approx 10^{301,03} = 10^{0,03} \cdot 10^{301} \approx 1{,}1 \cdot 10^{301}$.

Beispiel 4: (Logarithmen umformen)

a) Schreiben Sie $\log_{10}\left(\sqrt{x^3}\right)$ als Vielfaches von $\log_{10}(x)$.

b) Schreiben Sie als einen Logarithmus: $\ln(u) - 3 \cdot \ln(v)$.

Lösung:

a) Mit der 3. Logarithmenregel folgt: $\log_{10}\left(\sqrt{x^3}\right) = \log_{10}\left(x^{\frac{3}{2}}\right) = \frac{3}{2}\log_{10}(x)$.

b) Mit 3. und 2. Logarithmenregel ergibt sich: $\ln(u) - 3 \cdot \ln(v) = \ln(u) - \ln(v^3) = \ln\left(\frac{u}{v^3}\right)$.

Aufgaben

3 Schreiben Sie um in die Form $\log_a(b) = x$.

a) $2^9 = 512$ b) $10^5 = 100\,000$ c) $e^0 = 1$ d) $10^1 = 10$

e) $2^{-\frac{1}{2}} = \frac{1}{\sqrt{2}}$ f) $10^{-\frac{1}{4}} = \frac{1}{\sqrt[4]{10}}$ g) $e^{-2} = \frac{1}{e^2}$ h) $2^{-1} = \frac{1}{2}$

4 Bestimmen Sie wie im Beispiel 1.

a) $\log_2(64)$ b) $\log_{10}\left(\frac{1}{100}\right)$ c) $\log_{10}(1)$ d) $\log_{10}(10)$

e) $\ln(1)$ f) $\ln(e)$ g) $\ln(e^2)$ h) $\ln(e^{-5})$

5 Entscheiden Sie ohne GTR, ob die gegebene Zahl positiv, negativ oder Null ist.

a) $\ln(0{,}5)$ b) $\ln\left(\sqrt{\frac{1}{2}}\right)$ c) $\ln(\log_{10}(10))$ d) $\ln(\ln(2))$

6 Zeichnen Sie mithilfe des GTR einen Graphen der Funktion $x \mapsto 10^x$ für $0 \le x \le 1$ mit 1 LE = 10 cm. Bestimmen Sie mithilfe des Graphen Näherungswerte von $\log_{10}(2)$; $\log_{10}(6)$; $\log_{10}(8)$ und $\log_{10}(9)$.

7 Bestimmen Sie wie in Beispiel 3.

a) $\ln(2{,}8 \cdot 10^{212})$ b) $\ln(5{,}3 \cdot 10^{-405})$ c) $\log_{10}(7{,}5 \cdot 10^{256})$ d) $\log_{10}(7 \cdot 10^{-200})$

Erst seit einigen Jahren weiß man, dass die Zahlen in Aufgabe 8 Primzahlen sind.

8 Schreiben Sie für die folgende Primzahl eine Näherung mit Zehnerpotenzen. Wie viele Stellen hat diese Primzahl im Zehnersystem?

a) $7 \cdot 2^{54\,486} - 1$ b) $2^{86\,243} - 1$ c) $2^{132\,049} - 1$ d) $2^{216\,091} - 1$ e) $2^{759\,839} - 1$

9 Schreiben Sie als Summe oder Produkt mit „einfachen" Logarithmen.

a) $\ln(5x)$ b) $\ln(u^3)$ c) $\ln(u^5 v^{-4})$ d) $\ln\left(\frac{a^2 b^3}{c^4 d^5}\right)$

10 Vereinfachen Sie.

a) $2 \cdot \ln(x) + 3 \cdot \ln(y) - \ln(z)$ b) $\ln(ab) - \ln(a^2 b)$

c) $\ln(e \cdot a) - \ln\left(\frac{e}{a}\right)$ d) $\ln(2u) - 2 \cdot \ln(u) + \ln(u^2) + \ln\left(\frac{1}{u}\right)$

11 Vereinfachen Sie.

a) $e^{\ln(4)}$ b) $e^{-\ln(2)}$ c) $e^{3\ln(2)}$ d) $\ln\left(\frac{1}{2}\cdot e^3\right)$ e) $\ln\left(\frac{1}{3}\sqrt{e}\right)$ f) $\ln\left(\sqrt{e}^{\,3}\right)$

12 Welche der Gleichungen sind lösbar? Begründen Sie Ihre Antwort.

a) $2^x = 3$ b) $2^x = \frac{1}{3}$ c) $2^x = -3$ d) $2^x = 0$

13 a) Begründen Sie die 2. Rechenregel für das Rechnen mit Logarithmen. Gehen Sie wie bei der Begründung der 1. Rechenregel vor.
b) Begründen Sie die 3. Rechenregel für das Rechnen mit Logarithmen. Setzen Sie dazu $x = \log_a(u)$, drücken Sie u^r durch a aus und wenden Sie darauf den Logarithmus an.
c) Begründen Sie: $\log_a\left(\frac{1}{u}\right) = -\log_a(u)$. Benutzen Sie dazu die 2. bzw. 3. Rechenregel.
d) Begründen Sie: $\log_a\left(\sqrt[n]{u}\right) = \frac{1}{n}\log_a(u)$.

14 Wählen Sie eine positive Zahl. Berechnen Sie davon den Logarithmus, von dem Ergebnis wieder den Logarithmus usw. Können Sie dies mit dem Zehnerlogarithmus oder mit dem natürlichen Logarithmus öfter durchführen?

15 Schätzen Sie zuerst ab und berechnen Sie anschließend den Wert.

a) $\log_2(17)$ b) $\log_3(25)$ c) $\log_7(3)$ d) $\log_5(100)$

16 Um in einem Computer 2^n verschiedene Zeichen darzustellen, braucht man n Speicherzellen. Wie viele Speicherzellen braucht man, um die Dezimalziffern sowie die Buchstaben unseres Alphabets (einschließlich ä, ö, ü, ß) in Groß- und Kleinschrift darzustellen?

17 Für die Größe der Speicherkapazität von Festplatten und USB-Sticks oder die Angabe von Datenmengen verwendet man Angaben wie 3 kB; 5 MB; 2,5 GB; 3,8 TB; 3,1 PB usw.
a) Erläutern Sie diese Abkürzungen. Geben Sie technische Beispiele dazu an.
b) Es ist 1 kB = 1024 Byte, und nicht, wie man vom Wort her vermuten könnte, 1000 Byte. Erläutern Sie, wieso man trotzdem von 1 kB spricht.

18 Ein Betrag von 1000 € wird zu 3 % Jahreszins angelegt, wobei die erworbenen Zinsen wieder angelegt werden.
a) Wie lange dauert es, bis das Kapital 1500 € beträgt?
b) Wie lange würde es dauern, bis es sich verdoppelt (verdreifacht) hat?

19 Eine Internetbank hatte im Jahr 2000 eine Bilanzsumme von 300 Millionen Euro. Für das Jahr 2001 werden bereits 375 Millionen Euro erwartet.
a) Um wie viel Prozent stieg die Bilanzsumme innerhalb eines Jahres?
b) Welche Bilanzsumme erwartet die Bank bei gleich bleibendem prozentualem Wachstum in den nächsten 3 Jahren?
c) Wann übersteigt die Bilanzsumme voraussichtlich 650 Mio. Euro?

20 a) Begründen Sie, dass die Funktion $x \mapsto \log_a(x)$ $(x \in \mathbb{R}_+^*)$ die Umkehrfunktion der Exponentialfunktion $x \mapsto a^x$ $(x \in \mathbb{R})$ ist.
b) Zeichnen Sie die Graphen von $x \mapsto \ln(x)$ und $x \mapsto e^x$ in ein gemeinsames Koordinatensystem. Erläutern Sie die gegenseitige Lage der Graphen.
c) Zeichnen Sie die Graphen von $x \mapsto \log_a(x)$ für a = 1,2; 2; e; 3 in ein gemeinsames Koordinatensystem. Begründen Sie, warum alle Graphen durch den Punkt $N(1 \mid 0)$ gehen. Beschreiben Sie den Verlauf der Graphen.

5 Exponentialgleichungen

1 Zu Beginn einer Beobachtung sind 12 mg Radium 224 vorhanden. Nach einem Tag sind 17 % davon zerfallen.
a) Wie viel mg sind nach einem Tag (nach zwei Tagen, nach drei Tagen) noch vorhanden?
b) Nach wie viel Tagen ist nur noch 1 mg vorhanden? Stellen Sie eine Gleichung auf und lösen Sie diese.

2 Ein Kapital wird jährlich mit 3,5 % verzinst. Nach ungefähr wie vielen Jahren hat sich das Kapital mit Zinsen und Zinseszinsen verdoppelt?

MARIE CURIE entdeckte 1898 das Radium als einen strahlenden Stoff. Sie nannte das Phänomen Radioaktivität.

Gleichungen, bei denen die Variable im Exponenten steht, nennt man **Exponentialgleichungen**. Zu deren Lösung kann man verschiedene Methoden verwenden (vgl. auch Kapitel V).

Beispiel 1: (Lösen durch Vergleich der Exponenten)
Lösen Sie die Exponentialgleichung $2^{3x-1} = 32$.
Lösung:

$$2^{3x-1} = 32$$

32 als Zweierpotenz schreiben: $\quad 2^{3x-1} = 2^5$
Exponenten vergleichen: $\quad 3x - 1 = 5$
$$x = 2$$

Beispiel 2: (Lösen durch Logarithmieren)
Lösen Sie die Exponentialgleichung $1{,}2^{4x} = 9$.
Lösung:
Da hier, im Gegensatz zum Beispiel 1, eine Darstellung von 9 als Potenz von 1,2 nicht zu sehen ist, geht man so vor: $\quad 1{,}2^{4x} = 9$
Man logarithmiert die Gleichung: $\quad \ln(1{,}2^{4x}) = \ln(9)$
Nach der 3. Logarithmenregel folgt: $\quad 4x \cdot \ln(1{,}2) = \ln(9)$
Daraus ergibt sich: $\quad x = \frac{\ln(9)}{4\ln(1{,}2)}$
$$x \approx 3{,}013.$$

Beispiel 3: (Lösen durch Substituieren)
Beachten Sie:
$e^{2 \cdot x} = (e^x)^2$

Lösen Sie die Exponentialgleichung $e^{2x} + 2e^x - 8 = 0$.
Lösung:

$$(e^x)^2 + 2e^x - 8 = 0$$

Substitution: $e^x = u$ $\quad u^2 + 2u - 8 = 0$
Lösen der quadratischen Gleichung: $\quad$ Lösungen: $u = 2$ oder $u = -4$
Resubstitution: $\quad e^x = 2$ oder $e^x = -4$
$\quad x = \ln(2)$ (die zweite Gleichung ist unlösbar)
Lösung der ursprünglichen Gleichung: $\quad x = \ln(2)$

177

Sie können dieses Beispiel auch als Nullstellenaufgabe auffassen und lösen:
$f(x) - g(x) = 0.$

Lösen Sie die Aufgabe auch mithilfe von Table bzw. dem Solver.

Beispiel 4: (Lösen mit dem GTR)

Gegeben sind die Funktionen f und g durch $f(x) = 3 - 0{,}1 \cdot e^{x+1}$ und $g(x) = 1{,}5\,x^2$.

Bestimmen Sie mithilfe des GTR die Koordinaten der Schnittpunkte der Graphen von f und g auf zwei Stellen nach dem Komma.

Lösung:

Man wählt einen geeigneten Ausschnitt (Fig. 1) und ermittelt die Koordinaten der Schnittpunkte (Fig. 2):

$S_1(-1{,}40 \mid 2{,}93)$;

$S_2(1{,}19 \mid 2{,}11)$

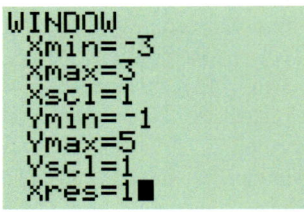

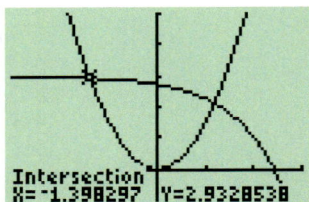

Fig. 1   Fig. 2

Aufgaben

3 Lösen Sie durch „Vergleich der Exponenten".

a) $5^{2x-3} = 5$

b) $6^{4x-5} = 216$

c) $e^{3x^2-1} = e^{26}$

d) $10^{2x+1} = 10^{2x-1}$

e) $e^{2x^2-8x+41} = 1$

f) $10^{x^2-7x+2} = \frac{1}{1000}$

g) $e^{2x^3+x^2+12x} = e^{x^3-15x^2-76x}$

h) $e^{x^3+11x} = e^{6x^2+6}$

4 Lösen Sie wie in Beispiel 2. Geben Sie die Lösungen auf drei Nachkommastellen an.

a) $4^x = 12$

b) $2 \cdot 3^x = 1{,}4$

c) $5 \cdot e^{4x-2} = 22$

d) $0{,}9 \cdot 1{,}4^x = 3{,}2$

5 Ermitteln Sie die Lösungsmenge.

a) $\left(\frac{5}{4}\right)^x > 10^6$

b) $1{,}2^x \leq 0{,}001$

c) $e^{2x} < 10^{-10}$

d) $\left(\frac{1}{2}\right)^x \leq 10^{-5}$

6 Lösen Sie mithilfe einer Substitution.

a) $3^{2x} - 4 \cdot 3^x + 3 = 0$

b) $7^x + 4 = 21 \cdot 7^{-x}$

c) $4^x - 12 \cdot 2^x + 32 = 0$

d) $9^x + 3^x = 6$

e) $e^{2x} - 7e^x + 10 = 0$

f) $3e^{2x} - e^x - 8 = 2e^x + 10$

g) $5 \cdot e^x + 25 \cdot e^{-x} - 126 = 0$

h) $e^{2x+5} - 3 \cdot e^{x+2} + 1 = 0$

7 Untersuchen Sie, wie die Anzahl der Lösungen der Gleichung vom Wert des Parameters t abhängt.

a) $e^x + t = 0$

b) $e^x + 4 = t^2$

c) $e^{t \cdot x} = \frac{1}{e}$

d) $e^{x^2+x} = e^{-x+t}$

e) $e^{2x} + 2 \cdot e^x + t = 0$

f) $10^{x^3} - 10^{t \cdot x} = 0$

g) $e^x \cdot (e^x - t^2) = 0$

h) $(e^x - t) \cdot (x^2 + t) = 0$

8 Geben Sie zu der Lösungsmenge zwei Exponentialgleichungen an.

a) $L = \{2; 5\}$

b) $L = \{4; -3\}$

c) $L = \{0; 1; -1\}$

d) $L = \{-3\}$

e) $L = \{\ \}$

f) $L = \{\ln(2); \ln(6)\}$

g) $L = \{\ln(3); -\ln(7)\}$

h) $L = \{0; 1; \ln(4)\}$

9   Lösen Sie die Gleichung.

a) $e^x \cdot (e^x - 2) = 0$

b) $e^x \cdot (e^x - e) = 0$

c) $(e^x - 1) \cdot (e^{-x} + 1) = 0$

d) $2 \cdot e^x + 3 \cdot x \cdot e^x = 0$

e) $(-7x + 14) \cdot (e^x - 4) = 0$

f) $(e^x - 2) \cdot (e^{2x} - 2) = 0$

g) $e^x - 1 = 2x$

h) $e^{-x} = 3 - x^2$

10   Bestimmen Sie die Schnittpunkte mit den Koordinatenachsen, zeichnen Sie den Graphen und geben Sie, sofern vorhanden, die Asymptoten an.

a) $f(x) = \frac{1}{2} \cdot e^{1-x} - 3$

b) $f(x) = e^{2 \cdot x} - 0{,}4 \cdot e^{-0{,}1 \cdot x} - 2$

c) $f(x) = e^{x^2} - 2 \cdot e^x$

d) $f(x) = \frac{1}{3} \cdot e^{-x} - 2$

e) $f(x) = 4 - e^{-x}$

f) $f(x) = x^2 \cdot (e^x - 5)$

11   Skizzieren Sie die Graphen von f und g in ein gemeinsames Koordinatensystem. Bestimmen Sie die Koordinaten der Schnittpunkte der beiden Graphen.

a) $f(x) = 2^x + 2^{-x} - 3$; $g(x) = e^x - 1$

b) $f(x) = \frac{1}{3}x + 2$; $g(x) = \frac{1}{2}e^{x^2} - 1$

c) $f(x) = e^{-x} + 1$; $g(x) = \frac{1}{5}x^3 - x^2 + \frac{13}{5}$

d) $f(x) = -x^2 + 4x + 4$; $g(x) = e^{-x} + 0{,}2 \cdot e^x$

12   Für $r \in \mathbb{R}$ ist eine Funktion f_r gegeben durch $f_r(x) = e^{r \cdot x} - r$.

a) Zeichnen Sie die Graphen für $r = 1$; -1; 2; -2 in ein gemeinsames Koordinatensystem. Beschreiben Sie das asymptotische Verhalten.

b) Berechnen Sie die Koordinaten der Achsenschnittpunkte von f_r.

13   Gegeben ist für jede reelle Zahl t eine Funktion f_t durch $f_t(x) = e^x + t \cdot e^{-x} - 2$.

a) Zeichnen Sie die Graphen der Funktionen f_2 und f_{-3}.

b) Bestimmen Sie t so, dass der Graph von f_t durch den Punkt $P(0 | -2)$ $(Q(0 | 3)$; $R(1 | 0))$ geht.

c) Für welche Werte von t hat f_t eine (keine) Nullstelle?

14   Stellen Sie auf dem Display Ihres GTR Graphen der Funktionen f_t mit $f_t(x) = e^{t \cdot x} - x - t$ für $t = 1; 2; 3 \ldots$ dar. Es scheint, als hätten diese Funktionen für diese Werte von t ganzzahlige negative Nullstellen. Nehmen Sie dazu Stellung.

15   Die Intensität weicher Röntgenstrahlung nimmt beim Durchdringen von Aluminiumplatten von 1 mm Stärke um 75 % ab. Wie viel 1 mm starke Platten werden benötigt, um nur noch 1 % der Strahlung durchzulassen?

16   Eine Braunalge verdoppelt jede Woche ihre Höhe. Zu Beginn der Beobachtung ist sie 1,20 m hoch. Das Wasser ist an dieser Stelle 30 m tief. Wie viele Wochen dauert es, bis die Braunalge an die Wasseroberfläche gelangt?

17   Durch starke Sonneneinstrahlung wird in warmen Meeren Öl durch Bakterien relativ rasch zersetzt. Ein Ölteppich der Größe 100 km² verkleinert sich wöchentlich um etwa 4 %. Wann ist seine Größe auf

a) 50 km²   b) 25 km²   c) 12,5 km²   d) 6,25 km²   e) 100 m²

geschrumpft, wenn von einer gleich bleibenden Abnahme ausgegangen wird?

18   Die Temperatur eines Glases Tee beträgt 90 °C. Der Tee kühlt ab, die Temperaturdifferenz zur Raumtemperatur von 20 °C nimmt jede Minute um 10 % ab. Nach wie viel Minuten beträgt die Temperatur des Tees nur noch 50 °C?

6 Exponentialfunktionen und Anwendungen

1 In einem Waldstück wird der derzeitige Holzbestand auf 4000 fm (Festmeter) geschätzt. Der Holzzuwachs beträgt momentan 2 % jährlich.

a) Stellen Sie die zeitliche Entwicklung des Holzbestandes H in der Form $H(t) = b \cdot a^t$ (t in Jahren) dar.

b) Wie lautet die Funktion H in der Form $H(t) = b \cdot e^{k \cdot t}$?

Bei der Beobachtung von Wachstums- und Zerfallsprozessen sammelt man die Daten oft in Tabellen. Anhand dieser Daten soll dann untersucht werden, ob ein exponentieller Vorgang vorliegt. Dazu erstellt man ein mathematisches Modell, z. B. in Form einer Funktion. Es genügt sogar, eine einzige Exponentialfunktion zu verwenden. Für die natürliche Exponentialfunktion $x \mapsto e^x$ ergibt sich:

Da $e^{\ln(a)} = a$ ist, gilt $a^x = (e^{\ln(a)})^x = e^{x \cdot \ln(a)}$.

Jede Exponentialfunktion f mit $f(x) = a^x$; $a > 0$; $a \neq 1$; $x \in \mathbb{R}$, ist mithilfe der natürlichen Exponentialfunktion darstellbar. Es gilt $f(x) = e^{x \cdot \ln(a)}$.

Wurden die Daten in gleichen Zeitabständen erfasst, so kann man die Quotienten aufeinanderfolgender Werte untersuchen (s. u.), um den Funktionsterm einer Exponentialfunktion zu ermitteln. Eine weitere Möglichkeit, eine Exponentialfunktion zur Modellierung eines Vorgangs zu bekommen, besteht darin, mit dem GTR eine exponentielle Regression durchzuführen (s. Beispiel 3).

Bei einer Kultur von Coli-Bakterien wird in stündlichen Abständen die Bakterienzahl pro ml Nährlösung bestimmt (Fig. 1). Da in der Tabelle $\frac{f(t+1)}{f(t)} = a \approx 1{,}82 = 1 + \frac{82}{100}$ ist, wächst die Bakterienzahl $f(t)$ bei einem Zeitschritt von 1 h jeweils näherungsweise um den konstanten Faktor $a = 1{,}82$ (Wachstumsfaktor).

In jeder Stunde nimmt die Bakterienzahl also um 82 % zu. Damit ist f eine Wachstumsfunktion mit dem Funktionsterm $f(t) = c \cdot a^t$, $c = f(0) = 80$ Millionen und $a = 1{,}82$. Stellt man die Wachstumsfunktion als Funktion f mit $f(t) = c \cdot e^{k \cdot t}$ dar, so erhält man mit $k = \ln(a)$ den Funktionsterm $f(t) = 80 \cdot e^{\ln(1{,}82) \cdot t}$.

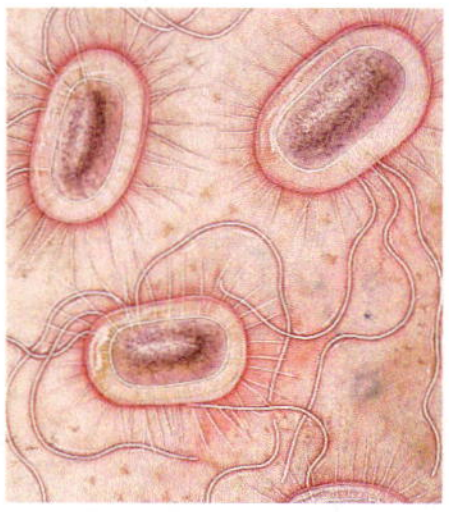

Escherichia coli, normaler Darmbewohner. Erreger von Harnwegsinfekten, Blutvergiftung, Durchfall und Nierenversagen

Zeit t (in h)	Bakterienzahl f(t) (in Mio)	$\frac{f(t+1)}{f(t)}$
0	80,0	
		1,824
1	145,9	
		1,826
2	266,4	
		1,811
3	482,4	
		1,815
4	875,7	
		1,825
5	1597,8	
	gemittelt: a = 1,82	

Fig. 1

Exponentielle Wachstums- oder Zerfallsprozesse können durch eine Funktion f mit $f(t) = b \cdot a^t$ bzw. $f(t) = b \cdot e^{k \cdot t}$ mit $k = \ln(a)$ beschrieben werden.

Dabei ist $b \in \mathbb{R}$ der Bestand zum Zeitpunkt $t = 0$, $f(t)$ der Bestand zum Zeitpunkt t und a der Wachstumsfaktor.

Für $k > 0$ heißt k Wachstumskonstante und f **Wachstumsfunktion**.

Für $k < 0$ heißt k Zerfallskonstante und f **Zerfallsfunktion**.

Mit der Wachstums- bzw. Zerfallskonstanten k verbindet man keine direkte anschauliche Vorstellung. Meist wird deshalb z. B. das Wachstum durch die prozentuale Zunahme p pro Zeitschritt angegeben.

Aus $f(t + 1) = a \cdot f(t) = f(t) + \frac{p}{100} \cdot f(t) = \left(1 + \frac{p}{100}\right) \cdot f(t)$ folgt $a = 1 + \frac{p}{100}$.

Mit $k = \ln(a)$ ergibt sich $k = \ln\left(1 + \frac{p}{100}\right)$.

Löst man diese Gleichung nach p auf, so erhält man $p = 100 \cdot (e^k - 1)$.

Bei einem Zerfallsprozess mit der prozentualen Abnahme p pro Zeitschritt ergibt sich:

$k = \ln\left(1 - \frac{p}{100}\right)$ bzw. $p = 100 \cdot (1 - e^k)$.

Eine für Wachstums- bzw. Zerfallsprozesse charakteristische Größe ist die so genannte Verdoppelungszeit T_V bzw. die Halbwertszeit T_H, d. h. die Zeit, in der sich ein Bestand jeweils verdoppelt bzw. halbiert.

Die Halbwertszeit T_H eines Zerfalls berechnet man folgendermaßen:

Aus $f(t + T_H) = \frac{1}{2} \cdot f(t)$ folgt mit $f(t) = b \cdot e^{k \cdot t}$ die Gleichung $b \cdot e^{k \cdot (t + T_H)} = \frac{1}{2} \cdot c \cdot e^{k \cdot t}$

oder $b \cdot e^{k \cdot t} \cdot e^{k \cdot T_H} = \frac{1}{2} \cdot b \cdot e^{k \cdot t}$.

Hieraus erhält man $e^{k \cdot T_H} = \frac{1}{2}$, also $T_H = \frac{\ln\left(\frac{1}{2}\right)}{k} = -\frac{\ln(2)}{k}$.

---

k > 0: Wachstum

k < 0: Zerfall

Wird ein exponentieller Wachstums- oder Zerfallprozess durch eine Funktion f mit $f(t) = b \cdot e^{k \cdot t}$, $b > 0$, beschrieben, und ist p $(p > 0)$ die prozentuale Zu- bzw. Abnahme pro Zeitschritt, so gilt:

Wachstumskonstante:	$k = \ln\left(1 + \frac{p}{100}\right)$	**Verdoppelungszeit:** $\quad T_V = \frac{\ln(2)}{k}$
Zerfallskonstante:	$k = \ln\left(1 - \frac{p}{100}\right)$	**Halbwertszeit:** $\quad\quad T_H = -\frac{\ln(2)}{k}$

Beispiel 1: (Verdoppelungszeit)

Eine Wassermelone von 0,3 kg verdoppelt unter idealen Bedingungen alle 6 Tage ihr Gewicht. Die Funktion *Zahl der Tage* $\mapsto$ *Gewicht* hat die Form $t \mapsto b \cdot a^t$. Bestimmen Sie a und b.

Lösung:

Für $f(t) = b \cdot a^t = b \cdot e^{k \cdot t}$ gilt $f(0) = 0,3$.

Aus $T_V = \frac{\ln(2)}{k}$ folgt $k = \frac{\ln(2)}{T_V}$, also $k = \frac{\ln(2)}{6}$

Damit ist $f(t) = 0,3 \cdot e^{\frac{\ln(2)}{6} \cdot t} = 0,3 \cdot (e^{\ln(2)})^{\frac{1}{6} \cdot t} = 0,3 \cdot \left(2^{\frac{1}{6}}\right)^t$.

Also ist $b = 0,3$ und $a = 2^{\frac{1}{6}} \approx 1,122$.

Beispiel 2: (Zusammenhang zwischen p, k und T_H)

Beim Kernreaktorunfall in Tschernobyl (1986) wurden u. a. große Mengen Cäsium freigesetzt.

Von dem radioaktivem Element Cäsium 137 zerfallen innerhalb eines Jahres etwa 2,3 % seiner Masse.

a) Bestimmen Sie die zugehörige Zerfallskonstante k und die Halbwertszeit T_H.

b) Nach welcher Zeit sind mindestens 90 % zerfallen?

Lösung:

a) Aus $p = \frac{2,3}{100}$ und $k = \ln\left(1 - \frac{2,3}{100}\right) \approx -0,02327$ folgt $T_H = -\frac{\ln(2)}{-0,02327} \approx 29,79$.

b) Der Zerfall kann durch die Funktion f mit $f(t) = f(0) \cdot e^{-0,02327 \cdot t}$ beschrieben werden. Da 10 % = 0,1 der Stoffmenge noch strahlen sollen, erhält man $f(t) = 0,1 \cdot f(0)$ oder $e^{-0,02327 \cdot t} = 0,1$. Daraus ergibt sich $t = -\frac{\ln(0,1)}{-0,02327} \approx 98,95$.

Bei einer Halbwertszeit von etwa 30 Jahren sind nach rund 99 Jahren mindestens 90 % der Ausgangsmenge zerfallen.

Das in der Natur vorkommende Radon wird teilweise zu therapeutischen Zwecken benutzt.

Masse f (in mg)	$\dfrac{f(t+30)}{f(t)}$
400	
274	0,6850
187,8	0,6854
128,7	0,6853
88,2	0,6853
60,4	0,6848
41,4	0,6854

gemittelt: a = 0,685

Anderer Zeitschritt
⇒ anderer Wachstumsfaktor a
⇒ andere Wachstumskonstante k

Beispiel 3: (Zerfallsfunktion mit größerem Zeitschritt)
Bei einem Experiment zum radioaktiven Zerfall von Radon 220 misst man zu Beginn der Beobachtung eine Masse von 400 mg. Alle 30 s wird die Masse neu bestimmt.

Zeit t (in s)	0	30	60	90	120	150	180
Masse (in mg)	400	274	187,8	128,7	88,2	60,4	41,4

a) Begründen Sie, dass man im angegebenen Zeitraum von einem exponentiellen Zerfallsprozess ausgehen kann. Geben Sie den Wachstumsfaktor a für den Zeitschritt 30 s und die zugehörige Zerfallsfunktion an.
b) Bestimmen Sie neben der Zerfallsfunktion auch die Zerfallskonstante zum Zeitschritt 1 s.
Lösung:
a) Der Quotient aufeinander folgender Messungen der noch vorhandenen Masse liefert gemittelt und gerundet den konstanten Wachstumsfaktor $a = 0,685$. Die Zerfallskonstante zum Zeitschritt 30 s ist damit $k^* = \ln(a) = \ln(0,685) \approx -0,3783$. Die Zerfallsfunktion lautet also f mit $f(t^*) = 400 \cdot e^{-0,3783 \cdot t^*}$ (t* gemessen in Zeitschritten von jeweils 30 s).
b) Da ein Zeitschritt 1 für t* einer Zeitdauer von $t = 30$ s entspricht, folgt $t^* = \frac{1}{30} \cdot t$. Damit gilt $e^{-0,3783 \cdot t^*} = e^{-0,3783 \cdot \frac{1}{30} t} = e^{\frac{0,3783}{30} \cdot t} = e^{-0,01261 \cdot t}$. Hiermit ist die Zerfallsfunktion $f(t) = 400 \cdot e^{-0,01261 \cdot t}$ (t in s) und die Zerfallskonstante $k = \frac{k^*}{30} = \frac{\ln(0,685)}{30} \approx -0,0126$.

Jahr	CO_2-Emission (in Mrd. Tonnen)
1860	0,55
1880	1,00
1900	1,80
1920	3,90
1940	4,90
1960	8,95
1980	19,53
1990	22,10

Beispiel 4: (Funktionsanpassung mit dem GTR)
Die globalen Kohlendioxid-Emissionen von 1860 bis 1990 zeigt die Tabelle in Fig. 2.
a) Führen Sie eine Funktionsanpassung durch, wobei t = 0 dem Jahr 1860 entspricht.
b) Welche Emission ist bei ungebremstem Ausstoß im Jahr 2010 zu erwarten?
Lösung:
a) Die Messwerte werden im STAT -Edit-Menü in die Listen L1 und L2 eingegeben.
In L3 stehen die ln-Werte aus L2.
Im STAT -Plot-Menü wird die Darstellung aktiviert.

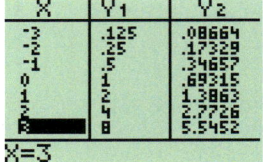

Die Wahl des geeigneten Funktionstyps ist nicht immer eindeutig.

Führen Sie in diesem Fall weitere Funktionsanpassungen z. B. mit Cubic-Reg (ganzrationale Funktion 3. Grades) durch und beurteilen Sie die Ergebnisse.

Mit GRAPH werden die Messpunkte des Plot 1 in einem geeigneten Fenster „geplottet". Die Punkte aus L1 und L3 liegen dabei näherungsweise auf einer Geraden.

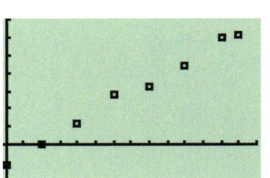

Xscal = 10; Yscal = 0,5

Im STAT -Calc-Menü wird dann der Funktionstyp gewählt.
ExpReg L1, L2, Y1 speichert den berechneten Funktionsterm direkt in Y1.

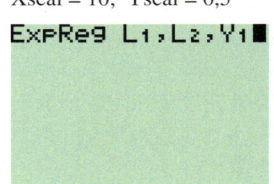
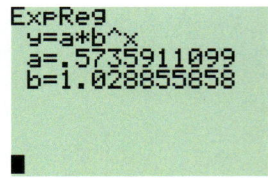

Beachten Sie: Bei dem GTR sind die Variablen a und b gerade umgekehrt gewählt.

Der GTR zeigt das Ergebnis $y = f(t) = 0,57 \cdot 1,0289^t$ oder zur Basis e: $f(t) = 0,57 \cdot e^{0,0285 t}$.
GRAPH zeigt die Übereinstimmung mit den Messwerten.
b) Es ist $f(150) = 40,9056$. Also ist im Jahr 2010 eine globale Emission von etwa 41 Mrd. Tonnen CO_2 zu erwarten.

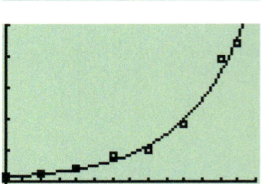

182

Aufgaben

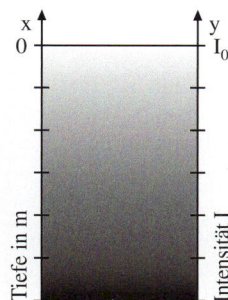

Tiefe in m — Intensität I

2 In einem See verringert sich je 1 m Wassertiefe die Helligkeit (Beleuchtungsstärke) um 40 %. In 1 m Wassertiefe zeigt der Belichtungsmesser 3000 Lux.
a) Die Funktion *Tiefe* $\mapsto$ *Beleuchtungsstärke* hat die Form $x \mapsto b \cdot a^x$. Bestimmen Sie a und b. Zeichnen Sie den Graphen.
b) Bestimmen Sie am Graphen, nach wie viel m jeweils die Beleuchtungsstärke halbiert wird.

3 a) Ein Kapital wird jährlich mit 5 % verzinst. Nach wie viel Jahren hat sich das Kapital mit Zins und Zinseszins verdoppelt (verfünffacht)?
b) Ein Kapital von 7000 € wird jährlich mit 5,5 % verzinst. Nach wie vielen Jahren ist das Kapital mit Zins und Zinseszins auf ungefähr 12 000 € gewachsen?

4 Indien hatte zu Beginn des Jahres 2000 nach Schätzungen etwa 1 Milliarde Einwohner. Es wird angenommen, dass das jährliche Bevölkerungswachstum für die nächsten 10 Jahre 1,4 % betragen wird.
a) Wie viele Einwohner hat Indien voraussichtlich im Jahr 2010? Wann würde bei gleich bleibendem Wachstum die Einwohnerzahl von 1,5 Milliarden überschritten?
b) Welche Verdoppelungszeit für die Bevölkerungszahl berechnet man bei gleich bleibendem Wachstum? Ist dies realistisch?

	k	p	T_H	T_V
a)	0,4			
b)		2,5		
c)	−0,2			
d)			20	
e)		15		
f)				340

Für kleine p gilt:
$k \approx \frac{p}{100}$

Faustformel: *(p klein) Bei einem jährlichen Zinssatz von p % verdoppelt sich ein Kapital in etwa $\frac{70}{p}$ Jahren.*

5 Berechnen Sie in der Tabelle jeweils die fehlenden Werte für einen Wachstums- bzw. Zerfallsprozess f mit $f(t) = b \cdot e^{k \cdot t}$.

6 a) Bestätigen Sie, dass bei Wachstums- und Zerfallsfunktionen $k \approx \frac{p}{100}$ für kleine Werte von p gilt. Berechnen Sie hierzu für p = 0,5; 1; 2; 5; 10; 15; 20 jeweils die zugehörige Wachstums- und Zerfallskonstante.
b) Begründen Sie mit a) für kleine Werte von p die Faustformel $p \cdot T_H \approx 70$.
c) In welcher Zeit halbiert sich die Kaufkraft einer Währung bei 2 % Inflation jährlich nach der Faustformel?

7 Plutonium 239 ($^{239}_{94}$Pu) hat eine Halbwertszeit von 24 400 Jahren.
a) In einem Zwischenlager für radioaktiven Abfall ist 20 kg Plutonium eingelagert. Welche Menge war es vor 10 Jahren, welche wird es in 100 Jahren noch sein?
b) Wie viel Prozent einer Menge Plutoniums sind nach 10^3; 10^4; 10^5 Jahren noch vorhanden?
c) Wie lange dauert es, bis 10 % (90 %; 99 %) zerfallen sind?

Aktuelles Projekt der Europäischen Südsternwarte (ESO)

Das Very Large Telescope (VLT) besteht aus einer Anordnung von vier Teleskopen mit Hauptspiegeln von je 8,2 m Durchmesser. Mit dem VLT sind Objekte in Entfernungen von über 10 Mrd. Lichtjahren beobachtbar. Man erwartet u. a. Erkenntnisse zur Entstehung des Universums und über die wahre Natur der dunklen Materie.

8 Für die Europäische Südsternwarte auf Paranal (Chile) wurden in den letzten Jahrzehnten verschiedene Teleskopspiegel gegossen. Bei einem dieser Herstellungsprozesse dauerte es nach dem Verfestigen des Materials bei 800 °C weitere 30 Tage, bis sich der Spiegel auf 100 °C abgekühlt hatte.
a) Bestimmen Sie die Funktion u, die den Temperaturunterschied zwischen der Spiegel- und der konstanten Umgebungstemperatur von 20 °C beschreibt.
b) Nach welcher Zeit ist die Spiegeltemperatur erstmals unter 21 °C gesunken?

183

9   a) Ein Auto verliert pro Jahr etwa 15 % an Wert. In welchem Zeitraum sinkt der derzeitige Wert eines Autos auf die Hälfte?
b) Ein Kapital verdoppelt sich in 12 Jahren. Welcher jährliche Zinssatz liegt zugrunde?

Zum Vergleich:
Deutschland:

Jahr	1990	2000
Einwohner (in Mio.)	79,4	82,8

10   Mexiko hatte zu Beginn des Jahres 1990 nach einer Volkszählung 84,4 Millionen Einwohner. Im Jahr 2000 waren es 100,4 Millionen. Es wird von einer exponentiellen Vermehrung der Bevölkerung ausgegangen.
a) Bestimmen Sie jeweils die Wachstumskonstante zu den Zeitschritten 1; 5 bzw. 10 Jahre.
b) Berechnen Sie die Einwohnerzahlen für die Jahre 2001 bis 2005.
c) Wie viele Einwohner hat Mexiko bei gleich bleibendem Wachstum im Jahr 2010? Wann wird die Einwohnerzahl von 120 Millionen voraussichtlich überschritten?
d) Wann wird Mexiko doppelt so viele Einwohner wie Deutschland haben?

11   Zur Untersuchung der Langzeitwirkung eines Medikamentes wurde einer Versuchsperson eine Dosis von 70 mg verabreicht und im täglichen Abstand die Konzentration des Medikamentes im Blut gemessen.

Zeit t (in Tagen)	0	1	2	3	4	5
Konzentration $\left(\text{in } \frac{mg}{l}\right)$	10	7,20	5,18	3,72	2,68	1,93

a) Weisen Sie nach, dass es sich im angegebenen Zeitraum um einen exponentiellen Zerfall handelt. Bestimmen Sie die Zerfallskonstante und die Zerfallsfunktion.
b) Nach wie vielen Tagen sinkt die Konzentration erstmals unter $0,5 \frac{mg}{l}$?

12   Bei einer Bakterienkultur wird die Anzahl der Bakterien stündlich bestimmt.

Zeit t (in h)	0	1	2	3	4	5	6
Bakterienzahl (in Mio.)	7,1	7,7	8,3	9,0	9,7	10,5	11,3

a) Begründen Sie, dass im angegebenen Zeitraum von einem exponentiellen Wachstum der Bakterienzahl ausgegangen werden kann.
b) Bestimmen Sie die Wachstumskonstante k und die Wachstumsfunktion f.
c) Wie viele Baktieren sind es nach 2,5 h, wie viele eine Stunde vor Beobachtungsbeginn?

13   Ein Computervirus verbreitet sich als E-Mail-Attachment weltweit. Eine Firma zur Herstellung von Antiviren-Software behauptet, dass sich der Virus exponentiell vermehrt und veröffentlicht die folgende Tabelle:

Zeit t nach erstmaligem Auftreten (in h)	2	4	8	12	24
Anzahl z der infizierten Computer	7250	11 700	30 500	79 200	1 395 000

a) Prüfen Sie, ob näherungsweise ein exponentielles Wachstum vorliegt.
b) Wie viele Computer sind bei ungebremstem Wachstum nach 48 h infiziert?

14   Der jährliche Wasserverbrauch w der Erdbevölkerung ist in der Tabelle dargestellt.

Jahr	1900	1940	1950	1960	1970	1980
w (in km³/a)	33,0	69,8	88,6	122,4	142,6	174,2

Zum Vergleich:
Etwa 11 000 km³ Wasser befinden sich ständig als Wolken in der Atmosphäre.

a) Führen Sie eine Funktionsanpassung mithilfe einer Exponentialfunktion durch, die den jährlichen Wasserverbrauch näherungsweise beschreibt.
b) Bestimmen Sie den Zeitraum, in dem sich die verbrauchte Wassermenge jeweils verdoppelt hat.
c) Vergleichen Sie den Funktionswert w (1995) mit dem tatsächlichen Verbrauch im Jahre 1995 von 200,5 km³. Welchen Schluss ziehen Sie daraus?

Enterprise Resource Planning (ERP) bedeutet die computergestützte Lenkung eines Unternehmens.

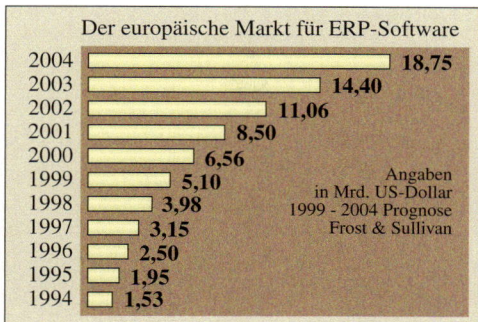

Der europäische Markt für ERP-Software

Jahr	Wert
2004	18,75
2003	14,40
2002	11,06
2001	8,50
2000	6,56
1999	5,10
1998	3,98
1997	3,15
1996	2,50
1995	1,95
1994	1,53

Angaben
in Mrd. US-Dollar
1999 - 2004 Prognose
Frost & Sullivan

Jahr	Bevölkerung (in 1000)
1900	290
1910	460
1920	660
1930	1100
1940	1470
1950	2650
1960	4820
1970	8080
1980	12 500
1990	15 100

Fig. 1

15 Die Grafik informiert über den europäischen Markt für ERP-Software von 1994 bis 2004.
a) Versuchen Sie, die prognostizierten Umsatzzahlen durch eine geeignete Funktionsanpassung in etwa zu bestätigen.
b) Machen Sie Angaben über die Abweichung Ihrer Berechnungen von den prognostizierten Werten.
c) Berechnen Sie für den gesamten Zeitraum das mittlere jährliche prozentuale Wachstum.

16 Die Entwicklung der Bevölkerung von Sao Paulo in Brasilien zeigt die Tabelle in Fig. 1. Führen Sie jeweils mit den Daten für die Zeiträume von 1900 – 1960 und von 1900 – 1980 eine Funktionsanpassung durch. Welche liefert für 1990 den besseren Näherungswert? Welche Schlüsse ziehen Sie daraus?

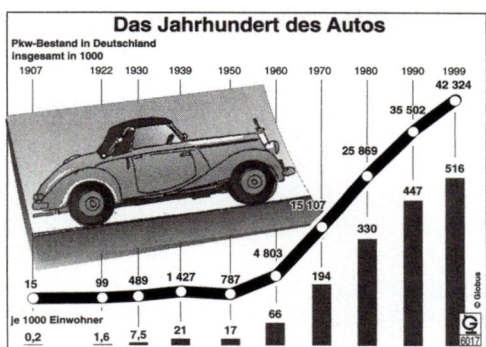

Das Jahrhundert des Autos

Pkw-Bestand in Deutschland insgesamt in 1000

1907	1922	1930	1939	1950	1960	1970	1980	1990	1999
15	99	489	1 427	787	4 803	15 107	25 869	35 502	42 324

je 1000 Einwohner

| 0,2 | 1,6 | 7,5 | 21 | 17 | 66 | 194 | 330 | 447 | 516 |

17 Die Grafik zeigt u. a. die Entwicklung des PKW-Bestandes im 20. Jahrhundert.
a) Ist eine Funktionsanpassung mit einer Exponentialfunktion sinnvoll?
b) Bestätigen Sie, dass bis zum Ausbruch des Zweiten Weltkrieges der PKW-Bestand angenähert exponentiell anwuchs.
Geben Sie die mittlere jährliche prozentuale Zunahme an.
c) Welche Funktionsanpassung erscheint ab 1960 naheliegend? Welcher PKW-Bestand ergibt sich hieraus für das Jahr 2010?

18 Beim radioaktiven Zerfall einer Substanz gilt für die Masse m der noch nicht zerfallenen Substanz $m(t) = 200 \cdot e^{k \cdot t}$ (m(t) in mg, t in Stunden).
a) Berechnen Sie die Zerfallskonstante k, wenn die Halbwertszeit für diesen Zerfall 6 Stunden beträgt.
b) Welche Masse ist nach 24 Stunden bereits zerfallen?
c) Ermitteln Sie, welcher Teil der Anfangsmasse nach der Zeit $T = n \cdot T_H$ mit $n \in \mathbb{N}$ noch vorhanden ist.

Das tödlichste Produkt

In der Bundesrepublik Deutschland sterben jährlich etwa 110 000 Menschen an den Folgen des Tabakkonsums.

oder

Alle 5 Minuten stirbt in Deutschland ein Mensch an den Folgen des Rauchens.

19 In einer medizinischen Studie wurde bei ehemaligen Rauchern, die mindestens 20 Zigaretten am Tag geraucht hatten und nun das Rauchen aufgegeben hatten, untersucht, wie groß das relative Risiko war, an Lungenkrebs zu erkranken.

Jahre seit Beenden des Rauchens	0	2	4	6	8	10	12
Relatives Risiko in %	38	30	22	17	13	10	7,7

a) Welches Risiko, an Lungenkrebs zu erkranken, lässt sich für einen Raucher aus der Tabelle ablesen (zum Vergleich: Nie-Raucher: etwa 1 %)? Was bedeutet „relatives Risiko"?
b) Begründen Sie, dass das Lungenkrebsrisiko exponentiell mit den Jahren seit Beenden des Rauchens abnimmt und geben Sie die Zerfallsfunktion zum Zeitschritt 2 Jahre an. Wie lautet die Zerfallsfunktion zum Zeitschritt 1 Jahr?

7 Vermischte Aufgaben

1 Zeichnen Sie den Graphen der Exponentialfunktion. Bestimmen Sie mithilfe des Graphen die Schrittweite für die Verdoppelung bzw. die Halbierung der Funktionswerte.

a) $x \mapsto 0{,}5 \cdot 1{,}6^x$ b) $x \mapsto 3 \cdot 0{,}7^x$ c) $x \mapsto 0{,}25 \cdot 2{,}5^x$ d) $x \mapsto 4 \cdot 0{,}85^x$

2 Von welchen der Funktionen liegen die Graphen jeweils achsensymmetrisch zueinander bezüglich der y-Achse?

$f_1: x \mapsto 3^x$ $f_2: x \mapsto 0{,}2^x$ $f_3: x \mapsto 5^x$ $f_4: x \mapsto 6{,}25^x$

$f_5: x \mapsto \left(\frac{1}{3}\right)^x$ $f_6: x \mapsto \left(\frac{4}{25}\right)^x$ $f_7: x \mapsto 0{,}3^x$ $f_8: x \mapsto \left(\frac{10}{3}\right)^x$

3 Bestimmen Sie zu jeder Funktion diejenige Funktion, deren Graph symmetrisch bezüglich der y-Achse zum Graphen der ersten Funktion ist. Geben Sie dazu jeweils an, welche der Funktionen monoton wachsend, welche monoton fallend ist.

a) $x \mapsto 4^x$ b) $x \mapsto 0{,}7^x$ c) $x \mapsto 3{,}75^x$ d) $x \mapsto 2{,}7^x$

e) $x \mapsto \left(\frac{4}{5}\right)^x$ f) $x \mapsto \left(\frac{8}{3}\right)^x$ g) $x \mapsto \left(\frac{17}{4}\right)^x$ h) $x \mapsto 0{,}1^x$

4 Wie kann man aus dem Graphen von $x \mapsto 2^x$ die Graphen erhalten von

a) $x \mapsto 2^{x+2}$,   b) $x \mapsto 2^{x+1}$,   c) $x \mapsto 2^x + 1$,   d) $x \mapsto 2^{2x}$?

5 Das Schaubild einer Funktion f mit $f(x) = b \cdot a^x$ geht durch $P(2|0{,}5)$ und $Q(3|2{,}5)$ (durch $R(4|23)$ und $S(7|56)$). Bestimmen Sie a und b.

6 Lösen Sie die Exponentialgleichung.

a) $3^x = \frac{1}{9}$ b) $5^x = 0{,}04$ c) $0{,}2^x = 25$ d) $0{,}25^x = 128$

e) $0{,}5^x = 16$ f) $2 \cdot 3^x = 0{,}8$ g) $4 + 3 \cdot e^x = 6{,}9$ h) $5 \cdot 10^{3x+2} = 11$

i) $5^{x+1} = 8^{2x}$ j) $2{,}8^x \cdot 1{,}5^x = 10$ k) $0{,}4 \cdot 3{,}2^x = 2^{3x-1}$ l) $3^{4x} \cdot 4^x = 5^{x+2}$

7 Lösen Sie durch eine geeignete Substitution.

a) $8^{x+2} - 8^{2x} = 240$ b) $6^{2+x} + 6^{2-x} = 78$ c) $96 \cdot \left(\frac{1}{2}\right)^{3x+1} + 3 \cdot 2^{3x-2} = 15$

d) $3^{2x} - 7 \cdot 3^x + 10 = 0$ e) $4^x(6 \cdot 4^x - 1) = 12$ f) $3^{2x} - 3^x = 0$

8 Schreiben Sie den Funktionsterm in der Form $f(x) = b \cdot e^{k \cdot x}$.

a) $f(x) = 2^{0{,}5x-3}$ b) $f(x) = \left(\frac{1}{2}\right)^{x+2}$ c) $f(x) = 10^{3x-4}$ d) $f(x) = \left(\frac{1}{e}\right)^{2x}$

e) $f(x) = e^{2x-5}$ f) $f(x) = \frac{1}{2}e^{x+\ln(2)}$ g) $f(x) = e^{-3x}$ h) $f(x) = e^{\ln(3) \cdot x + 1}$

9 Begründen Sie, dass man jede Exponentialfunktion g mit $g(x) = b \cdot a^x$ nicht nur mithilfe der natürlichen Exponentialfunktion, sondern auch mit der Exponentialfunktion zur Basis 10 (oder jeder anderen positiven Zahl als Basis) darstellen kann.

10 Zeichnen Sie für $x \geqq 0$ in dasselbe Koordinatensystem die Graphen von $x \mapsto 2^x$ und $x \mapsto x^2$. Untersuchen Sie für $x > 2$, welche der beiden Funktionen „stärker wächst".

11 a) Berechnen Sie für $f(x) = 2 \cdot 1{,}5^x$ die Funktionswerte $f(2)$ und $f(3)$. Um wie viel Prozent ist $f(3)$ größer als $f(2)$?

b) Zeigen Sie: Bei dieser Zuordnungsvorschrift ist $f(x + 1)$ stets um 50% größer als $f(x)$.

12 Betrachtet werden die Exponentialfunktionen f und g mit $f(x) = a^x$ und $g(x) = b \cdot a^x$ ($a > 0$; $a \neq 1$; $b > 0$).
a) Zeigen Sie, dass für f gilt: $f(u + v) = f(u) \cdot f(v)$.
b) Zeigen Sie: Für die Funktion g gilt die Gleichung $g\left(\frac{u+v}{2}\right) = \sqrt{g(u) \cdot g(v)}$.
c) Gibt es ähnliche Gesetzmäßigkeiten für die lineare Funktion h mit $h(x) = m \cdot x + b$?

13 Für jede positive natürliche Zahl n ist eine Funktion f_n gegeben durch $f_n(x) = x^n \cdot e^{-x}$.
a) Zeichnen Sie die Graphen für $n = 1$; 2; 3; 4. Beschreiben Sie den Verlauf der Graphen an der Stelle $x = 0$.
b) Stellen Sie eine allgemeine Regel für den Verlauf des Graphen von f_n an der Stelle $x = 0$ auf und begründen Sie diese.
c) Stellen Sie eine Vermutung über das asymptotische Verhalten der Funktion f_n auf.
d) Untersuchen Sie entsprechend die Funktionen g_n mit $g_n(x) = x^n \cdot e^x$ ($n \in \mathbb{N}^*$).

14 Die abgebildeten vier Graphen gehören zu Funktionen folgender Art:
$$x \mapsto e^{x+c}$$
$$x \mapsto d + b \cdot e^x$$
$$x \mapsto e^{k \cdot x^2} + d.$$
Ordnen Sie die Graphen den Funktionstypen zu und bestimmen Sie die Werte der ganzzahligen Parameter.

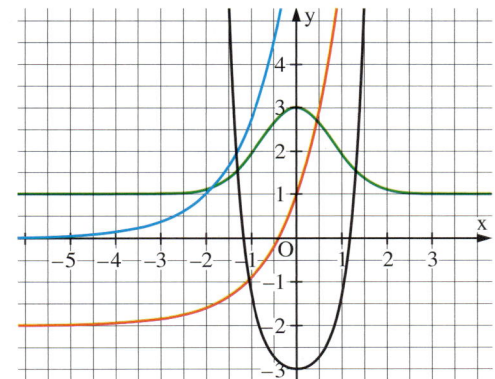

Fig. 1

Es ist
$n! = 1 \cdot 2 \cdot \ldots \cdot (n - 1) \cdot n$

15 Die eulersche Zahl lässt sich auch mithilfe eines anderen Grenzwertes berechnen. Es gilt:
$e = 1 + \frac{1}{1!} + \frac{1}{2!} + \frac{1}{3!} + \ldots$ Berechnen Sie auf diese Weise einen Näherungswert für e.

16 Berechnen Sie zu dem Angebot der Land-Sparkasse den jährlichen Wachstumsfaktor (Zinsfaktor) und daraus die durchschnittliche Zunahme des Kapitals.
Vergleichen Sie mit der Angabe der Sparkasse.

17 Die Umsatzsteigerung einer Firma in 15 Jahren betrug 75 %. Ein Mitarbeiter meint: „Das entspricht pro Jahr 75/15 %, also 5 %."
Überprüfen Sie diese Aussage. Nehmen Sie dazu an, dass der Umsatz jährlich immer um denselben Prozentsatz zugenommen hat.

18 Der Wirkstoff einer Schmerztablette wird im menschlichen Körper näherungsweise exponentiell abgebaut. Nimmt ein Patient eine Tablette, die 0,5 g des Wirkstoffes enthält, so befinden sich nach 10 Stunden noch ca. 0,09 g im Körper.
a) Nach welcher Zeit in die Hälfte (sind 90 %) des Wirkstoffes abgebaut?
b) Jemand nimmt um 9 Uhr eine Tablette und um 15 Uhr zwei weitere mit jeweils 0,5 g des Wirkstoffes. Wie viel g sind davon um 20 Uhr desselben Tages noch im Körper vorhanden?

19 Die Tabelle in Fig. 3 zeigt die Anfänge der Nutzung des Mobilfunknetzes in Deutschland.
a) Führen Sie eine Funktionsanpassung mit einem geeigneten Funktionstyp durch.
b) Welche Kundenzahl ergibt sich in Ihrem Modell für das Jahr 2002, welche für 2005? Warum sind längerfristige Aussagen nicht realistisch? Suchen Sie nach aktuellen Daten.

Jahr	Kunden (in Mio.)
1992	1
1993	1,8
1994	2,5
1995	3,7
1996	5,5
1997	9,2
1998	13,6
1999	23,1

Fig. 3

187

Jahr	Anzahl
1993	1,313
1994	2,217
1995	5,846
1996	14,352
1997	16,146
1998	29,670
1999	43,230
2000	72,398

Fig. 1

20 a) Zeigen Sie, dass sich die Anzahl der Internet-Rechner (Hosts) von 1993 bis 2000 (s. Fig. 1) nahezu exponentiell entwickelt hat.
b) Ermitteln Sie die ungefähre Verdoppelungszeit.

21 Zur Untersuchung der Bauchspeicheldrüse wird einem Patienten ein Farbstoff gespritzt und gemessen, wie schnell er ihn ausscheidet. Man weiß, dass bei gesunder Bauchspeicheldrüse pro Minute etwa 4 % der jeweils vorhandenen Flüssigkeit ausgeschieden wird.
a) Einem Patienten werden 0,3 g des Farbstoffes gespritzt, nach 20 Minuten sind 0,1 g ausgeschieden. Arbeitet seine Bauchspeicheldrüse normal?
b) Wie viel Prozent des vorhandenen Farbstoffes scheidet die untersuchte Bauchspeicheldrüse pro min aus? Vergleichen Sie mit einem gesunden Organ.

22 In einer Nährlösung vermehren sich Bakterien stündlich um 25 %, im gleichen Zeitraum sterben 5 %. Zu Beginn der Beobachtung sind 1000 Bakterien vorhanden.
a) In welchem Zeitraum verdoppelt sich die Anzahl der vorhandenen Bakterien?
b) Der Nährlösung wird 10 Stunden nach Beobachtungsbeginn ein Desinfektionsmittel zugesetzt. Hierdurch erhöht sich die „Sterberate" auf 50 %, während die „Geburtenrate" bei 25 % bleibt. Wie viele Stunden nach der Zugabe des Desinfektionsmittels enthält die Nährlösung wieder die zu Beobachtungsbeginn vorhandene Anzahl von Bakterien?
c) Wann sind ausgehend vom Beobachtungsbeginn nur noch rund 50 Bakterien vorhanden?

23 Der pH-Wert eines Stoffes ist der negative Zehnerlogarithmus der Wasserstoffionen-Konzentration (genauer: H_3O^+-Konzentration in mol/l). Ist z.B. der pH-Wert einer Seifenlösung 8,5, so beträgt die H^+-Konzentration $10^{-8,5}$ mol/l.
a) Welchen pH-Wert hat eine Lauge mit doppelt so hoher H^+-Konzentration?
b) Der Regen mit dem bisher höchsten Säuregehalt hatte den pH-Wert 2,4. Wie viel mal größer als in reinem Wasser (pH = 7) war die H^+-Konzentration?

24 Beim Laden eines elektronischen Blitzgerätes für eine Fotokamera steigt die Spannung $U(t)$ während des Ladevorgangs von 0 auf 400 V. Zur Modellierung dieses Ladevorgangs verwendet man die Gleichung $U(t) = 400 - b \cdot e^{-k \cdot t}$ mit Konstanten b und k.
a) Wie lautet der Funktionsterm $U(t)$, wenn die Spannung nach 4 s den Wert 250 V erreicht hat? Skizzieren Sie den Graphen von U für die ersten 20 s des Ladevorgangs.
b) Nach welcher Ladezeit ist das Blitzgerät einsatzbereit, wenn die Mindestspannung 350 V betragen muss?

Reaktionsgleichung:
$$^{14}_{7}N + ^{1}_{0}n \longrightarrow ^{14}_{6}C$$

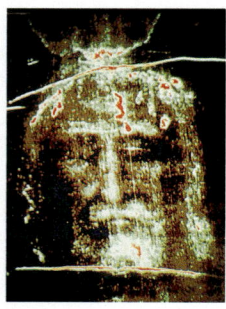

25 **Radiocarbonmethode** (^{14}C-Methode): In der Atmosphäre und in Tieren und Pflanzen ist seit Jahrtausenden das Verhältnis zwischen dem stabilen ^{12}C und dem radioaktiven ^{14}C (Halbwertszeit 5730 Jahre) nahezu konstant (vorhandenes ^{14}C zerfällt zwar laufend, gleichzeitig entsteht in der Atmosphäre aufgrund der Strahlung aus dem Weltall dauernd neues ^{14}C). Stirbt aber ein Organismus ab, so wird kein ^{14}C mehr aufgenommen, während das vorhandene weiterhin zerfällt. Dadurch ändert sich das Verhältnis beider Kohlenstoffarten in dem untersuchten Organismus fortwährend und kann so zur Altersbestimmung desselben benutzt werden.
a) Bei der Untersuchung des Turiner Grabtuches, welches von vielen Gläubigen als das Grabtuch Jesu angesehen wird, stellte man eine Aktivität von 13,84 Zerfällen pro Gramm Kohlenstoff und Minute fest. Wie alt ist das Tuch vermutlich, wenn noch lebendes organisches Material eine Aktivität von 15,3 Zerfällen pro Gramm und Minute aufweist?
b) Im Jahr 1991 wurde in den Ötztaler Alpen die Gletschermumie „Ötzi" gefunden. Untersuchungen ergaben, dass die Mumie noch 53,3 % des Kohlenstoffs ^{14}C enthält, der in lebendem Gewebe vorhanden ist. Vor wie vielen Jahren starb „Ötzi"?

Hörschäden durch Disco-Besuch

Fachleute weisen darauf hin, dass immer mehr Jugendliche unter H... schäden leiden. Al... sache wird hä... Besuch in ...

26 Beim Hören wird ein z. B. von einem Lautsprecher ausgehender Reiz von uns als Ton wahrgenommen. Man muss dabei unterscheiden zwischen der Intensität I des Reizes und der Lautstärke L (in Dezibel, dB), in der wir den Ton hören. Nach WEBER-FECHNER gilt

$$L = 10 \cdot \log \frac{I}{I_0} \quad \text{(I}_0\text{: Intensität, bei der wir den Ton eben noch hören).}$$

a) Wie ändert sich die Lautstärke, wenn eine Reizintensität I von $1000\,I_0$ (von $10\,000\,I_0$; von $100\,000\,I_0$) um $20\,000\,I_0$ verstärkt wird?

b) Wie müsste bei einer Lautstärke von 40 dB die Reizintensität verstärkt werden, um die doppelte Lautstärke zu erzeugen?

Wirtschaftliche Anwendungen

27 Bundesschatzbriefe vom Typ B haben eine Laufzeit von sieben Jahren. Die Zinsen werden mit Zinseszinsen am Schluss ausbezahlt. Ein Schatzbrief kostet 50 €.

a) Ein Maß für die Rendite eines Schatzbriefs ist der durchschnittliche Zinssatz, mit der die Schatzbriefe jährlich verzinst würden, wenn die Nominalzinsen die in folgender Tabelle angegebenen Werte haben. Vergleichen Sie die Renditen der drei Schatzbriefe.

	1. Jahr	2. Jahr	3. Jahr	4. Jahr	5. Jahr	6. Jahr	7. Jahr
Feb 05	1,75	2,50	3,00	3,50	3,75	4,25	4,50
Feb 06	2,00	2,25	2,75	3,00	3,50	4,00	4,00
Feb 07	3,00	3,25	3,75	4,00	4,25	4,25	4,25

b) Für Schatzbriefe vom Typ A bekommt man in den ersten sechs Jahren dieselben Zinsen. Die Zinsen werden aber jährlich ausgezahlt. Für Zinserträge sind ab einer bestimmten Grenze Einkommenssteuern zu bezahlen. Erläutern Sie im Hinblick auf diese Bedingungen Vor- und Nachteile der beiden Schatzbrieftypen.

28 Abnutzbare Wirtschaftsgüter des Anlagevermögens können, gleichmäßig verteilt über die Nutzungsdauer, abgeschrieben werden, d. h., man kann die Wertminderung als steuerlichen Verlust geltend machen. Bei jährlich gleichbleibenden Abschreibungsbeträgen spricht man von linearer Abschreibung. Bei manchen Wirtschaftsgütern des Anlagevermögens (z. B. Maschinen) besteht nach dem Einkommensteuergesetz die Möglichkeit, die degressive Abschreibung zu wählen, bei der jährlich ein fester Prozentsatz abgeschrieben wird. Dieser darf höchstens das Zweifache des bei der linearen Abschreibung in Betracht kommenden Prozentsatzes betragen und 20 % nicht übersteigen. Die betriebsgewöhnlichen Nutzungsdauern werden in Tabellen angegeben.

a) Eine Maschine mit einer Nutzungsdauer von 10 Jahren wurde zum Neupreis von 80 000 € erworben. Stellen Sie in einer Tabelle für die gesamte Nutzungsdauer die lineare und die degressive Abschreibung mit aktuellem Wert (= Buchwert) und Abschreibungsbetrag gegenüber. Veranschaulichen Sie in einem Diagramm, wie sich der Buchwert bei den beiden Abschreibungsarten entwickelt.

b) Ein Rechner kostet neu 1800 €. Die Nutzungsdauer beträgt 3 Jahre. Untersuchen Sie, welche Abschreibungsart die günstigere ist.

c) Ein Fachmann erkärt: „Bei Wirtschaftsgütern mit eher kurzer Nutzungsdauer bringt die degressive Abschreibung kaum Vorteile gegenüber der linearen Abschreibung".
Verdeutlichen Sie diese Aussage.

d) Da bei degressiver Abschreibung das Wirtschaftsgut nie vollständig abgeschrieben wird, ist ein Wechsel von der degressiven zur linearen Abschreibung erlaubt (bezogen auf die restliche Nutzungsdauer). Ein Wirtschaftsgut mit einem Anschaffungswert von 20 000 € und einer Nutzungsdauer von 8 Jahren soll so abgeschrieben werden, dass die Abschreibungsbeträge immer möglichst groß sind. In welchem Jahr erfolgt der Wechsel der Abschreibungsarten?

189

Rückblick

Wachstumsvorgänge

Nimmt die 1. Größe um 1 zu und wächst dabei die 2. Größe um einen festen Summanden, die **Wachstumsrate**, so spricht man von **linearem Wachstum**.

Nimmt die 1. Größe um 1 zu und wächst dabei die 2. Größe um einen festen Faktor, dem **Wachstumsfaktor**, so spricht man von **exponentiellem Wachstum**.

Zwischen einer Wachstumsrate, beschrieben als eine prozentuale Zunahme um $p\%$, und dem Wachstumsfaktor q besteht der Zusammenhang $q = 1 + \frac{p}{100}$.

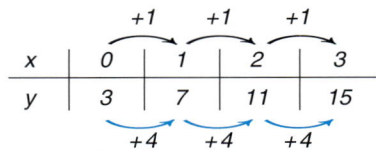

Lineares Wachstum:
Wachstumsrate 4

Exponentielles Wachstum:
Wachstumsfaktor 1,5

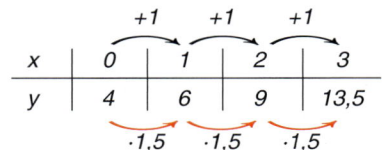

Exponentialfunktionen

Funktionen der Form $x \mapsto a^x$ oder $x \mapsto b \cdot a^x$ mit $a > 0$; $a \neq 1$ und $b \in \mathbb{R}^*$ nennt man **Exponentialfunktionen**.

Der Graph der Funktion $x \mapsto b \cdot a^x$ geht durch die Punkte $(0\,|\,b)$ und $(1\,|\,a\,b)$. Die x-Achse ist Asymptote des Graphen.

Die Funktion $x \mapsto a^x$ ist für $a > 1$ überall streng monoton wachsend, für $0 < a < 1$ überall streng monoton fallend.

Die Graphen von $x \mapsto a^x$ und $x \mapsto \left(\frac{1}{a}\right)^x$ liegen zueinander symmetrisch bezüglich der y-Achse.

Die **natürliche Exponentialfunktion** $x \mapsto e^x$ hat die eulersche Zahl $e = 2,718\ldots$ als Basis.

Wachstums- und Zerfallsvorgänge und Exponentialfunktionen

Jede zur Modellierung von Wachstumsvorgängen verwendete Exponentialfunktion f mit $f(x) = b \cdot a^x$ lässt sich mithilfe der natürlichen Exponentialfunktion darstellen: $f(x) = b \cdot e^{k \cdot x}$, wobei für die Wachstumskonstante k gilt: $k = \ln(a)$.

Bei positivem k liegt ein Wachstum, bei negativem k ein Zerfall vor.

Eine Kolonie von anfangs 100 Vögeln vermehrt sich jährlich um $4\% = \frac{4}{100}$. Bei exponentiellem Wachstum sind es nach t Jahren:
$f(t) = 100 \cdot 1,04^t$ bzw.
$f(t) = 100 \cdot e^{\ln(1,04) \cdot t}$

Verdoppelungszeit: $T_V = \frac{\ln(2)}{k}$ **Halbwertszeit:** $T_H = -\frac{\ln(2)}{k}$

Verdoppelungszeit:
$T_V = \frac{\ln(2)}{\ln(1,04)} \approx 17,7$ (in Jahren)

Logarithmen- und Exponentialgleichungen

Der Logarithmus von b zur Basis a ist die Lösung der Exponentialgleichung $a^x = b$. Man schreibt $x = \log_a(b)$. Der natürliche Logarithmus **ln** ist der Logarithmus zur Basis e.

Eine Exponentialgleichung der Form $e^x = y$ $(y > 0)$ hat die Lösung $x = \ln(y)$.

Für alle $x > 0$ gilt: $e^{\ln(x)} = x$; für alle $x \in \mathbb{R}$ gilt: $\ln(e^x) = x$.

$5^x = 125$
$x = \log_5(125) = 3$

$e^{2x+1} = 7$
$2x + 1 = \ln(7)$
$x = \frac{1}{2}(\ln(7) - 1)$

1 a) Zeichnen Sie die Graphen der Funktionen $x \mapsto 0{,}25^x$ und $x \mapsto 4^x$.
b) Welche Funktion ist streng monoton wachsend, welche streng monoton fallend?
c) Wie liegen die Graphen zueinander?

2 a) Fig. 1 zeigt den Graphen einer Exponentialfunktion $x \mapsto b \cdot a^x$. Bestimmen Sie a und b.
b) Bestimmen Sie mithilfe des Graphen die Halbwertszeit.
c) Der Graph wird um 10 in Richtung der x-Achse (der y-Achse) verschoben. Geben Sie jeweils einen Funktionsterm an.

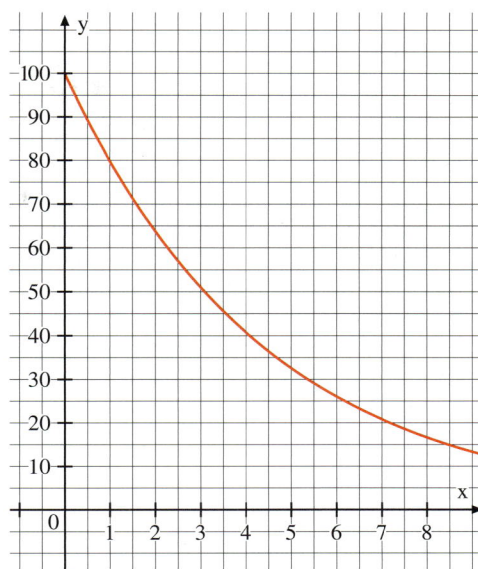
Fig. 1

x	1	2	3	4
f(x)		6		

3 Die angegebene Wertetabelle soll zu einer Exponentialfunktion $x \mapsto b \cdot a^x$ gehören. Geben Sie drei mögliche vollständig ausgefüllte Tabellen an. Wie lautet die jeweilige Exponentialfunktion?

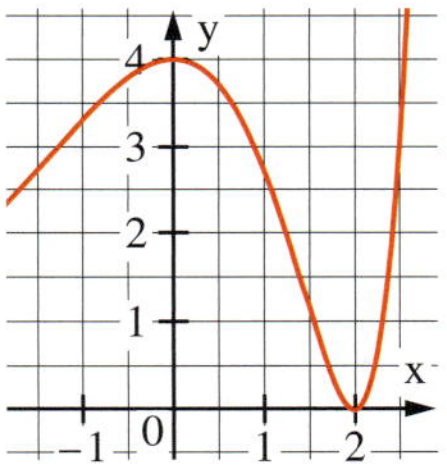

Fig. 2

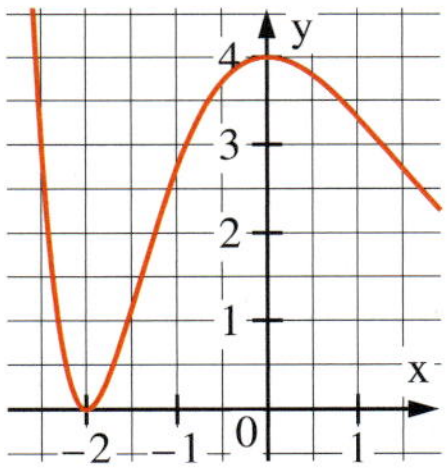

4 Bestimmen Sie die Exponentialfunktion $x \mapsto b \cdot a^x$, deren Graph durch die Punkte P und Q geht.
a) $P(0|6)$; $Q(1|2)$ b) $P(2|1)$; $Q(5|27)$ c) $P(0|3)$; $Q(2|3e^4)$

5 Lösen Sie die Gleichung; geben Sie die Lösungen auf 3 Dezimalen gerundet an.
a) $e^{x-4} - 10 = 0$ b) $e^{2x} - 5e^x = 0$ c) $e^{2x} - 6 \cdot e^x + 5 = 0$

6 Bestimmen Sie die Nullstellen der Funktion f.
a) $f(x) = e^{2x} - 1$ b) $f(x) = e^{3x-2} - e$ c) $f(x) = e^x \cdot (e^x - 1)$ d) $f(x) = e^x - 2 \cdot e^{-x}$

7 Eine der Kurven in Fig. 2 oder 3 zeigt den Graphen der Funktion f mit $f(x) = (x-2)^2 \cdot e^x$. Entscheiden Sie welche und begründen Sie Ihre Wahl.

Fig. 3

8 Eine Nährlösung enthält zu Beginn der Beobachtung 50 000 Bakterien. Täglich vermehrt sich die Anzahl der Bakterien um 10 %.
a) Wie lautet die zugehörige Wachstumsfunktion?
b) Wie viele Bakterien sind nach 5 Tagen in der Nährlösung?
c) Bestimmen Sie die Verdoppelungszeit.

9 Gegeben ist die Funktion f mit $f(x) = 4 \cdot e^{-\frac{1}{2}x^2 - 1} - 1$ und die Funktion g mit $g(x) = x^2$.
a) Skizzieren Sie die Graphen von f und g in einem gemeinsamen Koordinatensystem.
b) Begründen Sie, dass der Graph von f symmetrisch zur y-Achse ist.
c) Bestimmen Sie die Nullstellen von f exakt und näherungsweise.
d) Bestimmen Sie die Koordinaten der Schnittpunkte der beiden Graphen.
e) Verschieben Sie die Graphen von g so in y- bzw. x-Richtung, dass er den Graphen von f nicht schneidet. Geben Sie jeweils einen Term an.

Die Lösungen zu den Aufgaben dieser Seite finden Sie auf Seite 261.

10 Für $t > 0$ ist eine Funktion f_t gegeben durch $f_t(x) = 4t \cdot e^{x-1}$. Erläutern Sie, wie der Graph von f_t aus dem Graph von f_1 hervorgeht. Zeichnen Sie die Graphen von f_1 und f_3.

THOMAS MALTHUS (1766–1834),
englischer Ökonom

Überlegungen zum Bevölkerungswachstum

D ie Frage nach der größtmöglichen Bevölkerung, die die Erde noch ernähren
kann, hat eine lange Geschichte. So beobachtete der englische Wirtschafts-
wissenschaftler THOMAS MALTHUS Ende des 18. Jahrhunderts, dass die Bevölkerung
rascher wächst als die landwirtschaftliche Produktion. MALTHUS nahm an, dass die
Bevölkerung exponentiell, die Nahrungserzeugung jedoch nur linear wächst.

Es gibt optimistische Schätzungen, die davon ausgehen, dass die Erde mehr als
100 Milliarden Menschen ernähren kann. Die meisten Schätzungen gehen aber
davon aus, dass die Obergrenze zwischen 8 und 12 Milliarden liegt.
1999 betrug die Erdbevölkerung 6,0 Mrd. Bewohner. Die zwei Tabellen geben einige Wachstumsraten aus dem Jahre 1998 an.

Länder mit der höchsten jährlichen Bevölkerungszunahme in Prozent	
1. Gaza	4,6
2. Komoren	3,6
3. Libyen	3,6
4. Jemen	3,5
5. Togo	3,5
6. Benin	3,4
7. Niger	3,4
8. Oman	3,4
9. Zaire	3,4
10. Madagaskar	3,3

Länder mit der niedrigsten jährlichen Bevölkerungszunahme in Prozent	
10. Deutschland	−0,1
9. Rumänien	−0,2
8. Tschechien	−0,2
7. Weißrussland	−0,4
6. Ungarn	−0,4
5. Russland	−0,5
4. Estland	−0,5
3. Bulgarien	−0,5
2. Ukraine	−0,6
1. Lettland	−0,7

Fig. 1

Exponentielles Wachstum
Fig. 2 zeigt die relative Entwicklung der Bevölkerung einzelner Länder bezogen auf die
1998 gültigen Wachstumsraten. Die Bevölkerungszahl im Jahre 1990 ist jeweils auf 100 %
gesetzt.

1 a) Geht man von einem exponentiellen
Wachstum aus, kann man mithilfe der Daten
von Fig. 1 die Verdopplungszeit der Bevölkerung von Gaza berechnen. Vergleichen Sie Ihr
Ergebnis mit Fig. 2.

b) Wann hat sich die Bevölkerung Lettlands halbiert? Wann ist die Bevölkerungszahl Lettlands auf 10 % gegenüber dem
heutigen Stand geschrumpft? Was setzen Sie dazu voraus?
c) Berechnen Sie die Bevölkerungszahl von Deutschland für die Jahre 2010, 2030 und 2050. Machen Sie die derzeitige
Bevölkerungszahl ausfindig. Wie gut ist die Übereinstimmung mit einem angenommenen exponentiellen Wachstum?

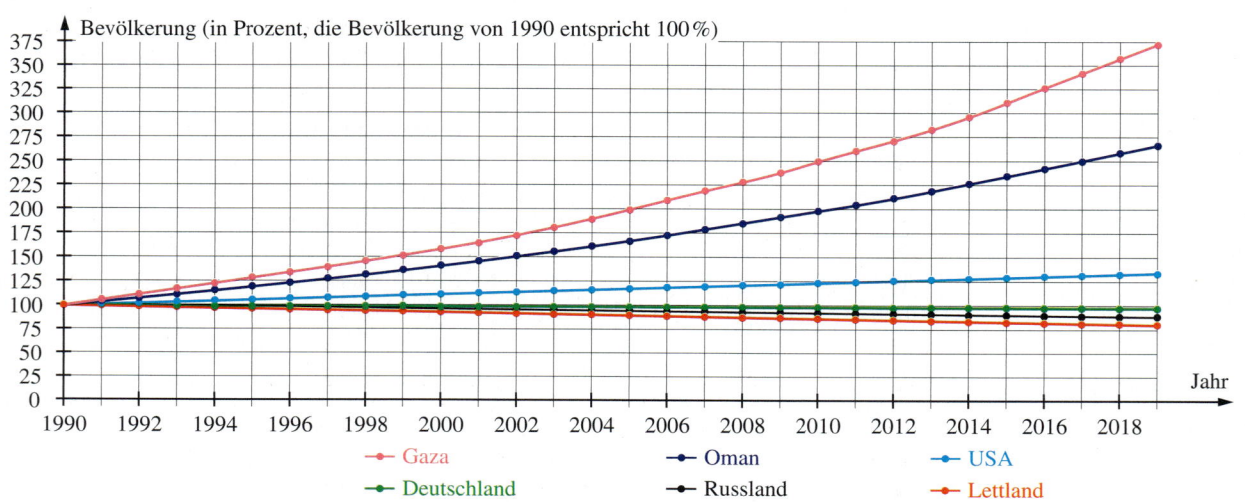

Fig. 2

Mathematische Exkursionen

Es soll nachgeprüft werden, ob die mathematischen Annahmen über das exponentielle Wachstum der Bevölkerung mit der Realität übereinstimmen. Dazu wird das Bevölkerungswachstum von 1700 bis 1998 (Fig. 1) untersucht.

t (in a)	1700	1750	1800	1850	1900	1925	1950	1960	1970	1980	1990	1995	1998
y (in Mrd.)	0,594	0,707	0,841	1,000	1,542	1,915	2,555	3,039	3,771	4,454	5,278	5,687	5,925
ln y	−0,516	−0,347	−0,173	0,000	0,433	0,650	0,938	1,197	1,327	1,494	1,664	1,738	1,779

Fig. 1

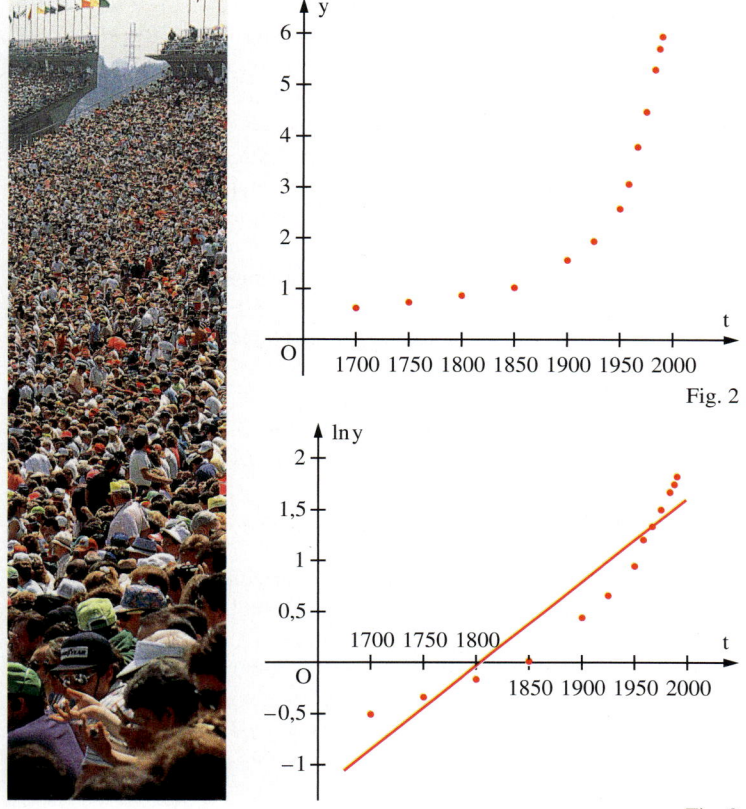

Fig. 2

Fig. 3

Zunächst trägt man die Bevölkerungszahlen in Abhängigkeit von den Jahreszahlen in ein Koordinatensystem ein (Fig. 2). Dabei zeigt sich, dass die Bevölkerungskurve ab etwa 1880 sehr stark zunimmt.

Um festzustellen, ob zumindest näherungsweise exponentielles Wachstum vorliegt, trägt man die Wertepaare $(t\,|\,\ln y)$ der Tabelle (Fig. 1) als Punkte P* in ein Koordinatensystem ein. Bestimmt man anschließend durch eine Funktionsanpassung die zugehörige Ausgleichsgerade (Fig. 3), so stellt man fest, dass diese eine sehr schlechte Näherung darstellt. Die Punkte P* liegen statt dessen auf einer Kurve, die mit zunehmender Jahreszahl immer steiler wird. Es liegt also ein Wachstum vor, das stärker als exponentiell ist. Man spricht in solchen Fällen von einem „überexponentiellen" Wachstum.

Beschränkt man sich auf kürzere Zeiträume z. B. von 1700–1850, so erkennt man, dass die Punkte P* (Fig. 3) in sehr guter Näherung auf einer Geraden liegen. In diesem Bereich wuchs die Weltbevölkerung also exponentiell. Das jährliche Wachstum betrug etwa 0,35 %.

Logistisches Wachstum

Mathematische Untersuchungen sind auch bei Prognosen zu weiteren Entwicklungen hilfreich.

Die von der Fachwelt geschätzte Entwicklung der Weltbevölkerung von 1950 bis 2050 wird nach dem Kenntnisstand von 1998 den Verlauf von Fig. 4 haben. Dieser Verlauf kann näherungsweise durch eine Funktion f der Form

$$f(t) = \frac{11}{1 + 8{,}07106 \cdot 10^{24} \cdot e^{-0{,}02882 t}}$$

mit $1950 \leqq t \leqq 2050$ beschrieben werden. Anhand dieser Prognose ist zu erkennen, dass die Vorhersagen von einem logistischen Wachsen der Weltbevölkerung ausgehen.

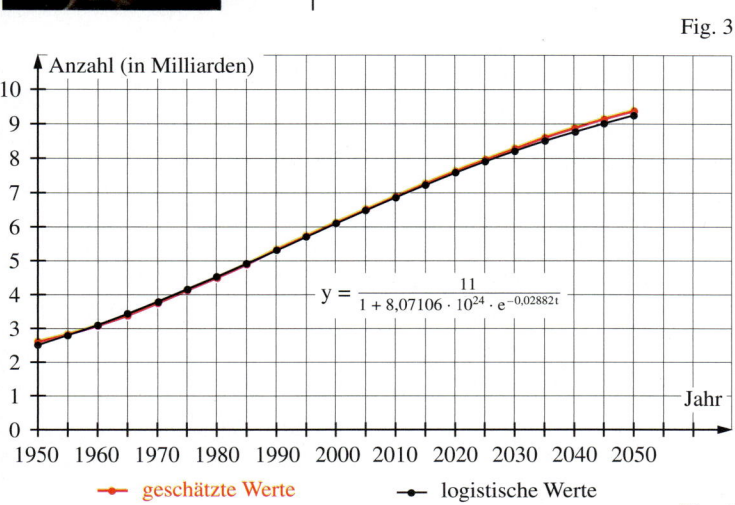

$$y = \frac{11}{1 + 8{,}07106 \cdot 10^{24} \cdot e^{-0{,}02882 t}}$$

— geschätzte Werte — logistische Werte

Fig. 4

2   a) Ermitteln Sie den Zeitpunkt, zu dem die momentane Änderungsrate dieser Funktion f ein Maximum annimmt. Interpretieren Sie diesen Wert anhand des Schaubildes in Fig. 4 auf Seite 193.
b) Berechnen Sie den Grenzwert für $t \to \pm\infty$ und interpretieren Sie das Ergebnis.

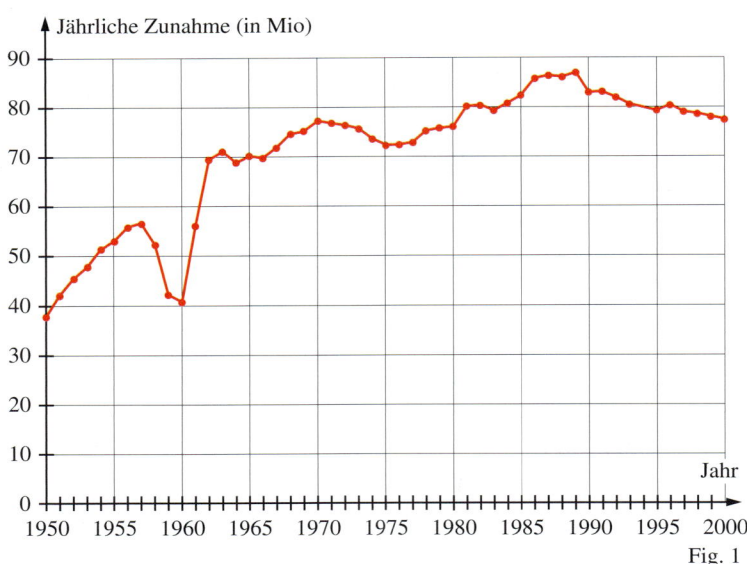

Fig. 1

Abweichungen vom Modell

Betrachtet man den durchschnittlichen jährlichen Bevölkerungszuwachs im Rückblick, so findet man von 1950 bis 2000 den in Fig. 1 dargestellten Verlauf.
Wie man sieht, unterliegt er unterschiedlichen Schwankungen, die allerdings nicht sehr groß sind, wenn man den Zeitraum nach 1965 betrachtet.

3   Wie ist die Abweichung um das Jahr 1960 zu erklären?
Empfehlenswert sind hierzu die INTERNET-Adressen:
http://www.igc.apc.org,
http://www.census.gov,
http://www.demographie.de.

Prognosen anhand verschiedener Modelle

Sehr wichtig und auch interessant sind Überlegungen zur Bevölkerungszunahme in den nächsten 100 Jahren. Fig. 2 zeigt verschiedene Projektionen.

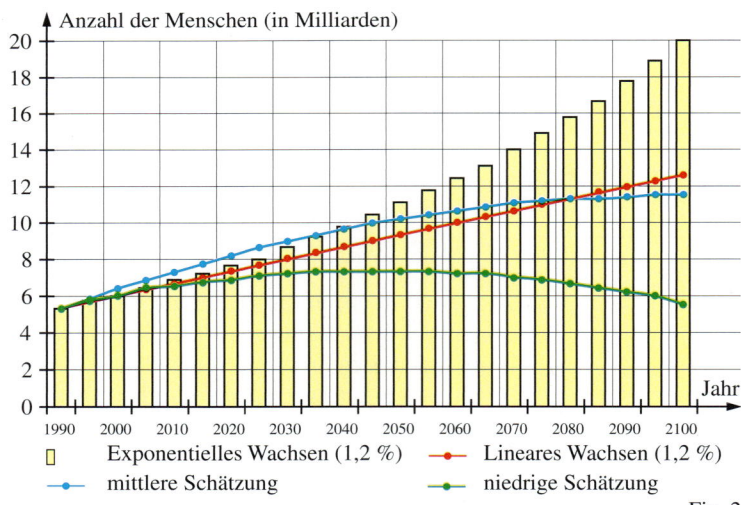

Fig. 2

4   a) Berechnen Sie die Bevölkerungszahl für das Jahr 2100 bei exponentiellem Wachstum von 1,2 % jährlich. Die Wachstumsrate lag 1998 sogar bei etwa 1,5 %.
b) Die niedrigste Schätzung geht davon aus, dass das Wachstum gebremst werden kann. Lesen Sie aus Fig. 2 die maximale Bevölkerungszahl ab. Wann wird dieser Höchststand erreicht?
c) Von welchem Maximum geht man bei der mittleren Schätzung aus? Um welche Art von Wachstum handelt es sich dabei?
d) Diskutieren Sie die verschiedenen Schätzungen. Welche der vier Schätzungen halten Sie für unrealistisch? Argumentieren Sie unter Zuhilfenahme der neuesten Daten und Prognosen.

Die Überlegungen zeigen, dass es im Modell zwar sehr einfach ist, Prognosen für die Bevölkerungsentwicklung zu machen. Ob sie allerdings in der Realität eintreten, hängt ab von politischen Entscheidungen, religiösen Vorstellungen, von Energiemangel und Nahrungsmittelproduktion und nicht zuletzt von übertragbaren Krankheiten.

Grenzen des Wachstums

„Auf einer begrenzten Erde ist grenzenloses Wachstum nicht möglich.
Wir werden diese Grenze erreichen. Wir müssen und können dagegen
etwas tun." (Club of Rome)

Themenbereiche:
1) Wachstum der Weltbevölkerung
2) Wirtschaftswachstum, nachhaltiges Wirtschaften
3) Wachstumsarten, Verlaufstypen
4) regenerierbare und nicht erneuerbare Rohstoffe, statischer und
exponentieller Index

Literatur:
1) D. L. Meadows et al.: Die Grenzen des Wachstums – Berichte des
Club of Rome zur Lage der Menschheit. Deutsche Verlags-Anstalt,
München 1972, ISBN 3-421-02663-5
2) D. L. Meadows et al.: Die neuen Grenzen des Wachstums. Rowohlt,
Reinbek 1993, ISBN 3-49-919510-0
3) D. L. Meadows, D. Meadows, J. Randers: Grenzen des Wachstums
– Das 30-Jahre-Update. Hirzel-Verlag, Stuttgart 2006,
ISBN 3-7776-1384-3
4) Lambacher-Schweizer Band 10 Nordrhein-Westfalen,
Klett-Nr. 73075
5) F. Vester: Unsere Welt – ein vernetztes System. dtv München 1991,
ISBN 3-423-10118-0

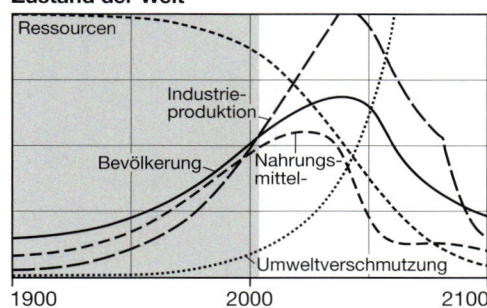

Zustand der Welt

Stichworte für Internetrecherche:
Grenzen des Wachstums, Grenzen des Wirtschaftswachstums,
Ökologischer Fußabdruck, exponentieller Index, Dennis Meadows,
http://www.faktor-x.info

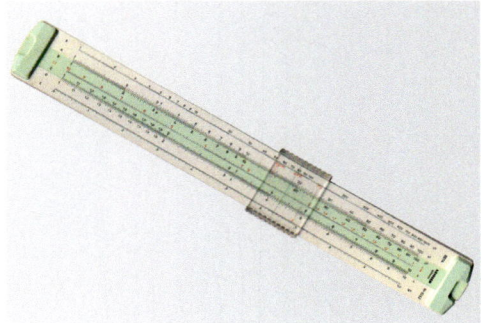

Logarithmische Skalen

Themenbereiche:
1) Unterschiedliche Skalen
2) Grundlagen logarithmischer Skalierung
3) Beispiele aus Naturwissenschaften, Wirtschaft und Technik
4) Logarithmische Skalen und mechanische Rechenmaschinen

Literatur:
1) Kleine Enzyklopädie Mathematik, Pfalz-Verlag 1965
2) E. Batschelet, Einführung in die Mathematik für Biologen, Springer-Verlag
3) M. Stockhausen, Mathematik für Chemiker, Steinkopff-Verlag, Darmstadt
4) Lambacher-Schweizer Band 10 Nordrhein-Westfalen, Klett-Nr. 73075

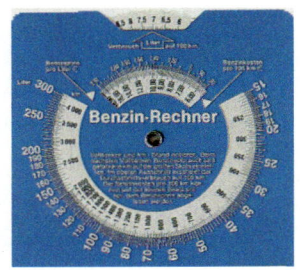

Stichworte für Internet-Recherche:
Logarithmische Skalen, Logarithmische Darstellung, Dazibel,
Weber-Fechner-Gesetz, Rechenschieber, logarithmic calculator, Aktien, Chart

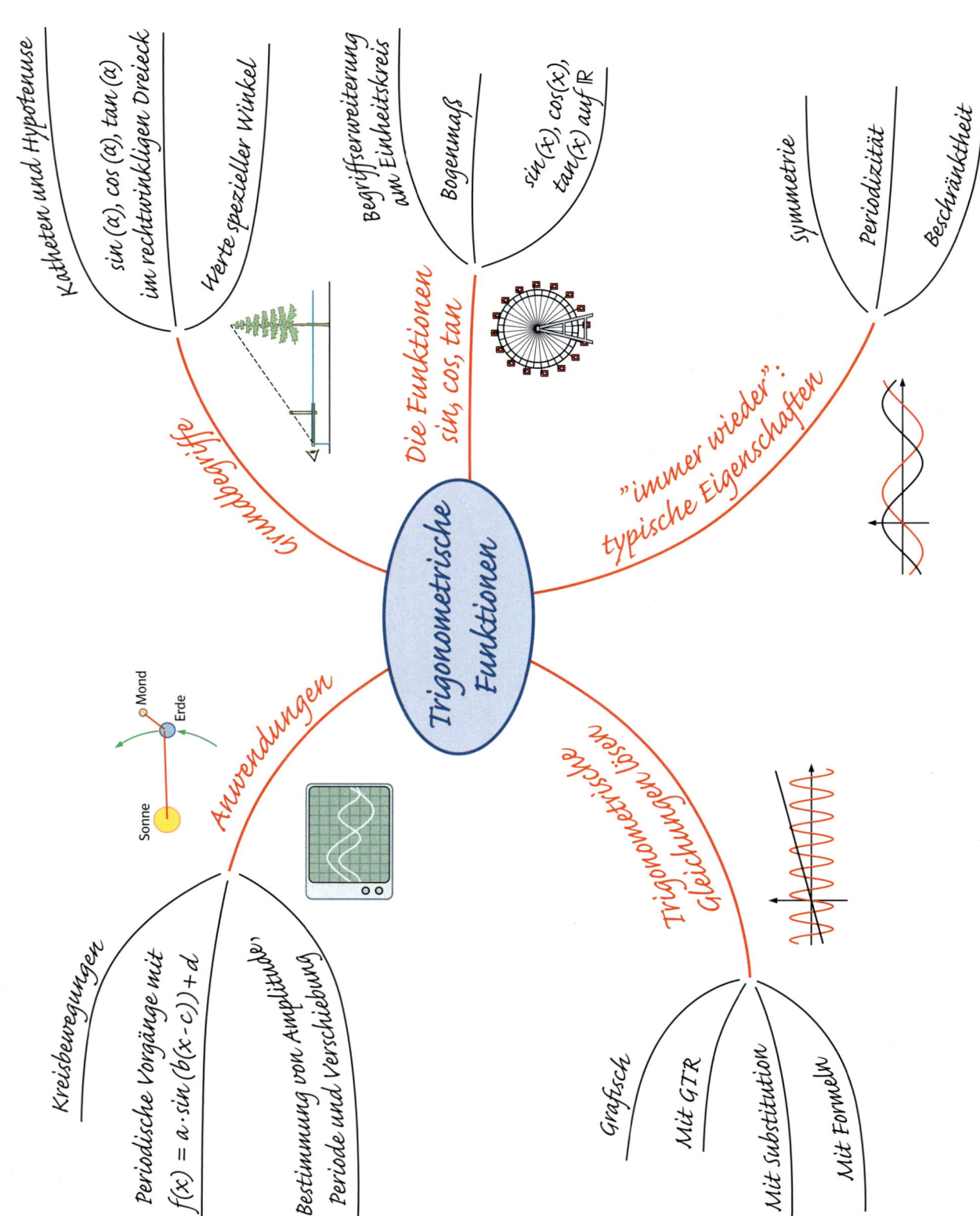

Trigonometrische Funktionen

Grundbegriffe

Katheten und Hypotenuse

$sin(\alpha), cos(\alpha), tan(\alpha)$ im rechtwinkligen Dreieck

Werte spezieller Winkel

Die Funktionen sin, cos, tan

Begriffserweiterung am Einheitskreis

Bogenmaß

$sin(x), cos(x), tan(x)$ auf $\mathbb{R}$

"immer wieder": typische Eigenschaften

Symmetrie

Periodizität

Beschränktheit

Anwendungen

Kreisbewegungen

Periodische Vorgänge mit $f(x) = a \cdot sin(b(x - c)) + d$

Bestimmung von Amplitude, Periode und Verschiebung

Mond

Erde

Sonne

Trigonometrische Gleichungen lösen

Grafisch

Mit GTR

Mit Substitution

Mit Formeln

VII Trigonometrische Funktionen

1 Definition und Veranschaulichung von sin, cos und tan

1 Die Vermuntbahn im Montafon steigt von der Talstation (1039 m) unter einem mittleren Winkel von 29,9° bis zur Bergstation (1738 m).
a) Erstellen Sie eine Skizze im Maßstab 1 : 10 000.
b) Bestimmen Sie aus der Skizze die Gesamtlänge der Fahrstrecke dieser Seilbahn.
c) Ermitteln Sie die zurückgelegte Strecke, wenn die Seilbahn auf 1200 m Höhe ist.
d) Die Seilbahn hat einen Kilometer zurückgelegt. Auf welcher Höhe befindet sie sich?

Trigonometrie:
Dreiecksberechnung

trigonion (griech.):
Dreieck

metron (griech.):
Maß

Kennt man von einem Dreieck drei unabhängige Stücke (Seiten, Winkel), kann man die restlichen Stücke ermitteln, indem man das Dreieck konstruiert und die fehlenden Stücke misst. Da aber zeichnerische Lösungen immer ungenau sind, versucht man, das Problem **rechnerisch** zu lösen. Dazu braucht man Beziehungen zwischen den Seiten und den Winkeln. Der Einfachheit halber beschränkt man sich zunächst auf **rechtwinklige** Dreiecke.

Rechtwinklige Dreiecke ABC und A′B′C′, die in einem weiteren Winkel (und damit in allen Winkeln) übereinstimmen, sind ähnlich. Für solche Dreiecke ist das Verhältnis entsprechender Seiten immer dasselbe, unabhängig von der Größe der Dreiecke.
Es gilt also (Fig. 1):
$\frac{a}{c} = \frac{a'}{c'}$ oder $\frac{a}{a'} = \frac{c}{c'}$
und ebenso $\frac{b}{c} = \frac{b'}{c'}$ und $\frac{a}{b} = \frac{a'}{b'}$.

Dies gilt allgemein:
In allen rechtwinkligen Dreiecken, die in einem weiteren Winkel übereinstimmen, sind die **Verhältnisse** entsprechender Seiten **gleich**.

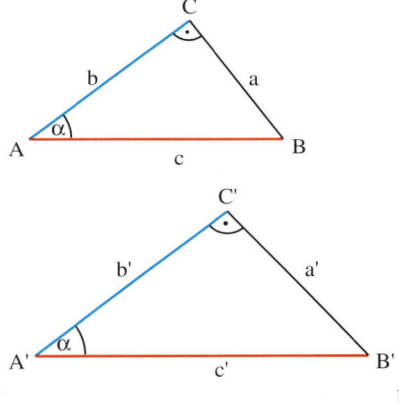

Fig. 1

Für Berechnungen in rechtwinkligen Dreiecken spielen diese Seitenverhältnisse eine zentrale Rolle. Daher ist es zweckmäßig, ihnen einen Namen zu geben. Nennt man die dem rechten Winkel gegenüberliegende Seite die **Hypotenuse**, die einem spitzen Winkel α gegenüberliegende Seite seine **Gegenkathete** und die andere seine **Ankathete**, so kann man die Verhältnisse wie folgt festsetzen.

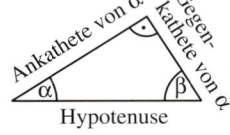

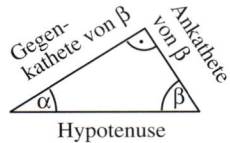

Sinus (lat.) entstanden aus:
jiva (indisch):
Sehne

Definition:	$\frac{\text{Gegenkathete von } \alpha}{\text{Hypotenuse}} = \sin(\alpha)$	(lies: Sinus von α; kurz: Sinus α)
	$\frac{\text{Ankathete von } \alpha}{\text{Hypotenuse}} = \cos(\alpha)$	(lies: Kosinus von α; kurz: Kosinus α)
	$\frac{\text{Gegenkathete von } \alpha}{\text{Ankathete von } \alpha} = \tan(\alpha)$	(lies: Tangens von α; kurz: Tangens α)

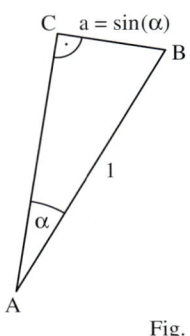

Fig. 1

Wählt man in einem rechtwinkligen Dreieck (Fig. 1) die Länge der Hypotenuse als Längeneinheit, dann hat die Hypotenuse die Maßzahl 1, und es ist $\sin(\alpha) = \frac{a}{c} = \frac{a}{1} = a$.

In diesem Fall ist $\sin(\alpha)$ die Maßzahl der Gegenkathete. Entsprechendes gilt für $\cos(\alpha)$. Damit kann man die Seitenverhältnisse veranschaulichen.

Hierzu zeichnet man in einem Koordinatensystem um O einen Kreis mit dem Radius 1 LE; er heißt **Einheitskreis**. Es gilt (Fig. 2):
$\sin(\alpha) = \overline{P_1P} : \overline{OP} = \overline{P_1P} = \mathbf{y}$
$\cos(\alpha) = \overline{OP_1} : \overline{OP} = \overline{OP_1} = \mathbf{x}$.
Man erkennt nun unmittelbar, dass für alle Winkel α mit $0° < \alpha < 90°$ gilt:
$\quad 0 < \sin(\alpha) < 1$,
mit wachsendem α nimmt $\sin(\alpha)$ zu;
$\quad 0 < \cos(\alpha) < 1$,
mit wachsendem α nimmt $\cos(\alpha)$ ab.

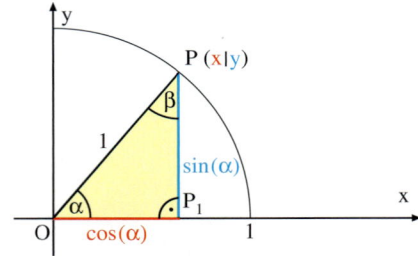

Fig. 2

Fig.2 legt weiterhin folgende zusätzlichen Vereinbarungen nahe:
$\quad \mathbf{\sin(0°) = 0;\ \ \sin(90°) = 1}$ und $\mathbf{\cos(0°) = 1;\ \ \cos(90°) = 0}$.

Statt $(\sin(\alpha))^2$ schreibt man auch $\sin^2(\alpha)$.

Wendet man auf Dreieck OP_1P den Satz des Pythagoras an, so folgt:
$\quad \mathbf{(\sin(\alpha))^2 + (\cos(\alpha))^2 = 1}$. Ebenso gilt: $\mathbf{\tan(\alpha) = \frac{\sin(\alpha)}{\cos(\alpha)}}$.

Daher der Name: „Tangens"!

Auch $\tan(\alpha)$ lässt sich am Einheitskreis veranschaulichen. Dabei muss jedoch die Ankathete von α die Länge 1 LE haben. Die Strecke AA_1 liegt auf der Tangente an den Einheitskreis und hat die Maßzahl $\tan(\alpha)$. Es ist unmittelbar abzulesen:
– Die Festsetzung $\mathbf{\tan(0°) = 0}$ ist sinnvoll.
– Mit wachsendem α wächst $\tan(\alpha)$ bis zu beliebig großen Werten.
– Zu $\alpha = 90°$ gibt es keinen Tangens.

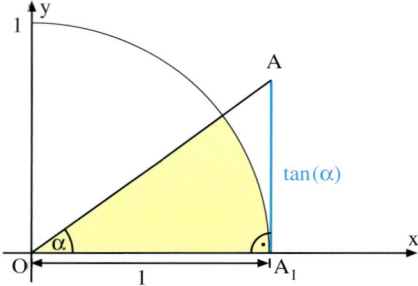

Fig. 3

Die Berechnung von $\sin(\alpha)$, $\cos(\alpha)$ und $\tan(\alpha)$ erfordert in fast allen Fällen besondere Hilfsmittel der Mathematik. Der GTR liefert Näherungswerte. Für wenige Werte von α lassen sich $\sin(\alpha)$, $\cos(\alpha)$ und $\tan(\alpha)$ exakt berechnen (vgl. auch Referate, Seite 213).

Ist Fig. 4 ist $\alpha = 30°$. Das Dreieck $OP'P$ ist gleichschenklig. Damit sind die Winkel bei P und P' gleich groß. Da alle Winkel im Dreieck $OP'P$ zusammen 360° ergeben (Winkelsummensatz), betragen die Winkel bei P und P' jeweils 60°.
Das Dreieck $OP'P$ ist also sogar gleichseitig.
Da P_1 die Seite PP' halbiert, gilt:
$\sin(30°) = \frac{1}{2}$.
Aus $(\sin(30°))^2 + (\cos(30°))^2 = 1$ folgt
$\cos(30°) = \sqrt{1 - (\sin(30°))^2} = \sqrt{\frac{3}{4}} = \frac{1}{2}\sqrt{3}$.
Weiterhin ist
$\tan(30°) = \frac{\sin(30°)}{\cos(30°)} = \frac{1}{2} : \frac{1}{2}\sqrt{3} = \frac{1}{3}\sqrt{3}$.

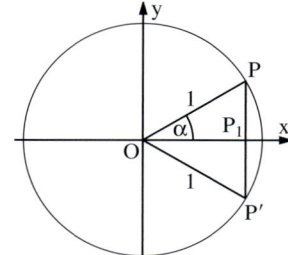

Fig. 4

198

α	$\sin(\alpha)$	$\cos(\alpha)$
0°	$\frac{1}{2}\sqrt{0}$	$\frac{1}{2}\sqrt{4}$
30°	$\frac{1}{2}\sqrt{1}$	$\frac{1}{2}\sqrt{3}$
45°	$\frac{1}{2}\sqrt{2}$	$\frac{1}{2}\sqrt{2}$
60°	$\frac{1}{2}\sqrt{3}$	$\frac{1}{2}\sqrt{1}$
90°	$\frac{1}{2}\sqrt{4}$	$\frac{1}{2}\sqrt{0}$

Entsprechend kann man mit $\sin(45°)$ und $\sin(60°)$ verfahren (vgl. Aufg. 9 und 10) und erhält die folgende Tabelle.

α	0°	30°	45°	60°	90°
$\sin(\alpha)$	0	$\frac{1}{2}$	$\frac{1}{2}\sqrt{2}$	$\frac{1}{2}\sqrt{3}$	1
$\cos(\alpha)$	1	$\frac{1}{2}\sqrt{3}$	$\frac{1}{2}\sqrt{2}$	$\frac{1}{2}$	0
$\tan(\alpha)$	0	$\frac{1}{3}\sqrt{3}$	1	$\sqrt{3}$	—

Beispiel 1: (Bestimmung von $\sin(\alpha)$)
Gegeben ist der Winkel $\alpha = 43°$. Bestimmen Sie zeichnerisch mithilfe eines Einheitskreises $\sin(\alpha)$, $\cos(\alpha)$ und $\tan(\alpha)$. Überprüfen Sie die Werte mit dem GTR.
Lösung:
Zeichnerische Lösung: Siehe Fig 1;
$\sin(43°) \approx 0{,}68$; $\cos(43°) \approx 0{,}73$;
$\tan(43°) \approx 0{,}94$.
Stellt man im $\boxed{\text{MODE}}$-Menü Degree ein, erhält man auf vier Dezimalen gerundet:
$\sin(43°) = 0{,}6820$; $\cos(43°) = 0{,}7314$;
$\tan(43°) = 0{,}9325$.

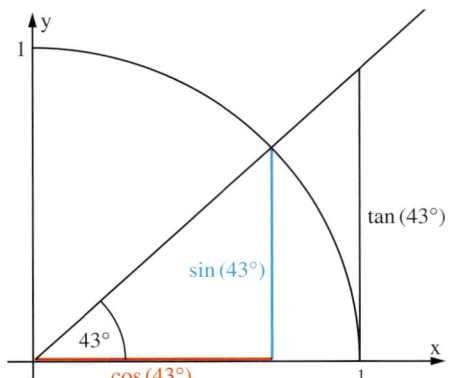

Fig. 1

Sinuswerte rundet man häufig auf vier Dezimalen, Winkelwerte auf eine Dezimale und schreibt der Einfachheit halber "=" statt "≈".

Beispiel 2: (Bestimmung von $\sin(\alpha)$, wenn α in Grad, Minute, Sekunde gegeben ist)
Bestimmen Sie mit dem GTR:
a) $\sin(35° \, 20')$ b) $\cos(52° \, 40' \, 28'')$.
Lösung:
a) Im $\boxed{\text{ANGLE}}$-Menü findet man das Gradsymbol (°) und das Minutensymbol (').
Auf vier Dezimalen gerundet ergibt sich: $\sin(35° \, 20') = 0{,}5783$.
b) Das Sekundensymbol (") erhält man mit $\boxed{\text{ALPHA}}$ ".
Auf vier Dezimalen gerundet ergibt sich: $\cos(52° \, 40' \, 28'') = 0{,}6063$.

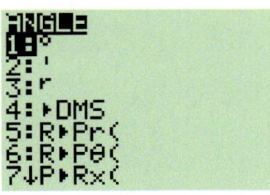
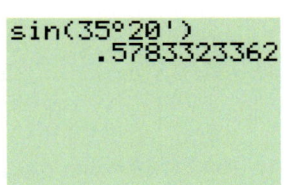
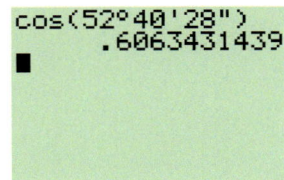

Beispiel 3: (Bestimmung eines Winkels)
Bestimmen Sie mit dem GTR den Winkel α.
a) $\sin(\alpha) = 0{,}4239$ b) $\cos(\alpha) = 0{,}8512$ c) $\tan(\alpha) = 1{,}7563$
Lösung:
a) Der GTR liefert für $\sin^{-1}(0{,}4239)$ den Wert $25{,}08105684$.
Auf eine Dezimale gerundet: $\alpha = 25{,}1°$.
b) Der GTR liefert für $\cos^{-1}(0{,}8512)$ den Wert $31{,}65757115$.
Auf eine Dezimale gerundet: $\alpha = 31{,}7°$.
c) Der GTR liefert für $\tan^{-1}(1{,}7563)$ den Wert $60{,}34373068$.
Auf eine Dezimale gerundet: $\alpha = 60{,}3°$.

Aufgaben

2   Bestimmen Sie den Wert zeichnerisch mithilfe eines Einheitskreises. Überprüfen Sie das Ergebnis mit dem GTR.

a) $\sin(78°)$ b) $\cos(19{,}5°)$ c) $\tan(53°)$

d) $\cos(89°)$ e) $\tan(81°)$ f) $\sin(12°)$

3   Bestimmen Sie mit dem GTR:

a) $\sin(12°\ 15')$ b) $\cos(38°\ 42')$

c) $\tan(67°\ 80')$ d) $\sin(80°\ 12')$

e) $\sin(46°\ 17'\ 56'')$ f) $\cos(10°\ 20'\ 35'')$

g) $\tan(30°\ 70'\ 50'')$ h) $\tan(88°\ 40'\ 35'')$.

> Der griechische Astronom Ptolemäus (ca. 150 n. Chr., vgl. Seite 218) wirkte in Alexandria (Oberägypten). In seinem Werk „Almagest" („Zusammenstellung") übernahm er von den Babyloniern das Sexagesimalsystem (nach dem lateinischen Wort sexagesima, die sechzigste) und die Einteilung des Kreises in 360 Teile.
> Für sehr kleine Winkel benutzte er die Umrechnungen:
>   1 Grad (°) = 60 Minuten (')
>   1 Minute = 60 Sekunden (").
> Erst viele Jahrtausende später gelangten die Werke von Ptolemäus ins Abendland und wurden hier übersetzt. Auf diese Weise wurde das ursprünglich babylonische Gedankengut bei uns bekannt.

Verwenden Sie in Aufgabe 4 den Befehl ▶DMS aus dem $\boxed{\text{ANGLE}}$ *-Menü (D: Degree, M: Minuten, S: Sekunden).*

4   Schreiben Sie den in Dezimalschreibweise gegebenen Winkel um in die Schreibweise mit Grad, Minuten und Sekunden.

a) $\alpha = 80{,}2°$ b) $\alpha = 52{,}44°$

c) $\alpha = 30{,}12°$ d) $\alpha = 16{,}86°$

5   Bestimmen Sie mithilfe eines Einheitskreises den Winkel. Überprüfen Sie das Ergebnis mit dem GTR.

a) $\sin(\alpha) = 0{,}35$ b) $\cos(\alpha) = 0{,}73$

c) $\tan(\alpha) = 0{,}50$ d) $\cos(\alpha) = 0{,}27$

6   Bestimmen Sie zeichnerisch und rechnerisch die Winkel α und β in einem Dreieck ABC mit $\gamma = 90°$ für:

a) $a = 3\,\text{cm};\ c = 6\,\text{cm}$ b) $b = 3{,}6\,\text{cm};\ c = 4{,}5\,\text{cm}$

c) $a = 8\,\text{cm};\ b = 6\,\text{cm}$ d) $b = 2\,\text{cm};\ c = 6\,\text{cm}$

e) $a = 2{,}8\,\text{cm};\ b = 4{,}5\,\text{cm}$ f) $a = 3{,}2\,\text{cm};\ c = 5{,}6\,\text{cm}$.

7   Zeigen Sie mithilfe von Fig. 2 auf Seite 198, dass für alle Winkel α mit $0° \leqq \alpha < 90°$ gilt:

a) $\sin(\alpha) = \cos(90° - \alpha)$ b) $\cos(\alpha) = \sin(90° - \alpha)$.

8   Berechnen Sie aus $\cos(\alpha) = \frac{1}{3}$ die Werte:

$\sin(\alpha),\ \tan(\alpha),\ \sin(90° - \alpha),\ \cos(90° - \alpha),\ \tan(90° - \alpha)$.

9   a) Berechnen Sie mithilfe eines gleichschenklig-rechtwinkligen Dreiecks $\sin(45°)$, $\cos(45°)$ und $\tan(45°)$.

b) Berechnen Sie $\sin(22{,}5°)$ mithilfe des gleichschenkligen Dreiecks ABC (Schenkellänge eine Längeneinheit). (Anleitung: Bestimmen Sie zunächst in Fig. 1 die Seitenlängen $\overline{AP}$, $\overline{BP}$ und $\overline{PC}$. Wenden Sie dann auf Dreieck PBC den Satz des Pythagoras an.)

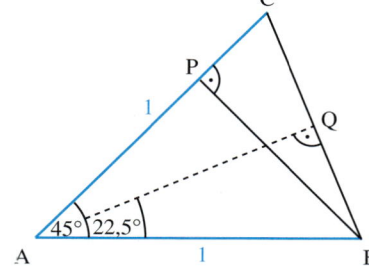

Fig. 1

10   Zeigen Sie, dass $\sin(60°) = \frac{1}{2}\sqrt{3}$ ist. Berechnen Sie hiermit $\cos(60°)$ und $\tan(60°)$.

2 Die Funktionen sin, cos und tan

1 Zeichnen Sie sich einen Einheitskreis.
a) Bestimmen Sie für α = 30° die Koordinaten des Punktes P (vgl. Fig. 1).
b) Es gibt einen weiteren Punkt Q auf dem Einheitskreis mit dem y-Wert $\frac{1}{2}$. Welcher Winkel β gehört zu Q?
c) Welche Winkel gehören zu den Punkten mit $-\frac{1}{2}$ als y-Wert?

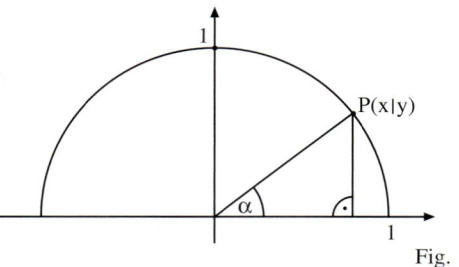

Fig. 1

Bei vielen Problemen ist es hilfreich, wenn die Werte sin (α), cos (α) und tan (α) auch für Winkel α > 90° erklärt sind. Zur Erweiterung der bisherigen Definition ist die Darstellung am Einheitskreis besonders gut geeignet.

Ist P(x|y) ein Punkt im 1. Feld auf dem Einheitskreis (vgl. Fig. 2), so ist x = cos (α) und y = sin (α). Diese Definition wird auch für 90° < α < 360° beibehalten (vgl. Fig. 3 bis 5).

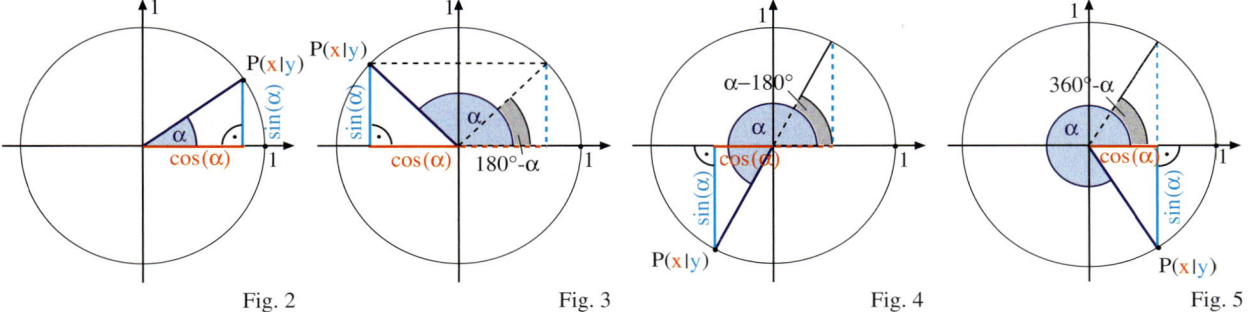

Fig. 2   Fig. 3   Fig. 4   Fig. 5

Ist P(x|y) ein beliebiger Punkt auf dem Einheitskreis und α der Winkel mit der positiven x-Achse als erstem und der Halbgeraden von O durch P als zweitem Schenkel, so legt man fest:

$$\sin(\alpha) = y; \quad \cos(\alpha) = x \quad \text{und} \quad (\text{für } x \neq 0) \ \tan(\alpha) = \frac{y}{x}.$$

Die Erweiterung der Definition führt dazu, dass auch negative Sinus-, Kosinus- und Tangenswerte auftreten. Fig. 2 bis 5 ist zu entnehmen, wie sich die Werte für stumpfe und überstumpfe Winkel (90°< α < 360°) auf die spitzer Winkel (0°< α < 90°) zurückführen lassen (vgl. Fig. 6).

In Fig. 7 sind die Dreiecke kongruent, denn es ist β = 180° – (α + 90°) = 90° – α.
Also gelten die Zusammenhänge:
    sin (α +90°) = cos (α);
    –cos (α +90°) = sin (α).

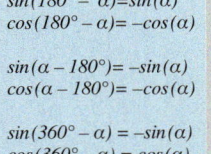

$sin(180° - α)=sin(α)$
$cos(180° - α)= -cos(α)$

$sin(α - 180°)= -sin(α)$
$cos(α - 180°)= -cos(α)$

$sin(360° - α) = -sin(α)$
$cos(360° - α) = cos(α)$

Fig. 6

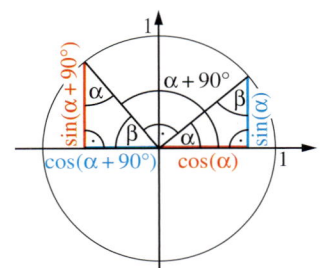

Fig. 7

201

Die Änderung z.B. von sin(α) mit wachsendem α ist besonders gut zu sehen, wenn man α und sin(α) in ein neues Koordinatensystem einzeichnet (Fig. 1; 30° entspricht $\frac{2}{3}$ LE).

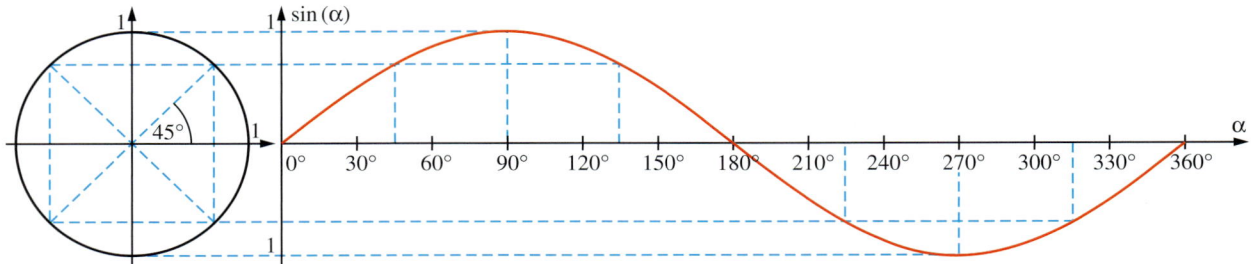

Fig. 1

Die Darstellung im Koordinatensystem hat noch einen großen Nachteil: Die Einheit auf der Abszissenachse ist willkürlich wählbar. Um auf beiden Achsen gleiche Einheiten verwenden zu können, führt man das **Bogenmaß** ein. Durch dieses Maß wird die Winkelmessung auf eine Längenmessung zurückgeführt.

Gut zu wissen!

α	x
0°	0
30°	$\frac{1}{6}\pi$
45°	$\frac{1}{4}\pi$
60°	$\frac{1}{3}\pi$
90°	$\frac{1}{2}\pi$
180°	π
270°	$\frac{3}{2}\pi$
360°	2π

Die Länge des Bogens b, der zu einem Winkel α gehört, ist abhängig vom Radius r (Fig. 2). Am Einheitskreis aber ist die Zuordnung des Winkels α zur Bogenlänge x eindeutig. So hat z. B. der Winkel 180° das Bogenmaß π, da ein Halbkreis mit Radius 1 den Umfang π hat. Allgemein gilt das Verhältnis: α : 180° = x : π. Hieraus folgt: $\frac{\alpha}{180°} = \frac{x}{\pi}$. Mit dieser Umrechnungsformel erhält man die Tabelle für ausgewählte Winkel.

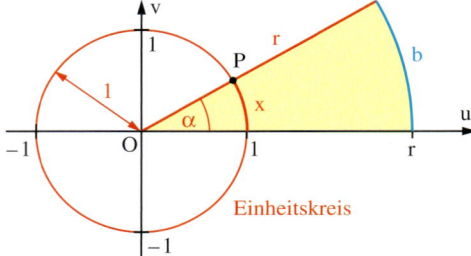

Fig. 2

Definition: Die Maßzahl x der zum Winkel α gehörenden Bogenlänge am Einheitskreis heißt das **Bogenmaß** des Winkels.

Hat ein Punkt P auf dem Einheitskreis (Fig. 2) den Weg x LE zurückgelegt, so gehört zum Bogenmaß x der Winkel $\alpha = \frac{x}{\pi} \cdot 180°$. Damit gilt: $P\left(\cos\left(\frac{x}{\pi} \cdot 180°\right) \mid \sin\left(\frac{x}{\pi} \cdot 180°\right)\right)$.
Jeder reellen Zahl x mit $0 \leq x < 2\pi$ wird dadurch ein Sinus- und ein Kosinuswert zugeordnet.

Um die Koordinaten eines Punktes P auf dem Einheitskreis bei mehreren Umdrehungen bestimmen zu können, werden sin(x) und cos(x) auch für $x \geq 2\pi$ bzw. für $x < 0$ erklärt.

In Fig. 3 gilt
$P(\cos(20°) \mid \sin(20°))$ mit $\sin(20°) = \sin\left(\frac{1}{9}\pi\right)$.
Vereinbart man nun
$$\ldots = \sin\left(\frac{1}{9}\pi - 2\pi\right) = \sin\left(\frac{1}{9}\pi + 2\pi\right)$$
$$= \sin\left(\frac{1}{9}\pi + 4\pi\right) = \ldots = \sin\left(\frac{1}{9}\pi\right),$$
ergeben sich Sinuswerte für alle Zahlen
$x = \frac{1}{9}\pi + 2\pi \cdot k$ mit $k \in \mathbb{Z}$.

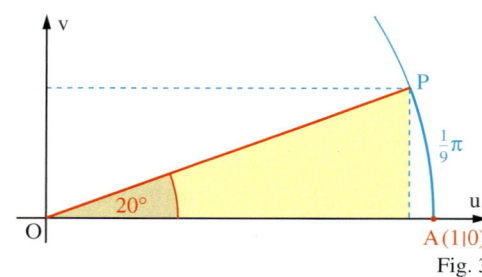

A(1|0)

Fig. 3

Definition: Es sei $0 \leq x < 2\pi$. Dann vereinbart man:

$$\sin(x + 2\pi \cdot k) = \sin(x) \qquad \text{und} \qquad \cos(x + 2\pi \cdot k) = \cos(x) \text{ für jedes } k \in \mathbb{Z}.$$

Durch diese Definition wird **jeder reellen Zahl x** ein Sinus- bzw. Kosinuswert zugeordnet. Man erhält so die **Sinusfunktion** $\sin: x \mapsto \sin(x)$ und die **Kosinusfunktion** $\cos: x \mapsto \cos(x)$. Beide Funktionen haben die Definitionsmenge $\mathbb{R}$ und die Wertemenge $[-1; +1]$.

Da sich der Sinus- und der Kosinuswert einer rellen Zahl x nicht ändert, wenn man zu x ein ganzzahliges Vielfaches von 2π addiert oder subtrahiert, nennt man die Funktionen **periodisch** mit der **Periode 2π**.
Für alle $x \in \mathbb{R}$ gilt: $\sin(-x) = -\sin(x)$
sowie $\cos(-x) = \cos(x)$.
Die Sinusfunktion ist also eine ungerade, die Kosinusfunktion eine gerade Funktion.

Wegen $\sin\left(x + \frac{\pi}{2}\right) = \cos(x)$ (vgl. Seite 201) sind beide Graphen verschiebungssymmetrisch.
Fig. 1 zeigt die Graphen beider Funktionen.

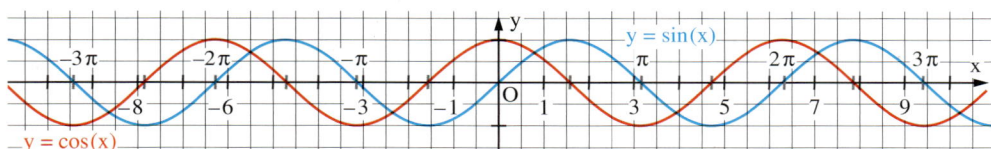

Fig. 1

Die Funktion $\tan: x \mapsto \tan(x)$ heißt **Tangens-funktion**. Wegen $\tan(x) = \frac{\sin(x)}{\cos(x)}$ ist sie definiert für alle x mit $\cos(x) \neq 0$, d.h. $x \neq (2k+1) \cdot \frac{\pi}{2}$, $k \in \mathbb{Z}$.
Wegen $\sin(x + \pi) = -\sin(x)$ und $\cos(x + \pi) = -\cos(x)$, ist $\tan(x + \pi) = \tan(x)$.
Die Tangensfunktion ist also periodisch mit der **Periode π**.
Für $x \to \frac{\pi}{2}$ mit $x < \frac{\pi}{2}$ gilt $\tan(x) \to +\infty$;
für $x -\frac{\pi}{2}$ mit $x < -\frac{\pi}{2}$ gilt $\tan(x) \to -\infty$.
Die Geraden mit den Gleichungen $x = \frac{\pi}{2}$ und $x = -\frac{\pi}{2}$ sind senkrechte Asymptoten.

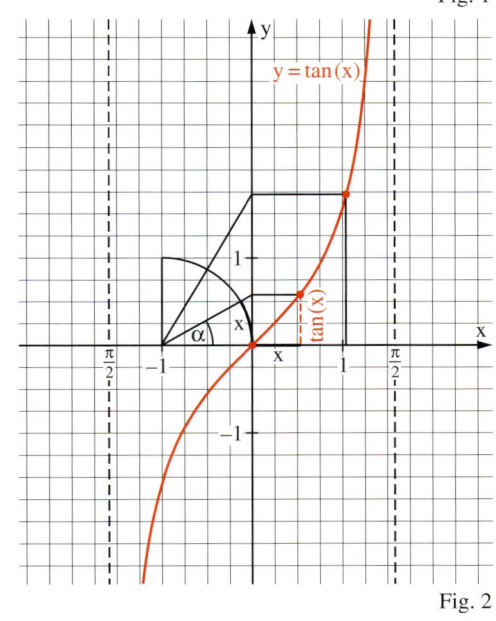

Fig. 2

Wegen $\sin(-x) = -\sin(x)$, $\cos(-x) = \cos(x)$, ist $\tan(-x) = -\tan(x)$.
Der Graph der Funktion tan ist daher punkt-symmetrisch zum Ursprung (Fig. 2).

Beispiel 1: (Umrechnung vom Gradmaß ins Bogenmaß und umgekehrt)
a) Bestimmen Sie x für $\alpha = 72°$.   b) Bestimmen Sie α für $x = 0,3\pi$.
Lösung:
a) $x = \frac{\alpha}{180°} \cdot \pi = \frac{72°}{180°} \cdot \pi = \frac{2}{5}\pi$ b) $\alpha = \frac{x}{\pi} \cdot 180° = \frac{0,3\pi}{\pi} \cdot 180° = 54°$

Beispiel 2: (Graph einer Sinusfunktion)

Gegeben ist die Funktion f mit $f(x) = \sin(x); \; 0 \leq x \leq 2\pi$.

a) Erstellen Sie auf dem GTR eine Wertetabelle und den Graphen bei Einstellung auf Bogenmaß und Bildschirmteilung.

b) Zeichnen Sie den Graphen von f mit der LE 2 cm.

Lösung:

a) Im MODE -Menü wird auf Bogenmaß (Radian) und G-T (Graph/Tabelle) eingestellt.

Im ZOOM -Menü bewirkt ZTrig eine besondere Einstellung der WINDOW -Werte für trigonometrische Funktionen: Es ist z. B. $Xscl = \frac{\pi}{2}$.

Mit 2nd - WINDOW legt man für die Tabelle den Startwert und die Schrittweite fest. Mit GRAPH erhält man den Graphen und die Wertetabelle.

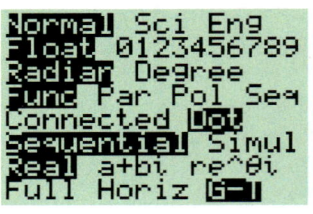

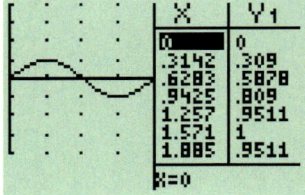

b) Zeichnung mit der LE 2 cm

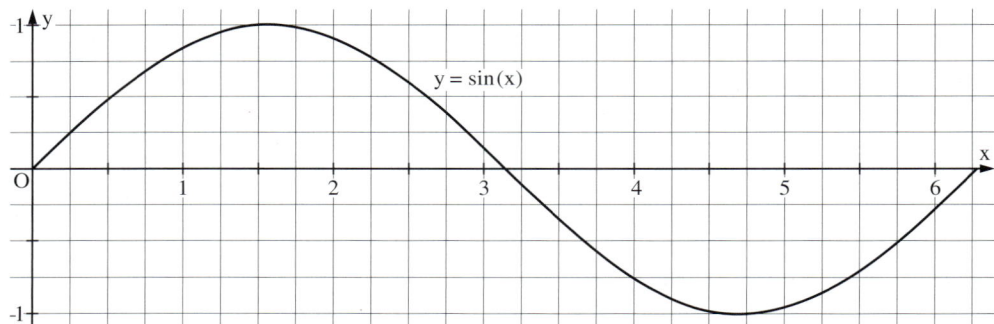

$y = \sin(x)$

Aufgaben

2 Zeichnen Sie einen Einheitskreis (Einheit 10 cm) und bestimmen Sie alle Winkel α zwischen 0° und 360°, für die gilt:

a) $\sin(\alpha) = 0{,}1$ b) $\cos(\alpha) = 0{,}2$ c) $\cos(\alpha) = -0{,}3$

d) $\sin(\alpha) = -0{,}7$ e) $\sin(\alpha) = -0{,}1$ f) $\cos(\alpha) = -0{,}4$

g) $\sin(\alpha) = 0{,}8$ h) $\sin(\alpha) = -1$ i) $\cos(\alpha) = 0{,}8$.

3 Bestimmen Sie ohne GTR alle Winkel α zwischen 0° und 360°, für die gilt:

a) $\sin(\alpha) = \sin(10°)$ b) $\cos(\alpha) = \cos(20°)$ c) $\cos(\alpha) = \cos(150°)$

d) $\cos(\alpha) = \cos(240°)$ e) $\sin(\alpha) = \sin(95°)$ f) $\sin(\alpha) = \sin(201°)$.

4 Für welche Winkel α ist

a) $\sin(\alpha)$ positiv und $\cos(\alpha)$ negativ   b) $\sin(\alpha)$ negativ und $\cos(\alpha)$ positiv

c) $\sin(\alpha) < 0{,}5$ und $\cos(\alpha)$ negativ   d) $\cos(\alpha) > 0{,}5$ und $\sin(\alpha)$ positiv?

5   Für welche Winkel gilt:

a) $\sin(\alpha) = \cos(\alpha)$

b) $\sin(\alpha) = -\cos(\alpha)$?

6   Geben Sie die Winkel im Bogenmaß als Bruchteil von π an.

a) $15°$; $75°$; $12°$; $48°$; $40°$; $70°$

b) $120°$; $150°$; $135°$; $210°$; $225°$; $300°$

7   Geben Sie die Winkel im Bogenmaß auf zwei Dezimalen gerundet an.

a) $17°$; $23°$; $47°$; $102°$; $67°$; $58°$

b) $141°$; $157°$; $202°$; $298°$; $307°$; $233°$

Zu Aufgabe 8:
Im ANGLE *-Menü kann man bei der Moduseinstellung Degree mit 3:^{r}*
ein Bogenmaß ins Gradmaß umrechnen.

8   Geben Sie die Winkel im Gradmaß an.

a) $\frac{1}{8}\pi$; $\frac{1}{12}\pi$; $\frac{3}{10}\pi$; $\frac{3}{5}\pi$; $\frac{5}{12}\pi$; $\frac{7}{18}\pi$; $\frac{11}{36}\pi$

b) $\frac{3}{4}\pi$; $\frac{4}{3}\pi$; $\frac{6}{5}\pi$; $\frac{9}{8}\pi$; $\frac{19}{12}\pi$; $\frac{25}{18}\pi$; $\frac{14}{9}\pi$

9   Geben Sie die Winkel im Gradmaß auf $0,1°$ genau an.

a) $0,52$; $0,86$; $1,35$; $1,02$; $1,50$; $1,55$

b) $2,02$; $3,18$; $4,23$; $5,55$; $5,99$; $6,10$

10   Bestimmen Sie mit dem GTR auf vier Dezimalen genau:

a) $\sin(0,5236)$ b) $\cos(1,0472)$ c) $\sin(3,1416)$ d) $\cos(3,2)$

e) $\sin(\sqrt{2})$ f) $\cos(\pi+1)$ g) $\cos\left(\frac{\pi}{5}\right)$ h) $\cos\left(\frac{5\pi}{2}-\sqrt{3}\right)$

i) $\cos\left(-\frac{1}{3}\sqrt{3}\right)$ j) $\tan\left(\frac{\pi}{4}\right)$ k) $\tan(2,3)$ l) $\tan(-1,4)$.

11   Bestimmen Sie ohne GTR:

a) $\tan(0°)$ b) $\tan(30°)$ c) $\tan(45°)$ d) $\tan(60°)$.

12   Bestimmen Sie ohne GTR:

a) $\sin\left(\frac{1}{4}\pi\right)$ b) $\sin\left(\frac{5}{3}\pi\right)$ c) $\cos\left(\frac{5}{6}\pi\right)$ d) $\sin\left(\frac{9}{4}\pi\right)$

e) $\cos\left(\frac{11}{3}\pi\right)$ f) $\sin\left(-\frac{7}{6}\pi\right)$ g) $\tan(-\pi)$ h) $\tan\left(\frac{5}{3}\pi\right)$.

13   Bestimmen Sie alle $x \in \mathbb{R}$, für die gilt:

a) $\cos(x) = 0,5$ b) $\sin(x) = 0,6442$ c) $\sin(x) = -0,8$ d) $\cos(x) = -0,2$

e) $\tan(x) = 1$ f) $\tan(x) = \sqrt{3}$ g) $\tan(x) = \frac{1}{\sqrt{3}}$ h) $\tan(x) = -1$.

14   Zeichnen Sie wie in Fig. 1 auf Seite 204 Graphen der Sinus-, Kosinus- und der Tangensfunktion in ein gemeinsames Koordinatensystem mit gleicher Einteilung auf beiden Achsen. Wählen Sie als Einheit $2\,cm$.

15   Zeichnen Sie mit Verwendung des GTR den Graphen der Funktion f für $0 \leq x \leq 2\pi$.

a) $f(x) = \frac{1}{2}\sin(x)$ b) $f(x) = -\cos(x)$ c) $f(x) = \tan(x)$ d) $f(x) = 1 + \sin(x)$

16   a) Zeigen Sie: $\tan(x)$ ist für $x = \frac{\pi}{2}$ nicht erklärt.

Bestimmen Sie alle $x \in \mathbb{R}$, für die es keinen Tangenswert gibt.

b) Bestimmen Sie ohne GTR: $\tan\left(-\frac{3}{4}\pi\right)$, $\tan\left(\frac{5}{6}\pi\right)$, $\tan\left(\frac{8}{3}\pi\right)$.

c) Bestimmen Sie alle $x \in \mathbb{R}$, für die gilt: $\tan(x) = -1,5$.

17   Bestimmen Sie mit dem GTR auf eine Nachkommastelle gerundete Näherungswerte für alle Winkel α zwischen $0°$ und $360°$, für die gilt:

a) $\tan(\alpha) = 2,1$ b) $\tan(\alpha) = -3,5$ c) $\tan(\alpha) = 100$ d) $\tan(\alpha) = -0,1$.

3 Amplituden und Perioden von Sinusfunktionen

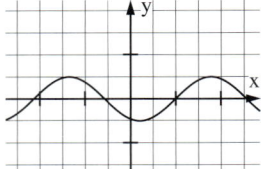
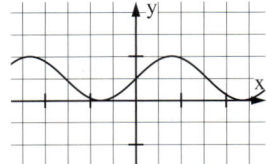
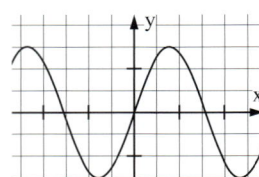
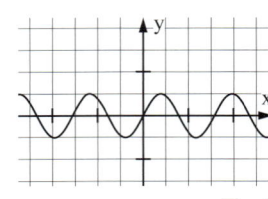

Fig. 1

1 Zeichnen Sie für verschiedene Werte der Parameter den Graphen von f. Beschreiben Sie, wie man die Sinuskurve abbilden muss, um diese Graphen zu erhalten.

a) $f(x) = a \cdot \sin(x)$ b) $f(x) = \sin(x) + d$

c) $f(x) = \sin(b \cdot x)$ d) $f(x) = \sin(x - c)$

2 Gegeben ist die Funktion f mit $f(x) = a \cdot \sin[b(x - c)]$; $a, b, c \in \mathbb{R}$. Setzen Sie für die Parameter solche Zahlen ein, dass sich die Graphen in Fig. 1 ergeben.

Viele periodische Vorgänge lassen sich zwar nicht mit der Sinusfunktion $x \mapsto \sin(x)$, aber durch eine Funktion f mit $f(x) = a \cdot \sin[b(x - c)] + d$ beschreiben.

Es ist bekannt, dass die Parameter c und d eine Verschiebung des Graphen bewirken (vgl. Seite 101). Im Folgenden wird die Wirkung der Parameter a und b aufgezeigt.

*|a| heißt **Amplitude** und gibt den Abstand eines Extremums von der x-Achse an.*

(1) $f(x) = a \cdot \sin(x)$ (Streckung in y-Richtung)

Der Graph von $f(x) = 3 \cdot \sin(x)$ entsteht aus dem von $g(x) = \sin(x)$ durch Streckung in positiver y-Richtung um den Faktor 3.

Der Graph von $f(x) = -3 \cdot \sin(x)$ entsteht aus dem von $g(x) = 3 \cdot \sin(x)$ durch Spiegelung an der x-Achse.

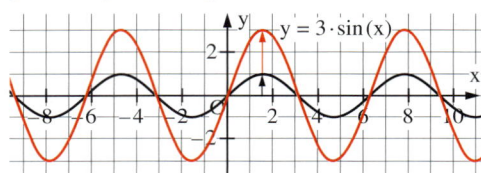
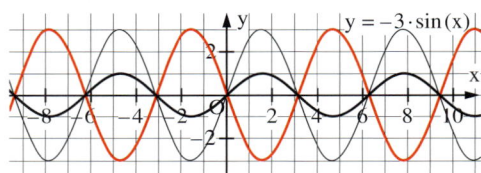

(2) $f(x) = \sin(b \cdot x)$ (Streckung in x-Richtung)

Der Graph von $f(x) = \sin(2 \cdot x)$ entsteht aus dem von $g(x) = \sin(x)$ durch Streckung in x-Richtung um den Faktor $\frac{1}{2}$. Damit ist die Periode $\frac{2\pi}{2} = \pi$.

Der Graph von $f(x) = \sin\left(\frac{\pi}{4} \cdot x\right)$ entsteht aus dem von $g(x) = \sin(x)$ durch Streckung in x-Richtung um den Faktor $\frac{4}{\pi}$. Damit ist die Periode $\frac{2\pi}{\frac{\pi}{4}} = 8$.

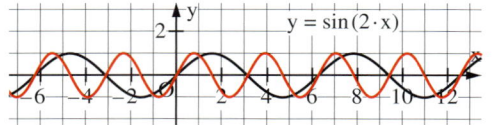
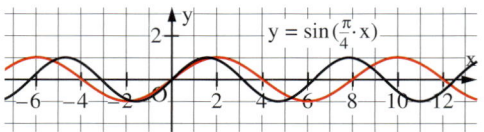

Die Funktion f mit $f(x) = a \cdot \sin(bx)$ hat die Periode $p = \frac{2\pi}{b}$, da für alle $k \in \mathbb{Z}$ gilt:

$$f(x + k \cdot p) = a \cdot \sin\left(b\left(x + k \cdot \frac{2\pi}{b}\right)\right) = a \cdot \sin(bx + k \cdot 2\pi) = a \cdot \sin(bx) = f(x).$$

Den Fall $b < 0$ kann man wegen $\sin(x) = -\sin(-x)$ darauf zurückführen:
$\sin(bx) = -\sin((-b) \cdot x)$

> Die Sinusfunktion f mit $f(x) = a \cdot \sin(bx)$ mit $a \neq 0$ und $b > 0$ hat die **Amplitude** $|a|$ und die **Periode** $p = \frac{2\pi}{b}$.

Nimmt man noch die Verschiebungen des Graphen einer Sinusfunktion hinzu, so erhält man einen großen Bereich verschiedener periodischer Funktionen.
Im Folgenden wird an einem Beispiel das schrittweise Erstellen des Graphen einer Funktion f mit $f(x) = a \cdot \sin[b(x - c)] + d$ aufgezeigt.

Beispiel: (Schrittweises Zeichnen von Graphen)

Im Beispiel ist $d = 0$.

Zeichnen Sie mithilfe des Graphen von $g(x) = \sin(x)$ den Graphen der Funktion f mit $f(x) = 3 \cdot \sin(2(x + 1))$.
Lösung:
Amplitude ist $a = 3$; die Periode ist $p = \frac{2\pi}{2} = \pi$; Verschiebung um 1 in negativer x-Richtung.

Beachten Sie:
$\sin(2x + 2)$ muss in der Form $\sin(2 \cdot (x + 1))$ geschrieben werden, wenn man die Verschiebung in x-Richtung feststellen möchte.

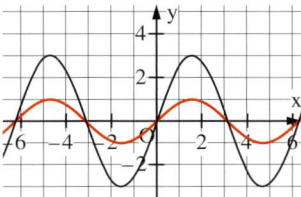 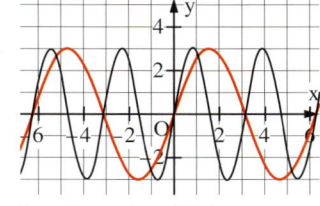 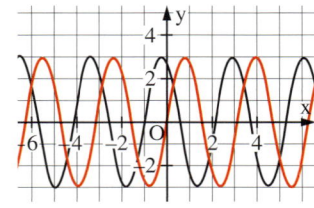

Streckung in y-Richtung um den Faktor 3.

Streckung in x-Richtung um den Faktor $\frac{1}{2}$.

Verschiebung in x-Richtung um 1 Einheit nach links.

Da $\sin\left(x + \frac{\pi}{2}\right) = \cos(x)$ ist, gelten die Überlegungen auch für die Kosinusfunktion.

Den Graphen von f mit $f(x) = a \cdot \sin[b(x - c)] + d$ mit $a, b, c, d \in \mathbb{R}$, $b > 0$, kann man aus dem Graphen der Sinusfunktion schrittweise herstellen durch
1. Streckung in y-Richtung um den Faktor $|a|$ und anschließend der Spiegelung an der x-Achse, wenn $a < 0$ ist,
2. Streckung in x-Richtung um den Faktor $\frac{1}{b}$; die Periode ist $p = \frac{2\pi}{b}$,
3. Verschiebung in x-Richtung um c unter Beachtung des Vorzeichens,
4. Verschiebung in y-Richtung um d unter Beachtung des Vorzeichens.

Aufgaben

3 Wie könnte man den Graphen K der Funktion f aus dem der Sinusfunktion herstellen? Bestimmen Sie die Periode p der Funktion f und nennen Sie, wenn möglich, für das Intervall [0; p[die gemeinsamen Punkte des Graphen mit der x-Achse. Skizzieren Sie K.
a) $f(x) = 2 \cdot \sin(x)$
b) $f(x) = \sin(x - \pi)$
c) $f(x) = -2\sin(x) + 1$
d) $f(x) = \sin(1{,}5x) - 3$
e) $f(x) = \sin(2(x - 1))$
f) $f(x) = 3\sin(x + 3)$
g) $f(t) = \sin\left(\frac{\pi}{2} \cdot t\right) - 2$
h) $f(t) = \frac{1}{2}\cos(2\pi t - \pi)$

4 Geben Sie zu jedem Graphen die Periode, die Amplitude und die zugehörige Funktion an.

a)

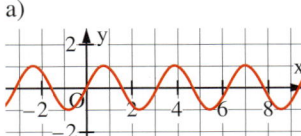

b)

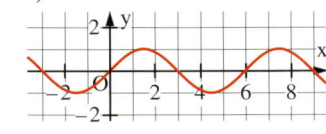

c)

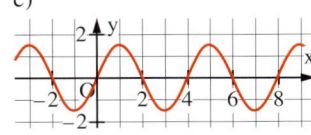

d)

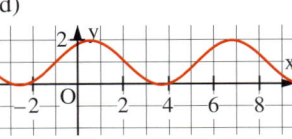

e)

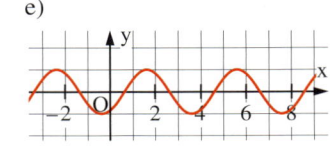

f)

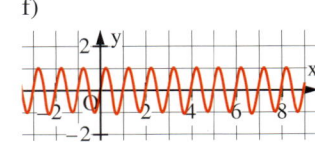

4 Trigonometrische Gleichungen

1 a) Es ist $\cos\left(\frac{\pi}{3}\right) = \frac{1}{2}$. Skizzieren Sie den Graphen der Kosinusfunktion und zeichnen Sie den Punkt $P\left(\frac{\pi}{3}\middle|\frac{1}{2}\right)$ ein. Welcher Punkt Q auf dem Graphen hat ebenfalls den y-Wert $\frac{1}{2}$?

b) Gesucht sind diejenigen Werte, für die $\cos(x) = -\frac{1}{2}$ gilt. Wie gehen Sie vor, um die Werte zu ermitteln?

Bisher wurden bei trigonometrischen Funktionen zu vorgegebenen x-Werten die Funktionswerte $f(x)$ berechnet. Für Anwendungen ist es oft erforderlich, zu vorgegebenen Funktionswerten $f(x)$ die zugehörigen x-Werte zu bestimmen. Ist z. B. f die Sinusfunktion $x \mapsto \sin(x)$, wird man auf eine Gleichung der Form $\sin(x) = a$ geführt. Eine solche Gleichung heißt **trigonometrische Gleichung**; gesucht sind die Lösungen einer solchen Gleichung.

Strategien zur Bestimmung der Lösungen einer trigonometrischen Gleichung:
- Hat die Gleichung die Form $\sin(x) = a$, $\cos(x) = a$ bzw. $\tan(x) = a$ mit $a \in \mathbb{R}$, liefert der GTR mit $\sin^{-1}$, $\cos^{-1}$ bzw. $\tan^{-1}$ eine Lösung. Weitere Lösungen kann man mithilfe des zugehörigen Graphen oder am Einheitskreis finden (vgl. Beispiel 1).
- Ist a ein Wert aus der Tabelle von Fig. 1, Seite 199, kann man die Lösungen exakt berechnen (vgl. Beispiel 2).
- Wichtigstes Hilfsmittel, um eine Gleichung auf die Form $\sin(x) = a$, $\cos(x) = a$ bzw. $\tan(x) = a$ zu bringen, ist die Durchführung einer Substitution (vgl. Beispiel 3) oder die Verwendung trigonometrischer Beziehungen (vgl. Beispiel 4).
- Man deutet die Gleichung als Bedingung für Schnittstellen von Graphen und löst sie mit dem GTR im $\boxed{\text{CALC}}$-Menü (vgl. Aufgabe 6).

Existieren Lösungen, so liefert der GTR
zur Gleichung $\sin(x) = a$ eine Lösung aus $\left[-\frac{1}{2}\pi; \frac{1}{2}\pi\right]$,
zur Gleichung $\cos(x) = a$ eine Lösung aus $[0; \pi]$,
zur Gleichung $\tan(x) = a$ eine Lösung aus $\left[-\frac{1}{2}\pi; \frac{1}{2}\pi\right]$.

Beispiel 1: (Lösen einer trigonometrischen Gleichung mit dem GTR)
Ermitteln Sie mit dem GTR die Lösungen der Gleichung $\cos(x) = 0{,}8$
a) für $0 \leqq x \leqq 2\pi$ b) für $x \in \mathbb{R}$.
Lösung:
a) Nach Einstellung auf Radian im $\boxed{\text{MODE}}$-Menü erhält man mit dem GTR zunächst $x_1 \approx 0{,}6435$.
Am Graphen der Kosinusfunktion erkennt man, dass $x_2 \approx 2\pi - 0{,}6435 \approx 5{,}6397$ ebenfalls eine Lösung der Gleichung ist.

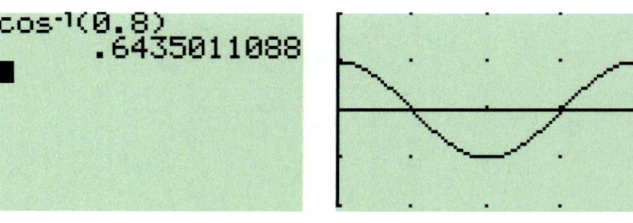

$[0; 2\pi] \times [2; 2]$; $\text{Xscl} = \frac{\pi}{2}$; $\text{Yscl} = 1$

b) Da die Kosinusfunktion periodisch ist mit der Periode 2π, sind alle x-Werte $0{,}6435 + k \cdot 2\pi$ und alle x-Werte $5{,}6397 + k \cdot 2\pi$ mit $k \in \mathbb{Z}$ Lösungen für $x \in \mathbb{R}$.

Beispiel 2: (Lösen einer trigonometrischen Gleichung ohne GTR)

Ermitteln Sie ohne GTR die Lösungen der Gleichung $\sin(x) = -\frac{1}{2}$ für $0 \le x \le 2\pi$.

Lösung:

Es ist $\sin\left(\frac{\pi}{6}\right) = \frac{1}{2}$ (vgl. Tabelle in Fig. 1).

Am Graphen (Fig. 2) erkennt man die Lösungen der Gleichung im Intervall $0 \le x \le 2\pi$:

$x_1 = \pi + \frac{\pi}{6} = \frac{7}{6}\pi$;

$x_2 = 2\pi - \frac{\pi}{6} = \frac{11}{6}\pi$.

x	$\sin(x)$	$\cos(x)$
0	0	1
$\frac{1}{6}\pi$	$\frac{1}{2}$	$\frac{1}{2}\sqrt{3}$
$\frac{1}{4}\pi$	$\frac{1}{2}\sqrt{2}$	$\frac{1}{2}\sqrt{2}$
$\frac{1}{3}\pi$	$\frac{1}{2}\sqrt{3}$	$\frac{1}{2}$
$\frac{1}{2}\pi$	1	0

Fig. 1

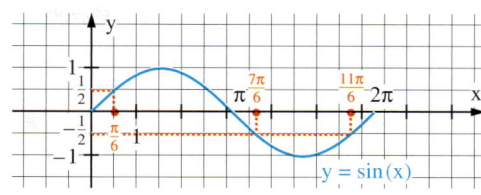

Fig. 2

Beispiel 3: (Lösen einer trigonometrischen Gleichung mit Substitution)

Bestimmen Sie ohne GTR die Lösungen der Gleichung $\sin(2x) = \frac{1}{2}$ für $x \in \mathbb{R}$.

Lösung:

Setzt man $2x = z$, so ist $\sin(z) = \frac{1}{2}$; für $x \in [0; 2\pi]$ gilt also $z = \frac{\pi}{6}$ oder $z = \pi - \frac{\pi}{6} = \frac{5}{6}\pi$.

Alle Lösungen für z: $z = \frac{\pi}{6} + 2k \cdot \pi$ oder $z = \frac{5}{6}\pi + 2k \cdot \pi$.

Rück-Substitution: $2x = \frac{\pi}{6} + 2k \cdot \pi$ oder $2x = \frac{5}{6}\pi + 2k \cdot \pi$;

hieraus folgt $x = \frac{\pi}{12} + k \cdot \pi$ oder $x = \frac{5}{12}\pi + k \cdot \pi$.

Damit sind alle x-Werte $\frac{\pi}{12} + k \cdot \pi$ und alle x-Werte $\frac{5}{12}\pi + k \cdot \pi$ mit $k \in \mathbb{Z}$ Lösungen für $x \in \mathbb{R}$.

Beispiel 4: (Lösen einer trigonometrischen Gleichung mit Substitution)

Bestimmen Sie die Lösungen der Gleichung $(\sin(x))^2 + \sin(x) = \frac{3}{4}$ für $0 \le x \le 2\pi$.

Lösung:

Mit $\sin(x) = z$ ergibt sich $z^2 + z - \frac{3}{4} = 0$ mit den Lösungen 0,5 und $-0,5$. Die Gleichung $\sin(x) = 0,5$ hat für $0 \le x \le 2\pi$ die Lösungen $\frac{\pi}{6}$ und $\frac{5}{6}\pi$, während $\sin(x) = -0,5$ unlösbar ist. Damit hat die gegebene Gleichung für $0 \le x \le 2\pi$ die Lösungen $\frac{\pi}{6}$ und $\frac{5}{6}\pi$.

Aufgaben

2 Bestimmen Sie die Lösungen der Gleichung im angegebenen Intervall.

a) $\sin(x) = 0,7$; $[0; 2\pi]$ 　　b) $\cos(x) = -0,4$; $[0; 2\pi]$ 　　c) $\sin(x) = -0,2$; $[-\pi; \pi]$

d) $\cos(2x) = 0,9$; $[-\pi; \pi]$ 　　e) $\sin\left(\frac{1}{2}x\right) = 0,25$; $[-2\pi; 0]$ 　　f) $\cos(x - \pi) = 0,1$; $[0; 2\pi]$

3 Bestimmen Sie ohne GTR die Lösungen der Gleichung für $0 \le x \le 2\pi$.

a) $\sin(x) = \frac{1}{2}$ 　　b) $\cos(x) = -\frac{1}{2}$ 　　c) $\cos(x) = -\frac{1}{2}\sqrt{3}$

d) $\sin(x) = -\frac{1}{2}\sqrt{2}$ 　　e) $\cos\left(x + \frac{\pi}{2}\right) = \frac{1}{2}\sqrt{2}$ 　　f) $2 \cdot \sin\left(x - \frac{\pi}{4}\right) = -1$

g) $\sin(x) - \sin(x) \cdot \cos(x) = 0$ 　　h) $3 \cdot \cos^2(x) - 1 = \sin^2(x)$ 　　i) $\cos^2(x) - 3 \cdot \cos(x) = 0$

4 Bestimmen Sie alle $x \in \mathbb{R}$, für die gilt:

a) $\cos(x) = 0,5$ 　　b) $\sin(x) = 0,6442$ 　　c) $\sin(x) = -0,8$ 　　d) $\cos(x) = -0,2$

5 Geben Sie eine trigonometrische Gleichung mit der Lösungsmenge L an.

a) $L = \left\{x \,\middle|\, x = \frac{\pi}{8} + k \cdot 2\pi \text{ oder } x = \frac{3}{8}\pi + k \cdot 2\pi; \ k \in \mathbb{Z}\right\}$

b) $L = \left\{x \,\middle|\, x = \frac{\pi}{3} + k \cdot 2\pi \text{ oder } x = \frac{11}{3}\pi + k \cdot 2\pi; \ k \in \mathbb{Z}\right\}$

6 Deuten Sie die Gleichung als Bedingung für Schnittstellen der Graphen zweier Funktionen f und g. Lösen Sie die Gleichung mit dem CALC -Menü.

a) $2 \cdot \sin\left(\frac{1}{2}x\right) = 0,3$; $[0; 2\pi]$ 　　b) $1 - \cos(x + \pi) = 0,4$; $[0; 2\pi]$ 　　c) $\frac{1}{2} \cdot \tan(x) = 0,7$; $[0; 2\pi]$

209

5 Anwendungen bei trigonometrischen Funktionen

1　Ein Kühlschrank ist auf 6 °C eingestellt. Ein Thermometer zeigt momentan 6 °C. Er hat sich nach 1 Stunde auf 8 °C aufgewärmt. Jetzt wird automatisch das Kühlaggregat eingeschaltet, das den Kühlschrank in 6 Minuten auf 6 °C abkühlt. Dann schaltet es ab. Der Kühlschrank erwärmt sich nun allmählich wieder.

a) Wie lang ist eine Periode dieses Vorgangs?

b) Skizzieren Sie grob den zeitlichen Verlauf der Temperatur im Kühlschrank.

Ist dieser Vorgang mit einer Sinusfunktion sinnvoll zu modellieren?

Viele Vorgänge in der Technik und der Natur haben periodische Verläufe. Modelliert man den Verlauf durch eine Funktion f, so kann man mit ihrer Hilfe reale Fragen beantworten. Ist ein sinusförmiger periodischer Vorgang vorgelegt, so kann man die zugehörige Funktion f mit $f(x) = a \cdot \sin(b \cdot (x - x_0)) + y_0$ sehr einfach ermitteln. Die unbekannten Parameter a, b, x_0 und y_0 berechnet man unter Zuhilfenahme von Fig. 1: $a = \frac{1}{2}(v - u)$, v Maximum, u Minimum des Graphen;

$y_0 = u + a = u + \frac{1}{2}(v - u) = \frac{1}{2}(u + v)$;

$b = \frac{2\pi}{p}$, da die Periode $p = \frac{2\pi}{b}$ ist;

x_0 liest man aus der Zeichnung ab.

In gleicher Weise kann man bei einer Kosinusfunktion vorgehen.

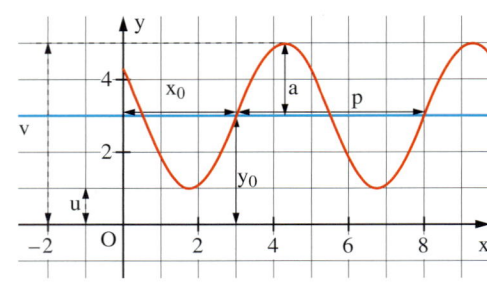

Fig. 1

Ist bei einer Drehbewegung die Zeit für eine volle Umdrehung und damit die Periode p bekannt, kann man mithilfe von $p = \frac{2\pi}{b}$ den Parameter b ermitteln (vgl. Beispiel 2).

Beispiel 1: (Modellierung mit einer Sinusfunktion)

Die Wassertiefe bei der Einfahrt zu einer Anlegestelle eines kleineren Hafens variiert laufend infolge der Gezeiten.

Am Tage der Beobachtung ist die Flut um 04.20 Uhr bei einer Wassertiefe von 5,2 m, Ebbe ist um 10.32 Uhr bei einer Wassertiefe von 2,0 m.

a) Geben Sie eine von der Zeit abhängige Funktion an, die die Wassertiefe modelliert.

b) Ein größeres Schiff benötigt mindestens 3 m Wassertiefe, um anzulegen. In welcher Zeit am Nachmittag ist dies möglich?

Lösung:

a) Zunächst fertigt man eine Skizze (Fig. 2).

Ansatz:

$w(t) = a \cdot \cos(b \cdot t) + y_0$.

$a = \frac{5,2 - 2,0}{2} = 1,6$; $y_0 = \frac{5,2 + 2,0}{2} = 3,6$;

$p = 2 \cdot \left(10\frac{32}{60} - 4\frac{20}{60}\right) = 2 \cdot 6\frac{1}{5} = 12,4$, also

$b = \frac{2\pi}{12,4} \approx 0,507$.

Um die Uhrzeit direkt angeben zu können, kann man den Graphen noch um $4\frac{20}{60}$ nach rechts verschieben. Man erhält dann $w(t) = 1,6 \cdot \cos(0,507(t - 4,33)) + 3,6$.

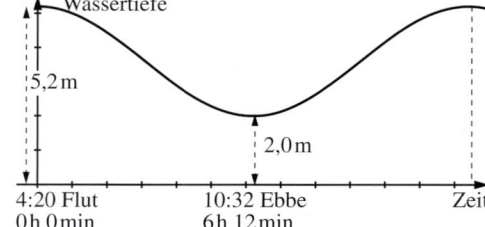

Fig. 2

Gesuchte Funktion:

$w(t) = 1,6 \cdot \cos(0,507 \cdot t) + 3,6$

b) Es ist der Graph von w mit der Geraden mit der Gleichung $y = 3$ zu schneiden. Mit dem GTR erhält man $t_1 \approx 8,54$ und $t_2 \approx 16,25$, das entspricht $8,54 \, h + 4,33 \, h = 12,87 \, h \approx 12\frac{52}{60} \, h$ und $16,25 \, h + 4,33 \, h = 20,58 \, h \approx 20\frac{35}{60} \, h$, gerechnet von 0 Uhr ab.

Damit erhält man eine Wassertiefe von mehr als 3 m zwischen etwa 12.52 Uhr und 20.35 Uhr.

Beispiel 2: (Ermittlung einer Funktion)

In Fig. 1 braucht die Stange MA für eine volle Umdrehung um M vier Sekunden. Die Längen der Stangen sind:

$\overline{MA} = 2\,cm$ und $\overline{MP} = 5\,cm$.

Es bezeichnet s(t) den Abstand des Punktes A vom Boden (t in Sekunden seit Beginn der Drehung in C; s(t) in cm).

Ermitteln Sie die Funktion s: t ↦ s(t).

Lösung:

Der Abstand s(t) setzt sich zusammen aus den Längen der Strecken MP und AQ.

Dabei hängt $\overline{AQ}$ von der Zeit t ab.

Es gilt also: $s(t) = 5 + 2 \cdot \sin(b \cdot t)$.

Da die Stange MA vier Sekunden für eine volle Umdrehung braucht, hat die Drehbewegung die Periode 4.

Also gilt $4 = \frac{2\pi}{b}$ bzw. $b = \frac{2\pi}{4} = \frac{\pi}{2}$.

Damit ergibt sich: s: $t \mapsto 5 + 2 \cdot \sin\left(\frac{\pi}{2} \cdot t\right)$.

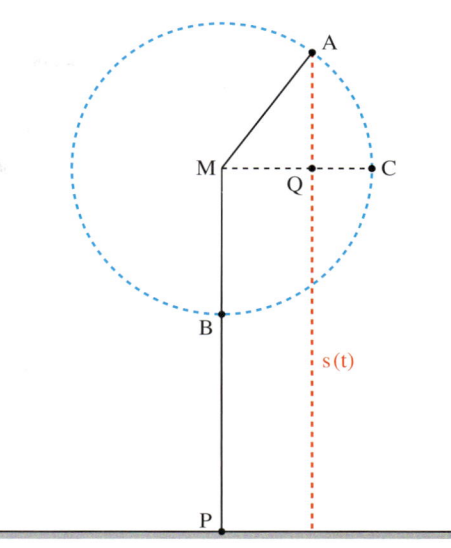

Fig. 1

Beispiel 3: (Funktionsanpassung mit einer Sinusfunktion und dem GTR)

Fig. 1 zeigt die Monatsmittelwerte der Temperatur in der Stadtmitte von Stuttgart.

Jan	Feb	Mär	Apr	Mai	Jun	Jul	Aug	Sep	Okt	Nov	Dez
1,2	2,4	5,9	9,5	13,7	17,1	18,8	18,1	15,0	10,2	5,5	2,2

Untersuchen Sie, ob eine Funktionsanpassung durch eine Sinusfunktion möglich ist.

Lösung:

Man gibt die Werte der Tabelle in eine Liste ein (Fig. 2) und aktiviert das Plotten der Punkte (Fig. 3); man erhält den Graphen (Fig. 4). Eine Sinuskurve liegt nahe; um diese zu erhalten, aktiviert man die Funktionsanpassung (Fig. 5).

Nach Eingabe von L1 und L2 gibt man an, dass die Funktion unter Y1 abgelegt werden soll (Fig. 6, 7).

Fig. 8 zeigt den Graphen; die Anpassung ist sehr gut.

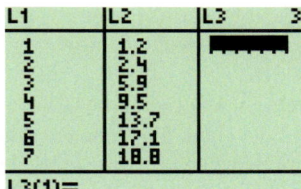

Fig. 2

Fig. 3

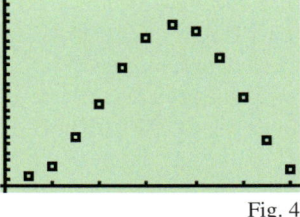

Fig. 4

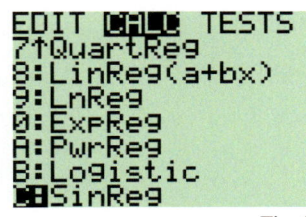

Fig. 5

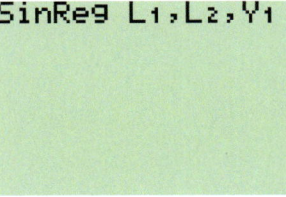

Fig. 6

Fig. 7

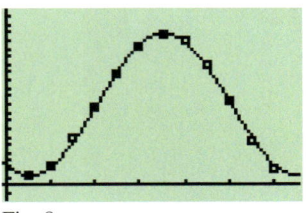

Fig. 8

211

Aufgaben

2 Eine Uhr hat ein Pendel mit einem maximalen Ausschlag gegenüber der Nulllage von 10 cm. Das Pendel hat eine Schwingungsdauer von 1,5 Sekunden. Geben Sie eine Funktion an, die den Abstand des Pendelendes von der Nulllage in Abhängigkeit von der Zeit beschreibt.

3 Die Tiefe des Meeres zwischen dem Festland und einer vorgelagerten Insel hängt von der Zeit ab und kann näherungsweise durch die Funktion f mit $f(t) = 2 + 1,7 \cdot \sin\left(\frac{\pi}{6} \cdot t\right)$ beschrieben werden (t in Stunden nach Mitternacht; f(t) in Meter). In welchem Zeitintervall kann man zur Insel laufen, wenn man durch höchstens 40 cm tiefes Wasser laufen möchte?

4 In einer Leitung verändert sich der Druck einer Flüssigkeit periodisch mit der Zeit t (in Minuten). Dreimal in 60 Minuten steigt der Druck von 6 bar auf 12 bar und fällt dann wieder auf 6 bar zurück.
a) Fertigen Sie eine Skizze an.
b) Modellieren Sie den Vorgang mit einer trigonometrischen Funktion, wenn zur Zeit t = 0 der Druck 6 bar ist.
c) Wann ist der Druck in der Leitung erstmals 10 bar?

5 Die Tabelle zeigt jeweils zur Monatsmitte die Sonnenhöchststände in Stuttgart.

Jan	Feb	Mär	Apr	Mai	Jun	Jul	Aug	Sep	Okt	Nov	Dez
19	27	39	50	61	66	63	55	42	31	22	18

Stellen Sie die Daten auf dem GTR als Punkte dar. Ist der Verlauf näherungsweise sinusförmig? Modellieren Sie den Verlauf wie in Beispiel 1.

Das Riesenrad in London war eigentlich nur für die Jahrtausendwende geplant und sollte nach 5 Jahren wieder abgebaut werden. Inzwischen hat es sich aber zu einem großen Publikumserfolg entwickelt und von Abbau ist keine Rede mehr.

6 Das größte Riesenrad der Welt, das London Eye, hat einen Durchmesser von 135 Meter; für eine volle Umdrehung benötigt es 20 Minuten.
a) Ermitteln Sie die Funktion s, die der Zeit t nach dem Einsteigen die Höhe über dem Boden zuordnet. Führen Sie hierzu ein geeignetes Koordinatensystem ein.
b) Zeichnen Sie mit Verwendung des GTR den Graphen der Funktion s.
c) In welcher Höhe befindet man sich sieben Minuten nach dem Einsteigen?
d) Wie viel Zeit ist seit dem Einsteigen vergangen, wenn man 100 Meter über dem Boden ist?

7 Die Tabelle gibt die absolute monatliche Tiefsttemperatur (2. Zeile) und Höchsttemperatur (3. Zeile) der „Solarstadt" Freiburg an.

Jan	Feb	Mär	Apr	Mai	Jun	Jul	Aug	Sep	Okt	Nov	Dez
−1,6	−1,0	1,7	5,0	8,9	12,0	13,8	13,3	10,7	6,4	2,5	−0,8
4,0	5,6	11,1	15,3	19,7	22,8	24,7	24,3	20,8	14,3	8,5	4,6

Führen Sie für die Tiefsttemperaturen und für die Höchsttemperaturen jeweils eine Funktionsanpassung mit dem GTR wie in Beispiel 3 durch.

6 Vermischte Aufgaben

1 In einem rechtwinkligen Dreieck ist die Hypotenuse c dreimal so lang wie die Kathete a. Ermitteln Sie sin (α), cos (α), tan (α), sin (β), cos (β) und tan (β).

2 Wie groß muss in Fig. 1 der Öffnungswinkel α sein, damit die Höhe h 9 m beträgt?

3 Wie groß sind die Winkel einer Raute mit der Seitenlänge a = 4 cm und dem Flächeninhalt A = 10 cm²?

4 Bei periodischen Funktionen mit der Periode p gilt: f(x + p) = f(x). Bestimmen Sie die Periode von f und berechnen Sie f (122).

a) 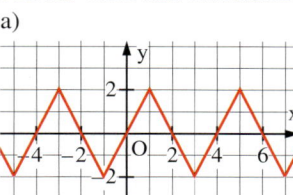 b) 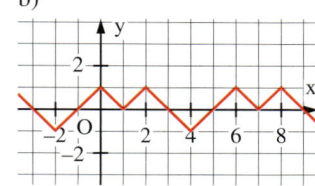 c)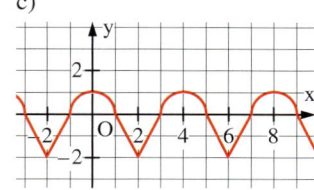

5 Bestimmen Sie jeweils die Amplitude und die Periode der Funktion. Skizzieren Sie dann den Graphen im Intervall [–π; 2 π]. Wählen Sie eine passende Achseneinteilung.

a) $x \mapsto \frac{1}{2}\sin\left(x - \frac{\pi}{2}\right)$ b) $x \mapsto \frac{1}{2}\cos\left(4x + \frac{\pi}{2}\right)$ c) $x \mapsto 2\cos\left(\frac{2\pi}{5}x + 0{,}4\right)$

d) $x \mapsto 2\sin\left(2x - \frac{\pi}{2}\right)$ e) $x \mapsto \frac{2}{3}\sin\left(2x - \frac{2}{3}\pi\right)$ f) $x \mapsto 2\sin\left(\frac{1}{2}x + \frac{\pi}{3}\right)$

6 Geben Sie eine Sinusfunktion an mit der Eigenschaft

a) Periode p = 1; Amplitude a = 4   b) Periode p = 100 · π; Amplitude a = 0,8.

7 Skizzieren Sie die Graphen der Funktionen für [0; 2 π]. Bestimmen Sie rechnerisch die Koordinaten der Schnittpunkte.

a) $x \mapsto 2\sin(x)$ und $x \mapsto \cos(x)$ b) $x \mapsto \tan(x)$ und $x \mapsto 2\sin(x)$

c) $x \mapsto \sin(x)$ und $x \mapsto 1 + \cos(x)$ d) $x \mapsto 2\cos(x)$ und $x \mapsto \cos^2(x)$

8 Geben Sie alle Lösungen der Gleichung in [0; 2 π] an.

a) $\sin(x) + \cos(x) = 0$ b) $2\sin(x) = \cos(x)$ c) $\cos(2x + 1) = 3\sin(2x + 1)$

d) $(\sin(x))^2 - 3\cos(x) + 1 = 0$ e) $\sin(x) + 4\cos(x) = 1$ f) $(\cos(x))^2 - 3(\sin(x))^2 = 1$

9 Der blaue Graph in Fig. 2 beschreibt den zeitlichen Verlauf der Spannung einer Überlandleitung von technischem Wechselstrom, der rote den der Spannung, mit der die Deutsche Bahn ihre E-Loks betreibt. Die Amplitude beim technischen Wechselstrom ist $20\,000\sqrt{2}$ Volt, beim Bundesbahnstrom $15\,000\sqrt{2}$ Volt. Geben Sie für beide Spannungsverläufe einen Funktionsterm der Form $t \mapsto a \cdot \sin\left(\frac{2\pi}{T} \cdot t\right)$ an.

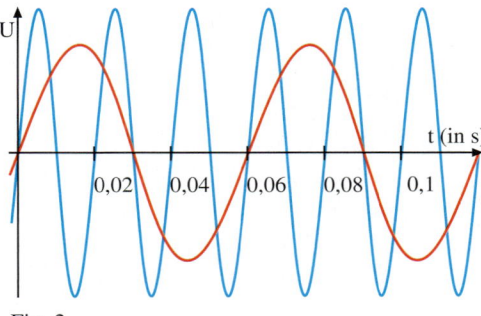

Fig. 2

Fig. 1

10m

10 An einem Sommertag in Stuttgart wurden um 14.00 Uhr als höchste Temperatur 30 °C gemessen, am frühen Morgen dieses Tages betrug die tiefste Temperatur 16 °C. Im Folgenden wird angenommen, die Funktion f(t) mit $f(t) = a \cdot \sin\left(\frac{1}{12}\pi t + e\right) + d$ beschreibe die Temperatur (in °C) an diesem Tag in Abhängigkeit von der Zeit t (in Stunden) nach Mitternacht. Bestimmen Sie a, e, und d.

11 Gib zu jedem Graphen einen Funktionsterm der Form $x \mapsto a \cdot \sin(b \cdot x - e)$ an.

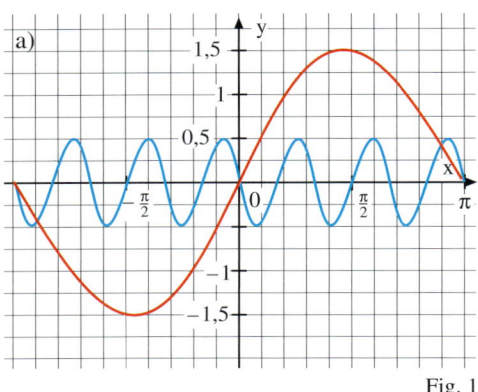

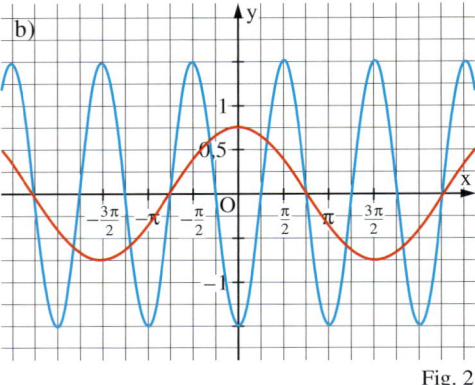

Fig. 1 Fig. 2

12 Gib zu jedem Graphen einen Funktionsterm der Form $t \mapsto a \cdot \sin\left(\frac{2\pi}{T} \cdot x - e\right)$ an.

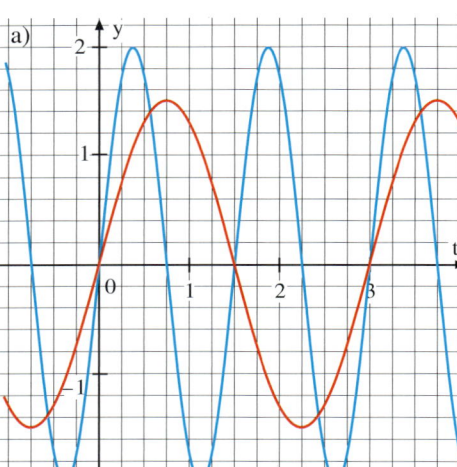

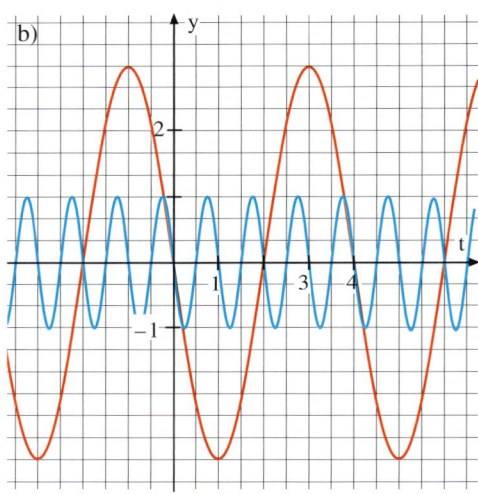

Fig. 3 Fig. 4

13 Die Funktion f (vgl. Panorama-Aufnahme) ordnet der Zeitdauer t (in Std.) nach Mitternacht die Sonnenhöhe bezüglich der eingetragenen Achse auf den Bildern (in mm) zu. Die Funktion f lässt sich durch $f(t) = a \cdot \sin[b(t - c)]$ mit $-2 \le t \le 13$ beschreiben.
a) Begründen Sie, dass der Ansatz $f(t) = 10 \cdot \sin[b(t - c)]$ sinnvoll ist.
b) Ermitteln Sie b und c.

14 Der Temperaturverlauf an einem warmen Sommertag kann näherungsweise durch die Funktion T mit $T(x) = 8 \cdot \sin\left(\frac{\pi}{12}(x - 10)\right) + 18$, x in h, T in °C, beschrieben werden. Dabei entspricht $x = 0$ der Tageszeit 0.00 Uhr.

a) Welche Temperaturen zeigte das Thermometer um 10.00 Uhr und um 16.00 Uhr an?

b) Wurde an diesem Tag eine Temperatur von 28 °C erreicht?

c) Wie groß war der Temperaturunterschied zwischen Tag und Nacht?

d) Wann begann die Temperatur zu fallen und wie lange geschah dies?

e) Zeichnen Sie mit dem GTR den Graphen von T und die „verschobene Achse" und kontrollieren Sie Ihre Ergebnisse.

15 Fig. 1 zeigt einen Graphen der Sinusfunktion.

a) Geben Sie den Term für die Änderungsrate im Intervall $[x_0; x_0 + h]$ an.

b) Berechnen Sie mit dem GTR diesen Term für $x_0 = 1$ $\left(x_0 = 2; x_0 = 4; x_0 = \frac{\pi}{4}\right)$ und kleiner werdende Werte für h. Legen Sie eine Tabelle an. Gegen welche Zahl scheinen die Werte der Änderungsrate zu streben?

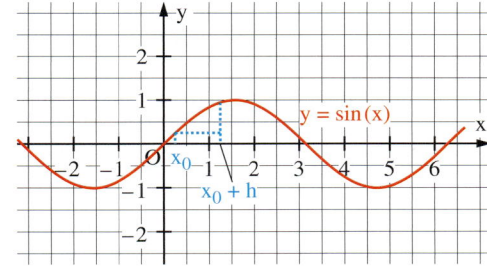

Fig. 1

16 In Fig. 2 gleitet die Strecke AB mit der Länge 5 cm so auf den Koordinatenachsen, dass A stets auf der x-Achse und B stets auf der y-Achse liegt. M ist die Mitte von AB.

a) Konstruieren Sie für verschiedene Lagen von A jeweils die Lage von M. Auf welcher Bahn bewegt sich vermutlich M?

b) Ermitteln Sie die Koordinaten von $M(x|y)$ in Abhängigkeit von α.

Welche Beziehung besteht zwischen x und y, wenn Sie den Satz des Pythagoras anwenden?

17 In Fig. 3 bewegt sich der Punkt P auf einem Kreis um $M(4|3)$ mit dem Radius 2. Für eine Umdrehung braucht er 5 Sekunden. Ermitteln Sie die Koordinaten von P in Abhängigkeit von der Zeit t. Wählen Sie dabei für $t = 0$ eine günstige Position für P.

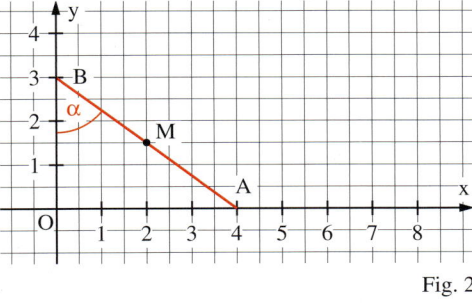

Fig. 2

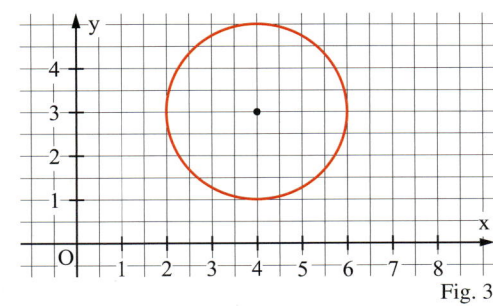

Fig. 3

M

r   α   r

A   h

Fig. 4

Für den Flächeninhalt A des Kreisabschnitts gilt:
$A = \frac{1}{2}r^2(2\alpha - \sin(2\alpha))$;
weiterhin ist
$\cos(\alpha) = 1 - 2h$.

18 Ein zylinderförmiger Kunststofftank fasst 2000 Liter, der Durchmesser der kreisförmigen Seitenwände beträgt jeweils 1 m. An einer der Seitenwände soll ein Markierungsstreifen angebracht werden, an dem man unmittelbar den gerade im Tank befindlichen Inhalt ablesen kann.

a) Zeigen Sie: Für die im Tank befindliche Flüssigkeitsmenge V (in m³) in Abhängigkeit vom Winkel α (α im Bogenmaß) gilt: $V(\alpha) = \frac{1}{\pi} \cdot (2\alpha - \sin(2\alpha))$ (vgl. Fig. 4).

b) An welcher Stelle auf dem Markierungsstreifen ist die Marke für einen Inhalt von 200 Liter anzubringen?

c) Wo sind die Marken für 400 Liter, 600 Liter, ..., 2000 Liter anzubringen?

215

Bogenmaß

Ist α die Größe eines Winkels in Grad und x das entsprechende Bogenmaß, so gilt: $x = \frac{\alpha}{180°} \cdot \pi$ und $\alpha = \frac{x}{\pi} \cdot 180°$.

Sinus, Kosinus und Tangens

$\sin(\alpha) = \frac{\text{Gegenkathete von } \alpha}{\text{Hypotenuse}}$

$\cos(\alpha) = \frac{\text{Ankathete von } \alpha}{\text{Hypotenuse}}$

$\tan(\alpha) = \frac{\text{Gegenkathete von } \alpha}{\text{Ankathete von } \alpha}$

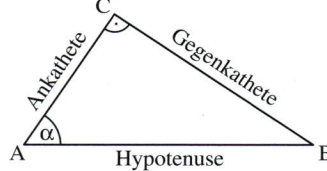

sin(α), cos(α) und tan(α) am Einheitskreis

$\sin(\alpha)$, $\cos(\alpha)$ und $\tan(\alpha)$ lassen sich besonders gut durch die Koordinaten eines Punktes $P(x|y)$ auf dem Einheitskreis veranschaulichen und damit auf stumpfe und überstumpfe Winkel erweitern:

$\sin(\alpha) = y$; $\cos(\alpha) = x$; $\tan(\alpha) = \frac{y}{x}$ $(x \neq 0)$.

Dabei gelten folgende Zusammenhänge:

$(\sin(\alpha))^2 + (\cos(\alpha))^2 = 1$; $\tan(\alpha) = \frac{\sin(\alpha)}{\cos(\alpha)}$.

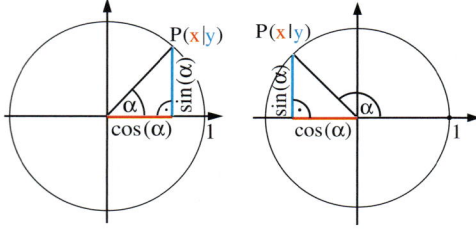

Trigonometrische Funktionen auf ℝ

Führt man das Bogenmaß x ein und erweitert die Definition durch

$\sin(x + k \cdot 2\pi) = \sin(x)$; $\cos(x + k \cdot 2\pi) = \cos(x)$ $(0 \leq x \leq 2\pi;\ k \in \mathbb{Z})$,

wird jeder reellen Zahl x die Zahl $\sin(x)$ bzw. $\cos(x)$ zugeordnet.

Funktionen f mit $f(x) = a \cdot \sin[b(x - c)] + d$, $a > 0$ und $b > 0$

Die Periode p von f ist $p = \frac{2\pi}{b}$; Amplitude ist $|a|$.

Es gilt:

Den Graphen von f kann man aus dem Graphen der Sinusfunktion schrittweise herstellen durch:

– Streckung in y-Richtung mit dem Faktor a
– Streckung in x-Richtung mit dem Faktor $\frac{1}{b}$
– Verschiebung in x-Richtung um c
– Verschiebung in y-Richtung um d

Trigonometrische Gleichungen

Bei trigonometrischen Gleichungen ist besonders darauf zu achten, für welche Werte von x Lösungen gesucht sind.

Gleichungen der Form $\sin(x) = a$ bzw. $\cos(x) = a$ löst man exakt für $a = 0$; $\frac{1}{2}$; $\frac{1}{2}\sqrt{2}$; $\frac{1}{2}\sqrt{3}$; 1,

in anderen Fällen mit dem GTR.

Rückführen auf Gleichungen der Form

$\sin(x) = a$; $\cos(x) = a$ bzw. $\tan(x) = a$ $(a \in \mathbb{R})$ durch:

– Substitution
– Verwenden der Beziehung $\tan(x) = \frac{\sin(x)}{\cos(x)}$
– Verwenden der Beziehung $(\sin(x))^2 + (\cos(x))^2 = 1$

Beispiele:

a) Umrechnung vom Gradmaß in das Bogenmaß: $\alpha = 30°$

$x = \frac{30°}{180°} \cdot \pi = \frac{\pi}{6} \approx 0{,}52$

b) Umrechnung vom Bogenmaß in das Gradmaß: $x = 0{,}7$

$\alpha = \frac{0{,}7}{\pi} \cdot 180° = \frac{126°}{\pi} \approx 40{,}1°$

Beispiel:

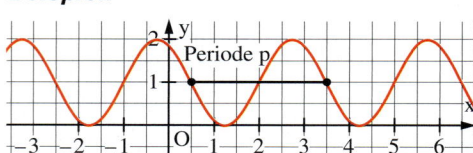

Periode ist $p = 3$; Amplitude $a = 1$; Verschiebung um 2 nach rechts und 1 nach oben. Wegen $p = \frac{2\pi}{b}$ ist $b = \frac{2\pi}{3}$ und es gilt:

$f(x) = \sin\left(\frac{2\pi}{3} \cdot (x - 2)\right) + 1$

Beispiele:

a) $\tan(x) = 2 \cdot \sin(x)$; $x \in [0; 2\pi)$

Mit $\tan(x) = \frac{\sin(x)}{\cos(x)}$ gilt:

$\frac{\sin(x)}{\cos(x)} = 2 \cdot \sin(x)$ und

damit $\sin(x) \cdot (1 - 2 \cdot \cos(x)) = 0$.

$x_1 = 0$; $x_2 = \pi$; $x_3 = \frac{1}{3}\pi$; $x_4 = \frac{5}{3}\pi$.

b) $3 \cdot \sin(0{,}5x - \pi) = -0{,}7$; $x \in [0; 2\pi)$

Entweder man löst die Gleichung durch Division und Substitution oder aber man bestimmt die Schnittstellen der Graphen von f und g mit $f(x) = 3 \cdot \sin(0{,}5x - \pi)$ und $g(x) = -0{,}7$.

Aufgaben zum Üben und Wiederholen

1 Geben Sie die Winkel im Bogenmaß als Vielfache von π an.

a) $45°$; $75°$; $120°$; $135°$; $150°$ b) $36°$; $18°$; $9°$; $72°$; $144°$

2 Geben Sie die Winkel im Gradmaß an.

a) π; $\frac{\pi}{2}$; $\frac{\pi}{4}$; $\frac{3\pi}{4}$; $\frac{5\pi}{4}$; $\frac{\pi}{3}$; $\frac{2\pi}{3}$; $\frac{\pi}{6}$; $\frac{5\pi}{6}$; $\frac{11\pi}{6}$ b) $\frac{\pi}{10}$; $\frac{3\pi}{10}$; $\frac{7\pi}{10}$; $\frac{\pi}{18}$; $\frac{5\pi}{18}$; $\frac{\pi}{180}$; $\frac{7\pi}{180}$; $\frac{7\pi}{18}$

3 Bestimmen Sie das Gradmaß zum Bogenmaß.

a) 2; $1,8$; $2,3$; $4,7$; $-2,1$; $-3,6$; $5,8$; $-5,4$; $4,21$ b) $6,8$; $13,4$; $34,8$; $-102,9$; $435,8$; 1024

4 Bestimmen Sie ohne GTR den exakten Funktionswert.

a) $\sin(150°)$ b) $\sin(225°)$ c) $\cos(210°)$ d) $\sin(-120°)$

e) $\cos(-150°)$ f) $\sin(780°)$ g) $\tan(480°)$ h) $\sin(-480°)$

5 Bestimmen Sie auf drei Stellen gerundete Näherungswerte für $0 \leq x \leq 2\pi$.

a) $\sin(x) = 0,5287$ b) $\sin(x) = -0,6134$ c) $\cos(x) = -0,9132$ d) $\tan(x) = 2,3549$

6 Welche der Funktionen gehört zu dem Graphen von Fig. 1?

(1) $f(x) = 2 \cdot \cos\left(\frac{\pi}{2} \cdot x + \pi\right) - 1$ (2) $f(x) = 2 \cdot \sin\left(\frac{\pi}{2} \cdot (x + 2)\right) - 1$

(3) $f(x) = -2 \cdot \sin\left(\frac{\pi}{2} \cdot x + \pi\right) - 1$ (4) $f(x) = 2 \cdot \cos\left(\frac{\pi}{4} \cdot (x - 2)\right) - 1$

7 Geben Sie für den Graphen in Fig. 2 einen geeigneten Term an.

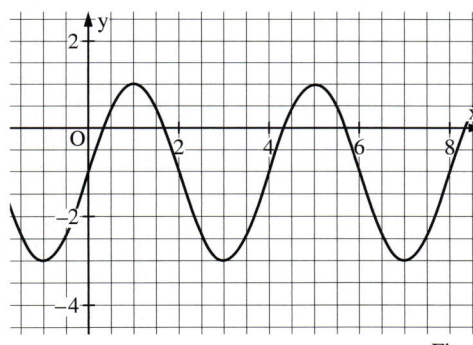

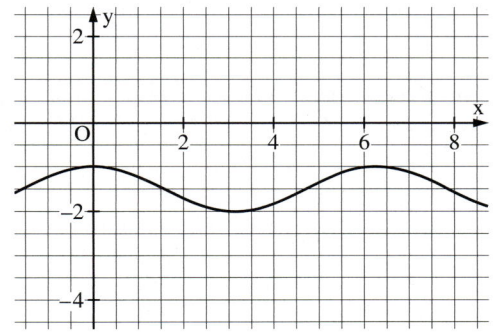

Fig. 1   Fig. 2

8 Bestimmen Sie die Amplitude und die Periode der Funktion. Skizzieren Sie dann den Graphen im Intervall $-2\pi \leq x \leq 2\pi$. Wählen Sie eine passende Achseneinteilung.

a) $x \mapsto 2 \cdot \sin\left(x - \frac{\pi}{2}\right)$ b) $x \mapsto \sin(2\pi x)$

c) $x \mapsto 3 \cdot \sin(2x - \pi)$ d) $x \mapsto -\frac{1}{2} \cdot \sin\left(\frac{\pi}{2}x + \frac{\pi}{4}\right)$

9 Ermitteln Sie die Lösungen im Intervall $[0; 2\pi]$ mit dem GTR und anschließend exakt.

a) $2 \cdot \cos(2x) = -1$ b) $2 \cdot \sin(x - \pi) = \sqrt{3}$ c) $\tan\left(x + \frac{\pi}{2}\right) = -1$

d) $(\sin(x))^3 - 0,75 \cdot \sin(x) = 0$ e) $2 \cdot (\cos(x))^2 = 1 + \sin(x)$ f) $2 \cdot (\sin(x))^2 - \sin(x) = 1$

10 Der Wasserstand h (in m) bei Spiekeroog an der Nordseeküste schwankt zwischen 1 m bei Niedrigwasser und etwa 3 m bei Hochwasser. Er lässt sich in Abhängigkeit von der Zeit t (in Std. nach Niedrigwasser) modellhaft beschreiben durch $h(t) = a + b \cdot \cos\left(\frac{1}{6}\pi \cdot t\right)$.

a) Bestimmen Sie die Parameter a und b. Skizzieren Sie den Graphen von h.

b) Wie lange liegt der Wasserpegel unter 1,5 m?

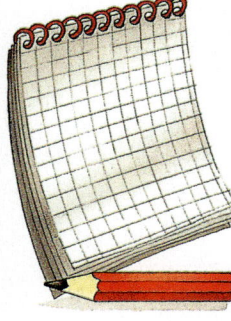

Die Lösungen zu den Aufgaben dieser Seite finden Sie auf Seite 262.

Näherungsweise Berechnung von Sinuswerten

1 a) Begründen Sie, dass β halb so groß ist wie α.

b) Leiten Sie den folgenden Zusammenhang zwischen der Länge s_α der zum Mittelpunktswinkel α gehörenden Sehne und dem Sinus des Winkels $\frac{\alpha}{2}$ her:

$$\sin\frac{\alpha}{2} = \frac{1}{2}s_\alpha.$$

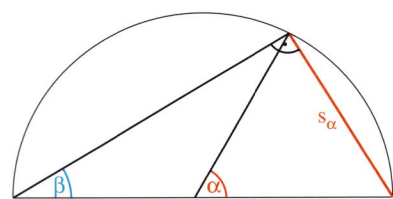

C. PTOLEMÄUS
(ca. 85–165 n. Chr.)

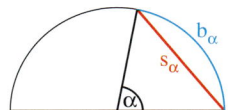

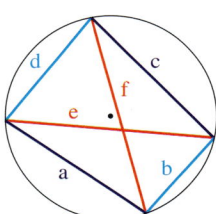

Erste Anstöße zur Entwicklung der Trigonometrie kamen vermutlich aus der Astronomie der Babylonier (ca. 2700 v. Chr.). Erst die Griechen jedoch begannen, die Trigonometrie wissenschaftlich zu behandeln. Die gesamten damaligen trigonometrischen Kenntnisse sind in dem astronomischen Hauptwerk der Griechen, dem ALMAGEST des CLAUDIUS PTOLEMÄUS zusammengefasst.

PTOLEMÄUS stellte den Zusammenhang zwischen Winkelweiten und Streckenlängen über den Mittelpunktswinkel α eines Kreises und der zugehörigen Sehne her. Der ALMAGEST enthält eine von $\frac{1}{2}°$ zu $\frac{1}{2}°$ fortschreitende Sehnentafel mit einer Genauigkeit, die 5 Dezimalen entspricht. Die näherungsweise Berechnung der Sehnenlängen beruht auf dem folgenden Gedankengang. Für sehr kleine Winkel α ist die Bogenlänge b_α eine gute Näherung für die Sehnenlänge s_α. Bei größeren Winkeln zerlegt man α in drei gleiche Teile, nähert $s_{\alpha/3}$ durch $b_{\alpha/3}$ an und berechnet s_α aus $s_{\alpha/3}$. Für diese Berechnung ging PTOLEMÄUS von dem vermutlich von ihm selbst entdeckten Diagonalensatz aus:

In jedem Sehnenviereck ist das Produkt aus den Diagonalenlängen gleich der Summe aus den Produkten der Längen der Gegenseiten: $e \cdot f = a \cdot c + b \cdot d$.

Wendet man diesen Satz auf das Sehnenviereck ABCD an, so erhält man:

$$d^2 = s_\alpha \cdot s_{\alpha/3} + s_{\alpha/3}^2. \qquad (1)$$

Nach ARCHIMEDES gilt für die Berechnung der Seitenlänge des regelmäßigen 2n-Ecks aus der des regelmäßigen n-Ecks (siehe Seite 83 mit $r = 1$):

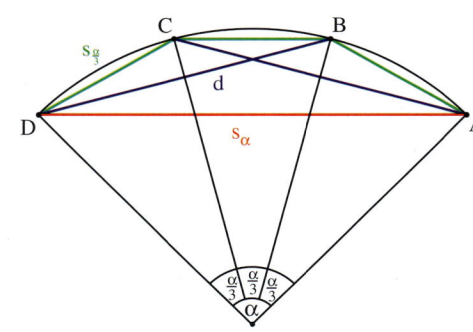

$$s_{\alpha/3}^2 = 2 - \sqrt{4 - d^2}; \text{ d. h. } d^2 = s_{\alpha/3}^2 \cdot (4 - s_{\alpha/3}^2). \quad (2)$$

Verwendet man (2) in (1) und löst nach s_α auf, so erhält man die gesuchte Verdreifachungsformel für Sehnenlängen:

$$s_\alpha = s_{\alpha/3} \cdot (3 - s_{\alpha/3}^2).$$

Will man eine höhere Genauigkeit für s_α erreichen, so zerlegt man α in 9 (27, . . .) gleiche Teile und wendet die Verdreifachungsformel mehrfach an.

Beispiel: (Bestimmung der zum Winkel 6° gehörenden Sehnenlänge)
Wählt man als Startwert die zum Winkel $\frac{6}{9}°$ gehörende Bogenlänge $\frac{\pi}{180°} \cdot \frac{2}{3}° = 0{,}011\,636$, so liefert die doppelte Anwendung der Verdreifachungsformel $s_{6°} = 0{,}104\,675$.
Aus diesem Sehnenwert lässt sich nach Aufgabe 1 $\sin 3°$ berechnen:
$\sin 3° = \frac{1}{2}s_{6°} = 0{,}052\,338$. Dieser Wert ist auf 5 Dezimalen genau.

Zusammenhang zwischen $\sin\left(\frac{\alpha}{2}\right)$ und $\sin(\alpha)$

Für einige Winkel α kennt man exakte Werte für $\sin(\alpha)$ und $\cos(\alpha)$. Mithilfe von Fig. 1 kann man für solche Winkel α exakte Werte für $\sin\left(\frac{\alpha}{2}\right)$ bestimmen. Hierzu geht man schrittweise vor:

1. Schritt: Drücken Sie den Winkel β durch α aus.
2. Schritt: Geben Sie $\overline{MP_1}$, $\overline{MP_2}$ und $\overline{LP_1}$ in Abhängigkeit von $\frac{\alpha}{2}$ bzw. α an.
3. Schritt: Zeigen Sie mithilfe das Dreiecks LP_1P_2:

$$\sin\left(\frac{\alpha}{2}\right) = \sqrt{\frac{1 - \cos(\alpha)}{2}} \; ; \; \alpha \leqq 90°.$$

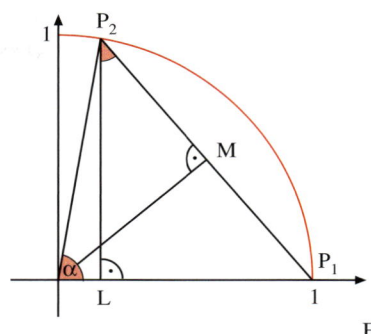

Fig. 1

Ermitteln Sie entsprechende Formeln für $\cos\left(\frac{\alpha}{2}\right)$ und $\tan\left(\frac{\alpha}{2}\right)$.

Berechnen Sie die exakten Werte für $\sin\left(\frac{\alpha}{2}\right)$, $\cos\left(\frac{\alpha}{2}\right)$ und $\tan\left(\frac{\alpha}{2}\right)$ für ausgewählte Winkel α.

Die aufgehängte Erdkugel

Wir denken uns eine Schnur um die Erde (Erdradius $R = 6370\,\text{km}$) und verlängern dann diese über $40\,000\,\text{km}$ lange Schnur um nur $1\,\text{m}$, also Erdumfang plus $1\,\text{m}$.
Nun wird die ganze Schnur an einer einzigen „Stelle straff von der Erde abgezogen: Wie weit ist die abziehende Hand von der Erde entfernt?"

Fig. 2

Literatur:
Wilfried Herget, Ein Seil um die Erde
mathematik lehren, Heft 84 (1997), Seite 66–67
T. Gawlick, Die aufgehängte Erdkugel als Aufhänger
Praxis der Mathematik, 43. Jahrgang (2001), Heft 5, Seite 241–243.

Vom Einheitskreis zu Spiralen

Themenbereiche:
1) Parameterdarstellung einer Kurve
2) Archimedische Spirale in Parameterdarstellung
3) Logarithmische Spirale in Parameterdarstellung
4) Spiralen mit dem GTR
5) Historische Bemerkungen

Literatur:
Johanna Heitzer, Spiralen; Klett Verlag
Handbuch zum GTR

Stichwort für die Internetrecherche:
Spiralen in Parameterform

1 Mengenlehre

Die Zusammenfassung verschiedener, wohlunterscheidbarer Elemente zu einer Einheit nennt man eine **Menge**.

Mengen werden in der Mathematik meistens mit großen Buchstaben wie A, B, C,... bezeichnet, die Elemente meistens mit kleinen Buchstaben wie a, b, c, x, y,... Bei Zahlenmengen kann man auch direkt die Zahlenwerte angeben.

Beispiel:

Die Reihenfolge, in der die Elemente notiert werden, ist nicht zwingend, dient aber der Übersichtlichkeit. Z. B. könnte durch B = {3; 6; 1; 5} dieselbe Menge B wie nebenstehend festgelegt werden.

Durch A = {a; b; c} werden die Elemente a, b und c zur Menge A zusammengefasst. Die Menge B = {1; 3; 5; 6} umfasst die Zahlen 1, 3, 5 und 6. Durch $b \in A$ bzw. $2 \notin B$ wird ausgedrückt, dass b Element von A ist, 2 jedoch der Menge B nicht angehört.

Die Elemente sollten durch Strichpunkte voneinander getrennt werden. Speziell bei Mengen, die Dezimalzahlen enthalten, könnte es sonst zu Verwechslungen kommen: C = {0,2; 3,4; 5,9} könnte ohne Strichpunkte als Menge mit den sechs Elementen 0, 2, 3, 4, 5 und 9 aufgefasst werden.

Besondere Zahlenmengen

Für einige Zahlenmengen, die eine besondere Bedeutung in der Mathematik erlangt haben, hat man eigene Symbole gebildet:

Verabredungsgemäß wählt man die Zahl 0 als „Startwert" für die natürlichen Zahlen.

$\mathbb{N} = \{0; 1; 2; 3; 4; ...\}$ ist die Menge der **natürlichen Zahlen**.

$\mathbb{Z} = \{...; -3; -2; -1; 0; 1; 2; 3; ...\}$ ist die Menge der **ganzen Zahlen**. $\mathbb{Z}^*$ ist die Menge der ganzen Zahlen ohne die Null.

Stellt man die Bruchzahlen aus $\mathbb{Q}$ in Dezimalschreibweise dar, erhält man abbrechende oder nicht-abbrechende, periodische Dezimalzahlen.

$\mathbb{Q} = \left\{ \frac{m}{n} \mid m \in \mathbb{Z} \land n \in \mathbb{Z}^* \right\}$ ist die Menge der **rationalen Zahlen**.

Es gibt Gleichungen, die sich in $\mathbb{Q}$ nicht lösen lassen, zum Beispiel $x^2 = 2$. Nimmt man alle die Zahlen hinzu, die sich als Grenzwert einer Folge oder einer Intervallschachtelung darstellen lassen, erhält man so eine neue Menge, nämlich die Menge $\mathbb{R}$ der **reellen Zahlen**. Die rationalen Zahlen sind darin selbstverständlich mit enthalten.

In $\mathbb{R}$ sind zusätzlich zu den rationalen Zahlen auch die nicht-abbrechenden, nicht-periodischen Dezimalzahlen enthalten.

Die nicht in $\mathbb{Q}$ liegenden Zahlen von $\mathbb{R}$ heißen **irrationale Zahlen**, wie beispielsweise $\sqrt{2}$, die Kreiszahl $\pi = 3{,}14159...$, die eulersche Zahl $e = 2{,}71828...$ oder der natürliche Logarithmus von 2, d. h. $\ln(2) = 0{,}693147...$

Das hochgestellte Sternchen bedeutet „ohne Null".

Die positiven reellen Zahlen einschließlich der Null werden durch $\mathbb{R}_+$, die positiven reellen Zahlen ohne die Null durch $\mathbb{R}_+^*$ bezeichnet. Entsprechend werden die negativen reellen Zahlen einschließlich der Null durch $\mathbb{R}_-$, die negativen reellen Zahlen ohne die Null durch $\mathbb{R}_-^*$ bezeichnet.

Ø darf nicht mit {0} verwechselt werden, der einelementigen Menge mit der Zahl 0 als Element.

Die Menge, die kein Element enthält, heißt **leere Menge** und wird mit Ø oder mit { } bezeichnet.

Mengenoperationen, VENN-Diagramme

Aus zwei gegebenen Mengen A und B können durch die **Mengenoperationen** ∩ (geschnitten), ∪ (vereinigt) und \ (ohne) weitere Mengen gebildet werden.

Die gegenseitige Lage der gegebenen Mengen (einschließlich der Grundmenge G) und der neu entstandenen Mengen kann man sich mit VENN-Diagrammen veranschaulichen.

Das logische Zeichen ∧ für „und" sowie die Operation ∩ ähneln sich.

Die **Schnittmenge** A ∩ B umfasst alle Elemente, die zugleich in A und in B enthalten sind:

$$A \cap B = \{x \mid x \in A \land x \in B\}.$$

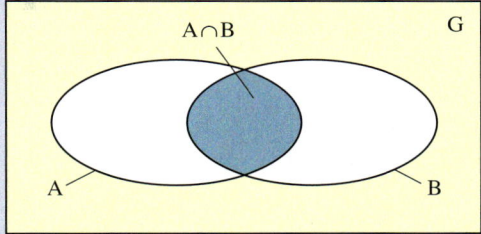

Fig. 1

Das logische Zeichen ∨ für „oder" sowie die Operation ∪ ähneln sich ebenso.

Die **Vereinigungsmenge** A ∪ B umfasst alle Elemente, die in A oder in B oder in beiden enthalten sind:

$$A \cup B = \{x \mid x \in A \lor x \in B\}.$$

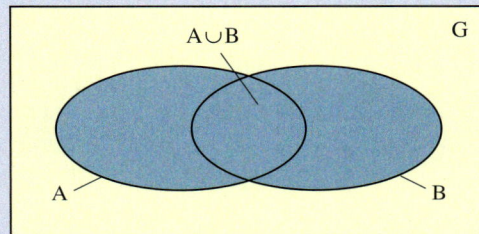

Fig. 2

Die Bildung der Differenzmenge ist (ebenso wie die Subtraktion zweier Zahlen) nicht kommutativ: $A \setminus B \neq B \setminus A$

Die **Differenzmenge** A \ B umfasst alle Elemente, die in A, jedoch nicht in B enthalten sind:

$$A \setminus B = \{x \mid x \in A \land x \notin B\}.$$

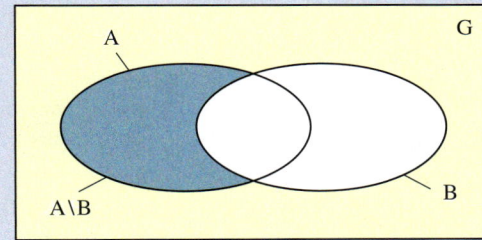

Fig. 3

Beispiel:

Gegeben ist die Grundmenge G = ℕ. Bestimmen Sie die Schnittmenge, die Vereinigungsmenge und die beiden möglichen Differenzmengen der Mengen A = {1; 3; 5; 7} und B = {2; 3; 5; 6; 8}. Veranschaulichen Sie diese mithilfe eines VENN-Diagramms.

Lösungen:

$A \cap B = \{3; 5\}$

$A \cup B = \{1; 2; 3; 5; 6; 7; 8\}$

$A \setminus B = \{1; 7\}$

$B \setminus A = \{2; 6; 8\}$

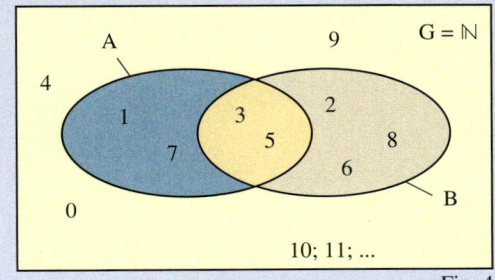

Fig. 4

221

Mengenbeziehungen

Enthalten zwei Mengen A und B dieselben Elemente, so sind die Mengen gleich: A = B.

Die Möglichkeit, dass A und B dieselben Elemente enthalten, ist hier nicht ausgeschlossen.

Sind alle Elemente einer Menge A auch Elemente einer anderen Menge B, so ist A eine **Teilmenge** von B: A ⊆ B.

Enthält B außer den Elementen von A noch weitere Elemente, so ist A eine **echte Teilmenge** von B: A ⊂ B.

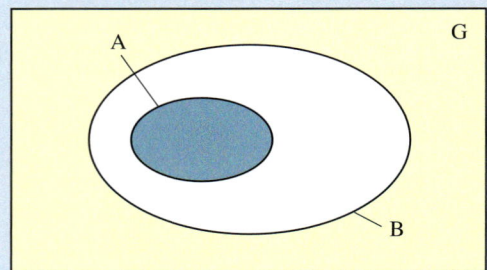

Fig. 1

Zusammenstellung der wichtigsten Zahlenmengen

$\mathbb{Z}_+ = \mathbb{N}$

ℕ	Menge der natürlichen Zahlen	$\mathbb{N} = \{0;\ 1;\ 2;\ 3;\ 4;\ \dots\}$
ℕ*	Menge der natürlichen Zahlen ohne Null	$\mathbb{N}^* = \{1;\ 2;\ 3;\ 4;\ \dots\}$
ℤ	Menge der ganzen Zahlen	$\mathbb{Z} = \{\dots;\ -3;\ -2;\ -1;\ 0;\ 1;\ 2;\ 3;\ \dots\}$
ℤ*	Menge der ganzen Zahlen ohne Null	$\mathbb{Z}^* = \{\dots;\ -3;\ -2;\ -1;\ 1;\ 2;\ 3;\ \dots\}$
ℤ_	Menge der nicht positiven ganzen Zahlen	$\mathbb{Z}_- = \{0;\ -1;\ -2;\ -3;\ \dots\}$
ℚ	Menge der rationalen Zahlen	$\mathbb{Q} = \left\{\frac{m}{n}\ \middle|\ m \in \mathbb{Z} \wedge n \in \mathbb{Z}^*\right\}$
ℝ	Menge der reellen Zahlen	$\mathbb{R} = \{x\,|\,x \text{ ist eine beliebige Dezimalzahl}\}$
ℝ*	Menge der reellen Zahlen ohne Null	$\mathbb{R}^* = \mathbb{R}\backslash\{0\}$
ℝ₊	Menge der nicht negativen reellen Zahlen	$\mathbb{R}_+ = \{x\,|\,x \geqq 0\}$
ℝ₊*	Menge der positiven reellen Zahlen	$\mathbb{R}_+^* = \{x\,|\,x > 0\}$
ℝ_	Menge der nicht positiven reellen Zahlen	$\mathbb{R}_- = \{x\,|\,x \leqq 0\}$
ℝ_*	Menge der negativen reellen Zahlen	$\mathbb{R}_-^* = \{x\,|\,x < 0\}$

Intervalle als Teilmengen von ℝ

Es seien a, b zwei reelle Zahlen mit a < b. Man nennt:

$[a;b] = \{x\,|\,a \leqq x \leqq b\}$ abgeschlossenes Intervall,

$]a;b[= \{x\,|\,a < x < b\}$ offenes Intervall,

$[a;b[= \{x\,|\,a \leqq x < b\}$ rechtsseitig halboffenes Intervall,

$]a;b] = \{x\,|\,a < x \leqq b\}$ linksseitig halboffenes Intervall,

Kommt als Intervallgrenze das Symbol ∞ oder −∞ vor, so ist das Intervall dort offen, d. h. die eckige Klammer zeigt immer von dem Symbol weg.

$[a;\infty[= \{x\,|\,x \geqq a\}$ und $]-\infty;b[= \{x\,|\,x < b\}$ unbeschränkte Intervalle.

Intervalle können an der Zahlengeraden veranschaulicht werden.

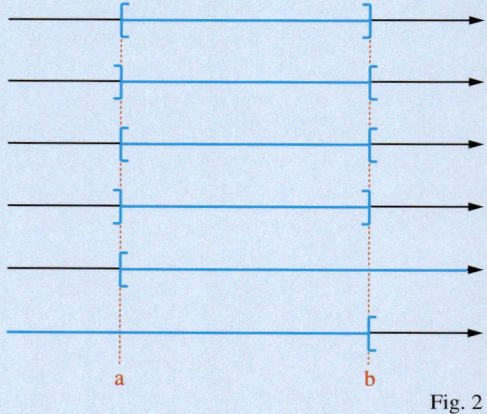

Fig. 2

*Das Zeichen ∞ für unend-
lich wurde 1655 von dem
Engländer JOHN WALLIS
(1616–1703) eingeführt.
Vermutlich orientierte er
sich dabei an dem spät-
römischen Symbol ∞ für
1000.
Die Schweizer Briefmarke
zeigt das Zeichen neben
einer Sanduhr, dem Symbol
der endlos dahinfließenden
Zeit.*

Beispiel:

Untersuchen Sie die folgenden Mengen auf Teilmengen und Gleichheit von Mengen.

$A = \{x \mid x = 2n \wedge n \in \mathbb{N}^*\}$ $B = \{2; 4; 6\}$

$C = [-2; 0]$ $D = \{2; 4; 6; 8; \ldots\}$

$E = \mathbb{R}_-$ $F =]0; \infty[$

$G = \mathbb{R} \backslash E$

Lösung:

	A	B	C	D	E	F	G
A				=		⊂	⊂
B	⊂			⊂		⊂	⊂
C					⊂		
D	=					⊂	⊂
E							
F							=
G						=	

Aufgaben

1 Gegeben sind die Mengen $A = \{1; 3; 4; 6; 9\}$, $B = \{0; 1; 3; 5; 7; 9\}$ und $C = \{0; 2; 4; 5; 8; 9\}$.
a) Bilden Sie daraus die folgenden Mengen: $A \cap B$, $A \cup B$, $A \cap C$, $B \cup C$, $A\backslash B$, $B\backslash A$.
b) Zeichnen Sie ein VENN-Diagramm, das die Zugehörigkeit der Zahlen von 0 bis 9 zu den Mengen A, B und C wiedergibt.

2 Gegeben sind die Mengen A, B und C gemäß dem VENN-Diagramm.
a) Bilden Sie die Mengen:
$B \cap A$, $A \cup C$, $C\backslash A$, $B \cup C$,
$A \cap B \cap C$, $B\backslash(A \cap C)$, $A \cap (B \cup C)$.
b) Beurteilen Sie, ob die nachfolgenden Beziehungen wahr oder falsch sind:
$6 \in B \cap C$, $\{5; 7\} \subset A$,
$\{5; c\} \subset C\backslash B$, $\{2; 4\} \subseteq A \cap B$,
$\{b; d\} \not\subset (A \cup B)\backslash C$, $9 \notin A \cap (B \cup C)$.

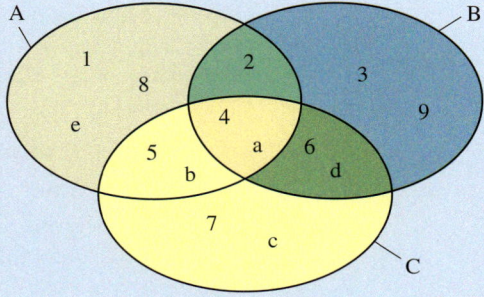

Fig. 1

3 Finden Sie eine möglichst einfache sprachliche Beschreibung für die folgenden Mengen, die in aufzählender Form gegeben sind.

$A = \{3; 6; 9; 12; 15\}$ $B = \{1; 4; 9; 16; 25; 36; 49\}$

$C = \{\ldots; -4; -2; 0; 2; 4; \ldots\}$ $D = \{1; 10; 100; 1000; 10\,000\}$

$E = \{1; 2; 3; 5; 8; 13; 21; 34; \ldots\}$ $F = \left\{\frac{2}{3}; \frac{4}{9}; \frac{8}{27}; \frac{16}{81}; \ldots\right\}$

4 Geben Sie in aufzählender Darstellung die folgenden Mengen an.

$A = \{x \mid x^2 < 25 \wedge x \in \mathbb{Z}\}$ $B = \{x \mid x = 2n - 1 \wedge n \in \mathbb{N}\}$ $C = \left\{x \mid \frac{36}{x} \geqq 2 \wedge x \in \mathbb{N}^*\right\}$

5 Gegeben sind die Mengen $A = \{x \mid -3 < x \leqq 8\}$; $B = \{x \mid 1 \leqq x \leqq 6\}$; $C = \{x \mid x > 4\}$ und $D = \{x \mid x \leqq 10\}$ mit $x \in \mathbb{R}$.
a) Notieren Sie diese Mengen in der Intervallschreibweise mit eckigen Klammern.
b) Veranschaulichen Sie die vier Intervalle A, B, C und D an der Zahlengeraden.
c) Geben Sie folgende Mengen als Intervall an: $C \cap D$; $B \cup D$; $A\backslash C$; $B\backslash D$; $A \cup C$.

6 Schreiben Sie folgende Menge als ein Intervall.
a) $[1; 4] \cap]3; 4[$ b) $]-\infty; -3] \cap [-7; \infty[$ c) $\mathbb{R}^*\backslash[-2; 2[$ d) $\mathbb{R}\backslash]2; \infty[$
e) $[-3; 3] \cup \mathbb{R}_+$ f) $]2; 5[\cup \{2; 5\}$ g) $[2; 5[\backslash\{2; 5\}$ h) $\mathbb{R}^*_- \cap]-1; 2]$
i) $(\mathbb{R}\backslash]-\infty; 4[) \cap (\mathbb{R}\backslash\{4\})$ k) $[-3; 4] \cup \mathbb{R}^*_+$

223

2 Aussagen und Aussageformen

Variablen, Terme, Grundmenge

Zeichen wie a, b oder x, die als Platzhalter für Zahlen stehen, heißen **Variablen**.
Ausdrücke wie $5 + 4$, $6 + a$, $8 - b$, $(2 + x)^2$ heißen **Terme**.
Terme, die keine Variablen enthalten, bedeuten Zahlen. Terme, in denen Variablen vorkommen, gehen in Zahlen über, wenn man für die Variablen Zahlen einsetzt.

Die Menge, aus der man grundsätzlich die Zahlen zum Einsetzen für die Variablen eines Terms nimmt, heißt **Grundmenge G**. Meist werden die reellen Zahlen verwendet, d.h. $G = \mathbb{R}$.

Es kann notwendig sein, für eine Aufgabe nur eine Teilmenge der Grundmenge zu verwenden. Beispielsweise ist der Ausdruck $\frac{2}{x}$ nur für $x \neq 0$ erklärt, oder in den Term $\sqrt{x}$ können nur Werte mit $x \geqq 0$ eingesetzt werden.
Diejenige Teilmenge von G, deren Elemente zu keinen undefinierten Ausdrücken führt, nennt man die **Definitionsmenge D**; es gilt: $D \subseteq G$. Es kann auch vorkommen, dass die Definitionsmenge durch Sachzwänge auf bestimmte Elemente oder Intervalle beschränkt ist. In einer Anwendungssituation könnte für den Term $2x^3 - 5x + 4$ als Definitionsmenge $D = \mathbb{R}_+$ sinnvoll sein, obwohl rein algebraisch auch $D = \mathbb{R}$ möglich wäre.

Gleichungen und Ungleichungen

Werden zwei Terme (Zahlen oder Variablen oder Kombinationen daraus) durch das Zeichen $=$ verbunden, so heißt diese Verbindung **Gleichung**.

Verbindet man zwei Terme mit einem der fünf Zeichen $\neq$, $<$, $\leqq$, $>$, $\geqq$, so heißt diese Verbindung **Ungleichung**.

Beispiele:
a) $3 + 4 = 7$ (w)
b) $5 + x = 8$
c) $8 - 6x = 2x^2$
d) $4 - 2 = 5$ (f)

Beispiele:
a) $5 + 8 < 20$ (w)
b) $8 - x \geqq 3$
c) $7 - 4 \neq 3$ (f)
d) $\sqrt{x^2 - 4} > x$

Aussage, Aussageform; Lösungsmenge

Enthält eine Gleichung oder Ungleichung nur Zahlen, so stellt sie eine **Aussage** dar. Diese Aussage kann **wahr** oder **falsch** sein. In den obigen Beispielen ist hinter denjenigen Gleichungen und Ungleichungen, die Aussagen darstellen, vermerkt, ob sie wahr (w) oder falsch (f) sind.

Enthält eine Gleichung oder Ungleichung eine oder mehrere Variablen, so stellt sie eine **Aussageform** dar. Diese wird erst dadurch zu einer wahren oder falschen Aussage, wenn man für die Variablen Zahlen einsetzt.

Alle Elemente der Definitionsmenge, die beim Einsetzen eine wahre Aussage ergeben, sind Lösungen der Aussageform; sie bilden die **Lösungsmenge L** der Aussageform.

Logische Verknüpfungen von Aussagen

Durch die Verknüpfung von Aussagen a und b bzw. Aussageformen p und q mittels logischer Operationen entstehen neue Aussagen bzw. Aussageformen, die ihrerseits wieder wahr oder falsch sein können bzw. für deren Lösungsmengen die folgenden Regeln gelten.

Verneinung	**Negation**	$\neg a$	Wenn a wahr ist, dann ist **nicht a** falsch. Wenn a falsch ist, dann ist **nicht a** wahr.	$\underbrace{\neg(4+2=6)}_{(w)}$ ist falsch.
Und-Verknüpfung	**Konjunktion**	$a \wedge b$	Die Verknüpfung „a und b" ist genau dann wahr, wenn a und b gleichzeitig wahr sind.	$\underbrace{(3+2=5)}_{(w)} \wedge \underbrace{(-4<8)}_{(w)}$ ist wahr.
Oder-Verknüpfung	**Disjunktion**	$a \vee b$	Die Verknüpfung „a oder b" ist genau dann wahr, wenn wenigstens eine der beiden Aussagen wahr ist.	$\underbrace{(4-12=3)}_{(f)} \vee \underbrace{(9>7)}_{(w)}$ ist wahr.
Folgerung	**Implikation**	$p \Rightarrow q$	**Aus p folgt q** bzw. **p impliziert q** genau dann, wenn für die Lösungsmengen gilt: $L_p \subseteq L_q$	$x=3 \Rightarrow x^2=9$
Gleichwertigkeit	**Äquivalenz**	$p \Leftrightarrow q$	Die Aussageformen p und q heißen **äquivalent**, wenn für die Lösungsmengen gilt: $L_p = L_q$	$2x+1=9 \Leftrightarrow 2x=8$

Bemerkungen:

a) Die logischen Verknüpfungen $\wedge$ und $\vee$ sind eng mit den Mengenoperationen $\cap$ und $\cup$ verwandt. Es gelten die Zusammenhänge:

$A \cap B = \{x \,|\, x \in A \wedge x \in B\}$ und $A \cup B = \{x \,|\, x \in A \vee x \in B\}$.

b) Die Logik bildet ein Teilgebiet der Mathematik, das sich etwa seit Mitte des neunzehnten Jahrhunderts, zunächst vor allem in England, stürmisch entwickelt hat. Richtungsweisend waren hier die Ideen von GEORGE BOOLE, der Logik als eine Mathematik auffasst, die auf die Werte 0 und 1 (wahr und falsch) beschränkt ist. BOOLE lieferte damit theoretische Grundlagen für die moderne Digitaltechnik. Weitere bekannte Logiker waren AUGUSTUS DE MORGAN (DE MORGAN'sche Gesetze) und JOHN VENN (VENN-Diagramme).

Aufgaben

1 Überprüfen Sie, ob die Aussage wahr oder falsch ist.

a) $8-3<4$ b) $\frac{1}{2}-\frac{3}{4}>-1$ c) $\frac{3}{8}-\frac{4}{3}=\frac{7}{8}-\frac{11}{6}$ d) $\pi<\frac{22}{7}$ e) $\sqrt{1-\frac{5}{9}} \leq 0,6$

2 Geben Sie für die Aussageform die Lösungsmenge an. Verwenden Sie dabei die Intervallschreibweise, falls dies möglich ist.

a) $2x<6$ b) $x+5=5$ c) $x^2 \leq 16$ d) $\sqrt{x}<5$ e) $x^2=7$

3 Geben Sie die Lösungsmenge an. Definitionsmenge ist $\mathbb{R}$.

a) $x^2 \leq 16 \ \wedge \ 4x+1>3$ b) $x^2=9 \ \wedge \ 2x<10$
c) $3y>y+1 \ \vee \ -2y>1$ d) $\neg(2z \leq z+3 \ \vee \ 5<z)$

4 Wann ist die Negation einer Konjunktion (Disjunktion) wahr, wann ist sie falsch? Geben Sie Beispiele dazu an.

3 Rechnen

Grundbegriffe

Rechenart	Rechenzeichen	Name des Ergebnisses	Name der einzelnen Terme
Addition	$a + b$	Summe	a, b: Summanden
Subtraktion	$a - b$	Differenz	a: Minuend, b: Subtrahend
Multiplikation	$a \cdot b$	Produkt	a, b: Faktoren
Division	$a : b = \frac{a}{b}$	Quotient	a: Dividend, b: Divisor a: Zähler, b: Nenner
Potenzieren	a^n	Potenz	a: Basis (Grundzahl) n: Exponent (Hochzahl)
Radizieren	$\sqrt{a}$	Wurzel	a: Radikand

Rechnen mit Klammern

Sind mehrere Klammern ineinander geschachtelt, so löst man die Klammern von innen nach außen auf.

$$a + (b + c) = a + b + c$$
$$a - (b + c) = a - b - c$$
$$a + (b - c) = a + b - c$$
$$a - (b - c) = a - b + c$$

Man muss auf das Rechenzeichen vor der Klammer achten: Bei + kann man die Klammer weglassen, bei − muss man die Klammer weglassen und die Vorzeichen der Terme ändern.

Liest man die Rechnung von rechts nach links, so spricht man von „Ausklammern".

$$a \cdot (b + c) = a \cdot b + a \cdot c$$

$$(a + b) \cdot (c + d) = a \cdot c + a \cdot d + b \cdot c + b \cdot d$$

Jeder Summand in der Klammer wird mit dem äußeren Term multipliziert.

Jeder Summand in der ersten Klammer wird mit jedem Summanden in der zweiten Klammer multipliziert.

Die binomischen Formeln werden sowohl „von links nach rechts" als auch „von rechts nach links" verwendet.

$$(a + b)^2 = a^2 + 2\,ab + b^2$$
$$(a - b)^2 = a^2 - 2\,ab + b^2$$
$$(a + b) \cdot (a - b) = a^2 - b^2$$

Die binomischen Formeln sind ein Spezialfall der Multiplikation zweier Klammern.

Man beginnt am besten damit, das Absolutglied q in zwei Faktoren zu zerlegen. Diese müssen als Summe den Vorfaktor p ergeben.

$$(x + a) \cdot (x + b) = x^2 + \underbrace{(a + b)}_{p} \cdot x + \underbrace{a \cdot b}_{q}$$

Wenn $x^2 + p \cdot x + q$ in das Produkt zweier Klammern $(x + a) \cdot (x + b)$ zerlegt werden kann, dann gilt: $a + b = p$ und $a \cdot b = q$.

Die **Zerlegung nach Vieta** erlaubt das Faktorisieren quadratischer Terme, die sich mit den binomischen Formeln nicht faktorisieren lassen.

Achtung: Die Prioritäten beachten, also Potenz vor „Punkt vor Strich"!

Beispiele:

Ausmultiplizieren:

a) $-(4x - 5y) - (-3x + 7y) = -4x + 5y + 3x - 7y = -x - 2y$

b) $-2a \cdot (a - 5b) + 3b \cdot (-3a + b) = -2a^2 + 10ab - 9ab + 3b^2 = -2a^2 + ab + 3b^2$

c) $(3p - 4q) \cdot (-p + 2q) = -3p^2 + 6pq + 4pq - 8q^2 = -3p^2 + 10pq - 8q^2$

d) $(-x^2 + 4x - 1) \cdot (x + 4) = -x^3 - 4x^2 + 4x^2 + 16x - x - 4 = -x^3 + 15x - 4$

Binomische Formeln:

e) $(2x + 3y)^2 = (2x)^2 + 2 \cdot 2x \cdot 3y + (3y)^2 = 4x^2 + 12xy + 9y^2$

f) $(4a - 7b)^2 = (4a)^2 - 2 \cdot 4a \cdot 7b + (7b)^2 = 16a^2 - 56ab + 49b^2$

g) $(6r + 2s) \cdot (6r - 2s) = (6r)^2 - (2s)^2 = 36r^2 - 4s^2$

Zerlegen nach Vieta :

h) $x^2 + 9x + 20 = (x + 5) \cdot (x + 4)$

i) $a^2 - 7a + 12 = (a - 3) \cdot (a - 4)$

k) $x^2 + 5ax + 4a^2 = (x + 4a) \cdot (x + a)$

Aufgaben

1 Lösen Sie die Klammern auf und fassen Sie möglichst weit zusammen.

a) $4a - 2b - (3a + b)$ b) $2(x - 4y) - 3(6x - 3y)$

c) $-3(u + 4) + 2(u - 5) - (2 - 6u)$ d) $5a(2a - 3) - 4a^2$

e) $3u(4u - 5) - 8(2u^2 - 3) - u(3u - 4)$

2 Multiplizieren Sie die Klammern aus und fassen Sie zusammen.

a) $-6a(2a - 3b) + 5a^2 - 8a(b - 3a)$

b) $4x(-2x + 7y) - 10(x^2 + 4x) - 7x(-3x + 4y - 7)$

3 Lösen Sie die Klammern schrittweise auf und fassen Sie möglichst weit zusammen.

a) $3a(4 - 2(4a - 3b)) - 5(-a(b - 3a) - 2a)$ b) $3(-5(v - u) + 4u(4 - 2v)) - 4u(-3(u + 2v))$

c) $(2u - 3(u + 4v))(6u - v)$ d) $(-4x + 6y - 3)(2x - 3) + (x - 1)(4 - y)$

4 Formen Sie mithilfe der binomischen Formeln um.

a) $(3a + 7b)^2$ b) $(9x - 5y)^2$

c) $(-2u + 5v)(-2u - 5v)$ d) $9x^2 - 12xy + 4y^2$

e) $144m^2 + 24m + 1$ f) $16u^2v^2 - 81w^2$

g) $(-x^2 - 2y)(-x^2 + 2y)$ h) $49r^2s^2 - 28rst + 4t^2$

5 Ergänzen Sie die fehlenden Terme, sodass sich eine binomische Formel ergibt.

a) $(\triangle + \square)^2 = 9x^2 + \bigcirc + 16y^2$ b) $(6a^2 - \triangle)^2 = \square - 24a^2b + \bigcirc$

c) $(\triangle + 5s)^2 = \frac{r^2}{4} + \square + \bigcirc$ d) $(\triangle - \square)^2 = \bigcirc - xy^2 + \frac{y^4}{16}$

e) $\left(\frac{a}{3} + \triangle\right)^2 = \square + \bigcirc + 81$ f) $(-4x - \triangle)^2 = \square - 8x + \bigcirc$

6 Faktorisieren Sie mithilfe der Zerlegung nach VIETA.

a) $a^2 + 9a + 14$ b) $x^2 - 6x + 5$

c) $u^2 - u - 12$ d) $x^2 + 6ax + 8a^2$

e) $2x^2 - 20x + 18$ f) $ax^2 + 4abx + 3ab^2$

g) $-y^2 + 5y - 6$ h) $a^2x^2 + 8ax + 12$

Rechnen mit Brüchen

Erweitern und Kürzen:

$\frac{a}{b} = \frac{a \cdot k}{b \cdot k}$ für $k \neq 0$

Der Wert eines Bruches ändert sich nicht, wenn man Zähler und Nenner mit derselben Zahl multipliziert (**erweitern**, „von links nach rechts") oder dividiert (**kürzen**, „von rechts nach links").

Multiplikation:

$\frac{a}{b} \cdot \frac{c}{d} = \frac{a \cdot c}{b \cdot d}$

Zwei Brüche werden multipliziert, indem man Zähler mit Zähler und Nenner mit Nenner multipliziert.

Division:

$\frac{a}{b} : \frac{c}{d} = \frac{a}{b} \cdot \frac{d}{c} = \frac{a \cdot d}{b \cdot c}$

Durch einen Bruch wird dividiert, indem man mit seinem Kehrbruch multipliziert.

Addition und Subtraktion gleichnamiger Brüche:

$\frac{a}{c} \pm \frac{b}{c} = \frac{a \pm b}{c}$

Sind die Nenner der beiden Brüche gleich, so lässt man den Nenner unverändert und addiert bzw. subtrahiert die Zähler.

c · d ist der einfachste, aber nicht immer der kleinste Nenner.

Addition und Subtraktion ungleichnamiger Brüche:

$\frac{a}{c} \pm \frac{b}{d} = \frac{a \cdot d}{c \cdot d} \pm \frac{b \cdot c}{c \cdot d} = \frac{ad \pm bc}{cd}$

Sind die Nenner der beiden Brüche verschieden, müssen sie durch Erweitern zunächst auf denselben Nenner gebracht werden. Anschließend werden die Brüche wie zuvor addiert bzw. subtrahiert.

Beispiele:

a) $\frac{18x^2y}{30xy^2} = \frac{3x}{5y}$

b) $\frac{x^2 + 2x + 1}{3x + 3} = \frac{(x+1)^2}{3(x+1)} = \frac{x+1}{3}$

Es ist vorteilhaft, die Brüche vor dem Multiplizieren zu kürzen.

c) $\frac{3}{2x^2} \cdot \frac{4x}{9} = \frac{1}{x} \cdot \frac{2}{3} = \frac{2}{3x}$

d) $\frac{5x}{6a - 9b} \cdot \frac{8a - 12b}{10x} = \frac{1}{3(2a - 3b)} \cdot \frac{4(2a - 3b)}{2} = \frac{1}{3} \cdot \frac{2}{1} = \frac{2}{3}$

e) $\frac{18}{x - y} : \frac{12}{y - x} = \frac{18}{x - y} \cdot \frac{y - x}{12} = \frac{3}{x - y} \cdot \frac{-(-y + x)}{2} = -\frac{3}{x - y} \cdot \frac{x - y}{2} = -\frac{3}{2}$

Beim Bestimmen eines Hauptnenners sollte man die binomischen Formeln mit in Betracht ziehen.

f) $\frac{5}{x + 4} + \frac{3}{x - 4} - \frac{8x}{x^2 - 16} = \frac{5(x - 4)}{(x + 4)(x - 4)} + \frac{3(x + 4)}{(x - 4)(x + 4)} - \frac{8x}{x^2 - 16} = \frac{5x - 20 + 3x + 12 - 8x}{x^2 - 16} = \frac{-8}{x^2 - 16} = -\frac{8}{x^2 - 16}$

Aufgaben

7 Vereinfachen Sie.

a) $\frac{45xy}{25x}$

b) $\frac{16a^2b}{24ab^2}$

c) $\frac{a^2 - 2ab + b^2}{a^2 - b^2}$

d) $\frac{3x + 12}{x^2 + 6x + 8}$

Erinnerung: Vor dem Multiplizieren zu kürzen vereinfacht die Rechnung!

e) $\frac{42x}{34} \cdot \frac{17y}{63x^2}$

f) $\frac{40a^2}{65b} \cdot \frac{26b^2}{72ab}$

g) $\frac{6x}{x + y} \cdot \frac{2x + 2y}{4xy}$

h) $\frac{x^2 - 2x + 1}{2} \cdot \frac{x + 1}{x^2 - 1}$

8 a) $\frac{44x^2}{36y^2} : \frac{110x}{45y}$

b) $\frac{32b^2}{12a} : \frac{80ab}{25}$

c) $\frac{6x}{x - y} : \frac{15y}{2y - 2x}$

d) $\frac{6m^2}{4m + 10n} : \frac{18mn}{6m + 15n}$

e) $\frac{7}{12} + \frac{11}{20} - \frac{19}{30}$

f) $\frac{b}{a} + \frac{a}{b} - \frac{(a - b)^2}{ab}$

g) $\frac{4x - 6y}{2x + 2y} - \frac{x - 4y}{x + y}$

h) $\frac{4}{2 - 3x} + \frac{12x}{9x^2 - 4}$

9 Lösen Sie die Formel nach der angegebenen Variablen auf.

a) $v = \frac{s}{t}$ nach s

b) $R = \frac{U}{I}$ nach I

c) $h = \frac{1}{2}gt^2$ nach g

d) $V = \pi r^2 h$ nach r

e) $F = m\frac{4\pi^2}{T^2}r$ nach T

f) $\frac{1}{R_{ers}} = \frac{1}{R_1} + \frac{1}{R_2}$ nach R_1

Rechnen mit Potenzen

1. Potenzsatz
(gleiche Grundzahlen)

Potenzen mit **gleicher Grundzahl** werden **multipliziert (dividiert)**, indem man die **Hochzahlen addiert (subtrahiert)** und die gemeinsame Grundzahl beibehält.

$x^m \cdot x^n = x^{m+n}$; $\frac{x^m}{x^n} = x^{m-n}$ für $x \in \mathbb{R}_+^*$; $m, n \in \mathbb{R}$

2. Potenzsatz
(gleiche Hochzahlen)

Potenzen mit **gleicher Hochzahl** werden **multipliziert (dividiert)**, indem man die **Grundzahlen multipliziert (dividiert)** und die gemeinsame Hochzahl beibehält.

$x^n \cdot y^n = (x \cdot y)^n$; $\frac{x^n}{y^n} = \left(\frac{x}{y}\right)^n$ für $x, y \in \mathbb{R}_+^*$; $n \in \mathbb{R}$

3. Potenzsatz
(Potenz einer Potenz)

Eine Potenz wird **potenziert**, indem man die **Hochzahlen multipliziert** und die Grundzahl beibehält.

$(x^m)^n = x^{m \cdot n}$ für $x \in \mathbb{R}_+^*$; $m, n \in \mathbb{R}$

Beispiele:

a) $3^5 \cdot 3^2 = 3^{5+2} = 3^7$

b) $\frac{10^4}{10^9} = 10^{4-9} = 10^{-5}$

c) $3^5 \cdot 2^5 = (3 \cdot 2)^5 = 6^5$

d) $\frac{12^8}{4^8} = \left(\frac{12}{4}\right)^8 = 3^8$

e) $(6^3)^5 = 6^{3 \cdot 5} = 6^{15}$

Aufgaben

10 Vereinfachen Sie.

a) $x^4 \cdot x^3 \cdot x^6$

b) $a^{n-1} \cdot a^{n+1}$

c) $u \cdot u^8 \cdot u^r \cdot u^{r-3}$

d) $x^{2(n-1)} \cdot x^{3-2n}$

e) $3^4 \cdot x^4$

f) $a^{2n} \cdot b^{2n}$

g) $(p-q)^r \cdot (p+q)^r$

h) $4^{2n} \cdot \left(\frac{x}{8}\right)^{2n}$

11 a) $\frac{(x-4)^7}{(x-4)^4}$

b) $\frac{b^{n+1}}{b^{n-2}}$

c) $\frac{x^{4-2n}}{x^{5-6n}}$

d) $\frac{a^{r+s} \cdot b^{3s}}{a^{r-s} \cdot b}$

e) $\frac{(2x)^5}{6^5}$

f) $\frac{(3a+1)^a}{(a+1)^8}$ ... $\frac{(a+a^2)^8}{(a+1)^8}$

g) $\frac{(3x+1)^a}{(1-9x^2)^a}$

h) $\left(\frac{6x^2}{5y}\right)^{3k} : \left(\frac{3x}{10y^2}\right)^{3k}$

i) $(3^x)^4$

k) $(t^{n-1})^{n+1}$

l) $(p^3)^{2q}$

m) $(x^3r)^{3s}$

Exponentialdarstellung oder wissenschaftliche Darstellung

Zur Notation besonders großer oder kleiner Zahlen wird die **Exponentialdarstellung** verwendet. Vor allem in den Naturwissenschaften kommt dies häufig zur Anwendung, um unübersichtliche Zahlen mit vielen Nullen zu vermeiden.

Wissenschaftliche Taschenrechner zeigen sehr große oder kleine Zahlen automatisch in der Exponentialdarstellung an. Dabei wird die Zahl 10 (Basis der Potenz) meist durch den Buchstaben E oder durch ein Leerzeichen ersetzt.

Beispiele:
a) $783850000000 = 7{,}8385 \cdot 10^{11}$
b) $0{,}000000000486 = 4{,}86 \cdot 10^{-10}$

Aufgaben

12 Notieren Sie die folgenden Zahlen in der Exponentialdarstellung.
a) $0{,}00000683$ b) $548\,430\,000\,000\,000$ c) $3\,090\,800\,000\,000$ d) $0{,}000\,000\,000\,385$

13 Die folgenden naturwissenschaftlichen Konstanten sind in der Exponentialdarstellung gegeben. Übertragen Sie ihre Werte in die Dezimalschreibweise.
a) Lichtgeschwindigkeit im Vakuum: $c = 2{,}997\,924\,58 \cdot 10^8\,\mathrm{m\,s^{-1}}$
b) Masse eines Protons: $m_p = 1{,}672\,622 \cdot 10^{-27}\,\mathrm{kg}$
c) AVOGADRO'sche Konstante: $N_A = 6{,}022\,14 \cdot 10^{23}\,\mathrm{mol^{-1}}$
d) Elementarladung: $e = 1{,}602\,18 \cdot 10^{-19}\,\mathrm{C}$
e) PLANCK'sches Wirkungsquantum: $h = 6{,}626\,1 \cdot 10^{-34}\,\mathrm{Js}$

Rechnen mit Wurzeln

Statt $\sqrt[2]{a}$ ist die Kurzschreibweise $\sqrt{a}$ üblich.

Eine nicht negative Zahl x heißt **n-te Wurzel** aus a mit $n \in \mathbb{N}\setminus\{0;1\}$ und $a \in \mathbb{R}_+$, wenn $x^n = a$ gilt. Als Schreibweise wird vereinbart: $\sqrt[n]{a} = a^{\frac{1}{n}}$

Achtung: Unterscheiden Sie die folgenden Schreibweisen für Potenzen:
$x^{-1} = \frac{1}{x}$; $x^{-2} = \frac{1}{x^2}$; $x^{-3} = \frac{1}{x^3}$ usw. $x^{\frac{1}{2}} = \sqrt{x}$; $x^{\frac{1}{3}} = \sqrt[3]{x}$; $x^{-\frac{1}{2}} = \frac{1}{\sqrt{x}}$ usw.

Für Wurzeln gelten die folgenden Rechenregeln, die sich aus den Potenzgesetzen ableiten.
Multiplikation: $\sqrt{a} \cdot \sqrt{b} = \sqrt{a \cdot b}$
Division: $\frac{\sqrt{a}}{\sqrt{b}} = \sqrt{\frac{a}{b}}$

Hoppla: $\sqrt{x^2} = |x|$

Teilweises Radizieren: $\sqrt{a^2 \cdot b} = |a| \cdot \sqrt{b}$

Aufgaben

14 Vereinfachen Sie.
a) $\sqrt{x} \cdot \sqrt{x^3}$ b) $\sqrt{\frac{y^5}{2}} \cdot \sqrt{\frac{y^3}{8}}$ c) $\sqrt{\frac{6a^7}{b^3}} : \sqrt{\frac{54a}{b}}$

d) $\sqrt{(a-2)^3} \cdot \sqrt{a-2}$ e) $\sqrt{a^9} \cdot \sqrt{ab^3} \cdot \sqrt{b^5}$ f) $\frac{\sqrt{12x} \cdot \sqrt{xy^5}}{\sqrt{3y^7}}$

15 a) $\sqrt[5]{x^{15}}$ b) $\sqrt[n]{a^{3n}}$ c) $\left(\sqrt[2m]{y^{4m}}\right)^4$

d) $\sqrt{\sqrt[5]{c^{20}}}$ e) $\sqrt[8]{r \cdot \sqrt[3]{r^2} \cdot r^2 \cdot \sqrt[3]{r}}$ f) $\sqrt[3]{x \cdot \sqrt[4]{x^{-3} \cdot \sqrt{x}}}$

4 Lineare Gleichungen und Ungleichungen

Vorbemerkung zu Gleichungen

Eine Gleichung, die eine Variable enthält, ist eine Aussageform. Wenn die Lösungsvariable nur in der ersten Potenz in der Gleichung auftritt, heißt die Gleichung **linear**. Wenn man für die Variable eine Zahl einsetzt, erhält man entweder eine wahre oder eine falsche Aussage.

Im Folgenden interessieren in erster Linie diejenigen Werte der Variablen, die zu einer wahren Aussage führen. Man nennt sie die **Lösungen der Gleichung**. Alle Elemente der Definitionsmenge, die beim Einsetzen eine wahre Aussage ergeben, bilden die **Lösungsmenge L** der Aussageform.

Der verbreitete Sprachgebrauch „Die Lösung ist x = 4." ist nicht ganz korrekt. Richtig ist: „Die Lösung ist 4."

Eine Gleichung lösen heißt, sie in eine einfachere Gleichung zu überführen, an der man die Lösung direkt ablesen kann. So kann man an der Gleichung x = 4 die Lösung 4 unmittelbar sehen, da eine wahre Aussage vorliegt, wenn man auf der linken Seite für die Variable x die Zahl einsetzt.

Zum Vereinfachen einer Gleichung werden **Äquivalenzumformungen** verwendet. Dies sind Rechenoperationen, die die Lösungsmenge nicht verändern; sie werden auf beiden Seiten der Gleichung ausgeführt, wie zum Beispiel **Addition** oder **Subtraktion** desselben Terms, **Multiplikation** mit demselben Term (außer mit null) und **Division** durch denselben Term (außer durch null).

Beim Lösen einer Gleichung kann man folgendermaßen vorgehen:
– Auf jeder Seite der Gleichung die Klammern ausmultiplizieren.
– Jede Seite der Gleichung zusammenfassen.
– Alle Terme mit der Lösungsvariablen auf eine Seite bringen, alle anderen Terme auf die andere Seite.
– Durch den Vorfaktor der Lösungsvariablen teilen.
– Prüfen, ob die berechneten vorläufigen Lösungen auch der Definitionsmenge angehören.
– Die Lösungsmenge angeben.

Beispiel 1:
Lösen Sie die Gleichung
$3x + 5 = 19 - 4x$.
Lösung:

$$\begin{aligned} 3x + 5 &= 19 - 4x \quad &|+4x \\ \Leftrightarrow 7x + 5 &= 19 \quad &|-5 \\ \Leftrightarrow 7x &= 14 \quad &|:7 \\ \Leftrightarrow x &= 2 \end{aligned}$$

Antwort: Die Lösung ist 2, also $L = \{2\}$.

Beispiel 2:
Lösen Sie die Gleichung
$-x \cdot (6 - x) + 4 = (x + 1)^2$.
Lösung:

$$\begin{aligned} -x \cdot (6 - x) + 4 &= (x + 1)^2 \quad &| \text{ ausmultipl.} \\ \Leftrightarrow -6x + x^2 + 4 &= x^2 + 2x + 1 \quad &|-x^2 - 2x - 4 \\ \Leftrightarrow -8x &= -3 \quad &|:(-8) \\ \Leftrightarrow x &= \tfrac{3}{8} \end{aligned}$$

Antwort: Die Lösung ist $\frac{3}{8}$, also $L = \left\{\frac{3}{8}\right\}$.

Lösbarkeit linearer Gleichungen

Es gibt drei Arten von linearen Gleichungen:
- Eine Gleichung heißt **allgemeingültig**, wenn jedes Element der Definitionsmenge Lösung der Gleichung ist.

$$x + 30 = 3x - 2 \cdot (x - 15) \Leftrightarrow x + 30 = x + 30 \text{ (w)}, \text{ also } L = \mathbb{R}$$

- Eine Gleichung heißt **teilgültig**, wenn mindestens ein Element der Definitionsmenge Lösung der Gleichung ist, aber nicht alle Elemente.

$$3x + 2 = -2 \Leftrightarrow x = -\frac{4}{3}, \text{ also } L = \left\{-\frac{4}{3}\right\}$$

- Eine Gleichung heißt **unlösbar**, wenn kein Element der Definitionsmenge Lösung der Gleichung ist.

$$2x + 5 = 2 \cdot (x + 3) \Leftrightarrow 2x + 5 = 2x + 6 \Leftrightarrow 5 = 6 \text{ (f)}, \text{ also } L = \emptyset$$

Lineare Gleichungen mit Formvariablen

Gleichungen wie zum Beispiel $x - 2a = 5$ oder $2x = 8b - 2$ enthalten außer der **Lösungsvariablen x** noch die **Formvariablen a** bzw. **b**. Außer a bzw. b könnten noch weitere Formvariablen wie c, d, … vorkommen.

In ihrer Bedeutung müssen die beiden Typen von Variablen unterschieden werden: Die Lösungsvariable x ist die Variable, die „berechnet" werden muss. Alle Äquivalenzumformungen verfolgen das Ziel, die gegebene Gleichung nach x aufzulösen. Die Formvariablen haben eine ähnliche Bedeutung wie Zahlen.

Aber man darf nicht vergessen, dass es sich bei den Formvariablen trotzdem um Variablen handelt, für die Zahlen aus der jeweiligen Grundmenge eingesetzt werden können. In vielen Beispielen hängt die Lösungsmenge davon ab, welche Zahl für die Formvariable eingesetzt wird. Zur vollständigen Bearbeitung einer Gleichung mit Formvariablen sind oft Fallunterscheidungen notwendig. Dabei müssen Bedingungen formuliert werden, die sicherstellen, dass z. B. nicht durch null dividiert oder mit null multipliziert wird.

Als Lösung erhält man einen Term, der die Formvariablen mit enthält. Diesen Term nennt man den **Lösungsterm**. Die Angabe der Lösungsmenge erfolgt in der Regel mithilfe der beschreibenden Form der Mengenschreibweise.

Beispiel 1:
Lösen Sie die Gleichung $x - 3a = 7$ nach x auf und bestimmen Sie die Lösungsmenge in Abhängigkeit der Formvariablen a.
Lösung:

$$x - 3a = 7 \quad | + 3a$$
$$x = 3a + 7$$
$$L = \{x \mid x = 3a + 7\}$$

oder kurz: $L = \{3a + 7\}$.

Beispiel 2:
Lösen Sie die Gleichung $t \cdot x = 4t^2$ nach x auf und bestimmen Sie die Lösungsmenge in Abhängigkeit der Formvariablen t.
Lösung:

$$t \cdot x = 4t^2$$

Fallunterscheidung:

I) $t = 0$: $0 = 0$ (w), also $L = \mathbb{R}$
II) $t \neq 0$: $t \cdot x = 4t^2 \quad | : t$
$$x = 4t, \text{ also } L = \{4t\}$$

Aufgaben

1 Lösen Sie nach x auf und bestimmen Sie die Lösungsmenge.

a) $(2x - 3) \cdot (-3x + 4) = (5 - x) \cdot (6x + 2)$ b) $(9 - 2x)^2 = 4 \cdot (6 - x) \cdot (-x + 3)$

c) $(2 + 3x)^2 - (4 - x)^2 = (6 + 2x) \cdot (-2 + 4x)$ d) $(3x - 4)^2 + 4 \cdot (1 - 2x)^2 = (5x + 2)^2 - 4$

2 Bestimmen Sie die Lösungsmenge in Abhängigkeit der Formvariablen.

a) $3x \cdot (a - 2) + 12 = 2a \cdot (x + 1) - 2 \cdot (x - 2)$ b) $4x \cdot (b - 1) - 5 - b = 3b \cdot (x + 1) - 7 \cdot (x - 1)$

c) $a \cdot (x + 4a) = (a + 3b)^2 + b \cdot (2x - 9b)$ d) $x \cdot (a - 1) \cdot (b + 2) = (4a - b) \cdot x - 2x$

Lineare Ungleichungen

Mit Ungleichungen rechnet man im Prinzip wie mit Gleichungen. Wenn man aber eine Unglei-chung mit einer negativen Zahl multipliziert oder durch eine negative Zahl dividiert, dann ändert sich die Richtung des Größer- oder Kleinerzeichens.

Hier sind oftmals Fallun-terscheidungen notwendig.

Besondere Vorsicht ist beim Multiplizieren mit oder Dividieren durch Terme mit Formvariablen geboten, da man unterscheiden muss, ob diese Terme positiv oder negativ sind.

Beispiel 1:
Lösen Sie die Ungleichung $2x - 9 < 4x - 1$ nach x auf und bestimmen Sie die Lösungs-menge.
Lösung:

$$2x - 9 < 4x - 1 \quad | -4x + 9$$
$$-2x < 8 \quad\quad | : (-2)$$
$$x > -4$$
$$L = \{x \,|\, x > -4\} \quad \text{oder} \quad L =]-4; \infty\,[$$

Beispiel 2:
Bestimmen Sie die Lösungsmenge von $a \cdot (x - 4) \geqq 4a \cdot (a - 1)$ in Abhängigkeit der Formvariablen a.
Lösung:

$$a \cdot (x - 4) \geqq 4a \cdot (a - 1) \quad | \text{ ausmultiplizieren}$$
$$ax - 4a \geqq 4a^2 - 4a \quad | +4a$$
$$ax \geqq 4a^2$$

Fallunterscheidung vor der Division durch a:

I) $a > 0$: $x \geqq 4a$, also $L = \{x \,|\, x \geqq 4a\}$

II) $a = 0$: $0 \geqq 0$ (w), also $L = \mathbb{R}$

III) $a < 0$: $x \leqq 4a$, also $L = \{x \,|\, x \leqq 4a\}$

Aufgaben

3 Lösen Sie nach x auf und bestimmen Sie die Lösungsmenge.

a) $4x + 17 > -x - 3$ b) $-4 \cdot (3x - 2) < 6 \cdot (1 - 2x)$

c) $3 \cdot (6x - 4) > -9 \cdot (3 - 2x)$ d) $(2x - 1)^2 - 3x(2 + x) \leqq (x - 2)^2$

4 Bestimmen Sie die Lösungsmenge in Abhängigkeit der Formvariablen.

a) $4 \cdot (x + 1) > 5 \cdot (1 - 3a) + 7a - 1$ b) $b \cdot (x - 2) \leqq 3 \cdot (2b - 4) + 12$

c) $5 \cdot (3 + x) > p \cdot (1 - x) + 3 \cdot (x + 5)$ d) $t \cdot (x - t - 2) \leqq 1 - x$

5 Dosen zu je 300 g sollen verpackt werden. Für die Verpackung muss man 500 g rechnen. Insgesamt soll das Paket höchstens 12 kg wiegen. Wie viele Dosen darf man höchstens ein-packen?

5 Quadratische Gleichungen

Eine Gleichung wie $2x^2 - 5x + 8 = 0$ heißt **quadratisch**, da als höchste Potenz der Lösungsvariablen ein quadratischer Term in der Gleichung auftritt. Je nachdem, ob durch den Vorfaktor des quadratischen Terms dividiert wird oder nicht, unterscheidet man die **normierte** und die **allgemeine Form** der quadratischen Gleichung, für die es die folgenden Lösungsformeln gibt.

Für $D < 0$ gibt es keine reelle Lösung der quadratischen Gleichung, für $D = 0$ erhält man eine (doppelte) Lösung $x_1 = x_2$, für $D > 0$ zwei verschiedene Lösungen.

Normierte Form: $x^2 + px + q = 0$

Lösungsformel: $x_{1,2} = -\frac{p}{2} \pm \sqrt{\left(\frac{p}{2}\right)^2 - q}$

Diskriminante: $D = \left(\frac{p}{2}\right)^2 - q$

Allgemeine Form: $ax^2 + bx + c = 0; \ a \neq 0$

Lösungsformel: $x_{1,2} = \frac{-b \pm \sqrt{b^2 - 4ac}}{2a}$

Diskriminante: $D = b^2 - 4ac$

Kann man die gegebene quadratische Gleichung durch den Faktor vor dem quadratischen Term dividieren, ohne dass für p und q Brüche entstehen, ist die „pq-Formel" geschickter, andernfalls die „abc-Formel".

Beispiel 1:
Lösen Sie die quadratische Gleichung
$2x^2 - 4x - 6 = 0$.
Lösung:
$2x^2 - 4x - 6 = 0 \quad | : 2$
$x^2 - 2x - 3 = 0$
also $p = -2; \ q = -3$
$x_{1,2} = -\frac{-2}{2} \pm \sqrt{\left(\frac{-2}{2}\right)^2 - (-3)}$
$x_{1,2} = 1 \pm \sqrt{1 + 3} = 1 \pm 2$
$L = \{-1; 3\}$

Beispiel 2:
Lösen Sie die quadratische Gleichung
$6x^2 + 5x - 11 = 0$.
Lösung:
$6x^2 + 5x - 11 = 0$
also $a = 6; \ b = 5; \ c = -11$
$x_{1,2} = \frac{-5 \pm \sqrt{5^2 - 4 \cdot 6 \cdot (-11)}}{2 \cdot 6}$
$x_{1,2} = \frac{-5 \pm \sqrt{289}}{12} = \frac{-5 \pm 17}{12}$
$L = \left\{-\frac{11}{6}; 1\right\}$

Sonderformen quadratischer Gleichungen

Zwei Sonderformen quadratischer Gleichungen lassen sich problemlos auch ohne die Lösungsformeln lösen, wodurch sich Zeit und Rechenaufwand sparen lässt.

Tipp:
Fehlt der Absolutterm: ausklammern!

1. Sonderform: $x^2 + px = 0$ **bzw.** $ax^2 + bx = 0$, also $q = 0$ bzw. $c = 0$ (ohne Absolutterm)

Beispiel 3:
Lösen Sie die quadratische Gleichung $x^2 - 5x = 0$.
Lösung:
$x^2 - 5x = 0 \qquad | \ x \text{ ausklammern}$
$x(x - 5) = 0$
$\qquad L = \{0; 5\}$

Satz vom Nullprodukt:
Ein Produkt ist genau dann gleich null, wenn einer der Faktoren null ist.

2. Sonderform: $x^2 + q = 0$ **bzw.** $ax^2 + c = 0$, also $p = 0$ bzw. $b = 0$ (ohne linearen Term)

Beispiel 4:
Lösen Sie die quadratische Gleichung $x^2 - 81 = 0$.
Lösung:
$x^2 - 81 = 0 \Leftrightarrow x^2 = 81 \qquad | \ \text{Wurzelziehen}$
$|x| = 9$
$\qquad L = \{-9; 9\}$

Aufgaben

1 Lösen Sie die Gleichungen mithilfe einer Lösungsformel.

a) $x^2 + 6x + 5 = 0$ b) $x^2 + 8x - 9 = 0$ c) $3x^2 - 4x - 4 = 0$

d) $2x^2 - 5x - 42 = 0$ e) $y^2 + 6y + 7 = 0$ f) $y^2 - y - 20 = 0$

2 a) $-x^2 + x + 6 = 0$ b) $-15x^2 + x + 2 = 0$ c) $-4x^2 + 15x + 4 = 0$

d) $x^2 + \frac{2}{5}x - \frac{3}{5} = 0$ e) $y^2 - \frac{14}{3}y + \frac{16}{3} = 0$ f) $\frac{1}{5}x^2 - \frac{2}{5}x + \frac{1}{5} = 0$

g) $\frac{3}{20}x^2 - \frac{1}{2}x + \frac{3}{10} = 0$ h) $-\frac{1}{6}t^2 + \frac{1}{2}t + \frac{20}{3} = 0$ i) $12x^2 - 24x - 36 = 0$

3 a) $5z - 3 - 2z(3z - 4) = 4$ b) $\frac{1}{2}(x + 1)^2 = \frac{17}{8} - x$

c) $(x + 1)(2x + 3) = 4x^2 - 22$ d) $(y - 3)^2 = 2(y^2 - 9)$

e) $(2x - 3)^2 = (x - 1)(x - 4) + 9x$ f) $w^2 - 9 + (2w - 1)^2 = 25$

g) $t(3t - 7) - t + 4 = (t + 2)^2$ h) $(3x + 5)^2 - x(7x - 5) = 29x + 45$

4 Wie verändern sich die Lösungen der Gleichung $ax^2 + bx + c = 0$, wenn

a) a halbiert und c verdoppelt wird,   b) b verdoppelt und a vervierfacht wird,

c) a, b und c halbiert werden?

5 Lösen Sie die Gleichungen durch Ausklammern.

a) $x^2 + 4x = 0$ b) $2x^2 - 10x = 0$ c) $7x^2 = 8x$

d) $x^3 - \frac{1}{4}x = 0$ e) $x^3 + 8x^2 - 9x = 0$ f) $y^3 + 4y^2 - y = 0$

6 Lösen Sie die Gleichungen möglichst geschickt.

a) $x^4 - 4x^2 = 0$ b) $(2x - 5)^2 = 5$

c) $y^2 + 6y + 9 = 1$ d) $2x(x - 2) + 4(x - 2) = 0$

e) $(x + 1) - (x^2 - 1) = 0$ f) $(x - 1) - (x^2 - 1) = 0$

g) $(x + 1) - (x^2 + 1) = 0$ h) $(9x^2 - 6x + 1)(1 - 2x) = (3x - 1)^2$

i) $(x + 2)^2(3x - 5) - (x - 2)(x + 2) = 0$ j) $x(3 + 2x)(5 - 4x)(8x - 3) = 0$

7 Bei welchen Werten der Formvariablen t hat die Gleichung genau zwei (eine, keine) Lösungen? Geben Sie jeweils die Lösungen an.

a) $x^2 - x - t = 0$ b) $tx^2 + 6x + 1 = 0$

c) $x^2 + tx - 2t^2 = 0$ d) $3t^2x^2 + 4tx + 1 = 0$

e) $\frac{1}{4}tx^2 - (t - 1)x + t = 0$ f) $(t - 1)x^2 + 2tx + t + 1 = 0$

8 Bestimmen Sie – falls dies möglich ist – die Formvariable k so, dass die Gleichung genau eine Lösung hat. Geben Sie jeweils diese Lösung an.

a) $x^2 + (k + 1)x + 1 = 0$ b) $x^2 + kx + k = 0$

c) $(k + 1)x^2 + 2x - (k - 1) = 0$ d) $x^2 + 1 = 2x - k^2x^2$

e) $kx^2 - kx + 1 = k$ f) $x^2 - (k^2 + 2)x - (k^2 - 1) = 0$

9 a) Begründen Sie mithilfe der Diskriminante: Wenn a und c verschiedene Vorzeichen haben, hat die Gleichung $ax^2 + bx + c = 0$ zwei Lösungen.

b) Erörtern Sie, ob auch die Umkehrung gilt.

c) Veranschaulichen Sie den Sachverhalt mithilfe von Parabeln.

235

6 Weitere Arten von Gleichungen

Bruchgleichungen

Eine Gleichung wie $\frac{1}{x-1} = \frac{x}{2}$, bei der die Lösungsvariable im Nenner eines Bruchterms auftritt, nennt man eine **Bruchgleichung**. Von der grundsätzlich zur Verfügung stehenden Grundmenge $G = \mathbb{R}$ müssen diejenigen Zahlen ausgeschlossen werden, die beim Einsetzen für die Variable x dazu führen würden, dass sich in einem Nenner null ergibt. Diese so genannten Nullstellen x_1, x_2, ... der Nenner müssen bei der **Definitionsmenge** ausgeschlossen werden:
$D = \mathbb{R} \backslash \{x_1, x_2, ...\}$.
Anschließend ermittelt man den Hauptnenner und multipliziert mit diesem durch. Die entstehende Gleichung enthält dann keine Brüche mehr.
Die weitere Lösungsstrategie entspricht der bei „normalen" linearen oder quadratischen Gleichungen. Bevor man jedoch die Lösungsmenge angibt, muss man sicherstellen, dass die berechneten Zahlen auch zur Definitionsmenge gehören; andernfalls sind diese von der Lösungsmenge auszuschließen.

Beispiel:
Lösen Sie die Bruchgleichung $\frac{1}{x^2} + \frac{1}{2x} = 3$.
Lösung:
$\frac{1}{x^2} + \frac{1}{2x} = 3 \quad | \cdot 2x^2$; Hauptnenner: $2x^2$; Definitionsmenge: $D = \mathbb{R}^*$
$2 + x = 6x^2$
$6x^2 - x - 2 = 0$
$x_{1,2} = \frac{1 \pm \sqrt{1 - 4 \cdot 6 \cdot (-2)}}{2 \cdot 6} = \frac{1 \pm 7}{12}$
$x_1 = \frac{2}{3} \in D$; $x_2 = -\frac{1}{2} \in D$, also $L = \left\{\frac{2}{3}; -\frac{1}{2}\right\}$

Bruchgleichungen mit Formvariablen

Das Vorgehen ist im Prinzip wie bei den Bruchgleichungen ohne Formvariablen. Allerdings kommen die Formvariablen bei den Einschränkungen der Definitionsmenge mit ins Spiel, und die Lösungen können meist nur in Abhängigkeit der Formvariablen angegeben werden.

Beispiel:
Lösen Sie die Bruchgleichung $1 + \frac{2a}{x} = \frac{x}{x-a}$ nach x auf.
Geben Sie die Lösungsmenge in Abhängigkeit der Formvariablen a an.
Lösung:
$1 + \frac{2a}{x} = \frac{x}{x-a} \quad | \cdot x(x-a)$
Definitionsmenge: $D = \mathbb{R} \backslash \{0; a\}$
$x(x-a) + 2a(x-a) = x^2$
$x^2 - ax + 2ax - 2a^2 = x^2$
$\qquad\qquad\qquad ax = 2a^2$

Fallunterscheidung:
I) $a = 0$: $0 = 0$ (w), also $L = D = \mathbb{R}^*$
II) $a \neq 0$: $ax = 2a^2 \quad | : a$
$\qquad x = 2a$, also $L = \{2a\}$

Aufgaben

1 Bestimmen Sie die Definitionsmenge und lösen Sie anschließend die Gleichung.

a) $\frac{9}{x-8} = x$

b) $\frac{5}{x-2} - 3 = \frac{2x-4}{5}$

c) $\frac{x+3}{x} - 5 = \frac{x}{x-2}$

d) $\frac{2x+1}{3} + \frac{10}{2x+1} = 4$

e) $2 \cdot \frac{x-2}{5} + \frac{5}{x-2} = 3$

f) $\frac{2x+1}{2} + \frac{10}{3-2x} = 2$

2 a) $\frac{x+3}{x} + \frac{x}{x-2} = 5$

b) $\frac{7-x}{x} - \frac{x}{x+8} = 5$

c) $\frac{x+1}{x-1} - \frac{9}{5} = \frac{x-2}{x+2}$

d) $\frac{x+11}{2x+1} - \frac{x+3}{5+x} = 0$

3 a) $\frac{x}{2x-3} - \frac{1}{2x} = \frac{3}{4x-6}$

b) $\frac{2x}{x-4} + \frac{3x}{x+4} = \frac{4(x^2-x+4)}{x^2-16}$

Hier finden Sie die Lösungsmengen zu den Aufgaben Nr. 2 und Nr. 3.

$\{-4;\ 13\}$ $\{1\}$ $\left\{-7;\ \frac{8}{7}\right\}$ $\left\{\frac{2}{3};\ 3\right\}$ $\left\{-\frac{2}{3};\ 3\right\}$ $\{\ \}$

4 In der folgenden Gleichung sei x die Lösungsvariable. Geben Sie die Lösungsmenge in Abhängigkeit von a und b (mit a, b, x $\neq$ 0) an.

a) $\frac{x}{a} - \frac{a}{x} = \frac{3}{2}$

b) $x - \frac{1}{x} = a - \frac{1}{a}$

c) $\frac{ax+b}{ax} - 2 = \frac{2ax}{b}$

Betragsgleichungen und Betragsungleichungen

Es sei $x \in \mathbb{R}$. Dann gilt für den Betrag von x: $|x| = \begin{cases} x & \text{für } x \geqq 0 \\ -x & \text{für } x < 0 \end{cases}$.

Geometrisch stellt der Betrag einer Zahl den (positiven) Abstand dieser Zahl vom Ursprung auf der Zahlengeraden dar.

Zum Lösen von Betragsgleichungen oder -ungleichungen wird eine Fallunterscheidung durchgeführt:

I) Ist der Term zwischen den Betragsstrichen $\geqq 0$, dann ersetzt man die Betragsstriche durch Klammern.

II) Ist der Term zwischen den Betragsstrichen < 0, dann ersetzt man die Betragsstriche durch Klammern und setzt davor ein Minuszeichen.

Beispiel 1:

$|2x - 4| = 6$

Fallunterscheidung:

I) $2x - 4 \geqq 0$, also $x \geqq 2$:
   $2x - 4 = 6 \Leftrightarrow x = 5$

II) $2x - 4 < 0$, also $x < 2$:
   $-(2x - 4) = 6 \Leftrightarrow x = -1$

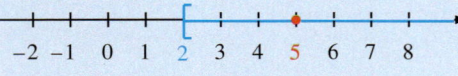

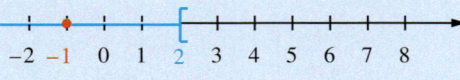

also $L_I = \{5\}$

also $L_{II} = \{-1\}$

gesamte Lösungsmenge: $L = L_I \cup L_{II} = \{-1;\ 5\}$

Beispiel 2:

$4\,|\,3x+9\,|>24$

Fallunterscheidung:

I) $3x+9\geqq 0$, also $x\geqq -3$:

$4\,(3x+9)>24 \quad |:4$

$\quad 3x+9>6 \Leftrightarrow x>-1$

II) $3x+9<0$, also $x<-3$:

$-4\,(3x+9)>24 \quad |:(-4)$

$\quad 3x+9<-6 \Leftrightarrow x<-5$

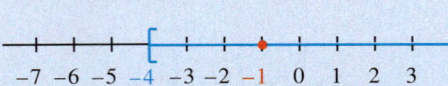

also $L_I=\{x\,|\,x>-1\}$

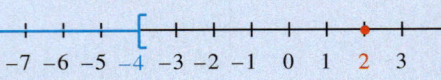

also $L_{II}=\{x\,|\,x<-5\}$

gesamte Lösungsmenge: $L=L_I\cup L_{II}=\{x\,|\,x>-1 \vee x<-5\}=\mathbb{R}\backslash[-5;-1]$

Beispiel 3:

$-\,|\,x+4\,|=3x$

Fallunterscheidung:

I) $x+4\geqq 0$, also $x\geqq -4$:

$-(x+4)=3x$

$\quad -x-4=3x \Leftrightarrow x=-1$

II) $x+4<0$, also $x<-4$:

$+(x+4)=3x$

$\quad x+4=3x \Leftrightarrow x=2$

also $L_I=\{-1\}$

also $L_{II}=\emptyset$

gesamte Lösungsmenge: $L=L_I\cup L_{II}=\{-1\}$

Aufgaben

5 Lösen Sie die Betragsgleichung.

a) $|\,2x+9\,|=1$ b) $|\,3x+5\,|=4$ c) $|\,6x-15\,|=0$

d) $|\,3x-6\,|=x$ e) $|\,3x-4\,|=4x-3$ f) $|-18-3x\,|=6x+12$

6 Lösen Sie die Betragsungleichung und veranschaulichen Sie die Lösungsmenge an der Zahlengeraden.

a) $|\,2x-3\,|<3$ b) $|\,3x+4\,|\geqq 8$ c) $|\,8x-12\,|\leqq 4+x$

Potenz- und Wurzelgleichungen

Für die Lösungen von **Potenzgleichungen** der Form $x^n=a;\ n\in\mathbb{N}\backslash\{0;1\}$ gilt:

	n gerade	n ungerade
$a>0$	$\sqrt[n]{a}$ und $-\sqrt[n]{a}$	$\sqrt[n]{a}$
$a=0$	0	0
$a<0$	keine Lösung	$-\sqrt[n]{|a|}$

Beispiele:

Geben Sie die Lösungsmenge der Potenzgleichung an.

a) $x^4 = 5$ b) $x^6 = 0$ c) $x^3 = -8$

Lösung:

a) $x^4 = 5$

$x = \sqrt[4]{5} \vee x = -\sqrt[4]{5}$

$L = \{-\sqrt[4]{5} \,; \sqrt[4]{5}\}$

b) $x^6 = 0$

$x = 0$

$L = \{0\}$

c) $x^3 = -8$

$x = -\sqrt[3]{|-8|} = -\sqrt[3]{8} = -2$

$L = \{-2\}$

Eine **Wurzelgleichung** der Form $\sqrt[n]{x} = a$ hat für $a < 0$ keine Lösung. Ist $a \geqq 0$, so führt Potenzieren zur äquivalenten Gleichung $x = a^n$, also $L = \{a^n\}$.

Steht die Variable x unter der Wurzel, so muss sichergestellt werden, dass der Radikand insgesamt keine negative Zahl ergibt. Dies ist bei der Festlegung der Definitionsmenge zu berücksichtigen.

Oft ist es notwendig, die gegebene Wurzelgleichung zu potenzieren. Allerdings ist Potenzieren keine Äquivalenzumformung! Es ist daher unerlässlich, die berechneten Zahlen als Probe nochmals in die ursprünglich gegebene Wurzelgleichung einzusetzen. Hierbei entscheidet sich, welche der zunächst berechneten Zahlen tatsächlich in die Lösungsmenge aufgenommen werden können.

Beispiele:

Geben Sie die Definitionsmenge an und lösen Sie die Wurzelgleichung. Machen Sie die Probe.

a) $\sqrt[3]{x} = 4$ b) $\sqrt[4]{x + 4} = 2\sqrt{2}$ c) $\sqrt{x + 2} = x$

Lösung:

a) $\sqrt[3]{x} = 4$; $D = \mathbb{R}_+$

$x = 4^3 = 64$

Probe: $\sqrt[3]{64} = 4$ (w)

$L = \{64\}$

b) $\sqrt[4]{x + 4} = 2\sqrt{2}$; $D = [-4; \infty[$

$x + 4 = (2\sqrt{2})^4 = 64$

$x = 60$

Probe: $\sqrt[4]{64} = 2\sqrt{2}$ (w)

$L = \{60\}$

c) $\sqrt{x + 2} = x$; $D = [-2; \infty[$

$x + 2 = x^2 \Leftrightarrow x^2 - x - 2 = 0$

Es folgt: $x_1 = 2$; $x_2 = -1$

Probe: $\sqrt{2 + 2} = \sqrt{4} = 2$ (w)

$\sqrt{-1 + 2} = \sqrt{1} = -1$ (f)

$L = \{2\}$

Aufgaben

7 Entscheiden Sie, ob die Definitionsmenge eingeschränkt werden muss, und lösen Sie die Gleichung.

a) $x^4 = 625$ b) $2x^3 + 0{,}25 = 0$ c) $\frac{x^4}{8} + 2 = 0$ d) $(x - 3)^5 = -\frac{1}{32}$

e) $\sqrt[3]{x} = -8$ f) $\sqrt[5]{x - 1} = 2$ g) $\sqrt[5]{x^2} = 4$ h) $x^{-1} = 5 \cdot \sqrt{x^3}$

8 Geben Sie die Definitionsmenge an und lösen Sie die Wurzelgleichung. Machen Sie die Probe.

a) $x + \sqrt{x} = 20$ b) $2x - \sqrt{x} = 3$ c) $\sqrt{x - 1} = x - 1$

d) $2x + \sqrt{x + 1} = 8$ e) $3 - \sqrt{12 - 33x} = 6x$ f) $\sqrt{13 - 4x} = 2 - x$

g) $\sqrt{x - 5} = 5 - \sqrt{x}$ h) $\sqrt{x + \sqrt{x}} = \sqrt{30}$ i) $\frac{2}{\sqrt{x}} + 1 = \sqrt{x}$

239

7 Anwendungsaufgaben

Das Lösen von Anwendungsaufgaben läuft in mehreren Schritten ab:

– Zunächst ist das reale Problem in die mathematische Formelsprache zu übertragen. Dabei muss man sich Gedanken machen, wie sich die gesuchten Größen geschickt durch möglichst wenige Variablen ausdrücken lassen. Es ist vorteilhaft, sich die Bedeutung der Variablen zu Beginn der Aufgabe zu notieren.

– Das mathematische Problem wird als Gleichung formuliert, die anschließend mithilfe der gelernten Rechenregeln und Verfahren gelöst wird.

– Schließlich findet eine Rückübertragung und Interpretation der gefundenen rechnerischen Lösung in die Wirklichkeit statt. Häufig müssen an dieser Stelle Lösungen wieder ausgeschlossen werden, da sie die Voraussetzungen der Fragestellung nicht erfüllen.

Beispiel 1: (Zahlenrätsel)
Die Summe der Quadrate dreier aufeinander folgender natürlicher Zahlen beträgt 770. Wie lauten die drei Zahlen?

Formulierung als mathematisches Problem:

erste Zahl: x mit $x \in \mathbb{N}$

zweite Zahl: $x + 1$

dritte Zahl: $x + 2$

Summe der Quadrate:

$$x^2 + (x + 1)^2 + (x + 2)^2 = 770$$

$x^2 + x^2 + 2x + 1 + x^2 + 4x + 4 = 770$

Dies führt zur nebenstehenden Rechnung.

Rechnung:

$3x^2 + 6x - 765 = 0 \quad | : 3$

$x^2 + 2x - 255 = 0$

$x_{1,2} = -1 \pm \sqrt{1 + 255} = -1 \pm 16$

$x_1 = 15, \quad x_2 = -17 \notin D$

Antwort: Die drei gesuchten natürlichen Zahlen lauten 15, 16 und 17.

Beispiel 2: (Fahne mit rotem Kreuz)

a) Eine 3 m breite und 4 m lange Fahne soll mit einem roten Kreuz versehen werden. Die roten Streifen sollen so angefertigt werden, dass das rote Kreuz denselben Flächeninhalt wie die restliche weiße Fläche hat. Wie breit müssen die roten Streifen gewählt werden?
b) Berechnen Sie die Streifenbreite s in Abhängigkeit der Länge a und der Breite b der Fahne.

a) Formulierung als mathematisches Problem:

Streifenbreite: x (in m)

rote Fläche: $4x + 3x - x^2 = -x^2 + 7x$

weiße Fläche = Gesamtfläche – rote Fläche

$12 - (7x - x^2) = x^2 - 7x + 12$

gleiche Flächeninhalte:

$-x^2 + 7x = x^2 - 7x + 12$

Dies führt zur nebenstehenden Rechnung.

Rechnung:

$2x^2 - 14x + 12 = 0 \quad | : 2$

$x^2 - 7x + 6 = 0$

$x_{1,2} = \frac{7}{2} \pm \sqrt{\frac{49}{4} - \frac{24}{4}} = \frac{7}{2} \pm \frac{5}{2}$

$x_1 = 6$ entfällt, da $x_1 > 3$; $x_2 = 1$

Antwort: Die roten Streifen müssen 1 m breit sein.

b) allgemeine Formulierung:

rote Fläche: $ax + bx - x^2 = -x^2 + ax + bx$

weiße Fläche: $ab - (-x^2 + ax + bx)$

$$= x^2 - ax - bx + ab$$

gleiche Flächeninhalte:

$$-x^2 + ax + bx = x^2 - ax - bx + ab$$

Rechnung:

$$2x^2 - 2ax - 2bx + ab = 0 \quad | :2$$

$$x^2 - (a + b)x + \frac{ab}{2} = 0$$

$$x_{1,2} = \frac{(a+b) \pm \sqrt{a^2 + b^2}}{2}$$

x_1 entfällt, da $x_1 > \frac{a+b}{2}$ und damit größer als die kleinere Seite ist.

$$x_2 = \frac{(a+b) - \sqrt{a^2 + b^2}}{2}$$

Antwort: Die roten Streifen müssen die Breite x_2 aufweisen.

Beispiel 3: (Radweg)

Entlang einer Straße soll ein Radweg angelegt werden. Dazu müsste der Besitzer des Eckgrundstücks der Straße entlang einen Streifen abgeben. Als Ausgleich ist eine Verlängerung des Grundstücks um bis zu 4,7 m möglich.

Wie breit kann der Radweg höchstens werden?

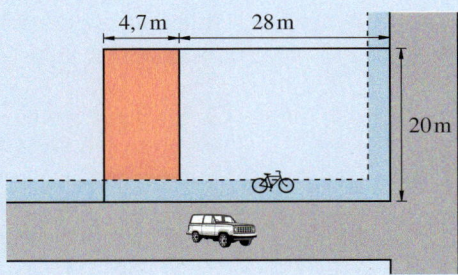

Formulierung als mathematisches Problem:

Breite des Radwegs (m): x mit $x \in [0; 20]$

Die neu hinzukommende Fläche soll gleich groß sein wie die für den Radweg abgegebene Fläche:

$$4,7 \cdot (20 - x) = 20 \cdot x + (28 - x) \cdot x$$

$$94 - 4,7x = 20x + 28x - x^2$$

Rechnung:

$$x^2 - 52,7x + 94 = 0$$

$$x_{1,2} = 26,35 \pm \sqrt{26,35^2 - 94} = 26,35 \pm 24,50$$

$$x_1 = 50,85 \notin D; \quad x_2 = 1,85$$

Antwort: Der Radweg kann höchstens 1,85 m breit werden.

Beispiel 4: (Schwimmbecken)

Ein Schwimmbecken kann durch zwei verschiedene Rohre gefüllt werden. Einzeln braucht das eine Rohr 10 Stunden länger als das andere; zusammen brauchen sie 12 Stunden. Wie lange braucht jedes Rohr allein zur Füllung?

Formulierung als mathematisches Problem:

Beckenvolumen: V (in m³)

„schnelleres Rohr":

Variable t: Füllzeit (in h)

Füllgeschwindigkeit: $\frac{V}{t}$ (in m³ h⁻¹)

„langsameres" Rohr:

Füllzeit: $t + 10$

Füllgeschwindigkeit: $\frac{V}{t + 10}$

gleichzeitige Befüllung durch beide Rohre:

$$\frac{V}{t} + \frac{V}{t + 10} = \frac{V}{12} \quad | :V$$

Rechnung:

$$\frac{1}{t} + \frac{1}{t + 10} = \frac{1}{12} \quad | \cdot 12 \cdot t \cdot (t + 10)$$

$$12 \cdot (t + 10) + 12t = t \cdot (t + 10)$$

$$t^2 - 14t - 120 = 0$$

$$t_{1,2} = 7 \pm \sqrt{49 + 120} = 7 \pm 13$$

$$t_1 = 20; \quad t_2 = -6 \text{ entfällt, da } t_2 < 0$$

Antwort: Die Füllzeiten der beiden Rohre betragen 20 Stunden und 30 Stunden.

Aufgaben

1 a) Vergrößert man eine Zahl um 7 und verkleinert dann die gleiche Zahl um 1, so ist das Produkt der gebildeten Zahlen 20. Von welcher Zahl ging man aus?
b) Gibt es vier aufeinander folgende natürliche Zahlen, bei denen das Produkt aus der kleinsten und der größten gleich dem Produkt der beiden anderen ist?

2 a) Ein Rechteck hat den Flächeninhalt 1216 cm². Die eine Seite ist 6 cm länger als die andere. Berechnen Sie die Seitenlängen.
b) Ein Rechteck mit dem Umfang 56 cm hat den Flächeninhalt 192 cm². Berechnen Sie seine Seitenlängen.

3 Mit welchem konstanten Zinssatz muss ein Kapital verzinst werden, damit es sich nach 28 Jahren verdreifacht?

4 Mit der Anmeldung zum Schullandheim musste jede Schülerin und jeder Schüler die Fahrtkosten an den Klassenlehrer überweisen. Wegen Krankheit konnten drei angemeldete Klassenkameraden nicht am Schullandheim teilnehmen. Der Klassenlehrer forderte daher von jedem Teilnehmer des Schullandheims eine Nachzahlung von 3 €. Wie viele Schülerinnen und Schüler hatten sich ursprünglich angemeldet, wenn die Fahrtkosten 700 € betrugen?

5 Um die Härte eines Werkstoffes zu bestimmen, drückt man eine Stahlkugel mit einer bestimmten Kraft auf diesen Werkstoff, misst den Durchmesser der entstandenen Vertiefung und berechnet daraus die Eindrucktiefe (Härteprüfung nach Brinell).
Wie groß ist die Eindrucktiefe, wenn die Stahlkugel den Radius 1,0 cm und der Eindruckkreis den Durchmesser 1,6 cm hat?

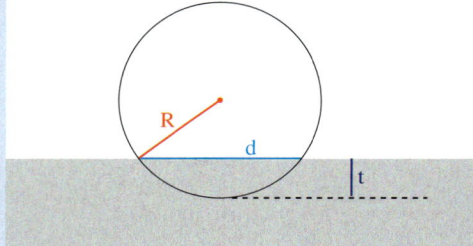

Fig. 1

6 Zur Bestimmung der Meerestiefe wird von einem Sender S am Schiffsrumpf ein Schallsignal ausgesandt, das am Meeresboden reflektiert und am Punkt E wieder empfangen wird. Die Schallgeschwindigkeit in Wasser beträgt 1510 m s⁻¹.
Bestimmen Sie die Meerestiefe, wenn das Schallsignal 0,100 s unterwegs war.

7 Ein Flugzeug benötigt 5,5 Stunden, um eine 2700 km lange Strecke hin und zurück zu fliegen. Auf dem Hinweg fliegt das Flugzeug mit Rückenwind, auf dem Rückweg mit Gegenwind von jeweils konstant 25 m s⁻¹. Berechnen Sie die Eigengeschwindigkeit des Flugzeuges.

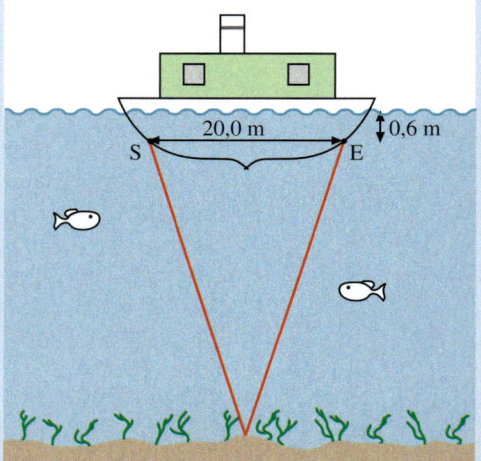

Fig. 2

8 Arbeiten im Koordinatensystem

Kartesische Koordinaten

Ein **kartesisches Koordinatensystem** besteht aus zwei orthogonalen Zahlengeraden, die sich in ihren Nullpunkten – dem Ursprung O – schneiden. Die Abstandsteilung ist in waagerechter und in senkrechter Richtung gleichmäßig (äquidistant); häufig wird die Wahl 1 LE ≙ 1 cm getroffen.

Die horizontale Achse heißt **Abszisse** oder auch **Abszissenachse**, die vertikale Achse entsprechend **Ordinate** oder **Ordinatenachse**. Diese Bezeichnungen werden häufig in Anwendungen verwendet, bei denen die aufgetragenen Größen nicht x und y sind. Ansonsten spricht man von der x- bzw. y-Achse.
Durch die beiden Koordinatenachsen wird die Zeichenebene in die **vier Quadranten** oder vier **Felder** geteilt, die entgegen dem Uhrzeigersinn durchnummeriert werden.

Ein **Punkt (a|b)** ist durch seine x-Koordinate oder **Abszisse a** und durch seine y-Koordinate oder **Ordinate b** festgelegt.
Jedem **Zahlenpaar (a; b)** mit a, b ∈ ℝ kann somit in eindeutiger Weise ein **Punkt P(a|b)** in einem kartesischen Koordinatensystem zugeordnet werden und umgekehrt.
Folglich kann man die Lösungsmenge einer Gleichung oder Ungleichung mit zwei Variablen, die aus Zahlenpaaren besteht, als Punkte in einem kartesischen Koordinatensystem veranschaulichen.

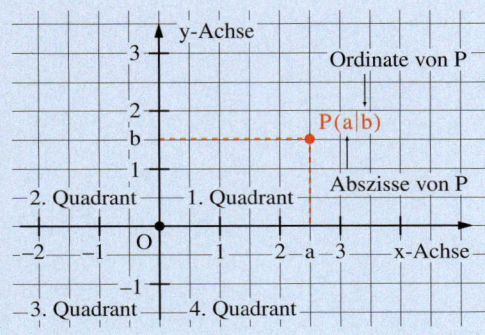

Fig. 1

Bemerkung: Lösungsmengen von (Un-)Gleichungen mit einer Variablen kann man ebenso in einem kartesischen Koordinatensystem veranschaulichen.
Hierzu schreibt man z. B. eine Gleichung wie x = 2 in die Form x + 0 · y = 2 um.

Beispiel:
Veranschaulichen Sie die Lösungsmenge von (x < 2 und y ≧ 0,5).
Lösung:
Die Veranschaulichung von x = 2 ist eine Parallele zur y-Achse.
Die Punkte mit x < 2 ist die links von dieser Parallelen liegende, grüne Halbebene.
Die Punkte mit y ≧ 0,5 ist die blaue Halbebene mit Rand.
Die Schnittmenge beider Halbebenen ergibt die gesuchte Lösungsmenge von (x < 2 und y ≧ 0,5).

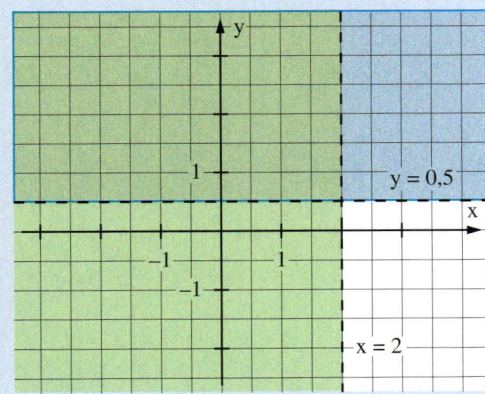

Fig. 2

Aufgaben

1 Welches Koordinatensystem ist kein kartesisches? Begründen Sie.

a)   b)   c)   d)

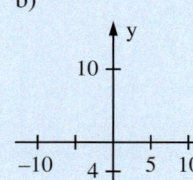
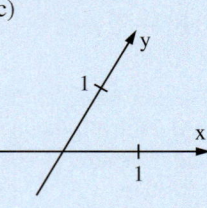

Fig. 1

2 Welche der Punkte A bis H in Fig. 2 erfüllen die folgende Bedingung?

a) Die Abszisse ist 3.   b) Die Ordinate ist kleiner als 2.

c) Der Punkt gehört zum Graphen von $y = 0,5\,x^2$.

d) Das Koordinatenpaar erfüllt die Ungleichung $y > -x$.

e) Die x- und y-Koordinate unterscheiden sich höchstens um 1.

*Die Überprüfung, ob ein Punkt auf einem Graphen liegt, heißt **Punktprobe**.*

3 Gehört der Punkt $Q(2|-4)$ zum Graph von

a) $x^2 = 0,5\,y$,   b) $y = -2\,x^2$,   c) $-y = x^2$,

d) $-4\,x = 0,5\,y$,   e) $x^4 = -2^2 \cdot y$,   f) $x = \sqrt{-y}$?

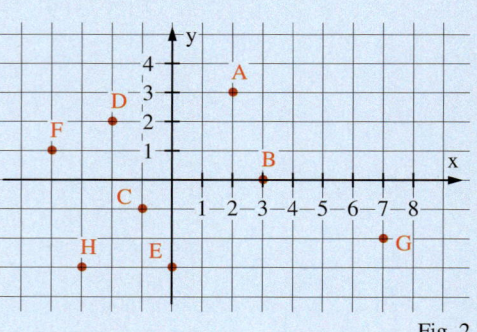

Fig. 2

4 Gegeben sind die Punkte $A(3|-1)$, $B(2|0)$ und $C(u|v)$. Geben Sie die Koordinaten der Bildpunkte A', B' und C' bei der folgenden Abbildung an.

a) Spiegelung an der x-Achse   b) Spiegelung an der y-Achse

c) Spiegelung am Ursprung   d) Spiegelung an $Z(0|4)$

5 Veranschaulichen Sie die Lösungsmenge.

a) $x - y = 0$ b) $x + y = 1,5$ c) $-x = 0,8\,y$

d) $x = 2$ e) $y > -3,3$ f) $x \cdot y = 0$

g) $x = 1$ und $y > -1$ h) $x \leqq 2$ und $y > -1,5$ i) $x \cdot y > 0$ und $x > y$

$$|x| = \begin{cases} x, \text{ falls } x > 0 \\ 0, \text{ falls } x = 0 \\ -x, \text{ falls } x < 0 \end{cases}$$

Beispiele: $|5| = 5$
$|-5| = 5$
$|0| = 0$

6 a) $|x| = 1$ b) $|y| = 1,7$ c) $y = |x|$ d) $x = |y|$ e) $|x| = |y|$ f) $|x + y| = 0$

g) $|2\,x| < 3$ h) $|x + 3| < 4$ i) $|x| > 1$ und $|y| < 2,5$ k) $|x \cdot y| = 1$ l) $|x \cdot y| < 2$

7 Beschreiben Sie die gefärbten Punktmengen durch (Un-)Gleichungen.

a)   b)   c)

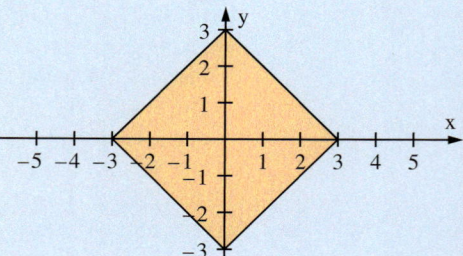

Fig. 3

Länge und Mittelpunkt einer Strecke

Zeichnet man durch zwei Punkte $P(x_P|y_P)$ und $Q(x_Q|y_Q)$ nicht die Gerade, sondern nur die Strecke, kann man von dieser die Länge und die Koordinaten des Mittelpunktes $M(x_M|y_M)$ berechnen.

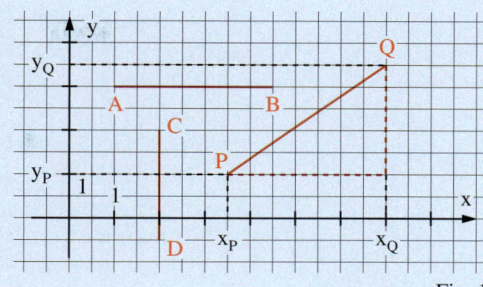

Fig. 1

Diese Längenberechnung gilt nur in einem rechtwinkligen Koordinatensystem mit gleichen Längeneinheiten, wie das bei einem kartesischen Koordinatensystem der Fall ist.

Als Einheit für die Länge dient die Koordinateneinheit. So gemessene Längen werden ohne Einheit geschrieben. Ist die Strecke parallel zu einer Koordinatenachse, gilt:

$\overline{AB} = x_B - x_A$ bzw. $\overline{CD} = y_C - y_D$.

Allgemein gilt (Satz des PYTHAGORAS):

$\overline{PQ} = \sqrt{(x_Q - x_P)^2 + (y_Q - y_P)^2}$ (Fig. 1).

Aus Fig. 2 folgt mithilfe des Strahlensatzes:

$\dfrac{\overline{PM}}{\overline{MQ}} = \dfrac{x_M - x_P}{x_Q - x_M}$.

Da M der Mittelpunkt der Strecke PQ ist, gilt: $x_M - x_P = x_Q - x_M$.

Somit: $x_M = \frac{1}{2}(x_P + x_Q)$.

Entsprechend ergibt sich:

$y_M = \frac{1}{2}(y_P + y_Q)$.

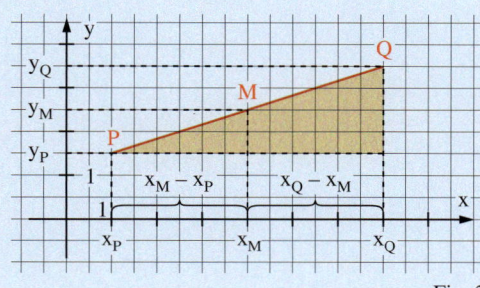

Fig. 2

Wenn man bei diesen Formeln z. B. x_P und x_Q vertauscht, erhält man wieder eine richtige Formel. Warum?

Zusammenfassung:

Für die Strecke PQ mit den Endpunkten $P(x_P|y_P)$ und $Q(x_Q|y_Q)$ gilt:

Länge d der Strecke PQ:

$d = \sqrt{(x_Q - x_P)^2 + (y_Q - y_P)^2}$

Koordinaten des **Mittelpunktes** $M(x_M|y_M)$:

$x_M = \dfrac{x_P + x_Q}{2}$; $y_M = \dfrac{y_P + y_Q}{2}$

Beispiel:

Gegeben ist das Dreieck ABC mit $A(-2|-2)$, $B(4|-1)$ und $C(2|2)$. Berechnen Sie die Länge der Seitenhalbierenden s_c.

Lösung:

Mittelpunkt M von AB:

$x_M = \dfrac{x_A + x_B}{2} = \dfrac{-2 + 4}{2} = 1$

$y_M = \dfrac{y_A + y_B}{2} = \dfrac{-2 - 1}{2} = -1{,}5$

Der Mittelpunkt von AB hat also die Koordinaten $M(1|-1{,}5)$.

Länge von s_c:

$s_c = \overline{MC} = \sqrt{(x_C - x_M)^2 + (y_C - y_M)^2}$

$s_c = \sqrt{(2 - 1)^2 + (2 - (-1{,}5))^2}$

$s_c = \sqrt{13{,}25} \approx 3{,}64$

Die Länge der Seitenhalbierenden s_c beträgt also 3,64.

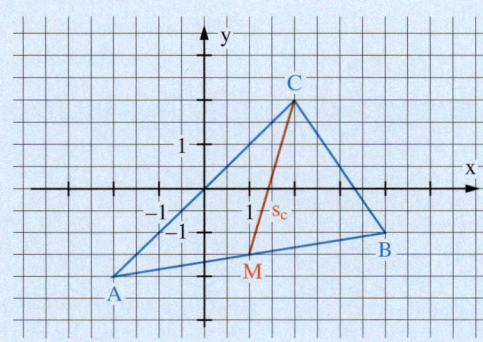

Fig. 3

245

Aufgaben

8 Berechnen Sie die Länge der Strecke AB.

a) A(2|1), B(6|4) b) A(−13|5), B(−5|11)

c) A(0|0), B(−10|0) d) A(2|0,5), B(−2|−0,5)

9 Berechnen Sie die Längen der Seiten und Diagonalen im Viereck ABCD.

a) A(0|−2,5), B(6|0), C(3|4), D(−3|−1,5) b) A(−3,6|0), B(2,8|−4,8), C(6,4|0), D(0|4,8)

10 Berechnen Sie die Koordinaten des Mittelpunktes M der Strecke AB.

a) A(2|1), B(6|7) b) A(4|−2), B(−4|−5) c) $A\left(\frac{1}{2}\middle|-\frac{3}{4}\right)$, $B\left(-2\frac{1}{2}\middle|\frac{1}{3}\right)$

d) A(−√2|1), B(2|−√2) e) A(3|2), B(7|8) f) A(−2|3), B(−5|−4)

g) $A\left(-\frac{1}{3}\middle|\frac{2}{7}\right)$, $B\left(-\frac{3}{8}\middle|3\frac{3}{5}\right)$ h) $A(\sqrt{3}|-\sqrt{2})$, $B\left(-\frac{1}{2}\sqrt{2}\middle|1\right)$ i) $A(0|0)$, $B(\sqrt{400}|\sqrt{16})$

11 Berechnen Sie für das Dreieck ABC die Seitenlängen sowie die Koordinaten der Seitenmitten.

a) A(0|0), B(0|7), C(3|4) b) A(0|1), B(4|5), C(2|2)

c) A(−1|−1), B(3,5|−1), C(0,5|3) d) $A\left(-2\middle|-\frac{7}{4}\right)$, B(4|0), C(0|2)

e) A(0|0), B(3√2|−3), C(√3|√6) f) $A\left(1+\sqrt{2}\middle|\frac{1}{2}\sqrt{3}\right)$, $B\left(1-\sqrt{2}\middle|\frac{1}{2}\sqrt{2}\right)$, $C(5|\sqrt{6})$

12 Wie lang sind die Seitenhalbierenden im Dreieck ABC?

a) A(−1|0), B(2|1), C(0,5|4) b) A(−0,75|1), B(0|−2), C(6|1)

13 a) Ist das Viereck PQRS mit P(−1|0), Q(4|2), R(4|7), S(0|4) eine Raute?

b) Ist das Viereck PQRS mit P(9|−9), Q(21|−9), R(23|−2), S(11|−2) ein Parallelogramm?

14 Welche Punkte auf den Koordinatenachsen haben von P den Abstand d?

a) P(3|3); d = 5 b) P(2,5|2); d = 2,5 c) P(2|4); d = 3,8 d) P(2|2); d = 2

15 a) Zeigen Sie rechnerisch, dass die Punkte A(−8|6) und B(5√3|5) vom Ursprung den gleichen Abstand haben. Wo liegen alle Punkte, die vom Ursprung den Abstand 10 haben?

b) Welche Bedingung erfüllen die Koordinaten eines Punktes P(x|y), falls P vom Ursprung den Abstand 10 hat?

16 a) Liegt P(−2,8|2,1) auf dem Kreis um O mit Radius 3,5?

b) Gibt es einen Kreis um M(3|1), auf dem die Punkte Q(0|−8) und R(7|9,5) liegen?

17 Den folgenden Koordinaten liegt ein kartesisches Koordinatensystem zugrunde, dessen Ursprung in der ehemaligen Sternwarte Tübingen ist. Die x-Achse zeigt nach Osten, die y-Achse nach Norden (1 LE = 1 km).

Ravensburg (Blaserturm) R(42,191|−81,870)
Stuttgart (Stiftskirchenturm) S(9,324|28,561)
Tübingen (Stiftskirchenturm) T(0,365|0,028)
Ulm (Münsterturm) U(69,682|−13,052)

Berechnen Sie $\overline{RS}$, $\overline{ST}$, $\overline{TU}$ und $\overline{RU}$.

Zur Erhebung der Grundsteuer musste das 1806 gebildete Königreich Württemberg neu vermessen werden. Als Nullpunkt der württembergischen Landesvermessung wählte der Tübinger Astronom, Mathematiker und Geodät JOHANN G. F. VON BOHNENBERGER (1765–1831) die Sternwarte auf dem nordöstlichen Eckturm des Tübinger Schlosses. Heute ist dieses Koordinatensystem durch ein einheitliches System ersetzt worden, das in ganz Deutschland (und vielen weiteren Ländern) verwendet wird.

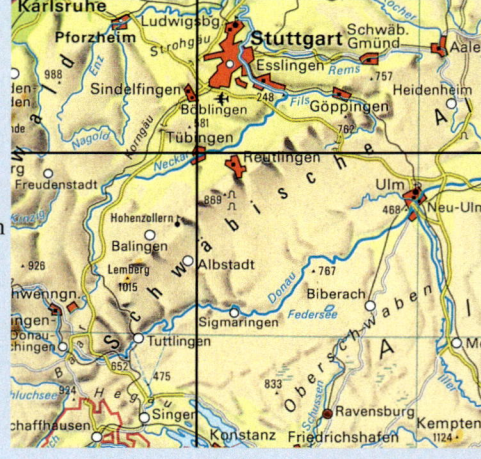

9 Geraden

Steigung von Geraden

Um die Richtung einer Geraden angeben zu können, benötigt man ein Bezugssystem. In einem kartesischen Koordinatensystem wird die Richtung bezüglich der positiven x-Achse festgelegt.

Die Gerade g schließt bei P den **Steigungswinkel α** mit der Parallelen zur x-Achse ein ($0° \leq \alpha < 180°$). Im Steigungsdreieck PRQ gilt: $\tan(\alpha) = \overline{RQ} : \overline{PR}$.

Die Zahl $\tan(\alpha)$ heißt **Steigung m** der Geraden. Mit den Koordinaten der Punkte gilt:

$$m = \tan(\alpha) = \frac{y_Q - y_P}{x_Q - x_P}; \quad x_P \neq x_Q.$$

Zur Erinnerung:
$$tan(\alpha) = \frac{Gegenkathete}{Ankathete}$$

Beachten Sie:
Eine Gerade parallel zur x-Achse besitzt die Steigung m = 0.

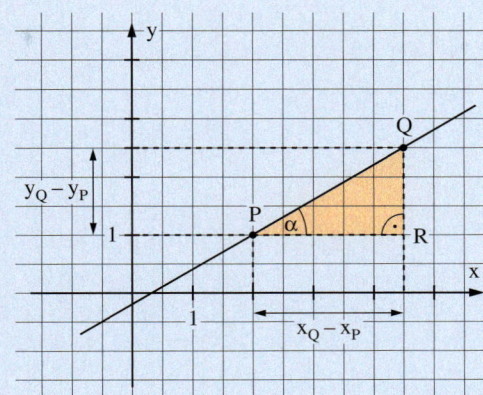

Fig. 1

Beispiel:

Gegeben sind die Punkte $P(-2|3)$ und $Q(2|1)$. Bestimmen Sie die Steigung und den Steigungswinkel der Geraden g durch P und Q.

Lösung:

Steigung von g: $m_{PQ} = \frac{1-3}{2-(-2)} = -\frac{1}{2}$;

für den Steigungswinkel α gilt: $\tan(\alpha) = -\frac{1}{2}$.

Hieraus ergibt sich $\alpha \approx 153{,}4°$.

Manche Taschenrechner geben hier $\alpha \approx -26{,}6°$ an. Dann muss 180° addiert werden.

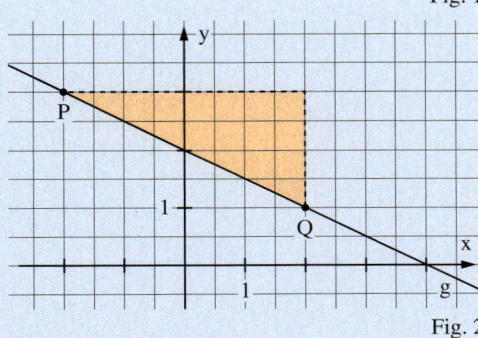

Fig. 2

Orthogonale Geraden

Dreht man eine gegebene Ursprungsgerade g um 90° um O, erhält man die zu g **orthogonale** Gerade h. Ist $P_1(a|b)$ ein Punkt auf g, dann liegt $P_2(-b|a)$ auf h. Die Steigung von g ist $m_1 = \frac{b}{a}$, die Steigung von h ist $m_2 = \frac{a-0}{-b-0} = -\frac{a}{b}$. Somit gilt $m_1 \cdot m_2 = -1$. Umgekehrt kann man aus $m_1 \cdot m_2 = -1$ auf Orthogonalität schließen.

Da sich die Steigung einer Geraden bei Verschiebungen nicht ändert, gilt diese Überlegung für beliebige Geraden (sofern nicht eine der Geraden parallel zur y-Achse ist).

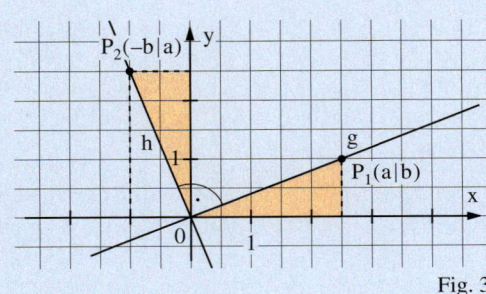

Fig. 3

Bedingung für Orthogonalität:

Für zwei orthogonale Geraden g und h mit den Steigungen m_1 und m_2 gilt:

$$m_1 \cdot m_2 = -1 \quad \left(\text{bzw. } m_2 = -\frac{1}{m_1}\right).$$

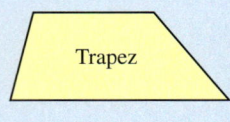

Trapez

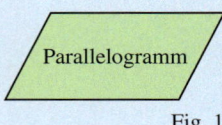

Parallelogramm

Fig. 1

Beispiel: (Untersuchung auf Parallelität und Orthogonalität)

Gegeben ist das Viereck ABCD mit A$(-1\,|\,3)$, B$(1\,|\,-1)$, C$(3,5\,|\,1,5)$, D$(2\,|\,4,5)$. Untersuchen Sie, ob das Viereck orthogonale oder parallele Seiten hat. Um welche Art von Viereck handelt es sich?

Lösung:

Die Steigungen der Geraden durch die Eckpunkte sind:

$m_{AB} = -2$; $m_{BC} = 1$; $m_{CD} = -2$; $m_{AD} = 0,5$.

Damit sind AB und CD parallel. Da $m_{AB} \cdot m_{AD} = -1$ ist, sind AB und AD orthogonal. Wegen $m_{AB} \cdot m_{BC} = -2$ sind AB und BC nicht orthogonal. Das Viereck ist ein Trapez.

Aufgaben

1 Bestimmen Sie die Steigung und den Steigungswinkel der Geraden durch P und Q.

a) P$(-1\,|\,1)$, Q$(5\,|\,4)$ b) P$(-1\,|\,-5)$, Q$(5\,|\,4)$ c) P$(4\,|\,-2)$, Q$(6\,|\,10)$

d) P$(2,5\,|\,1,1)$, Q$(5\,|\,1,35)$ e) P$\left(\frac{1}{2}\,\big|\,-\frac{1}{2}\right)$, Q$\left(2\,\big|\,-\frac{3}{4}\right)$ f) P$(\sqrt{2}\,|\,\sqrt{2})$, Q$\left(2\sqrt{2}\,\big|\,-\frac{1}{2}\sqrt{2}\right)$

2 Zeichnen Sie durch den Punkt P eine Gerade mit der Steigung m.

a) P$(-1\,|\,-1)$; m $= 1,5$ b) P$(0\,|\,3)$; m $= -6$ c) P$(-3\,|\,1)$; m $= \frac{3}{5}$ d) P$(0,5\,|\,-2)$; m $= -\frac{4}{3}$

3 Berechnen Sie die Steigung einer Geraden, die zu der Geraden durch A und B orthogonal ist.

a) A$(6\,|\,3)$, B$(8\,|\,6)$ b) A$(3\,|\,-3)$, B$(-2\,|\,-2)$

c) A$(0\,|\,-1)$, B$\left(\frac{2}{5}\,\big|\,\frac{3}{4}\right)$ d) A$(-1,4\,|\,1)$, B$(-1\,|\,1,75)$

4 Untersuchen Sie, ob es sich bei dem Viereck ABCD um ein Parallelogramm, ein Trapez oder um keines von beidem handelt.

a) A$(0\,|\,0)$, B$(2\,|\,-5)$, C$(7\,|\,-3)$, D$(5\,|\,2)$ b) A$(1\,|\,0)$, B$(8\,|\,-2)$, C$(7\,|\,1)$, D$(-1\,|\,3)$

c) A$(0\,|\,-4)$, B$(3\,|\,-3)$, C$(1\,|\,3)$, D$(-2\,|\,2)$ d) A$(2\,|\,0)$, B$(8\,|\,-1)$, C$(9\,|\,0)$, D$(6\,|\,0,5)$

5 Bei Straßen wird die Steigung in Prozent angegeben. Die steilsten Teilstücke der San-Bernardino-Passstraße haben 15 % Steigung. Wie groß ist der Steigungswinkel?

Hauptform der Geradengleichung

Geht eine Gerade g mit der Steigung m durch den Ursprung O$(0\,|\,0)$, so gilt für die Koordinaten jedes von O verschiedenen Punktes P$(x\,|\,y)$ auf g: $m = \frac{y - 0}{x - 0}$.

Hieraus folgt: $y = m \cdot x$.

Verläuft die Gerade durch einen beliebigen Punkt A$(0\,|\,c)$ der y-Achse, kann man sich diese durch eine Verschiebung aus einer Ursprungsgeraden entstanden denken.

Man erhält: $y = m \cdot x + c$.

Fig. 2

Vorteil der Hauptform: Die Parameter m und c haben eine anschauliche Bedeutung.

Hauptform der Geradengleichung:

Für die Koordinaten der Punkte P$(x\,|\,y)$ einer Geraden g mit der Steigung m und dem y-Achsenabschnitt c gilt: $y = m \cdot x + c$.

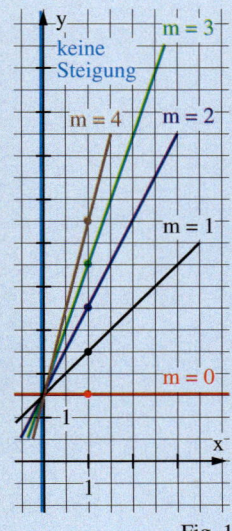

Fig. 1

Sonderfälle: (Geraden parallel zu den Koordinatenachsen)

a) Eine zur x-Achse parallele Gerade hat die Steigung 0. Die Gleichung dieser Geraden in Hauptform ist $y = 0 \cdot x + c$, also $y = c$.

b) Eine zur y-Achse parallele Gerade hat keine Steigung. Deshalb kann diese Gerade nicht in der Hauptform beschrieben werden. Die Gleichung einer solchen Geraden ist $x = a$.

Bemerkung:

Um auszudrücken, dass die Gerade g z. B. die Gleichung $y = 2x + 1$ hat, schreibt man kurz: g: $y = 2x + 1$.

Beispiel: (Bestimmen einer Geraden-gleichung aus der Zeichnung)

Bestimmen Sie durch Ablesen der Steigung und des y-Achsenabschnitts wenn möglich die Hauptform der Geraden g, h, i und j.

Lösung:

Gerade g: $m = -2$; $c = -0,5$; $y = -2x - 0,5$.

Gerade h: $m = \frac{3}{4}$; $c = \frac{7}{4}$; $y = \frac{3}{4}x + \frac{7}{4}$.

Gerade i: $m = 0$; $c = 0,5$; $y = 0,5$.

Gerade j: $x = 2$ (keine Hauptform möglich).

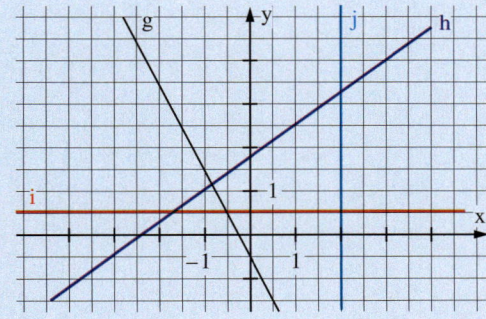

Fig. 2

Allgemeine Form der Geradengleichung

Aus $y = mx + c$ folgt $mx - y = -c$. Diese Gleichung hat die Form $Ax + By = C$. Durch eine solche Form sind auch Geraden mit der Gleichung $x = a$ bzw. $x - a = 0$ erfasst.

Umgekehrt kann man jede Gleichung der Form $Ax + By = C$ auf die Form $y = mx + c$ oder $x = a$ bringen, sofern nicht $A = 0$ und $B = 0$ ist.

Vorteil der allgemeinen Form:
Man kann jede Gerade in der gleichen Form beschreiben.

Allgemeine Form der Geradengleichung:

Jede Gerade kann in einem kartesischen Koordinatensystem durch eine Gleichung der Form $A \cdot x + B \cdot y = C$ $(A \neq 0 \lor B \neq 0)$ beschrieben werden.

Sonderfälle: (Geraden parallel zu den Koordinatensachsen)

a) Parallele zur x-Achse: $y = c$

b) Parallele zur y-Achse: $x = a$

Zusammenhang mit der Hauptform:

Für $B \neq 0$ kann die allgemeine Form nach y aufgelöst werden: $y = -\frac{A}{B}x + \frac{C}{B}$; man erhält die Hauptform mit $m = -\frac{A}{B}$ und $c = \frac{C}{B}$.

Beispiel:

Die allg. Form ist nicht eindeutig; z. B. beschreiben $-2x + y = 5$ und $x - 0,5y = -2,5$ dieselbe Gerade.

Schreiben Sie die Geradengleichung, wenn möglich, in Hauptform.

a) $-2x + y = 5$ b) $0x + y = 14$ c) $x + 0y = -8$

Lösung:

a) $y = 2x + 5$ b) $y = 14$ c) $x = -8$ (Hauptform nicht möglich)

Aufgaben

6 Geben Sie die Hauptform der Geraden an. Zeichnen Sie die Gerade.

a) $m = 3$; $A(0|0)$ b) $m = -1$; $A(0|0)$ c) $m = \frac{1}{4}$; $A(0|0)$ d) $m = -\frac{3}{4}$; $A(0|0)$

e) $m = 0{,}4$; $A(0|3)$ f) $m = -2{,}5$; $A(0|1{,}3)$ g) $m = \frac{1}{6}$; $A\left(0|\frac{5}{6}\right)$ h) $m = \sqrt{2}$; $A(0|-1)$

7 Geben Sie die Steigung und den y-Achsenabschnitt der Geraden g an. Zeichnen Sie die Gerade g.

a) $g\colon y = 3x + 4$ b) $g\colon y = -0{,}5x - 2{,}4$ c) $g\colon y = x - 1$ d) $g\colon y = 5$

e) $g\colon y = x$ f) $g\colon y = -x$ g) $g\colon y = 1 - 2x$ h) $g\colon y = \frac{1}{3}(-x + 9)$

8 Welche der Geraden aus Aufgabe 7 sind zueinander parallel bzw. orthogonal?

9 Ermitteln Sie, wenn möglich, die Hauptform; zeichnen Sie die Gerade.

a) $4x - 5y + 3 = 0$ b) $\frac{1}{2}x + \frac{2}{3}y + 2 = 0$ c) $-3 - 2x = 0$ d) $x = \frac{4}{5}y + \frac{8}{5}$

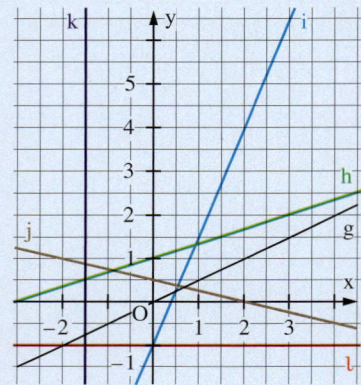

Fig. 1

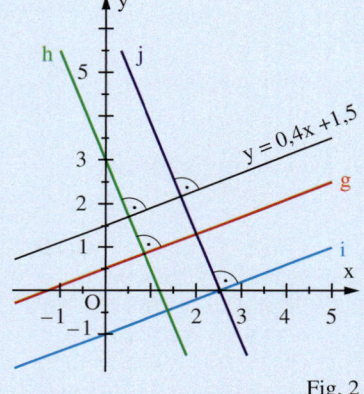

Fig. 2

10 Geben Sie die Gleichungen der Geraden g, h, i, j, k und l in Fig. 1 an.

11 Bestimmen Sie die Gleichungen der Geraden g, h, i und j in Fig. 2.

12 Untersuchen Sie rechnerisch.
a) Liegt $P(10|12)$ auf der Geraden durch den Ursprung $O(0|0)$ und $Q(0{,}25|0{,}2)$?
b) Geht die Orthogonale zu $y = 7x - 21$ durch $P(0|3)$ auch durch $Q(14|1)$?
c) Ist $-x + 4y - 6 = 0$ die Parallele zu $y = -0{,}25x$ durch den Punkt $P(-6|0)$?

13 a) Bestimmen Sie c so, dass die Gerade $y = 0{,}5x + c$ durch $R(4|3)$ geht.
b) Bestimmen Sie m und c so, dass die Gerade $y = mx + c$ durch $P(7|-2)$ und $Q(2|4)$ geht.

Bemerkung:

Um zu prüfen, ob zwei Geraden parallel oder orthogonal zueinander verlaufen, müssen nur deren Steigungen betrachtet werden: Gilt $m_1 = m_2$, so handelt es sich um parallele Geraden; gilt $m_1 \cdot m_2 = -1$, so sind sie orthogonal.

Aufstellen von Geradengleichungen

Häufig sind die Steigung und der y-Achsenabschnitt einer Geraden nicht von vornherein bekannt, sondern die Gerade ist durch andere geometrische Vorgaben festgelegt. Da die Hauptform für weitergehende Aufgabenteile (zum Beispiel die Untersuchung der gegenseitigen Lage zweier Geraden einschließlich der rechnerischen Bestimmung des Schnittpunktes) aber am geschicktesten ist, werden nun Verfahren vorgestellt, die auf die Gleichung der Geraden in der Hauptform führen.

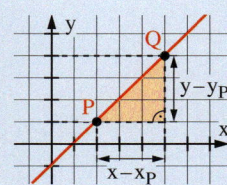

(I) Punkt-Steigungs-Form

Von einer Geraden g sind **ein Punkt** $P(x_P | y_P)$ und die **Steigung m** bekannt.

Dann kann die Formel für die Steigung mithilfe des Punktes P und eines weiteren allgemeinen Punktes $Q(x|y)$ aufgestellt werden: $m = \frac{y - y_P}{x - x_P}$, was nach y aufgelöst den Ansatz

$y = m \cdot (x - x_P) + y_P$ ergibt. Anschließendes Ausmultiplizieren ergibt die Hauptform.

Beispiel:

Bestimmen Sie die Hauptform der Geradengleichung für die Gerade g, die durch den Punkt $P(2 | -1)$ verläuft und die Steigung $m = 1{,}5$ besitzt.

Lösung: $y = 1{,}5 \cdot (x - 2) - 1 \Leftrightarrow y = 1{,}5 \cdot x - 4$

(II) Zwei-Punkte-Form

Von einer Geraden g sind **zwei Punkte** $P(x_P | y_P)$ und $Q(x_Q | y_Q)$ mit $x_P \neq x_Q$ bekannt.

Man erhält die Steigung durch $m = \frac{y_Q - y_P}{x_Q - x_P}$, die in den Ansatz $y = m \cdot (x - x_P) + y_P$ wie bei (I) eingesetzt wird. Anschließendes Ausmultiplizieren liefert die Hauptform.

Beispiel:

Bestimmen Sie die Hauptform der Geradengleichung für die Gerade g, die durch die Punkte $P(-2 | 3)$ und $Q(4 | -1)$ verläuft.

Lösung: $m = \frac{-1 - 3}{4 - (-2)} = -\frac{2}{3}$ und damit: $y = -\frac{2}{3} \cdot (x + 2) + 3 \Leftrightarrow y = -\frac{2}{3} \cdot x + \frac{5}{3}$

Aufgaben

14 Ermitteln Sie die Hauptform der Geraden, die durch P geht und die Steigung m hat.

a) $P(4 | 2)$; $m = 2$ b) $P\left(-4 \big| \frac{1}{2}\right)$; $m = -3$ c) $P\left(\frac{3}{4} \big| \frac{4}{5}\right)$; $m = -\frac{1}{3}$ d) $P(4 | 0)$; $m = \sqrt{2}$

e) $P\left(0 \big| \frac{3}{2}\right)$; $m = -1$ f) $P(\sqrt{2} | 1)$; $m = 0$ g) $P(2{,}4 | -1{,}2)$; $m = 0{,}9$ h) $P(0 | 0)$; $m = 0$

15 Bestimmen Sie die Hauptform der Geraden, die durch A und B geht.

a) $A(1 | 2)$, $B(5 | 4)$ b) $A(-2 | 3)$, $B(3 | -2)$ c) $A(-1{,}5 | 3)$, $B(4 | 4{,}5)$

d) $A(-4 | -3)$, $B(1 | 3)$ e) $A(3{,}5 | 4{,}5)$, $B(-4 | -0{,}5)$ f) $A(-1 | \sqrt{5})$, $B(7 | \sqrt{5})$

g) $A(u | v)$, $B(1 | 2)$ h) $A(a | 0)$, $B(0 | b)$ i) $A(p | q)$, $B(r | s)$

16 Untersuchen Sie rechnerisch, ob die Punkte A, B, C auf einer Geraden liegen.

a) $A(-1{,}5 | 0{,}5)$, $B(2 | 2)$, $C(3{,}5 | 2{,}5)$ b) $A(-10 | 1)$, $B(-2 | -1)$, $C(2 | -2)$

c) $A(0 | 11)$, $B(11 | 0)$, $C(5{,}4 | 5{,}6)$ d) $A(1 | 1)$, $B(7{,}5 | 6)$, $C(2{,}5 | 3)$

17 Gegeben ist das Dreieck ABC mit $A(-1 | -1)$, $B(4 | 0)$, $C(2 | 3)$.

a) Bestimmen Sie jeweils eine Gleichung der Geraden, auf denen die Dreiecksseiten liegen.

b) Ist das Dreieck rechtwinklig?

18 Wie lautet eine Gleichung einer Geraden, die

a) zur x-Achse parallel ist und durch $A(3 | -2)$ geht

b) zur y-Achse parallel ist und von $B(0 | 17)$ den Abstand 4 hat

c) den Steigungswinkel 45° hat und durch $C(-1 | 2)$ geht

d) durch die Mitte von PQ mit $P(2 | 3)$ und $Q(4 | 1)$ geht und die Steigung 0,5 hat?

19 Gegeben ist das Dreieck ABC mit $A(3 | 3)$, $B(-3 | 1)$ und $C(0 | -2)$. Bestimmen Sie eine Gleichung der Parallelen   a) zu BC durch A,   b) zu CA durch B,   c) zu AB durch C.

10 Lineare Gleichungssysteme mit zwei Variablen

Eine Gleichung, die sich auf die Form **A x + B y = C** (A und B nicht beide null) bringen lässt, heißt **lineare Gleichung mit zwei Variablen**.

Die Lösungen einer solchen Gleichung sind **geordnete Zahlenpaare (x; y)**, die zu einer wahren Aussage führen, wenn man die Variablen in die Gleichung einsetzt.

Veranschaulicht man die **Lösungen einer linearen Gleichung Ax + By = C** (A und B nicht beide null) als Punkte in einem x, y-Koordinatensystem, so liegen diese Punkte auf einer **Geraden**. Für B ≠ 0 kann man die lineare Gleichung nach y auflösen und dann die Steigung sowie den y-Achsenabschnitt dieser Geraden ablesen; für B = 0 erhält man dagegen eine senkrechte Gerade.

Beispiel 1: (Punktprobe)

Die lineare Gleichung $-3x + 4y = -5$ ist gegeben. Löst man nach y auf, so ergibt sich: $y = 0,75x - 1,25$. Dieser Form kann die Steigung 0,75 und der y-Achsenabschnitt −1,25 der zur Gleichung gehörenden Geraden unmittelbar entnommen werden.

Nach der Lage der Gerade kann man vermuten, dass (3; 1) eine Lösung der Gleichung ist. Gewissheit bringt hier die **Punktprobe**:
$-3 \cdot 3 + 4 \cdot 1 = -5$ (w)

Auf diese Weise kann man auch untersuchen, ob $P(4|1,7)$ ein Punkt der Geraden, also (4; 1,7) eine Lösung der Gleichung ist. Die Rechnung ergibt $-3 \cdot 4 + 4 \cdot 1,7 = -5,2 \neq -5$, das heißt der Punkt P liegt nicht auf der Geraden.

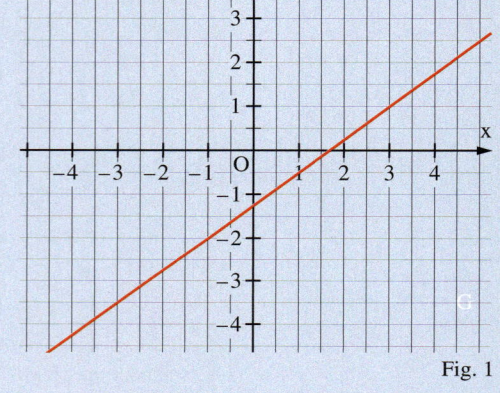

Fig. 1

Beispiel 2: (Besondere Lösungsmengen)

a) Für die lineare Gleichung $0 \cdot x + 5 \cdot y = 8$ schreibt man auch kurz $5y = 8$ oder nach y aufgelöst $y = 1,6$. Die Steigung der zugehörigen Geraden beträgt also 0, der y-Achsenabschnitt ist 1,6. Lösungen sind folglich alle Paare der Form (x; 1,6) mit $x \in \mathbb{R}$. Die zugehörige Gerade ist parallel zur x-Achse und geht durch $A(0|1,6)$.

b) Auch die lineare Gleichung $2x = 3$ kann als Gleichung mit zwei Variablen aufgefasst werden: $2 \cdot x + 0 \cdot y = 3$. Lösungen sind alle Paare der Form (1,5; y) mit $y \in \mathbb{R}$. Die zugehörige Gerade ist parallel zur y-Achse und geht durch $B(1,5|0)$.

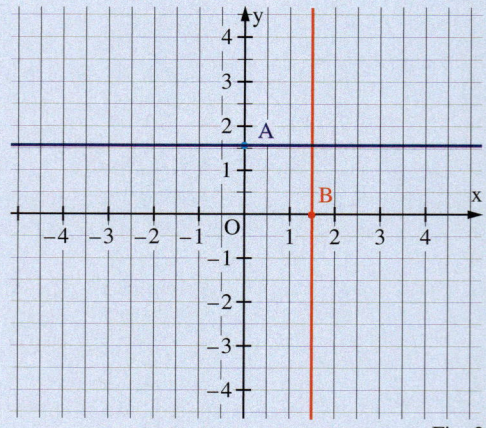

Fig. 2

Von der linearen Gleichung zum linearen Gleichungssystem

Durch das Zusammenkoppeln von mehreren linearen Gleichungen entsteht ein **lineares Gleichungssystem** oder kurz **LGS**. Ein Zahlenpaar (x; y) heißt **Lösung eines LGS** mit zwei Variablen, falls das Paar **jede Gleichung** des Systems erfüllt.

Da die Lösungsmenge jeder einzelnen Gleichung durch die Punkte einer Geraden veranschaulicht werden kann, wird die Lösung eines LGS durch diejenigen Punkte repräsentiert, die sowohl auf der einen als auch auf der anderen Geraden liegen.

Für die Lösungsmenge eines linearen Gleichungssystems mit zwei Variablen ergeben sich anhand der Veranschaulichung folgende drei Möglichkeiten:

Die Geraden schneiden sich in einem Punkt; das Gleichungssystem hat **genau eine** Lösung.	Die Geraden sind parallel und verschieden; das Gleichungssystem hat **keine** Lösung.	Die Geraden fallen zusammen; das Gleichungssystem hat **unendlich viele** Lösungen.

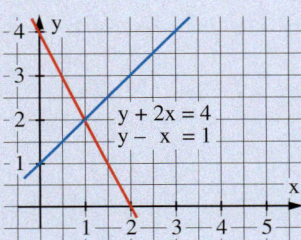
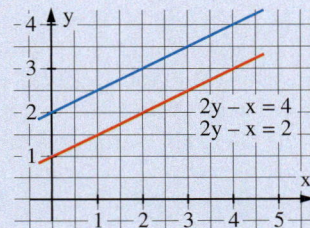
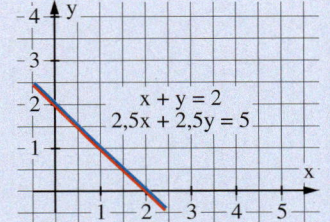

Aufgaben

1 Veranschaulichen Sie die Lösungsmenge der linearen Gleichung in einem Koordinatensystem. Geben Sie – falls möglich – die Steigung und den y-Achsenabschnitt der zugehörigen Geraden an.

a) $y = -x - 2$
b) $2y - x = 2$
c) $x - 3y = 4$
d) $3x = 2 - 4y$
e) $0 = 4x - 10y - 5$
f) $2x - 4 = 0$
g) $9 = -3y$
h) $5 = 2(x + y)$
i) $y - \frac{x-1}{4} = 0$
j) $3(x - y) = 5 - 3y$
k) $\frac{x}{2} - \frac{y}{4} - \frac{3}{8} = 0$
l) $-\frac{2-y}{3} = 2x$

2 Prüfen Sie, ob das Zahlenpaar eine Lösung des linearen Gleichungssystems ist.

a) $x + y = 10$
$\quad x - y = 9;$ $\quad\left(9\frac{1}{2}; \frac{1}{2}\right)$
b) $2x + y = -1$
$\quad x + 2y = 5;$ $\quad (-2; 3)$
c) $4x - 3y = 10$
$\quad 6x + y = 0;$ $\quad\left(\frac{1}{2}; -3\right)$
d) $2x - 5y + 2{,}5 = 0$
$\quad 60x + 140y + 17 = 0$ $\quad\left(-\frac{3}{4}; \frac{1}{5}\right)$

3 Lösen Sie das LGS zeichnerisch. Überprüfen Sie Ihr Ergebnis durch Einsetzen.

a) $y = 2x - 3$
$\quad y = -\frac{1}{2}x + 2$
b) $2x + 5y = -4$
$\quad 5x + 2y = 11$
c) $2x = 3y - 3$
$\quad 4x - 5y + 7 = 0$

4 Entscheiden Sie zeichnerisch, wie viele Lösungen das System hat.

a) $2y - x = 1$
$\quad y - 0{,}5x = -4$
b) $2y - 3x = -2$
$\quad 4y + x = 7$
c) $y - 2x = 1{,}5$
$\quad 2y - 4x = 3$
d) $x - 1 = 0$
$\quad y - 1 = 0$

5 Im nebenstehenden t-s-Diagramm sind die Bewegungen zweier Autos graphisch dargestellt.

a) Mit welchen Geschwindigkeiten sind die beiden Autos unterwegs?

b) Auto A startet bei t = 0 h. Wie viele Minuten später fährt Auto B los?

c) Die beiden Geraden schneiden sich. Welche Informationen können Sie aus den Koordinaten des Schnittpunktes gewinnen?

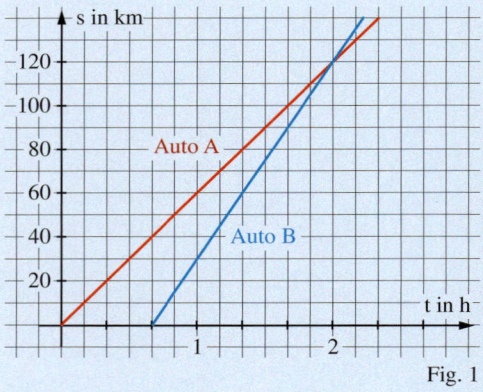

Fig. 1

Das Additionsverfahren

Ein lineares Gleichungssystem mit zwei Variablen kann rechnerisch nach dem **Additionsverfahren** gelöst werden:

1) Jede Gleichung wird so umgeformt, dass der x- oder y-Koeffizient der ersten Gleichung und der entsprechende Koeffizient in der zweiten Gleichung Gegenzahlen sind.

2) Die zweite Gleichung wird durch die Summe beider Gleichungen ersetzt. Dabei wird eine Variable **eliminiert**.

3) Aus der erhaltenen **Stufenform** wird die Lösungsmenge des Systems bestimmt.

Beispiele:

a)
$$5x - 2y = 24 \quad \text{(I)}$$
$$x + 3y = -2 \quad \text{(II)}$$

Die Koeffizienten von x sollen Gegenzahlen werden.

$$5x - 2y = 24 \quad \text{(I)}$$
$$-5x - 15y = 10 \quad \text{(III)}$$

1. Schritt: Man schreibt (I) ab; durch Multiplikation von (II) mit −5 erhält man Gleichung (III).

$$5x - 2y = 24 \quad \text{(I)}$$
$$-17y = 34 \quad \text{(IV)}$$

2. Schritt: Man ersetzt (III) durch die „Summe" der Gleichungen: (IV) = (I) + (III).

$$y = -2$$
$$5x - 2 \cdot (-2) = 24$$

3. Schritt: Aus (IV) berechnet man den y-Wert und durch Einsetzen in (I) auch den x-Wert.

Lösung: (4; −2)

b)
$$6x + 5y = -36 \quad \text{(I)}$$
$$-7x + 3y = -11 \quad \text{(II)}$$

$$42x + 35y = -252 \quad \text{(III)} \quad | \ \text{(I)} \cdot 7$$
$$-42x + 18y = -66 \quad \text{(IV)} \quad | \ \text{(II)} \cdot 6$$

$$6x + 5y = -36 \quad \text{(I)}$$
$$53y = -318 \quad \text{(V)} \quad | \ \text{(III)} + \text{(IV)}$$

$$y = -6 \quad \text{(VI)} \quad | \ \text{(V)} : 53$$
$$x = -1 \quad | \ \text{(VI) in (I)}$$

Lösung: (−1; −6)

c)
$$4x - y = -23 \quad \text{(I)}$$
$$3x + 4y = -3 \quad \text{(II)}$$

$$16x - 4y = -92 \quad \text{(III)} \quad | \ \text{(I)} \cdot 4$$
$$3x + 4y = -3 \quad \text{(II)}$$

$$4x - y = -23 \quad \text{(I)}$$
$$19x = -95 \quad \text{(IV)} \quad | \ \text{(II)} + \text{(III)}$$

$$x = -5 \quad \text{(V)} \quad | \ \text{(IV)} : 19$$
$$y = 3 \quad | \ \text{(V) in (I)}$$

Lösung: (−5; 3)

Bemerkung:

In Beispiel c) wird anders als bei a) und b) nicht die Variable x, sondern y eliminiert. Je nach Art der Koeffizienten kann dies schneller zum Ziel führen.

Aufgaben

6 Bestimmen Sie die Lösung des linearen Gleichungssystems mit dem Additionsverfahren.

a) $4x - 4y = 28$
$-2x - 3y = -4$

b) $2x - 3y = 2$
$x - 4y = -4$

c) $5x - 6y = 8$
$2x + 3y = 5$

d) $3x + 2y = 0$
$7x + 10y = 4$

7 a) $4x + 7y = 21$
$3x - 4y = 25$

b) $2x - 6y = 3$
$3x - 4y = 11$

c) $7x + 3y = 69$
$5x - 2y = 12$

d) $-5x + 2y = 25$
$3x - 5y = 23$

8 Bestimmen Sie zunächst die Gleichungen so, dass die Koeffizienten ganzzahlig werden, und lösen Sie dann das Gleichungssystem.

a) $\frac{1}{3}x - \frac{1}{5}y = -2$
$\frac{1}{2}x + \frac{1}{4}y = -\frac{1}{4}$

b) $\frac{2}{5}x + \frac{1}{2}y = 3$
$x - \frac{3}{2}y = 2$

c) $0{,}4x + 0{,}5y = -0{,}2$
$1{,}5x - 0{,}2y = 3{,}4$

Außer dem Additionsverfahren gibt es noch zwei weitere auf Äquivalenzumformungen beruhende Verfahren zum Lösen von linearen Gleichungssystemen mit zwei Variablen. An einem Beispiel wird zunächst das Einsetzungsverfahren und dann das Gleichsetzungsverfahren vorgestellt.

Das Einsetzungsverfahren

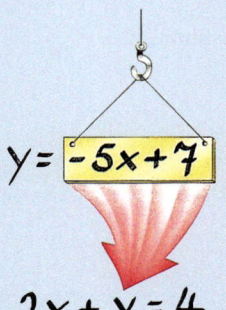

Beispiel:

$$y = -5x + 7$$
$$2x + y = 4$$

$$2x + (-5x + 7) = 4$$
$$-3x = -3$$
$$x = 1$$
$$y = -5 \cdot 1 + 7 = 2$$

Lösung: $(1; 2)$

Die erste Gleichung des LGS weist die besondere Form auf, dass sie nach y aufgelöst ist. Somit kann die rechte Seite der ersten Gleichung in die zweite Gleichung eingesetzt werden. Es ergibt sich dann eine Gleichung für die Variable x.
Durch Einsetzen des berechneten x-Wertes in die erste Gleichung erhält man den y-Wert.

Das Gleichsetzungsverfahren

Beispiel:

$$y = 3x + 4$$
$$y = -2x - 1$$

$$3x + 4 = -2x - 1$$
$$5x = -5$$
$$x = -1$$
$$y = 3 \cdot (-1) + 4 = 1$$

Lösung: $(-1; 1)$

Sind beide Gleichungen nach y aufgelöst, können die rechten Seiten einander gleichgesetzt werden.
Man erhält somit eine Gleichung für die Variable x.
Wie beim Einsetzungsverfahren erhält man durch Einsetzen des berechneten x-Wertes in eine der beiden Gleichungen den y-Wert.

Bemerkungen:
- Das Einsetzungsverfahren ist dann vorteilhaft, wenn eine Gleichung des linearen Gleichungssystems bereits nach y aufgelöst ist.
- Alternativ könnte eine Gleichung auch nach x aufgelöst sein. Dann wären gewissermaßen die Rollen von x und y vertauscht, das heißt nach dem Einsetzen würde sich eine Gleichung für die Variable y ergeben.
- Das Gleichsetzungsverfahren ist günstig, wenn beide Gleichungen des linearen Gleichungssystems nach y aufgelöst sind.
- Das Gleichsetzungsverfahren wird auch verwendet, wenn der Schnittpunkt zweier Geraden rechnerisch bestimmt werden soll und beide Geraden in der Hauptform gegeben sind.

Aufgaben

9 Bestimmen Sie die Lösung des linearen Gleichungssystems mit dem Einsetzungsverfahren.

a) $y = 2x + 6$
   $3x + y = 1$

b) $3x - y = 9$
   $y = 2x - 6$

c) $4x - 2y = 12$
   $y = 3x + 1$

d) $y = 2x + 5$
   $-4x + 2y = 12$

10 Bestimmen Sie die Lösung des linearen Gleichungssystems mit dem Gleichsetzungsverfahren.

a) $y = 2x + 10$
   $y = -x + 1$

b) $y = -3x + 6$
   $y = 2x + 4$

c) $y = 12$
   $y = 3x - 3$

d) $y = 3x - 2$
   $y = -5x + 2$

11 Lösen Sie das lineare Gleichungssystem mit einem Verfahren Ihrer Wahl.

a) $3x - 4y = 9$
   $-x - 2y = -8$

b) $y = 4x - 7$
   $-8x + 2y = -14$

c) $y = -4x + 2$
   $y = 2x - 0,5$

d) $x = 3y - 1$
   $2x - y = 3$

12 Die zu den drei Gleichungen gehörenden Geraden bilden ein Dreieck. Berechnen Sie die Koordinaten der Eckpunkte.

a) $13y + 2x = 32$; $5x + 4y = 80$; $5y = 8x - 14$

b) $15y = -3x + 15$; $y + 2x + 3,5 = 0$; $7y = -5x + 25$

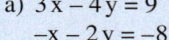

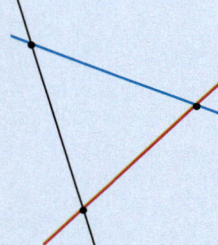

Warum bieten die Stadtwerke verschiedene Tarife an?

13 a) Ein Haushalt verbraucht im Jahr bis zu etwa 3000 kWh elektrische Energie. Stellen Sie in einem gemeinsamen Schaubild die Kosten in Abhängigkeit vom Energieverbrauch für die beiden nebenstehenden Tarife dar.

b) Bei welchem Energieverbrauch wäre es egal, welchen Tarif Sie gewählt haben?

c) Wann ist Tarif 1 günstiger?

Die Stromtarife Ihrer Stadtwerke auf einen Blick:		
	Preis in ct/kWh	Grundbetrag (€)
Tarif 1	45	162,00
Tarif 2	27	350,00
Noch günstiger ist Nachtstrom!		

d) Ein neuer Energieversorger bietet eine „Energie-Flatrate" an, bei der nur eine Grundgebühr verlangt wird und die verbrauchten kWh keine weiteren Kosten verursachen.
Wie hoch darf die Grundgebühr höchstens sein, damit sich für einen Haushalt mit einem Jahresverbrauch von 2500 kWh der Umstieg auf den neuen Energieversorger lohnen würde?

14 a) Suchen Sie zwei Zahlen, deren Summe 34 und deren Differenz 16 ist.

b) Eine Zahl ist um 8 größer als eine andere, aber nur halb so groß wie deren Dreifaches. Um welche beiden Zahlen handelt es sich?

c) Gibt es zwei natürliche Zahlen mit dem arithmetischen Mittel 17, von denen die eine doppelt so groß ist wie die andere?

Aufgaben zum Üben und Wiederholen, Seite 43

1

$u = 4$; Modalwert: 101; $\bar{x} \approx 100{,}333$
Mittlere absolute Abweichung: $\approx 1{,}09$
$s^2 \approx 1{,}515$; $s \approx 1{,}231$

2

a) $x = 3{,}2$; $s \approx 2{,}677$

b)

n_i	0	1	2	3	4	6	7	8	9	10
H_i	4	7	6	5	6	2	1	2	1	1
h_i	$\frac{4}{35}$	$\frac{7}{35}$	$\frac{6}{35}$	$\frac{5}{35}$	$\frac{6}{35}$	$\frac{2}{35}$	$\frac{1}{35}$	$\frac{2}{35}$	$\frac{1}{35}$	$\frac{1}{35}$

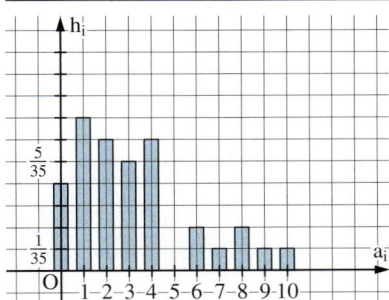

3

	x_{min}	Q_1	x_{med}	Q_3	x_{max}	Q_A	Spann-weite
a)	1	3	4	6	15	3	14
b)	2	7	11	17	20	10	18
c)	495	499	502	503	507	4	12

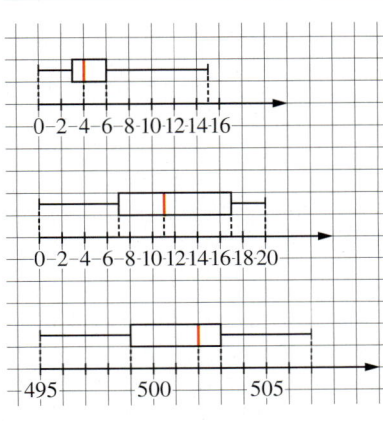

4

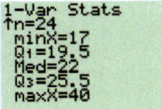
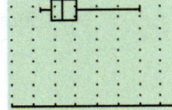

5

$c_{xy} = \frac{8}{3} \approx 2{,}667$; $r \approx 0{,}89$

6

$y \approx 0{,}565\,x + 0{,}593$; $r \approx 0{,}979$

7

a) $y \approx 7{,}018\,x + 22{,}429$; $r \approx 0{,}9998$
b)

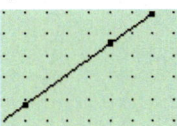

c) $y = \pi \cdot 2{,}54\,x \approx 7{,}98\,x$
Die Dicke des Reifens führt zur Vergröße-rung des Umfangs.

8

a) $y \approx 14{,}252\,x - 29{,}691$; $r \approx 0{,}976$
b)

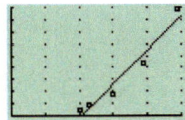

c) Das Volumen, also auch das Gewicht von Kugeln, nimmt in Wirklichkeit mit der dritten Potenz des Durchmessers zu.
$V = \frac{1}{6}\pi\,d^3$

9

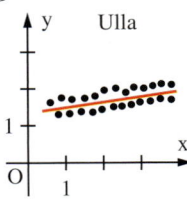

a) Ulla: Die Punkte streuen sehr wenig um eine Gerade mit kleiner Steigung.

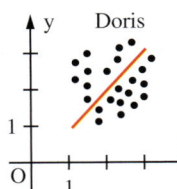

a) Doris: Die Punkte streuen stark um eine Gerade mit großer Steigung.

b) Bei Ulla eignet sich das lineare Modell für Prognosen besser.

Aufgaben zum Üben und Wiederholen, Seite 67

1 a)

x	0	1	2	3	4	5	6
y	9,00	8,59	8,27	8,00	7,76	7,55	7,35

x	7	8	9	10	11	12
y	7,17	7,00	6,84	6,68	6,54	6,39

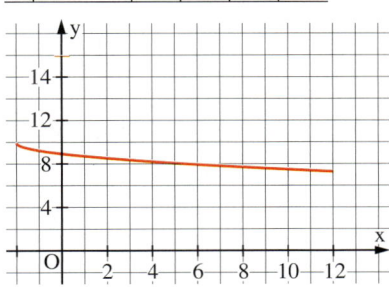

b) $g(1{,}25) = 7{,}5$; $6 = 10 - \sqrt{x + 1}$; $x = 15$

2 a)

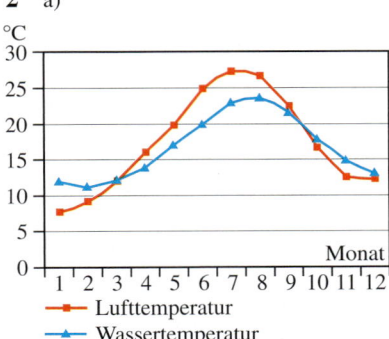

b) Die Lufttemperatur beginnt im Januar bei 8 °C, steigt dann an bis auf 28 °C im Juli und fällt anschließend bis auf 12 °C im Dezember.
Die Wassertemperatur beginnt bei 12 °C im Januar, fällt dann auf 11 °C im Februar, steigt bis auf 24 °C im August an, um dann wieder bis auf 13 °C zu fallen.
Beide Temperaturen steigen und fallen, sie haben also einen ähnlichen Verlauf. Bei der Wassertemperatur ist allerdings der Verlauf um einen Monat nach hinten verschoben.

3 a) g: $y = 2\,x - 1{,}5$; h: $y = -\frac{2}{5}\,x + \frac{9}{5}$

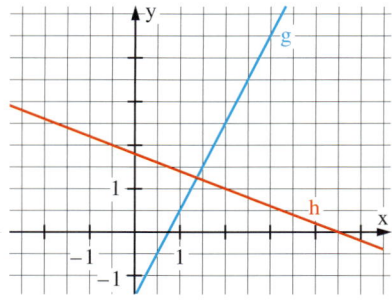

b) g und h sind nicht orthogonal, da
$m_1 \cdot m_2 \neq -1$.

c) Schnittpunkt von g mit der x-Achse:
$0 = 2x - 1,5$; $x = 0,75$; $S_g(0,75|0)$
Schnittpunkt von h mit der x-Achse:
$2x + 5 \cdot 0 = 9$; $x = 4,5$; $S_h(4,5|0)$

4 a) g: $y = \frac{1}{4}x + 2$; h: $y = \frac{4}{5}x$

b) $\frac{1}{4}x + 2 = \frac{4}{5}x$; $x = \frac{40}{11}$; $S\left(\frac{40}{11}\middle|\frac{32}{11}\right)$

c) $\alpha_g \approx 14,0°$; $\alpha_h \approx 38,7°$;
$\delta = \alpha_h - \alpha_g \approx 24,7°$.

d) $m_k = -1$; $\alpha_k = 135°$;
$\delta = (180° - 135°) + 14,0° \approx 59,0°$.

5

Rechnerische Lösung:

Ist x die Zeit in Minuten und y die zurückgelegte Strecke in Kilometer, so gilt
für das hintere Fahrzeug I: $y = 3x$ und
für das vordere Fahrzeug II: $y = 2x + 10$.
Dieses LGS hat die Lösung (10; 30). Das
hintere Auto holt das andere Auto nach
30 km Fahrstrecke und 10 min Fahrzeit ein.

Zeichnerische Lösung:

Die Gerade g: $y = 3x$ beschreibt die
Fahrt des hinteren Autos.

Die Gerade h: $y = 2x + 10$ beschreibt
die Fahrt des vorderen Autos.

Das hintere Auto holt das andere Auto
nach 30 km Fahrstrecke und 10 min Fahrzeit ein.

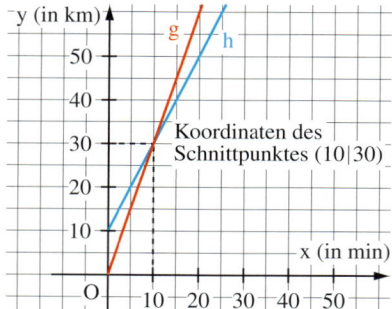

6

a) Füllgeschwindigkeit in den ersten
Stunden: $25 \frac{m^3}{h}$; Füllzeit: 11 Stunden 30
Minuten

b)

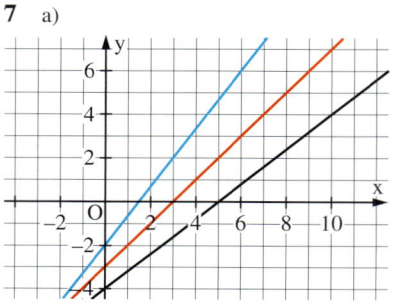

c) $f(t) = 25t + 110$ für $0 \leqq t \leqq 5$
   $= 10t + 185$ für $5 < t \leqq 12$

7 a)

b) Parallele zur 2. Winkelhalbierenden
für $t = -4$; Ursprungsgerade für $t = 1$
c) $t = \frac{1}{2}$ oder $t = -8$

**Aufgaben zum Üben und Wiederholen,
Seite 91**

1

a) $k = 7$;   b) $k = 4$;
c) $k = -2$;   d) $k = -3$

2

a) $x = 0,8$ oder $x = -0,8$;
b) $x = \frac{1}{5}$ c) $x = 6,25$

3

Für diese x-Werte sind die Funktionswerte größer als 10^6:
a) $x < -56,234$; $x > 56,234$;
b) $x < 0,786$;
c) $x > 8,203$;
d) $x < 0,000464$

Für diese x-Werte sind die Funktionswerte kleiner als 10^{-6}:
a) $-0,0562 < x < 0,0562$;
b) $x > 19,74$;
c) $x < 0,07$;
d) $x > 46415,89$

4

a) Waagerechte Asymptote: $y = 0$;
senkrechte Asymptote: $x = 0$
b) Waagerechte Asymptote: $y = 0$;
senkrechte Asymptote: $x = 0$
c) Waagerechte Asymptote: $y = 0$;
senkrechte Asymptote: $x = 2$
d) Waagerechte Asymptote: $y = 5$
senkrechte Asymptote: $x = 5$

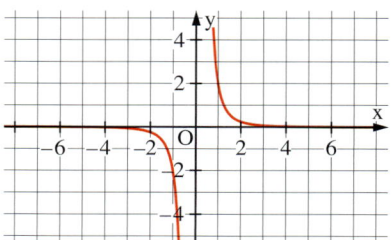

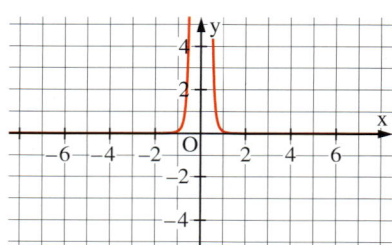

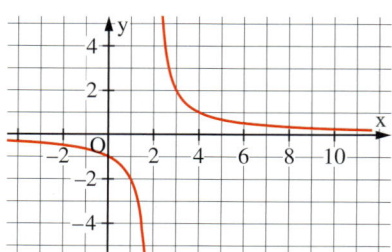

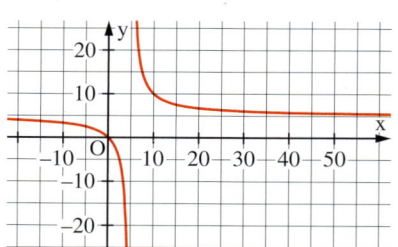

5

a) punktsymmetrisch zum Ursprung; für $x < 0$ sowie für $x > 0$ streng monoton fallend

b) achsensymmetrisch zur y-Achse; für $x < 0$ streng monoton fallend, für $x \geqq 0$ streng monoton steigend;

c) weder punktsymmetrisch zum Ursprung noch achsensymmetrisch zur y-Achse; für $x \geqq 0$ streng monoton fallend

d) keine Symmetrie erkennbar; für $x > 0$ streng monoton fallend

6

a) achsensymmetrisch zur y-Achse; waagerechte Asymptote: $y = 0$; senkrechte Asymptote: $x = 0$; monoton steigend für $x < 0$; monoton fallend für $x > 0$

b) punktsymmetrisch zum Ursprung; waagerechte Asymptote: $y = 0$; senkrechte Asymptote: $x = 0$; monoton steigend für $x < 0$ sowie für $x > 0$

c) keine Symmetrie erkennbar; waagerechte Asymptote: $y = 0$; senkrechte Asymptote: $x = 0$; monoton fallend für $x > 0$

d) achsensymmetrisch zur y-Achse; waagerechte Asymptote: $y = 2$; senkrechte Asymptote: $x = 0$; monoton steigend für $x > 0$; monoton fallend für $x < 0$

7

a) $D = \mathbb{R}_+$ und Umkehrfunktion: $y = x^{\frac{1}{6}}$ (bzw. $D = \mathbb{R}_-$ mit Umkehrfunktion $y = -x^{\frac{1}{6}}$)

b) $D = \mathbb{R}_+$ und Umkehrfunktion: $y = \frac{1}{3} x^{\frac{1}{4}}$ (bzw. $D = \mathbb{R}_-$ mit Umkehrfunktion $y = -\frac{1}{3} x^{\frac{1}{4}}$)

c) $D = \mathbb{R}$ und Umkehrfunktion: $y = \frac{8}{27} x^3$

d) $D = \mathbb{R}_+$ und Umkehrfunktion: $y = 3 x^{-\frac{1}{2}}$ (bzw. $D = \mathbb{R}_-$ mit Umkehrfunktion $y = -3 x^{-\frac{1}{2}}$)

8

a)

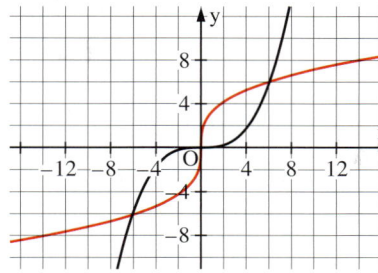

b) $D = \mathbb{R}_+$

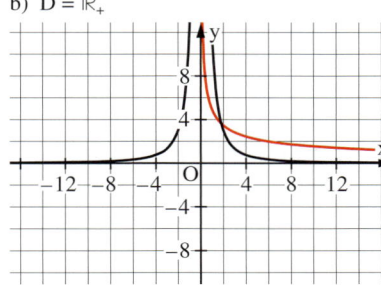

c) $D = \mathbb{R}_+$

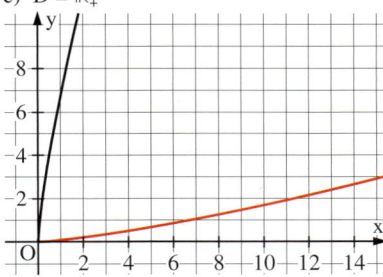

d) $D = \mathbb{R}_+$

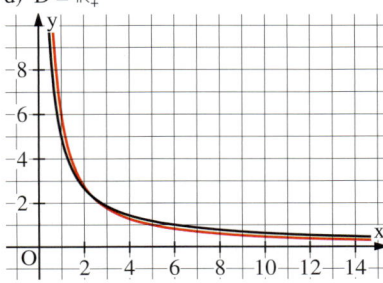

9

a) $13{,}89 \frac{m}{s}$; b) $5{,}21 \frac{m}{s}$; c) $24{,}31 \frac{m}{s}$

10

a) $m_1 = 819$; $m_2 = 667{,}8$; $m_3 = 516{,}6$;

b) $m_1 = -1{,}41$; $m_2 = -0{,}46$; $m_3 = -0{,}23$;

c) $m_1 = 0{,}0309$; $m_2 = 0{,}0314$; $m_3 = 0{,}0318$;

d) $m_1 = -0{,}141$; $m_2 = -0{,}046$; $m_3 = -0{,}0225$

11

Zum Zeitpunkt $t = 2$ beträgt die momentane Geschwindigkeit $2 \frac{m}{s}$, zum Zeitpunkt $t = 4$ beträgt sie $4 \frac{m}{s}$.

12

A: $v_{1;3} = \frac{4,5 - 2,5}{3 - 1} = 1$;

B: $v_{2;4} = \frac{4,9 - 3,75}{4 - 2} \approx 0{,}6$;

C: $v_1 \approx 1{,}4$;   D: $v_3 \approx 0{,}6$;

E: $v_5 \approx -0{,}2$;   F: $v_6 \approx -0{,}6$

Damit gilt: $v_6 [F] < v_5 [E] < v_3 [D] = v_{2;4} [B] < v_{1;3} [A] < v_1 [C]$.

Aufgaben zum Üben und Wiederholen, Seite 119

1

a) $f(x) = -\frac{1}{3} x^2 + 2 x - \frac{5}{3}$

b) $f(x) = \frac{1}{8} x^2 + \frac{1}{4} x$

2

a) $f(x) = \frac{1}{5} x^2 - \frac{16}{5} x + \frac{39}{5}$

b) $f(x) = -4 x^2 - 4 x + 0{,}5$

c) $f(x) = \frac{1}{50} x^2 - \frac{16}{25} x - \frac{1872}{25}$

3

a) $f(x) = -\frac{1}{3} x + \frac{5}{3}$

Also liegen die Punkte auf einer Geraden und nicht auf einer Parabel.

b) $f(x) = -0{,}1 x^2 - 0{,}4 x - 0{,}5$
$= -0{,}1 \cdot (x + 2)^2 - 0{,}1$;
keine Nullstellenform möglich

c) $f(x) = -\frac{1}{3} x^2 + \frac{5}{6} x + \frac{1}{2}$
$= -\frac{1}{3} \cdot \left(x - \frac{5}{4}\right)^2 + \frac{49}{48}$
$= -\frac{1}{3} \cdot \left(x + \frac{1}{2}\right) \cdot (x - 3)$

4

a) B als Ursprung: $f(x) = 0{,}25 (x + 2)^2 - 2$
C als Ursprung: $f(x) = 0{,}25 (x - 6)^2 + 2$

b) Der Ursprung muss vom Punkt A aus zwei Kästchen weiter links und 5 Kästchen weiter oben liegen.

5

a) $L = \mathbb{R}$: Die Parabel zur Funktion f mit $f(x) = x^2 - 17 x$ verläuft komplett oberhalb der waagrechten Geraden mit der Gleichung $y = -220$.

b) $L = \left[-\frac{1}{2} - \sqrt{\frac{11}{12}} \; ; \; -\frac{1}{2} + \sqrt{\frac{11}{12}} \right]$:

Die Parabel zur Funktion f mit
$f(x) = 3x^2 + 3x - 2$ verläuft zwischen
$x = -\frac{1}{2} - \sqrt{\frac{11}{12}}$ und $x = -\frac{1}{2} + \sqrt{\frac{11}{12}}$ unterhalb der x-Achse.

c) $L = \mathbb{R}$: Die Parabel zur Funktion f mit
$f(x) = 0,2x^2 + 2x$ berührt im Punkt
$P(-5|-5)$ die waagrechte Gerade mit der
Gleichung $y = -5$ und verläuft ansonsten
komplett oberhalb von ihr.

d) $L = \{\}$: Die Parabel zur Funktion f
mit $f(x) = 7x^2$ verläuft komplett oberhalb der Geraden mit der Gleichung $y = 7x - 7$.

6

a) Sekante: $a > -1$; Tangente: $a = -1$;
Passante: $a < -1$
Bemerkung: Für $a = 0$ beschreibt die
Funktion f keine Parabel.

b) Sekante: $b > 2 \lor b < -4$;
Tangente: $b = 2 \lor b = -4$;
Passante: $-4 < b < 2$

c) Sekante: $t > 4 \lor t < 0$;
Tangente: $t = 4$; Passante: $0 < t < 4$
Bemerkung: Für $t = 0$ beschreibt die
Funktion f keine Parabel.

7

a) $\lim\limits_{x \to -1} \frac{f(x) - f(-1)}{x + 1} = 5$; Tangentenglei-
chung in $P(-1|-8)$: $y = 5x - 3$

b) $\lim\limits_{x \to 5} \frac{f(x) - f(5)}{x - 5} = -0,6$; Tangentenglei-
chung in $P(5|1,5)$: $y = -0,6x + 4,5$

8

a) Einen Term der Funktion, die der Flug-
zeit t die Höhe h zuordnet, kann man mit
der quadratischen Regression bestimmen;
man erhält: $h(t) = -5t^2 + 3t + 45$.
Diese Funktion hat die positive Nullstelle
$t \approx 3,315$. Somit hat Pépe mit seiner Behauptung Recht, dass der Flug nicht einmal vier Sekunden gedauert habe.

b) $\lim\limits_{t \to 0} \frac{h(t) - h(0)}{t - 0} = 3$; Carlos springt mit
der vertikalen Geschwindigkeit von $3\frac{m}{s}$
nach oben ab.

$\lim\limits_{t \to 3,315} \frac{h(t) - h(3,315)}{t - 3,315} = -30,15$; Carlos

taucht mit der nach unten gerichteten
Geschwindigkeit von $30,15\frac{m}{s}$ ins Wasser
ein.

**Aufgaben zum Üben und Wiederholen,
Seite 155**

1

a) $f(x) = x^4 + 2x^3 - 4x^2 - 8x$
f ist ganzrational vom Grad 4.
Für $x \to \pm\infty$ gilt $f(x) \approx x^4$.

b) $g(x) = -2x^3 + 4x^2 - 2x + 4$
g ist ganzrational vom Grad 3 mit
$g(x) \approx -2x^3$ für $|x| \to \infty$.

c) $h(x) = 2x^5 + 2x^4 - x^2 - x$
h ist ganzrational vom Grad 5 und
$h(x) \approx 2x^5$ für $x \to -\infty$ und für
$x \to +\infty$.

2 a)

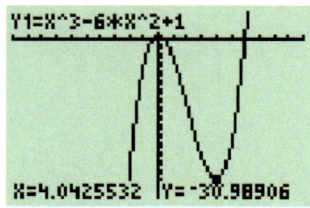

Für $x \to \pm\infty$ ist $f(x) \approx x^3$, für $x \approx 0$ ist
$f(x) \approx -6x^2 + 1$. Also ist der Graph f monoton wachsend bis zum lokalen Hoch-
punkt $H(0|1)$, fallend bis zum lokalen
Tiefpunkt $T(4|-31)$ und danach mono-
ton wachsend wie etwa der Graph von x^3.
Symmetriepunkt ist vermutlich $S(2|-15)$.

b)

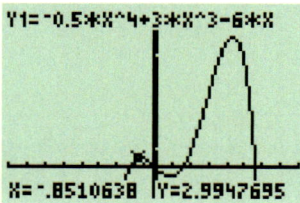

Der Graph kommt aus dem 4. Quadranten
und steigt monoton bis zum ersten loka-
len Hochpunkt $H_1(-0,8|3,0)$, fällt durch
den Ursprung zum lokalen Tiefpunkt
$T(0,9|-3,5)$ und steigt wieder zum zwei-
ten lokalen Hochpunkt $H_2(4,3|41,8)$.
Von dort fällt sie monoton. Für $|x| \to \infty$
ist $g(x) \approx -0,5x^4$.

c) $h(x) = x^5 - x^4 + 8x^2 - 8x$

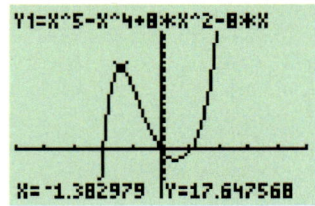

Es gibt die drei Nullstellen -2, 0 und 1.
Für $x \to \pm\infty$ ist $h(x) \approx x^5$, für $x \approx 0$ ist
$h(x) \approx -8x$.
Die Funktion wächst monoton bis etwa
$x = -1,4$ und $y = 17,6$, fällt dann monoton bis etwa $x = 0,5$ und $y = -2,0$ und
steigt danach monoton gegen ∞.

3

a) Symmetrisch zu $S(2|-15)$ wegen
$\frac{1}{2}(f(2 + h) + f(2 - h)) = -15$ für alle h.

b) $g(x) = x^2(x + 2)^2$. Symmetrisch zu
$x = -1$ wegen $g(-1 + h) = g(-1 - h)$ für
alle h.

c) keine Symmetrie

4

a) $x^2 - 3x + 4$ b) $2x^3 + x - 1 + \frac{1}{x - 3}$

5

a) 0; -2; 4   b) $-\sqrt{2}$; $\sqrt{2}$; -2; 2

c) Wegen $f(x) = 0 \Leftrightarrow 50x^4 = 1 - x^5$ gibt
es drei Lösungen: $-0,38$; 0,38; $-50,00$.

6

a) $f(-1) = 0$;
$(x^3 - x^2 - 3x - 1) : (x + 1) = x^2 - 2x - 1$
Weitere Nullstellen: $1 - \sqrt{2}$; $1 + \sqrt{2}$

b) $f(3) = 0$; weitere Nullstellen: 0; 1; 2

7

a) $-0,102$; 0,561; 17,5

b) 14,5; 0,226; $-0,356$; $-0,622$; $-13,8$
(vgl. V 4 für verschiedene Verfahren)

8

a) vgl. V 6

c) $0,5^n = 0,0001 \Leftrightarrow n \approx 13,3$.
Sicher nach 14 Wiederholungen.

9

a) 0; $3 - \sqrt{6}$; $3 + \sqrt{6}$

b) $-\sqrt{2(\sqrt{2} + 1)}$; $+\sqrt{2(\sqrt{2} + 1)}$

c) $-\sqrt[3]{\frac{1}{2}(\sqrt{17} + 1)}$; $\sqrt[3]{\frac{1}{2}(\sqrt{17} - 1)}$

10

a) Ganzrationale Funktion vom Grad 5, Verhalten „im Großen" wie x^5 und $f(0) = -8$; Nullstellen: $x = 2$ dreifach, $x = -1$ zweifach.

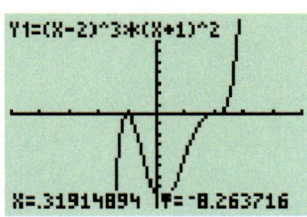

b) Ganzrationale Funktion 3. Grades mit den Nullstellen 2 und -1 (doppelt); $g(0) = 4$; für $|x| \to \infty$ ist $g(x) \approx -2x^3$; punktsymmetrisch.

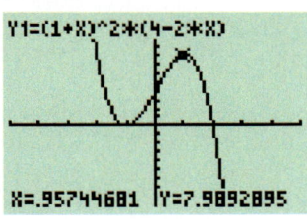

c) Funktion 5. Grades; drei einfache Nullstellen -2; 0; 2; Symmetrie zum Ursprung; $h(x) \approx x^5$ für $x \to \pm\infty$.

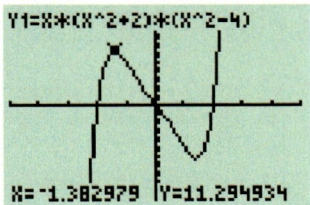

11

Ansatz $f(x) = a \cdot x^4 + b \cdot x^2 + c$ wegen der Symmetrie. Die Bedingungen $f(2) = 0$ und $f(1) = -3$ und $f(3) = -9$ ergeben ein LGS. Aus den Lösungen ergibt sich $f(x) = -0,35 \cdot x^4 + 2,75 \cdot x^2 - 5,4$.

12

a) Achsensymmetrie zur y-Achse

b) $N_1(-3|0)$; $N_2(3|0)$; $S\left(0\left|-\frac{3}{2}\right.\right)$

c) Für $x \to \pm\infty$ ist $f(x) \approx \frac{1}{6} \cdot x^4$

d)

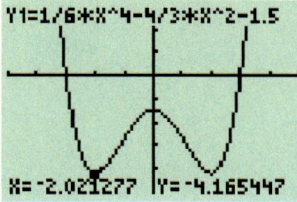

13

a) f hat keine Nullstellen; g hat die drei Nullstellen -2; 0; 2.

b)

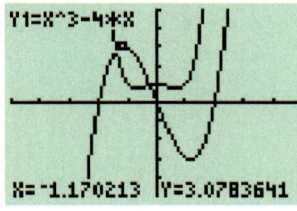

c) $S_1(-1,397|2,862)$; $S_2(-0,240|0,946)$

d) Z.B. schneidet der Graph zu $y = g(x) - 3$ nicht den Graph von f.

Aufgaben zum Üben und Wiederholen, Seite 191

1 a)

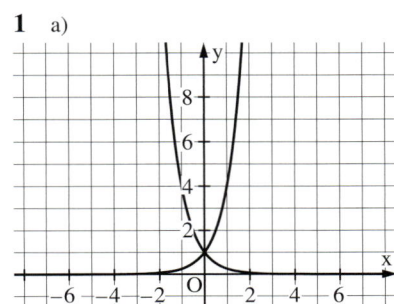

b) Die Funktion $x \mapsto 4^x$ ist streng monoton wachsend, die Funktion $x \mapsto 0,25^x$ ist streng monoton fallen.

c) Die beiden Graphen liegen zueinander symmetrisch bezüglich der y-Achse.

2

a) $a = 0,8$; $b = 100$, also $x \mapsto 100 \cdot 0,8^x$.

b) Halbwertszeit: ca. 3 Zeiteinheiten

c) $x \mapsto 100 \cdot 0,8^{x-10}$, $x \mapsto 100 \cdot 0,8^x + 10$

3

x	1	2	3	4
f(x)	36	6	1	$\frac{1}{6}$
g(x)	1	6	36	216
h(x)	$\frac{3}{2}$	6	24	96

mit $f(x) = 216\left(\frac{1}{6}\right)^x$; $g(x) = \frac{1}{6} \cdot 6^x$; $h(x) = \frac{3}{8} \cdot 4^x$

4

a) $x \mapsto 6\left(\frac{1}{3}\right)^x$ b) $x \mapsto \frac{1}{9} \cdot 3^x$

c) $x \mapsto 3 \cdot (e^2)^x$

5

a) $x = \ln(10) + 4$ b) $x = \ln(5)$

c) $x = \ln(5)$, $x = 0$

6

a) $x = 0$ b) $x = 1$

c) $x = 0$ d) $x = \frac{1}{2}\ln(2)$

7

Fig.2; mögliche Begründung: die Funktion f hat für $x = 2$ eine doppelte Nullstelle, d.h. der Graph berührt im Punkt $P(2|0)$ die x-Achse.

8

a) $f(t) = 50\,000 \cdot 1,1^t$ oder $f(t) = 50\,000 \cdot e^{t \cdot \ln(1,1)}$ mit t in Tagen

b) $f(5) = 80\,525,5 \approx 80\,500$

c) $T_V = \frac{\ln(2)}{\ln(1,1)} \approx 7,3$ Tage

9 a)

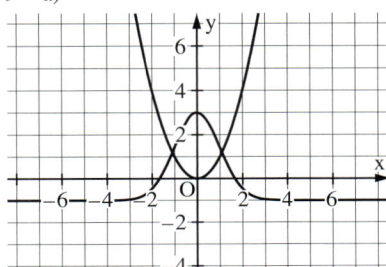

b) In dem Term von f kommt x nur quadratisch vor.

c) $x = -2\sqrt{\ln(2)} \approx -1,67$, $x = 2\sqrt{\ln(2)} \approx 1,67$

d) $S_1(-1,094|1,198)$, $S_2(1,094|1,198)$

e) Verschiebung in y-Richtung: beispielsweise $h(x) = x^2 + 3,5$
Verschiebung in x-Richtung: beispielsweise $h(x) = (x - 3)^2$

10

Der Graph von f_t geht aus dem Graphen von f_1 hervor durch eine Streckung in y-Richtung um t und eine Verschiebung in x-Richtung um $t - 1$, oder durch eine Streckung in y-Richtung um $t \cdot e^{-(t-1)}$.

Aufgaben zum Üben und Wiederholen, Seite 217

1

a) $\frac{1}{4}\pi$; $\frac{5}{12}\pi$; $\frac{2}{3}\pi$; $\frac{3}{4}\pi$; $\frac{5}{6}\pi$

b) $\frac{1}{5}\pi$; $\frac{1}{10}\pi$; $\frac{1}{20}\pi$; $\frac{2}{5}\pi$; $\frac{4}{5}\pi$

2

a) $\pi = 180°$; $\frac{\pi}{2} = 90°$; $\frac{\pi}{4} = 45°$;
$\frac{3\pi}{4} = 135°$; $\frac{5\pi}{4} = 225°$; $\frac{\pi}{3} = 60°$;
$\frac{2\pi}{3} = 120°$; $\frac{\pi}{6} = 30°$; $\frac{5\pi}{6} = 150°$;
$\frac{11\pi}{6} = 330°$

b) $\frac{\pi}{10} = 18°$; $\frac{3\pi}{10} = 54°$; $\frac{7\pi}{10} = 126°$;
$\frac{\pi}{18} = 10°$; $\frac{5\pi}{4} = 50°$; $\frac{\pi}{180} = 1°$; $\frac{7\pi}{180} = 7°$;
$\frac{7\pi}{18} = 70°$

3

a) $2 \approx 114,6°$; $1,8 \approx 103,1°$;
$2,3 \approx 131,8°$; $4,7 \approx 269,3°$;
$-2,1 \approx -120,3°$; $-3,6 \approx -206,3°$;
$5,8 \approx 332,3°$; $-5,4 \approx -309,4°$;
$4,21 \approx 241,2°$

b) $6,8 \approx 389,6°$; $13,4 \approx 767,8°$;
$34,8 \approx 1993,9°$; $-102,9 \approx -5895,7°$;
$435,8 \approx 24\,969,5°$; $1024 \approx 58\,670,9°$

4

a) $\sin(150°) = \sin(30°) = \frac{1}{2}$

b) $\sin(225°) = -\sin(45°) = -\frac{1}{2}\sqrt{2}$

c) $\cos(210°) = -\cos(30°) = -\frac{1}{2}\sqrt{3}$

d) $\sin(-120°) = -\sin(60°) = -\frac{1}{2}\sqrt{3}$

e) $\cos(-150°) = -\cos(30°) = -\frac{1}{2}\sqrt{3}$

f) $\sin(780°) = \sin(60°) = \frac{1}{2}\sqrt{3}$

g) $\tan(480°) = -\tan(60°) = -\sqrt{3}$

h) $\sin(-480°) = -\sin(60°) = -\frac{1}{2}\sqrt{3}$

5

a) 0,557; 2,585   b) 3,802; 5,623

c) 2,722; 3,561   d) 1,169; 4,311

6

Die Funktion (3).

7

$f(x) = 0,5\cos(x) - 1,5$

8

a) $a = 2$; $p = 2\pi$

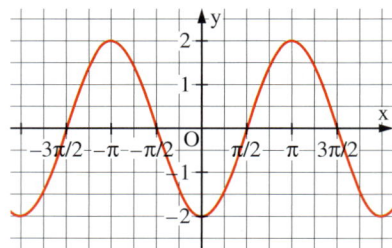

b) $a = 1$; $p = 1$

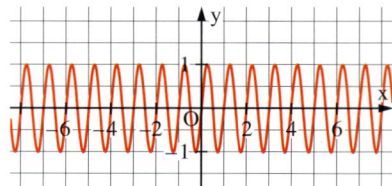

c) $a = 3$; $p = \pi$

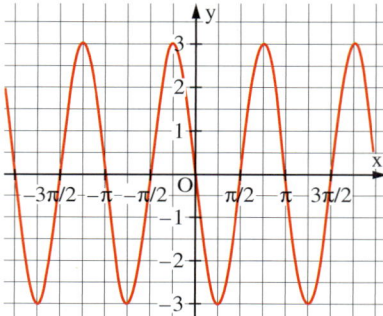

d) $a = \frac{1}{2}$; $p = 4$

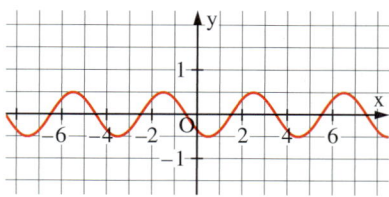

9

a) $2 \cdot \cos(2x) = -1$. Man zeichnet mit dem GTR die Graphen von
$f(x) = 2 \cdot \cos(2x)$ und $g(x) = -1$ und schneidet sie: Man erhält
$x_0 \approx 1,047\,197\,6$; $x_1 \approx 2,094\,395\,1$.
Exakt: $\cos(2x) = -\frac{1}{2}$; also $2x_1 = \frac{2}{3}\pi$
oder $2x_2 = \frac{4}{3}\pi$. Damit $x_1 = \frac{1}{3}\pi$, $x_2 = \frac{2}{3}\pi$.

b) $2 \cdot \sin(x - \pi) = \sqrt{3}$. Man zeichnet mit dem GTR die Graphen von
$f(x) = 2 \cdot \sin(x - \pi)$ und $g(x) = 3$ und schneidet sie: Man erhält:
$x_0 \approx 4,188\,790\,2$; $x_1 \approx 5,235\,987\,8$.
Exakt: $\sin(x - \pi) = \frac{1}{2}\sqrt{3}$; also $x_0 - \pi = \frac{\pi}{3}$
oder $x_1 - \pi = \frac{2}{3}\pi$.
Damit $x_0 = \frac{4}{3}\pi$, $x_1 = \frac{5}{3}\pi$.

c) $\tan(x + \frac{\pi}{2}) = -1$. GTR: Graphen von
$f(x) = \tan(x + \frac{\pi}{2})$ und $g(x) = -1$ zum Schnitt bringen: $x_0 \approx 0,785\,398\,16$;
$x_1 \approx 3,926\,990\,8$. Exakt: $\tan(x + \frac{\pi}{2}) = -1$;
also $x_0 + \frac{\pi}{2} = \frac{3}{4}\pi$ oder $x_1 + \frac{\pi}{2} = \frac{7}{4}\pi$.
Damit $x_0 = \frac{1}{4}\pi$; $x_1 = \frac{5}{4}\pi$.

d) $\sin^3(x) - 0,75 \cdot \sin(x) = 0$. GTR: Graphen von $f(x) = \sin^3(x)$ und
$g(x) = 0,75 \cdot \sin(x)$ zum Schnitt bringen:
$x_0 = 0$; $x_1 \approx 1,0472$; $x_2 \approx 2,0944$;
$x_3 \approx 3,1416$; $x_4 \approx 4,1888$; $x_5 \approx 5,2360$;
$x_6 \approx 6,2832$
Exakt: $\sin(x) \cdot \left(\sin^2(x) - \frac{3}{4}\right) = 0$ ergibt
$\sin(x) = 0$ und $\sin(x) = \frac{1}{2}\sqrt{3}$ und $\sin(x) = -\frac{1}{2}\sqrt{3}$.
Daraus erhält man: $x_0 = 0$; $x_3 = \pi$; $x_6 = 2\pi$; $x_1 = \frac{1}{3}\pi$; $x_5 = \frac{5}{3}\pi$; $x_2 = \frac{2}{3}\pi$; $x_4 = \frac{4}{3}\pi$.

e) $2 \cdot \cos^2(x) = 1 + \sin(x)$. Man zeichnet mit dem GTR die Graphen von $f(x) = 2 \cdot \cos^2(x)$ und $g(x) = 1 + \sin(x)$ und schneidet sie: Man erhält $x_0 \approx 0,5236$;
$x_1 \approx 2,6180$; $x_2 \approx 4,7124$ (geht nur über Funktionswerte).
Exakt: $2 \cdot (1 - \sin^2(x)) = 1 + \sin(x)$ oder $2 \cdot \sin^2(x) + \sin(x) - 1 = 0$. Daraus folgt
$\sin(x) = \frac{1}{2}$ und $\sin(x) = -1$.
Daraus $x_0 = \frac{1}{6}\pi$; $x_1 = \frac{5}{6}\pi$; $x_3 = \frac{3}{2}\pi$.

f) $2 \cdot \sin^2(x) - \sin(x) = 1$. GTR: Graphen von $f(x) = 2 \cdot \sin^2(x) - \sin(x)$ und
$g(x) = 1$ zum Schnitt bringen:
$x_0 \approx 1,570\,796\,9$; $x_1 \approx 3,665\,191\,4$;
$x_2 \approx 5,759\,586\,5$.
Exakt: $\sin(x) = z$; $2z^2 - z - 1 = 0$; $z_0 = 1$; $z_1 = -\frac{1}{2}$.
$\sin(x) = 1$: $x_0 = \frac{\pi}{2}$
$\sin(x) = -\frac{1}{2}$: $x_1 = \frac{7}{6}\pi$; $x_2 = \frac{11}{6}\pi$.

10

a) Es ist $a = \frac{1+3}{2} = 2$ und $b = \frac{3-1}{2} = 1$.

Damit gilt $h(t) = 2 + \cos\left(\frac{\pi}{6} \cdot t\right)$.

Die Periode $p = \frac{2\pi}{\frac{\pi}{6}} = 12$.

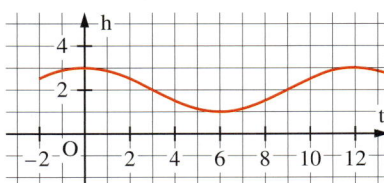

b) Gesucht $h(t) \leq 1{,}5$, also

$2 + \cos\left(\frac{\pi}{t} \cdot t\right) \leq 1{,}5$, also

$\cos\left(\frac{\pi}{6} \cdot t\right) \leq -0{,}5$. Dazu bestimmt man die Schnittstellen der Funktionen

$c(t) = \cos\left(\frac{\pi}{6} \cdot t\right)$ und $g(t) = -0{,}5$:

Man zeichnet mit dem GTR ihre Graphen und erhält die Stellen $t_0 = 4$ und $t_1 = 8$. Damit liegt der Pegel 4 Stunden unter $1{,}5\,m$.

Anhang:
Lösungen der Fundus-Aufgaben

1 Mengenlehre (Seite 223)

1

a) $A \cap B = \{1; 3; 9\}$

$A \cup B = \{0; 1; 3; 4; 5; 6; 7; 9\}$

$A \cap C = \{4; 9\}$

$B \cup C = \{0; 1; 2; 3; 4; 5; 7; 8; 9\}$

$A \setminus B = \{4; 6\}$

$B \setminus A = \{0; 5; 7\}$

b)

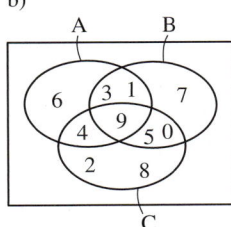

2

a) $B \cap A = \{2; 4; a\}$

$A \cup C = \{1; 2; 4; 5; 6; 7; 8; a; b; c; d; e\}$

$C \setminus A = \{6; 7; c; d\}$

$B \cup C = \{2; 3; 4; 5; 6; 7; 9; a; b; c; d\}$

$A \cap B \cap C = \{4; a\}$

$B \setminus (A \cap C) = \{2; 3; 6; 9; d\}$

$A \cap (B \cup C) = \{2; 4; 5; a; b\}$

b) $6 \in B \cap A$ (w)

$\{5; 7\} \subset A$ (f)

$\{5; c\} \subset C \setminus B$ (w)

$\{2; 4\} \subseteq A \cap B$ (w)

$\{b; d\} \not\subset (A \cup B) \setminus C$ (w)

$9 \notin A \cap (B \cup C)$ (w)

3

A ist die Menge der durch 3 teilbaren natürlichen Zahlen bis einschließlich 15.

B ist die Menge der Quadratzahlen bis einschließlich 49.

C ist die Menge der geraden positiven und negativen Zahlen einschließlich der Null.

D ist die Menge der Zehnerpotenzen 10^n mit $0 \leq n \leq 4$.

E enthält die Zahlen 1 und 2 und weiterhin alle Zahlen, die als Summe der beiden vorigen Elemente entstehen (Fibonacci-Zahlen).

F ist die Menge der Potenzen $\left(\frac{2}{3}\right)^n$ mit $n \in \mathbb{N}^*$.

4

$A = \{0; 1; 4; 9; 16\}$

$B = \{1; 3; 5; 7; \dots\}$

$C = \{1; 2; 3; 4; 6; 9; 12; 18\}$

5 a) und b)

$A = \,]{-3};8]$

$B = [1;6]$

$C = \,]4;\infty[$

$D = \,]{-\infty};10]$

c) $C \cap D = \,]4; 10]$

$B \cup D = \,]{-\infty}; 10] = D$

$A \setminus C = \,]{-3}; 4]$

$B \setminus D = \{\}$

$A \cup C = \,]{-3}; \infty[$

6

a) $]3; 4[$

b) $[-7; -3]$

c) $]{-\infty}; -2[$

d) $]{-\infty}; 2]$

e) $]{-3}; \infty[$

f) $[2; 5]$

g) $]2; 5[$

h) $]{-1}; 0[$

i) $]4; \infty[$

k) $]0; 4]$

2 Aussagen und Aussageformen
(Seite 225)

1

a) falsch

b) wahr

c) wahr

d) wahr

e) falsch

2

a) $L = \,]{-\infty}; 3[$

b) $L = \{0\}$

c) $L = [-4; 4]$

d) $L = [0; 25[$

e) $L = \left\{-\sqrt{7}; \sqrt{7}\right\}$

3

a) $L = \,]0{,}5; 4]$

b) $L = \{-3; 3\}$

c) $L = \mathbb{R} \setminus [-0{,}5; 0{,}5]$

d) $L = \,]3; 5]$

4

Die Negation einer Konjunktion ist wahr, wenn die Konjunktion selbst falsch ist. Dazu muss eine der beiden Teilaussagen falsch sein oder beide gleichzeitig.

Beispiel: $\neg(2 = 5 \wedge 4 < 6)$ ist wahr, da die erste Teilaussage falsch ist.

Die Negation einer Konjunktion ist falsch, wenn die Konjunktion selbst wahr ist. Dazu müssen beide Teilaussagen wahr sein.

Beispiel: $\neg(2 + 3 = 5 \wedge 4 < 6)$ ist falsch, da beide Teilaussagen wahr sind.

Die Negation einer Disjunktion ist wahr, wenn die Disjunktion selbst falsch ist. Dazu müssen beide Teilaussagen falsch sein.

Beispiel: $\neg(2 = 5 \vee 4 > 6)$ ist wahr, da beide Teilaussagen falsch sind.

Die Negation einer Disjunktion ist falsch, wenn die Disjunktion selbst wahr ist. Dazu muss eine der beiden Teilaussagen wahr sein oder beide gleichzeitig.

Beispiel: $\neg(2 = 5 \vee 4 < 6)$ ist falsch, da die zweite Teilaussage wahr ist.

3 Rechnen (mit Klammern, Seite 227)

1

a) $a - 3b$

b) $-16x + y$

c) $5u - 24$

d) $6a^2 - 15a$

e) $-7u^2 - 11u + 24$

2

a) $17a^2 + 10ab$

b) $3x^2 + 9x$

3
a) $-39\,a^2 + 23\,ab + 22\,a$
b) $12\,u^2 + 63\,u - 15\,v$
c) $-6\,u^2 - 71\,uv + 12\,v^2$
d) $-8\,x^2 + 10\,x + 11\,xy - 17\,y + 5$

4
a) $9\,a^2 + 42\,ab + 49\,b^2$
b) $81\,x^2 - 90\,xy + 25\,y^2$
c) $4\,u^2 - 25\,v^2$
d) $(3\,x - 2\,y)^2$
e) $(12\,m + 1)^2$
f) $(4\,uv - 9\,w)(4\,uv + 9\,w)$
g) $x^4 - 4\,y^2$
h) $(7\,rs - 2\,t)^2$

5
a) $(3\,x + 4\,y)^2 = 9\,x^2 + 24\,xy + 16\,y^2$
b) $(6\,a^2 - 2\,b)^2 = 36\,a^4 - 24\,a^2 b + 4\,b^2$
c) $\left(\frac{r}{2} + 5\,s\right)^2 = \frac{r^2}{4} + 5\,rs + 25\,s^2$
d) $\left(2\,x - \frac{y^2}{4}\right)^2 = 4\,x^2 - x\,y^2 + \frac{y^4}{16}$
e) $\left(\frac{a}{3} + 9\right)^2 = \frac{a^2}{9} + 6\,a + 81$
f) $(-4\,x - (-2))^2 = 16\,x^2 - 8\,x + 4$

6
a) $(a + 7)(a + 2)$
b) $(x - 5)(x - 1)$
c) $(u - 4)(u + 3)$
d) $(x + 4\,a)(x + 2\,a)$
e) $2(x - 9)(x - 1)$
f) $a(x + 3\,b)(x + b)$
g) $-(y - 3)(y - 2)$
h) $(a\,x + 6)(a\,x + 2)$

3 Rechnen (mit Brüchen, Seite 228)

7
a) $\frac{9\,y}{5}$
b) $\frac{2\,a}{3\,b}$
c) $\frac{a - b}{a + b}$
d) $\frac{3}{x + 2}$
e) $\frac{y}{3\,x}$
f) $\frac{2\,a}{9}$
g) $\frac{3}{y}$
h) $\frac{x - 1}{2}$

8
a) $\frac{x}{2\,y}$
b) $\frac{5\,b}{6\,a^2}$
c) $-\frac{4\,x}{5\,y}$
d) $\frac{m}{2\,n}$
e) $\frac{1}{2}$
f) 2
g) 1
h) $\frac{8}{(2 - 3\,x)(2 + 3\,x)}$

9
a) $s = v \cdot t$
b) $I = \frac{U}{R}$
c) $g = \frac{2\,h}{t^2}$
d) $r = \sqrt{\frac{V}{\pi h}}$
e) $T = \sqrt{m \frac{4\pi^2}{F} r}$
f) $R_1 = \frac{R_2 \cdot R_{ers}}{R_2 - R_{ers}}$

3 Rechnen (mit Potenzen, Seite 229)

10
a) x^{13}
b) a^{2n}
c) $u^{2r + 6}$
d) x
e) $(3\,x)^4 = 81\,x^4$
f) $(a\,b)^{2n}$
g) $(p^2 - q^2)^r$
h) $\left(\frac{x}{2}\right)^{2n}$

11
a) $(x - 4)^3$
b) b^3
c) $x^{4n - 1}$
d) $a^{2s} \cdot b^{3s - 1}$
e) $\left(\frac{x}{3}\right)^5$
f) a^8
g) $\frac{1}{(1 - 3\,x)^a}$
h) $(4\,x\,y)^{3k}$
i) 3^{4x}
j) $t^{n^2 - 1}$
k) p^{6q}
l) x^{9rs}

3 Rechnen (Exponentialdarstellung, Seite 230)

12
a) $6{,}83 \cdot 10^{-6}$
b) $5{,}4843 \cdot 10^{14}$
c) $3{,}0908 \cdot 10^{12}$
d) $3{,}85 \cdot 10^{-10}$

13
a) $c = 299\,792\,458\ \text{m s}^{-1}$
b) $m_p = 0{,}000\,000\,000\,000\,000\,000\,000\,000$
$001\,672\,622\ \text{kg}$
c) $N_A = 602\,214\,000\,000\,000\,000\,000$
$000\ \text{mol}^{-1}$
d) $e = 0{,}000\,000\,000\,000\,000\,000\,160\,218\ \text{C}$
e) $h = 0{,}000\,000\,000\,000\,000\,000\,000\,000$
$000\,000\,000\,662\,61\ \text{Js}$

3 Rechnen (mit Wurzeln, Seite 230)

14
a) x^2
b) $\frac{y^4}{4}$
c) $\frac{a^3}{3\,b}$
d) $(a - 2)^2$
e) $a^5 b^4$
f) $\frac{2\,x}{y}$

15
a) x^3
b) a^3
c) y^8
d) c^2
e) $r^{\frac{1}{2}} = \sqrt{r}$
f) $x^{\frac{1}{8}} = \sqrt[8]{x}$

4 Lineare Gleichungen und Ungleichungen (Seite 233)

1
a) $L = \{-2\}$
b) $L = \{\}$
c) $L = \mathbb{R}$
d) $L = \left\{\frac{1}{3}\right\}$

2
a) $a = 4 : L = \mathbb{R}$
$a \neq 4 : L = \{2\}$
b) $b = -3 : L = \mathbb{R}$
$b \neq -3 : L = \{4\}$

c) $a = 2\,b : L = \mathbb{R}$
$a \neq 2\,b : L = \{-3\,a\}$
d) $a = 0 \lor b = 2 : L = \mathbb{R}$
$a \neq 0 \land b = 2 : L = \{0\}$

3
a) $L = \{x \mid x > -4\} = {]}{-}4; \infty[$
b) $L = \{\}$
c) $L = \mathbb{R}$
d) $L = \{x \mid x \geqq -0{,}5\} = [-0{,}5; \infty[$

4
a) $L = \{x \mid x > -2\,a\} = {]}{-}2\,a; \infty[$
b) $b = 0 : L = \mathbb{R}$
$b > 0 : L = \{x \mid x \leqq 8\} = {]}{-}\infty; 8]$
$b < 0 : L = \{x \mid x \geqq 8\} = [8; \infty[$
c) $p = -2 : L = \mathbb{R}$
$p > -2 : L = \left\{x \,\middle|\, x > \frac{p}{p + 2}\right\}$
$p < -2 : L = \left\{x \,\middle|\, x < \frac{p}{p + 2}\right\}$
d) $t = -1 : L = \mathbb{R}$
$t > -1 : L = \{x \mid x \leqq t + 1\}$
$t < -1 : L = \{x \mid x \geqq t + 1\}$

5

Wenn x die Anzahl der Dosen bezeichnet, folgt der rechnerische Ansatz:
$0{,}3 \cdot x + 0{,}5 \leqq 12$.
Dies ist äquivalent zu $x \leqq \frac{115}{3} \approx 38{,}33$.
Man kann also höchstens 38 Dosen einpacken.

5 Quadratische Gleichungen (Seite 235)

1
a) $L = \{-5; -1\}$
b) $L = \{-9; 1\}$
c) $L = \left\{-\frac{2}{3}; 2\right\}$
d) $L = \left\{-\frac{7}{2}; 6\right\}$
e) $L = \{-3 - \sqrt{2}; -3 + \sqrt{2}\}$
f) $L = \{-4; 5\}$

2
a) $L = \{-2; 3\}$
b) $L = \left\{-\frac{1}{3}; \frac{2}{5}\right\}$
c) $L = \left\{-\frac{1}{4}; 4\right\}$
d) $L = \left\{-1; \frac{3}{5}\right\}$
e) $L = \left\{2; \frac{8}{3}\right\}$
f) $L = \{1\}$
g) $L = \left\{-\frac{5}{3} - \frac{1}{3}\sqrt{7}; -\frac{5}{3} + \frac{1}{3}\sqrt{7}\right\}$
h) $L = \{-5; 8\}$
i) $L = \{-1; 3\}$

3

a) $L = \left\{1; \frac{7}{6}\right\}$

b) $L = \left\{-2 - \frac{1}{2}\sqrt{29}; -2 + \frac{1}{2}\sqrt{29}\right\}$

c) $L = \left\{-\frac{5}{2}; 5\right\}$ d) $L = \{-9; 3\}$

e) $L = \{\}$ f) $L = \left\{-\frac{11}{5}; 3\right\}$

g) $L = \{0; 6\}$ h) $L = \{-5; 2\}$

4

a) Die Lösungen verdoppeln sich.

b) Die Lösungen halbieren sich.

c) Die Lösungen bleiben gleich.

5

a) $L = \{-4; 0\}$ b) $L = \{0; 5\}$

c) $L = \left\{0; \frac{8}{7}\right\}$ d) $L = \left\{-\frac{1}{2}; 0; \frac{1}{2}\right\}$

e) $L = \{-9; 0; 1\}$

f) $L = \left\{-2 - \sqrt{5}; 0; -2 + \sqrt{5}\right\}$

6

a) $L = \{-2; 0; 2\}$ b) $L = \left\{\frac{5 - \sqrt{5}}{2}; \frac{5 + \sqrt{5}}{2}\right\}$

c) $L = \{-4; -2\}$ d) $L = \{-2; 2\}$

e) $L = \{-1; 2\}$ f) $L = \{0; 1\}$

g) $L = \{0; 1\}$ h) $L = \left\{0; \frac{1}{3}\right\}$

i) $L = \left\{-2; -\sqrt{\frac{8}{3}}; \sqrt{\frac{8}{3}}\right\}$

j) $L = \left\{-\frac{3}{2}; 0; \frac{3}{8}; \frac{5}{4}\right\}$

7

a) 2 Lösungen für $t > -\frac{1}{4}$: $\frac{1 \pm \sqrt{1 + 4t}}{2}$;
genau 1 Lösung für $t = -\frac{1}{4}$: $\frac{1}{2}$;
keine Lösung für $t < -\frac{1}{4}$

b) 2 Lösungen für $t < 9 \wedge t \neq 0$: $\frac{-3 \pm \sqrt{9 - t}}{t}$
genau 1 Lösung für $t = 9$: $-\frac{1}{3}$
$\qquad\qquad\qquad\quad t = 0$: $-\frac{1}{6}$;
keine Lösung für $t > 9$

c) 2 Lösungen für $t \neq 0$: $-2t; t$;
genau 1 Lösung für $t = 0$: 0;
keine Lösung für $-$

d) 2 Lösungen für $t \neq 0$: $-\frac{1}{t}; -\frac{1}{3t}$;
genau 1 Lösung für $-$;
keine Lösung für $t = 0$

e) 2 Lösungen für $t < \frac{1}{2} \wedge t \neq 0$:
$2 \cdot \frac{t - 1 \pm \sqrt{1 - 2t}}{t}$;
genau 1 Lösung für $t = \frac{1}{2}$: -2; $t = 0$: 0
keine Lösung für $t > \frac{1}{2}$

f) 2 Lösungen für $t \neq 1$: $-\frac{t + 1}{t - 1}; -1$;
genau 1 Lösung für $t = 1$: -1;

8

a) $k = -3 : L = \{1\}$; $k = 1 : L = \{-1\}$

b) $k = 0 : L = \{0\}$; $k = 4 : L = \{-2\}$

c) $k = 0 : L = \{-1\}$; $k = -1 : L = \{-1\}$

d) $k = 0 : L = \{1\}$

e) $k = 0{,}8 : L = \{0{,}5\}$

f) $k = 0 : L = \{1\}$

9

Die Diskriminante lautet $D = b^2 - 4ac$.
Haben a und c verschiedene Vorzeichen, so gilt: $4ac < 0$, also $D > 0$; die Gleichung hat also zwei Lösungen.
Die Umkehrung gilt nicht. Gegenbeispiel: Die Gleichung $x^2 - 3x + 2 = 0$ hat die beiden Lösungen 1 und 2, obwohl a und c positiv sind.
Veranschaulichung mit Parabeln:
$a > 0$; $c < 0$: Die zugehörige Parabel ist nach oben geöffnet und schneidet die y-Achse im Punkt $Y(0|c)$, also unterhalb der x-Achse. Sie muss daher die x-Achse zweimal schneiden. Die anderen Fälle lassen sich analog begründen.

6 Weitere Arten von Gleichungen (Bruchgleichungen, Seite 237)

1

a) $D = \mathbb{R}\setminus\{8\}$; $L = \{-1; 9\}$

b) $D = \mathbb{R}\setminus\{2\}$; $L = \left\{-\frac{7}{4} \pm \frac{5}{4}\sqrt{17}\right\}$

c) $D = \mathbb{R}\setminus\{0; 2\}$; $L = \left\{1; \frac{6}{5}\right\}$

d) $D = \mathbb{R}\setminus\left\{-\frac{1}{2}\right\}$; $L = \left\{\frac{5}{2} \pm \frac{1}{2}\sqrt{6}\right\}$

e) $D = \mathbb{R}\setminus\{2\}$; $L = \left\{\frac{9}{2}; 7\right\}$

f) $D = \mathbb{R}\setminus\left\{\frac{3}{2}\right\}$; $L = \left\{\frac{3}{2} \pm \sqrt{5}\right\}$

2

a) $D = \mathbb{R}\setminus\{0; 2\}$; $L = \left\{\frac{2}{3}; 3\right\}$

b) $D = \mathbb{R}\setminus\{-8; 0\}$; $L = \left\{-7; \frac{8}{7}\right\}$

c) $D = \mathbb{R}\setminus\{-2; 1\}$; $L = \left\{-\frac{2}{3}; 3\right\}$

d) $D = \mathbb{R}\setminus\left\{-5; -\frac{1}{2}\right\}$; $L = \{-4; 13\}$

3

a) $D = \mathbb{R}\setminus\left\{0; \frac{3}{2}\right\}$; $L = \{1\}$

b) $D = \mathbb{R}\setminus\{-4; 4\}$; $L = \{\}$

4

a) Die Gleichung hat für jedes $a \in \mathbb{R}^*$ zwei Lösungen: $L = \left\{-\frac{a}{2}; 2a\right\}$

b) Die Gleichung hat für jedes $a \in \mathbb{R}^*$ zwei Lösungen: $L = \left\{-\frac{1}{a}; a\right\}$

c) Die Gleichung hat für alle $a, b \in \mathbb{R}^*$ zwei Lösungen: $L = \left\{-\frac{b}{a}; \frac{b}{2a}\right\}$

6 Weitere Arten von Gleichungen (Betragsgleichungen, Seite 238)

5

a) $L = \{-5; -4\}$ b) $L = \left\{-3; -\frac{1}{3}\right\}$

c) $L = \{2{,}5\}$ d) $L = \{1{,}5; 3\}$

e) $L = \{1\}$ f) $L = \{3\}$

6

a) $L =]0; 3[$

b) $L =]-\infty; -4] \cup \left[\frac{4}{3}; \infty\right[= \mathbb{R}\setminus\left]-4; \frac{4}{3}\right[$

c) $L = \left[\frac{8}{9}; \frac{16}{7}\right]$

6 Weitere Arten von Gleichungen (Potenz- und Wurzelgleichungen, Seite 239)

7

a) $L = \{-5; 5\}$

b) $L = \{-0{,}5\}$

c) $L = \{\}$

d) $L = \{2{,}5\}$

e) $D = \mathbb{R}_+$; $L = \{\}$

f) $D = [1; \infty[$; $L = \{33\}$

g) $D = \mathbb{R}_+$; $L = \{32\}$

h) $D = \mathbb{R}_+$; $L = \left\{\frac{1}{\sqrt[5]{25}}\right\}$

8

a) $D = \mathbb{R}_+$; $L = \{16\}$

b) $D = \mathbb{R}_+$; $L = \left\{\frac{9}{4}\right\}$

c) $D = [1; \infty[$; $L = \{1; 2\}$

d) $D = [-1; \infty[$; $L = \{3\}$

e) $D = \left]-\infty; \frac{4}{11}\right]$; $L = \left\{-\frac{1}{4}; \frac{1}{3}\right\}$

f) $D = \left]-\infty; \frac{13}{4}\right]$; $L = \{-3\}$

g) $D = [5; \infty[$; $L = \{9\}$

h) $D = \mathbb{R}_+$; $L = \{25\}$

i) $D = \mathbb{R}_+^*$; $L = \{4\}$

7 Anwendungsaufgaben (Seite 242)

1

a) Man geht von der Zahl –9 oder von der Zahl 3 aus.

b) Es gilt: $n \cdot (n + 3) - (n + 1)(n + 2) = -2$, d. h. die Produkte unterscheiden sich immer um zwei. Also gibt es keine vier aufeinander folgende Zahlen mit der gewünschten Eigenschaft.

2

a) Die Seitenlängen sind 32 cm und 38 cm.

b) Die Seitenlängen sind 12 cm und 16 cm.

3

Der Zinssatz beträgt 4,00 %.

4

Ursprünglich hatten sich 28 Klassenkameraden angemeldet.

5

Die Eindrucktiefe beträgt 0,4 cm.

6

Die Meerestiefe beträgt ungefähr 75,4 m.

7

Das Flugzeug fliegt mit einer Eigengeschwindigkeit von 990 km h⁻¹.

8 Arbeiten in einem Koordinatensystem (Kartesische Koordinaten, Seite 244)

1

Kartesische Koordinatensysteme liegen bei a) und d) vor. Bei b) schneiden sich die Achsen nicht in ihren Nullpunkten, bei c) sind die Achsen nicht orthogonal.

2

a) B b) B, C, E, F, G, H

c) D d) A, B, G

e) A, C, D

3

a) Nein. b) Ja. c) Ja.

d) Nein. e) Ja. f) Ja.

4

a) $A'(3|1)$, $B'(2|0)$, $C'(u|-v)$

b) $A'(-3|-1)$, $B'(-2|0)$, $C'(-u|v)$

c) $A'(-3|1)$, $B'(-2|0)$, $C'(-u|-v)$

d) $A'(-3|9)$, $B'(-2|8)$, $C'(-u|8-v)$

5

a)–d)

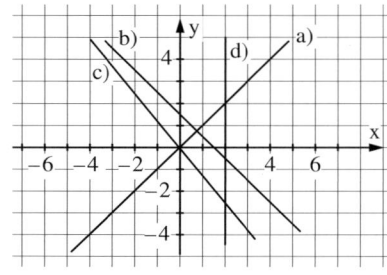

a) $y = x$ b) $y = 1{,}5 - x$

c) $y = \dfrac{-x}{0{,}8}$ d) $x = 2$

e)

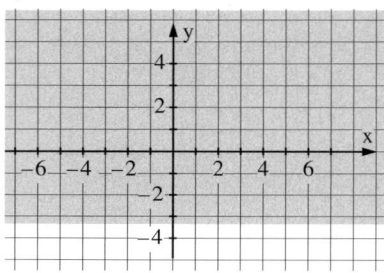

6

a)

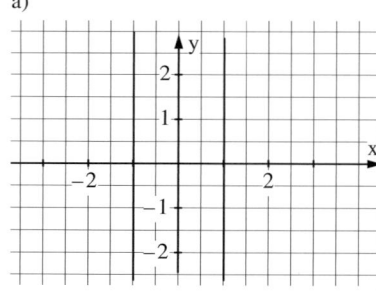

b)

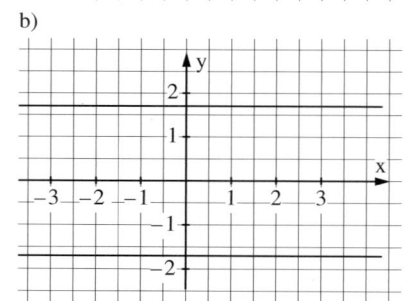

c)

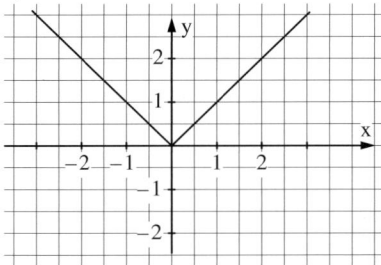

d)

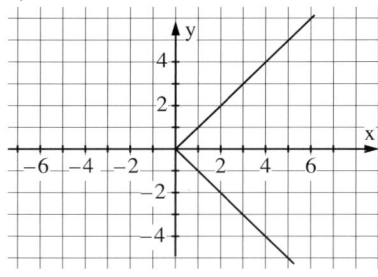

e)

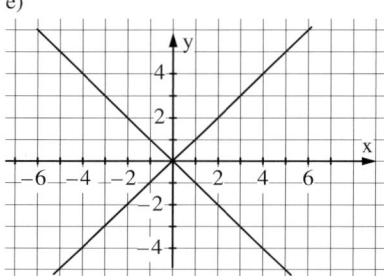

f)

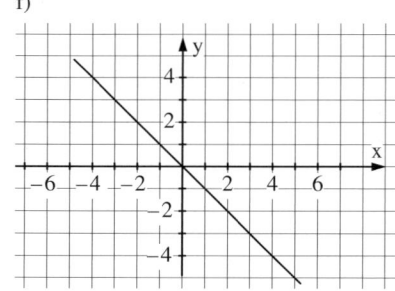

g) Fläche ohne linke, rechte Grenzpunkte ist Lösungsmenge.
Nach oben und unten offen.

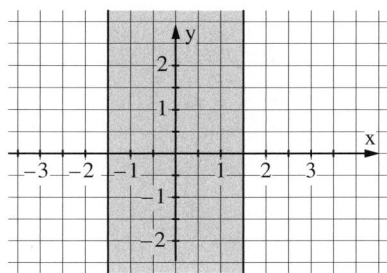

h) Fläche ohne linke, rechte Grenzpunkte ist Lösungsmenge.
Nach oben und unten offen.

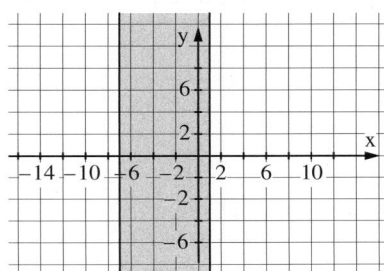

i) Lösungsflächen sind nach links und rechts nicht begrenzt. Ohne Grenzpunkte.

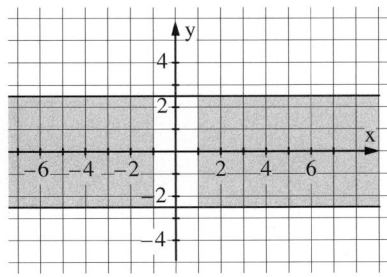

k) Kurvenpunkte sind Lösungsmenge.

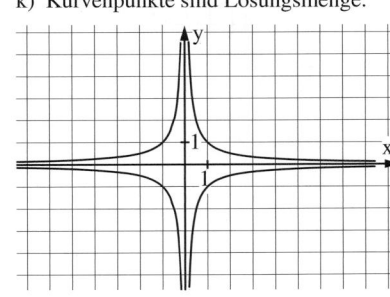

l) Von den Kurven eingeschlossene Punkte sind Lösungsmenge.

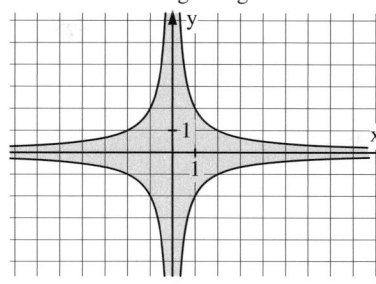

7
a) $y > |x|$ b) $x > |y|$ c) $|x| + |y| < 3$

8 Arbeiten in einem Koordinatensystem (Länge und Mittelpunkt einer Strecke, Seite 246)

8
a) 5   b) 10
c) 10   d) $\sqrt{17} \approx 4,12$

9
a) $\overline{AB} = 6,5$; $\overline{AC} = \frac{1}{2}\sqrt{205} \approx 7,16$
$\overline{BC} = 5$; $\overline{BD} = \frac{1}{2}\sqrt{333} \approx 9,12$
$\overline{CD} = \frac{1}{2}\sqrt{265} \approx 8,14$; $\overline{AD} = \sqrt{10} \approx 3,16$
b) $\overline{AB} = 8$; $\overline{AC} = 10$
$\overline{BC} = 6$; $\overline{BD} = 10$
$\overline{CD} = 8$; $\overline{AD} = 6$

10
a) $M(4|4)$
b) $M(0|-3,5)$
c) $M\left(-1 \left| -\frac{5}{24} \approx -0,21\right.\right)$
d) $M\left(\frac{2-\sqrt{2}}{2} \approx 0,29 \left| \frac{1-\sqrt{2}}{2} \approx -0,21\right.\right)$
e) $M(5|5)$
f) $M(-3,5|-0,5)$
g) $M\left(-\frac{17}{48} \approx -0,35 \left| \approx 1,94\right.\right)$
h) $M(\approx 0,51 | \approx -0,21)$
i) $M(10|2)$

11
a) $\overline{AB} = 7$; $M_{AB}(0|3,5)$
$\overline{BC} = \sqrt{18} \approx 4,24$; $M_{BC}(1,5|5,5)$
$\overline{AC} = 5$; $M_{AC}(1,5|2)$
b) $\overline{AB} = \sqrt{32} \approx 5,66$; $M_{AB}(2|3)$
$\overline{BC} = \sqrt{13} \approx 3,61$; $M_{BC}(3|3,5)$
$\overline{AC} = \sqrt{5} \approx 2,24$; $M_{AC}(1|1,5)$

c) $\overline{AB} = 4,5$; $M_{AB}(+1,25|-1)$
$\overline{BC} = 5$; $M_{BC}(2|1)$
$\overline{AC} = 4,27$; $M_{AC}(-0,25|1)$
d) $\overline{AB} = 6,25$; $M_{AB}\left(1 \left| -\frac{7}{8}\right.\right)$
$\overline{BC} = \sqrt{20} \approx 4,47$; $M_{BC}(2|1)$
$\overline{AC} = 4,25$; $M_{AC}\left(-1 \left| \frac{1}{8}\right.\right)$
e) $\overline{AB} = \sqrt{27} \approx 5,20$; $M_{AB}\left(\frac{3}{2}\sqrt{2} \approx 2,12 \left| -1,5\right.\right)$
$\overline{BC} \approx 6$; $M_{BC}(\approx 2,99 | \approx -0,28)$
$\overline{AC} \approx 3$; $M_{AC}\left(\frac{1}{2}\sqrt{3} \approx 0,87 \left| \frac{1}{2}\sqrt{6} \approx 1,22\right.\right)$
f) $\overline{AB} \approx 2,83$; $M_{AB}(1 | 0,79)$
$\overline{BC} \approx 5,69$; $M_{BC}(\approx 2,29 | \approx 1,58)$
$\overline{AC} \approx 3,03$; $M_{AC}(\approx 3,71 | \approx 1,66)$

12
a) $M_{AB}(0,5|0,5)$; $s_C = 3,5$
$M_{BC}(1,25|2,5)$; $s_A \approx 3,36$
$M_{AC}(-0,25|2)$; $s_B \approx 2,46$
b) $M_{AB}(-0,375|-0,5)$; $s_C \approx 6,55$
$M_{BC}(3|-0,5)$; $s_A \approx 4,04$
$M_{AC}(2,625|1)$; $s_B \approx 3,99$

13
a) $\overline{PQ} = \sqrt{29} \approx 5,39$; $\overline{QR} = 5$; $\overline{RS} = 5$;
$\overline{PS} = \sqrt{17}$
Keine Raute, da nicht alle Seiten gleich lang sind.
b) $\overline{PQ} = 12$; $\overline{QR} = \sqrt{53}$; $\overline{RS} = 12$;
$\overline{PS} = \sqrt{53}$
Das Viereck ist ein Parallelogramm.

14
a) $A(7|0)$ b) $A(4|0)$
$B(-1|0)$ $B(1|0)$
$C(0|7)$ $C(0|2)$
$D(0|-1)$
c) $A(0|7,23)$ d) $A(2|0)$
$B(0|0,77)$ $B(0|2)$

15
a) Mit Punkt A:
$d = \sqrt{(-8-0)^2 + (6-0)^2} = 10$;
Mit Punkt B:
$d = \sqrt{(5 \cdot \sqrt{3} - 0)^2 + (5-0)^2} = 10$
Alle Punkte mit dem Abstand 10 liegen auf der Kreislinie um den Ursprung mit dem Radius 10.
b) $x^2 + y^2 = 10$

16

a) Ja

b) $\overline{MQ} = \sqrt{90}$; $\overline{MR} = \sqrt{88,25}$. Es gibt keinen Kreis um $M(3\,|\,1)$, auf dem die Punkte Q und R liegen.

17

$\overline{RS} \approx 115,218$; $\overline{ST} \approx 29,906$; $\overline{TU} \approx 70,540$; $\overline{RU} \approx 74,106$

9 Geraden (Steigung, Orthogonalität, Seite 248)

1

a) $m = \frac{1}{2}$; $\alpha \approx 26,57°$

b) $m = 1,5$; $\alpha \approx 56,31°$

c) $m = 6$; $\alpha \approx 80,54°$

d) $m = 0,1$; $\alpha \approx 5,71°$

e) $m = -0,1\overline{6}$; $\alpha \approx 170,54°$

f) $m = -1,5$; $\alpha \approx 123,69°$

2

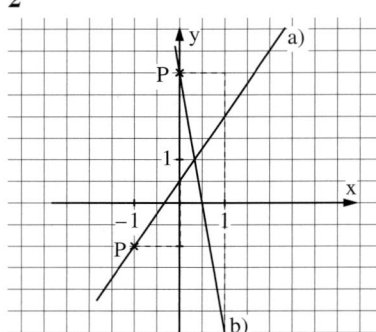

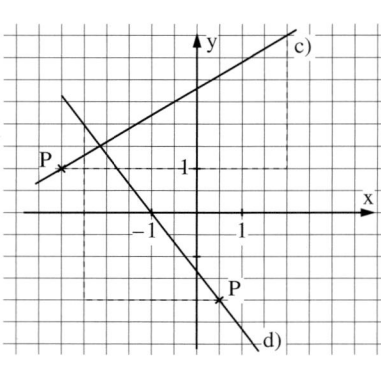

3

a) $m = -\frac{2}{3}$

b) $m = 5$

c) $m = -\frac{3}{35} \approx -0,23$

d) $m = -\frac{8}{15}$

4

a) $m_{AB} = -2,5$

$m_{BC} = 0,4$

$m_{CD} = -2,5$

$m_{AD} = 0,4$

Parallelogramm

b) $m_{AB} = -\frac{2}{7}$

$m_{BC} = -3$

$m_{CD} = -\frac{1}{4}$

$m_{AD} = -\frac{3}{2}$

kein Trapez

c) $m_{AB} = \frac{1}{3}$

$m_{BC} = -3$

$m_{CD} = \frac{1}{3}$

$m_{AD} = -3$

Parallelogramm

d) $m_{AB} = -\frac{1}{6}$

$m_{BC} = 1$

$m_{CD} = -\frac{1}{6}$

$m_{AD} = \frac{1}{8}$

Trapez

5

15 % Steigung bedeutet: $\tan \alpha = 0,15$.

$\alpha \approx 8,53°$.

9 Geraden (Hauptform und allgemeine Form der Geradengleichung, Seite 250)

6

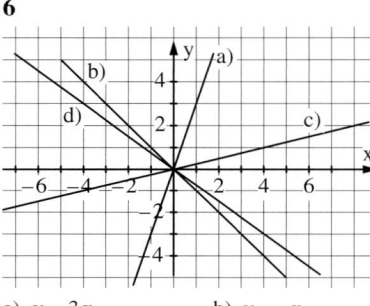

a) $y = 3x$

b) $y = -x$

c) $y = \frac{1}{4}x$

d) $y = -\frac{3}{4}x$

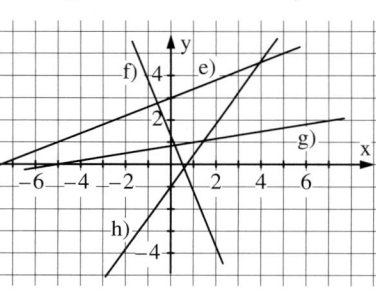

e) $y = \frac{2}{5}x + 3$

f) $y = -\frac{5}{2}x + 1,3$

g) $y = \frac{1}{6}x + \frac{5}{6}$

h) $y = \sqrt{2} \cdot x - 1$

7

a)–d)

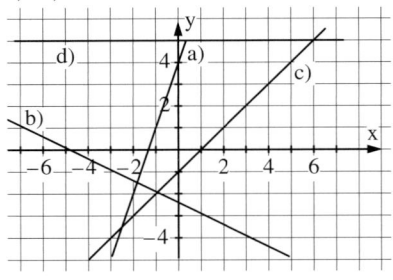

a) $m = 3$; $c = 4$

b) $m = -\frac{1}{2}$; $c = -2,4$

c) $m = 1$; $c = -1$

d) $m = 0$; $c = 5$

e)–h)

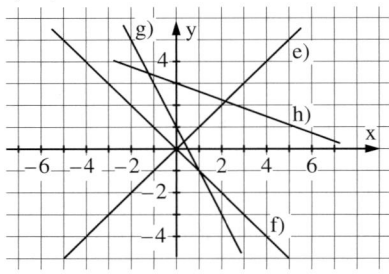

e) $m = 1$; $c = 5$

f) $m = -1$; $c = 0$

g) $m = -2$; $c = 1$

h) $m = -\frac{1}{3}$; $c = 3$

8

Parallel sind c) und e).

Orthogonal sind a) und h); c) und f); e) und f).

9

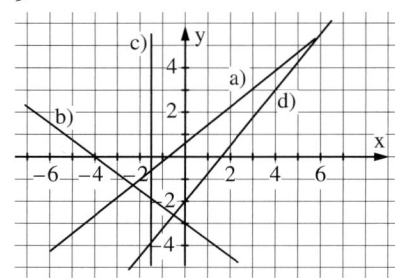

a) $y = \frac{4}{5}x + \frac{3}{5}$

b) $y = -\frac{3}{4}x - 3$

c) $x = -\frac{3}{2}$ Keine Hauptform möglich.

d) $y = \frac{5}{4}x - 2$

10

g: $y = \frac{1}{2}x$; h: $y = \frac{1}{3}x + 1$; i: $y = \frac{5}{2}x - 1$;

j: $y = -\frac{1}{4}x + \frac{1}{2}$; k: $x = -\frac{3}{2}$; l: $y = -1$

11

g: $y = \frac{2}{5}x + \frac{1}{2}$; h: $y = -\frac{5}{2}x + 3$;

i: $y = \frac{2}{5}x - 1$; j: $y = -\frac{5}{2}x + 6{,}25$

12

a) Gerade g durch O und Q: g: $y = \frac{4}{5}x$.
P liegt nicht auf g.

b) Orthogonale h zu $y = 7x - 21$ durch
$P(0|3)$: h: $y = -\frac{1}{7}x + 3$. Q liegt auf h.

c) $-x + 4y - 6 = 0$ in Hauptform
g: $y = +\frac{1}{4}x + 1{,}5$. g ist nicht parallel zu
$y = -0{,}25x$.

13

a) $y = 0{,}5x + 1$; $c = 1$

b) $y = -\frac{6}{5}x + \frac{32}{5}$; $m = -\frac{6}{5}$; $c = \frac{32}{5}$

**9 Geraden (Aufstellen von Geraden-
gleichungen, Seite 251)**

14

a) $y = 2x - 6$ b) $y = -3x - 11{,}5$

c) $y = -\frac{1}{3}x + \frac{21}{20}$ d) $y = \sqrt{2}x - 4 \cdot \sqrt{2}$

e) $y = -x + \frac{3}{2}$ f) $y = 1$

g) $y = 0{,}9x - 3{,}36$ h) $y = 0$

15

a) $y = \frac{1}{2}x + \frac{3}{2}$ b) $y = -x + 1$

c) $y = \frac{3}{11}x + \frac{75}{22}$ d) $y = \frac{6}{5}x + \frac{9}{5}$

e) $y = \frac{2}{3}x + \frac{13}{6}$ f) $y = \sqrt{5}$

g) $y = \frac{2-v}{1-u} \cdot x + u \cdot \frac{v-2}{1-u} + u$

h) $\frac{-b}{a} \cdot x + b = b \cdot \left(1 - \frac{x}{a}\right)$

i) $y = \frac{s-q}{r-p} \cdot x + p \cdot \frac{q-s}{r-p} + q$

16

a) g durch A und B: g: $y = \frac{3}{7}x + \frac{8}{7}$;
C liegt nicht auf g.

b) g durch A und B: g: $y = -\frac{1}{4}x - 1{,}5$;
C liegt auf g.

c) g durch A und B: g: $y = -x + 11$;
C liegt auf g.

d) g durch A und B: g: $y = \frac{10}{13}x + \frac{3}{13}$;
C liegt nicht auf g.

17

a) g durch A und B: g: $y = \frac{1}{5}x - \frac{4}{5}$
h durch B und C: h: $y = -1{,}5x + 6$
i durch A und C: i: $y = \frac{4}{3}x + \frac{1}{3}$

b) Keine zwei der Geraden sind orthogonal. Das Dreieck ist nicht rechtwinklig.

18

a) $y = -2$ b) $x = 4$ oder $x = -4$

c) $y = x + 3$ d) $y = 0{,}5x + 0{,}5$

19

a) $y = -x + 6$ b) $y = \frac{5}{3}x + 6$

c) $y = \frac{1}{3}x - 2$

**10 Lineare Gleichungssysteme mit
zwei Variablen (Seite 253)**

1

a) $y = -x - 2$: $m = -1$; $c = -2$

b) $y = \frac{1}{2}x + 1$: $m = \frac{1}{2}$; $c = 1$

c) $y = \frac{1}{3}x - \frac{4}{3}$: $m = \frac{1}{3}$; $c = -\frac{4}{3}$

d) $y = -\frac{3}{4}x + \frac{1}{2}$: $m = -\frac{3}{4}$; $c = \frac{1}{2}$

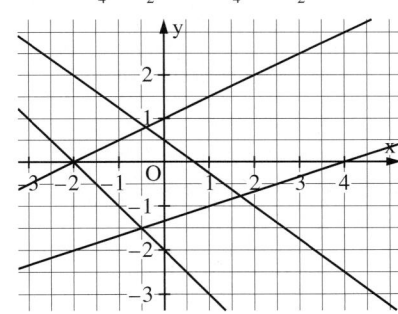

e) $y = 0{,}4x - 0{,}5$: $m = 0{,}4$; $c = -0{,}5$

f) $x = 2$: keine Werte für m und c

g) $y = -3$: $m = 0$; $c = -3$

h) $y = -x + \frac{5}{2}$: $m = -1$; $c = \frac{5}{2}$

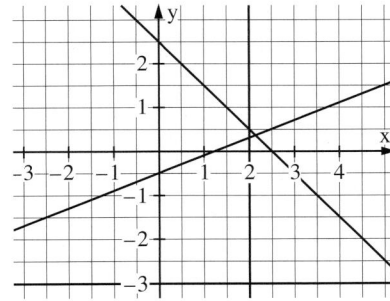

i) $y = \frac{1}{4}x - \frac{1}{4}$: $m = \frac{1}{4}$; $c = -\frac{1}{4}$

j) $x = \frac{5}{3}$: keine Werte für m und c

k) $y = 2x - \frac{3}{2}$: $m = 2$; $c = -\frac{3}{2}$

l) $y = 6x + 2$: $m = 6$; $c = 2$

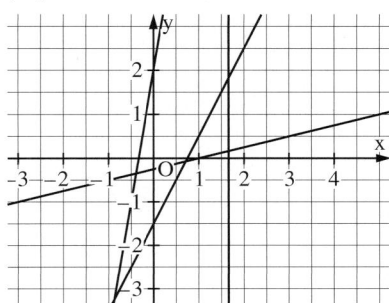

2

a) ja   b) nein

c) nein   d) ja

3

a) $A(2; 1)$ b) $B(3; -2)$ c) $C(-3; -1)$

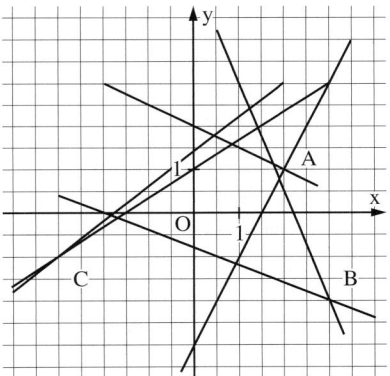

4

a) $y = \frac{1}{2}x + \frac{1}{2}$
$y = \frac{1}{2}x - 4$
keine Lösung

b) $y = \frac{3}{2}x - 1$
$y = -\frac{1}{4}x + \frac{7}{4}$
genau eine Lösung

c) $y = 2x + 1{,}5$
$y = 2x + 1{,}5$
unendlich viele Lösungen

d) $x = 1$
$y = 1$
genau eine Lösung

5
a) Auto A: $60\frac{\text{km}}{\text{h}}$, Auto B: $90\frac{\text{km}}{\text{h}}$
b) Auto B startet 40 Minuten nach Auto A.
c) Der Schnittpunkt der beiden Geraden bedeutet, dass beide Autos zur selben Zeit am selben Ort sind, d.h. hier überholt das schnellere Auto B das langsamere Auto A. Beide Autos sind zu diesem Zeitpunkt 120 km gefahren. Auto A hat dafür 2 Stunden gebraucht, Auto B nur 1 Stunde 20 Minuten.

10 Lineare Gleichungssysteme mit zwei Variablen (Additionsverfahren, Seite 255)

6
a) $(5; -2)$ b) $(4; 2)$
c) $\left(2; \frac{1}{3}\right)$ d) $\left(-\frac{1}{2}; \frac{3}{4}\right)$

7
a) $(7; -1)$ b) $(5,4; 1,3)$
c) $(6; 9)$ d) $(-9; -10)$

8
a) $(-3; 5)$ b) $(5; 2)$
c) $(2; -2)$

10 Lineare Gleichungssysteme mit zwei Variablen (Alle Verfahren, Seite 256)

9
a) $(-1; 4)$ b) $(3; 0)$
c) $(-7; -20)$ d) $L = \{\}$

10
a) $(-3; 4)$ b) $(0,4; 4,8)$
c) $(5; 12)$ d) $(0,5; -0,5)$

11
a) $(5; 1,5)$
b) unendlich viele Lösungen: $y = 4x - 7$
c) $\left(\frac{5}{12}; \frac{1}{3}\right)$
d) $(2; 1)$

12
a) $P_{1;2}(16|0)$ $P_{1;3}(3|2)$ $P_{2;3}(8|10)$
b) $P_{1;2}(-2,5|1,5)$ $P_{1;3}(5|0)$
    $P_{2;3}(-5,5|7,5)$

13 a)

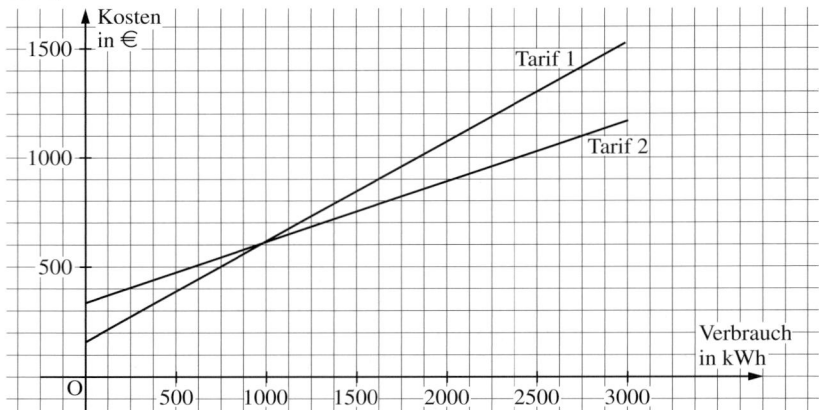

b) Schnittpunkt der beiden Geraden:
$S(1044,44|632)$
Bei einem Verbrauch von 1044,44 kWh sind beide Tarife gleich teuer.
c) Tarif 1 ist wegen des geringeren Grundbetrages bei einem Verbrauch von unter 1044,44 kWh günstiger.
d) Bei einem Verbrauch von 2500 kWh belaufen sich die Kosten nach Tarif 1 auf 1287 € und nach Tarif 2 auf 1025 €. Die Grundgebühr des Flatrate-Anbieters müsste also unter 1025 € liegen.

14
a) Die gesuchten Zahlen sind 25 und 9.
b) Es handelt sich um die Zahlen 24 und 16.
c) Es gibt keine zwei solche natürliche Zahlen.

Wichtige GTR-Verfahren

Dieser Abschnitt stellt die wichtigsten Verfahren für den TI83 und den Casio CFX-9850GB zusammen, mit denen die Aufgaben dieses Buches bearbeitet werden können. Grundkenntnisse in der Bedienung der GTR werden vorausgesetzt. Weitergehende Informationen können in den Handbüchern nachgeschlagen werden, für die dieser Abschnitt kein Ersatz ist.

Die Befehle werden anhand der zu bearbeitenden Aufgabenstellungen vorgestellt. In der linken Spalte werden die Verfahren für den TI83 (und verwandte Rechner), in der rechten Spalte die für den CFX-9850GB dargestellt.

Listen definieren und bearbeiten

Listen

Mit STAT ENTER können Listen angezeigt und bearbeitet werden. Man bringt den Cursor auf das einzugebende Listenelement und gibt den gewünschten Wert ein. Für globale Definitionen bringt man den Cursor auf den Listenkopf und gibt einen Term ein, der die Liste definiert. Dazu wird man in der Regel die Funktion seq aus dem Menü LIST -OPS verwenden oder Bezug auf eine vorhandene Liste nehmen. Schreibt man die Definition in Anführungszeichen und verwendet Variablen, so wird die Liste nach Änderungen der Variablenwerte neu berechnet. Man kann auch in der Standardeingabe mit STO direkt Werte in eine Liste schreiben.

Das Menü LIST zeigt die Tabelle der Listen an. Im Listenkopf kann man Definitionen eingeben, innerhalb der Liste lassen sich die Werte verändern. Mit OPTN - F1 kann man eine Funktionstastenbelegung für Listenoperationen anzeigen, die man zur Eingabe benutzen kann. Einen dynamischen Modus, der bei Variablenänderungen Neuberechnungen auslöst, gibt es nicht. Mit der Funktion Seq (Taste F5) kann man die Liste mithilfe eines Terms füllen. Weitere Belegungen der Funktionstasten erlauben viele Operationen auf Listen auch im RUN-Modus. Allerdings kann man in diesem Modus keine Listen definieren.

Statistische Daten auswerten und darstellen

Statistische Daten

Die Lage- und Streuungsmaße eines Merkmals bei einer statistischen Erhebung können im Menü STAT CALC mit dem Befehl 1-Var Stats berechnet werden, dem als Argument der Listenname folgt, in der die Daten gespeichert sind, also z. B. L1 .

Für die grafische Darstellung ruft man mit STAT PLOT das STAT PLOTS-Menü auf. Unter 1:PLOT1, 2:PLOT2 und 3:PLOT3 können bis zu drei statistische Darstellungen definiert und gespeichert werden, wobei die entsprechende Darstellung mit ON aktiviert wird. Für jeden einzelnen Plot stehen dabei sechs verschiedene Varianten zur Verfügung.

Das Menu STAT zeigt sechs Listen an, die verwendet werden können. Mit F2 CALC erhält man eine neue Tastenbelegung. Mit F6 SET kann man die Liste auswählen und mit F1 1VAR erhält man dann Lage- und Streuungsmaße eines Merkmals. Mit EXIT gelangt man jeweils eine Menüebene höher.

Graphische Darstellungen erhält man mit F1 GRAPH . Dabei kann mit F6 SET die Darstellung gewählt werden und mit F4 SEL festgelegt werden welche Listenpaare bei den drei möglichen Darstellungen verwendet werden sollen. Die Darstellung wird dann mit F1 , F2 oder F3 aufgerufen.

Funktionsanpassung mit Regressionsmodellen

Regression

Die x-Werte und y-Werte der gegebenen Punkte werden in 2 Listen eingegeben (über STAT ENTER). Danach wird im Menü STAT CALC die gewünschte Regressionsfunktion ausgewählt. Optional kann eine Funktionsvariable Y_i angegeben werden, in welcher die Regressionsfunktion abgespeichert werden soll. Um den Graphen anzuzeigen, muss diese Option wahrgenommen werden.

Die x-Werte und y-Werte der gegebenen Punkte werden in 2 Listen eingegeben (über MENU das STAT-Menü anwählen). Dann über F1 F1 den Punktplot anzeigen und über eine der Funktionstasten die gewünschte Regressionsfunktion anwählen. Die Parameter der Funktion werden ausgegeben und die Funktion kann mit F5 in die Funktionstabelle kopiert und mit F6 angezeigt werden.

Graphen und Wertetabellen von Funktionen anzeigen

Graphen und Wertetabellen

Die Funktionen werden im Y= -Menü definiert. Mit TABLE erhält man eine Wertetabelle. Startwert der Tabelle und Differenz zwischen zwei x-Werten kann man mit TBLSET einstellen. Mit GRAPH erhält man die Graphen der ausgewählten Funktionen. Die Wertebereiche und Eigenschaften der Darstellung kann man über WINDOW einstellen.

Im Menü GRAPH stellt man zunächst (mit F3) den Grafiktyp ein. Dann definiert man die Funktionen, die angezeigt werden sollen. Mit SHIFT - F3 gelangt man in ein Menü zur Einstellung des Koordinatensystems. Mit F6 werden die Graphen angezeigt. Im TABLE-Menü kann man eine Wertetabelle der ausgewählten Funktionen anzeigen (F6). Einstellungen der Tabelle kann man vorher mit F5 (Rang) vornehmen.

Bestimmung von Nullstellen von Funktionen

Nullstellen

Wenn der Graph mit GRAPH angezeigt ist, kann man im CALC -Menü mit dem Befehl 2:ZERO Nullstellen näherungsweise berechnen. Man muss dazu Unter- und Obergrenze des zu untersuchenden Intervalls und einen Schätzwert eingeben. Dies kann man entweder mit den Pfeiltasten oder durch direkte Eingabe mit der Tastatur bewerkstelligen. Die Nullstelle wird angezeigt und in der Variablen X gespeichert.

Wenn der Graph angezeigt wird, kann man mit SHIFT - F5 eine Funktionstastenbelegung einstellen, bei der man mit F1 die in der Anzeige befindlichen Nullstellen von links nach rechts berechnen kann. Zur nächsten Nullstelle gelangt man mit der rechten Pfeiltaste. Im RUN-Menü kann man mit OPTN F4 F1 die SOLVE-Funktion aufrufen. Der Funktionsterm aus dem GRAPH-Menü oder dem TABLE-Menü kann dabei mit VARS F4 F1 und anschließender Eingabe der Funktionsnummer übernommen werden.

Schnittpunkte von Graphen berechnen

Schnittpunkte von Graphen

Nachdem die Graphen angezeigt sind, gelangt man mit CALC 5:intersect zur Berechnung der Schnittpunkte. Man muss (auch wenn nur zwei Funktionen definiert sind) die zu schneidenden Graphen auswählen und einen Schätzwert für die x-Koordinate des Schnittpunktes angeben. Der Schnittpunkt wird berechnet und seine Koordinaten in den Variablen X und Y gespeichert.

Die Schnittpunkte zweier Graphen erhält man im GRAPH-Menü mit SHIFT F5 F5 . Im Anzeigebereich befindliche Schnittpunkte werden von links nach rechts berechnet. Mit der rechten Pfeiltaste gelangt man von einem Schnittpunkt zum nächsten. Sind mehr als zwei Graphen in der Anzeige, muss man vor Berechnungsbeginn die beiden zu schneidenden mit den Pfeiltasten auswählen oder vorher im Menü die nicht gewünschten Funktionen abschalten.

Kurvenscharen anzeigen

Kurvenscharen

Man definiert im $\boxed{Y=}$-Menü eine Funktion mit Parameter, indem man anstelle des Parameters einen Listennamen einsetzt (mit $\boxed{L1}$ bis $\boxed{L6}$). In die Liste trägt man die gewünschten Parameter ein und zeigt dann die Funktionenschar mit $\boxed{GRAPH}$ an. Auch mithilfe der so definierten Funktionenschar definierte weitere Funktionen (etwa Ableitungen) werden als Schar angezeigt. Beispiel: $Y1=L_1*sin(L_1*X)$, wobei in L_1 die Werte 1, 2 und 3 stehen, liefert die Graphen von $sin(x)$, $2\sin(2x)$ und $3\sin(3x)$.
Im Eingabemodus liefert diese Funktion mit dem Aufruf Y1(1) eine Liste mit den zugehörigen Funktionswerten der Schar. Im Trace-Modus kann man mit den Pfeiltasten zwischen den Graphen umschalten.

Im Funktionsdefinitionsmodus des Menüs GRAPH gibt man die Funktion mit einem Parameter (eine beliebige Variable) ein und schreibt dahinter, von einem Komma abgetrennt, in einer eckigen Klammer den Parameter, ein Gleichheitszeichen und eine durch Kommata getrennte Liste von Werten. Die Anzeige erfolgt mit $\boxed{F6}$. Von so definierten Funktionenscharen können keine Ableitungen definiert werden. Beispiel: $Y1=A*sin(A*X),[A=1,2,3]$ liefert die Graphen von $sin(x)$, $2\sin(2x)$ und $3\sin(3x)$. Die Funktionswerte der Scharfunktionen können nicht gezielt berechnet werden, es wird jeweils nur die erste Scharkurve berechnet. Im Trace-Modus kann man mit den Pfeiltasten zwischen den Graphen umschalten.

Extrema bestimmen

Die Bestimmung der Koordinaten von Tief- oder Hochpunkten, z. B. des Scheitelpunktes einer Parabel, erfolgt direkt aus dem angezeigten Graphen, wobei die Art des Extremums (Minimum oder Maximum) schon vor der Bestimmung bekannt sein muss.

Extrema

Im $\boxed{CALC}$-Menü findet man unter 3:minimum bzw. 4:maximum die Befehle zur Bestimmung der Extrema. Sind mehrere Graphen angezeigt, so kann man mit den Pfeiltasten den gewünschten Graphen auswählen. Ähnlich wie bei der Nullstellenbestimmung fragt der TI-83 nach einer linken und rechten Intervallgrenze und nach einem Schätzwert für den x-Wert des Extremums, das daraufhin (näherungsweise) berechnet wird. Seine Koordinaten werden in den Variablen X und Y gespeichert.

Bei angezeigtem Graphen erhält man mit $\boxed{SHIFT}$ $\boxed{F5}$ eine Funktionstastenbelegung, die mit $\boxed{F2}$ die Berechnung von Maxima und mit $\boxed{F3}$ die Berechnung von Minima ermöglicht. Mit den Pfeiltasten wählt man den gewünschten Graphen. Die in der Anzeige sichtbaren Extrema werden von links nach rechts ermittelt. Mit der rechten Pfeiltaste gelangt man zum nächsten Extremum.

Momentane Änderungsrate bestimmen

Änderungsrate

Im $\boxed{CALC}$-Menü befindet sich der Befehl 6:dy/dx zur Bestimmung einer momentanen Änderungsrate. Man kann die gewünschte Stelle entweder mit dem Cursor auswählen oder den x-Wert direkt eintippen.
Eine andere Möglichkeit bietet das Menü $\boxed{MATH}$ und dort der Befehl 8:nDeriv, dem folgende drei Argumente (mit Komma getrennt) folgen: der Funktionsterm, X, die gewünschte Stelle. Beispielsweise erhält man mit nDeriv(X^2,X,3) den Wert 6 für die momentane Änderungsrate der Quadratfunktion bei $x_0 = 3$. Als erstes Argument ist die Nennung von z. B. Y1 ebenfalls möglich.

Im Funktionsdefinitionsmodus des Menüs $\boxed{GRAPH}$ mit $\boxed{OPTN}$ $\boxed{F2}$ $\boxed{F1}$ den Befehl dy/dx auswählen, dann über $\boxed{VARS}$ $\boxed{F4}$ $\boxed{F1}$ und die Funktionsnummer die Funktion eingeben und durch ein Komma getrennt die Variable.
Man kann einzelne Werte der momentanen Änderungsrate auch im $\boxed{RUN}$-Menü berechnen (über $\boxed{OPTN}$ $\boxed{F4}$ $\boxed{F2}$). Funktionen können dabei mit $\boxed{VARS}$ $\boxed{F4}$ $\boxed{F1}$ und anschließender Eingabe der Funktionsnummer aus der Grafik übernommen werden.
Man kann die Änderungsrate der Änderungsrate analog mit $\boxed{OPTN}$ $\boxed{F2}$ $\boxed{F2}$ definieren und berechnen.

Tangente und Normale in einem Punkt eines Funktionsgraphen

Tangente, Normale

Nur die Bestimmung der Tangente in einem Punkt des Graphen ist möglich. Dazu verwendet man bei angezeigtem Graphen im Menü DRAW den Befehl 5:Tangent. Mit den Pfeiltasten wählt man den gewünschten Graphen aus und gibt dann über die Tastatur den x-Wert des Berührpunktes der gewünschten Tangente ein. Die Tangente wird eingezeichnet und ihre Gleichung im Fenster angezeigt. Da die Berechnung rein numerisch erfolgt, sind Steigung und y-Achsenabschnitt in der Regel auch nur näherungsweise gültig. Ohne Neueingabe der Gleichung kann sie nicht zur weiteren Rechnung verwendet werden.

Man kann die Tangente und Normale in einem Punkt des Graphen einzeichnen lassen. Dazu verwendet man bei angezeigter Grafik SHIFT F4 und danach F2 (für die Tangente) oder F3 (für die Normale). Man kann die x-Koordinate des gewünschten Punktes nicht direkt eingeben, sondern muss den Punkt mithilfe des Cursors auswählen. Die zugehörigen Gleichungen werden nicht angegeben. Nullstellen der angezeigten Tangente und Normale lassen sich nicht berechnen.

Lineare Gleichungssysteme

LGS

Das lineare Gleichungssystem (LGS) muss nach den zu bestimmenden Variablen a, b, c, ... geordnet sein und wird dann als Matrix in den TI-83 eingegeben. Im Menü MATRX erhält man unter EDIT zehn Matrizenvariablen, die nach Auswahl dimensioniert und belegt werden können. Hier gibt man die Koeffizienten des LGS und die Absolutglieder ein. MATRX NAMES erlaubt die Auswahl einer Matrix zur Anzeige oder für Berechnungen. Unter MATRX MATH befindet sich der Befehl B:rref, der die Matrix in die reduzierte Stufenform bringt, sodass die Lösung des LGS direkt abgelesen werden kann. Die Ausgabe der Ergebnisse als Brüche erfolgt mit MATH 1:Frac. Nicht lösbare oder nicht eindeutig lösbare LGS sind ebenfalls zulässig.

Im EQUA-Menü wird zunächst mit F1 der Typ LGS ausgewählt. Danach kann man über Funktionstasten die Variablenanzahl eingeben (maximal 6). In der dann erscheinenden Matrix des LGS füllt man die Koeffizienten ein. Mit F1 wird das LGS dann gelöst, falls eine eindeutige Lösung existiert. Nicht und nicht eindeutig lösbare LGS können so nicht behandelt werden. Für solche Systeme muss man das GAUSS-Verfahren schrittweise durch Anwendung von Zeilenoperationen durchführen.

Funktionsanpassungen mit linearen Gleichungssystemen

Funktionsanpassung

Will man für eine gegebene Punktmenge ein Polynom n-ten Grades bestimmen, dessen Graph durch diese Punkte geht, so setzt man die $n+1$ Koeffizienten als Variablen an und erzeugt für sie mit $n+1$ Punkten der Punktmenge ein lineares Gleichungssystem, das dann gelöst wird.

Gleiches Verfahren wie beim TI. Der maximale Grad des Polynoms ist hier 5.

Anpassung ganzrationaler Funktionen bis vierten Grades

ganzrationale Funktionen

Sind zwei, drei, vier oder fünf Punkte gegeben und soll eine ganzrationale Funktion bestimmt werden, deren Graph durch die Punkte geht, so kann auch ein passendes Regressionsmodell im Menü STAT CALC verwendet werden: 4:LinReg, 5:QuadReg, 6:CubicReg oder 7:QuartReg. Die Regression liefert hier den Funktionsterm, ohne dass ein LGS aufgestellt werden muss.

Sind zur Bestimmung einer ganzrationalen Funktion mindestens so viele Punkte gegeben, wie man zur exakten Bestimmung benötigt, so kann man die Funktion auch über eine passende Regression annähern.
Man wählt im STAT-Menü F2 CALC, dann F3 REG und dann den gewünschten Funktionstyp.

Register